“十三五”江苏省高等学校重点教材
省重点教材编号：2019-1-086

DAXUE WULI
KAIFANG SHIYAN JIAOCHENG

大学物理开放实验教程

（第3版）

主　编：董正超　施建珍　薛同莲　董小燕
方靖淮　沐仁旺
副主编：缪世群　李雅丽　兰燕娜　李红兵
编　委：邹亚琪　龚　斌　陶苗苗　赵永林
周晓燕　王爱红　李晓波　潘宝珠
金艳云　崔荣华　孙思宇　杨培培
陈炎梅　张思琦

江苏大学出版社
JIANGSU UNIVERSITY PRESS
镇　江

图书在版编目(CIP)数据

大学物理开放实验教程 / 董正超等主编. —3 版
—镇江：江苏大学出版社，2021.5(2025.1 重印)
ISBN 978-7-5684-1610-8

Ⅰ. ①大… Ⅱ. ①董… Ⅲ. ①物理学一实验一高等学校一教材 Ⅳ. ①O4-33

中国版本图书馆 CIP 数据核字(2021)第 076422 号

大学物理开放实验教程(3 版)
Daxue Wuli Kaifang Shiyan Jiaocheng (3 Ban)

主　　编/董正超　施建珍　薛同莲　董小燕　方靖淮　沐仁旺
责任编辑/徐　婷
出版发行/江苏大学出版社
地　　址/江苏省镇江市京口区学府路 301 号(邮编：212013)
电　　话/0511-84446464(传真)
网　　址/http://press.ujs.edu.cn
排　　版/镇江文苑制版印刷有限责任公司
印　　刷/江苏扬中印刷有限公司
开　　本/787 mm×1 092 mm　1/16
印　　张/27.5
字　　数/644 千字
版　　次/2016 年 1 月第 1 版　2021 年 5 月第 3 版
印　　次/2025 年 1 月第 3 版第 6 次印刷　累计第 12 次印刷
书　　号/ISBN 978-7-5684-1610-8
定　　价/57.00 元

如有印装质量问题请与本社营销部联系(电话:0511-84440882)

初版序

深化高等工程教育改革、提高工程技术人才培养质量，是增强自主创新能力、促进经济转型升级、全面提升地区竞争力的迫切要求。近年来，江苏高等工程教育飞速发展，全省46所普通本科院校中开设工学专业的学校有45所，工学专业在校生约占全省普通本科院校在校生总数的40%，为“十一五”末江苏成功跻身全国第一工业大省做出了积极贡献。

“十二五”时期是江苏加快经济转型升级、发展创新型经济、全面建设更高水平小康社会的关键阶段。教育部“卓越工程师教育培养计划”启动实施以来，江苏认真贯彻教育部文件精神，结合地方高等教育实际，着力优化高等工程教育体系，深化高等工程教学改革，努力培养造就一大批创新能力强、适应江苏社会经济发展需要的卓越工程技术后备人才。

教材建设是人才培养的基础工作和重要抓手。培养高素质的工程技术人才，需要遵循工程技术教育规律，建设一套理念先进、针对性强、富有特色的优秀教材。随着知识社会和信息时代的到来，知识综合、学科交叉趋势增强，教学的开放性与多样性更加突出，加之图书出版行业体制机制也发生了深刻变化，迫切需要教育行政部门、高等学校、行业企业、出版部门和社会各界通力合作，协同作战，在新一轮高等工程教育改革发展中抢占制高点。

2010年以来，江苏大学出版社积极开展市场分析和行业调研，先后多次组织全省相关高校专家、企业代表就应用型本科人才培养和教材建设工作进行深入研讨。经各方充分协商，拟定了“江苏省卓越工程技术人才培养特色教材”开发建设的实施意见，明确了教材开发总体思路，确立了编写原则：

一是注重定位准确，科学区分。教材应符合相应高等工程教育的办学定位和人才培养目标，恰当把握与研究型工程人才、设计型工程人才及技能型工程人才的区分度，增强教材的针对性。

二是注重理念先进，贴近业界。吸收先进的学术研究与技术成果，适应经济转型升级需求，适应社会用人单位管理、技术革新的需要，具有较强的领先性。

三是注重三位一体，能力为重。紧扣人才培养的知识、能力、素质要求，着力培养学生的工程职业道德和人文科学素养、创新意识和工程实践能力、国际视野和沟通协作能力。

四是注重应用为本，强化实践。充分体现用人单位对教学内容、教学实践设计、工艺流程的要求以及对人才综合素质的要求，着力解决以往教材中应用性缺失、实践环节薄弱、与用人单位要求脱节等问题，将学生创新教育、创业实践与社会需求充分衔接起来。

五是注重紧扣主线，整体优化。把培养学生工程技术能力作为主线，系统考虑、整体构建教材体系和特色，包括合理设置课件、习题库、实践课题以及在教学、实践环节中合理设置基础、拓展、复合应用之间的比例结构等。

该套教材组建了阵容强大的编写专家及审稿专家队伍，汇集了国家教学指导委员会委员、学科带头人、教学一线名师、人力资源专家、大型企业高级工程师等。编写和审稿队伍主要由长期从事教育教学改革实践工作的资深教师、对工程技术人才培养研究颇有建树的教育管理专家组成。在编写、审定教材时，他们紧扣指导思想和编写原则，深入探讨、科学创新、严谨细致、字斟句酌，倾注了大量的心血，为教材质量提供了重要保障。

该套教材在课程设置上基本涵盖了卓越工程技术人才培养所涉及的有关专业的公共基础课、专业公共课、专业课、专业特色课等；在编写出版上采取突出重点、以点带面、有序推进的策略，成熟一本出版一本。希望大家在教材的编写和使用过程中，积极提出意见和建议，集思广益，不断改进，以期经过不懈努力，形成一套参与度与认可度高、覆盖面广、特色鲜明、有强大生命力的优秀教材。

江苏省教育厅副厅长 丁晓昌

2012 年 8 月

第3版前言

大学物理实验是学生进入大学后系统学习基本实验知识、实验方法和实验技术能力的开端，是理工科学生必修的一门公共基础课；是培养学生实践能力和创新能力、提高学生科学素质的重要课程。开放式实验教学是定位于一种突破传统教学方式、注重以学生为主体、发挥学生个性特点、培养学生创新精神的一种教学模式，它把物理实验教学的各个环节从实验室有限的范围扩展至广大的网络空间，调动和激发了学生关注物理实验和主动学习物理实验的积极性。开放实验教学模式是教育部在高等院校大力提倡推广的新型实践教学模式。实验室开放教学已成为国家教育部门评估高校教学工作水平的重要观测点之一，也是近年来物理实验教学改革热点之一。

本教材在内容上打破物理实验中力、热、电、光的界限，打破物理实验与近物实验的界限以及近物实验与专业实验的界限，从启迪学生科学思维和创新意识出发，精心设计32个“开放实验基础训练”实验项目、13个“开放实验”实验项目和21个“其他常见实验”项目，专题归纳“长度”“杨氏模量”“刚体转动惯量”“折射率”“波长”“速度和加速度”的多种测量方法，并对“霍尔元件”“电桥及电位差计”“电学电路”“示波器的结构及使用”等的原理及应用进行介绍，涵盖了力学、热学、电学、光学和近代物理等知识点。侧重培养学生的综合思维和创造能力，进而激发学生强烈的学习热情，使学生的被动学习变为主动学习。

本教材适用于“普通”和“应用型”本科教学，是根据各高校实验条件和理工医科类“普通”“应用型”本科专业设置特点编写的，在吸取国内同类教材优点的基础上，融入了编者多年来的实验教学经验，凝聚了很多教师和实验技术人员的智慧和辛勤劳动。本教材是在2016年1月第1版和2017年6月第2版的基础上再次修订而成，教材中采用视频对部分实验的重点和难点进行补充，在教材相应位置设置相对应的视频二维码，学生可以用手机扫码观看视频。由施建珍负责教材的统稿、第3章常用测量仪器、第5章开放实验以及其他章节中的25个实验项目的编写工作；董正超、薛同莲、董小燕等主编与副主编负责其余实验项目的编写工作；参编人员负责校对工作；由施建珍、龚斌、赵永林、陶苗苗、周晓燕录制实验视频。本教材得到了南通大学支持和南通大学杏林学院课程建设项目资助。本教材参考了一些物理实验教材、采用了中国大学MOOC中国家精品课程《大学物理实验》部分视频，在此向有关作者谨致谢意，同时向给予支持的许多物理实验教师、实验技术人员和单位表示衷心的感谢。

由于编者的能力和水平有限，教材中难免有不足甚至错误，恳请广大读者给予批评指正。

编　者

2020年12月于南通

目　录

第一章

绪　论

第一节　物理实验课的目的和要求

物理实验是高等院校各专业第一门必修的独立设置的基础实验课程，是学生进入大学接受系统实验方法和实验技能训练的开端。它在培养学生用实验手段去发现、观察、分析和研究问题、最终解决问题的能力方面起着重要的作用，也为学生独立地进行科学实验研究，设计实验方案，选择、使用仪器设备和提出新的实验课题，以及进一步学习后继的实验课程打下良好的基础。

物理实验课的主要目的和任务是使学生能独立进行科学实验研究：

(1) 通过对实验现象的观察、分析和对物理量的测量，学习物理知识，加深学生对物理学原理的理解。

(2) 培养和提高学生的科学实验能力，其中包括：能够自行阅读实验教材，做好实验前的准备；能够借助教材与说明书，正确使用常用仪器；能够运用物理学原理对实验现象进行初步分析判断；能够正确记录和处理实验数据，绘制曲线，说明实验结果，撰写合格的实验报告；能够完成简单的设计性实验。

(3) 培养提高学生的科学实验素养，要求学生具有理论联系实际和实事求是的科学作风，严肃认真的工作态度，主动研究的探索精神和遵守纪律、爱护公物的优良品德。

在整个物理实验教学过程中，学生必须主动、自觉、创造性地获得知识和技能，决不仅仅是通过实验获取几个数据，更是要通过实验去探索研究问题。因此，在观察实验现象时，要事先明确做什么，应该怎样去做，而且还要懂得为什么要这样去做。在做实验过程中，要正确简明、有条有理地记录数据，要做到在做第一百次测试时仍像第一次测试那样认真，并对测试结果完全负责。在写报告时，要确切地分析、评定自己的工作。

第二节　物理实验课的三个环节

物理实验的整个学习研究过程中，不但要去理解和体会实验中反映出来的规律，而且还要通过思考自己的实验结果，发现新的规律，获得新的见解，并以适当的表现方式，写成书面实验报告。为此，学习者必须认真完成物理实验课程的 3 个主要教学环节。

一、课前预习

预习是进行实验的基础。预习时首先要认真阅读教材中的有关章节及附录（含网上资源），弄清实验的目的、要求、原理和方法，了解实验仪器的主要性能、使用方法和操作注意事项，写出预习报告，预习报告应包括：实验项目名称、目的；原理摘要（包括主要原理公式及扼要说明词，电学实验应画出电原理图，光学实验应画出光路图）；实验步骤摘要；实验中的原始数据记录表格；实验注意事项及预习题等。

预习实验项目时，要做到三个明确：① 明确要测的直接测量量有哪些、要计算的间接测量量有哪些。② 明确间接测量量是用什么方法（公式法、作图法等）通过直接测量量计算得到。③ 明确用何仪器来测量直接测量量。

上课时，教师将检查学生预习情况。对于没有预习和未完成预习报告的学生，教师有权停止该生本次实验。

二、课堂实验

实验操作是实验的主要内容，是培养科学实验能力的主要环节。进入实验室后，必须遵守实验室有关规章制度，爱护仪器设备，注意安全，动手前先要了解仪器的性能、规格、使用方法和操作规程，不要乱动仪器，服从实验室工作人员和教师的指导。对于严重违反实验室规则者，教师应停止其实验，并按有关规定处理。

实验时，首先应了解所有将使用的仪器、装置的主要功能、量程、级别、操作方法和注意事项。连接电路或排设光路时都必须认真检查，经确认准确无误后，才能开始实验。起初可做试验性探索操作，粗略地观察一下实验过程和数据状况，若无异常现象，便可正式进行实验。如有异常现象，应立即切断电源，认真思考，分析原因，并向教师反映，待异常情况排除后，再开始进行实验。

实验中，必须如实、及时地记录数据和现象，其中包括主要仪器的名称、型号、级别及实验环境条件等，记录数据必须注意有效数字和单位。必须用钢笔或圆珠笔将数据记录在“原始数据记录表”中，不可使用铅笔。如记录的数据有错误，可用斜线划掉后，把正确的数据写在其旁，决不允许涂改数据。

数据记录应做到整洁清晰而有条理，尽量采用列表法。在根据数据特点设计表格时，力求简单明了，分类清楚而有条理，便于计算与复核，达到省工省时的目的。在标题栏内要求注明单位。

做完实验，应将实验数据交教师审阅，对不合理的数据，需补做或重做实验，教师对有抄袭嫌疑的数据，要责成学生重做实验。经教师签字后，学生再将仪器及相关配件整理复原，并做好清洁工作，填写好实验运行记录本，方可离开实验室。

三、课后实验报告

实验报告是对实验的简明总结，要求使用统一规格的实验报告纸书写，文理通顺、字迹端正，“原始数据记录表”作为附件，随报告一起在下次实验时交教师批阅。

实验报告一般包括：

(1) 实验名称；

(2) 实验目的；

(3) 实验仪器(包括名称、规格型号)；

(4) 实验原理(包括主要原理、公式及扼要说明，电学实验应画出电原理图，光学实验应画出光路图简要原理)；

(5) 实验步骤(用自己的语言写出关键性的实验测量方法及仪器调整操作技巧)；

(6) 实验数据表格、数据处理计算过程(先列出公式，再代入数值进行运算；误差估算要预先写出误差公式再代数据计算；作图及实验结果等，其中要特别注意有效数字和单位的正确表达)；

(7) 实验现象分析、误差的评估及讨论等，讨论可以包括讨论思考题、提出改进建议及心得体会等。

第三节 开放实验要求

实验教学是高等学校教育教学的重要环节，对学生综合素质的培养和能力的提高起着至关重要的作用。传统的实验教学模式着重锻炼学生的基本能力，新的实验教学要求培养学生的创造能力。为了能让学生，尤其是高年级的学生有充分发挥主观能动性、培养科研能力和素质、实现自我优势的机会，从实验中心的实际出发，通过先期对学生基本实验仪器测量技能的训练，再通过开放实验项目来锻炼学生分析问题和解决问题的能力，提高学生的综合素质。

一般开放性实验要求学生先提交一份实验计划，经指导教师审核确认学生有能力来完成此项实验，然后才能允许学生进行开放实验，整个实验设计及实验过程由学生独立完成，非必要情况下教师不再参与实验指导。

第二章

物理实验预备知识

第一节 测量及其分类

物理实验是利用已掌握其变化规律的物理过程，测量未知物理量；或在未知规律的物理过程中，探索各种物理量变化规律的实践。物理量之间存在千丝万缕的联系，依据这种联系，不必对各物理量的单位一一做出规定，只需对最基本的物理量的单位做出规定，其他物理量的单位则依据定义或规律导出。在国际单位制中有 7 个基本物理量，即长度—米(m)、时间—秒(s)、质量—千克(kg)、电流—安培(A)、热力学温度—开尔文(K)、发光强度—坎德拉(cd)、物质的量—摩尔(mol)。除质量单位之外，其他基本单位的定义均是建立在物理现象的基础上。另外规定了两个辅助单位，平面角—弧度(rad)、立体角—球面度(sr)。其他物理量单位都可以由这些基本单位和辅助单位导出，常用的导出单位参照中华人民共和国法定计量单位。

一、测量

测量：将待测量与同类标准量进行比较，确定它是标准量的多少倍，这个倍数称为待测量的大小。

测量结果由两部分构成，测量值大小和单位，两者缺一不可，否则所得结果是没有意义的。只有极少数物理量是无单位的纯数。被选作比较用的标准量必须是国际公认的、唯一的和稳定不变的各种测量仪器，如米尺、秒表、天平等，都有符合一定标准的单位和与单位成倍数的标度，本教材选用国际单位制。

二、测量的分类

1. 直接测量和间接测量

(1) 根据获得测量结果的方法不同，分为直接测量和间接测量。

直接测量：把待测物理量直接与标准量(仪器或量具)进行比较，直接读数得到测量结果。例如：用米尺测量物体的长度、用天平称量物体的质量、用安培计测量电路中的电流强度等，都属于直接测量。

(2) 直接测量按测量的次数不同分为单次测量和多次测量。

单次测量：只进行一次的测量称为单次测量。单次测量主要在以下情况时采用：① 由于测量条件所限制，使得测量所带来的误差远大于仪器的不确定度；② 由于该测量量的不确定度远小于其他测量量的不确定度。

多次测量：测量次数超过一次的测量称为多次测量。多次测量按测量条件又分为等精度测量和非等精度测量。

间接测量：待测物理量无法直接与标准物理量进行比较、读数，只能利用直接测量量与被测量之间存在的函数关系来计算得到被测量物理量的值的方法。例如：测圆柱体的体积，可通过测量圆柱体的高 H 和直径 D，由 $V=\frac{1}{4}\pi D^2H$ 获得圆柱体的体积。

2. 等精度测量和非等精度测量

根据获得测量结果的条件不同，分为等精度测量和非等精度测量。

等精度测量：指在相同测量条件下，对同一被测量进行多次重复测量。相同条件是指同一测量水平的人、同一仪器、同样的实验方法、同样的实验环境。测得的所有数据，可信度相同，数据处理过程地位相同。

非等精度测量：就是指在不同的测量条件下，对同一待测量对象重复测量。测得的所有数据，可信度不同，数据处理过程地位不同，按照测量精度的高低区别对待。

三、测量方法

物理实验方法是指以一定的物理现象、物理规律和物理原理为依据，确立合适的物理模型，研究各种物理量之间关系的科学实验方法。而测量方法是指测量某一物理量时，如何根据要求，在给定的条件下，尽可能地减小系统误差和随机误差，使获得的测量值更为精确的方法。由于现代物理实验离不开定量的测量，因此实验方法和测量方法相辅相成，互相依存，甚至无法予以严格区分。常用的测量方法主要有比较法、补偿法、放大法、转换法、模拟法和光学实验法等。

1. 比较法

将待测量与标准量具进行比较而得到测量值的方法。

直接比较法：把待测物理量直接与标准量（仪器或量具）进行比较，直接读数得到测量结果。

间接比较法：利用物理量之间的函数关系，将待测物理量与同类标准进行间接比较的测量。

2. 补偿法

把标准值 E_S 选择或调节到与待测物理量 E_X 相等，用于抵消待测物理量的作用，使系统处于平衡状态，则待测物理量与标准值之间存在确定的关系，这种方法叫补偿法。

3. 放大法

放大被测量所用原理和方法称为放大法。常用的放大法有积累放大法、光学放大法、机械放大法、电学放大法等。应用在单摆周期的测量、光杠杆原理和游标卡尺等。

1）积累放大法

在被测物理量能够简单重叠的条件下，将它延展若干倍，再进行测量的方法称为积累放大法。如在实验 4.10 和实验 4.11 中，测量周期 T 时，是测出 n 次周期的总时间 t，再计算出 $T=\frac{t}{n}$；在实验 4.5 中，通过测量测微物镜 n 条刻线长度的像长 $P'Q'$，来计算显微镜物镜的横向放大率；在实验 4.16 中，通过数“冒出”或“缩进”n 个条纹，测量动镜移动距离 Δd，计算光波的波长为 $\lambda=\frac{2\Delta d}{n}$；在实验 4.19 中，测量干涉条纹的间距，通过测量 n 个条纹的间距 ΔL，计算条纹间距为 $\Delta x=\frac{\Delta L}{n}$。

积累放大法的优点是在不改变测量性质的情况下，将被测量展延若干倍后再进行测量，从而增加测量结果的有效数字位数，减小测量值的相对误差。

2）机械放大法

利用机械部件之间的几何关系，使标准单位量在测量过程中得到放大的方法，称为机械放大法。机械放大法可以提高测量仪器的分辨率，增加测量结果的有效数字位数。例如螺旋测微系统利用螺杆鼓轮，使仪器的最小分度值由 1 mm 变为 0.01 mm，从而提高测量精度；又如在游标卡尺通过主尺和游标尺，将仪器的最小分度值由 1 mm 变为 0.02 mm；再如分光计读数盘的设计中，采用增设游标读数装置将仪器的最小分度值 0.5°变为 1′和增大刻度的半径两种方法提高仪器的测量精度。

3）电磁放大法

要对微弱的电信号（电流、电压或功率）有效地进行观察和测量，常采用电子学中的放大电路。例如在实验 6.10 中，就是将微弱的光电流通过电流测量放大器放大后进行测量的。此外，利用示波管或显像管将电信号放大，除具有直观显示的优点外，还可以进行定量测量。

在非电信号的测量中，将非电信号转换为电信号，再将电信号放大后进行测量已成为科技工作者常用的测量方法。

4）光学放大法

光学放大法有两种：一种是被测物通过光学仪器形成放大的像，便于观察，例如常用的测微目镜、读数显微镜等；另一种是通过测量放大后的物理量，间接测得自身很小的物理量，例如实验 4.3 和实验 4.7 等，利用光杠杆法测量长度的微小变化量。

4. 平衡法

利用物理学中平衡原理的方法。例如：物理天平和托盘天平利用杠杆平衡原理进行质量的测量。

5. 转换法

在测量中，对于某些不能直接与标准比较的被测量，需将其转换成能与标准量相比较的物理量之后再进行测量，这种方法称为转换测量法，简称换测法。由于物理量之间存在多种效应，所以有各种不同的转换法，所有转换法大致可分为参量换法和能量换法。能量换法：热电转换、压电转换、光电转换、磁电转换等测量转换成霍尔元件的工作电流和霍尔电压的测量，就是利用该原理制成的测量磁场的仪器。

6. 模拟法

不直接研究某物理现象或过程本身，而是用与该现象或过程相似的模型来进行研究的方法，称为模拟法。模拟法是以相似理论为基础的，根据相似理论，设计与被测量原型（被测物、被测现象等）有物理或数学相似的模型，然后通过模型的测量间接测得所研究原型的性质及其规律，模拟法分物理模拟法和数学模拟法。

7. 光学实验方法

干涉法：利用相干波产生干涉时所遵循的物理规律，进行有关物理量测量的方法，称为干涉法。

衍射法：在光场中放置一线度与入射光波长相当的障碍物（如狭缝、细丝、小孔、光栅等），在其后方将出现衍射图样，通过对衍射图样的测量与分析，可定出障碍物的大小。利用射线在晶体中的衍射，还可进行物质结构的分析。

光谱法：利用分光元件（棱镜或光栅），将发光体发出的光分解为分立的按波长排列的光谱，测得光谱的波长、强度等参量，可进行物质结构的分析。

光测法：用单色性好、强度高、稳定性好的激光做光源，再利用声一光、电一光、磁一光等物理效应，可将某些需精确测量的物理量转换为光学量来测量。光测法已发展成为一种重要的测量手段。

第二节　误差及其分类

本节介绍误差的基本概念、分类、来源，以及表达方式。给出描述误差大小的概念及其误差类型之间的关系。由于受到所采用的方法、仪器、工作环境和测量者自身主客观因素的制约，所测得的结果与待测物实际真实值不可能完全一样，它们之间存在的差异就叫误差。即使同一测量者在相同的条件下，对同一待测物进行多次测量，其测量结果也不可能完全相同。因此，误差贯穿在整个测量过程中，是客观存在不可避免的，它可能出现在测量过程的每一步中，从而影响测量结果的准确度。不仅要对待测物进行测量，而且还要根据实际需要，对测量结果的可靠性和准确度做出合理的评价和正确的表示，同时还要查明产生误差的原因和规律性，采取减免误差的有效措施，不断提高测量水平。

一、误差

任何物质都有自己的固有特性，反映这些特性的物理量所具有的客观实际值，称为该物理量的真值，用 x_0 表示。在实际测量中，因受实验条件、实验方法、实验仪器精度、操作人员的水平，以及物理量本身的起伏等因素的制约，使得测量值与真值之间总是存在一定的差异。为了描述这一差异，引入误差概念。误差来源于有效数字的估读位，对误差进行描述常用绝对误差和相对误差。

绝对误差：若用 x_0 表示真值，用 x_i 表示测量值，则测量值 x_i 与真值 x_0 之差称为绝对

误差，表示为

$$\Delta x_i = x_i - x_0 \tag{2.3.1}$$

它反映了测量值偏离真值的大小和方向，单位与测量值的单位相同，一般取一位有效数字。但是 Δx_i 不能明显地反映出测量的相对精确程度。例如，用同一把尺子测两个物体的长度，分别得到 $d_1=25.0$ mm 和 $d_2=250.0$ mm，两者的绝对误差都是 0.5 mm，哪个结果精确程度高呢？为了比较测量值的精确程度，就引入相对误差的概念。

相对误差：绝对误差与真值之比，表示为

$$E_r = \frac{\Delta x_i}{x_0} \times 100\% \tag{2.3.2}$$

它反映了测量值偏离真值的相对大小，相对误差是没有单位的纯数，可以用来比较不同单位的几个物理量的相对精度，一般取 2 位有效数字。

由于测量总是存在着误差，人们所测得的只能是某个物理量的近似值。在估算误差和评定测量结果时，用"约定真值"代替真值。"约定真值"是指对于给定的测量目标而言，被认为充分接近真值，可以用来代替真值的测量值。一般用测量量的公认值、测量值的平均值、高等级仪器的测量值作为被测量量的"约定真值"。在大学物理实验中，通常用测量值的平均值作为真值的"约定真值"或最佳值，用 $\bar{x}$ 表示。测量值 x_i 与"约定真值" $\bar{x}$ 之差称为残差，表示为

$$v_i = x_i - \bar{x} \tag{2.3.3}$$

二、误差的分类

按照误差的来源和性质的不同，一般将误差分为系统误差、过失误差和偶然误差三类。

1. 系统误差

系统误差：实验系统（测量系统）在测量过程中存在恒定的或按一定规律变化的误差。如：秒表偏快；表盘刻度不均匀；米尺的刻度偏大；天平不等臂；米尺因环境温度的变化，导致米尺本身的伸缩；电阻因通过电流而发热，从而导致电阻阻值的变化；等等。这些均为仪器本身结构或环境变化导致的误差，均属于系统误差。系统误差包含仪器误差、仪器零点误差、理论和方法误差、环境误差和人为误差等。

(1) 仪器误差：由于仪器制造的缺陷，使用不当或者仪器未经校准所造成的误差。如秒表偏快、表盘刻度不均匀、尺子的刻度偏大、米尺因为环境温度的变化导致米尺本身的伸缩、砝码未经校准、仪器的水平或铅直未调整等造成示值与真值之间的误差，统称为仪器误差。

(2) 仪器零点误差：在使用仪器时，仪器零点未校准所产生的误差。如千分尺当两个砧头刚好接触时千分尺上有读数，电流表在没有电流流过时电流表上有读数，这些都是因为仪器的零点不准而引起的误差，称为仪器零点误差。

(3) 理论和方法误差：实验所依据的理论和公式存在近似性，实验条件或测量方法不能满足理论公式所要求的条件等引起的误差。如实验中忽略了摩擦、散热、电表的内阻等引起的误差都属于这一类。

(4) 环境误差:测量仪器规定的使用条件未满足所造成的误差。如室温高于仪器所规定的实验温度范围而引起的误差,称为环境误差。

(5) 人为误差:由于测量者本身的生理特点或固有习惯所带来的误差。如反应速度的快慢、分辨能力的高低、读数的习惯等。

系统误差按其特点又分为可修正系统误差和不可修正系统误差。

可修正系统误差:凡是大小、符号可以确定的系统误差,即为可修正系统误差。如仪器误差、理论误差、零点误差等,可以根据它的大小和符号对测量结果进行修正,消除它对测量结果的影响。

不可修正系统误差:只能估计它的大小,不能确定它的符号的系统误差,称为不可修正系统误差。

特点:不可修正系统误差不能通过多次测量取平均来消除它。而可修正系统误差,可以消除它。

2. 过失误差

过失误差,指实验者使用仪器的方法不正确,实验方法不合理,粗心大意,过度疲劳,读错、记错数据等引起的误差。只要实验者采取严肃认真的态度,就可以消除这种误差。

3. 偶然误差(随机误差)

1) 偶然误差

偶然误差是指在消除系统误差和过失误差的条件下,在相同的测量条件下,对同一物理量做多次等精度测量,每次得到的测量值都不相同,有时偏大,有时偏小。就单个偶然误差而言,其大小或符号没有规律性,即呈现出一种偶然性(或随机性)。人们从无数的测量实践中发现,在相同的观测条件下,当测量次数足够多时,大量偶然误差的分布也确实表现出了一定的统计规律性,并且指出它是服从正态分布的随机变量。即离真值近的测量值出现的次数多,离真值远的出现次数少,而且测量值与真值之差的绝对值相等的测量值出现的概率相等。当测量次数趋于无限多时,偶然误差的代数和趋向于零。因此,可以通过增加测量次数减小偶然误差,但偶然误差是不可修正和消除的。

2) 偶然误差的分布特点

设在相同的条件下,对某物体的长度 x_0 独立地重复测量了 n 次,得到一系列测量值 $x_1, x_2, x_3, \cdots, x_n$,其相应的偶然误差为 $\Delta x_i = x_i - x_0 (i=1,2,\cdots, n)$,它们的分布曲线则可以用正态分布或高斯分布函数来描述。经过一定的数学处理,测量值 x_i 在区间 $\mathrm{d}x$ 内出现的概率为

$$f(x_i)=\frac{1}{\sigma\sqrt{2\pi}}\exp\left[-\frac{1}{2}\left(\frac{x_i-x_0}{\sigma}\right)^2\right] \qquad (2.3.4)$$

而对应的偶然误差 Δx_i 在 $\mathrm{d}\Delta$ 区间内出现的概率为

$$f(\Delta x_i)=\frac{1}{\sigma\sqrt{2\pi}}\exp\left[\frac{-\Delta x_i^{\,2}}{2\sigma^2}\right] \qquad (2.3.5)$$

$$\sigma=\sqrt{\frac{\sum_{i=1}^{n}(x_i-x_0)^2}{n}}$$

用图示法来表示偶然误差：以横坐标表示误差的大小，纵坐标代表各区间内误差出现的概率，如图 2.3.1 所示。图中测量值在区间(x_a,x_b)的概率或偶然误差 Δx_i 在区间(a,b)内出现的概率分别为

$$f(x_a \leqslant x_i \leqslant x_b) = \int_{x_a}^{x_b} f(x_i)\mathrm{d}x_i \tag{2.3.6}$$

或

$$f(a \leqslant \Delta x_i \leqslant b) = \int_{a}^{b} f(\Delta x_i)\mathrm{d}\Delta x_i \tag{2.3.7}$$

它们的值等于图 2.3.1 中曲线阴影部分的面积。

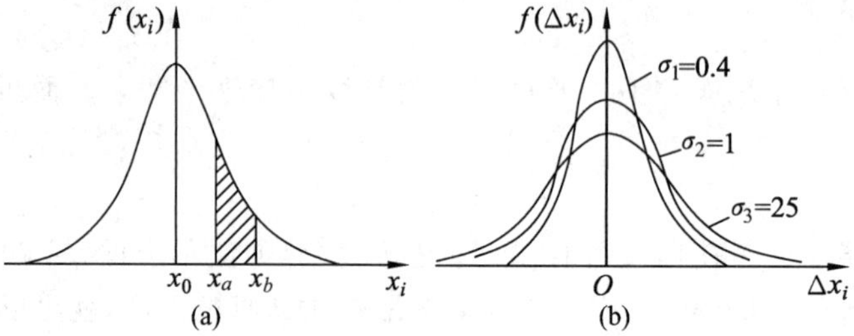

图 2.3.1　偶然误差的正态分布

当 x_i 或 Δx_i 由$-\infty$变至$+\infty$时，显然有

$$\int_{-\infty}^{+\infty} f(x_i)\mathrm{d}x_i = 1 \tag{2.3.8}$$

或

$$\int_{-\infty}^{+\infty} f(\Delta x_i)\mathrm{d}\Delta x_i = 1 \tag{2.3.9}$$

即任一测量值或偶然误差在区间$(-\infty,+\infty)$内必然出现。式(2.3.4)和式(2.3.5)中 σ 为描述分布曲线宽窄的参数，称为标准误(偏)差，它反映了测量值的离散程度。不同的 σ 值，对应着不同的正态分布曲线，图 2.3.1b 中 σ 值小的要比 σ 值大的分布曲线尖锐得多，数值小的误差出现的概率要大，数值大的误差出现的概率小，无论从测量数据的重复性还是分散性来说，σ 值越小越好。

偶然误差的特点：

(1) 有界性。误差的绝对值不会超过某一最大值 $\Delta x_{\max}$。

(2) 单峰性。绝对值较小的误差比绝对值较大的误差出现的概率大。

(3) 对称性。绝对值相等的正、负误差的个数相近。

(4) 抵偿性。偶然误差的数学期望为零。即随着测量次数的无限增加，各次测量的偶然误差的和趋于零，即 $\lim\limits_{n\to\infty}\sum\limits_{i=1}^{n}\Delta x_i = 0$。

由此可见，偶然误差虽然不可预知也无法避免，但可以通过增加测量次数，利用其统计规律性互相抵偿，减小偶然误差。

3) 偶然误差的计算

(1) 测量结果的最佳值——多次测量的平均值。

在相同的测量条件下，对某一物理量进行了 n 次独立的重复测量，得到 n 个测量值为 $x_1, x_2, \cdots, x_n$，则该测量列的算术平均值为

$$\bar{x} = \frac{1}{n}\sum_{i=1}^{n} x_i = \frac{1}{n}(x_1 + x_2 + \cdots + x_n) \tag{2.3.10}$$

当测量次数无限增多时，根据偶然误差的性质可以证明，该平均值 $\bar{x}$ 将无限接近真值，所以平均值又称为测量结果的最佳值，常把它作为测量的结果。

(2) 标准偏差。

① 样本标准偏差。

由于实际测量不可能达到无限次，而且真值也是未知的。在有限次测量情况下，通常以其相应的算术平均值 $\bar{x}$ 代替真值，用绝对偏差（残差）v_i 代替绝对误差 Δx_i。

在现实世界中，除非在某些特殊情况下，找到一个总体的真实的标准差是不现实的。大多数情况下，总体标准差是通过随机抽取一定量的样本组合，并计算样本标准差，定义其为样本标准差，它是残差平方和平均后的方根，用 σ_α 表示，反映一组测量数据集的离散程度。

$$\sigma_\alpha = \sqrt{\frac{1}{n-1}\sum_{i=1}^{n}(x_i - \bar{x})^2} \tag{2.3.11}$$

式(2.3.11)表示的是一组有限次测量的标准偏差，也称为测量组的标准偏差。当以此描述一组测量的误差时，该组测量中任意测量值 x_i 在 $(\bar{x}-\sigma_\alpha, \bar{x}+\sigma_\alpha)$ 区间内的置信概率为 68.3%。

② 算术平均值的标准偏差。

由于有限次测量的算术平均值也具有随机性，其精确度用该组测量结果的平均值的标准偏差 $\sigma_{\bar{x}}$ 来表示。

$$\sigma_{\bar{x}} = \frac{\sigma_\alpha}{\sqrt{n}} = \sqrt{\frac{\sum_{i=1}^{n}(x_i - \bar{x})^2}{n(n-1)}} \tag{2.3.12}$$

由式(2.3.12)可以看出，一组测量的平均值的标准偏差减小为其样本标准偏差的 $\frac{1}{\sqrt{n}}$ 倍。它表明算术平均值 $\bar{x}$ 在 $(\bar{x}-\sigma_{\bar{x}}, \bar{x}+\sigma_{\bar{x}})$ 置信区间内的置信概率为 68.3%。

例 2.1　用精密三级天平称一物体的质量 M，重复测量 6 次结果分别为 3.612 7，3.612 2，3.612 1，3.612 0，3.612 3，3.612 5 g，求出样本标准偏差、算术平均值的标准偏差。

解　$n=6$；

由式(2.3.10)计算 $\bar{M}=3.612\ 3$ g；

由式(2.3.11)计算 $\sigma_\alpha = \sqrt{\frac{1}{n-1}\sum_{i=1}^{n}(M_i - \bar{M})^2} = 0.000\ 261$ g；

由式(2.3.12)计算 $\sigma_{\bar{x}} = \frac{\sigma_\alpha}{\sqrt{n}} = 0.000\ 106$ g。

三、用 Excel 软件计算标准偏差

1. 启动 Excel

单击“开始”按钮，选择“程序”。在“程序”菜单上单击 Micrsoft Excel。启动 Excel 成功后，Excel 的应用窗口界面便出现在屏幕上，如图 2.3.2 所示。

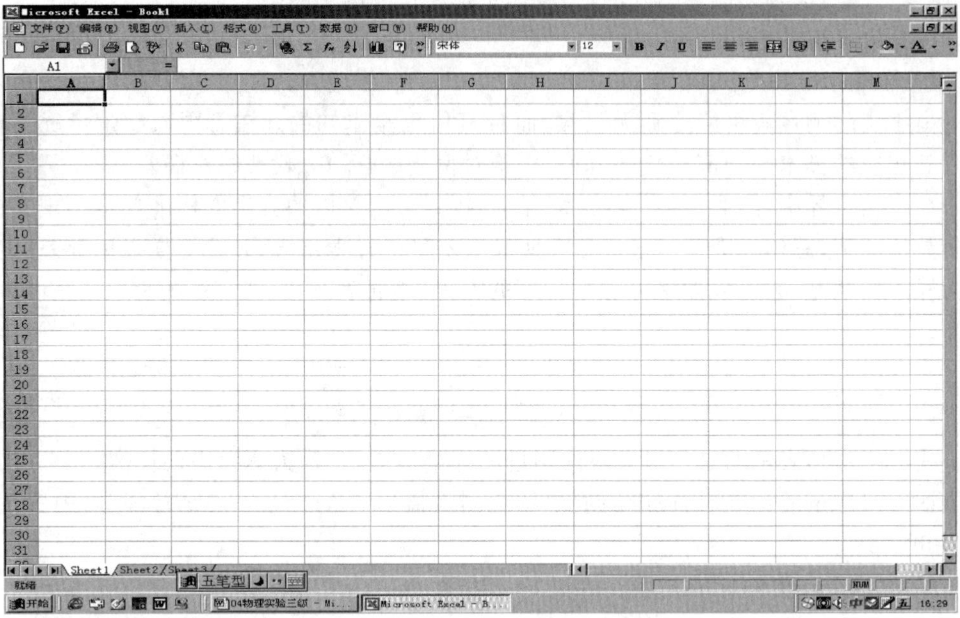

图 2.3.2　Excel 的应用窗口界面

2. 输入数据

将测量数据输入工作表中的一行或者一列中，如图 2.3.3 所示，数据位于 B2：B7 单元格。

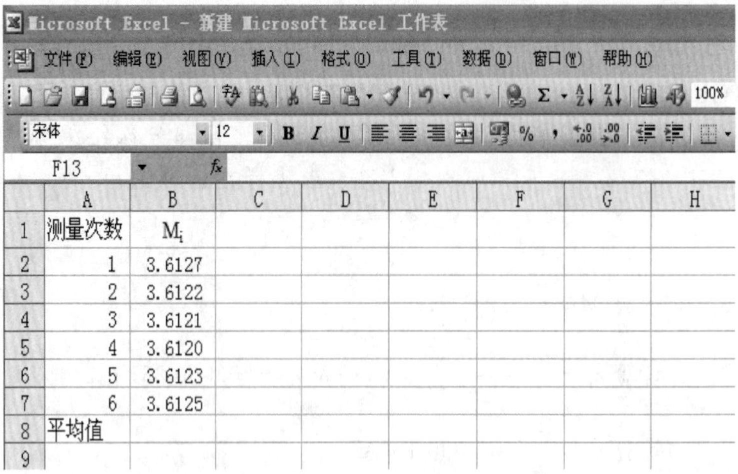

图 2.3.3　数据输入界面

3. 输入公式

(1) 计算测量值的平均值。

方法一：在一空白单元格内输入“=AVERAGE(B2：B7)”便可在此单元格内计算出测量值的平均值。

方法二：在数据行或列后的空白单元格输入“=”；单击“fx”，出现图 2.3.4a 所示的输入函数对话框，选择平均值计算函数 AVERAGE；然后单击“确定”，显示如图 2.3.4b 所示；再单击“确定”，就得到测量值的平均值。

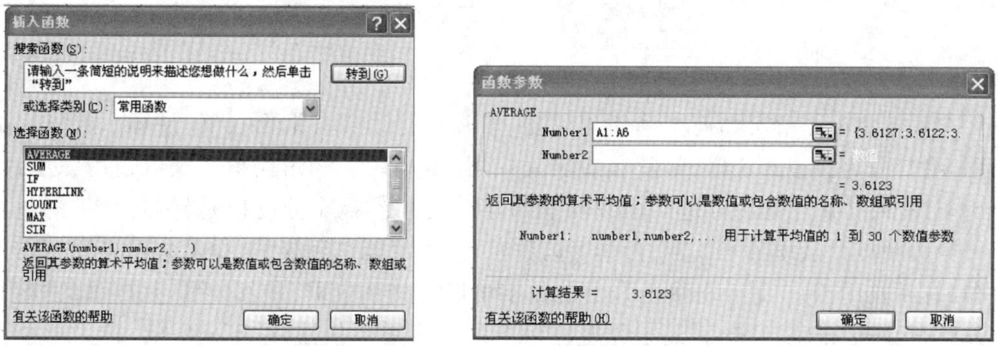

(a)　　　　(b)

图 2.3.4　输入函数对话框

(2) 计算测量值的样本标准偏差。

方法一：在一空白单元格内输入“=STDEV(B2：B7)”便可在此单元格内计算出测量值的样本标准偏差。

方法二：在数据行或列后的空白单元格输入“=”；单击“fx”，出现如图 2.3.5 所示对话框，在“选择类别”处，选择“统计”，在函数下拉菜单中选择“STDEV”或“STDEVA”；然后单击“确定”就得到测量值的样本标准偏差。

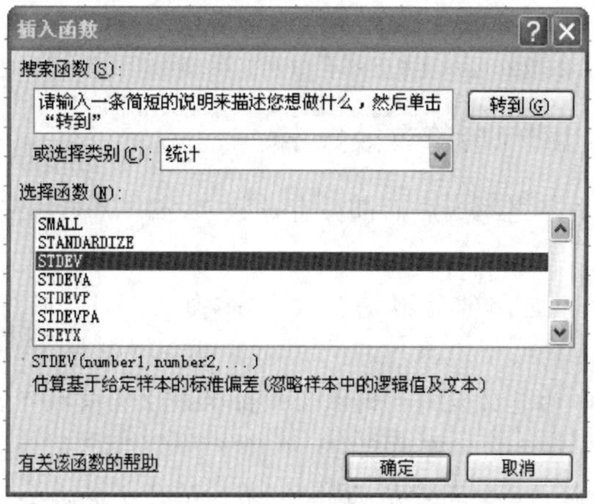

图 2.3.5　标准偏差函数选择

(3) 统计测量次数。

在一空白单元格内输入"=COUNT(B2 : B7)"便可在此单元格内统计出测量的次数。

(4) 计算测量值的算术平均值的标准偏差。

设测量次数位于 A7 单元格,样本标准偏差位于 B8 单元格,在一空白单元格内输入"=B8/SQRT(A7)"便可在此单元格内计算出测量值的算术平均值的标准偏差。

第三节 有效数字

有效数字就是解决如何正确使用仪器、量具进行读数。根据仪器、量具示数方式的不同,将其分为模拟式仪器、量具和数字式仪器、量具两种。用模拟式仪器、量具进行测量时,首先要了解它的测量范围(量程)和最小分度值。最小分度值是仪器、量具的最小量或读数精度。从模拟式仪器、量具上读数时,要尽可能读到仪器、量具最小分度值的下一位(有时在同位)。最小分度值以上的数字可以直接从仪器、量具读出,是准确的,称为可靠数字(或者准确数字)。最小分度值以下的数字需要估读,是不确定的,称为可疑数字。可疑数字虽不确定,但它仍代表了该物理量的一定大小,是有一定意义,对测量值有一定贡献的数字,因而是有效的,一个正确读数中只能有一位估读数字。

所谓有效数字,就是把仪器、量具上直接读出的可靠数字和最后一位估计得到的可疑数字统称为测量值的有效数字。实验数据的有效数字位数,不能多取,也不能少取。少取会损害测量的精度,多取则又会夸大测量的精度。

一、有效数字位数确定

有效数字的位数=准确数字位数+估读位

例 2.2 指出下面几个测量值分别有几位有效数字?

(1) 0.287 0 cm; (2) 6.02×10^3 g; (3) 0.050 20 km

答:(1) 4 位; (2) 3 位; (3) 4 位

二、有效数字中"0"何时算有效数字

(1) 当"0"在非零数字之间或后面都算有效数字,如 1.005,125.0,13.00 中的零都是有效数字。

(2) 第一个非零数字之前的零不是有效数字,如 0.001 3 中"1"前面的零不是有效数字。

注意 1.0 与 1.00 的意义是不同的。1.0 表示 2 位有效数字,表示小数点后第一位是不可靠数字;而 1.00 表示 3 位有效数字,小数点后第二位是不可靠数字,故两者的误差不同,准确度也就不同。所以数字后面的"0"不能随便去掉,也不能随便加上。

三、有效数字的运算

影响有效数字位数的主要因素是仪器的精度和有效数字的运算。

1. 单位的换算不改变有效数字的位数

(1) 若将 18.6 m(米)换算成以 mm(毫米)为单位的量,直接写成 18 600 mm 就是错误的。按照有效数字的定义,最后一位应是估读位,这样写后,估读位由原来的"6",变为末尾的"0",显然这与"6"是估读位的事实不符,扩大了有效数字的位数,因此这种写法是错误的。正确的写法应当是 18.6×10^3 mm 或 1.86×10^4 mm 等。乘号前的数表示测量值的有效位数,后面 10 的方次表示测量值的数量级,所以在有效数字的后面是不能随便加"0"的。

(2) 若将 18.6 m(米)换算成以 km(千米)为单位的量。若直接写成 0.018 6 km,显然最后一位"6"仍是估读位,前面两个"0"则不是有效数字(0.018 6 与 1.86×10^{-2} 的估读位是相同的),尽管这种表示不会引起误解,但是书写易出错,最好的方法是采用科学计数法表示,表示为 18.6×10^{-3} km 或 1.86×10^{-2} km 等。

由此得到结论:有效数字前面的"0"不属于有效数字,仅起到标记小数点位置的作用,即有效数字位数与小数点的位置无关。

2. 有效数字的运算规则

(1) 有效数字做加、减运算时,运算结果小数点后保留的位数,与参加运算各数中小数点后位数最少的一个相同。不可靠数和可靠数相加,其结果仍为不可靠数字。

(2) 有效数字做积、商运算时,运算结果的有效数字位数,与参与运算的各数中有效数字位数最少的一个相同。不可靠数相乘仍是不可靠数。

(3) 有效数字做乘方、开方运算时,运算结果的有效数字与底数的有效数字位数相同。

(4) 有效数字做函数运算,运算结果有效数字位数的保留。

① 对数函数:有效数字经过对数函数运算后,结果的有效数字位数与真数的有效数字位数相同。

例 2.3　lg 1.983=0.297 322 714,计算结果应取成 0.297 3;lg 1 983=3.297 322 71,计算结果应取成 3.297。

② 指数函数:有效数字经过指数函数运算后,运算结果的有效数字位数与指数的小数点后的位数相同(包括紧接小数点后的零)。

例 2.4　$10^{6.25}=1\ 778\ 279.41$,计算结果应取成 1.8×10^6;$10^{0.003\ 5}=1.008\ 091\ 61$,计算结果应取成 1.008。

③ 三角函数:在 $0<\theta<90°$时,$\sin\theta$ 和 $\cos\theta$ 都介于 0 和 1 之间,三角函数的取值随角度的有效数字而定。一般用分光计读角度时,应读到 1′。此时,应取 4 位有效数字。

例 2.5　$\sin 30°00'=0.5$,计算结果应取成 0.500 0;$\cos 20°16'=0.938\ 733\ 857$,计算结果应取成 0.938 7。

(5) 有效数字尾数舍入规则:"四舍六入五凑偶",即小于五舍,大于五进,等于五则偶舍奇进(是指 5 的前面是偶数就舍,是奇数就入)。在其他情况下,则应采用四舍五入。

(6) 注意事项：① 在有效数字运算过程中，多余的位数一律通过“四舍六入五凑偶”的法则加以简化；② 参与计算的 π，e，$\sqrt{2}$，$\frac{1}{2}$等常数，它不是由测量得来的，其有效数字位数可以认为是无限的，在计算中需要几位就取几位。

第四节 测量的不确定度

一、不确定度

测量的目的是确定被测量的量值。测量结果的品质是量度测量结果可信程度的最重要的依据。测量中的误差是客观而普遍存在的，通过改善实验条件、实验方法，提高实验仪器精度和操作人员水平，可以减小误差，但不能消除。如何评价测量结果的质量，如何在测量结果中反映误差信息是问题所在。测量不确定度就是对测量结果质量的定量表征，测量结果的可用性很大程度上取决于其不确定度的大小。因为误差贯穿于测量过程的始终，所以引入不确定度来反映误差的信息。

不确定度是对被测物理量的真值存在于某一个范围内的评定，这个范围可能包含测量误差，反映了测量值在这个范围内接近真值的可靠程度，即概率。不知道可靠程度的测量值，是没有意义的。

不确定度是对误差的估计，可以从测量数据中求出，用来描述测量结果的品质，但它不是实际误差，也不代表误差的绝对值，只提供了在概率含义下的误差可能取值范围的一种估计。

不确定度：用于描述被测量量的不能肯定的程度，是对被测量的真值在某一个量值范围的评定，用小写字母“u”表示。

二、不确定度分类

(1) 按对测量结果精度的评价，不确定度可分为绝对不确定度和相对不确定度。

绝对不确定度：测量值 x_i 与“约定真值”(测量最佳值) $\bar{x}$ 之差的绝对值，表示为

$$u=|x_i-\bar{x}|$$

在没有特别指明的条件下，不确定度就是指绝对不确定度。单位与被测量的单位相同，一般取 1 位有效数字。

相对不确定度：绝对不确定度与测量最佳值 $\bar{x}$ 之比，用 u_r 表示，表示为

$$u_r=\frac{u}{\bar{x}}\times 100\%$$

相对不确定度是一个无单位的纯数，可以用来比较不同单位的几个物理量的相对精度，一般取 2 位有效数字。

(2) 按其数值评定方法的不同，绝对不确定度可分为标准不确定度和扩展不确定度，如图 2.4.1 所示。

- 不确定度
  - 绝对不确定度
    - 标准不确定度
      - A 类标准不确定度 u_A
      - B 类标准不确定度 u_B
      - 合成标准不确定度 u_C
    - 扩展不确定度
      - $u(K=2)$
      - $u(K=3)$
      - u_{95}
      - u_{99}
  - 相对不确定度
    - 相对标准不确定度
      - A 类相对标准不确定度 u_{Arel}
      - B 类相对标准不确定度 u_{Brel}
      - 合成相对标准不确定度 u_{Crel}
    - 相对扩张不确定度
      - $u_{rel}(K=2)$
      - $u_{rel}(K=3)$
      - $u_{rel\,95}$
      - $u_{rel\,99}$

图 2.4.1　不确定度的分类

在大学物理实验中，为了掌握一种数据处理的方法，只考虑标准不确定度，即 A 类标准不确定度、B 类标准不确定度和合成标准不确定度的计算即可，至于其他不确定度的计算方法，可根据自己的实际需要进一步深入学习。

三、不确定度的计算

1. A 类标准不确定度

A 类标准不确定度，是指在相同测量条件下，对测量量进行多次测量所得的最佳值，用统计的方法计算出的平均值的标准偏差，用 u_A 表示。

设在相同条件下，对某一物理量独立测量 n 次，得到的测量值为 $x_1, x_2, x_3, \cdots, x_n$，标准不确定度 A 类为

$$u_A(\bar{x}) = \frac{\sigma_\alpha}{\sqrt{n}} = \sqrt{\frac{\sum_{i=1}^{n}(x_i - \bar{x})^2}{n(n-1)}} \tag{2.4.1}$$

A 类标准不确定度等于有限次测量的算术平均值的标准偏差。

2. B 类标准不确定度

B 类标准不确定度，原则上为除 A 类标准不确定度以外的各种可能值，是指用非统计方法计算的不确定度，用 u_{Bj} 表示(脚标 j 代表 B 类不确定分量的第 j 个分量)。

B 类标准不确定度分量在物理实验中主要体现在对未定系统误差的处理上，计算这类分量时不是直接对多次测量的数据进行统计计算，而是根据误差来源，先估算出该项的误差极限 Δ_{ins}(仪器的最大允差)，然后再根据该项误差服从的分布规律确定出置信系数 C，最后求出所对应的标准偏差作为该项不确定度的 B 类分量。

$$u_{Bj} = \frac{\Delta_{ins}}{C}$$

在大学物理实验中，未定系统误差就是实验所用仪器误差。仪器误差也服从一定的分布规律，最常见的是正态分布和均匀分布。对误差服从正态分布的测量仪器，C 值取 3；对误差服从均匀分布的测量仪器，C 值取$\sqrt{3}$。

所谓均匀分布是指在测量值的某一范围内，测量值取任一可能值的概率相等，而在该范围外的概率为 0。若对某类仪器误差分布一时难以判断，则可近似地按照正态分布来处理。

在大学物理实验中，在误差限内各种误差出现的概率相等，即误差概率分布是均匀分布。不确定度的 B 类分量为

$$u_B=\frac{\Delta_{ins}}{\sqrt{3}} \tag{2.4.2}$$

仪器的最大允差一般在仪器的说明书中注明，表 2.4.1 列出了一些常用实验仪器的最大允差 Δ_{ins}。

表 2.4.1　常用实验仪器的最大允差 Δ_{ins}

仪器名称	量程	最小分度值	最大允差
钢板尺	150 mm 500 mm 1000 mm	1 mm 1 mm 1 mm	±0.10 mm ±0.15 mm ±0.20 mm
钢卷尺	1 m 2 m	1 mm ±1 mm	±0.8 mm ±1.2 mm
游标卡尺	125 mm	0.02 mm 0.05 mm	±0.02 mm ±0.05 mm
螺旋测径尺(千分尺)	0～25 mm	0.01 mm	±0.004 mm
读数显微镜			0.02 mm
三级天平 (分析天平)	200 g	0.1 mg	1.3 mg(接近满量程) 1.0 mg(1/2 量程附近) 0.7 mg(1/3 量程附近)
普通温度计 (水银或有机溶剂) 精密温度计(水银)	0～100 ℃ 0～100 ℃	1 ℃ 0.1 ℃	±1 ℃ ±0.2 ℃
电表(0.5 级) 电表(0.1 级)			0.5%×量程 0.1%×量程
秒表(3 级)		0.1 s	0.5 s
各类数字仪表			仪器最小读数

3. 合成标准不确定度

合成标准不确定度，用 u_C 表示。若某测量结果的 A 类和 B 类不确定度分别为 u_A，u_B，则合成标准不确定度为

$$u_C=\sqrt{u_A^2+u_B^2}$$

注　对于单次测量，式中 $u_A=0$，这时合成标准不确定度为 $u_C=u_B=\Delta_{ins}$。

4. 总不确定度

1）置信概率

把标准不确定度乘以一个与一定置信概率相联系的包含因子（覆盖因子）k，称为总不确定度，即 $u=ku_C$。

当 $k=1$ 时，如果不存在其他误差的影响，则测量值在 $(x-u_C, x+u_C)$ 范围内的概率为 68.3%。

当 $k=2$ 时，如果不存在其他误差的影响，则测量值在 $(x-2u_C, x+2u_C)$ 范围内的概率为 95.4%。

当 $k=3$ 时，如果不存在其他误差的影响，则测量值在 $(x-3u_C, x+3u_C)$ 范围内的概率为 99.7%。所以包含因子取 $k=3$，测量准确度可以达到 99.7%。

2）总不确定度

对于近似正态分布的实验数据，简单地将包含因子取为 $k=3$，则总不确定度为 $u=3u_C$。

在大学物理实验教学中，重点是让学生掌握数据处理的方法，为了计算简单，包含因子取 $k=1$，总不确定度 $u=u_C$。

3）测量结果

$$测量值=最佳估计值\pm 总不确定度$$

即表示为

$$x=\bar{x}\pm u（单位）$$

四、百分差

当被测量 x 有准确真值（如光速）或有准确的共认值（如当地的重力加速度）和理论值时，设其值为 x'，测量值的最佳值为 $\bar{x}$，则百分差为

$$E_x=\frac{|\bar{x}-x'|}{x'}\times 100\%$$

百分差反映了测量值偏离真值的程度。若百分差远大于相对不确定度，说明数据处理可能遗漏了较大的标准不确定度评定，应用前面介绍的方法去查找。

五、不确定度、测量结果与有效数字之间的关系

在大学物理实验中，不确定度的有效数字只保留 1 位。测量值的最后一位与不确定度的末位对齐。不确定度的计算原则是宁大勿小，故采取只进不舍的规则；测量值根据不确定度的位数进行凑偶四舍五入。当舍入的数刚好是 5 时，若前一位是偶数则将 5 舍弃，若前一位是奇数则将 5 进位；当舍入的数大于 5 时进位，当舍入的数小于 5 时舍弃。

例 2.6　某一物体体积的测量值为 21.683 2 cm^3，测量结果的总不确定度为 0.062 7 cm^3。如何正确表示测量结果。

解

$$u=0.062\ 7\approx 0.07\ cm^3$$

测量结果表示为 21.68±0.07 (cm^3)。

例 2.7 设 $x=32.45$ cm,$u_x(\bar{x})=0.66$ cm,则以下的写法正确的是(　　)。

A. 32.47±0.66 (cm)　　　　B. 32.47±0.7 (cm)

C. 32.5±0.66 (cm)　　　　D. 32.4±0.7(cm)

解 由于总不确定度只能保留 1 位有效数字,且不确定度的计算原则是宁大勿小,取总确定数为 0.7 cm,测量值 32.45 cm,舍入的数刚好是 5,因为前一位数是 4 为偶数,所以舍弃 5,最终测量值为 32.4 cm。测量结果表示为 32.4±0.7 (cm)。所以选 D。

第五节 数据处理

通过实验测得原始数据,必须经过正确的处理和分析,得出最终的实验结果,归纳成经验公式或以图表的形式表示,从而达到实验的目的。数据处理就是从实验测得原始数据起到得出结论为止的整个加工过程,包括记录、整理、计算、作图、分析、归纳等处理工作,这是物理实验的一个重要组成部分。

一、直接测量量的数据处理方法

1. 单次测量的数据处理

(1) 测量结果的最佳值即为测量值。

(2) A 类标准不确定度 $u_A=0$。

(3) 合成标准不确定度 $u_C=u_B$。

(4) 总不确定度 $u=u_B$。

(5) 测量结果表示为 $x\pm u_B$(单位)。

2. 多次直接测量的数据处理

(1) 计算测量的平均值 $\bar{x}$。

(2) 计算各个直接测量量标准不确定度 u_A,u_B。

(3) 计算标准合成不确定度 u_C。

(4) 计算总不确定度 $u=u_C$。

(5) 测量结果表示为 $x=\bar{x}\pm u$(单位)。

二、间接测量量的数据处理方法

已知间接测量量与各直接测量量之间的函数关系,而且各直接测量量是相互独立的。间接测量物理量用 y 表示,各直接测量量分别用 $x_1,x_2,\cdots,x_n$ 表示,函数关系式为 $y=f(x_1,x_2,x_3,\cdots,x_n)$,各直接测量量的平均值和总不确定度分别为 $\bar{x}_1,\bar{x}_2,\bar{x}_3,\cdots,\bar{x}_n$ 和 $u_{x_1},u_{x_2},u_{x_3},\cdots,u_{x_n}$。

1. 间接测量量的平均值

$$\bar{y}=f(\bar{x}_1,\bar{x}_2,\bar{x}_3,\cdots,\bar{x}_n)$$

2. 间接测量量的不确定度

方法一：当函数关系为加差形式时，则分别求函数对各个自变量偏导数，代入不确定度传递公式。

$$u_y=\sqrt{\left(\frac{\partial f}{\partial x_1}\right)^2 u_{x_1}^2+\left(\frac{\partial f}{\partial x_2}\right)^2 u_{x_2}^2+\cdots+\left(\frac{\partial f}{\partial x_{x_n}}\right)^2 u_{x_n}^2}$$

方法二：当函数关系为积商形式时，先对函数表达式两边取对数，再分别求函数对各个自变量导数。

$$u_r=\frac{u_y}{\bar{y}}$$

$$=\sqrt{\left(\frac{\partial \ln f}{\partial x_1}\right)^2 u_{x_1}^2+\left(\frac{\partial \ln f}{\partial x_2}\right)^2 u_{x_2}^2+\cdots+\left(\frac{\partial \ln f}{\partial x_{x_n}}\right)^2 u_{x_n}^2}$$

$$u_y=u_r\cdot\bar{y}$$

3. 间接测量量表示

$$y=\bar{y}\pm u\ (\text{单位})$$

例 2.8 用千分尺测量钢球的直径 10 次，得到表 2.5.1 所示数据。

表 2.5.1 测量数据

测量次数	1	2	3	4	5	6	7	8	9	10
直径/mm	1.531	1.507	1.523	1.514	1.552	1.526	1.497	1.531	1.542	1.489

千分尺的仪器误差为±0.004 mm，求钢球的体积、不确定度及测量结果。

解 直径的平均值为

$$\overline{D}=1.521\,2\ \text{mm}$$

直径的 A 类标准不确定度为

$$u(\overline{D})=\sqrt{\frac{\sum_{i=1}^{10}(D_i-\overline{D})^2}{10(10-1)}}=0.006\,21\approx 0.0063\ \text{mm}$$

仪器误差为

$$\Delta_{\text{ins}}=0.004\ \text{mm}$$

B 类不确定度为

$$u_{\text{B}}=\frac{0.004}{\sqrt{3}}=0.002\,31\approx 0.002\,4\ \text{mm}$$

总不确定度为

$$u_D=\sqrt{u_{\text{A}}^2+u_{\text{B}}^2}=\sqrt{0.0063^2+0.0024^2}=0.006\,74\approx 0.007\ \text{mm}$$

直径的测量结果为

$$D=1.521\pm 0.007\ (\text{mm})$$

体积的总不确定度为

$$u_V=\frac{\pi}{6}\times 3\times\overline{D}^2\times u_{\overline{D}}$$

$$=\frac{\pi}{6}\times3\times1.521\,2^2\times0.007$$
$$=0.025\,44$$
$$\approx0.03\ \text{mm}^3$$（不确定度保留 1 位有效数字，宁大勿小）

体积的平均值为

$$\bar{V}=\frac{\pi}{6}\bar{D}^3=1.841\,475\,901\,59\ \text{mm}^3\approx1.84\ \text{mm}^3$$

体积的测量结果为 $V=1.84\pm0.03\ (\text{mm}^3)$（测量结果与不确定度末位对齐）。

注 在计算过程中，中间结果的有效位数可保留相应的多余位数。一般可取比测量值的位数多 1～2 位。

例 2.9 测某电阻 R 上消耗的电功率 P，直接测得其两端电压为 $U=1.42\pm0.02$ (V)，通过 R 的电流为 $I=(1.25\pm0.03)\times10^{-4}$ (A)，求其实验结果 P。

解 Ⅰ. 求电功率的平均值

$$\bar{P}=\bar{I}\cdot\bar{U}=1.25\times10^{-4}\times1.42=3.05\times10^{-4}\ \text{W}$$

Ⅱ. 利用不确定度传递公式求功率的总不确定度

功率的相对不确定度为

$$\frac{u_A}{P}=\sqrt{\left(\frac{u_U}{\bar{U}}\right)^2+\left(\frac{u_I}{\bar{I}}\right)^2}=\sqrt{\left(\frac{0.03}{1.25}\right)^2+\left(\frac{0.02}{1.42}\right)^2}=1.4\%$$

功率的总不确定度为

$$u_A=\bar{P}\cdot\frac{u_A}{P}=3.05\times10^{-4}\times1.4\%=0.05\times10^{-4}\ \text{W}$$

功率的测量结果表示为

$$P=(3.05\pm0.05)\times10^{-4}\ \text{W}$$

注意 将 $\bar{P}=\bar{I}\cdot\bar{U}=(1.25\pm0.03)\times10^{-4}\times(1.42\pm0.02)$ 形式进行计算是错误的。测量结果的表示必须是同数量级的。

例 2.10 利用分光计测三棱镜材料的折射率的公式为

$$n=\frac{\sin\dfrac{D+\alpha_{\min}}{2}}{\sin\dfrac{D}{2}}$$

测得顶角 $D=60°0'\pm2'$，最小偏向角 $\alpha_{\min}=50°58'\pm3'$，求该材料折射率的测量结果。

解 对折射率公式两边取对数，并求全微分

$$\ln n=\ln\left(\sin\frac{D+\alpha_{\min}}{2}\right)-\ln\left(\sin\frac{D}{2}\right)$$

$$\frac{d\bar{n}}{\bar{n}}=\frac{d\left(\sin\dfrac{\bar{D}+\bar{\alpha}_{\min}}{2}\right)}{\sin\dfrac{\bar{D}+\bar{\alpha}_{\min}}{2}}-\frac{d\left(\sin\dfrac{\bar{D}}{2}\right)}{\sin\dfrac{\bar{D}}{2}}$$

$$=\frac{1}{2}\cot\frac{\bar{D}+\bar{\alpha}_{\min}}{2}\cdot(d\bar{D}+d\bar{\alpha}_{\min})-\frac{1}{2}\cot\frac{\bar{D}}{2}\cdot d\bar{D}$$

$$=\frac{1}{2}\left(\cot\frac{\overline{D}+\overline{\alpha}_{\min}}{2}-\cot\frac{\overline{D}}{2}\right)\cdot d\overline{D}+\frac{1}{2}\cot\frac{\overline{D}+\overline{\alpha}_{\min}}{2}\cdot d\overline{\alpha}_{\min}$$

利用 $D=\overline{D}\pm u_D$，$\alpha=\alpha_{\min}\pm u_\alpha$；将 dn，dD，$d\alpha_{\min}$ 分别换成 u_n，u_D，u_α，则折射率的相对不确定度为

$$u_r=\frac{u_n}{n}=\frac{1}{2}\sqrt{\left(\cot\frac{\overline{D}+\overline{\alpha}_{\min}}{2}-\cot\frac{\overline{D}}{2}\right)^2\cdot u_D^2+\left(\cot\frac{\overline{D}+\overline{\alpha}_{\min}}{2}\right)^2\cdot u_\alpha^2}$$

将 $\cot\frac{\overline{D}}{2}=\cot 30°00'=1.732$，$\cot\frac{\overline{D}+\overline{\alpha}_{\min}}{2}=\cot\ 55°29'=0.688$，$u_D=2'=5.8\times 10^{-4}\,\text{rad}$，$u_\alpha=3'=8.7\times10^{-4}\,\text{rad}$ 代入上式，得

$$u_r=\frac{u_n}{\overline{n}}=\frac{1}{2}\sqrt{(1.732-0.688)^2(5.8\times10^{-4})^2+0.688^2\times(8.7\times10^{-4})^2}=8.5\times10^{-4}$$

材料的折射率为

$$\overline{n}=\frac{\sin 55°29'}{\sin 30°00'}=1.648$$

总不确定度为

$$u_n=\overline{n}\cdot u_r=0.001\,4$$

测量结果表示为

$$n=1.648\pm0.001$$

三、作图法处理数据

1. 作图法及其优点

作图法是一种被广泛用来处理实验数据的方法。优点：① 可以形象、直观地表示出物理量的变化规律，便于寻找实验规律和经验公式。② 具有延展性。测量点的总数目是有限的，通过图形的延展，可以推测未测量点的情况，甚至可以对测量范围以外的变化趋势做出推测。③ 可以方便地得到许多有用的参量。例如，最大值、最小值、极值，直线斜率和截距，弧线的曲率等。

2. 作图的规则

(1) 选用坐标纸。根据作图参量的性质，选用毫米直角坐标纸、双对数坐标纸、单对数坐标纸或其他坐标纸等。坐标纸的大小应根据测得数据的大小、有效数字多少以及结果的需要来定。

(2) 坐标轴的比例与标度。一般以横轴代表自变量，纵轴代表因变量。在坐标纸的左下方画两条粗细适当的线表示纵轴和横轴，在轴的末端近旁标明所代表的物理量及其单位。要适当选取横轴和纵轴的比例及坐标的起点，使曲线居中，并布满图纸的 70%～80%。标度时注意：

① 坐标的分度要根据实验数据的有效数字和对结果的要求来确定。原则上，数据中的可靠数字在图中也应是可靠的，而最后一位的估读数在图中亦是估计的，即不能因作图而引进额外的误差。

② 标度的选择应使图线显示其特点，标度应划分得当，以不用计算就能直接读出图线上每一点的坐标为宜。故通常用 1，2，5，而不选用 3，7，9 来表示刻度。

③ 横轴和纵轴的标度可以不同,或者两轴的交点不为零,以便调整图线的大小和位置。

④ 如果数据特别大或特别小,可以提乘积因子。例如,提出$\times10^3$或$\times10^{-2}$,放在坐标轴物理量单位符号前面。

(3) 曲线的标点与连线。用削尖的硬铅笔以小"+"字标在坐标纸上,标出各个测量数据点的坐标,要使与各测量数据对应的坐标准确地落在小"+"字的交点上。当一张图上要画几条曲线时,每条曲线可采用不同的标记如"×""◎""△""□"等以示区别。连线时要用直尺或曲线板等作图工具,根据不同情况,把数据点连成直线或光滑曲线。曲线并不一定要通过所有的点,而是要画一条代表性的光滑曲线,要求偏差点均匀分布在曲线两旁。在画曲线时,发现个别偏离过大的数据点,应当舍去并进行分析或重新测量核对。校准曲线要通过校准点,连成折线。

(4) 标写图名。一般在图纸上部附近空旷位置写出简洁完整的图名,下部标明班级、姓名和日期。所写字体一律用仿宋体。

3. 由实验图线求解

利用已作好的图线,定量地求得待测量或得出经验公式,称为图解法。尤其当图线为直线时,采用此法更为方便。

直线图解一般是求出相应的斜率和截距,进而得出完整的线性方程。其步骤为:

(1) 选点——两点法。

为求直线的斜率,通常用两点法。在直线的两端任取两点$A(x_1,y_1)$,$B(x_2,y_2)$(注意:不能在实验数据中选取两点,而是在所画的直线上选取两点),并用与实验数据点不同的记号表示,在记号旁注明其坐标值。这两点应尽量分开些(见图 2.5.1a)。如果两点太靠近,计算斜率时会使结果的有效数字减少(见图 2.5.1b),但这两点的选取也不能超出实验数据范围,因为选这样的点无实验依据(见图 2.5.1c)。

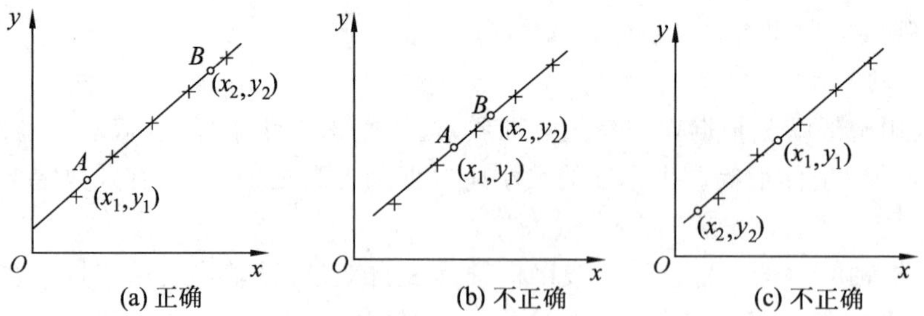

图 2.5.1 图解法选点

(2) 求斜率。

因为直线方程为$y=ax+b$,将两点坐标值代入,可得直线斜率

$$a=\frac{y_2-y_1}{x_2-x_1} \tag{2.5.1}$$

(3) 求截距。

若图纸坐标起点为零,则可将直线用虚线延长,得到与纵坐标轴的交点,即可求得截

距。若起点不为零，则可由计算得

$$b=\frac{x_2y_1-x_1y_2}{x_2-x_1} \tag{2.5.2}$$

例 2.11 伏安法测电阻，实验数据如表 2.5.2 所示，根据实验数据作图；用解析方法，求出电阻值 R。

表 2.5.2 实验数据

	1	2	3	4	5	6	7	8	9	10
U/V	0.74	1.52	2.33	3.08	3.66	4.49	5.24	5.98	6.76	7.50
I/mA	2.00	4.01	6.22	8.20	9.75	12.00	13.99	15.92	18.00	20.01

解 Ⅰ. 选择合适的坐标分度值，确定坐标纸的大小。根据表中数据，电压(U) 轴可选 1 mm 对应于 0.10 V，电流(I) 轴可选 1 mm 对应于 0.20 mA。坐标纸的大小(略大于坐标范围、数据范围) 约为 130 mm×130 mm。

Ⅱ. 标明坐标轴。用粗实线画坐标轴，用箭头标轴方向，标坐标轴的名称或符号、单位，再按顺序标出坐标轴整分格上的量值。

Ⅲ. 用"+"或 "×"或"Δ"在坐标纸上标出每个数据点。

Ⅳ. 连成图线。用直尺、曲线板等把点连成光滑的直线或曲线。不要求直线通过每个实验点，但直线要通过大多数数据点，不在直线上的点均匀分布在直线两侧，且离直线较近，如图 2.5.1 所示。

Ⅴ. 标出图线特征。从所绘直线上，任取两点 A，B 的坐标(注意：这两点不能是实验中测量的数据)，求出其斜率，就可求出 R 值，如图 2.5.2 所示。

$$R=\frac{U_B-U_A}{I_B-I_A}=\frac{7.00-1.00}{18.58-2.76}=0.379\ (\text{k}\Omega)$$

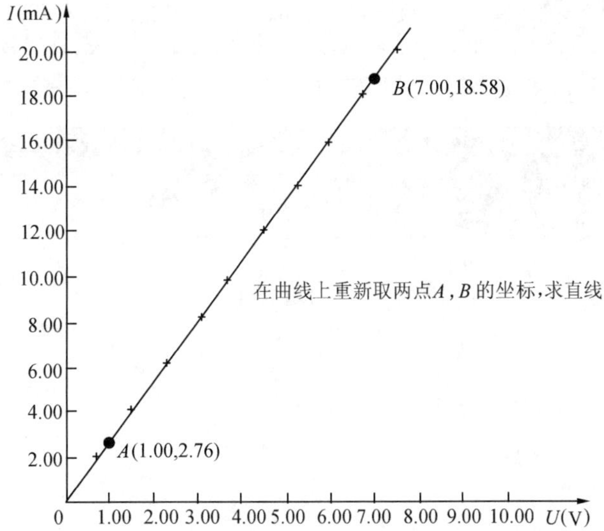

图 2.5.2 在曲线上选点

4. 用 Excel 软件画图

Excel 的图表功能为实验数据处理的作图、拟合直线、拟合曲线、拟合方程和相关系数平方的数值讨论带来了极大的方便。

其操作步骤为：

(1) 单击工具栏中“图表向导”按钮，便进入“图表向导”的对话框，图表类型选择 *XY* 散点图，如图 2.5.3 所示。

(2) 在图 2.5.3 所示情况下，单击“下一步”，显示如图 2.5.4 所示。

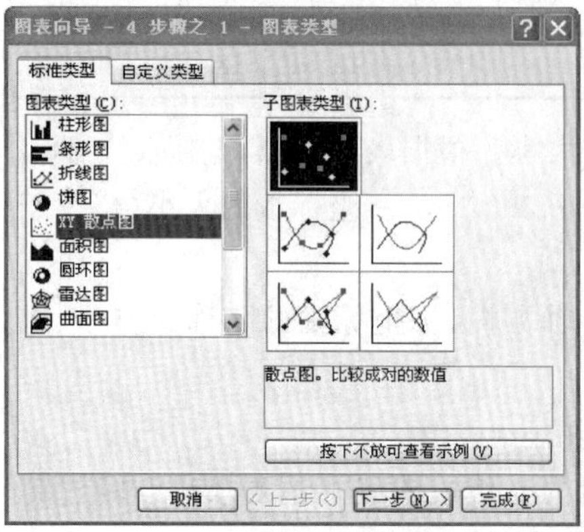

图 2.5.3　图表类型

图 2.5.4　图表源数据

(3) 先选定数据表中包含所需数据的所有单元格，如图 2.5.5 所示，再单击右下角方块，显示如图 2.5.6 所示，单击“下一步”。

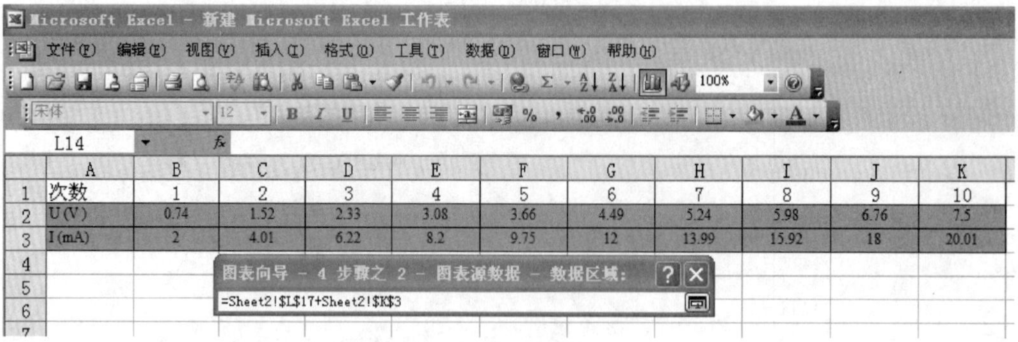

图 2.5.5　数据区域

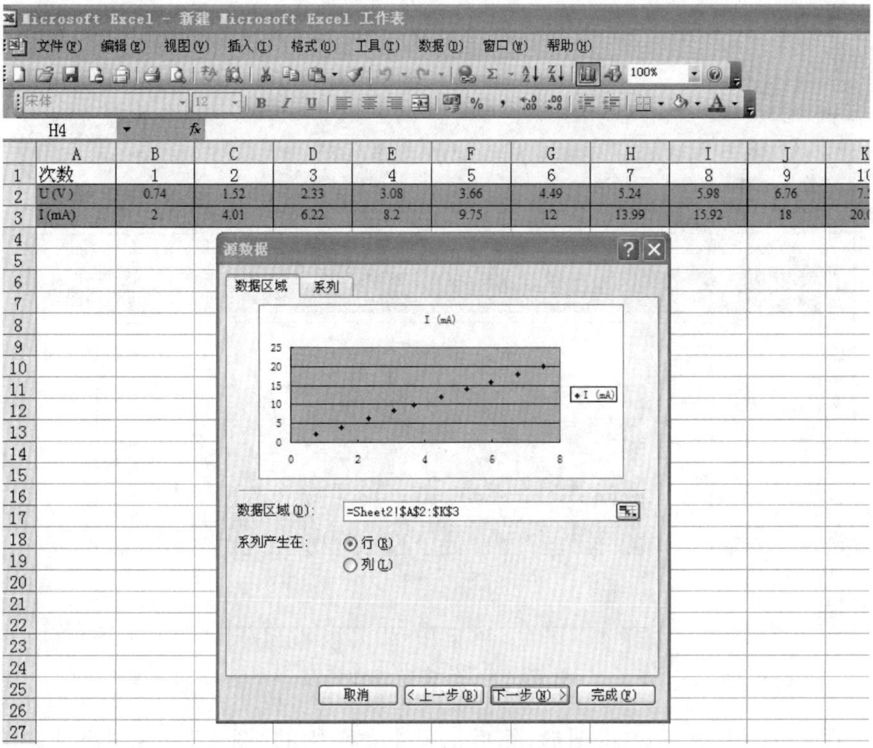

图 2.5.6 源数据

(4) 在图 2.5.6 的基础上,单击"下一步",得到图 2.5.7。在图 2.5.7 的"图表标题"处填写图的名称,在"数值(X)轴"处填写自变量符号,在"数值(Y)轴"处填写因变量符号。

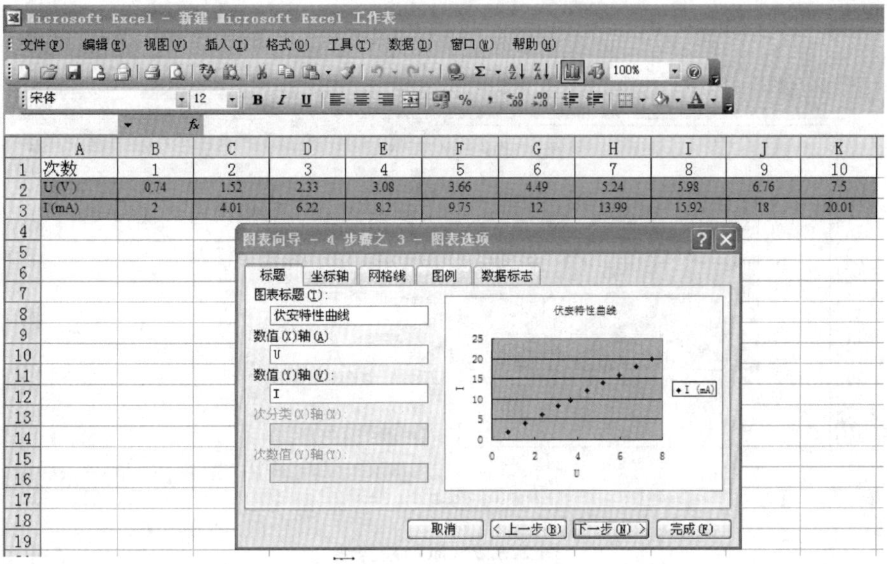

图 2.5.7 图表选项

(5) 在图 2.5.7 的基础上单击“下一步”，最后单击“完成”便可得到图表，如图 2.5.8 所示。

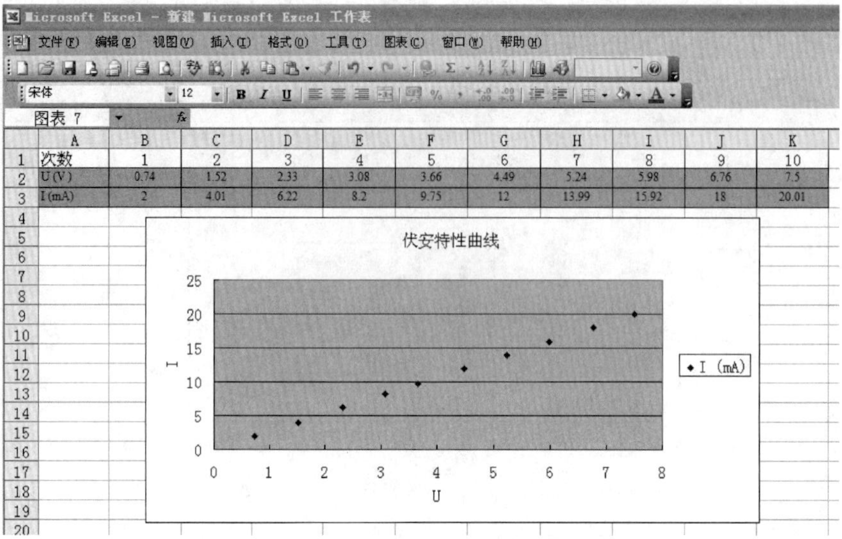

图 2.5.8 伏安特性曲线表

(6) 在 Excel 表中，先单击图形，然后选择主菜单中的“图表”，单击“添加趋势线”命令。在图 2.5.9 所示界面中单击“选项”标签，选中“显示公式”和“显示 R 平方值”复选框。

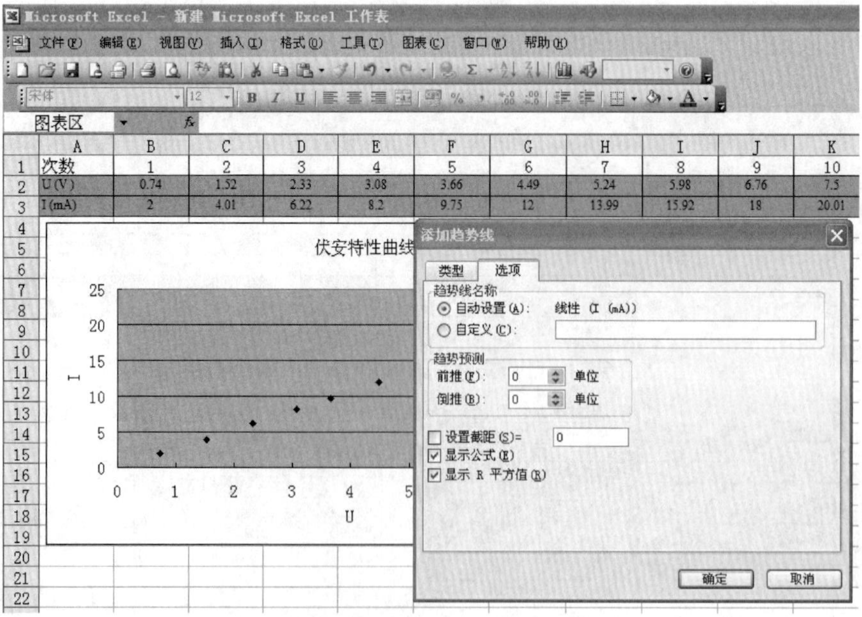

图 2.5.9 添加趋势线

(7) 单击"类型"标签,选中"线性",如图 2.5.10 所示。

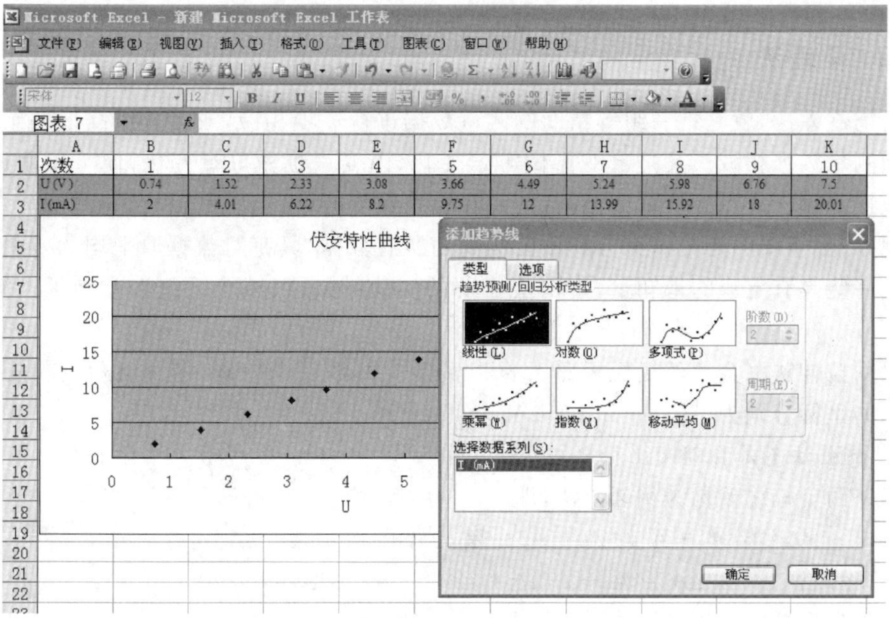

图 2.5.10 选择"线性"

(8) 单击"确定"便可得到拟合直线或曲线、拟合方程和相关系数平方的数值,如图 2.5.11 所示。

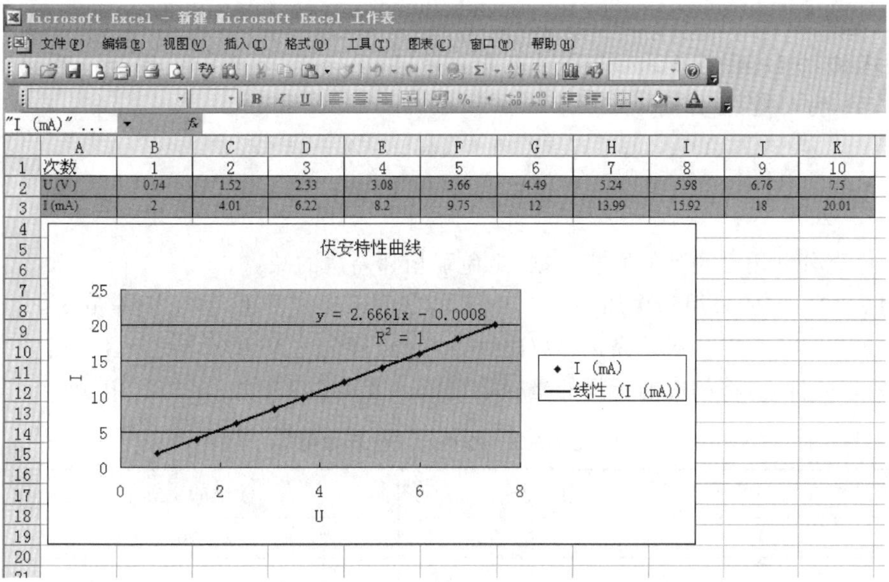

图 2.5.11 得到数值

Excel 功能非常强大，以上只介绍了其中很少一部分功能，以便于为实验数据处理提供方便。

四、逐差法

所谓逐差法，就是把一组等精度的测量数据进行逐项相减，或者分成高低两组，实行对应项测量数据相减。凡是自变量做等量变化，因变量也做等量变化，便可采用逐差法进行数据处理。优点是计算简便，特别是在检查数据时，可以随测随检，及时发现差错和数据规律；更重要的是可以充分利用已测到的所有数据，具有对数据取平均的效果；还可以绕过一些具有定值的未知量，求出所需要的实验结果；可减小系统误差和扩大测量范围等。

以用拉伸法测金属丝杨氏模量为例。实验中每加一个砝码，因金属丝的伸长，相应的标尺的坐标分别为 $A_0, A_1, A_2, A_3, A_4, A_5, A_6, A_7$。

1. 逐差法不是相邻两坐标之差

相邻两坐标之差称为相邻差法，即

$$\Delta A_1 = A_1 - A_0, \Delta A_2 = A_2 - A_1, \Delta A_3 = A_3 - A_2, \Delta A_4 = A_4 - A_3,$$
$$\Delta A_5 = A_5 - A_4, \Delta A_6 = A_6 - A_5, \Delta A_7 = A_7 - A_6$$

相邻坐标差的平均值为

$$\Delta\overline{A} = \frac{\Delta A_1 + \Delta A_2 + \cdots + \Delta A_7}{7} = \frac{A_7 - A_0}{7}$$

这样，在计算 $\Delta\overline{A}$ 时，仅用到了 A_7 和 A_0 两个数据，这与一次增加 7 个砝码的单次测量等价，故逐差法不能选用相邻坐标差。

2. 逐差法

逐差法就是把上述 8 组数据分成两组，0～3 和 4～7，即 A_0, A_1, A_2, A_3 为一组，A_4, A_5, A_6, A_7 为一组，坐标间距取 4。

$$\Delta A_1 = A_4 - A_0, \Delta A_2 = A_5 - A_1, \Delta A_3 = A_6 - A_2, \Delta A_4 = A_7 - A_3$$
$$\Delta\overline{A} = \frac{\Delta A_1 + \Delta A_2 + \Delta A_3 + \Delta A_4}{4}$$

这样充分利用已测到的所有数据，避免了相邻差法的缺点。

例 2.12 实验采用每次加一个 0.5 kg 的砝码来改变受力，可保证等距变化，且砝码读数误差相对于长度的误差完全可忽略，因而完全符合逐差所要求的条件。因负荷的改变，金属丝的伸长，将相应的标尺的坐标数据填入表 2.5.3。

表 2.5.3 相应标尺坐标数据

次数 k	负荷/kg	标尺的坐标 A_i/cm
0	0.0	0.11
1	0.5	0.42
2	1.0	0.73
3	1.5	1.04

续表

次数 k	负荷/kg	标尺的坐标 A_i/cm
4	2.0	1.36
5	2.5	1.64
6	3.0	1.95
7	3.5	2.35

根据逐差法的要求，把上表中的8组数据分成0～3和4～7两组。这样把相隔0.5 kg测量一次转化成了相隔2 kg测量一次，即

$$\Delta A_1 = A_4 - A_0 = (1.36 - 0.11)\ \text{cm} = 1.25 \times 10^{-2}\ \text{m}$$

$$\Delta A_2 = A_5 - A_1 = (1.64 - 0.42)\ \text{cm} = 1.22 \times 10^{-2}\ \text{m}$$

$$\Delta A_3 = A_6 - A_2 = (1.95 - 0.73)\ \text{cm} = 1.22 \times 10^{-2}\ \text{m}$$

$$\Delta A_4 = A_7 - A_3 = (2.35 - 1.04)\ \text{cm} = 1.31 \times 10^{-2}\ \text{m}$$

从而有

$$\Delta \bar{A} = \frac{\Delta A_1 + \Delta A_2 + \Delta A_3 + \Delta A_4}{4}$$

$$= \frac{1}{4}(1.25 + 1.22 + 1.22 + 1.31) \times 10^{-2}\ \text{m} = 1.25 \times 10^{-2}\ \text{m}$$

即每增加2 kg力，从尺度望远镜得到因金属丝的伸长读数标线坐标的平均改变量为1.25×10^{-2} m。

五、列表法处理数据

列表法就是将一组有关的实验数据和计算过程中的数值依一定的形式和顺序列成表格，有关物理量之间的关系，以及数据和处理数据过程中存在的问题都能在表格中显示出来。

特点是结构紧凑，简单明了，便于比较、分析和查找。同时，易于及时发现问题，有助于找出各物理量之间的相互关系和变化规律。

列表基本要求：

(1) 各栏目均应标注名称和单位，注明在表的上方。

(2) 列入表中的数据应是原始数据，计算过程中的一些中间结果和最后结果也可以列入表中，但应写出计算公式，表中应能够看到数据处理的方法和思路，而不能把列表简单为数据的堆积。

(3) 栏目的顺序应充分体现数据的联系和计算的程序，力求条理性和简明化。

(4) 有必要的附加说明，如测量仪器的规格、测量条件、表格名称等。

(5) 表中的直接测量值、最后结果应能正确地反映测量误差。中间过程的计算值可以多保留一位，也可以与测量值有效数字一致。

例2.13 测矩形面积S，将5次测得长L、宽H的数值填入表2.5.4。

表 2.5.4　测得的长、宽数据

cm

物理量		长 L	宽 H	面积 $\overline{S}=\overline{L}\cdot\overline{H}(cm^2)$
仪器		米尺	游标卡尺	—
分度值		0.1	0.002	—
仪器误差(B 类标准不确定度)u_B		0.05	0.002	—
测量次数	1	12.02	4.624	—
	2	12.01	4.622	—
	3	12.03	4.620	—
	4	12.01	4.622	—
	5	12.02	4.624	—
平均值		12.02	4.622	55.556 44
A 类标准不确定度	$u_A=\sqrt{\dfrac{\sum_{i=1}^{n}(x_i-\overline{x})^2}{n(n-1)}}$	0.02	0.008	—
总不确定度	$u=\sqrt{u_A^2+u_B^2}$	0.05	0.008	0.05
测量结果	$55.56\pm0.05\ (cm^2)$			

注意　表中所有单位均相同，在表右上方标出。若表中有少数物理量单位不同，可单独注明。

六、最小二乘法与线性拟合

用图解法处理数据虽然有许多优点，但它比较粗略，因为在绘图中人工拟合曲线有一定的主观随意性。不同的人用同一组测量数据作图，其结果是不同的，故用图解法进行数据处理，得到的结果不是唯一的，而且也不是最佳的结果。所以用图解法处理数据时，不要求不确定度。如何才能从实验数据中找到一个最佳函数形式拟合于观测点的测量值(所谓拟合，就是给观测点的测量值找到一个最佳函数表达式的过程)，求出函数表达式？而且运用这种方法处理数据可以得到唯一的、最佳的测量结果。也就是说，如何设计一条曲线能最好地拟合于观测点，使观测点均匀分布在曲线两侧，而且到曲线的距离相等？这种方法就是最小二乘法。

1. 最小二乘法

最小二乘法就是从一组等精度的测量数据中，找出测量值的最佳值，或者寻找一条曲线能最好地拟合于观测点。最小二乘法拟合曲线是以误差理论为基础，涉及许多概率统计知识，所以说它是最科学、最准确的数据处理方法，是从事科学研究的人员应具备的知识。但是最小二乘法计算比较复杂，在大学物理实验中所遇到的物理量之间的函数关系大都是线性的，或者能够通过变量代换化为线性的，因此本教材仅介绍用最小二乘法进行直线拟合(线性回归)的问题。找到一条最佳的拟合直线，在这条直线上各点相应的值与 y 的测量值，对应纵坐标值之偏差的平方和在所有拟合中是最小的。

2. 线性回归

假设物理量 y 是 x 的线性函数，满足的函数关系式为

$$y=ax+b$$

在相同实验测量条件下，测得自变量的值为 $x_1, x_2, x_3, \cdots, x_n$，对应的物理量 y 测量值依次为 $y_1, y_2, y_3, \cdots, y_n$。

1）测量值与函数计算值之间的偏差

对于一组$(x_i, y_i, i=1,2,\cdots,n)$数据点，将 x_i 代入方程 $y=ax+b$，则每次测量值 y_i 与按方程 ax_i+b 计算出的值之间的偏差为

$$\Delta y_i = y_i-(ax_i+b)$$

2）确定待定系数 a, b

根据最小二乘法原理，所有偏差的平方和为极小值，即

$$\sum_{i=1}^{n}\Delta y_i^2=\sum_{i=1}^{n}[y_i-(ax_i+b)]^2=\text{极小值} \tag{2.5.3}$$

式(2.5.3)中(x_i, y_i)是测量值，不是变量，要使上式达到最小，待定量只能是 a, b。如果设法确定了这两个参数，那么物理量 y 和 x 之间的函数关系式也就唯一确定了。根据求极值的条件，将式(2.5.3)分别对 a, b 求一阶导数，并令其等于零，即

$$\frac{\partial\left(\sum\limits_{i=1}^{n}\Delta y_i^2\right)}{\partial a}=-2\sum_{i=1}^{n}x_i(y_i-ax_i-b)=0$$

$$\frac{\partial\left(\sum\limits_{i=1}^{n}\Delta y_i^2\right)}{\partial b}=2\sum_{i=1}^{n}(y_i-ax_i-b)=0 \tag{2.5.4}$$

由式(2.5.4)解得

$$a=\frac{n\sum\limits_{i=1}^{n}x_iy_i-\left(\sum\limits_{i=1}^{n}x_i\right)\left(\sum\limits_{i=1}^{n}y_i\right)}{n\left(\sum\limits_{i=1}^{n}x_i^2\right)-\left(\sum\limits_{i=1}^{n}x_i\right)^2}$$

$$b=\frac{\left(\sum\limits_{i=1}^{n}x_i^2\right)\left(\sum\limits_{i=1}^{n}y_i\right)-\left(\sum\limits_{i=1}^{n}x_i\right)\left(\sum\limits_{i=1}^{n}x_iy_i\right)}{n\left(\sum\limits_{i=1}^{n}x_i^2\right)-\left(\sum\limits_{i=1}^{n}x_i\right)^2} \tag{2.5.5}$$

3）相关系数 γ

相关系数 γ 用于检验拟合直线是否成功。在待定系数确定后，还要检验一下拟合直线是否成功，引入一个相关系数 γ 来判断。γ 表示两变量之间的函数关系与线性函数的符合程度。

相关系数的定义：

$$\gamma=\frac{\sum\limits_{i=1}^{n}\Delta x_i\Delta y_i}{\sqrt{\sum\limits_{i=1}^{n}(\Delta x_i)^2}\cdot\sqrt{\sum\limits_{i=1}^{n}(\Delta y_i)^2}} \tag{2.5.6}$$

式中：$\Delta x_i = x_i - \bar{x}$，$\Delta y_i = y_i - \bar{y}$。相关系数大小表示相关程度好坏。

当$|\gamma|=1$或接近1时，表明实验数据分布密集，符合求得的直线，y和x的线性关系好，用线性函数拟合比较合理。

当$\gamma=0$时，表示x和y是相互独立的变量，完全线性不相关，说明不能用线性函数拟合，必须用其他函数试探。

当$|\gamma|<1$时，表示x和y的测量值线性不好，$|\gamma|$越小，线性越差。

$\gamma>0$，拟合直线斜率为正；$\gamma<0$，拟合直线斜率为负。

七、平均法

所谓平均法，就是用于处理方程数目多于变量个数的一种方法。采取把数据组合并，得出与待定参量相同方程数，然后联立求解方程组，得出参量的数值。

例 2.14 在简谐振动研究实验中，弹簧振子的振动周期为

$$T = 2\pi\sqrt{\frac{m_1 + m_0}{k}}$$

或

$$T^2 = \frac{4\pi^2}{k}(m_1 + m_0)$$

即T^2是m_1的线性函数。其中，m_1是弹簧振子的质量，m_0是弹簧的等效质量，k是弹簧振子的弹性系数。将实验数据填入表2.5.5。

表 2.5.5 实验数据

测量次数	1	2	3	4	5	6	7	8
m_1	0.00	5.00	10.00	15.00	20.00	25.00	30.00	35.00
T^2	0.558	1.000	1.462	1.855	2.307	2.756	3.140	3.553

将表2.5.5中的数据代入上述弹簧振子的周期公式，得下列方程组：

$$0.558 = a_0$$
$$1.000 = a_0 + 5.00a_1$$
$$1.462 = a_0 + 10.00a_1$$
$$1.855 = a_0 + 15.00a_1$$
$$2.307 = a_0 + 20.00a_1$$
$$2.756 = a_0 + 25.00a_1$$
$$3.140 = a_0 + 30.00a_1$$
$$3.553 = a_0 + 35.00a_1$$

将前、后四个方程各相加合并为一个，即：

$$4.875 = 4a_0 + 30.00a_1$$
$$11.756 = 4a_0 + 110.00a_1$$

可以解得$a_0 = 0.573\,7$，$a_1 = 0.086\,01$。

显然，不同的合并方法会得出不同的结果。平均法处理数据是简便的，但是它也不

是在严格统计理论基础之上的。最好的方法是采用建立在统计理论基础之上的最小二乘法的回归法处理数据。

练习题

1. 指出下列各量为几位有效数字，再将各量改取为 3 位有效数字，并写成标准式。

① 1.085 0 cm　　② 2 575.0 g　　③ 3.141 592 6 s

④ 0.864 29 m　　⑤ 0.030 1 kg　　⑥ 979.436 cm · s^{-2}

2. 按照不确定度理论和有效数字运算规则，改正以下错误。

(1) 0.30 m 等于 30 cm 等于 300 mm。

(2) 有人说 0.123 0 是 5 位有效数字，有人说是 3 位有效数字，请改正并说明原因。

(3) 试正确表示某组每次测量结果，并计算各次测量值的相对不确定度。

① $d_1=(10.800\pm0.02)$ cm　　② $d_1=(10.800\pm0.02)$ cm

③ $d_3=(10.8\pm0.002)$ cm　　④ $d_4=(10.8\pm0.12)$ cm

3. 按照有效数字的运算规则，正确表示下列测量值的计算结果。

① $\sin 20°6'$　　② lg 480.3　　③ $e^{3.250}$

4. 试利用有效数字运算法则，计算下列各式的结果(应写出第一步简化的情况)。

① $\dfrac{76.000}{40.00-2.0}=$

② $\dfrac{50.00\times(18.30-16.3)}{(103-3.0)(1.00+0.001)}=$

③ $\dfrac{100.0\times(5.6+4.412)}{(78.00-77.0)\times10.000}+110.0=$

5. 已知直接测量量 x_1，x_2 的平均值和不确定度，间接测量量与直接测量量的函数关系为 $y=x_1+x_2$，直接测量量 x_1，x_2 分别取下列值：

① $x_1=(1.1\pm0.1)$ cm，$x_2=(2.387\pm0.001)$ cm；

② $x_1=(37.13\pm0.02)$ mm，$x_2=(0.623\pm0.001)$ mm。

试求出间接测量量 y 的平均值和不确定度，并正确表示测量结果。

6. 已知 $I=1.218\pm0.002$ (A)，$R=1.00\pm0.03$ (Ω)，$U=IR$。试算出 U 的实验结果。

7. 用 2 m 的钢卷尺通过自准法测某凸透镜的焦距 f 值 8 次得：116.5，116.8，116.5，116.4，116.6，116.7，116.2，116.3 mm。试计算并表示出该凸透镜焦距的实验结果。

8. 用精密三级天平称一物体的质量 M，共称 6 次，结果分别为 3.612 7，3.612 2，3.612 1，3.612 0，3.612 3，3.612 5 g，试正确表示实验结果。

9. 有人用秒表测量单摆周期，测一个周期为 1.9 s，连续测 10 个周期总时间为 19.3 s，连续测 100 个周期总时间为 192.8 s。在分析周期的误差时，他认为用的是同一只秒表，又都是单次测量，而一般秒表的误差为 0.1 s，因此各次测得的周期的误差均应取为 0.2 s。你的意见如何？理由是什么？如连续测 10 个周期数，10 次各为 19.3，19.2，19.4，19.5，19.3，19.1，19.2，19.5，19.4，19.5 s，该组数据的实验结果应为多少？

10. 用单摆法测重力加速度 g，得如下实测值：

摆长 L/cm	61.5	71.2	81.0	89.5	95.5
周期 T/s	1.571	1.696	1.806	1.902	1.965

请按作图规则作 $L-T$ 图线和 $L-T^2$ 图线，并求出 g 值。

11. 对某实验样品（液体）的温度重复测量 10 次，得如下数据：

t(℃)＝20.42，20.43，20.40，20.43，20.42，20.43，20.39，19.20，20.40，20.43

试计算平均值，并判断其中有无过失误差存在。

12. 试指出下列实验结果表示中的错处，并写出正确的表达式。

① $a=8.524\ \text{m}\pm 50\ \text{cm}$　　② $t=3.75\ \text{h}\pm 15\ \text{min}$

③ $g=9.812\pm 14\times 10^{-2}\ (\text{m/s}^2)$　　④ $S=25.400\pm 1/30\ (\text{mm})$

13. 用伏安法测量电阻值，在不同的电压下测得相应的电流值（如下表），试用毫米方格纸作伏安特性曲线，求算它的电阻值，并与直接计算的电阻值的平均值做比较。

U/V	0.200	0.400	0.600	0.800	1.000	1.200	1.400	1.600
$I/\times 10^{-3}$ A	5.2	10.4	15.5	23.5	25.6	30.5	35.5	40.2

第三章

常用测量仪器

第一节 长度测量仪器

长度是最基本的物理量之一，国际公认的标准长度单位是米(m)，1983 年第 17 届国际计量大会审议并批准米的定义，即“1 米是光在真空中 1/299 792 458 秒的时间间隔内所经路程的长度”。《中华人民共和国计量法》规定以国际单位制(简称 SI 制)作为国家法定计量单位，长度的基本单位是米(m)。

测量长度的量具、仪器和方法多种多样，最基本的量具有米尺、游标卡尺和螺旋测微计。对于微小长度测量可以借助光学放大的方法，如读数显微镜、测微目镜、尺读望远镜和迈克尔逊干涉仪等。

一、米尺

在实验室中进行普通的长度测量，使用的是温度系数小、受环境条件(湿度、压力等)影响小的米尺，米尺有 15 cm，30 cm，100 cm 等多种规格，其最小分度值一般为 1 mm。大学物理实验中的很多实验仪器(如光具座的导轨、气垫导轨、复摆的摆杆等)上都标有米尺。由于米尺有一定的厚度，为避免测量者从不同角度观测时造成读数误差，应将米尺的刻度线紧贴在待测物体上。测量时，一般不用米尺的端边作为测量起点，而选择某一刻度作为起点，以免由于边缘磨损而引起误码差，读数由米尺上的准确读数和估读位读数组成(估读位读数是估计值，允许有误差)。图 3.1.1 是以 10 cm 刻线为起点，测得图 3.1.1a 中待测物体的长度为 2.66 cm，其中准确读数为 2.6 cm，估读位读数为 6；图 3.1.1b中待测物体的长度为 2.90 cm，其中准确读数为 2.9 cm，估读位读数为 0。

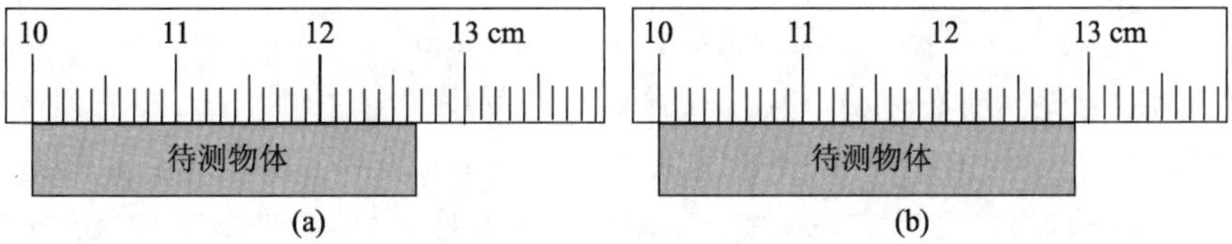

图 3.1.1 待测物体

在测量垂直的或水平悬空的长度时，由于米尺自重而造成的弯曲变形会影响测量，因此要注意尽量使米尺不发生形变。

二、游标卡尺

游标卡尺是一种利用游标提高精度的长度测量仪器，其构造如图 3.1.2 所示。

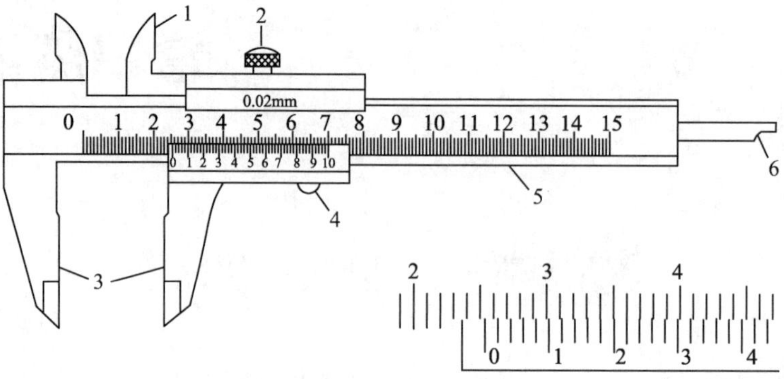

1—内量爪；2—紧固螺丝；3—外量爪；4—游标；5—主尺；6—深度尺

图 3.1.2 游标卡尺

1. 直游标原理

游标是附在主尺上的一个可移动的附件，利用它可使测量数据更为精确。

如图 3.1.3 所示，在标准米尺(主尺，其最小分度 y 为 1 mm)上附有一个可以沿主尺尺身滑动的游标(副尺)，游标上 m(50)个分度格的长度和主尺上 $m-1$(49)个分度格的长度相等，游标上最小分度值 x 可由 $mx=(m-1)y$ 算得。主尺上每格分度值 y 与游标上每格分度值 x 的差值称为游标精度值，也是游标尺能准确读到的最小分度值，用 Δy 表示，即 $\Delta y=y-x=\frac{y}{m}$。图 3.1.3 中游标精度值为 0.02 mm。

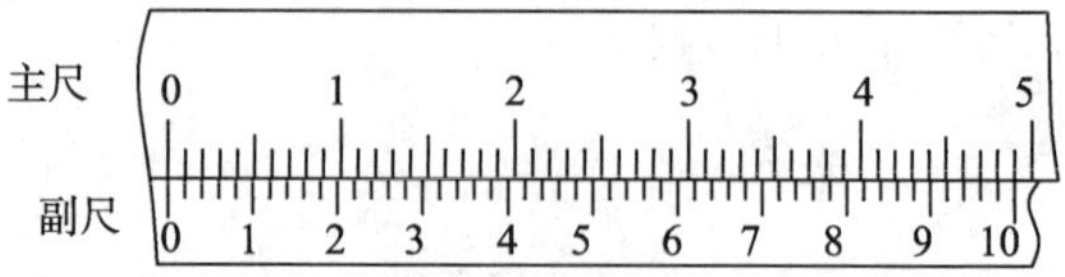

图 3.1.3 直游标

2. 读数方法

在图 3.1.3 上，当游标的“0”刻度线与主尺的“0”刻度线对齐时，游标上第 50 条刻度线与主尺上第 49 条刻度线对齐，此时游标上的第 1 条刻度线与主尺上的 1 mm 刻度线之间的距离差为 0.02 mm。游标上第 5 条刻度线与主尺上 5 mm 处的刻度线的间距为

$$\Delta l=5\times 0.02=0.10\ \text{mm}$$

以此类推，当游标向右移动，使游标的第 10 条刻度线与主尺 1 cm 处的刻度对齐时，游标“0”刻度线与主尺的“0”刻度线的间距 $\Delta l=10\times 0.02=0.20$ mm。为了便于直接读数，在游标的第 5,10,15,20,25,30,35,40,45 根线上标有“1”“2”“3”“4”“5”“6”“7”“8”“9”字样，表示游标的这些线与主尺刻度线对齐时，Δl 分别为 0.10 mm，0.20 mm，

0.30 mm，0.40 mm，0.50 mm，0.60 mm，0.70 mm，0.80 mm，0.90 mm，如图 3.1.2、图 3.1.3 所示。

综上所述，游标尺的读数方法可归纳为：先从主尺上读出游标“0”刻度线所在的整数刻度值 l(mm)，再从游标上读出不足 1 mm 的 Δl 数值。若游标上第 k 条刻度线与主尺刻度线对齐，则 Δl 部分的读数为 $\Delta l=k\cdot\Delta y=k\cdot(y-x)=k\cdot\frac{y}{m}$，最后结果为 $L=l+\Delta l=l+k\cdot\frac{y}{m}$。

图 3.1.2 中，从主尺上读出游标“0”刻度线所在的整数刻度值 l 为 2.5 cm(25 mm)；不足 1 mm 的 Δl 读数为 0.22 mm(游标上与主尺刻度线准确对齐的是第 11 条游标刻线，$\Delta l=11\times0.02$ mm)。实际上，在用最小分度值为 0.02 mm 的游标卡尺时，还可用直读方法对 Δl 读数，看到游标上“2”后面的第一根刻度线对齐，即 0.20 mm+1×0.02 mm=0.22 mm，依次类推，假若看到游标上“1”后面的第 3，4 根刻度线对齐，就是 0.16，0.18 mm，而不必数游标上的刻度线数 k。

3. 注意事项

(1) 游标卡尺使用前，先将卡口合拢，检查游标的“0”刻线和主尺的“0”刻线是否重合。若不重合，说明游标卡尺两卡口间无待测物时就有读数(称零点读数)，用此尺测量时测量值存在误差，必须对测量读数进行零点修正。修正方法：测量值=读数−零点读数。

(2) 推动游标尺时，不要用力过猛，测待测物体时松紧应适当，不能卡住物体后再移动物体，以防卡口受损。

(3) 待测物体放置在卡口处测量，测量时卡口要卡正，使待测长度量与主尺平行。

(4) 测量完成后，应将游标卡尺两卡口间留有间隙，及时放入包装盒内，不能随便放在桌上，更不能放在潮湿的地方。

(5) 严禁磕碰游标卡尺，以保持精度。游标卡尺长期不用时，应涂油保养。

三、螺旋测微量具

螺旋测微量具是利用螺旋测微系统测量长度的测量量具。螺旋测微系统是将测微螺杆的角位移转变为直线位移的系统。它是由一根螺距为 y 的精密螺杆和与它配套的螺母套筒两部分组成。固定螺杆转动螺母或固定螺母转动螺杆，都会使螺母在螺杆上直线移动，每转动一圈(360°)，直线移动距离为螺距 y。如果螺母套筒圆周上刻有 m 个分度，则螺母套筒每转动一个分度，移动的距离为$\frac{y}{m}$，可以根据转动的角度求得移动的直线距离，这就是所谓的“机械放大”。

大学物理实验中常见的具有螺旋测微系统的量具有螺旋测微器、测微目镜、读数显微镜等，迈克尔逊干涉仪的读数部分也运用了螺旋测微系统。

1. 螺旋测微器

螺旋测微器又称千分尺，其构造如图 3.1.4 所示。在固定套管 D 上套有一个活动套筒 C(微分筒，又称鼓轮)，两者由高精度螺纹紧密咬合。鼓轮 C 与测量轴 A 相连，转动鼓轮可带动测量轴伸出与缩进。在活动套筒的尾端装有棘轮 K，棘轮转动可带套筒旋转，但阻力过大时，棘轮会空转，即不带套筒旋转，以保证待测物体在砧台 E 和测量轴 A 间不会被夹得太紧而变形。固定套管 D 与砧台 E 以一个弓形支架 G 相连，在弓形支架上还装有一个锁紧手柄 F，把它向左扳动，可锁住测量轴 A。

图 3.1.4 所示的是螺距为 0.5 mm 的螺旋测微器，固定套管 D 上刻有主尺，一条横线称主尺准线，在横线的上下方都有与它相垂直的分度值为 1 mm 的刻度，而上下相邻两刻度线的间距为 0.5 mm。鼓轮 C 的周界被等分成 50 格。当鼓轮旋转一圈时，鼓轮带动测量轴在主尺上移动 0.5 mm，则鼓轮转动一格，测量轴相应地移动 $\frac{y}{m}=\frac{0.5}{50}=0.01$ mm，再加上估读数，其测量值读数可达到 0.001 mm。测量值读数是主尺读数和鼓轮读数之和。主尺读数是由鼓轮与主尺分界线读出的主尺的准确刻度值，小于半格的数据无须估读；鼓轮读数是由主尺准线读出的鼓轮刻度值及估读位构成。图 3.1.5a 中的主尺读数为 5.5 mm，鼓轮读数为 0.155 mm，最终读数为 5.655 mm。读数时特别要注意，当鼓轮与主尺分界线位于主尺刻度线附近时，主尺读数要通过主尺准线与鼓轮“0”刻线的相对位置来判断：当主尺准线与鼓轮“0”刻线重合为一条直线时，分界线正好位于主尺刻度线上；当主尺准线位于鼓轮“0”刻线下方时，分界线还没过主尺刻度线；当主尺准线位于鼓轮“0”刻线上方时，分界线已过主尺刻度线。图 3.1.5b 中主尺读数为 1.5 mm，鼓轮读数为 0.473 mm，最终读数为 1.973 mm（图 3.1.5b 中微分筒准线刚好在整毫米 2 mm 刻线上，表示测量物的长度接近 2 mm，因此测量结果应该接近 2.000 mm。此时，应先读鼓轮读数 B，再由鼓轮读数 B 来判断整毫米刻线是过了还是没有过，以确保测量结果接近 2.000 mm。若判断 2 mm 刻线过了，则主尺读数为 2.0 mm；若判断 2 mm 刻线没过，则主尺读数为 1.5 mm）。

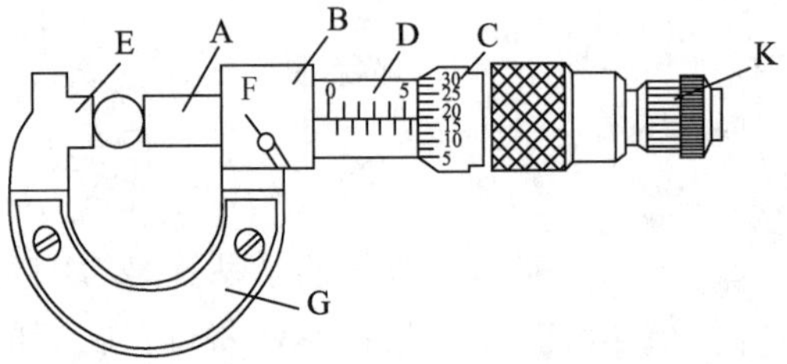

图 3.1.4　螺旋测微器

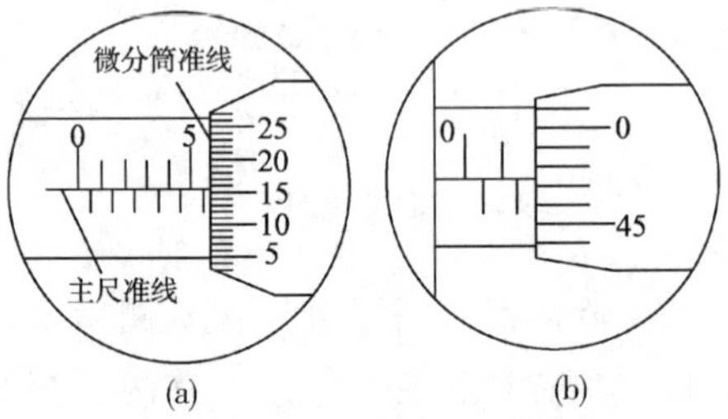

图 3.1.5　螺旋测微器读数

使用螺旋测微器时应注意：在测量轴向砧台靠近快夹住待测物时，必须使用棘轮而不能直接转动活动套筒，听到“咯、咯”声时即表示待测物体已被夹住，即停止转动，进行读数，不要将待测物拉出，以免磨损砧台和测量轴。

2. 测微目镜

测微目镜是带测微装置的目镜，它的构造是一个螺旋测微器加一个放大镜，可作为测微显微镜和测微望远镜等仪器的部件，在光学实验中有时也作为一个测长仪器独立使用。图 3.1.6 是一种常见的丝杠式测微目镜的结构剖面图。鼓轮 5 转动时通过传动螺旋 4 推动叉丝玻片 3 移动；鼓轮反转时，叉丝玻片因受弹簧恢复力作用而反向移动。有

100个分格的鼓轮每转一周，叉丝移动1 mm，所以鼓轮上的最小刻度为0.01 mm。测微目镜中螺旋测微部件的刻度主尺有内置和外置两种，内置主尺刻在图3.1.6固定的刻线板2上，外置主尺刻在鼓轮内的固定套筒7上。测微目镜的读数为主尺读数和鼓轮读数之和。图3.1.7a是内置主尺的测微目镜，在目镜视场内看到固定刻线板上的毫米刻度尺、可移动分划板上的叉丝与竖双叉丝，主尺读数为3 mm(由竖双叉丝(选其中一根竖线)读出刻度尺上的整刻度值)，鼓轮读数为0.601 mm(由固定套筒的横线读出鼓轮整刻度值和估读位)，最终读数为3.601 mm。图3.1.7b是外置主尺的测微目镜，在目镜视场内看到十字叉丝，主尺读数为7 mm(由鼓轮与固定套筒分界线读出主尺的整刻度值)，鼓轮读数为0.209 mm(由固定套筒的横线读出鼓轮整刻度值和估读位)，最终读数为7.209 mm。

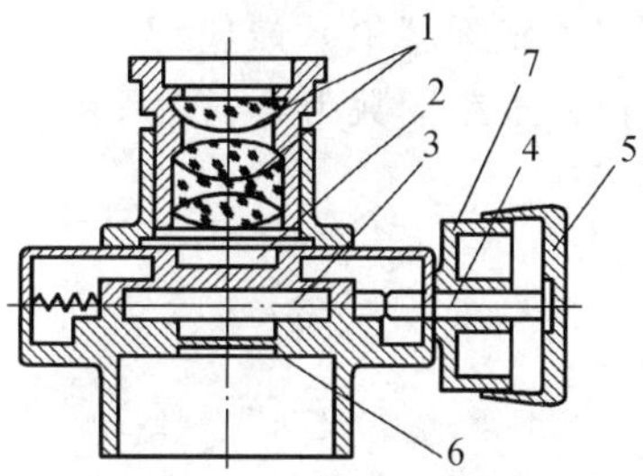

1—放大镜(目镜)；2—固定的刻线板；3—活动叉丝玻片；4—传动螺旋；5—鼓轮；6—防尘玻璃；7—固定套筒

图3.1.6 测微目镜

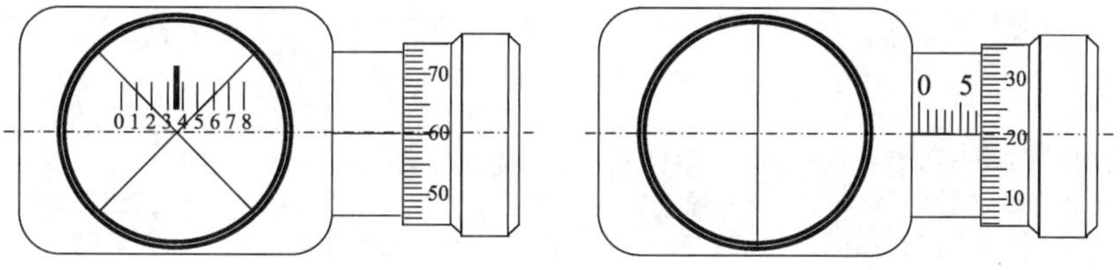

(a) 内置主尺　　(b) 外置主尺

图3.1.7 测微目镜视场内的标尺和叉丝

利用测微目镜可以测量待测物体像的长度。首先在视场中能观察到待测物体清晰的像，让竖叉丝与待测物体像的起点重合，读出初值 y_0，转动鼓轮使竖叉丝与待测物体像的终点重合，读出终值 y_1，则待测物体像的长度为 $|y_1-y_0|$。

3. 读数显微镜

读数显微镜是目前高等院校用于基础物理实验的常备仪器，是螺旋测微系统和显微镜组合起来精确测量微小长度的光学仪器，其构造如图3.1.8所示。目镜2可用锁紧螺钉3固定于任一位置，棱镜室19可在360°方向上旋转，物镜15用丝扣拧入镜筒内，镜筒16用调焦手轮4完成调焦。转动测微鼓轮6，显微镜沿燕尾导轨做横向移动。利用锁紧手轮Ⅰ8，将方轴9固定于接头轴7的十字孔中，接头轴7可在底座11中旋转、升降，并可用锁紧手轮Ⅱ10固定。根据使用要求不同，方轴也可插入接头轴另一个十字孔中，使镜筒处于水平位置。压片13用来固定被测件。旋转反光镜旋轮12调节反光镜方位。为便于做牛顿环实验，本仪器还配备了半反镜14。

读数显微镜的读数装置与测微目镜类似，也应用了螺旋测微系统的原理。它的主尺量程是50 mm，最小分度是1 mm，螺旋的螺距为1 mm，鼓轮上有100个分度，鼓轮转动一周，整个显微镜水平移动1 mm，即鼓轮上1格对应0.01 mm。读数显微镜的读数由主尺读数与鼓轮读数之和组成。图3.1.8b中主尺读数为24 mm(由主尺读数刻线20读出主尺整刻度值)，鼓轮读数为 0.209 mm(由鼓轮读数刻线 21 读出鼓轮整刻度值及估读位)，最终读数为 24.209 mm。

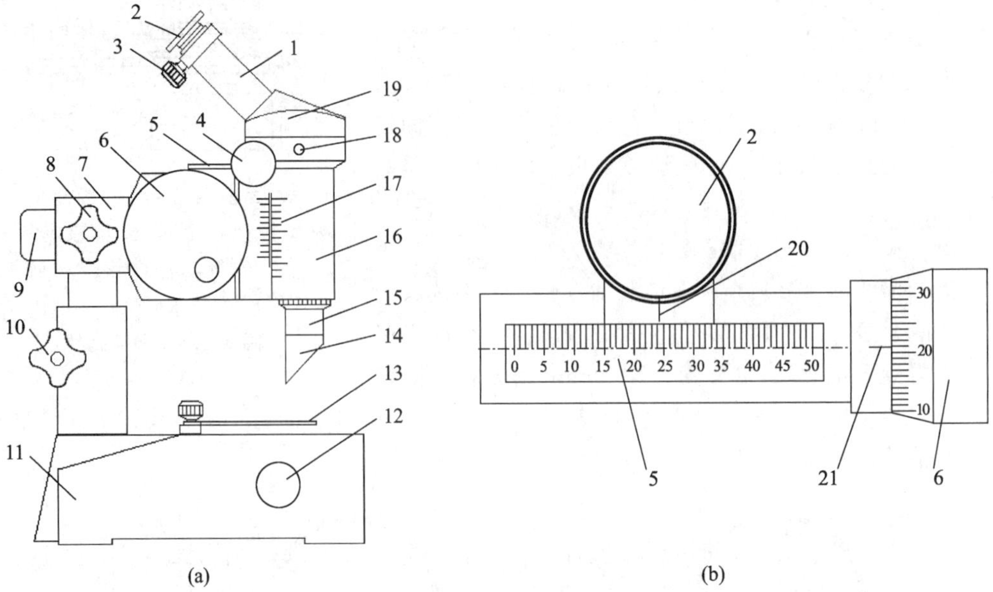

1—目镜接筒；2—目镜；3—目镜锁紧螺钉；4—调焦手轮；5—标尺(主尺)；6—测微鼓轮；7—接头轴；8—锁紧手轮Ⅰ；9—方轴；10—锁紧手轮Ⅱ；11—底座；12—反光镜旋轮；13—压片；14—半反镜组；15—物镜组；16—镜筒；17—刻度(调高度)；18—棱镜室锁紧螺钉；19—棱镜室；20—主尺读数刻线；21—鼓轮读数刻线

图 3.1.8　读数显微镜

测量方法：将被测件放在工作台面上，用压片 13 固定，旋转棱镜室 19 至最舒适位置，用锁紧螺钉 18 止紧，调节目镜 2 进行视度调整，使分划板清晰，转动调焦手轮 4，从目镜中观察，使被测件成像清晰为止；调正被测件，使其被测部分的横面和显微镜移动方向平行。转动测微鼓轮 6，使十字分划板的竖叉丝对准被测件的起点，记下初值 A，沿同方向转动测微鼓轮，使竖叉丝恰好停止于被测件的终点处，记下终值 A'，则所测的长度为 $L=|A'-A|$。

4. 迈克尔逊干涉仪

干涉仪是根据光的干涉原理制成的一种进行精密测量的仪器，在科学技术上有着广泛的应用。干涉仪的形式很多，迈克尔逊干涉仪是其中的一种。迈克尔逊干涉仪是一种利用分割光波振幅的方法实现干涉现象观测的物理光学仪器。迈克尔逊干涉仪的主体结构如图 3.1.9 所示。

迈克尔逊干涉仪器介绍 MOOC　　**迈克尔逊干涉仪器调节 MOOC**

迈克尔逊干涉仪的读数装置采用两级螺旋测微系统组合来精确测量微小长度，两级螺旋的螺距均为 1 mm，主尺的最小分度为 1 mm。两级螺旋测微系统的测微原理：第一级螺旋测微装置中的粗鼓轮将主尺上的 1 格分成 100 分度，粗鼓轮的 1 格对应 0.01 mm；第二级螺旋测微装置中的微鼓轮将粗鼓轮的 1 格分成 100 分度，微鼓轮的 1 格对应 0.000 1 mm。迈克尔逊干涉仪的读数为主尺读数、粗鼓轮读数和微鼓轮读数三者之和。图 3.1.9b 所示主尺读数为 58 mm（由动镜上主尺读数刻线读出主尺的整刻度值），图 3.1.9d 所示粗鼓轮读数为 0.49 mm（由粗鼓轮读数刻线读出粗鼓轮整刻度值），微鼓轮读数为 0.007 09 mm（由微鼓轮读数刻线读出微鼓轮整刻度值和估读位），最终读数为 58.497 09 mm。

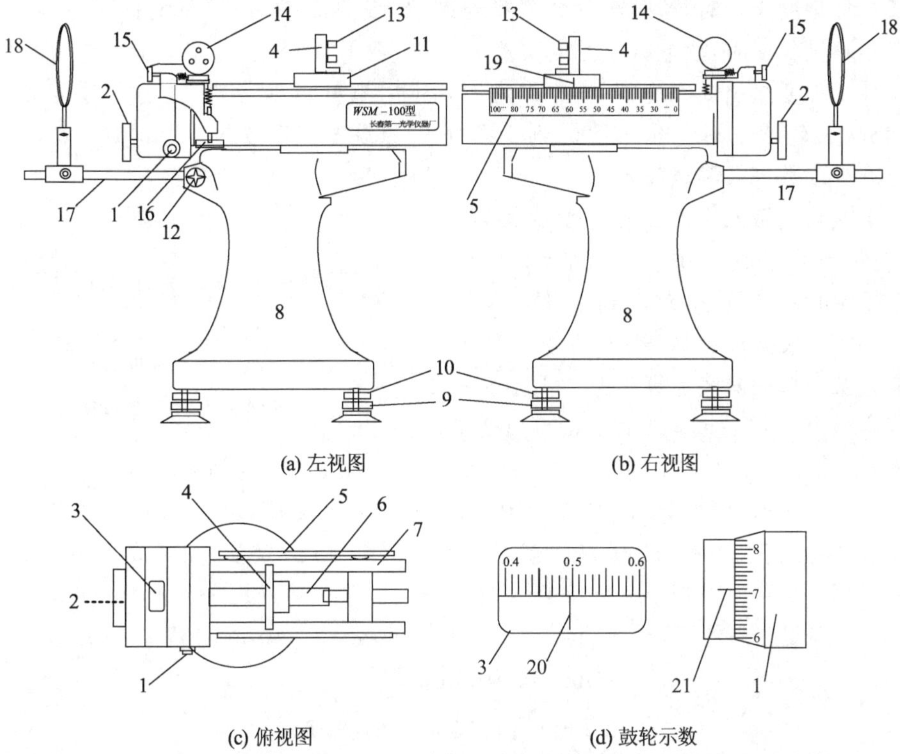

1—微鼓轮；2—粗鼓轮；3—粗鼓轮读数窗口；4—动镜；5—毫米标尺（主尺）；6—框架和精密丝杆；7—导轨；8—底座；9—调平螺丝；10—锁紧圈；11—拖板；12—加紧螺丝；13—滚花螺丝（三颗）；14—定镜；15—水平拉簧螺钉；16—垂直拉簧螺钉；17—支架杆；18—观察屏；19—主尺读数刻线；20—粗鼓轮读数刻线；21—微鼓轮读数刻线

图 3.1.9　迈克尔逊干涉仪

（1）测量动镜沿导轨方向移动距离的方法：同一方向（顺时针或逆时针）旋转粗、微鼓轮，使动镜沿导轨向前或向后移动，记录动镜初始位置读数 y_0，同方向旋转微鼓轮，使动镜前后移动，读出终值 y_1，则动镜沿导轨方向移动距离为 $|y_1 - y_0|$。

（2）迈克尔逊干涉仪的读数装置校正零点：将微鼓轮沿某一方向（测量移动方向）旋转，使微鼓轮的读数刻线至零点，然后沿相同方向旋转粗鼓轮，使其读数刻线与读数窗中的某一刻线对齐。在后面的测量过程中，鼓轮只能沿这个方向旋转（转动微鼓轮时，粗鼓轮会随之转动，但是转动粗鼓轮时微鼓轮不会随之转动，因此读数前必须校正）。

5. 注意事项

(1) 测微目镜、读数显微镜和迈克尔逊干涉仪是较精密的测量仪器，在使用和搬运中应谨慎小心，避免振动和碰撞。仪器应保持清洁、润滑。

(2) 测微目镜、读数显微镜和迈克尔逊干涉仪中采用的螺旋测微系统，由于测微螺杆与螺母套管之间有间隙，因此，每次测量时，测微鼓轮只能向同一个方向旋转，否则会产生很大的回程误差。

(3) 采用的螺旋测微系统的仪器需对读数进行零点读数的修正。

以螺距为 1 mm、鼓轮最小分度为 0.01 mm 的螺旋测微系统为例，当主尺读数刻线与主尺某个整刻度重合时，若鼓轮读数刻线与鼓轮“0”刻度不对齐，系统就存在零点读数，用该仪器测量长度时，读数存在零点误差，如图 3.1.10 所示。图 3.1.10a 鼓轮读数刻线与鼓轮“0”刻度对齐，系统零点读数为零，因此测量读数不需要进行零点修正；图 3.1.10b,c 鼓轮读数刻线与鼓轮“0”刻度不对齐，系统零点读数分别为 0.100,0.959 mm，需要对测量读数进行零点修正。

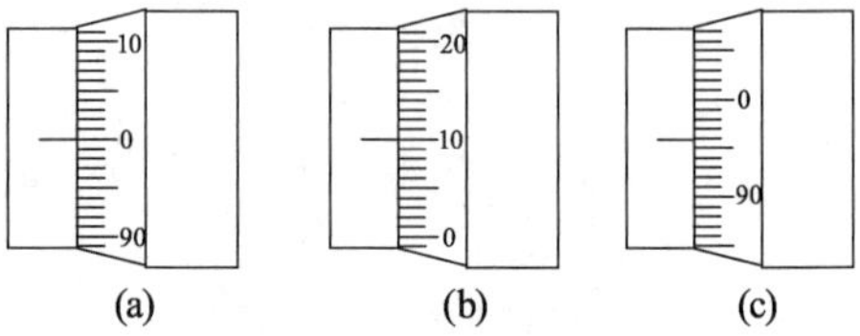

图 3.1.10 零点读数

由于螺旋测微系统的鼓轮刻度示数为 0～99，鼓轮转动时示数由 0 连续递增到 99，然后再转动鼓轮时示数从 99 跳变到 0，即类似于逢 100 变 0 的无限循环整数，因此零点读数的修正不能只做简单的减法运算。图 3.1.10b 中鼓轮刻度示数 0～9 对应图 3.1.10a 的刻度示数 90～99，图 3.1.10b 中鼓轮刻度示数 10～99 对应图 3.1.10a 的刻度示数 0～89，表 3.1.1 中列出图 3.1.10b 鼓轮刻度值对应的图3.1.10a准确刻度值，可以从中找出零点修正的规律：设用零点读数为 y 的螺旋测微仪器测得的读数为 y_0，零点修正后的准确读数为 y_1。当 $y_0<y$ 时，$y_1=y_0+1-y$；当 $y_0\geqslant y$ 时，$y_1=y_0-y$。例如：$y=0.100$ mm，若 $y_0=0.090$ mm，则修正后的 $y_1=(0.090+1-0.100)$ mm $=0.990$ mm；若 $y_0=0.110$ mm，则修正后的 $y_1=(0.110-0.100)$ mm $=0.010$ mm。

表 3.1.1 零点读数修正规律研究 mm

鼓轮刻度值 y_0	准确读数 y_1	零点读数 $y=0.100$ mm 修正规律
0.05	0.95	$y_0<y, y_1=y_0+1-y$
0.10	0.00	$y_0\geqslant y, y_1=y_0-y$
0.15	0.05	
0.20	0.10	
0.25	0.15	
0.30	0.20	
0.35	0.25	
0.40	0.30	

续表

鼓轮刻度值 y_0	准确读数 y_1	零点读数 $y=0.100$ mm 修正规律
0.45	0.35	$y_0 \geq y, y_1 = y_0 - y$
0.50	0.40	
0.55	0.45	
0.60	0.50	
0.65	0.55	
0.70	0.60	
0.75	0.65	
0.80	0.70	
0.85	0.75	
0.90	0.80	
0.95	0.85	

四、尺读望远镜与光杠杆

利用尺读望远镜与光杠杆既可以进行微小长度的测量，又可以进行远距离的测量。

1. 尺读望远镜与光杠杆的微小长度测量原理

在金属线胀系数测量和拉伸法测金属丝的杨氏弹性模量实验中，有时就利用尺读望远镜与光杠杆测量金属杆（金属丝）的微小伸长量。

光杠杆装置如图 3.1.11a 所示，它是由平面镜和三脚架构成，平面镜与三脚架平面垂直。光杠杆两只前足（定足）放置于工作平台上的横槽中，后足（动足）放在待测物的测量平台中心。当待测物的长度发生变化时，待测物的测量平台中心会相应升降，光杠杆的后足随着平台中心一起升降，镜面则以两只前足的连线为轴转动。

在图 3.1.11b 中，M 为光杠杆平面镜面，A 为望远镜旁边的标尺，光杠杆的后足到两只前足连线的垂直距离为 Z，标尺到光杠杆镜面的距离为 D。由反射定律可知：初始状态下望远镜筒的对称轴线与平面镜 M 垂直，平面镜 M 与标尺平行，望远镜视场中间十字叉丝的横丝线对应在标尺上的读数为 A_0；当待测物的长度伸长 δ 时，光杠杆后足下降，平面镜面转过 θ 角，其法线也随之转过 θ 角，望远镜视场中间十字叉丝的横丝线对应在标尺上的读数为 A_m。从图中可以看出：

$$\tan\theta = \frac{\delta}{Z}$$

$$\angle A_1OA_2 = 2\theta$$

$$\tan 2\theta = \frac{\Delta A}{D} = \frac{A_m - A_0}{D}$$

由于 θ 角很小，所以

$$\theta \approx \tan\theta = \frac{\delta}{Z},\ 2\theta \approx \tan 2\theta = \frac{A_m - A_0}{D}$$

消去 θ，得

$$\delta=\frac{(A_m-A_0)Z}{2D}, A_m-A_0=\frac{2D\delta}{Z} \tag{3.1.1}$$

标尺读数差 A_m-A_0 比实际伸长量 δ 放大了 $\frac{2D}{Z}$ 倍，即利用光杠杆放大原理可以将测量微小长度变化量 δ 转化为对一般量 A_m-A_0 的测量。设 $D=150.0\ \text{cm}$，$Z=3.000\ \text{cm}$，$\frac{2D}{Z}=100$，放大了 100 倍，$A_m-A_0=0.01\ \text{cm}$，则 $\delta=\frac{3\times 0.01}{2\times 150}\ \text{cm}=0.000\ 1\ \text{cm}=0.001\ \text{mm}$。

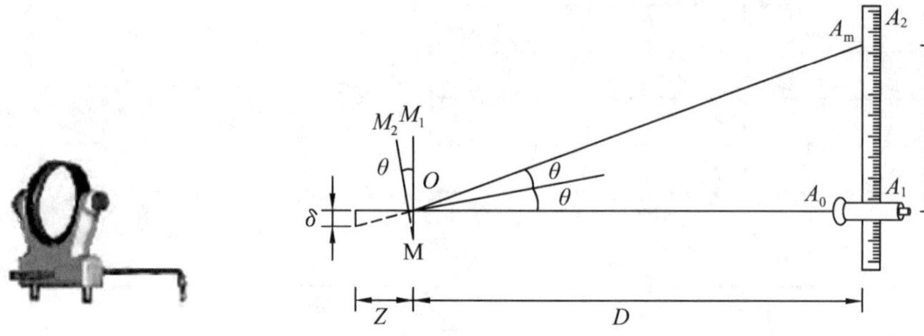

(a) (b)

图 3.1.11　尺读望远镜测微小长度原理图

2. 尺读望远镜与光杠杆的远距离测量原理

如图 3.1.12 所示，望远镜筒的对称轴线与平面镜 M 垂直，平面镜 M 与标尺 A、标尺像 A′(平面镜 M 对标尺 A 所成的像)平行，标尺 A 与光杠杆平面镜间距离为 D，标尺像 A′与光杠杆平面镜间距离为 D，望远镜内上、下视距丝 PQ 的间距为 m，望远镜物镜焦点为 F，物镜焦距为 f，物镜至标尺距离为 δ，望远镜内上、下视距丝 PQ 在标尺上的读数为 P_1，Q_1，P_1Q_1 间距为 n。

由相似三角形 $P'Q'F$ 与 P_1Q_1F 可得

$$\frac{m}{n}=\frac{f}{d}, d=\frac{nf}{m}$$

$$2D=\delta+f+d=\delta+f+\frac{nf}{m} \tag{3.1.2}$$

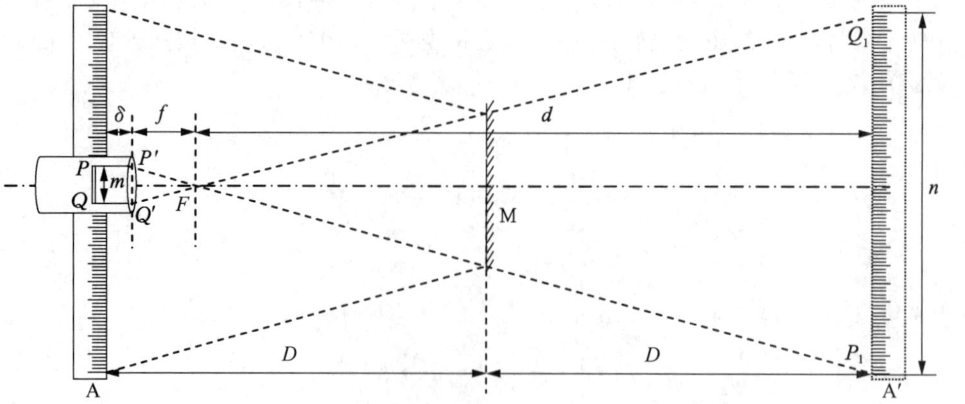

图 3.1.12　尺读望远镜远距离测距原理图

令 $K=\frac{f}{m}$，$C=f+\delta$，则有

$$2D=C+Kn \tag{3.1.3}$$

式中：K，C 分别称为视距乘常数和视距加常数。

现在常用的内对光望远镜的视距常数，设计时已使 $K=100$，C 接近于零，则 $2D=100n$，即 $D=50n$，可以通过望远镜内上、下视距丝 PQ 在标尺上的读数 P_1，Q_1，根据 $n=|P_1-Q_1|$，计算出 D，测量误差为$\frac{C}{2}$。

3. 注意事项

(1) 光杠杆的放置：两只前足(定足)放置于工作平台上的横槽中，后足(动足)放在待测物的测量平台中心，使后足随待测物的长度变化而升降。

(2) 尺读望远镜与光杠杆的调节过程：首先，使尺读望远镜和光杠杆的镜面处于同一高度，望远镜筒对称轴线与镜面垂直；然后粗调，通过望远镜向上方两瞄准点观察到光杠杆镜面内标尺的像，左右调节尺读望远镜的位置，使两瞄准点连线与镜面内标尺的像基本重合；最后细调，旋转望远镜的调焦旋钮，使视场中出现清楚的标尺像，再仔细调节望远镜筒下端的调平螺丝，使望远镜筒对称轴线与镜面垂直。

(3) 由于标尺的最小分度为 1 mm，标尺的"0"刻度在中心位置，向两端都刻有相同的刻度值，读数前请先规定一端刻度值为正，则另一端刻度值为负，读数参照米尺的读法，读数要估读一位。如图 3.1.13 中，若先规定下端刻度值为负，则望远镜视场中十字叉丝横丝对应的读数为 -3.69 cm。

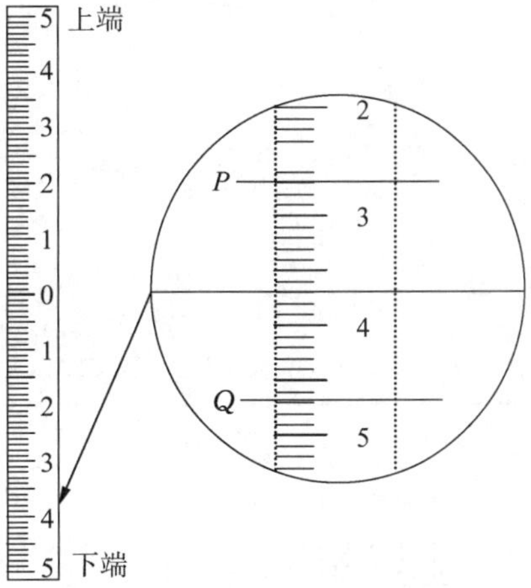

图 3.1.13　尺读望远镜标尺读数

第二节　角度测量仪器

角度测量是测量、计量技术的内容之一。角度的单位制有角度制和弧度制两种。角度制是用度(°)、分(′)、秒(″)作为单位来度量角的单位制，是角度的常用单位，规定圆周角的$\frac{1}{360}$为 1°的角，$1°=60'$，$1'=60''$，运算法则是逢六十进一；弧度制中规定长度等于半径的弧长所对的圆心角称为 1 弧度，记作 1 rad，$1°=\frac{\pi}{180}$ rad。在大学物理实验中有很多角度的物理量需要测量，如测量三棱镜的顶角、最小偏向角、光的偏振中的布儒斯特角、光栅衍射实验中的衍射角、旋光溶液的旋光角等。大学物理实验中常用的角度测量仪器如分光仪、圆盘旋光仪等采用的都是角游标原理，与直游标原理相似。

一、分光计

1. 分光计的结构

分光计的型号很多，结构基本相同，主要由 4 个部件组成：平行光管、望远镜、载物台和读数装置，如图 3.2.1 所示。分光计各调节装置的名称和作用如表 3.2.1 所示。

分光计实验仪器结构和调节 MOOC

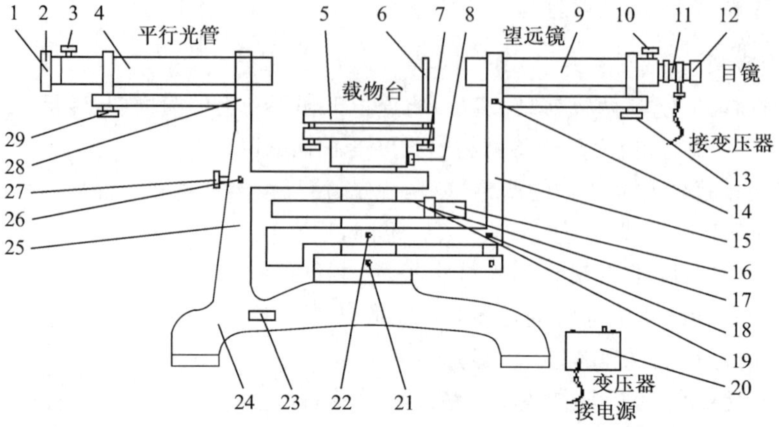

图 3.2.1　分光计结构

表 3.2.1　分光计各调节装置的名称和作用

代号	名　称	作　用
1	狭缝宽度调节螺丝	调节狭缝宽度，改变入射光宽度
2	狭缝装置	
3	狭缝装置锁紧螺丝	松开时，前后拉动狭缝装置，调节平行光；锁紧后，固定狭缝装置
4	平行光管	产生平行光
5	载物台	放置光学元件
6	夹持待测物簧片	夹持载物台上的光学元件
7	载物台调节螺丝(3 只)	调节载物台台面水平
8	载物台锁紧螺丝	松开时，载物台可单独转动和升降；锁紧后，可使载物台与读数游标盘同步转动
9	望远镜	观测经光学元件作用后的光线
10	目镜装置锁紧螺丝	松开时，目镜装置可伸缩和转动(望远镜调焦)；锁紧后，固定目镜装置
11	阿贝式自准目镜装置	可伸缩和转动(望远镜调焦)
12	目镜调焦手轮	调节目镜焦距，使分划板、叉丝清晰
13	望远镜光轴仰角调节螺丝	调节望远镜的俯仰角度
14	望远镜光轴水平调节螺丝	调节该螺丝，可使望远镜在水平面内转动

续表

代号	名　称	作　用
15	望远镜支架	
16	游标盘	盘上对称设置两游标
17	游标	分成 30 小格，每一小格对应角度 1′
18	望远镜微调螺丝	该螺丝位于图 3.2.1 的反面。锁紧望远镜支架制动螺丝 21 后，调节螺丝 18，使望远镜支架做小幅度转动
19	刻度盘	分为 360°，最小刻度为半度(30′)，小于半度则利用游标读数
20	目镜照明电源	打开该电源 20，从目镜中可看到一绿斑及黑十字叉丝
21	望远镜支架制动螺丝	该螺丝位于图 3.2.1 的反面。锁紧后，只能用望远镜微调螺丝 18 使望远镜支架做小幅度转动
22	望远镜支架与刻度盘锁紧螺丝	锁紧后，望远镜与刻度盘同步转动
23	分光计电源插座	
24	分光计底座	
25	平行光管支架	
26	游标盘微调螺丝	锁紧游标盘制动螺丝 27 后，调节螺丝 26 可使游标盘做小幅度转动
27	游标盘制动螺丝	锁紧后，只能用游标盘微调螺丝 26 使游标盘做小幅度转动
28	平行光管光轴水平调节螺丝	调节该螺丝，可使平行光管在水平面内转动
29	平行光管光轴仰角调节螺丝	调节平行光管的俯仰角

分光计的底部是一个三角底座，底座的中央固定着竖轴，称为分光计的中心轴，刻度盘和游标盘(内盘)套在中心轴上，可以绕中心轴旋转。

分光计的平行光管和望远镜 MOOC

1）平行光管

平行光管的作用是产生平行光。在其圆柱形筒的一端装有一个可伸缩的套筒，套筒末端有一狭缝，筒的另一端装有消色差透镜组。伸缩狭缝装置，使其恰位于透镜的焦平面上时，平行光管就出射平行光。可通过调节平行光管光轴水平调节螺丝和平行光管光轴仰角调节螺丝改变平行光管光轴的方向，通过调节狭缝宽度调节螺丝改变狭缝宽度，改变入射光束宽度。

2）望远镜

望远镜用来观察目标和确定光线方向，物镜 L_0 和一般望远镜一样为消色差物镜；目镜 Le 的结构通常采用的是阿贝式目镜或高斯目镜。阿贝目镜式望远镜如图 3.2.2 所示：O 为分划板，分划板上刻划的是“ǂ”形的叉丝线，叉丝线的上部水平线与垂直线组成“调整十字叉丝”；P 是一块 45°全反射小棱镜，其表面涂了不透明薄膜，薄膜上刻有一个空心十字窗口，称“十字叉丝”；小电珠 S 发出的光从管侧射入后，调节目镜前后位置，可在望远镜目镜视场中看到图 3.2.2b 所示图像。若在物镜前放一面平面镜，前后调节分划板与物镜的间距，使分划板位于物镜焦平面上时，小电珠发出透过空心十字窗口的光经物镜后成平行光射于平面镜，反射光经物镜后在分划板上形成十字窗口的像，称“十字叉丝”反射像。若平面镜镜面与望远镜光轴垂直，此像将落在“ǂ”叉丝线上部“调整十字叉丝”交叉点上，如图 3.2.2c 所示。

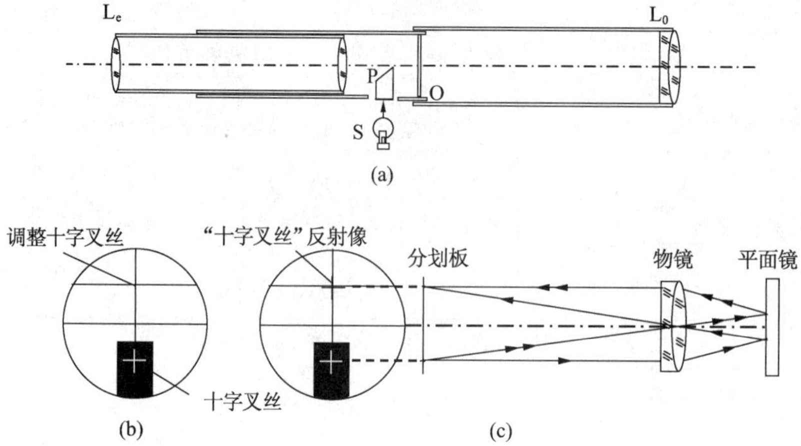

图 3.2.2　阿贝目镜式望远镜

望远镜调好后，从目镜中可同时看清十字刻度线和叉丝的“十”字像，且两者间无视差。另外，可通过调节望远镜光轴仰角调节螺丝和望远镜光轴水平调节螺丝改变望远镜光轴的方向。

分光计的读数装置 MOOC

3）载物台

载物台是一个用以放置棱镜、光栅等光学元件的圆形平台，套在游标内盘上，可以绕平台中心轴转动和升降。当平台和游标盘（刻度内盘）一起转动时，控制其转动的方式与望远镜一样，也是粗调和微调两种；平台下有 3 个调节螺钉 a，b，c，可以改变平台台面与中心轴的倾斜度，如图 3.2.3 所示。

图 3.2.3　载物台

4）读数装置

读数装置由游标盘和刻度盘组成，其读数方法与游标卡尺的读数方法相似。为了消除刻度盘和游标盘不同轴而引起的偏心误差，在刻度盘同一直径的两端各装有一个游标，有两个读数窗口，其读数差为 180°，读数时应同时从两个窗口读数。数值读法以游标的零线为准，读出 A 度值和分值，再找游标上与刻度盘上刚好重合的刻线读出 B 分值和秒值，两次数值相加即为读数值 ν。

JJY1 型分光计的刻度盘上有 0～360°的圆刻度，最小分度值 y 为 0.5°(30′)，角游标上有 m(30)个分格，游标上 m(30)个分刻度的总弧长与主尺上 $m-1$(29)个分刻度的弧长相等，这种角游标精度值为 $\Delta y=\frac{y}{m}=\frac{0.5^\circ}{30}=\frac{30'}{30}=1'$，读数方法与直游标相同。图 3.2.4 所示读数 $A=166^\circ 0'$，$B=16'$，$\nu=166^\circ 16'$。

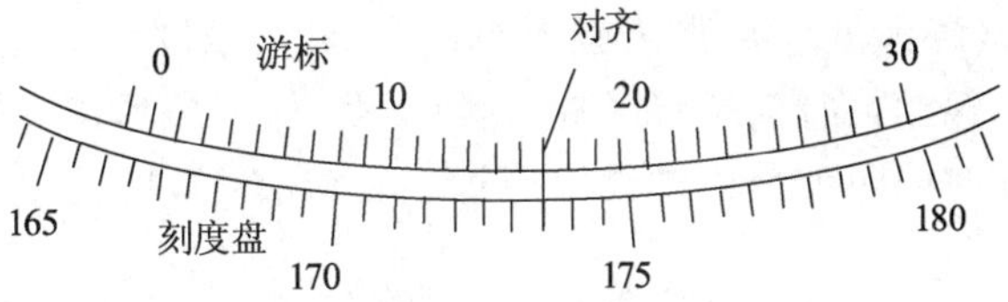

图 3.2.4　JJY1 型分光计读数装置

FGY-1 型分光仪度盘读数范围为 0～360°，刻度盘表面镀金属薄膜，按圆周等分刻有 1 080条透光线条，分格值 y 为 20′；游标盘表面亦镀有金属薄膜，刻有 41 条透光线，共有 m(40)个分格，这种角游标精度值为 $\Delta y=\dfrac{y}{m}=\dfrac{20'}{40}=0.5'=30''$，度盘和游标盘的每分格相差 30″。按照游标读数原理，当度盘和游标盘透光线对齐时，每条对准透光线示值为 30″。度盘和游标盘的下方装置有照明光源，当接通照明灯泡电源时，光线便透过度盘和游标盘的重合线条，呈现亮条纹，因度盘刻线间距与游标盘间距不等，其他线条由于相互阻挡，光线无法透过而看不到，因此亮条纹对准读数值即为实际角度值。因为度盘和游标表面真空镀铬，在观察窗口中会同时有数字标记的反射像，所以在读数时要左右移动眼睛，当反射像和实观的数字标记重合后再进行读数，从而避免读数值误差。

由于度盘和游标分格值不等，是一个“渐变”的关系，所以其重合数(即亮条纹数)一般为一条或两条同时出现。若一条出现，以亮的一条为准读数，如图 3.2.5a 所示，$A=251°40'$，$B=2'0''$，$\nu=251°42'0''$；若两条同时出现，则取其中间，如图 3.2.5b 所示，$A=176°20'$，$B=6'15''$，$\nu=176°26'15''$。

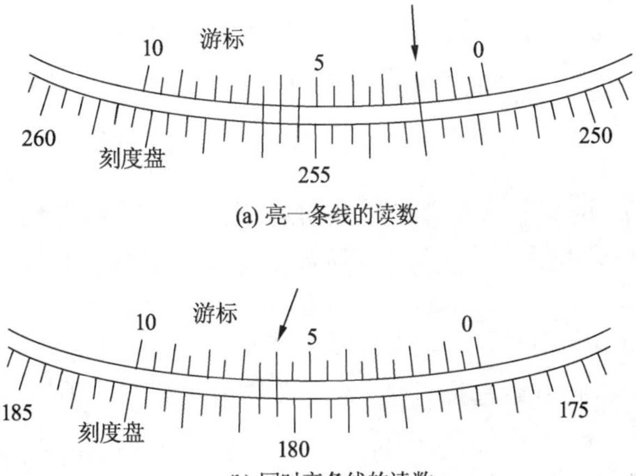

(a) 亮一条线的读数

(b) 同时亮条线的读数

图 3.2.5　FGY-1 型分光计读数装置

5）角度的测量

测量前先锁紧望远镜支架与刻度盘锁紧螺丝使望远镜与刻度盘同步转动，然后锁紧载物台锁紧螺丝，使载物台与读数游标盘同步转动。用游标盘制动螺丝和望远镜支架制动螺丝锁紧和松开来控制望远镜(刻度盘)、载物台(游标盘)的转动。

(1) 固定载物台(游标盘),测量望远镜(刻度盘)转动角度。

锁紧游标盘制动螺丝,固定载物台(游标盘)不动;松开望远镜支架制动螺丝,望远镜由位置Ⅰ转到位置Ⅱ时的角度是通过读出望远镜在位置Ⅰ和位置Ⅱ时两游标的读数获得,如表 3.2.2 所示。

表 3.2.2　望远镜位置读数

望远镜位置	Ⅰ	Ⅱ
左游标读数	175°45′00″	295°43′00″
右游标读数	355°45′00″	115°43′00″

在计算角度时,要注意游标是否经过了刻度盘的零点。望远镜由位置Ⅰ转到位置Ⅱ时左游标未经过零点,望远镜转过的角度为

$$\theta=|295^\circ43'00''-175^\circ45'00''|=119^\circ58'00''$$

右游标经过了零点,这时望远镜转过的角度为

$$\theta=360^\circ-|355^\circ45'00''-115^\circ43'00''|=119^\circ58'00''$$

(2) 固定望远镜(刻度盘),测量载物台(游标盘)转动角度。

锁紧望远镜支架制动螺丝,固定望远镜(刻度盘)不动;松开游标盘制动螺丝,载物台(游标盘)由位置Ⅰ转到位置Ⅱ时的角度是通过读出载物台(游标盘)在位置Ⅰ和位置Ⅱ时两游标的读数获得。

2. 分光计的调节

分光计装置较精密,结构较复杂,调节要求较高。在分光计调节前,应先明确分光计的 3 个调节要求:① 望远镜能接收平行光,又称望远镜聚焦于无穷远处;② 平行光管产生平行光;③ 望远镜和平行光管光轴与分光计的中心转轴垂直,载物台与分光计的中心转轴垂直。

1) 目测调节

用眼镜直接观察,调节平行光管光轴仰角调节螺丝、望远镜光轴仰角调节螺丝使平行光管和望远镜光轴尽量呈水平状态;调节载物台的 3 个调平螺钉,使载物台尽量呈水平状态。

2) 粗调

打开小电珠电源,调节望远镜目镜,看清视场中叉丝线。

平面镜放置方位有两种,图 3.2.6a 是平面镜镜面平行于 bc,通过 a 螺钉改变平面镜镜面与中心转轴的夹角;图 3.2.6b 是平面镜镜面垂直于 bc,平行于 ao,通过 b,c 螺钉改变平面镜镜面与中心转轴的夹角。

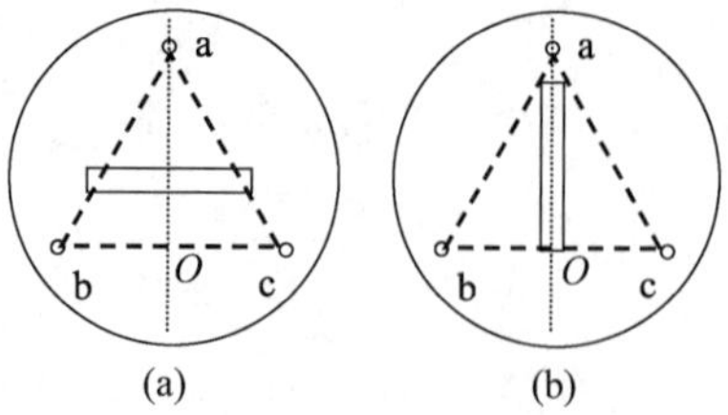

图 3.2.6　双面平面镜放置方位

将双面平面镜按图 3.2.6a 所示放置在载物台上,望远镜正对平面镜任一镜面,缓慢转动载物台,从望远镜中寻找到绿色"十字叉丝"反射像。松开目镜装置锁紧螺丝,移动阿贝式自准目镜装置,调节望远镜物镜聚焦使"十字

叉丝”反射像清晰无视差，再锁紧目镜装置锁紧螺丝。

粗调完成时，在望远镜分别对准双面平面镜的两个平面时，在视场内都会出现“十字叉丝”反射像，如图 3.2.7 所示。如果反复转动载物台仍找不到反射像，调节望远镜光轴仰角调节螺丝和螺钉 a，再左右缓慢转动平台寻找，直至观察到“十字叉丝”反射像为止。

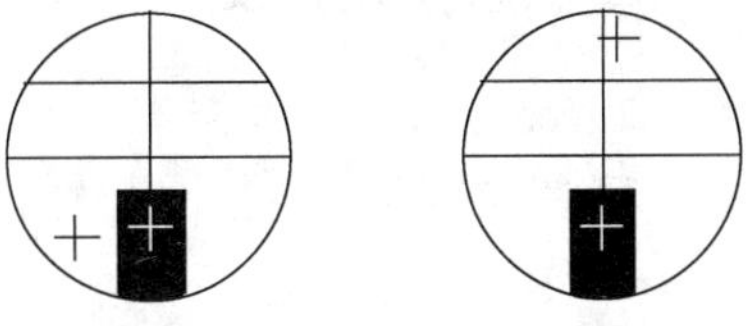

图 3.2.7　“十字叉丝”反射像

3）细调

（1）调节望远镜光轴与分光计的中心转轴垂直。

用望远镜分别对准平面镜两镜面，当“十字叉丝”反射像和“调整十字叉丝”不重合（水平线），两者的水平线间的偏离量为 $2d$ 时，先调节望远镜光轴仰角调节螺丝，使偏离量减少一半为 d，再调节载物台调节螺丝 a 使偏离量为零，此时“十字叉丝”反射像和“调整十字叉丝”重合，如图 3.2.8 所示。反复进行以上的调整，直至望远镜正对两镜面时“十字叉丝”反射像和“调整十字叉丝”均重合，此时望远镜光轴与分光计的中心转轴已垂直，且载物台上直线 ao 与分光计的中心转轴垂直。

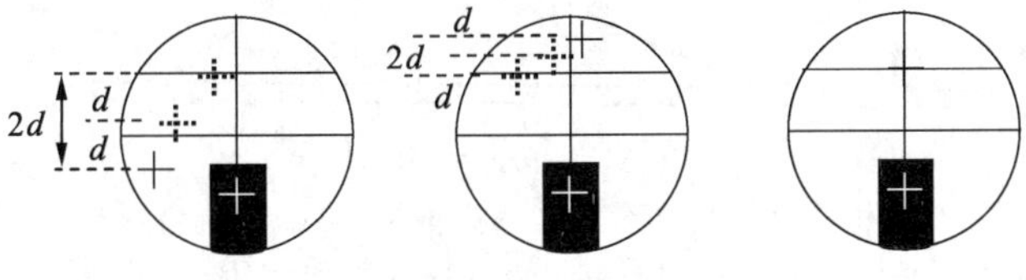

图 3.2.8　逐次逼近法调节示意图

（2）调节载物台与分光计中心转轴垂直。

将双面平面镜旋转 90°，按图 3.2.6b 放置，保持载物台调平螺丝 a 和望远镜光轴仰角调节螺丝不动，调节载物台调平螺丝 b 或 c，使“十字叉丝”反射像和“调整十字叉丝”重合，则载物台上直线 bc 与分光计的中心转轴垂直。

由于载物台上两条相交的直线 ao，bc 都与分光计的中心转轴垂直，所以载物台与分光计的中心转轴垂直。

（3）调节平行光管，使其产生平行光，并使其光轴与望远镜光轴重合。

调整平行光管产生平行光：关闭望远镜中小电珠电源，用外置光源照亮平行光管狭缝，用已调好的望远镜对准平行光管观察，松开狭缝装置锁紧螺丝，前后移动狭缝，使望远镜中看到清晰狭缝像，且与叉丝无视差，此时狭缝已位于平行光管准直物镜的焦面上，即从平行光管出射平行光束。然后锁紧狭缝装置锁紧螺丝。

调整平行光管的光轴与分光计中心轴线垂直：看到清晰的狭缝像后，调节平行光管光轴仰角调节螺丝。当狭缝像为水平状态时，使狭缝水平像被分划板上测量十字叉丝的水平线上下平分；当狭缝像为垂直状态时，使狭缝垂直像被分划板上测量十字叉丝的竖直线左右平分，如图 3.2.9 所示。

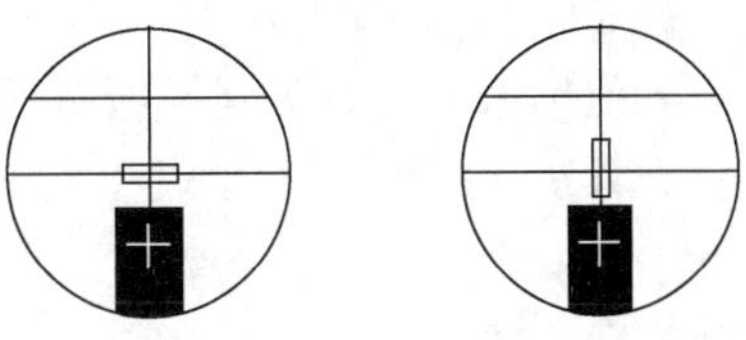

图 3.2.9　调节平行光管水平

二、圆盘旋光仪

1. 旋光仪的结构

圆盘旋光仪是用来测量旋光性溶液的旋光角的仪器，其结构如图 3.2.10 所示。

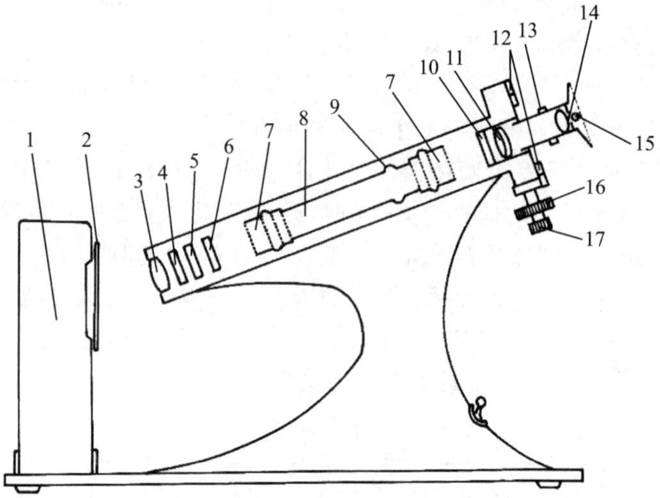

1—钠光灯；2—毛玻璃片；3—会聚透镜；4—滤色镜；5—起偏镜；6—石英片；7—测试管端螺帽；8—测试管；9—测试管凸起部分；10—检偏镜；11—望镜物镜；12—度盘和游标；13—望远镜调焦手轮；14—望远镜目镜；15—游标读数放大镜；16—度盘转动细调手轮；17—度盘转动粗调手轮

图 3.2.10 旋光仪构造示意图

旋光仪在视场中采用了半荫法比较两束光的亮度，其原理是在起偏镜后面加一块石英晶体片，石英片和起偏镜的中部在视场中重叠，如图 3.2.11 所示，将视场分为三部分，并在石英片旁边装上一定厚度的玻璃片，以补偿由于石英片的吸收而发生的光亮度变化，石英片的光轴平行于自身表面并与起偏镜的偏振化方向夹一小角 θ（称影荫角）。由光源发出的光经过起偏镜后变成偏振光，其中一部分再经过石英片，石英是各向异性晶体，光线通过它将发生双折射。可以证明，厚度适当的石英片会使穿过它的偏振光的振动面转过 2θ 角，这样进入测试管的光是振动面间的夹角为 2θ 的两束偏振光。

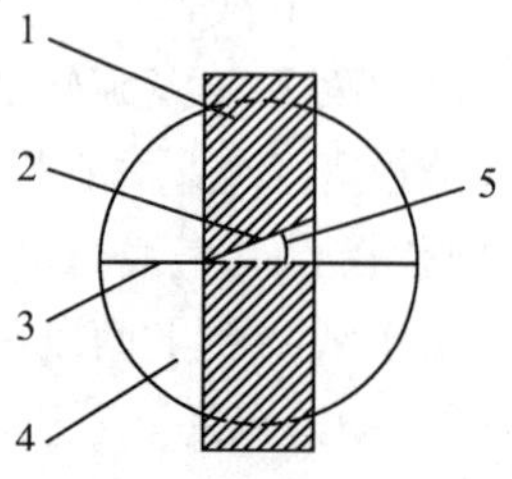

1—石英片；2—石英片光轴；3—起偏镜偏振化方向；4—起偏镜；5—起偏镜偏振化方向与石英片光轴夹角

图 3.2.11 半荫法仪器结构

在图 3.2.12 中，OP 表示通过起偏镜后的光矢量，而 OP' 则表示通过起偏镜与石英片后的偏振光的光矢量，OA 表示检偏镜的偏振化方向，OP 和 OP' 与 OA 的夹角分别为 β 和 β'，OP 和 OP' 在 OA 轴上的分量分别为 OP_A 和 OP'_A。转动检偏镜时，OP_A 和 OP'_A 的大小将发生变化，从目镜中所看到的三分视场的明暗也将发生变化，图 3.2.12 给出了 4 种不同的情形。

(1) 大于零度视场：$\beta'>\beta$，$OP_A>OP'_A$。从目镜观察到三分视场中与石英片对应的中部为暗区，与起偏镜直接对应的两侧为亮区，三分视场很清晰。当 $\beta'=\frac{\pi}{2}$ 时，亮区与暗区的反差最大，如图 3.2.12a 所示。

(2) 零度视场：$\beta'=\beta$，$OP_A=OP'_A$。三分视场消失，整个视场为较暗的黄色，如图 3.2.12b所示。

(3) 小于零度视场：$\beta'<\beta$，$OP_A<OP'_A$。视场又分为三部分，与石英片对应的中部为亮区，与起偏镜直接对应的两侧为暗区。当 $\beta=\frac{\pi}{2}$ 时，亮区与暗区的反差最大，如图 3.2.12c所示。

(4) 全亮视场：$\beta'=\beta$，$OP_A=OP'_A$。三分视场消失，由于此时 OP 和 OP' 在 OA 轴上的分量比第二种情形时大，因此整个视场为较亮的黄色，如图 3.2.12d 所示。

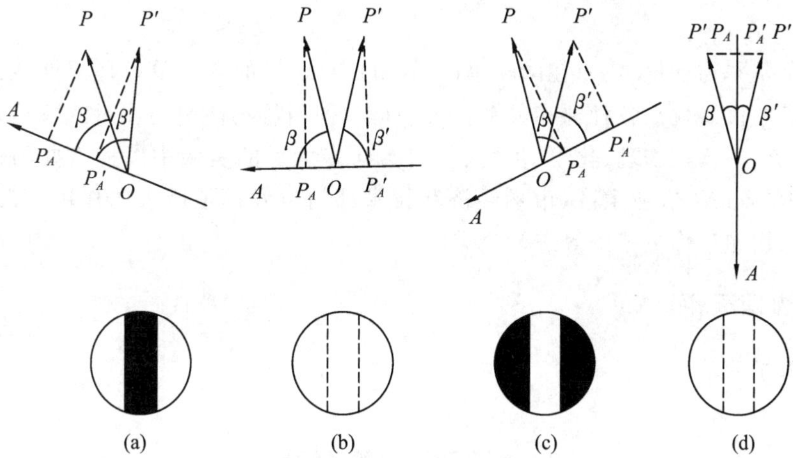

图 3.2.12　目镜的三分视场明暗变化

由于在亮度较弱的情况下，人眼辨别亮度微小变化的能力较强，所以取图 3.2.12b 情形的视场为参考视场，并将此时检偏镜偏振化方向所在的位置取作度盘的零点。

2. 读数装置

旋光仪的读数装置由刻度盘和游标盘组成，其中刻度盘与检偏镜连为一体，且在度盘调节手轮的驱动下可转动。刻度盘等分 360 格，两个半圆周上刻度值范围为 0～180°（刻度盘同一直径的两端对应的刻度值相同），分度值 y 为 1°，角游标有 m(20)分格，这种角游标精度值为 $\Delta y=\frac{y}{m}=\frac{1°}{20}=0.05°$，数值读法以游标的零线为准，读出 A 度值和分值，再找游标上与度盘上刚好重合的刻线读出 B 分值和秒值，两次数值相加即为读数值 ν。图 3.2.13 所示左右两边读数均为 $A=9°$，$B=0.30°$，$\nu=9.30°$。

图 3.2.13　旋光仪刻度盘和游标盘

第三节　质量测量仪器

质量是基本物理量之一，在国际单位制(SI)中，质量的基准单位是千克(kg)，最常用的测量质量的仪器就是各种秤和天平。天平是一种测量物体引力质量的仪器，其种类繁多，应用广泛，不仅在物理、化学、生物、材料等众多学科的实验中发挥重要的作用，而且作为计量工具，在工农业生产、市场经济和技术部门也发挥了巨大的作用。天平可以按结构、精度、用途或称量范围等进行分类。

一、物理天平

物理天平的结构如图 3.3.1 所示。

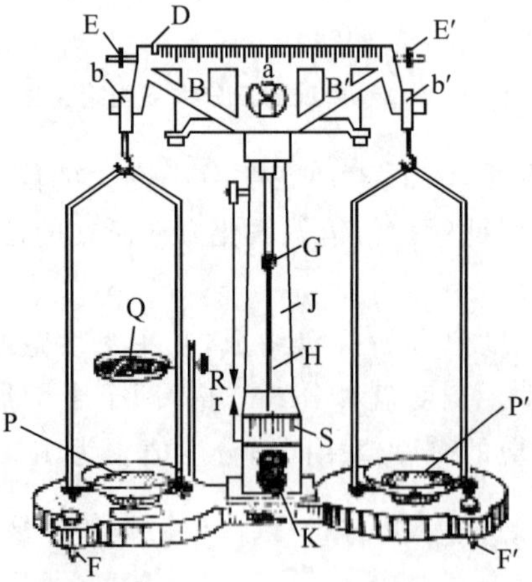

E,E′—平衡螺母；D—游码；B,B′—横梁；a—中刀口；b,b′—边刀吊架；G—感量砣；H—指针；Q—杯托盘；S—度盘；P,P′—砝码盘；R,r—水准器；K—手轮；F,F′—调平螺丝；J—支柱

图 3.3.1　物理天平

横梁的中刀口支持在中刀托的刀垫槽内，而中刀托固定在升降杆的顶端，由手轮调节升降杆上升或下降。横梁的中刀口作为天平的支点，两端的边刀口为天平的受力点。砝码盘由边刀吊架挂在边刀口上，指针下端可以沿度盘摆动，指示天平是否平衡。感量

砣位置越高，感量（分度值）越小，其位置一般已经调好，不要随便改动。当游码放在零线上时，相当于右盘内未放砝码。当游码移到满度时，相当于右盘内加了 2 g 的砝码。梁上一小格相当于 0.05 g（有的天平一小格为 0.1 g），用游码读数时，可以准确地读到0.05 g。

物理天平调节和使用规则：

（1）调水平：调节底座上的两个调平螺丝，使支柱铅直。这可由水准器的铅垂尖端是否与底座上的准钉对准来检查。有的天平用底座上的水准泡调工作位置，将气泡调在圆圈刻线的中间位置即可。

（2）调零点：先将游码放在零线上，顺时针缓慢平稳地旋转手轮支起横梁，观察天平是否平衡。如果指针在度盘中心位置左右摆动的距离接近相等，即可认为天平已平衡；如不平衡，则制动天平（放下横梁）后，调节横梁两侧的平衡螺母使之平衡。

（3）称衡：

① 称物体时，待测物体放在左盘，砝码放在右盘，待测物体与砝码都应放在砝码盘中间。取、放物体或加减砝码时都应轻旋手轮放下横梁，避免磨损刀口，防止天平倾倒。

② 按粗估质量加适当的砝码，启动天平，观察横梁是否平衡。若不平衡，制动天平后，适当地加减砝码。调整砝码时，要从重到轻依次更换砝码，直到天平平衡为止。所加砝码（含游码示值）即为待测物体的质量。

③ 取、放砝码时应用镊子，不能用手拿。砝码用毕后应立即放回砝码盒内，不可到处乱放。

④ 测量结束后要制动天平，收夹砝码按顺序摆好，将秤盘吊篮挂回下钩，使天平始终保持正常状态。

二、托盘天平

托盘天平是常用的精确度不高的天平，其结构如图 3.3.2 所示。它由横梁、托盘、托盘架、平衡螺母、分度盘、指针、标尺、游码、砝码盒等构成。

托盘天平调节和使用规则：

（1）把托盘天平放在水平台上，把游码放在标尺左端零刻线处。

（2）调节平衡螺母使指针指在分度盘的中线处。调节方法：左偏右调，右偏左调。

（3）把待测物体放在左盘里，用镊子向右盘里加减砝码，调节游码，直到横梁恢复平衡为止。

注意　*当最小的砝码放上太重去掉又太轻时改调游码；加砝码“先大后小”，减砝码“先小后大”。*

（4）待测物体的质量是右盘中砝码总质量与游码所示质量之和。

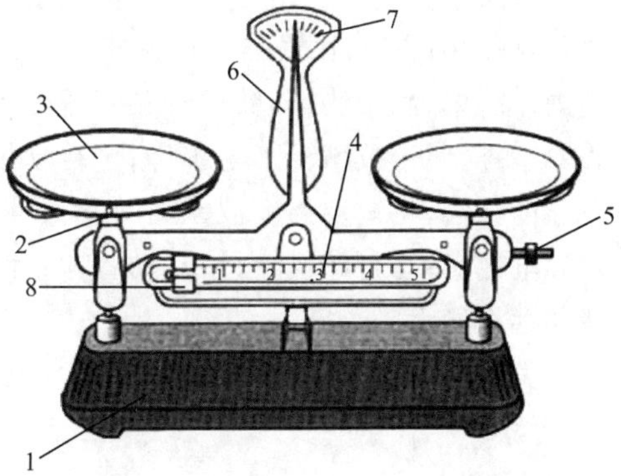

1—底座；2—托盘架；3—托盘；4—标尺；5—平衡螺母；6—指针；7—分度盘；8—游码

图 3.3.2　托盘天平

注意 *游码读数以游码左端所对的刻度值为准。*

(5) 测量完成后,将砝码用镊子取下放在砝码盒内,把游码拨回标尺左端零点处。

(6) 注意事项:

① 取用砝码时要用镊子,绝对禁止直接用手拿砝码,镊子不用时随时放在砝码盒内。

② 因为砝码和天平是配套检定的,即每架天平都有与它配套的砝码,因此在同一实验中不要随意更换天平或砝码。同时,同一盒砝码中各个砝码的质量彼此都保持一定的比例关系,因而不要将不同砝码盒内的砝码相互调换。

③ 大砝码置于称盘中央,小砝码置于大砝码周围,可减缓天平启后秤盘的摆动,不要将砝码侧放或相互堆叠在一起。

④ 每一架托盘天平都有一定的测量范围,所测物体的质量不能超过它的测量范围。

⑤ 不能将潮湿的、腐蚀性的物体直接放在托盘中称量。

⑥ 天平调好后,使用中不能再动平衡螺母,当天平左右盘互换或移动了位置,都要重新调节平衡。

三、电子天平

20 世纪中期电子天平的问世是称量技术的创新。电子天平一般采用应变式传感器、电容式传感器、电磁平衡式传感器。应变式传感器结构简单、造价低,但精度有限;电容式传感器称量速度快,性价比较高,但也不能达到很高精度;采用电磁平衡传感器的电子天平,其特点是称量准确可靠、显示快速清晰并且具有自动检测系统、简便的自动校准装置以及超载保护等装置。随着传感器技术和微处理器技术的发展,高性能的电子天平相继产品化。为适应实验室和工业生产中各种不同称量任务的需要,各类电子天平不下二三百种。例如 ACS-6C 型数字电子秤,称量为 6 kg,读数精度为 5 g,适用一般质量称衡;BS210S 型的称量为 210 g,读数精度为 0.1 mg,BS21S 型的称量为 21 g,读数精度为 0.01 mg,属标准型精密天平;SC2 型称量为 2.1 g,读数精度为 0.1 μg,属专业型微量天平。目前电子天平产品称量可以高达 3 000 kg,超微量天平的读数精度最高可达一亿分之一克(0.01 μg),比最佳的机械式微量分析天平高出 3 个数量级。电子天平的最大特点是操作简单,测量快捷,数秒钟便可显示称量结果。此外,它还具有多种功能,例如自动故障检查,便于故障诊断与维修;全自动校准功能,确保称量高准确度;超载自动保护;动态温度补偿,将短期温度波动对称量结果的影响降至最小;防震系统,使示数稳定可靠;防静电称盘;与打印机连接,自动打印;计算机接口,将称量信息输入计算机,进行数据处理和远程显示等。

大学物理实验中常用的 BAS124S 电子天平结构如图 3.3.3 所示。

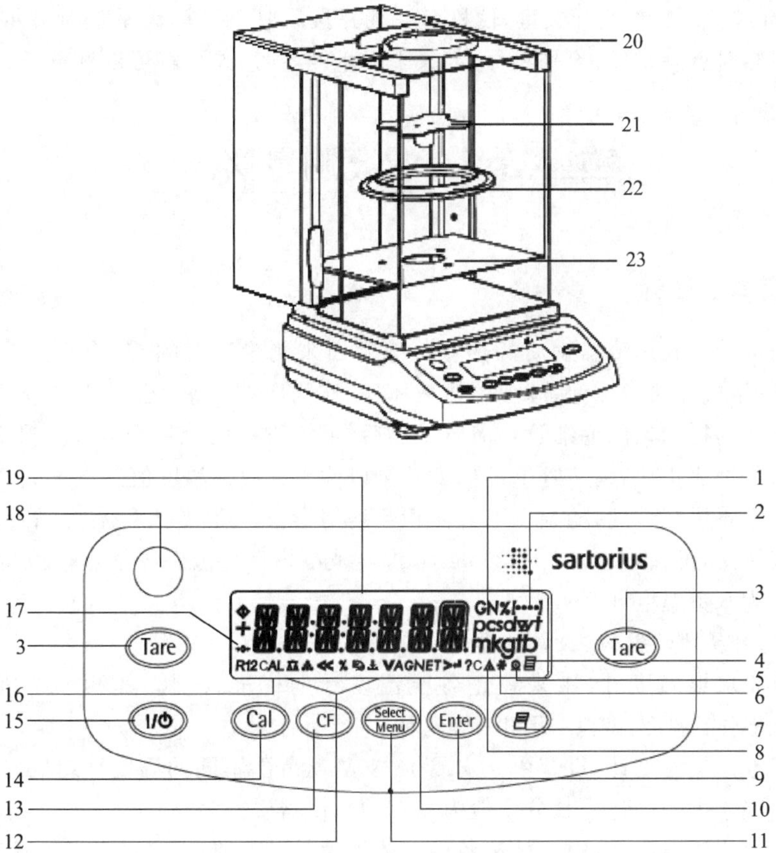

1—重量单位；2—菜单层次指示器；3—除皮键；4—“GLP 打印模式启动”符号；5—“打印模式启动”符号；6—“应用程序启动”符号；7—数据输出；8—计算值指示器；9—启动应用程序；10—毛重或净重值符号；11—选择应用程序|打开操作菜单；12—应用程序符号；13—CF 清除键；14—启动校正|调整程序；15—开关键；16—校正|调整符号；17—零范围符号；18—水平仪；19—显示屏；20—称盘；21—称盘支架；22—屏蔽环；23—屏蔽盘

图 3.3.3　BAS124S 电子天平

电子天平调节和使用规则：

(1) 将天平放在稳定的工作台上，避免振动、气流、阳光直射和剧烈的温度波动。

(2) 不要向天平上加载重量超过其称量范围的物体，绝不能用手压称盘或使天平跌落地下，以免损坏天平或使重力传感器的性能发生变化，另外，称量一个物体（特别是较重的物体）一般不要超过 30 秒。

(3) 使用去皮功能时，容器和待称物的总重不可大于天平的最大称量。

(4) 保持天平内外清洁，称量废弃物及时用刷子小心去除。

(5) 当遇到各种功能键有误无法恢复时，重新开机即可恢复出厂设置。

(6) 操作步骤：

① 调水平：调整地脚螺栓高度，使水平仪内空气气泡位于圆环中央。

② 预热：天平在初次接通电源或长时间断电之后，至少需要预热 30 分钟。为取得理想的测量结果，天平应保持在待机状态。

③ 开机：接通电源，按开关键，使称盘空载并按压“ON”键，天平进行显示自检(显示屏所有字段短时点亮)显示天平型号，当天平显示回零时，天平就可以称量了。

第四节 温度测量仪器

一、液体温度计

液体温度计是利用测温物质的热胀冷缩性质来测量温度的，其构造如图 3.4.1a 所示，一玻璃管下端连接一球泡，球泡中盛液体(工作物质如水银、乙醇等)。玻璃管中央连接球泡的是一内径均匀的毛细管。液体受热后，毛细管中的液柱升高。其升高与降低的距离与冷热程度成正比，则从管壁的标度就可以读出相应的温度值。

由于水银不浸润玻璃，随温度上升体积会均匀膨胀，热传导性能良好，容易纯净，在 1 个标准大气压下，可在 −38.87～356.58 ℃温度范围内保持液态等优点，通常较精密的液体温度计多为水银温度计。

1. 水银温度计的规格

(1) 标准水银温度计：用来校正各类温度计的标准仪器。其测温范围为 −30～300 ℃。标准水银温度计有一等和二等两种。

一等标准水银温度计：每套由 9 支或 13 支测温范围不同的温度计组成，用于检定或校正二等标准水银温度计。其分度值为 0.05 ℃，仪器误差为 0.01 ℃。

二等标准水银温度计：用于校正各种液体温度计的标准仪器。其分度值为 0.1 ℃或 0.2 ℃。

(2) 实验水银温度计：在实验室和工业中均用实验水银温度计精确测量温度，其测温范围为 −30～250 ℃，由 6 支不同测温范围的温度计组成，分度值为 0.1 ℃或 0.2 ℃，仪器误差为 0.05 ℃。

(3) 普通水银温度计：有测温范围为 0～60 ℃，0～100 ℃，10～150 ℃，…，0～300 ℃几种规格，分度值为 0.1 ℃或 0.2 ℃。

2. 测量温度的注意事项

(1) 不允许进行超过温度计量程的温度测量。

(2) 温度计的贮液泡必须与被测物体体接触良好。

(3) 温度计有热惯性，应当等温度计液柱达到稳定状态时读数。

(4) 水银温度计读数时应在水银柱凸形弯月面的最高切线方向读取，目光直视。

二、电偶温度计

热电偶温度计又称温差电偶温度计。热电偶是由两种不同材料的金属丝所组成，如图 3.4.1b 所示。

如果两种不同材料的接触点处温度不同，则在 A，B 两点间会产生温差电动势，它的大小与组成热电偶的两种材料性质和两接触点之间的温度差($T_x - T_0$)有关。表 3.4.1

给出了常用几种热电偶的特性。由于热电偶具有结构简单、体积小、热容量小、测量温度范围宽等特点，它广泛用于温度精密测量、高温测量和自动控制电路中。图 3.4.1b 中粗、细线分别代表两种不同的金属材料。由两种材料 a，b 组成的热电偶，当两接点分别放在温度为 T_0 和 T_x 处时，如果温差电动势和温度差之间的关系已知，且已知一个接点处温度 T_0 的数值，则在测量出温度差后就能确定另一个接点 T_x 的数值。通常选用冰、水混合物作为参考点 T_0（0 ℃），另一点放在待测温度 T_x 处。在一般情况下采用价格低廉、温差电动势较大的铜-康铜等材料。温差电动势用电位差计或数字毫伏表测量。温差电动势和温度差的对应关系表在有关手册中均可查找到。

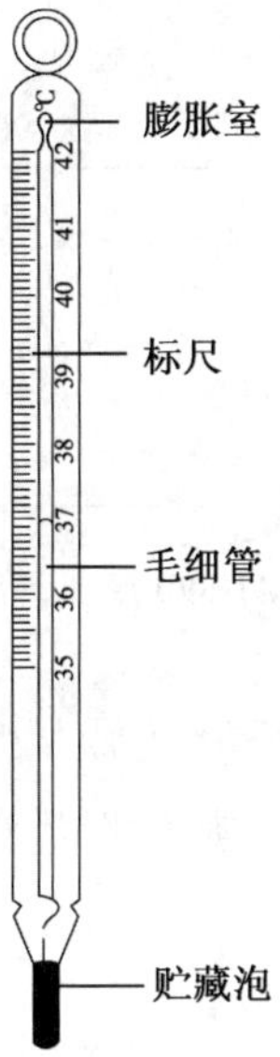

(a) 液体温度计

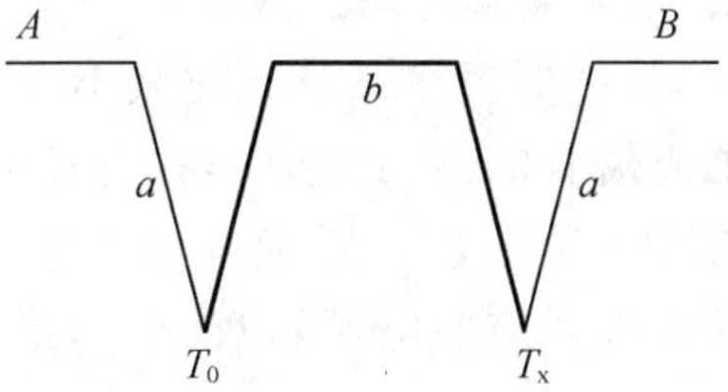

(b) 热电偶

图 3.4.1　液体温度计、热电偶

表 3.4.1　热电偶特性

热电偶材料	使用温度范围/℃
铜-康铜	−200～300
铁-康铜	−200～800
铬-铝	−200～1 100
铂-铂，10％铑	−180～1 600
铂-铂，13％铑	−180～1 600
铂，40％铑-铂，20％铑	200～1 800

三、电流集成温度传感器 AD590

温度传感器的应用范围很广，它不仅广泛应用于日常生活中，而且也大量应用于自动化和过程检测控制系统。温度传感器的种类很多,根据现场使用条件,选择恰当的传感器类型才能保证测量的准确可靠,并同时达到增加使用寿命和降低成本的目的。

AD590 温度传感器不但实现了温度转换为线性化电量测量,而且精确度高、互换性好、应用简单方便,因此,可把输出的电信号经 AD 卡转换为数字信号,由计算机采集 Vi-t 的数据,以发挥其实时和准确的特点。把 AD590 用于改进一部分物理实验,如空气比热容比的测量、金属比热容的测量及液氮汽化热的测量等,都取得了良好的效果。总之,与水银温度计、铜-康铜热电偶温度计及半导体热敏电阻温度计相比,AD590 具有线性好、测温不需参考点及消除电源波动等优点,因此在常温范围内可以取代它们,广泛地应用于科技和工业领域中。

电流集成温度传感器 AD590 测温原理如图 3.4.2 所示:AD590 接 6 V 直流电源后组成一个稳流源,它的测温灵敏度为 1 μA/℃(即当传感器温度每升高或减小 1 ℃,电路中电流会增加或减小 1 μA),在 5 kΩ 电阻两端可增加或减小5 mV/℃的信号电压(即当传感器温度每升高或减小 1 ℃,电阻两端会增加或减小 5 mV 的电压),在电阻两端接 0~2 V 量程四位半数字电压表,通过数字电压表读出传感器初始温度对应的电压示数 U_0 和最终温度对应的电压示数 U_1(单位为 mV),由 $\Delta t=\frac{U_1-U_0}{5}$(℃)计算出传感器对应的温度变化,其测量温度的灵敏度可达到 0.02 ℃,若通过普通温度计测出温度初值 t_0,则 $t_1=t_0+\Delta t=t_0+\frac{U_1-U_0}{5}$(℃)。

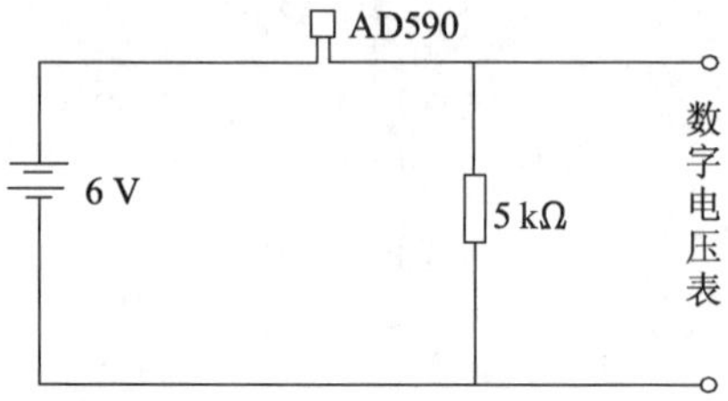

图 3.4.2 AD590 温度传感器测温原理图

第五节 时间测量仪器

时间是基本物理量之一,对时间的测量也是基本测量,在生活、生产及科学实验中都有着重要意义。因此有必要掌握时间测量的基本仪器的设计原理及正确的使用方法。

任何一个稳定、可靠的周期运动原则上都可以用来测量时间。时间测量可分为时段测量和时刻测量。秒表是典型的时段测量仪器,而钟表是测量时刻的仪器。在物理实验中,常用的计时仪器有机械秒表、电子秒表、示波器和通用计时器等。

一、机械秒表

机械秒表一般有两根针,长针是秒针,短针是分针。表面上的数字分别表示秒和分的数值。这种秒表的分度值是 0.2 s 或 0.1 s,如图 3.5.1 所示。

图 3.5.1 机械秒表

秒表上端有可旋转的按钮 A,用以旋紧发条及控制秒表的走动和停止。使用前先旋紧发条，测量时用手掌握住秒表，大拇指按在按钮 A 上，稍用力按一下，秒表立即开始计时，随即松开任其自行弹回，当需要停止时，可再按一下 A。第三次按 A 时，指针继续走动，这样可以连续累计计时。

当按 B 时，秒针、分针都回复到零。

使用秒表时要注意以下几点：

(1) 检查零点是否准确，如不准，应记下初读数，并对读数做修正。

(2) 实验中切勿摔碰，以免震坏。

(3) 实验完毕，应让秒表继续走动，使发条完全放松。

二、电子秒表

除机械秒表外，现在还常用电子秒表。它由表面上的液晶显示时间，最小显示为 0.01 s，PC396 电子秒表外形结构如图 3.5.2 所示。

按 A 键，待显示屏上方出现符号“————————”且第 1 和第 6，7 短横线闪烁时，即进入秒表功能。此时按 B 可开始或停止记时，多次按开始/停止键可以累计记时。一次测量完成后，按 C 使数字回零，准备进行下一次测量。

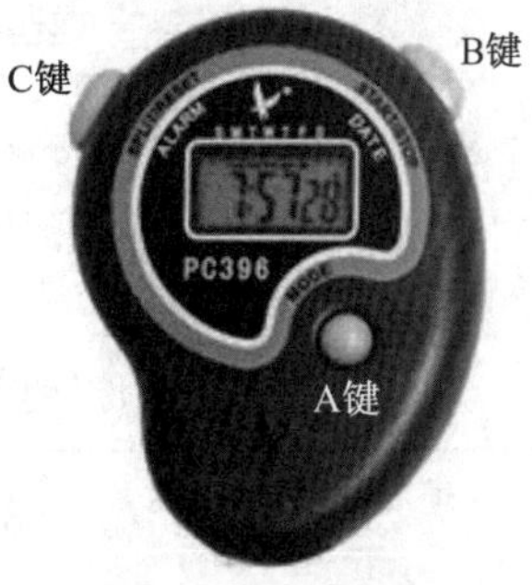

A 键—功能转换键
B 键—开始/停止键
C 键—暂停/回零键

图 3.5.2　PC396 电子秒表

三、计时器

1. DHTC-1A 通用计数器

通用计数器是一款智能化物理实验仪器，广泛用于高校物理实验室测量周期和脉宽；同时能拓展至旋转体的转速、计时秒表以及自由落体等相关实验；还能自动记录、存贮、处理多组实验数据，并能精确计算出多组实验数据的平均值。

通用计数器采用智能单片机控制系统以及液晶显示系统，具有测试精度高、功能强以及产品性能稳定、可靠等优点。

DHTC-1A 通用计数器实物图如图 3.5.3 所示，其主要技术参数：含 2 个兼容 TTL 信号传感器接口和 1 个 DC9V 电磁铁输出控制接口；含周期测量、脉宽测量、计时秒表、自由落体以及角加速度等功能；采用液晶显示器，功能按键菜单切换，带数据存储和查询功能；周期测量和脉宽测量范围 10～999 999 999 μs，测试分辨率 1 μs；周期测量次数 0～99 次任意可设，脉宽测量 1～50 次任意可设；秒表功能测试范围 0～999 999 ms；自由落体测试范围 0～999 999 999 μs，含单(双)传感器测试模式。

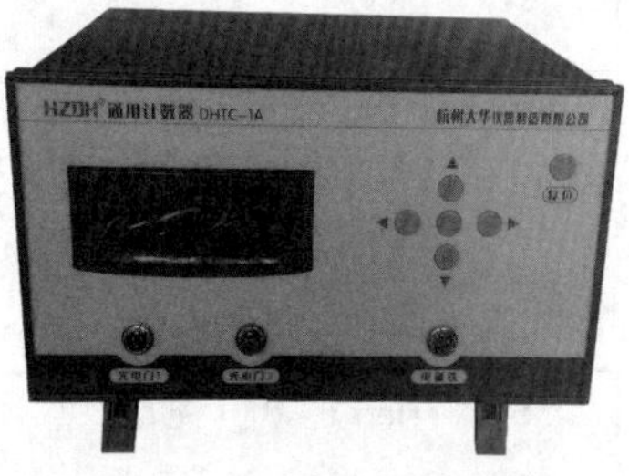

图 3.5.3　通用计数器

DHTC-1A 通用计数器控制面板如图 3.5.4 所示，其使用方法说明如下。

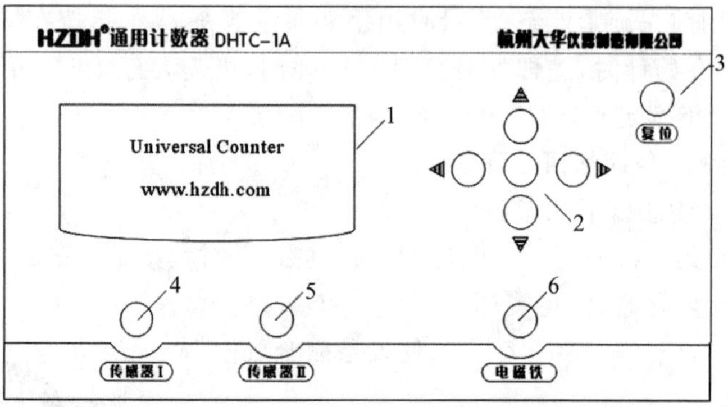

1—液晶显示器；2—功能键盘(含上键、下键、左键、右键和确认键)；3—系统复位键；4—传感器Ⅰ接口(光电门Ⅰ)；5—传感器Ⅱ接口(光电门Ⅱ)；6—电磁铁输出接口(控制电压 DC9V)

图 3.5.4 通用计数器面板

(1) 开机或按"复位"键后，进入欢迎界面：

Universal Counter
www. hzdh. com

(2) 欢迎界面下，按任意键进入功能菜单界面：

>Period	(周期测量)
Pulse width	(脉宽测量)
Stopwatch	(秒表计时)
Free fall	(自由落体)

按"上"键、"下"键选择功能菜单。

(3) 周期测量功能菜单(备注:实验时测试仪外接传感器Ⅰ(光电门Ⅰ))。

① 选择">Period"(周期测量)后，按"确认"键后进入如下菜单：

>Set Period n：xx	(设置周期数 n：xx)
Start measure	(开始测量)
Data query	(数据查询)
Return	(返回)

按"上"键、"下"键选择功能菜单。

② 选择">Set Period n：xx"(设置周期数 n)后，按"左"键、"右"键改变 xx 来设定周期数 n，n 最大可以设置为 99，所设即所得，不用再按"确认"键。

>Set Period n：10	(设置周期数 n：10)
Start measure	(开始测量)
Data query	(数据查询)
Return	(返回)

③ 选择“>Start measure”(开始测量),按“确认”键进入测试,显示如下界面:

Period n: 10	(周期数 n:10)
Measuring…	(测量中…)
xxx	(挡光杆过光电门次数)

xxx 为 0~2n,动态显示;挡光杆每经过一次光电门,xxx 自动+1,直到 xxx 为 2n 时直接显示测试结果界面如下:

Period n: 10	(周期数 n:10)
t:xxx,xxx,xxx us	(10 个周期总时间)
T:xxx,xxx,xxx us	(单周期平均时间)
Save Return	(保存 返回)

按“左”键、“右”键切换“保存”和“返回”功能:

Period n: 10	(周期数 n:10)
t:xxx,xxx,xxx us	(10 个周期总时间)
T:xxx,xxx,xxx us	(单周期平均时间)
Save Return	(保存 返回)

选择“Return”(返回),按“确认”键返回上级;选择“Save”(保存),按“确认”键进入如下界面:

Save data to	
Group xx	(xx 为 1~30,每次测量后 xx 自动加 1)

数据保存成功后显示:

Saved success	(1 秒后自动返回周期测量菜单)

最多保存 30 组数据,如果超出 30 组,将从第一组数据开始向后覆盖。

④ 选择“> Data query”(数据查询)功能进入如下界面:

Group xx Return	(组数 xx 返回)
Period n:10	(数据组 xx 对应的周期数)
t:xxx,xxx,xxx us	(数据组 xx 对应的 n 个周期总时间)
T:xxx,xxx,xxx us	(数据组 xx 对应的单周期平均时间)

在该界面上按“确认”键返回周期测量菜单,按“上”键、“下”键翻看数据组 x±1:

Group x±1 Return
Period n:10
t:xxx,xxx,xxx us
T:xxx,xxx,xxx us

(4) 脉宽测量功能菜单(备注:实验时测试仪外接传感器Ⅰ(光电门Ⅰ))。

① 选择“>Pulse width”(脉宽测量)功能后,按“确认”键进入脉宽测量功能菜单:

＞Set n：xx	（设置次数 n：xx）
Start measure	（开始测量）
Data query	（数据查询）
Return	（返回）

按“上”键、“下”键在菜单中进行切换。

② 选择“＞Set n”(设置次数 n) 功能，按“左”键、“右”键改变 xx，1～50 变化，如：

＞Set n：20	（设置次数 n：20）
Start measure	（开始测量）
Data query	（数据查询）
Return	（返回）

③ 选择“＞Start measure”(开始测量)功能，按“确认”键后，进入如下界面：

Set n：20	（次数 n：20）
Measuring…	（测量中…）
X	

X 为 0～n，X 动态显示，挡光杆经过一次光电门，X 自动＋1，直到 X＝n 时直接显示测试结果，界面如下：

Set n：20	（次数 n:20）
t1:xxx,xxx,xxx us	（t1 的脉宽时间）
t2:xxx,xxx,xxx us	（t2 的脉宽时间）
Save　　Return	（保存　　返回）

在该界面下，按“上”键、“下”键键翻看数据，按“左”键、“右”键选择“保存”或者“返回”功能；选择“Return”(返回)，按“确认”键返回上级；选择“Save”(保存)，按“确认”键进入如下界面：

Save data to	
Group xx	（xx 为 1～30，每次测量后 xx 自动加 1）

数据保存成功后显示如下界面：

Saved success	（1 秒后自动返回到脉宽测量菜单）

最多保存 10 组数据，如果超出 10 组，将从第一组数据开始向后覆盖。

④ 选择“＞Data query”(数据查询)进入如下界面：

Group 1 Return	（组数 1　返回）
Set n xx	（次数 n:xx）
t1:xxx,xxx,xxx us	
t2:xxx,xxx,xxx us	

在该界面上按“左”键、“右”键改变数据组 group x，按“上”键、“下”键翻看该组中对应的数据如下：

Group 3 Return	（查看数据组 3 数据）
Set n:20	（每组中 n 可能不一样）
t6:xxx,xxx,xxx us	（第 3 组中的第 6 个数据）
t7:xxx,xxx,xxx us	（第 3 组中的第 7 个数据）

在该界面中，按"确认"键将返回到脉宽测量功能菜单。

(5) 秒表测量功能菜单。

① 选择">Stopwatch"(秒表计时)功能后，按"确认"键进入如下菜单：

Reset Start Return	（重置 开始 返回）
000,000 ms	（起始时间）

按"左"键、"右"键选择功能，按"确认"键进入功能。

② 选择"Start"(开始)，按"确认"键开始测量：

Reset End Return	（重置 停止 返回）
000,xxx ms	

③ 选择"End"(停止)，按"确认"键后显示测得的时间：

Reset Start Return	（重置 开始 返回）
123,456 ms	（计时结束）

在上界面中，选择"Reset"(重置)，按"确认"键后，测试时间值复位；不选择"Reset"(重置)，直接选择"Start"(开始)并按"确认"键后，将在原来计时基础上继续计时。

(6) 自由落体实验功能菜单。

① 选择">Free fall"(自由落体)功能，进入如下菜单：

Free fall	（自由落体）
>Function 1	（方式 1，单光电门模式）
Function 2	（方式 2，双光电门模式）
Return	（返回上级菜单）

按"上"键、"下"键选择功能，按"确认"键进入功能。

② 选择">Function 1"(方式 1)后，按"确认"键进入如下菜单：

Start Data query Return	（开始 数据查询 返回）
○Gate 1	（光电门 1)(此时电磁铁开启，吸引钢球）

按"左"键、"右"键选择功能，按"确认"键确认该功能。

例如，在上界面中选择"Start"(开始)并按"确认"键后显示如下界面：

Save Data query Return	（保存 数据查询 返回）
○Gate 1	
Measuring…	（电磁铁释放，定时开始）

当小球经过光电门 1 后，测量完毕并显示：

Save　Data query　Return	（保存　数据查询　返回）
●Gate 1	（触发光电门 1，灯亮，计时完成）
t：xxx，xxx，xxx us	（自由落体计时时间）

选择“Save”（保存）后，按“确认”键显示：

Save data to No. xx	（xx 为 1～30，每次测量后 xx 自动加 1）

数据保存成功后显示如下界面：

Saved success（1 秒后自动返回方式 1 实验界面）

最多保存 30 组数据，如果超出 30 组，将从第一组数据开始向后覆盖。

③ 在“>Function 1”（方式 1）菜单中选择“Data query”（数据查询）并按“确认”键后显示：

Start　Data query　Return	（开始　数据查询　返回）
○Gate 1	
No. 1　xxx，xxx，xxx us	
No. 2　xxx，xxx，xxx us	

此时按“上”键、“下”键切换显示存储的数据，数据以行为单位上移或下移：

④ 在“>Function 2”（方式 2）菜单中，按“确认”键进入如下菜单：

Start　Data query　Return	（开始　数据查询　返回）
○Gate 1 ○ Gate 2	（光电门 1，光电门 2）
	（此时电磁铁开启，吸引钢球）

按“左”键、“右”键选择功能，按“确认”键确认。

选择“Start”（开始）并“确认”后显示如下界面：

Start　Data query　Return	（开始　数据查询　返回）
○Gate 1 ○ Gate 2	
Measuring…	（电磁铁释放，测试中…）

测量过程中钢球先通过上端光电门时，计时开始。

当钢球通过下端光电门时，计时完毕，显示如下：

Save Data query Return	（保存　数据查询　返回）
●Gate 1　●Gate 2	（计时结束）
t：xxx，xxx，xxx us	

选择“Save”（保存）并按“确认”键后显示：

Save data to No. xx

数据保存成功后显示如下界面：

Saved success	（1 秒后自动返回方式 2 实验界面）

最多保存 30 组数据，如果超出 30 组，将从第一组数据开始向后覆盖。

⑤ 在“>Function 2”（方式 2）菜单界面中选择“Data query”（数据查询）并按“确认”键后显示：

Start Data query Return	（开始 数据查询 返回）
○Gate 1 ○ Gate 2	
No. 1 xxx,xxx,xxx us	
No. 2 xxx,xxx,xxx us	

按“上”键、“下”键切换显示存储的数据，数据以行为单位上移或下移。

2. CS-Z 型智能数字测时器

1）概述

如图 3.5.5 所示，CS-Z 型智能数字测时器（以下简称测时器）是以 89C51 单片机为核心，在软件控制下的一种通用测时智能仪器。其与气垫导轨配合，可以进行多种力学实验，测量精确可靠的计时数据，也可用于其他测时场合。

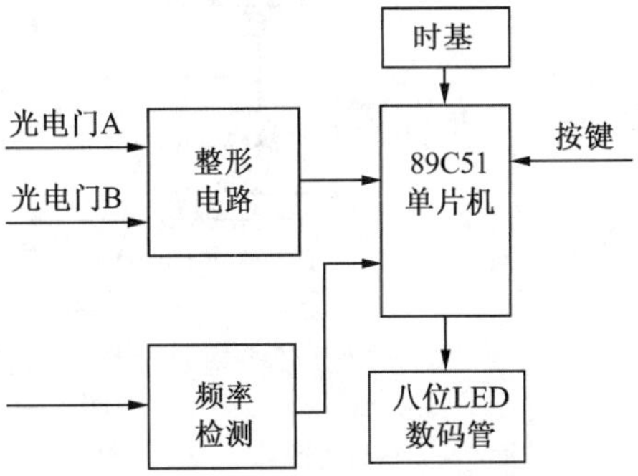

图 3.5.5 智能数字测时器原理图

测时器有二路光电门 A 和光电门 B 信号输入（电脉冲信号输入）和一路电频率信号输入，当与测时器相连接的光电门被挡光时，测时器可测得二次挡光之间的时间间隔（范围可在 50 μs～99 s 之间）；利用频率输入口，可测量输入电信号的频率（可测频率范围 1 Hz～500 kHz）。

该测时器还具有数据的存贮功能和运算功能，可直接测出平均速度和平均加速度，另外，还提供了事件计数、测周期和碰撞数据等功能。

注意 光电门 A 和光电门 B 必须同时插上，并且当两个光电门都正常工作时，测时器才能正常工作，否则测时器无法正常工作。

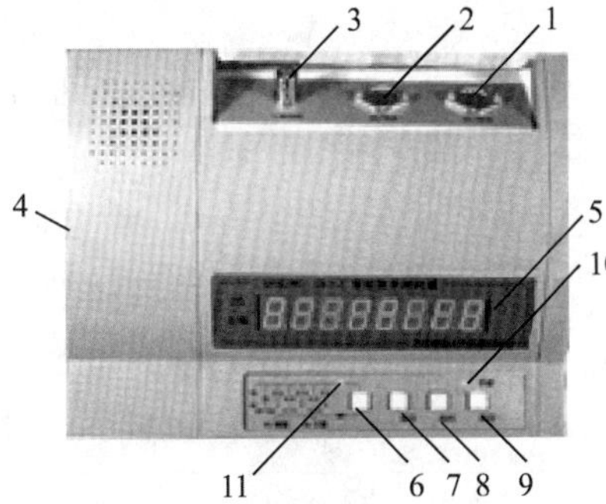

1—光电门 A；2—光电门 B；3—频率输入；4—电源开关；5—LED 数码管显示；6—“功能”键；7—“选择”键；8—“执行”键；9—“自动/手动”切换键；10—状态指示灯；11—功能指示灯

图 3.5.6 测时器仪器面板

2）使用方法

CS-Z 型智能数字测时器面板如图 3.5.6 所示。

将测时器电源开关拨到 ON 位置，LED 数码管出现 HELLO，按“选择”键数码管显示 1 Pr，以后每按一次“选择”键依次出现：2 Pr，3－V，4－V，5 A，6 Pd，7 Fr 和 8 CC，9 EV；再按一次“选择”键则又回到 HELLO,以上的显示分别表示进入测时器的 9 种功能。

注 当执行功能(1)～(7)时,功能应处在 1 Pr～7 Fr,即键盘板左上角灯亮,而执行(8)、(9)功能时,按“功能”键,此时功能应处在 8 CC 与 9 EV,即键盘板左下角灯亮。

(1) 1 Pr(测一个时间间隔)。

当显示为 1 Pr 时,按“执行”键就进入测量一个时间间隔操作,当滑块通过光电门 A 或光电门 B 后,开口挡光片通过一次,不开口挡光片通过两次,屏幕就显示 δt,单位为毫秒(ms)。

例 使用光电门 A,安装开口挡光片,可测如图 3.5.9 中的 δt。

例 使用光电门 A 和 B,安装不开口挡光片,可测出滑块自 A 至 B 移动的时间,如图 3.5.7 所示,完成一次操作后再按“执行”键则重新测一个时间间隔。

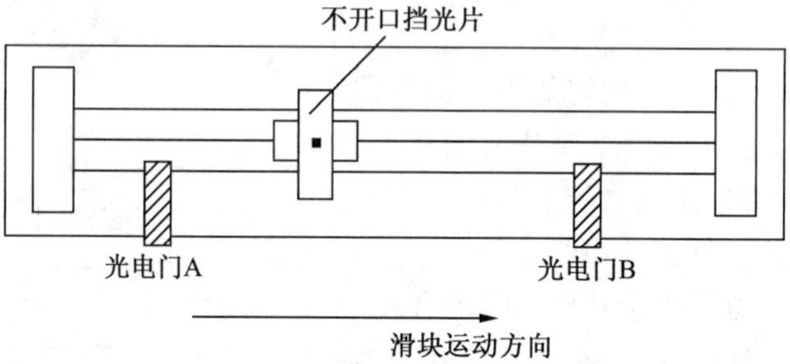

图 3.5.7 测试滑块移动时间

(2) 2 Pr(测两个时间间隔)。

通过按“选择”键使显示为 2 Pr 时,按下“执行”键,屏幕显示消失,即进入测两个时间间隔功能。等待光电门 A 或 B 的二次挡光(指开口挡光片,下同),二次挡光后屏幕显示后一次时间间隔 δt_2,再按“选择”键出现第一次挡光 δt_1。每按一次“选择”键交替显示 δt_1 和 δt_2。

完成一次 2 Pr 功能后再按“执行”键,则再做一次 2 Pr 测时。

(3) 3－V(测一个速度)。

当滑块上安装开口挡光片时,可测出滑块运动的平均速度。

进入 3－V 显示后,按“执行”键,LED 屏幕出现 2.00,表示必须使用宽度 δS 为 2.00 cm 的开口挡光片。如果不使用 2 cm 的挡光片,还可以使用 2.2 cm 和 2.4 cm 等多种规格的标准挡光片,只需再按“选择”键,便可依次选择上述几种规格的挡光片,以便求出滑块的平均速度。

选择好挡光片后,按“执行”键则进入测速,类似 1 Pr 挡光一次后屏幕显示平均速度,单位为 mm/s,再按“执行”键可进入下次测速。

(4) 4－V(测两个速度)。

当显示为 4－V,即进入测两个速度功能。

类似于 3－V,按“执行”键后显示 2.00,亦可如前例,按“选择”键依次选择挡光片宽度,再按“执行”键进入测速,此时显示消失,等待二次挡光后,屏幕显示测得的速度 V_1,按

“选择”键可显示 V_2。

此时再按“执行”键，又重复上述测速功能。

(5) 5A(测加速度)。

当显示为 5A，即进入测加速度功能。

类似于 3－V，按“执行”键后显示 2.00，亦可如前操作选择挡光片宽度 δS，再按“执行”键，显示消失；等待光电门 A 和 B 的二次挡光(测加速度时，使用一只装有开口换光片的滑决)，二次挡光后，出现数据显示，即 V_2，按“选择”键显示 V_1，再按“选择”键又交替显示 V_2 和 V_1；按“执行”键则显示了 $\bar{a}$(按该键后，则 V_2 和 V_1 清除)，即为滑块的平均加速度。

计算 $\bar{a}$ 的公式为

$$\bar{a}=\frac{V_2-V_1}{\delta t}$$

式中：$\bar{a}$ 为平均加速度(mm/s^2)；V_2，V_1 为滑块通过光电门时的速度；δt 为滑块在光电门 A，B 之间运动的时间。

(6) 6 Pd(测周期)。

显示为 6 Pd，即为测周期功能。

可选预置周期数，进入测试后，显示剩余周期计数。

显示为 6 Pd 时按“执行”键，显示 0，每接一次“选择键”，显示加 1，达到所需的预置数后，按“执行”键即进入测周期操作，此时显示为 YES。

使用开口挡光片，挡光片每挡光二次，显示的预置数就减 1，最后一次挡光后，显示为时间总数，单位为 ms。

(7) 7 Fr(测电频率)。

显示为 7 Fr 时，只需按一下“执行”键，即进入测频率。此时只要在机箱后部测频输入有稳定的输入信号，屏幕便显示被测电信号的频率，单位为 Hz。

(8) 8 CC(碰撞数据)。

当显示为 8 CC，即为测碰撞功能。

此时需将“功能”键按下，使右下角灯亮。

显示为 8 CC 时，按“执行”键选择开口挡光 δS。用“选择”键选择完之后，再按“执行”键。显示消失，等待滑块通过光电门(见图 3.5.8)。

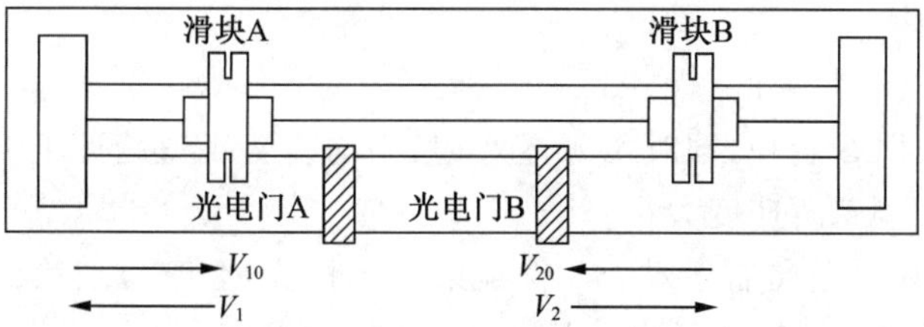

图 3.5.8　两滑块碰撞示意图

当滑块 A，B 分别以初速 V_{10}，V_{20} 通过光电门 A，B 后，滑块 A，B 对心碰撞，碰撞后滑块 A,B 再次以末速 V_1,V_2 分别通过光电门 A,B,显示出现,显示数为 V_{20};按“选择”键,交替出现 V_{20},V_2,记录下 V_{20},V_2 后,按“执行”键出现 V_1,此时按“选择”键可交替出现 V_1,V_{10}。

如再按“执行”键,显示消失,再测一次碰撞数据。

注 V_{10},V_{20},V_1,V_2 的单位均为 mm/s。

(9) 9 EV(事件计数)。

当显示为 9 EV 时,即为事件计数功能。

此时亦需将“功能”键按下,使左下角灯亮。

按下“执行”键,显示出现 0,开口挡光片每经过光电门 A 一次,显示就加 1。

(10) 自动延迟。

在 1 Pr,2 Pr,3－V,4－V 功能时,测时器具有自动延迟功能。自动延迟功能,即在测定并显示一个数据后,延迟若干时间,然后自动进入再次测试。

使用时只需将“自动/手动”键按下,使右上角的灯熄灭即可。

延迟时间可预选设置。设置方法:在显示为 HELLO 时,按“执行”键,显示 1.00,按“选择”键分别出现 3.00,5.00,7.00,以上数据分别对应 1 s,3 s,5 s,7 s,选定后,按一次“执行”键,恢复 HELLO。

开机复位后,延迟时间自动设置为 1.00 s。

(11) 复位。

当开机时,自动复位。

当屏幕有显示时,按“选择”键 2 s 以上,测时器自动复位。

在复位②时,不影响已设置的延迟时间。

3) 滑块速度的测量

据上所述,当智能数字测时器选择“1 Pr”功能,按“执行”键可测一个时间间隔,当滑块通过光电门 A 或光电门 B 后(开口挡光片通过一次,不开口挡光片通过二次),屏幕就显示测量时间间隔 δt,单位为 ms。

在滑块上安装一 U 型挡光片,使之随滑块一起运动,若滑块自右向左运动,挡光片的四条边依次经过光电门,做两次挡光(见图 3.5.9),测时器显示的时间 δt 就是滑块运动 δS 距离所用的时间,δS 是第一次挡光(11′边)到第二次挡光(33′边)间的距离,因此可以算出滑块通过该光电门的平均速度为

$$V=\frac{\delta S}{\delta t}$$

挡光片越窄,即 δS 越小,同时 δt 亦越小时,平均速度 V 就趋近于滑块经过该光电门的瞬时速度大小。

同理,如果滑块自左向右运动,δS 就是第一次挡光(44′边)到第二次挡光(22′边)间的距离,亦可测出滑块向右运动的速度。

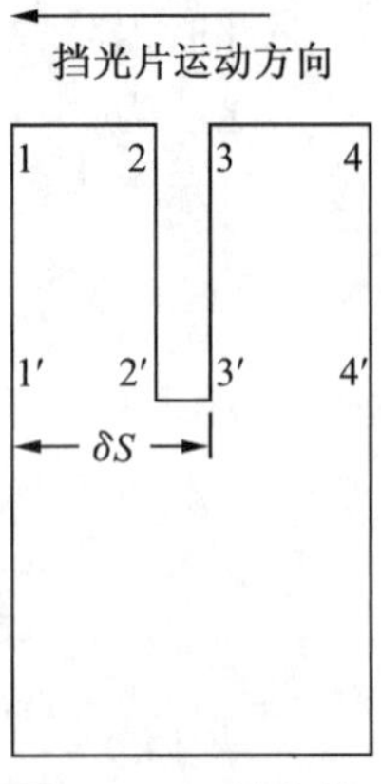

图 3.5.9 挡光片

显然,当滑块做匀速直线运动时,瞬时速度与平均速度处处相等,则滑块经过气垫导轨上任意位置的光电门时,测时器上所显示的时间应大致相等。

3. MUJ-5B 型计时计数测速仪

计时计数测速仪是具有存储功能、时基精度高(微秒级)的计量仪器,具有计时 1、计时 2、加速度、碰撞、重力加速度、周期、计数等功能。它还可与气垫导轨、自由落体仪等配合使用,用来测量速度、加速度、重力加速度、周期等物理量,并直接显示实验的速度和加速度的值。

1) 面板说明

(1) 前面板如图 3.5.10 所示。

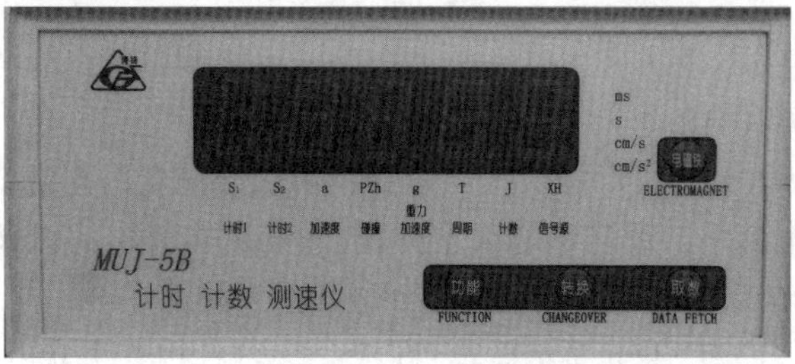

图 3.5.10　MUJ-5B 型计时计数测速仪前面板

“功能”键：按下“功能”键前,如光电门遮过光,则清零,功能复位;如光电门没遮过光,按“功能”键,仪器将选择新的功能。若按下“功能”键不放,可循环选择功能,至所需的功能灯亮时,放开此键即可。

“取数”键：在计时 1(S_1)、计时 2(S_2)、周期(T)功能时,仪器可自动存入前 20 个测量值,按“取数”键,可显示存入值。当显示“E×”,提示将显示存入的第×值。在显示存入值过程中,按“功能”键,会清除已存入的数值。

“转换”键：在计时、加速度、碰撞功能时,按“转换”键小于 1 s,测量值在时间或速度之间转换;按“转换”键大于 1 s,可重新选择所用的挡光片宽度 1.0 cm,3.0 cm,5.0 cm,10.0 cm。

“电磁铁”键：按此键可改变电磁铁的通电(键上方发光管亮)、断电(键上方发光管灭)。

(2) 后面板如图 3.5.11 所示。

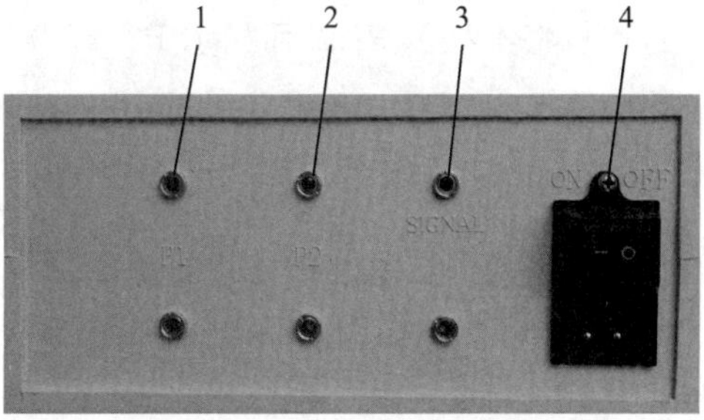

1—P_1 光电门插口(外口兼电磁铁插口);
2—P_2 光电门插口; 3—信号源输出插口;
4—电源开关

图 3.5.11　MUJ-5B 型计时计数测速仪后面板

2) 操作使用说明

(1) 实验准备工作,光电门和显示器件的自检:将两个光电门插头插入 1 号、2 号光电门插座;接上 220 V 交流电源,打开电源开关;开机后依次按“功能”键,循环选择所有实验功能,检查其过程是否正常。

(2) 仪器操作功能介绍:

① “S_1”——遮光计时:测量对任一光电门的遮光时间,可连续测量。自动存入前 20 个数据,按“取数”键可查看。

② "S_2"——间隔计时：测量 P_1 口光电门两次挡光或 P_2 口光电门两次挡光的间隔时间，可连续测量。自动存入前 20 个数据，按"取数"键可查看。

③ "a"——测加速度：测量带凹形挡光片的滑块通过两个光电门的速度及通过两个光电门这段路程的时间及加速度，可接 2～4 个光电门。仪器显示屏将循环显示下列数据：

1	第一个光电门
******	第一个光电门测量值
2	第二个光电门
******	第二个光电门测量值
1—2	第一至第二个光电门
******	第一至第二个光电门测量值

如接入 4 个光电门将继续显示第 3 个光电门、第 4 个光电门以及 2－3，3－4 段的测量值。只有再按"功能"键清零，才可进行新的测量。

④ "PZh"——等质量、不等质量碰撞：在 P_1，P_2 口各接一个光电门，两只滑块上装好相同宽度的凹形挡光片和碰撞弹簧，让滑块从气轨两端向中间运动，各自通过一个光电门后相撞。做完实验，会循环显示下列数据：

P1.1	P_1 口光电门第一次通过
******	P_1 口光电门第一次测量值
P1.2	P_1 口光电门第二次通过
******	P_1 口光电门第二次测量值
P2.1	P_2 口光电门第一次通过
******	P_2 口光电门第一次测量值
P2.2	P_2 口光电门第二次通过
******	P_2 口光电门第二次测量值

如滑块 3 次通过 P_1 口光电门，一次通过 P_2 口光电门，本机将不显示 P2.2 而显示 P1.3，表示 P_1 口光电门第三次遮光。如滑块 3 次通过 P_2 口光电门，一次通过 P_1 口光电门，本机将不显示 P1.2 而显示 P2.3，表示 P_2 口光电门第三次遮光。只有再按"功能"键清零，才能进行下一次测量。

⑤ "g"——测重力加速度：将电磁铁插入电磁铁插口，两个光电门插入 P_2 光电门插口，"电磁铁"键上方发光管亮时，吸上小钢球；按"电磁铁"键，小钢球下落（同步计时），到小钢球前沿遮住光电门（记录时间），显示：

1	第一个光电门
******	t_1 值
2	第二个光电门
******	t_2 值

第 3 个光电门插在 P_1 光电门内侧插口，还可测到第 3 个数值。

因 $h_1=\frac{1}{2}gt_1^2$，$h_2=\frac{1}{2}gt_2^2$，故有

$$g=\frac{2(h_2-h_1)}{t_2^2-t_1^2}$$

式中：h_2-h_1 为两光电门之间的距离。

按“功能”键或按“电磁铁”键，仪器可自动清零，电磁铁吸合。

⑥ “T”——测振子周期。

测量单摆振子或弹簧振子 1～10 000 周期的时间，可选用以下两种方法。

方法一：不设定周期数。在周期数显示为 0 时，每完成一个周期，显示周期数会加 1。按“转换”键即停止测量。显示最后一个周期数约 1 s 后，显示累计时间值。按“取数”键，可提取单个周期的时间值。

方法二：设定周期数。按“转换”键不放，确认到所需周期数时放开此键即可（只能设定 100 以内的周期数）。每完成一个周期，显示周期数会自动减 1，当最后一次遮光完成，显示累计时间值。按“取数”键可显示本次实验（最多前 20 个周期）每个周期的测量值，如显示 E2（表示第二个周期），*******（第二个周期的时间）……待运动平稳后，按“功能”键，即可开始重新测量。

⑦ “J”——测量光电门的遮光次数。

⑧ “XH”——信号源：将信号源输出插头插入信号源输出插口，可在插头上测量本机输出时间间隔为 0.1 ms，1 ms，10 ms，100 ms，1 000 ms 的电信号，按“转换”键可改变电信号的频率。

第六节　压强测量仪器

压强也是实验中常见的测量物理量，特别是气压测量，常用的测量大气压强的工具是气压计，包括水银气压计、空盒气压计，被广泛地应用于气象观测和人们日常生活。水银气压计精确度高，但不便于携带，多用于实验室测量大气压。空盒气压计便于携带，但没有水银气压计精确，多用于登山测量等。

在国际单位中，压强的单位是帕斯卡（Pa），表示每平方米单位面积上的压力。1 帕斯卡＝1 牛顿/平方米。在大气压强的测量中，约定一个标准大气压为1.013×10^5 Pa，一个标准大气压的数值相当于大约 76 cm（760 mm）水银柱所产生的压强。世界气象组织决定，气压单位统一使用“百帕”（hPa）。压强各单位换算关系为 1 hPa＝100 Pa，1 kPa＝1 000 Pa，1 MPa＝1×10^6 Pa。

一、水银气压计

常用的水银气压表有动槽式水银气压表和定槽式水银气压表两种，均是根据托里拆利原理制成的。水银气压表主要由水银柱内管、含读数标尺的外套管、水银槽三部分组成，如图 3.6.1 所示。

水银气压表安装在温度少变、光线充足的室内，垂直悬挂，并避免阳光直接照射。

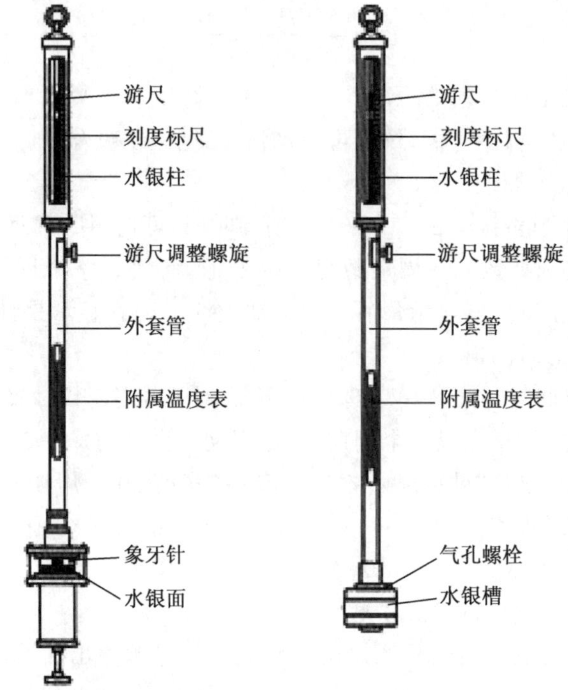

(a) 动槽式水银气压表　　(b) 定槽式水银气压表

图 3.6.1　水银气压表

1. 动槽式水银气压表

动槽式水银气压表又被称为福丁式水银气压表，水银柱内管是一根直径约 8 mm、长约 900 mm 的玻璃管，顶端封闭，底端开口，管内灌满纯净水银后开口端插入水银槽内，在玻璃管的上部形成一段真空，如图 3.6.1a 所示。

外套管用黄铜制成，其作用是保护和固定水银柱内管，并且在外套管上刻有标尺刻度，用于测定水银柱顶端的高度。套管上部前后都开有长方形窗孔，可以直接观测到水银柱内管中水银柱的顶端。正面窗孔的右侧有刻度标尺，窗孔装有游尺，转动右侧的游尺调整螺旋可以使游尺上下移动。在外套管的中部装有一支附属温度表，简称附温表，用来测量气压表表身的温度。外套管的下端与水银槽连接。

水银槽分上、下两部分，中间有一个玻璃圈，通过玻璃圈可以看见槽内水银面。水银槽上部有一个上木杯，木杯上部用羊皮囊与水银柱内管包扎联结，上木杯下面有一个针尖朝下的象牙针，以象牙针尖作为气压表刻度尺的基点。水银槽下部有一个下木杯，木杯下面包扎有一个圆袋状的羊皮囊，用来盛装水银，羊皮囊用木托托住，借助水银槽底部的水银面调整螺旋可以升降羊皮囊，使水银槽内的水银面恰好与象牙针尖接触。

动槽式水银气压表的观测方法：

(1) 读取附属温度。观测附属温度表，读数精确到 0.1 ℃。

(2) 调整水银槽内水银面。调整时旋动水银槽底部的水银面调整螺旋，使水银面自下而上缓慢地升高，直到象牙针尖恰好与水银面相接，水银面上既无小涡，也无空隙。

(3) 调整游尺与读数。旋动游尺调整螺旋，先使游尺稍高于水银柱顶，再慢慢下降游尺，直到游尺环的前后下缘与水银柱凸面顶点刚刚相切。此时，游尺下缘零线所对标尺的刻度即为整数读数，再从游尺刻度线上找出一根与标尺上某一刻度相吻合的刻度线，则游尺上这根刻度线的数字就是小数读数。

(4) 降低水银面。读数后，旋动水银槽底部的水银面调整螺旋来降低水银面，使水银面离开象牙针尖 2～3 mm。

2. 定槽式水银气压表

定槽式水银气压表又被称为寇乌式水银气压表，定槽式水银气压表的构造与动槽式水银气压表大体相同，由水银柱内管、含读数标尺的外套管、水银槽三部分组成。不同之处在于刻度尺零点位置不固定，槽部无水银面调整装置，采用补偿标尺刻度的办法，以解决零点位置的变动，如图 3.6.1b 所示。

定槽式水银气压表的观测方法：

(1) 观测附属温度表，读数精确到 0.1 ℃。

(2) 用手指轻击气压表表身。

(3) 调整游尺与读数，旋动游尺调整螺旋，使游尺环的前后下缘与水银柱凸面顶点刚刚相切，并进行读数。

3. 水银气压表的读数订正

水银气压表的读数需要按照仪器差订正、温度差订正、重力差订正的顺序进行订正，将其订正为器差 0 mm、温度为 0 ℃，纬度为 45 °，重力场高度为平均海平面的标准条件下的气压值，即本站气压。

(1) 仪器差订正：由于水银气压表本身的误差而造成的偏差称为仪器差。仪器差订正时，根据气压观测读数值，在水银气压表的仪器差订正表上查出相应的器差订正值，与气压读数相加得到的代数和，即为经过仪器差订正后的气压值。

(2) 温度差订正：水银气压表的标尺刻度是以 0 ℃时为标准的，即使气压保持不变，当温度变化时，水银的密度也随之改变，同时测量水银柱高度的黄铜标尺的长度亦会发生胀缩，并且水银和黄铜标尺的膨胀系数是不同的，由此而引起的误差称为气压温度器差。由于水银的膨胀系数大于黄铜，因此当温度高于 0 ℃时，订正值为负；温度低于 0 ℃时，订正值为正。温度差订正时，用经过仪器差订正后的气压值和附属温度值，从《气象常用表》(第二号)第一表上查取温度差订正值，用经过仪器差订正后的气压值和温度差订正值相加得到的代数和，即为经过温度差订正后的气压值。

(3) 重力差订正：水银气压表是以纬度为 45°的海平面上的重力加速度为标准的，不同纬度、不同海拔高度的重力加速度不同，这种因重力不同而引起的偏差称为重力差。重力差订正包括纬度重力差订正和高度重力差订正两个方面。

① 纬度重力差订正：由于地球的极半径小于赤道半径，从而使得重力加速度随纬度的增加而增大，因此当纬度大于 45°时，订正值为正；纬度小于 45°时，订正值为负。纬度重力差订正时，用经过温度差订正后的气压值和当地纬度值，从《气象常用表》(第三号)第一表上查取纬度重力差订正值。

② 高度重力差订正：由于重力加速度随海拔高度的增加而减小，因此当海拔高度高

于海平面时，订正值为负；低于海平面时，订正值为正。高度重力差订正时，用经过温度差订正后的气压值和当地海拔高度值，从《气象常用表》(第三号)第二表上查取高度重力差订正值。

纬度重力差订正值和高度重力差订正值相加得到的代数和，即为重力差订正值。用经过温度差订正后的气压值和重力差订正值相加得到的代数和，即为经过重力差订正后的气压值，称为本站气压。

例 水银气压表的气压读数 $P=765.55$ mm，附属温度 $t=12.5$ ℃，当地纬度 $\phi=30°$，海拔高度 $h=50$ m，求本站气压。

气压读数：765.55 mm

仪器差订正值：−0.05 mm [仪器检定证上的器差订正表]

765.55+(−0.05)=765.50 mm

温度差订正值：−1.56 mm [《气象常用表》(第二号)]

765.50+(−1.56)=763.94 mm

纬度重力差订正值：−1.01 mm [《气象常用表》(第三号)]

高度重力差订正值：−0.01 mm [《气象常用表》(第三号)]

重力差订正值：(−1.01)+(−0.01)=−1.02 mm

本站气压：763.94+(−1.02)=762.92 mm

将气压的单位由 mm 汞柱换算为 hPa：

762.92 mm=1017.2 hPa [《气象常用表》(第二号)]

4. 海平面气压订正

本站气压只表示当地海拔高度上的大气压强。气象上为了比较各地气压的大小，分析水平气压场，必须将各地的本站气压统一订正到海平面上，这种订正称为海平面气压订正或高度差订正，订正后的气压称为海平面气压。

$$海平面气压(P_0)=本站气压值(P_h)+高度差订正值(C)$$

(1) 海拔高度低于 15.0 m 时，高度差订正值为

$$C=34.68\times\frac{h}{\bar{t}+273}$$

式中：h 为当地海拔高度；$\bar{t}$ 为当地年平均气温。

(2) 当海拔高度达到或超过 15.0 m 时，高度差订正值的计算方法如下：

① 计算空气柱平均温度，公式为

$$t_m=\frac{t-t_{12}}{2}+\frac{h}{400}$$

式中：t_m 为空气柱平均温度；t 为观测时的气温；t_{12} 为观测前 12 小时的气温；h 为当地海拔高度。

② 用 t_m 和 h，由《气象常用表》(第三号)第四表查算出 M 值。

③ 用本站气压 P_h 和 M 值计算出高度差订正值，计算公式为

$$C=\frac{P_h\cdot M}{1\,000}$$

二、空盒气压表

1. 工作原理

DYM3 型空盒气压表如图 3.6.2 所示，它是以弹性金属做成的薄膜空盒作为感应元件，将大气压力转换成空盒的弹性位移，通过杠杆和传动机构带动指针。当顺时针方向偏转时，指针就指示出气压升高的变化量；反之，当指针逆时针方向偏转时，指示出气压降低的变化量。当空盒的弹性应力与大气压力相平衡时，指针就停止转动，这时指针所指示的气压值就是当时的大气压力值。该气压表可广泛地应用于气象、军事、航空、航海、农业、测量、地质、工矿企业和科研等领域，是测量大气压力的常规仪器。

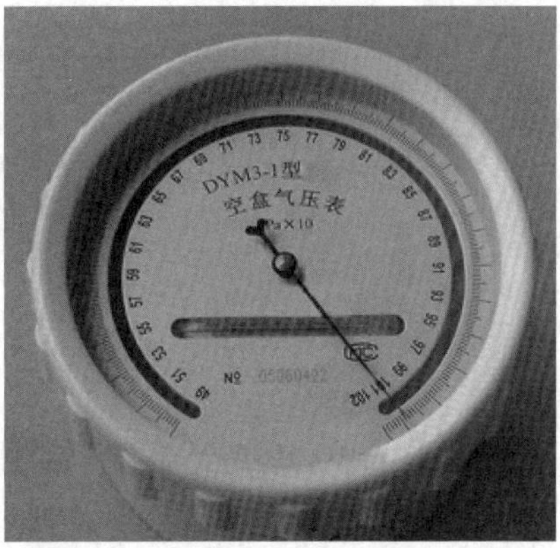

图 3.6.2　DYM3 型空盒气压表

2. 技术规格

(1) 测量大气压强范围：800～1 064 hPa。

(2) 使用温度范围：−10～+40 ℃；仪器温度表刻度范围：−11～+41 ℃。

(3) 经过温度、示值和补充修正后，测量误差不大于 2.0 hPa。

(4) 示度盘最小分度值：1 hPa。

(5) 附温表最小分度值：1 ℃。

(6) 仪器重量不大于 1.5 kg。

(7) 仪器尺寸：156 mm×156 mm×115 mm。

3. 使用须知

(1) 仪器工作时必须水平放置，以防止倾斜造成读数误差。

(2) 读数时用手指轻敲仪器外壳或表面玻璃，以消除传动机构中的摩擦。

(3) 读数时，观测视线必须与刻度盘平面垂直，并使指针与反光镜中的倒影重合。

(4) 气压读数精确到小数点后一位，温度读数也精确到小数点后一位。

(5) 仪器上读取的气压示值只有经过下列订正后方能使用：

仪器温度修正值用公式 $p=\Delta p\cdot t$ 计算。其中，p 是温度修正值；Δp 为温度变化 1 ℃时的气压修正值，即温度系数(鉴定证上填有)；t 为在温度表上读的温度值。

(6) 使用时，禁止将仪器从塑料外壳内取出，以免造成不必要的损坏；不得擅自从外壳小孔中调动安装螺钉，以免增加仪器的误差。

三、扩散硅压力传感器

在大学物理实验中，通常采用扩散硅压力传感器测量气体压强，扩散硅压力传感器是把压强转化为电信号，并由同轴电缆线输出信号与仪器内的放大器及三位半数字电压表相接。它测量的是容器内气体压强的差值，其测量范围大于环境气压 0～10 kPa，灵敏度为 20 mV/kPa，精度为 5 Pa。实验时，贮气瓶内空气压强变化范围约 6 kPa。

实验测量时可以先通过空盒气压表测出实验环境的初始大气压强 p_0，记录当前扩散硅压力传感器的数字电压表数值 U_0，当实验环境气压改变为 p_1 时，记录数字电压表数值 U_1，则 $p_1=p_0+\Delta p=p_0+\dfrac{U_1-U_0}{20}$，其中电压值的单位为 mV，压强的单位为 kPa，注意单位的换算。

第七节　电磁测量仪器

一、电表

1. 表头

实验室用的电表大部分是磁电式电表，它的结构如图 3.7.1 所示。在永久磁铁的两个极掌和圆柱形铁心之间的空隙磁场中有一个可转动的线圈。当线圈中有被测电流通过时，线圈在磁场作用下发生偏转，直到和游丝的反作用力矩相平衡为止。偏转角的大小与通过线圈的电流成正比，并由指针指示出来。

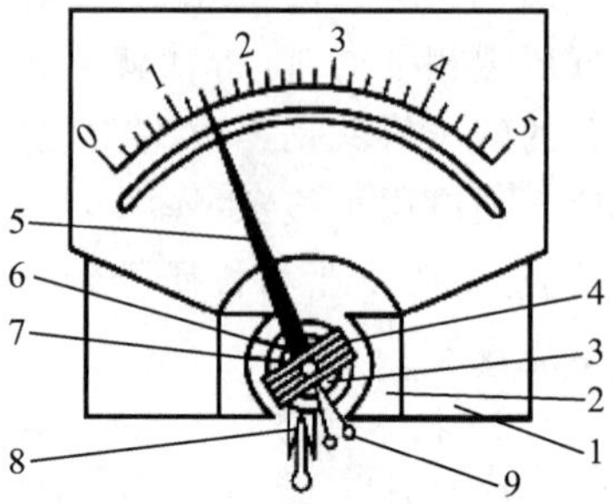

1—永久磁铁；2—极掌；3—圆柱形铁心；4—线圈；5—指针；6—游丝；7—转轴；8—调零螺杆；9—平衡锤

图 3.7.1　磁电系仪表结构

2. 安培表

安培表主要用来测量电路中通过电流的安培数。磁电式电表表头指针偏转满度时的电流很小，只适于测量微安级或毫安级电流。若要测量较大的电流则需要扩大电表的电流量程(参见实验 4.24)。扩大量程的办法是在电表表头两端并联电阻 R_s，使超过电表表头承受力的电流由并联电阻上流过。R_s 称为分流电阻，这样用表头和 R_s 组合成的整体就是直流安培表。安培表的接线柱上标有“+”或“-”，而另一个标有量程。

安培表主要规格：

(1) 量程：即指针偏转满度时的电流值。注意还有多量程的安培表。

(2) 内阻：一般安培表内阻在 0.10 Ω 以下(毫安表、微安表内阻可达一二百欧姆到一二千欧姆)。

3. 伏特表

伏特表是用来测量电路中两点间电压的伏特数的仪器。它的装置与安培表所不同的是将分流电阻换上一与表头线圈串联的较大的电阻。

4. 使用电表时注意事项

1) 量程的选择

选择电表量限时，一方面量限不能过小，测量值超过它会损坏电表；另一方面量限也不能过大，致使测量误差太大，最好选得使测量值不到满度，但超过三分之二。对于多量限的电表，在不知道测量的范围时，应该先选择大量限，在粗略估出测量值后，再换接与之相近的量限，以得到误差较小的测量值。

2）电流方向

直流电表的偏转方向与通过的电流方向有关，所以接线时必须注意电表上接线柱的"＋""－"标记，"＋"表示电流流入端，"－"表示电流流出端，切不可把极性接错，以免损坏电表的指针。

3）电表的接法

安培表是用来测量电流的，用时必须串联在电路中。伏特表是用来测量电压的，用时应当与被测电压两端并联。

4）视差问题

读数时应正确判断指针位置。为了减小视差，必须使视线垂直于电表表面读数。一级以上电表的表面上通常附有镜子，读数时应使指针和它的像重合。

5）电表的误差

（1）电表误差的来源。

基本误差：由电表本身结构缺陷带来的误差，如磁场不均、转轴的摩擦、刻度不准等。

附加误差：由外界因素的变动对电表指示值的影响而引起的误差，如温度的变化、外界电磁场的作用等。

（2）电表误差的表达形式。

绝对误差：电表的指标值 A_x 和实际值 A_0 之间的差值，即

$$\Delta A = A_x - A_0$$

电表在正常条件下，绝对误差由基本误差决定。

相对误差：绝对误差与被测量的实际值 A_0 之比值用百分数表示，即

$$E = \frac{\Delta A_x}{A_0} \times 100\%$$

以上两种误差中，相对误差随被测量值而变；绝对误差对同一个电表的不同量限其值也不同。也就是说，用这两种误差均不能表示出某一电表的准确度，由此可引入"引用误差"。

引用误差：电表某量限上的最大绝对误差 ΔA_{max} 与该量限的满度值（称上量限）A_{max} 之比，用百分数表示，即

$$E_{max} = \frac{\Delta A_{max}}{A_{max}} \times 100\%$$

对于某一电表来说，引用误差不随量限或被测量值的大小改变，它是一个定值，因此引用误差能够表示某一电表的准确度。电表等级的百分数就是该表的引用误差。例如，1.5 级电表的引用误差就是 1.5%。

已知电表的等级和某一量限的满度值，便可求出该量限的最大绝对误差，即

$$\Delta A_{max} = E_{max} \cdot A_{max}$$

据我国国标规定，电表的准确度等级分为 0.1，0.2，0.5，1，1.5，2.5，5 七级，另外，电表的某些技术常用符号标在电表上（见表 3.7.1）。

表 3.7.1　电表性能标志

符号	名　称	符号	名　称
—	直流	μA	微安
～	交流	mA mV	毫安 毫伏
≂	直流和交流	kV kΩ	千伏 千欧
⌓	磁电系仪表	☆(1)	绝缘强度实验电压 1 kV
(0.5)	电表级别，仪器准确度 0.5％	☆(0)	不进行绝缘强度实验
[Ⅱ]	防磁级，分Ⅰ，Ⅱ，Ⅲ，Ⅳ四级	*	公共端钮
↯2KV	击穿电压 2 kV	⏚	接地用的端钮
△C	防潮湿级，分 A，B，C 三级	⫲	静电系仪表
⊓	使用时仪表水平放置	⩛	振簧系仪表
⊥	使用时仪表垂直放置	⌒	调零器
∠60°	标尺位置与水平面倾斜 60°		

二、万用表

万用表又称多用表，万用表品种很多，常用的有 VC890D/VC890C 数字多用表和 MS8210 万用表。

1. VC890D/VC890C 数字多用万用表

VC890D/VC890C 数字多用表如图 3.7.2 所示。

1）电压测量

（1）将黑表笔插入“COM”插孔，红表笔插入 VΩ⊣⊢ 插孔。

（2）测量直流电压：将量程开关转至相应的 DCV 量程上。测量交流电压：将量程开关转至相应的 ACV 量程上。

（3）将测试表笔跨接在被测电路上。

2）电流测量

（1）将黑表笔插入“COM”插孔，红表笔插入 mA 插孔或 20 A 插孔。

（2）测量直流电流：将量程开关转至相应 DCA 挡位上。测量交流电流：将量程开关转至相应 ACA 挡位上。

（3）将仪表的表笔串联接入被测电路中。

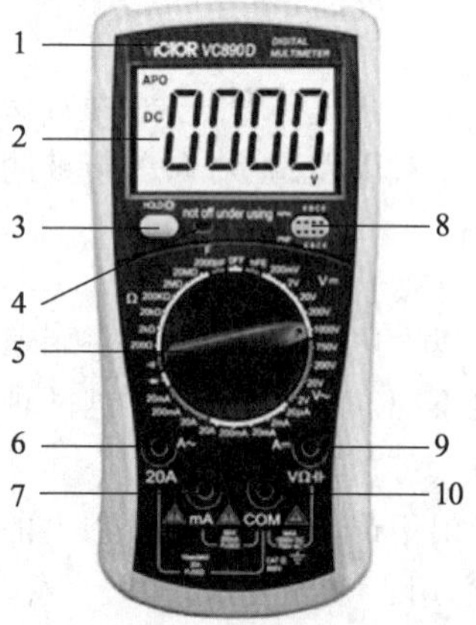

1—型号栏；2—液晶显示屏：显示测量数值；3—背光灯/自动关机开关；4—发光二极管：通断检测时报警用；5—旋钮开关：改变测量功能、量程及控制开关机；6—20 A 插孔：20 A 电流测试正端；7—mA 插孔：200 mA 电流测试正端；8—三极管测试座：测试三极管输入口；9—VΩ⊣⊢插孔：电压、电阻、二极管“＋”极插孔；10—COM 插孔：电容、温度、“－”极插孔及公共地

图 3.7.2　VC890D/VC890C 数字多用表

3）电阻测量

（1）将黑表笔插入"COM"插孔，红表笔插入 VΩ⊣⊢插孔；

（2）将量程开关转至相应的电阻量程上，然后将两表笔跨接在被测电阻上。

4）电容测量

（1）将黑表笔插入"COM"插孔，红表笔插入 VΩ⊣⊢插孔；

（2）将量程开关转至相应电容量程上，表笔对应极性（红表笔极性为"＋"极），接入被测电容。

5）二极管及通断测试

（1）将黑表笔插入"COM"插孔，红表笔插入 VΩ⊣⊢插孔（红表笔极性为"＋"极）；

（2）将量程开关转至→⊢（·))）挡，并将表笔连接到待测试二极管，读数为二极管正向压降的近似值；

（3）将表笔连接到待测线路的两点，如果两点之间电阻值低于约 30 Ω，则内置蜂鸣器发声。

6）三极管 hFE

（1）将量程开关置于 hFE 挡；

（2）决定所测晶体管为 NPN 或 PNP 型，将发射极、基极、集电极分别插入测试附件上相应的插孔。

7）自动断电锁存及背光开启

开机后，液晶屏有"APO"符号出现，表示仪表处于自动关机状态，无"APO"符号，仪表将处于不关机状态。用户在 15 分钟内转动拨盘或仪表百位及千位在 15 分钟内一直有数字在变动，仪表处于不关机状态。循环短按"HOLD"键，打开或关闭"HOLD"功能；循环长按"HOLD"键，打开或关闭背光灯。

8）注意事项

（1）如果事先对被测量数值范围没有概念，应将量程开关转至最高挡位；然后根据显示值转至相应挡位上。

（2）如果测量值超过所选的量程值，则会显"0 L"，应将量程开关转到较高挡位上。

（3）测量电阻值超过 1 MΩ 以上时，读数需几秒时间才能稳定，这在测量高电阻时是正常的；当输入端开路时，则显示过载情形；测量在线电阻时，要确认被测电路所有电源已关断及所有电容都已完全放电时，才可以进行。

（4）在测试电容前，屏幕显示值可能尚未回到零，残留读数会逐渐减小，但可以不予理会，它不会影响测量的准确度；大电容挡测量严重漏电或击穿电容时，将显示一些数值且不稳定；请在测试电容容量之前，对电容充分地放电，以防损坏仪表。

2. *MS*8210 万用表

MS8210 万用表如图 3.7.3 所示。

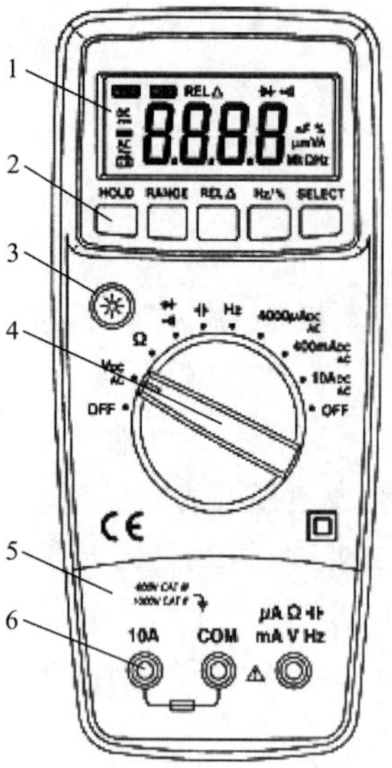

1—液晶显示屏；2—功能按钮；3—背景光按钮；4—旋转开关；5—型号栏；6—输入插座

(电池符号)	低电压指示
AUTO	自动量程指示
HOLD	数据保持指示
REL△	相对值测量指示
(二极管符号)	二极管测量指示
(蜂鸣符号)	通断测量指示
DC	直流输入指示
AC	交流输入指示
m V	电压单位符号
μm A	电流单位符号
kM Ω	电阻单位符号
k Hz	频率单位符号
nμ F	电容单位符号
-	负输入极性指示
%	占空比测量指示（百分数）

图 3.7.3 MS8210 万用表

1）功能按键

（1）"HOLD"按钮。

按一下此按钮，液晶显示器将保持测量值。再按一下此按钮，仪表即恢复正常测量状态。

（2）"RANGE"按钮。

此按钮用于选择自动（缺省值）或手动量程方式。

当旋转开关旋至 V 或 Ω 挡时，首先进入自动量程状态，按动此按钮少于 1 s 即进入手动量程状态。

在手动量程状态下，按动此按钮少于 1 s 可自低而高改变量程；按动此按钮大于 1 s 可回到自动量程状态。

（3）"REL△"按钮。

此按钮用于选择相对值测量方式。

当旋转开关旋至 V，A，Ω 或⊣⊢（电容）挡时，按一下此按钮，仪表将进入相对值测量方式。再按此按钮，仪表即恢复正常测量状态。

（4）"Hz/%"按钮。

此按钮用于选择频率或占空比测量方式。

当旋转开关旋至 V 或 A 挡时，按一下此按钮，将启动频率计数器。再按一次进入占空比测量方式。再按一次退出频率计数器方式，回到 V 或 A 的测量方式。

当旋转开关旋至 Hz 挡时，按一下此按钮，将进入占空比测量方式。再按一次则回到频率计数器方式。

(5)“SELECT”按钮。

此按钮用于选择直流(缺省值)或交流测量以及用于选择—▶|—(缺省值)或·))) 蜂鸣测量功能。

当旋转开关旋至 V 或 A 挡时,首先进入直流测量功能,按动此按钮即可切换直流或交流测量功能。

当旋转开关旋至—▶|—(·)))）挡时,首先进入—▶|—测量功能,按动此按钮即可切换—▶|—或·))) 蜂鸣测量功能。

2) 背景光按钮

按此按钮点亮背景光,大约 5 s 后背景光将自动熄灭以延长电池使用寿命。

3) 旋转开关

本旋转开关是一个十挡位的旋转功能开关,它的挡位排列如下:电压、电阻、二极管和通断测试(带蜂鸣)、电容、频率、电流 4 000 μA、电流 400 mA、电流 10 A、OFF(关机位置,两挡)。

4) 输入插座

输入插座描述如表 3.7.2 所示。

表 3.7.2　输入插座描述

输入插座	描　　述
mA　V　Hz　μA　Ω　—||—	电压、电阻、mA、μA、电容、频率、占空系数、二极管测量及蜂鸣通断测试的正输入端(与红色表笔相连)
COM	所有测量的公共输入端
10 A	电流 10 A 正输入端(与红色测试笔相连)

三、电阻箱、变阻器

1. 电阻箱

图 3.7.4 所示是 ZX21 型旋转式电阻箱的面板。内部线路结构如图 3.7.5 所示。

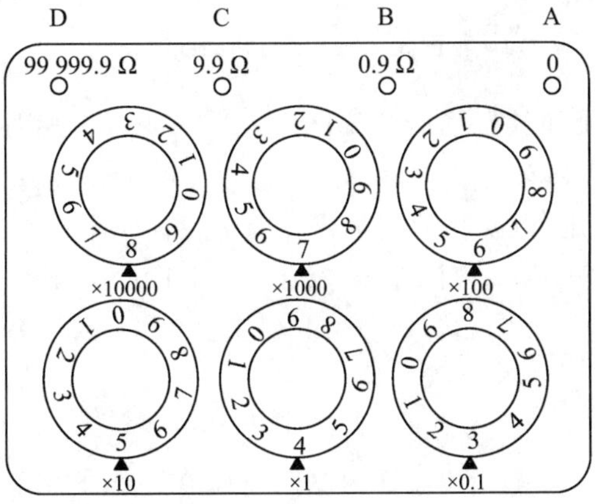

图 3.7.4　ZX21 型旋转式电阻箱的面板

旋钮在不同部位，表示着不同电阻值的各旋钮的电阻相互串联。所以，总电阻值为各旋钮读数之和。例如：当×10000 挡指 8，×1000 挡指 7，×100 挡指 6，×10 挡指 5，×1 挡指 4，×0.1 挡指 3，这时接线柱 A 和 D 之间的总电阻值为

$$R=8\times 10\,000+7\times 1\,000+6\times 100+5\times 10+4\times 1+3\times 0.1=87\,654.3\ \Omega$$

当只需要使用 0.1～0.9 Ω 或 0.1～9.9 Ω 范围时，则应接在 A 与 B 或 A 与 C 两个接线柱上，以避免其余转盘弹簧触点的接触电阻。因为电阻箱示数小时，接触电阻会引起较大的相对误差。

在使用电阻箱前，应将每个旋钮转动几次，以免内部有接触不良现象发生。

要防止流过电阻箱的电流超过所用最大一挡电阻的额定电流。电阻箱每挡电阻允许通过的电流见表 3.7.3。

表 3.7.3 电阻箱每挡电阻允许通过的电流

旋钮倍率	×0.1	×1	×10	×100	×1000	×10000
额定电流/A	1.5	0.5	0.15	0.05	0.015	0.005

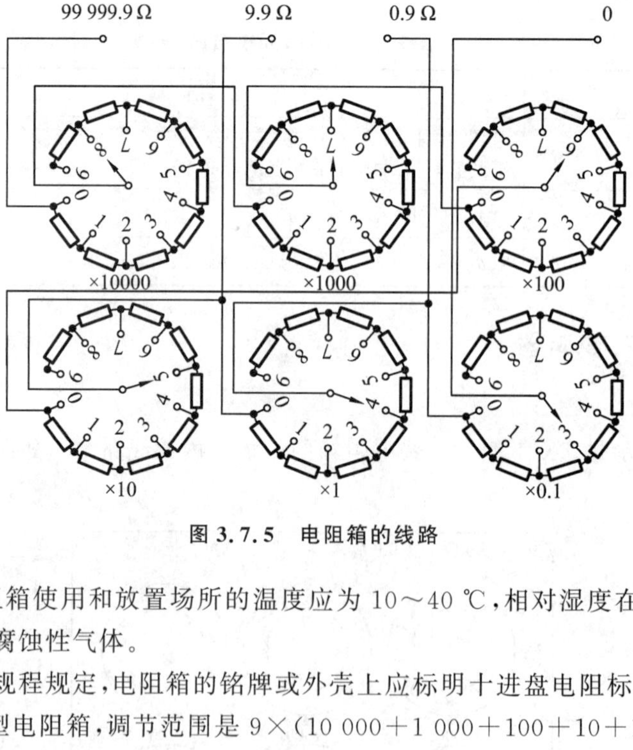

图 3.7.5 电阻箱的线路

按规定，电阻箱使用和放置场所的温度应为 10～40 ℃，相对湿度在 80%以下，周围空气中不应含有腐蚀性气体。

按国家技术规程规定，电阻箱的铭牌或外壳上应标明十进盘电阻标称值和准确度等级。例如 ZX21 型电阻箱，调节范围是 9×(10 000+1 000+100+10+1+0.1) Ω，准确度按各盘依次分别为 5%，0.5%，0.2%，0.1%，0.1%，0.1%。另外，它的零值电阻 $R_0=(20\pm 5)$ mΩ。

2. 滑线变阻器

滑线变阻器如图 3.7.6 所示，它是用电阻丝绕在绝缘的瓷管上而制成，电阻丝两端与接线柱 M 和 N 相连，而另一接线柱 T 与瓷管上方的金属杆连结在一起，金属杆上有一

活动接头 P,P 下面有弹簧接触器(碳刷)与电阻丝紧密接触。因此,活动接头 P 可以改变 MT(或 NT)间的电阻数值。

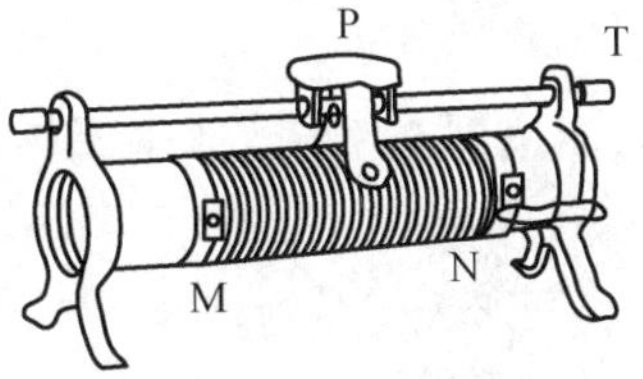

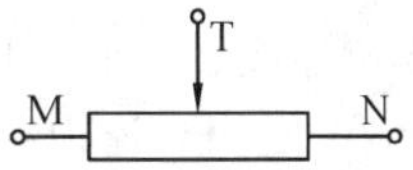

图 3.7.6　滑线变阻器

滑线变阻器主要规格:

(1) 全电阻:MN 间的电阻。

(2) 额定电流:变阻器所允许通过的最大电流。一般全电阻越大,额定电流越小。

变阻器主要有两种接法:

① 作限流用(限流电路)。

如图 3.7.7 所示,M 端和 T 端连接在电路中,N 端空着不接。当滑动 T 时,整个回路中的电阻改变了,因此电流也改变了,所以称为限流电路。当 T 滑到 N 端时,变阻器电阻全部串入回路,R_{MT}最大,这时回路电流最小。当 T 滑到 M 端时,$R_{MT}=0$,回路电流最大。

为安全起见,在接通电源前,一般应把 T 滑到 N 端,使 R_{MT}最大,电流最小。然后调节 T 的位置,使电流至所需数值。切断电源前,也应使电阻取最大值,以免电表指针摆动过大,损坏电表。

② 作分压器用(分压电路)。

如图 3.7.8 所示,变阻器的两个固定端 M 和 N 分别与电源两电极相连,滑动端 T 和一个固定端 M(或 N)连接到用电部分。接通电源后,V_{MN}等于电源电压,输出电压 V_{MT}是 V_{MN}的一部分。改变 T 的位置就可改变 V_{MT}的电压。当 T 滑至 N 端时,$V_{MT}=V_{MN}$,输出电压最大;当 T 滑至 M 端时,$V_{MT}=0$。因此,输出电压可以调节 V_{MT}在零到电源电压之间的任意数值上。

分压器在电源电路接通以前,应使输出电压取最小值,电源接通后再调整其输出电压的大小。切断电源前,也应使输出电压取最小值,以免损坏仪表。

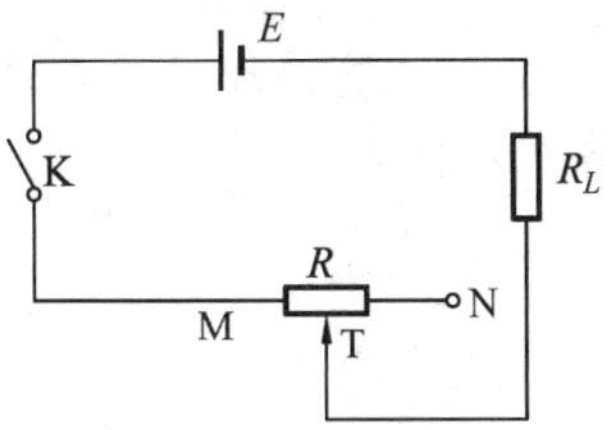

图 3.7.7　限流接法

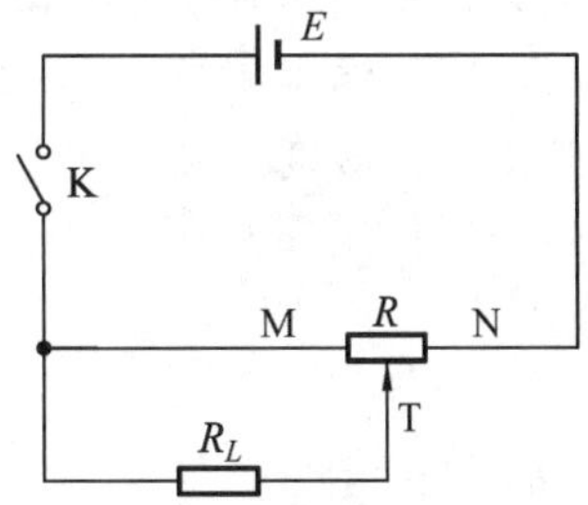

图 3.7.8　分压接法

无线电技术中常用的电位器，其功能和用法与滑线电阻相同，唯体积、允许通过的电流均较小。

四、直流电位差计

指示仪表测量电流、电压很方便，但准确度只能达到0.1%。如果要提高电流、电压的测量准确度，可使用直流电位差计。直流电位差计是将被测电压与标准电池保存的电压单位伏特相比较，从而得到被测电压的值，准确度可达0.001%，甚至0.000 1%。

借助于标准电阻，直流电位差计还可以测量直流电流、功率和电阻。它是校验电表的主要设备，在电学计量中有着广泛的应用。另外，在温度测量中也使用电位差计测热电偶的热电动势；化学计量中用电位差计检定酸度；光学计量中用电位差计监视标准灯的电流等。

经典的直流电位差计是用电阻元件构成的，它的准确度主要取决于电阻比，准确度有限。近年来出现了直流电流比较式电位差计，它的准确度取决于匝数比，因此准确度大大提高，可达10^{-6}。

五、检流计

电气测量中经常利用平衡原理进行测量，如电位差计和电桥均是在调节到两点电位平衡(两点电位相等，其间电流为零)后即可计算出未知电压或电阻。因此，用来检测两点间电流是否为零的检流计是电气测量中广泛使用的一种设备。

使用时，常串联一个可变电阻，以免过大的电流通过而损坏电表，这个电阻称为保护电阻。

检流计是一种高灵敏度检测微小电流或电压的设备。根据其工作原理可分为磁电系检流计、光电放大式检流计、冲击式检流计、谐振式检流计和晶体管检流计。前两种用在直流电路中，第三种多用于磁场测量中，第四种用在交流电路中，第五种既用在直流电路中也用在交流电路中。

磁电系检流计实际上是一种具有张丝结构、光标指示的高灵敏度磁电系电流表，如果再加上一个光电放大器便构成更高灵敏度的光电放大式检流计。将测量机构的可动部分具有较大转动惯量、振荡周期较长的磁电系检流计称作冲击检流计，它可以测量短暂脉冲电流的电量；反之，谐振式检流计是一种可动部分转动惯量小、自振频率可调谐到与被测交流频率相等的磁电系检流计。由此可见，上述五种检流计都采用磁电系测量机构，只是结构上各有特点。

晶体管检流计是用晶体管电路将微弱信号放大后再用普通的指针式仪表进行指示。它没有张丝，抗震性好、输入阻抗高、过载能力强、读数清晰。它的关键问题是如何防止干扰，减小漂移，提高灵敏度。随着电子技术的发展，晶体管检流计的性能不断完善，它终将逐渐取代磁电系检流计。

六、示波器

1. 示波器的结构原理

示波器全称为阴极射线管，它可以显示电压波形及函数图形，并能测量电压、频率和相位。一切可以转化为电压的电学量和非电学量，都可以用示波器方便地进行观测和测量。

示波器由示波管、扫描同步系统、y 轴和 x 轴放大系统和电源四部分组成，如图 3.7.9 所示。

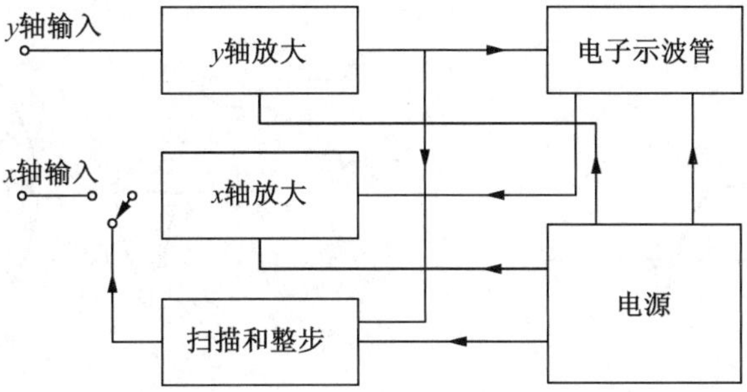

图 3.7.9　示波器结构框图

1）示波管

如图 3.7.10 所示，左端为一电子枪，电子枪加热后发出一束电子，电子经电场加速以高速打在右端的荧光屏上，屏上的荧光物发光形成一个亮点。亮点在偏转板电压的作用下，位置也随之改变。在一定范围内，亮点的位移与偏转板上所加电压成正比。

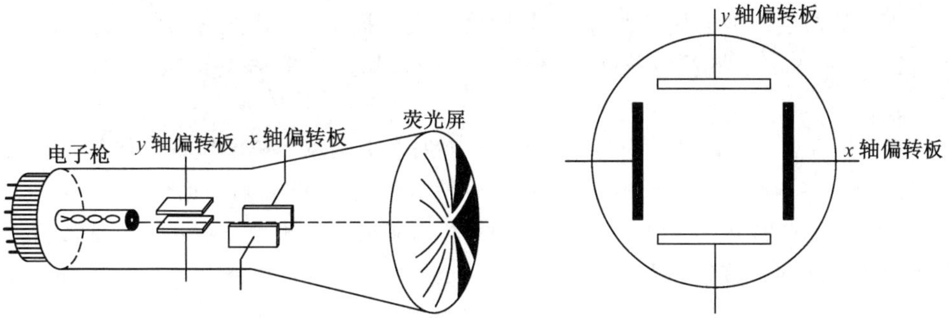

图 3.7.10　示波管结构简图

2）扫描与同步的作用

扫描：如果仅在 y 轴偏转板上加上待测正弦信号 U_y，则电子束在屏上形成的亮点将随 U_y 的变化在垂直方向上来回振动，结果在屏上看到的是一条竖直亮线。如果在 x 轴偏转板加上波形为锯齿形的电压，在荧光屏上看到的是一条水平线，如图 3.7.11 所示。

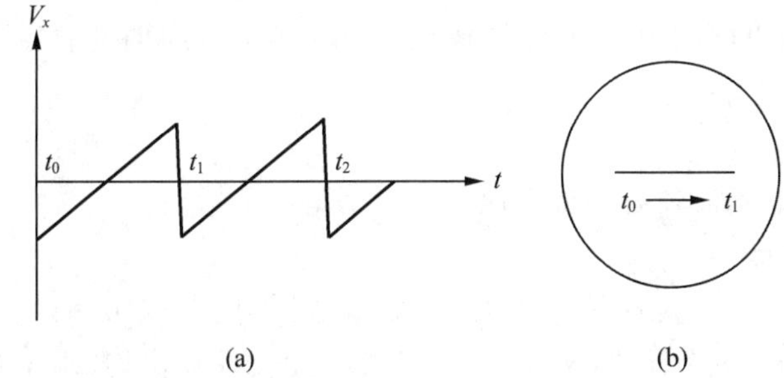

图 3.7.11　扫描的作用及其显示

如果在 y 轴偏转板上加正弦电压，而 x 轴偏转板不加任何电压，则电子束的亮点在纵方向随时间做正弦式振荡，在水平方向不动。我们看到的将是一条垂直的亮线，如图 3.7.12b 所示。

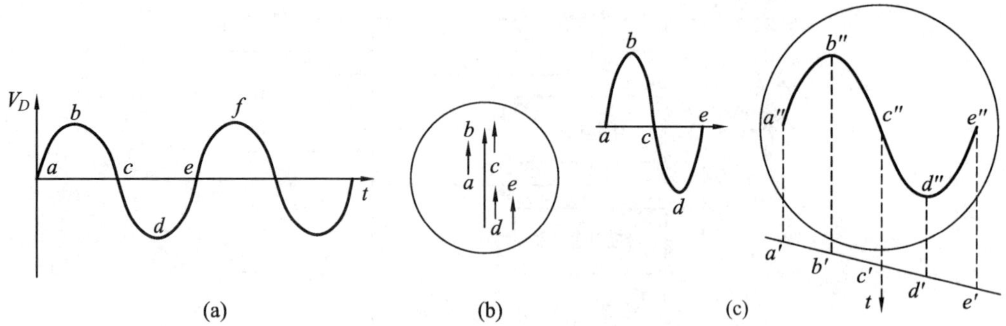

图 3.7.12　示波器显示正弦波的原理图

如果在 y 轴偏转板上加正弦电压，又在 x 轴偏转板上加锯齿形电压，则荧光屏上的亮点将同时进行方向互相垂直的两种位移，其合成原理如图 3.7.12c 所示，描出了正弦图形。如果正弦波与锯齿波的周期(频率)相同，这个正弦图形将稳定地停在荧光屏上。但如果正弦波与锯齿波的周期稍有不同，则第二次所描出的曲线将和第一次的曲线位置稍微错开，在荧光屏上将看到不稳定的图形或不断移动的图形，甚至很复杂的图形。由此可见：

(1) 要想看到 y 轴偏转板电压的图形，必须加上 x 轴偏转板电压把它展开，这个过程称为扫描。如果要显示的波形不畸变，扫描必须是线性的，即必须加锯齿波。

(2) 要使荧光屏上显示出完整而稳定的波形，y 轴偏转板电压频率与 x 轴偏转板电压频率的比值必须是整数，即

$$\frac{f_y}{f_x}=n \quad (n=1,2,3,\cdots) \tag{3.7.1}$$

则可保证每次扫描的起点都对应信号电压的相同相位点，在荧光屏上可得到稳定的波形，如图 3.7.12a 所示。式(3.7.1)称为波形稳定条件，也称同步。

示波器中的锯齿扫描电压的频率虽然可调，但要准确地满足上式，光靠人工调节是不够的，待测电压的频率越高，越难满足上述条件。为此，在示波器内部加装了自动频率跟踪装置，称为“同步”。在人工调节到接近满足式(3.7.1)频率整数倍的条件下，再加入“同步”的作用，扫描电压的周期就能准确地等于待测电压周期的整数倍，从而获得稳定的波形。

3) 电源

电源为示波器和示波器各部分电路提供合适的电源。

2. 示波器的使用

使用示波器最基本的目的是观察波形，测量电压、周期或频率以及相位。将信号线接到示波器的输入端，调节示波器的灰度、聚焦、亮度、垂直位移、水平位移和扫描时间，在显示屏上会得到一个稳定的波形。

1）示波器校准

要用示波器进行准确测量，必须对相应的标度值进行校准。对示波器校准的方法有两种：

（1）从外部输入一个已知电压信号至示波器的垂直输入端，将示波器的“垂直衰减”（VOLTS/DIV）调到“1”，“垂直微调”逆时针旋到底（最小）。若输入电压数值为 u，其幅值所占的高度为 h 格，那么垂直输入的电压灵敏度为

$$S_u=\frac{u}{h} \tag{3.7.2}$$

S_u 的含义是示波器显示屏上沿竖直方向小方格的每个边长的电压值。示波器的“伏/格”电压挡位选择开关指示的就是这个值，一旦 S_u 确定后，便可利用它测量所观察信号的幅值或有效值。

（2）利用示波器内部校正电压信号（该信号为方波），与被观察信号进行比较，从而确定被观察信号的电压。如图 3.7.13 所示，在相同的垂直衰减和增益下，即“垂直衰减”“垂直微调”旋钮的位置相同，如果示波器内部校正电压信号为 5 V，占 4 格，而待测正弦信号的峰-峰值占 2 格，则可求出其电压峰峰值为 2.5 V。

2）用示波器测电压

直接测量法就是从示波器的显示屏上沿竖直方向量出被测电压波形的高度，即极大值与极小值之间的高度差，只要知道竖直方向上一个正方形的边长所代表的电压 k V（由 VOLTS/DIV，“V/格”电压挡位指示读出），就可求出被测电压的峰-峰值（正弦波的瞬时值）：

$$U_{P\text{-}P}=kh \tag{3.7.3}$$

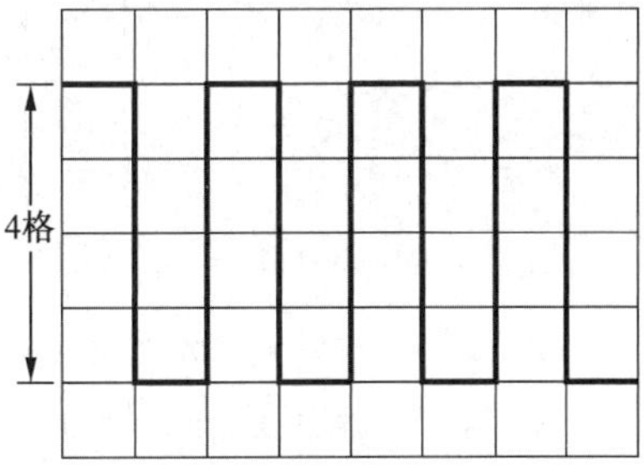

图 3.7.13　示波器内部校正方波

式中：$U_{P\text{-}P}$ 为被测电压峰-峰值（V）；k 为“V/格”电压挡位选择开关（VOLTS/DIV）指示的数值；h 为波形的高度（电压波形的高度所占的格数）。

注意　只有“V/格”电压挡位选择开关的微调旋钮顺时针旋到底，k 的读数才准确。

例　如图 3.7.14 所示，正弦波幅度占据 2 格，竖直方向一个正方形的边长表示2.5 V（分度值，也就是“伏/格”挡位指示值），即 2.5 V/DIV，则正弦波的有效值（电压表上的读数）为多少？

解　待测的正弦波极大值与极小值之间的高度差为 2 格，竖直方向一个正方形的边长为 2.5 V，即 2.5 V/DIV，则峰-峰值 $U_{P\text{-}P}=2\times2.5=5.0(\text{V})$，有效值 $U=\frac{\sqrt{2}U_{P\text{-}P}}{4}=1.767\,5(\text{V})$。

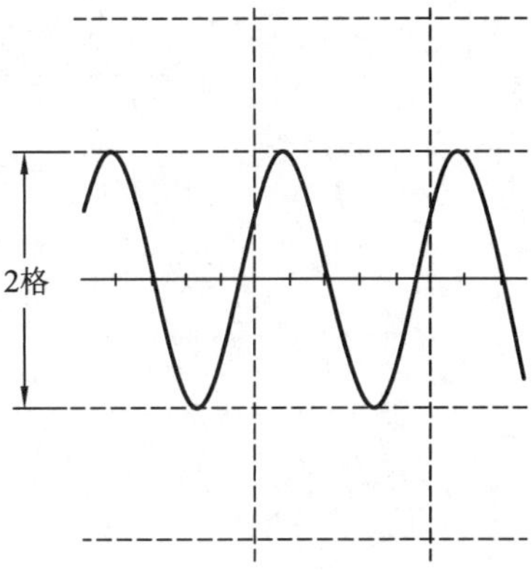

图 3.7.14　示波器测电压

3）用示波器测时间

用示波器测时间就是从示波器的显示屏上的水平

方向，测量波形一个周期所占正方形的边长个数 L，从时间挡位选择开关"TIME/DIV"上读出水平方向上一个正方形的边长表示的时间，然后算出波形的周期，即

$$T=Lt \tag{3.7.4}$$

式中：T 为被测信号的周期；t 为时间挡位扫描开关(TIME/DIV)上的读数；L 为被测信号在水平方向上所占的格数(DIV)。

注意 只有时间挡位选择开关的微调旋钮顺时针旋到底，t 的读数才准确。

例 如图 3.7.15 所示，水平方向时间扫描挡位开关(TIME/DIV)上的读数为 10 ms/DIV，求正弦波的周期。

解 $T=4.0\times10=40$ ms，正弦波频率 $f=\frac{1}{40}\text{kHz}=25$ Hz。

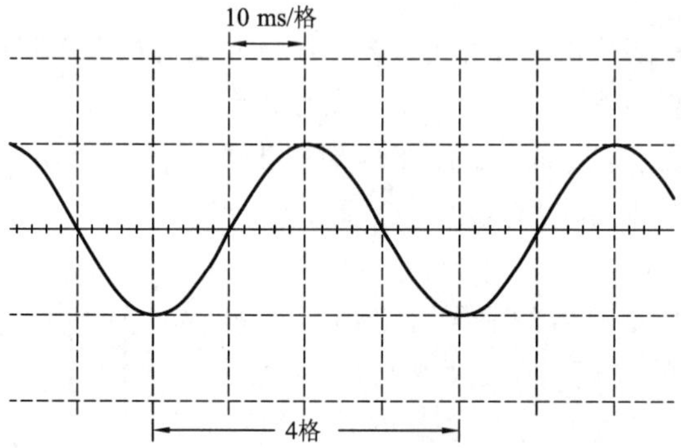

图 3.7.15 示波器测时间

3. 利用李萨如图形测信号的频率

把两个外来正弦波信号分别加到竖直与水平偏转板上，则荧光屏上光点的轨迹是两个互相垂直的谐振动的合成。当两个正弦信号频率之比为整数时，其轨迹是一个稳定的闭合曲线，这种曲线称为李萨如图形，如图 3.7.16 所示。李萨如图形在水平方向(x 轴)

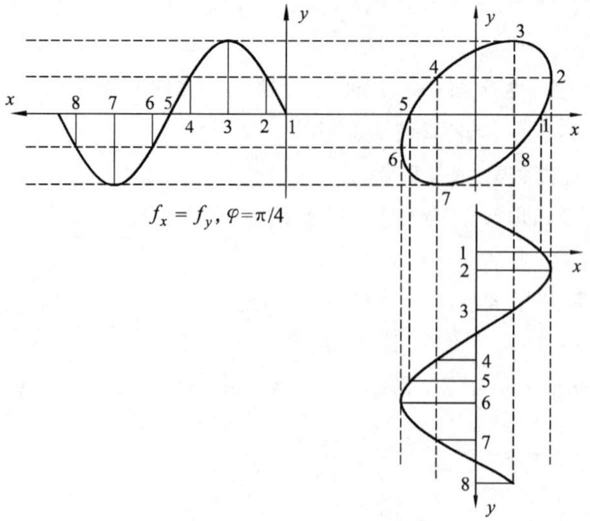

图 3.7.16 李萨如图形

的切点数目 N_x 与垂直方向（y 轴）的切点数目 N_y 之比，与水平方向（x 轴）和垂直方向（y 轴）两信号的频率之比有以下关系：

$$\frac{f_x}{f_y}=\frac{N_y}{N_x} \tag{3.7.5}$$

利用这一关系可测量正弦未知信号频率。把两个正弦信号分别输入 x 轴与 y 轴，如果其中一个信号频率已知且连续可调，则可调出稳定的李萨如图形，从李萨如图形上可数出切点数 N_x 和 N_y，并记下已知信号的频率，即可由式(3.7.5)算出待测正弦信号的频率。表 3.7.4 是常见的李萨如图形举列表。

表 3.7.4　常见的李萨如图形

$f_x : f_x$	1∶1	1∶2	1∶3	2∶3	3∶2	3∶4	2∶1
李萨如图形	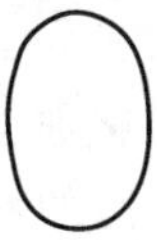		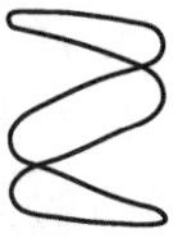	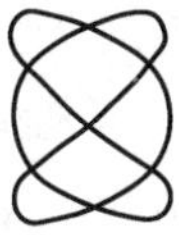		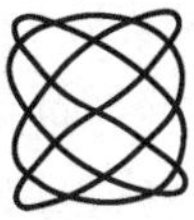	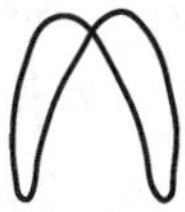
N_x	1	1	1	2	3	3	2
N_y	1	2	3	3	2	4	1
f_y/Hz	100	100	100	100	100	100	100
f_x/Hz	100	200	300	150	$66\frac{2}{3}$	$133\frac{1}{3}$	50

4. 利用李萨如图形测信号的相位差

设两个振动方向互相垂直的简谐运动，频率相同，其振动方程为

$$x=A_1\cos(\omega t+\alpha_1)$$
$$y=A_2\cos(\omega t+\alpha_2)$$

其中，A_1 和 A_2 分别为它们的振幅，α_1 和 α_2 为初相位，ω 为角频率，则合成后振动方程为

$$\frac{x^2}{A_1^2}+\frac{y^2}{A_2^2}-\frac{2xy}{A_1A_2}\cos(\alpha_2-\alpha_1)=\sin^2(\alpha_2-\alpha_1) \tag{3.7.6}$$

式(3.7.6)为一般的椭圆方程，如将这两个电振动信号分别加到示波器的水平 x 轴偏转板和垂直 y 轴偏转板上，荧光屏上将显示两个振动合成以后的轨迹，即椭圆(李萨如图形)。

下面是几种特殊情况：

(1) 两个振动相位相同，即 $\alpha_2-\alpha_1=0$，称两个电信号同步，则式(3.7.6)变为 $y=\frac{A_2}{A_1}x$，轨迹为一直线(Ⅰ、Ⅲ象限)，其斜率由振幅之比确定。

(2) 两个振动相位相反，即 $\alpha_2-\alpha_1=\pi$，称两个电信号反相，则式(3.7.6)变为 $y=-\frac{A_2}{A_1}x$，轨迹为一直线(Ⅱ、Ⅳ象限)，其斜率由振幅之比确定。

(3) 当 $\alpha_2-\alpha_1=\frac{3}{2}\pi$ 或 $\frac{\pi}{2}$ 时，则式(3.7.6)变为 $\frac{x^2}{A_1^2}+\frac{y^2}{A_2^2}=1$。当 $A_1=A_2$ 时，轨迹为圆；当 $A_1\neq A_2$ 时，轨迹为长短轴与 x，y 轴重合的椭圆。

(4) 在一般情况下，轨迹为一椭圆，其长短轴与 x，y 轴成某一夹角，如图 3.7.17 所示。从合成振动的轨迹可测出两振动的相位差。当 $x=0$ 时，椭圆方程为

$$\frac{\overline{OP}^2}{A_2^2}=\sin^2(\alpha_2-\alpha_1)$$

$$\sin(\alpha_2-\alpha_1)=\pm\frac{\overline{OP}}{A_2}=\pm\frac{L_1}{L} \tag{3.7.7}$$

通过示波器上的合成振动轨迹，测量 L 和 L_1，由式(3.7.7)，可求出两振动的相位差 $\alpha_2-\alpha_1$。

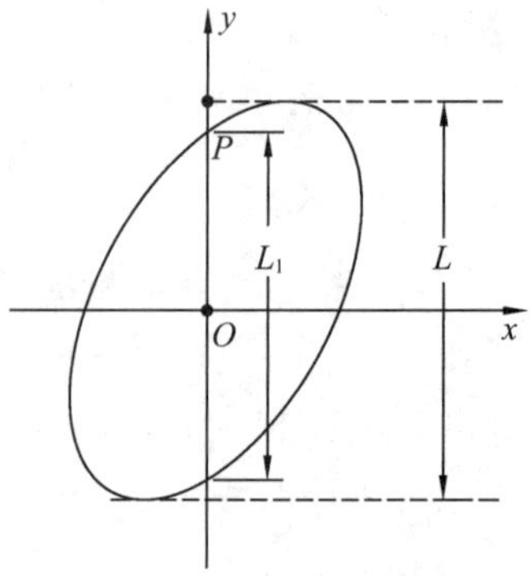

图 3.7.17　合成振动轨迹

5. 双踪示波器

一般示波器在同一时间里只能观察一个电压信号，而双踪示波器可以在荧光屏上同时显示两个电压信号，以进行观测。为了在只有一个电子枪的示波管(称为单束示波管)的荧光屏上能够同时观测两个电压信号，这种示波器内设有电子开关线路。用电子开关来控制两个 y 轴通道的工作状态，使得待测的两个电压信号 y_1 和 y_2 周期性地轮流作用在 y 轴偏转板上，这样在荧光屏上交替显示 y_1 信号波形和 y_2 信号波形。由于荧光屏荧光物质的余辉以及人眼视觉滞留效应的缘故，在荧光屏上看到的便是两个波形。DF4320A 型 20 MHz 双踪示波器面板如图 3.7.18 所示。

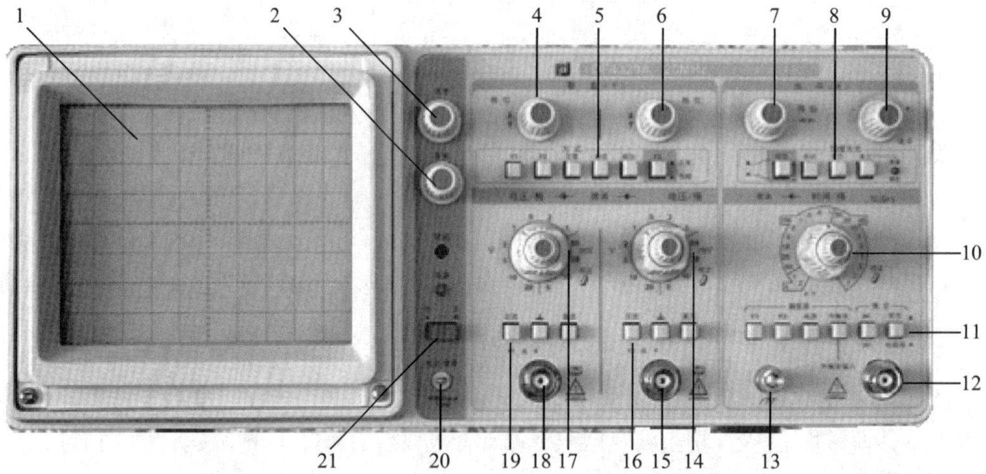

1—显示屏；2—聚焦调节旋钮；3—亮度调节旋钮；4—y_1 垂直移位；5—工作方式切换开关；6—y_2 垂直移位；7—水平移位；8—扫描方式切换开关；9—触发电平；10—x 轴扫描调整；11—x 轴输入耦合转换开关；12—x 外触发输入；13—接地；14—y_2 灵敏度选择开关；15—y_2 输入端；16—y_2 输入耦合转换开关；17—y_1 灵敏度选择开关；18—y_1 输入端；19—y_1 输入耦合转换开关；20—校正信号输出端；21—电源开关

图 3.7.18　双踪示波器

6. ST-16B 型单踪示波器

1) ST-16B 型单踪示波器简介

ST-16B 型单踪示波器的面板控制件如图 3.7.19 所示，其控制件功能如表 3.7.5 所示。

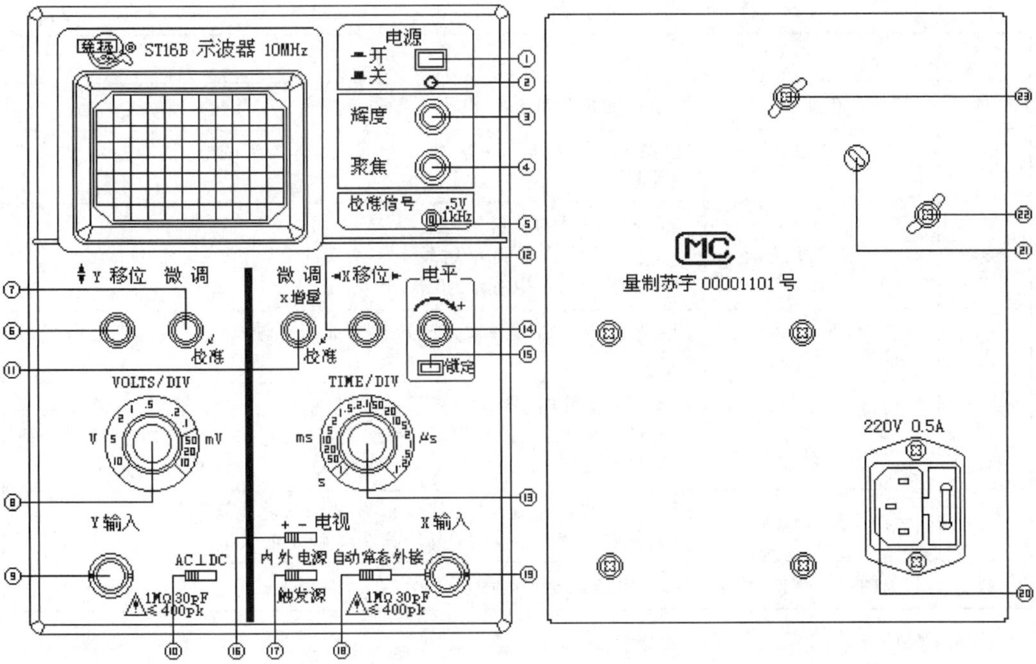

图 3.7.19 ST-16B 型单踪示波器前后面板

表 3.7.5 ST-16B 型单踪示波器控制件的功能

序号	控制件名称	功　　能
①	电源开关	接通或关闭电源
②	电源指示灯	电源接通时灯亮
③	辉度	调节光迹的亮度、顺时针方向旋转光迹增亮
④	聚焦	调节光迹的清晰度
⑤	校准信号	输出频率为 1 kHz、幅度为 0.5 V 的方波信号，用于校正 10∶1 探极以及示波器的垂直和水平偏转因素
⑥	Y 移位	调节光迹在屏幕上的垂直位置
⑦	微调	连续调节垂直偏转因素，顺时针旋转到底为校准位置
⑧	Y 衰减开关	调节垂直偏转因素
⑨	信号输入端子	Y 信号输入端
⑩	AC⊥DC(Y 耦合方式)	选择输入信号的耦合方式。AC：输入信号经电容耦合输入；DC：输入信号直接输入；⊥：Y 放大器输入端被接地
⑪	微调、X 增益	当在“自动、常态”方式时，可连续调节扫描时间因数，顺时针旋转到底为校准位置；当在“外接”时，此旋钮可连续调节 X 增益，顺时针旋转为灵敏度提高
⑫	X 移位	调节光迹在屏幕上的水平位置
⑬	TIME/DIV(扫描时间)	调节扫描时间因数

续表

序号	控制件名称	功　　能
⑭	电平	调节被测信号在某一电平上触发扫描
⑮	锁定	此键按进后，能自动锁定触发电平，无需人工调节，就能稳定显示被测信号
⑯	+、-(触发极性)电视	+：选择信号的上升沿触发； -：选择信号的下降沿触发； 电视：用于同步电视场信号
⑰	内、外、电源 (触发源选择开关)	内：选择内部信号触发；外：选择外部信号触发；电源：选择电源信号触发
⑱	自动、常态、外接 (触发方式)	自动：无信号时，屏幕上显示光迹；有信号时与“电平”配合稳定地显示波形。常态：无信号时，屏幕上无光迹；有信号时与“电平”配合稳定地显示波形。外接：X-Y 工作方式
⑲	信号输入端子	当触发方式开关处于“外接”时，为 X 信号输入端； 当触发源选择开关处于“外”时，为外触发输入端
⑳	电源插座及保险丝座	220V 电源插座，保险丝 0.5A(在后面板上)

2）仪器的使用

首先，将有关控制件按表 3.7.6 所示设置。接通电源①，电源指示灯②亮、稍后屏幕上出现光迹、预热 5 分钟左右、分别调节辉度③、聚焦④使光迹清晰。

表 3.7.6　示波器控制件作用位置

控制件名称	作用位置
辉度③	居中
聚焦④	居中
位移⑥⑫	居中
垂直衰减开关⑧	0.1 V 或合适挡
微调⑦⑪	校准位置
自动、常态、外接⑱	自动
TIME/DIV⑬	0.2 ms 或合适挡
+、-⑯	+
内、外、电源⑰	内
AC⊥DC⑩	DC

(1) 水平线校正。

首先用十字槽起子旋松图 3.7.19 所示后面板螺钉㉒㉓，然后用一字槽起子插入位置㉑同时观察屏幕上扫线，旋动一字槽起子，使扫线与水平刻度平行，最后旋紧螺钉㉒㉓。

(2) 垂直系统的操作。

衰减开关应根据输入信号幅度旋至适当档位，调节位移⑥以保证在有效面内稳定显示整个波形，根据需要配合调节微调⑦，微调比≥2.5∶1。

输入耦合方式："DC"适用于观察包含直流成份的被测信号，如信号的直流电平和静态信号的电平，当被测信号频率很低时，也必须采用这种方式；"AC"适用于信号中直流分量要求被隔断，用于观察信号交流分量；"⊥"通道输入接地（输入信号阻断），用于确定输入为零时的光迹所处位置。

X－Y 操作：当⑱处于外接时，本机可作为 X－Y 示波器使用此时原 Y 通道⑨作为 Y 轴输入，⑲作为 X 轴输入，灵敏度调⑪，可从 0.2～0.5 V/div 连续可调。

触发源选择：内触发（由 Y 输入信号触发）；外触发（由外部信号触发，外触发信号由⑲输入）；电源触发（由电源触发（同市电频率））。

（3）水平系统的操作。

扫描速率设定：扫描开关根据信号频率旋至适当位置，调节位移⑫以保证有效面内能观察显示的波形，可根据需要调节微调⑪微调比≥2.5∶1。

触发方式的选择："自动"无信号时为一扫线，一旦有信号输入适当调节电平⑭，电路自动转换到触发扫描状态，显示稳定的波形（输入信号频率应高于 20 Hz）；"常态"无光迹，一旦有信号输入适当调节电平⑭，电路将被触发扫描；"锁定"⑬此键按下为锁定，无信号时为不稳定扫描，一旦有信号输入时屏幕上就能显示稳定波形，无需调节电平⑭；"电视"对电视信号中场信号进行同步，同步信号为负极性。

极性选择："＋"选择被测信号上升沿触发扫描；"－"选择被测信号下降沿触发扫描。

电平的设置：用于调节被测信号在某一合适电平上启动扫描。

7. DS1102E/DS1052E 型数字示波器

1）控制件介绍

DS1102E/DS1052E 示波器前面板控制件位置如图 3.7.20 所示。面板上包括旋钮和功能按键。显示屏右侧的一列 5 个灰色按键为菜单操作键（自上而下定义为 1 号至 5 号）。

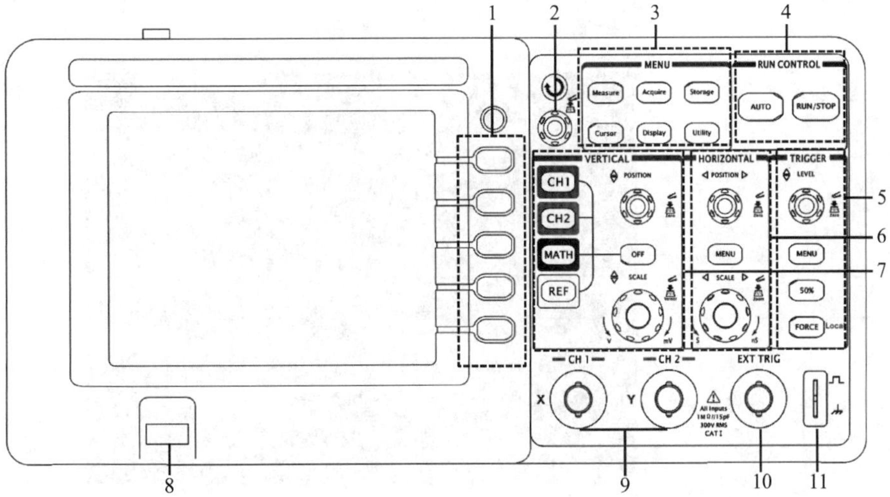

1—菜单操作键；2—多功能旋钮；3—功能按钮；4—控制按钮；5—触发控制；6—水平控制；7—垂直控制；8—USB 接口；9—信号输入通道；10—外部触发输入；11—校准信号。

图 3.7.20　DS1102E/DS1052E 前面板控制件位置

通过它们可以设置当前菜单的不同选项；其他按键为功能键，通过它们可以进入不同的功能菜单或直接获得特定的功能应用。

面板控制件说明：对于按键的文字表示与面板上按键的标识相同。值得注意的是，MENU 功能键的标识用一方框包围的文字表示，如 MEASURE ，代表前面板上的标注 Measuee 文字的透明功能键；标识为的多功能旋钮，用()表示；两个标识为 POSITION 的旋钮，用 POSITION 表示；两个标识为 SCALE 的旋钮，用 SCALE 表示；标识为 LEVEL 的旋钮，用 LEVEL 表示。菜单操作键的标识用带阴影的文字表示，如波形存储，表示存储菜单中的存储波形选项。

2）显示界面介绍

显示屏上的显示界面说明如图 3.7.21 和图 3.7.22 所示。其中，图 3.7.21 是仅模拟通道打开的显示界面；图 3.7.22 是模拟和数字通道同时打开的显示界面。

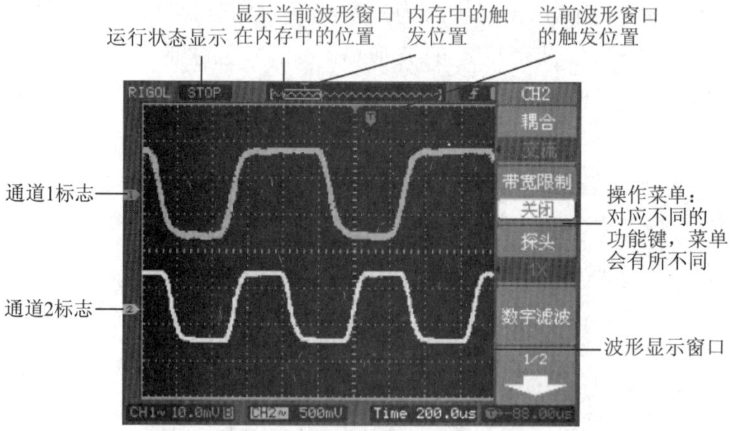

图 3.7.21　显示界面说明(仅模拟通道打开)

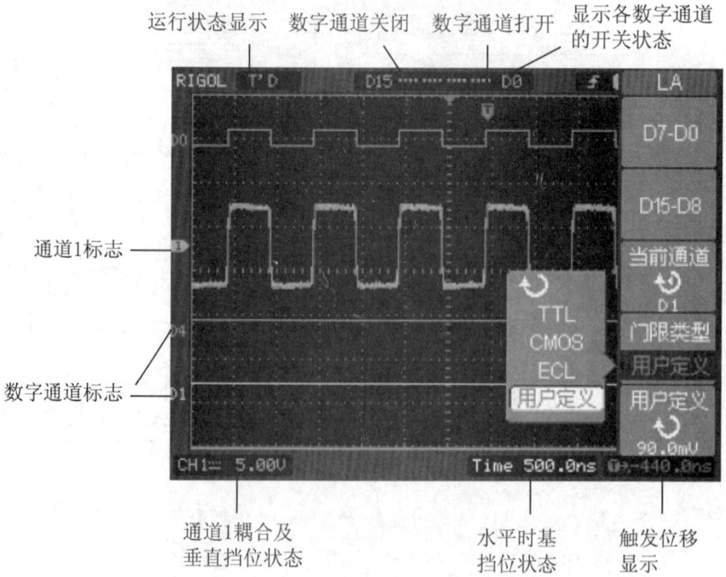

图 3.7.22　显示界面说明(模拟和数字通道同时打开)

3）探头补偿

在首次将示波器探头与任一输入通道连接时，进行此项调节，使探头与输入通道相配。未经补偿或补偿偏差的探头会导致测量误差或错误。以通道 1(CH1)为例，操作步骤如下：

(1) 将探头菜单衰减系数设定为 10X，将探头上的开关设定为 10X，并将示波器探头与通道 1 连接。如使用探头钩形头，应确保与探头接触紧密。将探头端部与探头补偿器的信号输出连接器相连，基准导线夹与探头补偿器的地线连接器相连，打开通道 1，然后按 AUTO 。

(2) 检查所显示波形的形状。如必要，用非金属质地的改锥调整探头上的可变电容，直到屏幕显示的波形如图 3.7.23 所示的“补偿正确”。

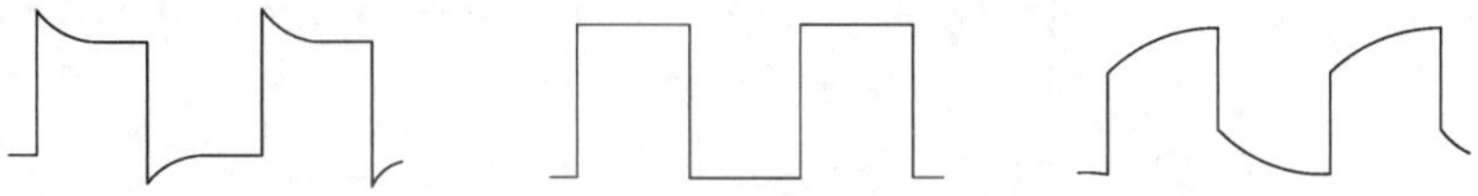

补偿过度　　补偿正确　　补偿不足

图 3.7.23　探头补偿调节

4）波形显示的自动设置

DS1102E 型数字示波器具有自动设置的功能。根据输入的信号，可自动调整电压倍率、时基以及触发方式至最好形态显示。应用自动设置要求被测信号的频率大于或等于 50 Hz，占空比大于 1%。

使用自动设置：

(1) 将被测信号连接到信号输入通道。

(2) 按下 AUTO 按钮。

示波器将自动设置垂直、水平和触发控制。如需要，可手工调整这些控制使波形显示达到最佳。

5）垂直系统

如图 3.7.24 所示，在垂直控制区(VERTICAL)有一系列按键、旋钮。下面介绍垂直设置的使用。

(1) 使用垂直旋钮 POSITION 在波形窗口居中显示信号。垂直旋钮 POSITION 控制信号的垂直显示位置。当转动垂直旋钮 POSITION 时，指示通道地(GROUND)的标识跟随波形而上下移动。

如果通道耦合方式为 DC，可以通过观察波形与信号地之间的差距来快速测量信号的直流分量。如果耦合方式为 AC，信号里面的直流分量被滤除。这种方式可以以更高的灵敏度显示信号的交流分量。

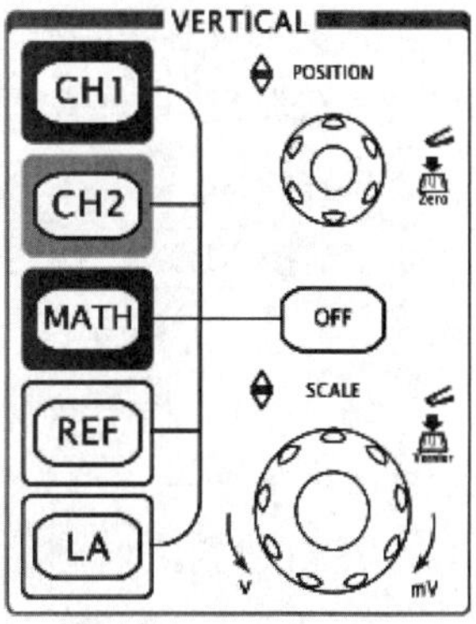

图 3.7.24　垂直控制系统

双模拟通道垂直位置恢复到零点快捷键：旋动垂直旋钮 POSITION 不但可以改

变通道的垂直显示位置，更可以通过按下该旋钮作为设置通道垂直显示位置恢复到零点的快捷键。

(2) 改变垂直设置，并观察因此导致的状态信息变化。

可以通过波形窗口下方的状态栏显示的信息，确定任何垂直挡位的变化。转动垂直旋钮SCALE改变“Volt/div(伏/格)”垂直挡位，可以发现状态栏对应通道的挡位显示发生了相应的变化。按CH1、CH2、MATH、REF，屏幕显示对应通道的操作菜单、标志、波形和挡位状态信息。按OFF按键关闭当前选择的通道。

Coarse/Fine(粗调/微调)快捷键：可通过按下垂直SCALE旋钮作为设置输入通道的粗调/微调状态的快捷键，然后调节该旋钮即可调节粗调/微调垂直挡位。

6) 水平系统

如图3.7.25所示，在水平控制区(HORIZONTAL)有一个按键、两个旋钮。下面介绍水平时基的设置。

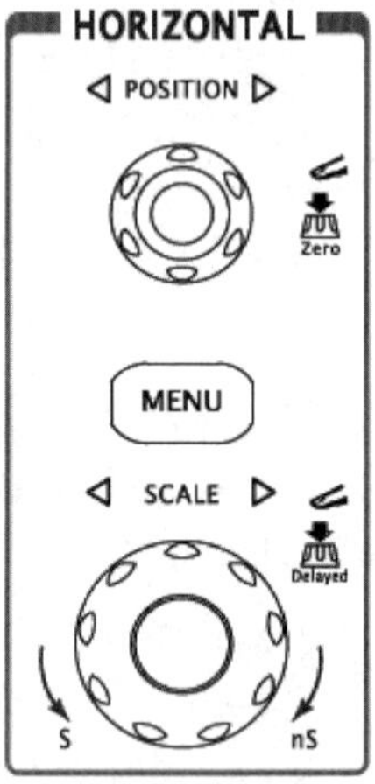

图 3.7.25
水平控制系统

(1) 使用水平旋钮SCALE改变水平挡位设置，并观察因此导致的状态信息变化。

转动水平旋钮SCALE改变“s/div(秒/格)”水平挡位，可以发现状态栏对应通道的挡位显示发生了相应的变化。水平扫描速度从5 ns至50 s，以1—2—5的形式步进。

Delayed(延迟扫描)快捷键：水平旋钮不但可以通过转动调整“s/div(秒/格)”，更可以按下切换到延迟扫描状态。

(2) 使用水平POSITION旋钮调整信号在波形窗口的水平位置。

水平POSITION旋钮控制信号的触发位移。当应用于触发位移时，转动水平POSITION旋钮，可以观察到波形随旋钮而水平移动。

触发点位移恢复到水平零点快捷键：水平POSITION旋钮不但可以通过转动调整信号在波形窗口的水平位置，更可以按下该键使触发位移(或延迟扫描位移)恢复到水平零点处。

(3) 按MENU按钮，显示TIME菜单。在此菜单下，可以开启/关闭延迟扫描或切换Y—T、X—Y和ROLL模式，还可以设置水平触发位移复位。

触发位移：指实际触发点相对于存储器中点的位置。转动水平LEVEL旋钮，可水平移动触发点。

7) 触发系统

如图3.7.26所示，在触发控制区(TRIGGER)有一个旋钮、三个按键。下面介绍触发系统的设置。

(1) 使用MENU旋钮改变触发电平设置。转动LEVEL旋钮，可以发现屏幕上出现一条桔红色的触发线以及触发标志，随旋钮转动而上下移动。停止转动旋钮，此触发线和触发标志会在约 5 秒后消失。在移动触发线的同时，可以观察到在屏幕上触发电平的数值发生了变化。

触发电平恢复到零点快捷键：旋动垂直 LEVEL 旋钮不但可以改变触发电平值，更可以通过按下该旋钮作为设置触发电平恢复到零点的快捷键。

(2) 使用 MENU 调出触发操作菜单(图 3.7.27)，改变触发的设置，观察由此造成的状态变化。

按 1 号菜单操作按键，选择边沿触发。

按 2 号菜单操作按键，选择“信源选择”为 CH1。

按 3 号菜单操作按键，设置“边沿类型”为上升沿。

按 4 号菜单操作按键，设置“触发方式”为自动。

按 5 号菜单操作按键，进入“触发设置”二级菜单，对触发的耦合方式、触发灵敏度和触发释抑时间进行设置。

注 改变前三项的设置会导致屏幕右上角状态栏的变化。

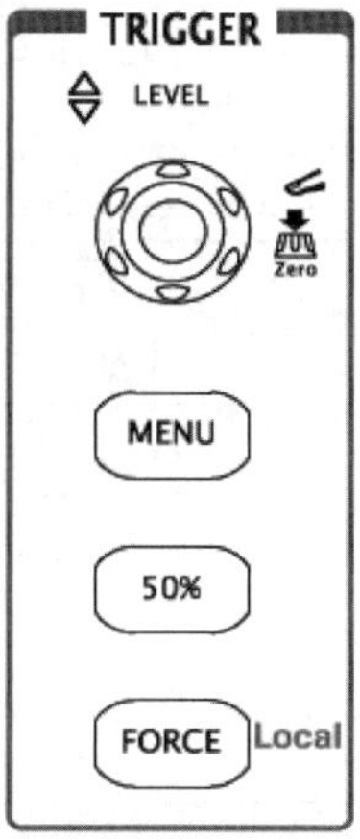

图 3.7.26 触发系统

图 3.7.27 触发操作菜单

(3) 按 50% 按钮，设定触发电平在触发信号幅值的垂直中点。

(4) 按 FORCE 按钮，强制产生一触发信号，主要应用于触发方式中的“普通”和“单次”模式。

触发释抑：指重新启动触发电路的时间间隔。旋动多功能旋钮( )，可设置触发释抑时间。

七、信号发生器

1. DG1022 型双通道函数/任意波形发生器

DG1022 型双通道函数/任意波形发生器前面板如图 3.7.28 所示，前面板上包括各种功能按键、旋钮及菜单软键，可以进入不同的功能菜单或直接获得特定的功能应用。后面板如图 3.7.29 所示。

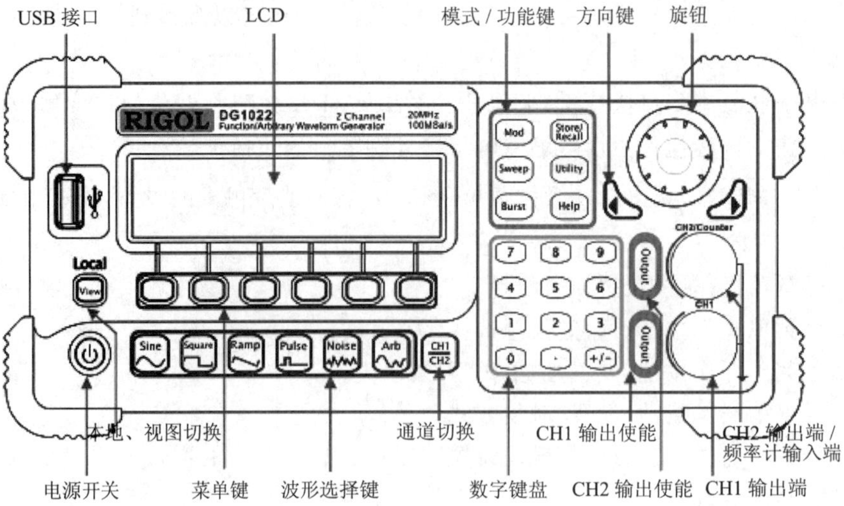

图 3.7.28　DG1022 型双通道函数/任意波形发生器前面板

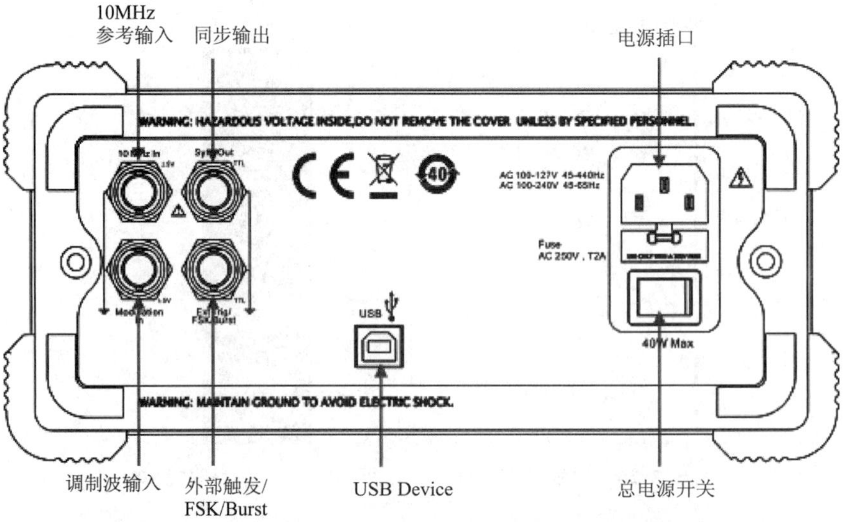

图 3.7.29　DG1022 型双通道函数/任意波形发生器后面板

DG1022 双通道函数/任意波形发生器提供了 3 种界面显示模式,单通道常规模式、单通道图形模式及双通道常规模式。这 3 种显示模式可通过前面板左侧的 View 按键切换。可通过 CH1/CH2 来切换活动通道,以便于设定每通道的参数及观察、比较波形。单通道常规显示模式、单通道图形显示模式、双通道常规显示模式如图 3.7.30、图 3.7.31、图 3.7.32所示。

按键表示说明:按键的标识用加边框的字符表示,如 Sine 代表前面板上一个标注着“Sine”字符的功能键,菜单软键的标识用带阴影的字符表示,如频率表示 Sine 菜单中的“频率”选项。

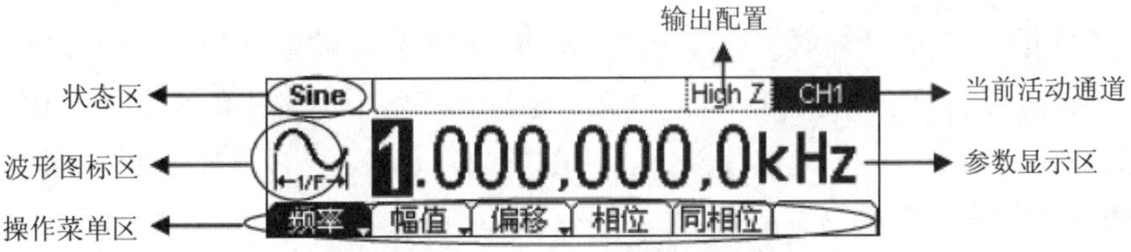

图 3.7.30　单通道常规显示模式

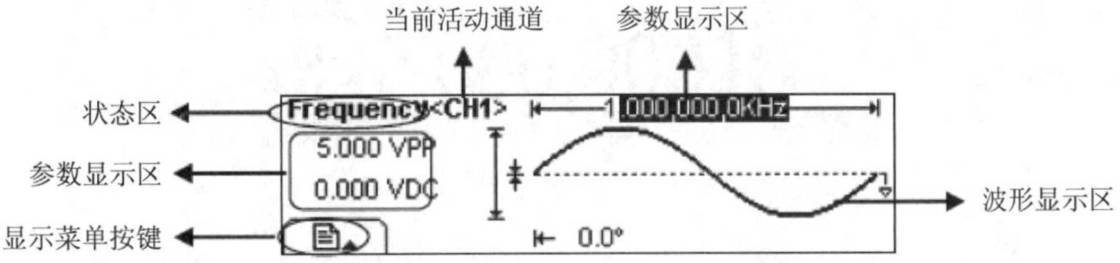

图 3.7.31　单通道图形显示模式

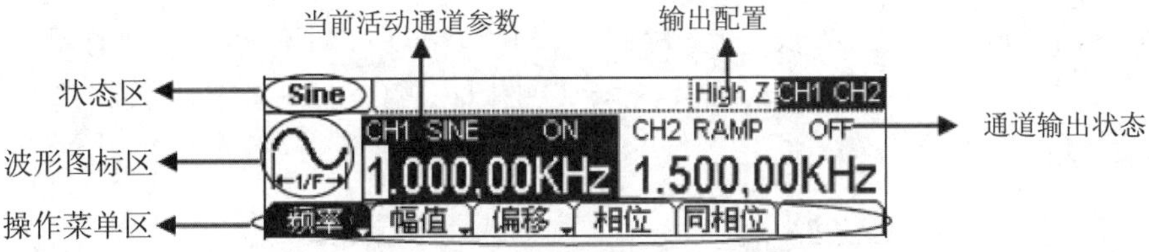

图 3.7.32　双通道常规显示模式

1）波形设置

如图 3.7.33 所示，在前操作面板左侧下方有一系列带有波形显示的按键，分别为正弦波、方波、锯齿波、脉冲波、噪声波、任意波，此外还有两个常用按键：通道选择和视图切换键。以下对波形选择的说明均在常规显示模式下进行。

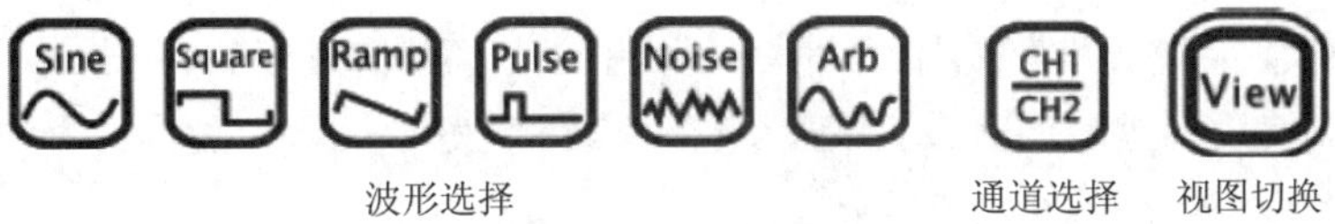

图 3.7.33　按键选择

（1）使用 Sine 按键，波形图标变为正弦信号，并在状态区左侧出现“Sine”字样。DG1022 可输出频率从 1 μHz 到 20 MHz 的正弦波形。通过设置频率/周期、幅值/高电平、偏移/低电平、相位，可以得到不同参数值的正弦波。图 3.7.34 所示为正弦波使用系统默认参数：频率为 1 kHz，幅值为 5.0 V_{PP}，偏移量为 0 V_{DC}，初始相位为 0°。

图 3.7.34　正弦波常规显示界面

(2) 使用Square按键，波形图标变为方波信号，并在状态区左侧出现“Square”字样。如图 3.7.35 所示。DG1022 可输出频率从 1 μHz 到 5 MHz 并具有可变占空比的方波。通过设置频率/周期、幅值/高电平、偏移/低电平、占空比、相位，可以得到不同参数值的方波。方波使用系统默认参数：频率为 1 kHz，幅值为 5.0 V_{PP}，偏移量为 0 V_{DC}，占空比为 50%，初始相位为 0°。

图 3.7.35　方波常规显示界面

(3) 使用Ramp按键，波形图标变为锯齿波信号，并在状态区左侧出现“Ramp”字样。DG1022 可输出频率从 1 μHz 到 150 kHz 并具有可变对称性的锯齿波波形。通过设置频率/周期、幅值/高电平、偏移/低电平、对称性、相位，可以得到不同参数值的锯齿波。图 3.7.36 所示锯齿波使用系统默认参数：频率为 1 kHz，幅值为 5.0 V_{PP}，偏移量为 0 V_{DC}，对称性为 50%，初始相位为 0°。

图 3.7.36　锯齿波常规显示界面

(4) 使用Pulse按键，波形图标变为脉冲波信号，并在状态区左侧出现“Pulse”字样。DG1022 可输出频率从 500 μHz 到 3 MHz 并具有可变脉冲宽度的脉冲波形。通过设置频率/周期、幅值/高电平、偏移/低电平、脉宽/占空比、延时，可以得到不同参数值的脉冲波。脉冲波形使用系统默认参数：频率为 1 kHz，幅值为 5.0 V_{PP}，偏移量为 0 V_{DC}，脉宽为 500 μs，占空比为 50%，延时为 0 s。

(5) 使用Noise按键，波形图标变为噪声信号，并在状态区左侧出现“Noise”字样。DG1022 可输出带宽为 5 MHz 的噪声。通过设置幅值/高电平、偏移/低电平，可以得到不同参数值的噪声信号。图 3.7.37 所示波形为系统默认的信号参数：幅值为 5.0 V_{PP}，偏移量为 0 V_{DC}。

图 3.7.37　噪声波形常规显示界面

(6) 使用Arb按键，波形图标变为任意波信号，并在状态区左侧出现“Arb”字样。

DG1022 可输出最多 4k 个点和最高 5 MHz 重复频率的任意波形。通过设置频率/周期、幅值/高电平、偏移/低电平、相位，可以得到不同参数值的任意波信号。图 3.7.38 所示 NegRamp 倒三角波形使用系统默认参数：频率为 1 kHz，幅值为 5.0 V_{PP}，偏移量为 0 V_{DC}，相位为 0°。

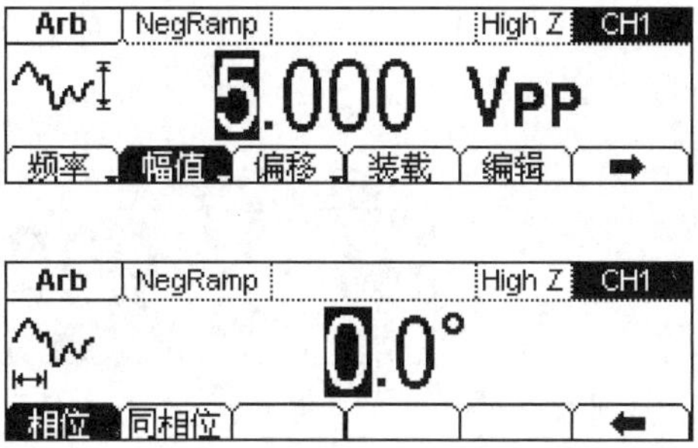

图 3.7.38　任意波形常规显示界面

（7）使用 CH1/CH2 键切换通道，当前选中的通道可以进行参数设置。在常规和图形模式下均可以进行通道切换，以便观察和比较两通道中的波形。

（8）使用 View 键切换视图，使波形显示在单通道常规模式下、单通道图形模式、双通道常规模式之间切换。此外，当仪器处于远程模式时，按下该键可以切换到本地模式。

2）输出设置

如图 3.7.39 所示，在前面板右侧有两个按键，用于通道输出、频率计输入的控制。

（1）使用 Output 按键，启用或禁用前面板的输出连接器输出信号。如图 3.7.40 所示，已按下 Output 键的通道显示“ON”且 Output 点亮。

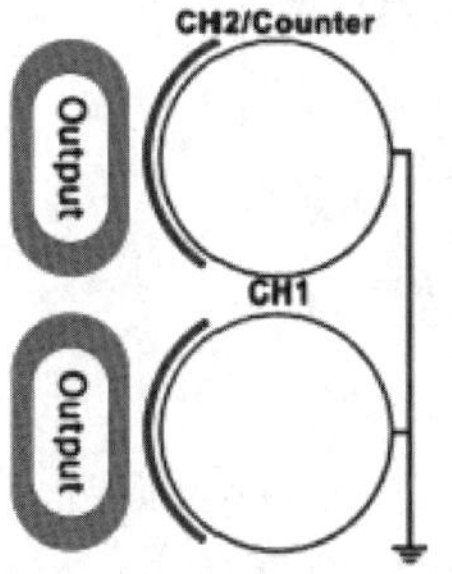

图 3.7.39　通道输出、频率计输入

图 3.7.40　通道输出控制

（2）在频率计模式下，CH2 对应的 Output 连接器作为频率计的信号输入端，CH2 自动关闭，禁用输出。

3）调制/扫描/脉冲串设置

如图 3.7.41 所示，在前面板右侧上方有三个按键，分别用于调制、扫描及脉冲串的设置。在本信号发生器中，这三个功能只适用于通道 1。

(1) 使用 Mod 按键,可输出经过调制的波形,并可以通过改变类型、内调制/外调制、深度、频率、调制波等参数,来改变输出波形。DG1022 可使用 AM、FM、FSK 或 PM 调制波形,可调制正弦波、方波、锯齿波或任意波形(不能调制脉冲、噪声和 DC)。调制波形常规显示界面见图 3.7.42。

图 3.7.41 调制/扫描/脉冲串按键

图 3.7.42 调制波形常规显示界面

(2) 使用 Sweep 按键,对正弦波、方波、锯齿波或任意波形产生扫描(不允许扫描脉冲、噪声和 DC)。在扫描模式中,DG1022 信号源在指定的扫描时间内从开始频率到终止频率而变化输出。扫描波形常规显示界面见图 3.7.43。

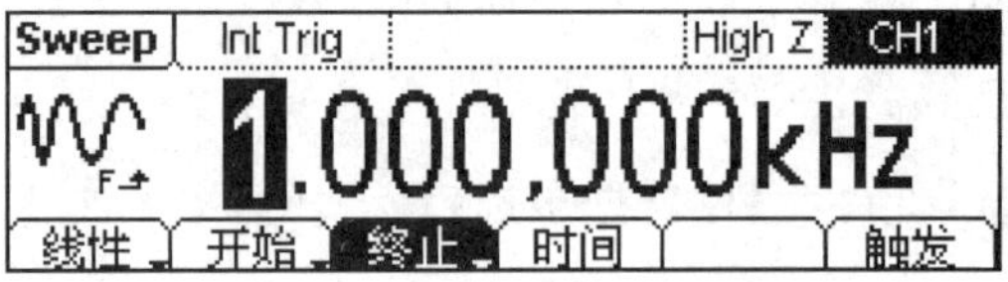

图 3.7.43 扫描波形常规显示界面

(3) 使用 Burst 按键,可以产生正弦波、方波、锯齿波、脉冲波或任意波形的脉冲串波形输出,噪声只能用于门控脉冲串。脉冲串波形常规显示界面见图 3.7.44。

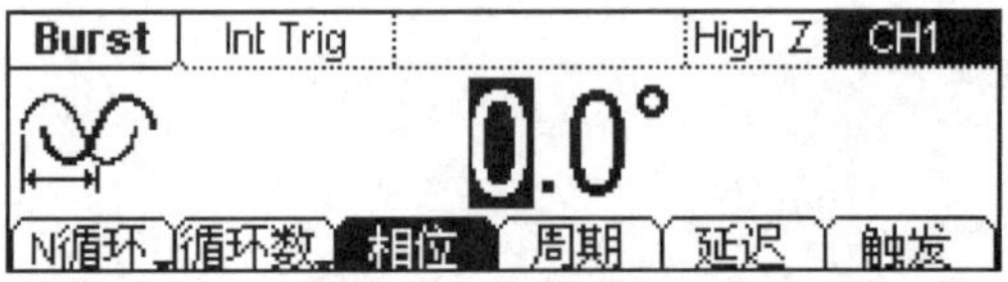

图 3.7.44 脉冲串波形常规显示界面

4) 数字输入的使用

如图 3.7.45 所示,在前面板上有两组按键,分别是左右方向键和旋钮、数字键盘。

(1) 使用左右方向键,用于数值不同数位的切换;使用旋钮,用于改变波形参数的某一数位数值的大小,旋钮的输入范围是 0~9,旋钮顺时针旋一格,数值增 1。

(2) 使用数字键盘,用于波形参数值的设置,直接改变参数值的大小。

5) 存储和调出/辅助系统功能/帮助功能

如图 3.7.46 所示,在操作面板上有三个按键,分别用于存储和调出、辅助系统功能及帮助功能的设置。

(1) 使用 Store/Recall 按键,存储或调出波形数据和配置信息。

（2）使用Utility按键，可以进行设置同步输出开/关、输出参数、通道耦合、通道复制、频率计测量；查看接口设置、系统设置信息；执行仪器自检和校准等操作。

（3）使用Help按键，查看帮助信息列表。

（4）获得任意键帮助：要获得任何前面板按键或菜单按键的上下文帮助信息，按下并按住该键 2～3 秒，显示相关帮助信息。

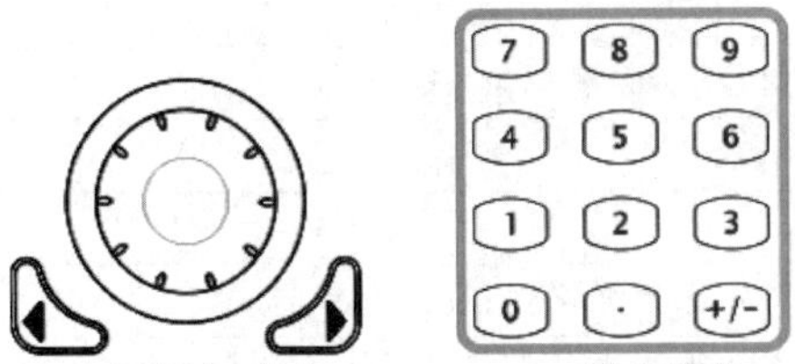

(a) 方向键和旋钮　(b) 数字键盘

图 3.7.45　前面板的数字输入

图 3.7.46　存储/辅助系统功能/帮助设置按键

2. NF1032A 低频信号发生器

1）仪器简介

NF1032A 低频信号发生器是一种多用途的数字显示 RC 信号发生器，其面板如图 3.7.47所示，能产生 1 Hz～1 MHz 的正弦波电信号，还有最大 4 W 的功率输出。功率输出可配接 50 Ω，75 Ω，150 Ω，600 Ω，5 kΩ 的负载，电压输出和功率输出的最大衰减量为 90 dB。

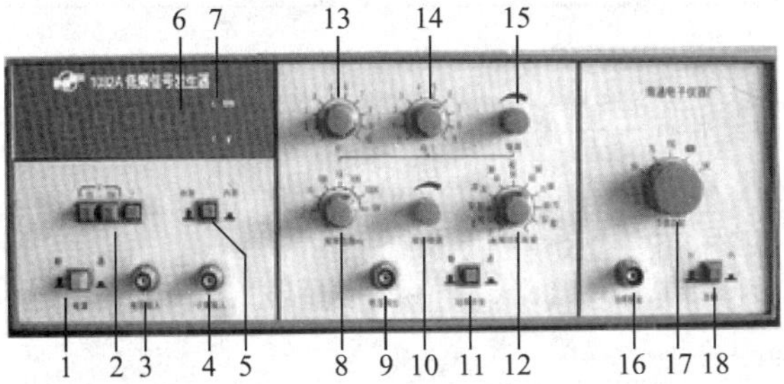

图 3.7.47　NF1032A 低频信号发生器面板

NF1032A 低频信号发生器还可以作为一般频率计使用，测频范围为 1 Hz～10 MHz，周期范围为 0.1 μs～10 s，输入灵敏度为 100 mV。

2）功能简介

NF1032A 低频信号发生器的面板功能如表 3.7.7 所示。

表 3.7.7　NF1032A 低频信号发生器面板功能

序号	功　能	用　　途
1	电源开关	按下接通电源，接通电源之前，输出微调要逆时针旋到底，预热 20～30 分钟
2	测量选择	可以选择测量“频率”或“电压”。f 按下时，测频率；V 按下时测电压（量程为 15 V 或 150 V）

续表

序号	功 能	用 途
3	电压输入	被测的外部电压信号输入端
4	计数输入	被测的外部计数信号输入端
5	内测、外测切换	按下时为“内测”,此时测量仪器内部输出信号的“频率”或“电压”;弹起时为“外测”,此时测量外部输入信号的“频率”或“电压”
6	数码管显示	显示被测信号的频率或电压的数值
7	单位指示	指示被测信号的单位,电压单位 V,频率单位 kHz
8	频率范围	输出信号的频率范围(频率倍乘)
9	电压输出	输出信号的电压输出端
10	输出微调	调节输出信号的幅度,顺时针输出信号增强;反之则减弱
11	功率开关	按下功率开关按钮,接通功率放大级
12	输出衰减	选择当前输出信号幅度衰减挡级(注意:功率输出和电压输出的衰减挡级不同)
13	频率粗调(×1)	频率选择旋钮,×1 挡
14	频率粗调(×0.1)	频率选择旋钮,×0.1 挡
15	频率微调	输出信号的频率微调旋钮
16	功率输出	输出信号的功率输出端
17	负载匹配	50 Ω,75 Ω,150 Ω,600 Ω,5 kΩ 的负载匹配
18	负载	内置负载

3) 使用方法

为了达到足够的频率稳定度,将“输出微调”旋钮逆时针旋到底,接通电源,预热 20～30 分钟。

按下“内测、外测切换”按钮(即内测),调节“频率粗调(×1)”和“频率粗调(×0.1)”,则

频率值=[频率粗调(×1)×1+频率粗调(×0.1)×0.1]×频率范围

再调“频率微调”旋钮。

例如:320 Hz,[频率粗调(×1)调成 3×1+频率粗调(×0.1)调成 2×0.1]×频率范围(10～100 Hz),即(3×1+2×0.1)×100=320, 再调“频率微调”旋钮,使数码管显示 0.320 即可,频率以数码管显示的数值为准。顺时针旋转“输出微调”,就可以输出正弦波电压信号。

若需要的信号较大,则接通“功率开关”,从功率输出输出信号。通常情况下,要断开“功率开关”,以保护仪器。

2. CA1640P-20 函数信号发生器

1) 仪器概述

CA1640P-20 函数信号发生器是一种精密的测试仪器,具有连续信号、扫频信号、函数信号、脉冲信号等多种输出信号和外部扫描功能。其面板如图 3.7.48 所示。

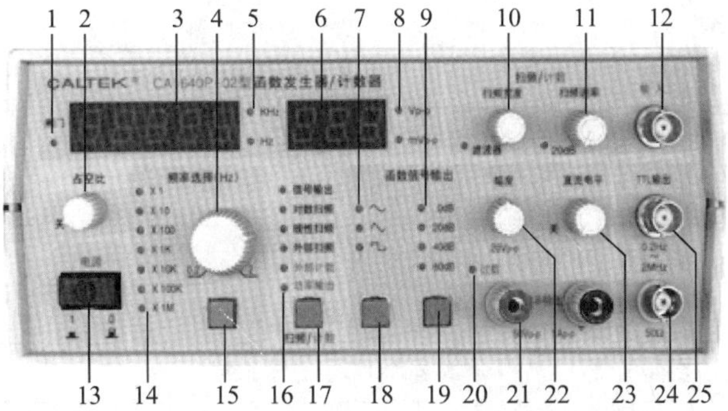

图 3.7.48 CA1640P-20 函数信号发生器

该仪器采用大规模单片集成精密函数发生器电路,使得该机具有很高的可靠性及优良的性能。采用单片机测量周期、频率,以及智能化管理、数字化显示输出信号的频率和幅度。该机采用了精密电流源电路,使输出信号在整个频带内均具有相当高的精度,同时多种电流源的变换使用,使仪器不仅具有正弦波、三角波,同样对各种波形均可以实现扫频功能。

2) 仪器的使用方法

将幅度细调逆时针旋到底,接通电源开关,预热 5 分钟。

功能选择:按动功能选择,功能指示依次切换(信号输出、对数扫频、线性扫频、外部扫频、外部计数、功率输出)。

频率调节:按动频段选择,频段指示依次切换,选定所需的频段,调节频率细调,直至频率显示上显示所需的频率值,频率单位也相应改变。

波形选择:按动波形选择,波形指示依次切换,选定所需的波形(正弦波、方波、三角波)。如果占空比处于关位置,则输出对称波形信号;调节占空比,可改变输出信号的对称性。

衰减控制可选择输出信号的挡级,增加幅度细调,即可在该挡级内输出信号。

该仪器还有计数、测外部信号的频率功能。

3) 仪器面板功能

CA1640P-20 函数信号发生器面板功能如表 3.7.8 所示。

表 3.7.8 仪器面板功能

序号	功 能	用 途
1	闸门	该灯每闪烁一次表示完成一次测量
2	占空比	改变输出信号的对称性,处于关位置时输出对称信号
3	频率显示	显示输出信号的频率或外测信号的频率
4	频率细调	在当前频段内,连续改变输出信号的频率
5	频率单位	指示当前显示频率的单位(kHz,Hz)
6	幅度显示	显示当前信号的幅度
7	波形指示	指示当前输出信号的波形状态

续表

序号	功 能	用 途
8	幅度单位	指示当前输出信号幅度的单位
9	衰减指示	指示当前输出信号幅度的挡级
10	扫描宽度	调节内部扫描的时间长短
11	扫描速率	调节被扫描信号的频率范围
12	信号输入	外部扫描信号或外测信号的输入端
13	电源开关	按入接通电源，弹出断开电源
14	频段指示	指示当前输出信号的频率挡级
15	频段选择	选择当前输出信号的频率挡级
16	功能指示	指示本仪器当前的功能状态
17	功能选择	选择仪器的各种功能
18	波形选择	选择当前输出信号的波形
19	衰减控制	选择当前输出信号幅度的挡级
20	过载指示	指示灯亮时，表示功率输出负载过重
21	功率输出	输出幅度 $50V_{p\text{-}p}$，$1A_{p\text{-}p}$
22	幅度细调	在当前幅度挡级连续调节，范围 2 dB
23	直流电平	预置输出信号的直流电平，范围 −5～+5 V，当电位器处于关位置时，直流电平为 0 V
24	信号输出	输出多种波形的函数信号，输出幅度 20 $V_{p\text{-}p}$
25	TTL 输出	输出标准的 TTL 脉冲信号，输出阻抗 600 Ω

八、常用电源

1. 直流电源

(1) 直流稳压电源：这种电源的稳定性好，内阻小，输出可连续调节，功率也比较大。使用时注意它能输出的最大电压和最大电流。

(2) 蓄电池：常用的蓄电池有两种。一种是铅蓄电池。它的正常输出电压是 2 V，一般都用 3 个电池串联成 6 V 输出。实验室常用的额定电流几安培，容量几十安培小时。另一种是铁镍蓄电池。它的正常输出电压是 1.25 V，一般都用 5 个串联成 6.25 V 输出。额定电流 7.5 A，容量 60 A·h。

(3) 干电池：电动势 1.5 V。1 号电池容量 2 A·h，额定电流小于 300 mA；2 号电池容量 0.5 A·h，额定电流 100 mA；5 号电池容量 0.2 A·h，额定电流 50 mA。

(4) 标准电池：标准电池是电压单位“伏特”的量具。它是为保存和传递“伏特”而特制的一种化学电池。标准电池是用来当作电动势标准的一种原电池。原电池的电动势与电解液的化学成分、浓度、电极的种类等因素有关，因而一般要想把不同电池做到电动势完全一致是很困难的。实验室常见的有干式标准电池和湿式标准电池，湿式标准电池又分为饱和式和非饱和式两种。这里仅简介最常用的饱和式标准电池，亦称“国际标准电池”，它的结构如图3.7.49所示。

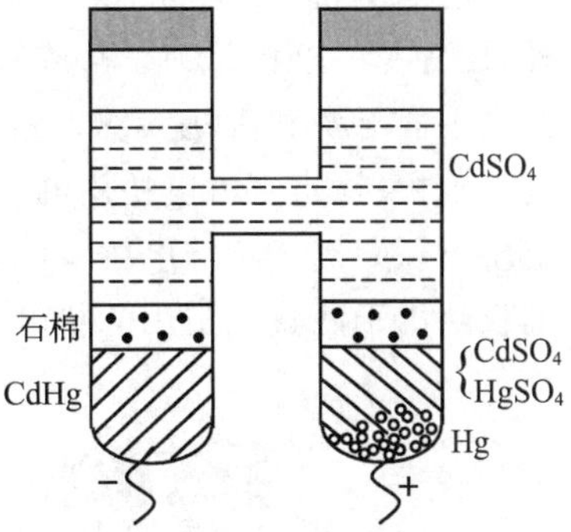

图3.7.49　标准电池

标准电池具有如下特点：电动势恒定，使用中随时间变化很小；电池的内阻随时间保持相当大的稳定性；电动势因温度的改变而产生的变化，可用下面的经验公式具体地计算：

$$E_t \approx E_{20℃} - 4\times10^{-4}(t-20) - 0.93\times10^{-6}(t-20)^2$$

式中：E_t 表示室温 t ℃时标准电池的电动势值(V)；$E_{20℃}$ 表示室温20 ℃时标准电池的电动势值(V)，此值一般为已知。

使用标准电池要特别注意下列事项：

① 从标准电池取用的电流不得超过1 μA。因此，不许用一般伏特计(如万用表)测量标准电池电压。使用标准电池的时间要尽可能地短。

② 绝不能将标准电池当一般电源使用。

③ 不允许倒置、横置或激烈震动。

④ 20 ℃时，标准电池电动势为1.018 6 V。

2. 交流电源

实验室常用的交流电是电压220 V、频率50 Hz的市电，或经变压器改变电压后使用。另外可以用电子仪器来获得较高频率的交变电源，如音频信号发生器，它的输出频率可在某一范围中任意地连续调节。

3. 使用电源时注意事项

(1) 严防电源短路。

(2) 使用时电流不能超过电源的额定值。

(3) 使用直流电源时要注意正、负极，标有“＋”或红色的接线柱为正级；标有“－”号的或黑色的接线柱为负极。电流从正极流出，经外电路流回负极。

九、直流电阻电桥

测量直流电阻可以用万用表、兆欧表等，但误差较大，在10^{-2}数量级。若要求较高的测量准确度，可以用补偿法测电阻，不过这种方法的缺点是电源的不稳定性带来的误差较大，故不常用。常用的测电阻方法是电桥法，误差为10^{-3}或10^{-4}数量级。若在电桥上使用替代法测电阻，则电阻的比较误差可达10^{-7}数量级。

直流电桥的种类较多，如单电桥、双电桥、高阻电桥以及各类特殊电桥。

直流电桥最基本的形式是单电桥，其他各类直流电桥均可变换成单电桥来分析，因此必须首先掌握单电桥的工作原理。

直流双电桥：如果需要测量电机或变压器绕组的电阻、分流器的电阻等小电阻，不能用单电桥，而应该用双电桥，因双电桥能消除引线电阻带来的误差。双电桥亦称开尔文电桥，专用于测量小电阻。

特殊电桥：单电桥、双电桥、高阻电桥均为在科研、生产中测量电阻而设计。除此之外，还有一些电桥是为了某些特殊用途而设计的，例如为检定标准电阻而设计的 QJ40 型三次平衡电桥和 XQJ-3 型基准电阻比较仪；检定铂电阻温度计用的 QJ18 型和 XQJ-6 型测温电桥；检定直流电桥用的 QJ48 型、XQJ-7 型比较电桥及 QJ56 型直读电桥等。这些电桥可以归类于特殊电桥，因为它们不在国家标准 GB 3930—83 的适用范围之内，该标准仅适用于测量电阻用的单电桥和双电桥。

第八节 测量仪器的选择及测量条件

一、测量仪器的选择

在实验方法选定之后，就需要确定仪器，仪器的选择是从事科学实验的一项十分重要的基本功。在实际工作中，常在测量之前对间接测量的精度提出一定的要求，本节主要介绍如何根据此要求来确定各直接测量量的精确度要求，从而选择配套合适的仪器进行测量。

首先，根据测量原理表示间接测量量 y 与直接测量量 $x_1,x_2,\cdots,x_n$ 之间的关系式 $y=f(x_1,x_2,\cdots,x_n)$，由不确定度传递公式确定间接测量量与直接测量量的不确定度关系。然后，按误差均分原则和实验精度要求的不确定度范围确定各直接测量量的不确定度范围。也就是说，要进行误差分配，就要在总误差一定的情况下确定各个分误差。最后，根据直接测量量的不确定度范围确定所选用仪器的精度。

1. 确定误差分配方案

误差分配一般遵循两个原则：

(1) 按误差等作用原则分配。

设间接测量值 y 由 n 个直接被测量 $x_1,x_2,\cdots,x_n$ 算出，它们的关系为

$$y=f(x_1,x_2,\cdots,x_n)$$

各 x_i 的标准不确定度为 U_{x_i}，则由误差传递公式可得 y 的合成标准不确定度为

$$U_y=\sqrt{\left(\frac{\partial y}{\partial x_1}\cdot U_{x_1}\right)^2+\left(\frac{\partial y}{\partial x_2}\cdot U_{x_2}\right)^2+\cdots+\left(\frac{\partial y}{\partial x_n}\cdot U_{x_n}\right)^2}$$

根据误差等作用原则，得

$$\frac{\partial y}{\partial x_1}\cdot U_{x_1}=\frac{\partial y}{\partial x_2}\cdot U_{x_2}=\cdots=\frac{\partial y}{\partial x_n}\cdot U_{x_n}$$

所以

$$U_{x_1}\leqslant\frac{1}{\sqrt{n}\cdot\dfrac{\partial y}{\partial x_1}}\cdot U_y \tag{3.8.1}$$

通常 U_y（或者相对不确定度 $\frac{U_y}{y}$）事先给定，由式(3.8.1)就可求出各直接被测量 x_i 所允许的不确定度 U_{x_i}（可为相对误差 $\frac{U_{x_i}}{x_i}$），并可由此选择适当的测量仪器。

(2) 按实际条件进行适当调整。

由于测量的技术水平和经济条件的限制，按误差等作用原则分配到每个分项的份额，有的可以做到，有的难以完成，有的则过于容易。这时需要根据实际情况给予调整。对于难以完成的，应适当放宽要求；对于过于容易的，应适当提高要求。

2. 测量器具的选择

选择测量仪器时，一般应遵循以下原则：

(1) 量程。应使被测量的预计值约为仪表量程的2/3，以减小测量的相对误差。

(2) 仪器误差。应使所选用的测量器具的仪器误差限 $\Delta_{仪}$ 不大于被测量所要求的误差限。

(3) 性能价格比。即前面提到的经济合理性，同时还需要注意仪器的配套性，测量精度(测量值的有效位数)应大致相等。

例　用伏安法测量电阻，若待测电阻为 R_x，要求测量相对不确定度 $E_r \leqslant 1.5\%$，应如何选择仪器和测量条件呢？

解　由欧姆定律 $R_x=\dfrac{U}{I}$ 和误差传递公式，有

$$\frac{\Delta R_x}{R_x}=\frac{\Delta U}{U}+\frac{\Delta I}{I}$$

根据合理选择仪器的误差均分原则，有

$$2\frac{\Delta U}{U}=2\frac{\Delta I}{I}\leqslant 1.5\%$$

即

$$\frac{\Delta U}{U}\leqslant 0.75\%,\frac{\Delta I}{I}\leqslant 0.75\%$$

电表等级误差的规定为

$$\frac{\Delta U}{U_m}\leqslant a\%,\frac{\Delta I}{I_m}\leqslant a\%$$

式中：a 为电表的等级；U_m 和 I_m 为电表的量程。显然，应选用0.5级的电表。若实验有0～1.5～3 V、0.5级的电压表和3 V的电源，则电压表应取3 V的量程，允许电压误差为 $\Delta V=V_m\cdot a\%=3\times 0.5\%=0.015(\mathrm{V})$。为了满足 $\dfrac{\Delta U}{U}\leqslant 0.75\%$ 的要求，测量时必须使电压满足

$$U\geqslant\frac{\Delta U}{0.75\%}=\frac{0.015}{0.0075}=2\ (\mathrm{V})$$

即实验时，待测电阻两端的电压不得小于2 V，否则电压误差将大于0.75%。

为了选定电流表的量程和确定测量条件，可先用多用电表测 R_x 值。若 R_x 约为50 Ω，则在实验中通过 R_x 的最大电流为 $I_m=\dfrac{3}{50}=0.06(\mathrm{A})=60(\mathrm{mA})$。故应选用量程为60 mA、等级为0.5级的毫安表。为了满足 $\dfrac{\Delta I}{I}\leqslant 0.75\%$，测量时必须使电流

$$I\geqslant\frac{\Delta I}{0.75\%}=\frac{I_m\times 0.5\%}{0.75\%}=\frac{60\times 0.005}{0.0075}=40\ (\mathrm{mA})$$

即实验时电流不得小于 40 mA，否则电流测量的误差将大于 0.75%（由于采用了合适的电路，仪表内电阻对被测电阻的影响可忽略不计）。

例 测定圆柱体的密度，某圆柱体的直径为 d，高为 h，质量为 m，则其体积为 $V=\frac{\pi d^2 h}{4}$，密度为 $\rho=\frac{m}{V}=\frac{4m}{\pi d^2 h}$。若要求 ρ 的相对误差 $\frac{\Delta\rho}{\rho}\leqslant 0.5\%$，则测量 d,h,m 各量应选用什么仪器？

解 根据误差理论，有

$$\frac{\Delta\rho}{\rho}=2\frac{\Delta d}{d}+\frac{\Delta h}{h}+\frac{\Delta m}{m}$$

按照误差均分原则，有

$$\frac{\Delta\rho}{\rho}=6\frac{\Delta d}{d}=3\frac{\Delta h}{h}=3\frac{\Delta m}{m}\leqslant 0.5\%$$

若已知待测圆柱体的 d 约为 1.2 cm，h 约为 3.6 cm，质量 m 约为 36 g，则有

$$\Delta d\leqslant\frac{d\times 0.5\%}{6}=\frac{1.2\times 0.005}{6}=0.001\ (\mathrm{cm})$$

$$\Delta h\leqslant\frac{h\times 0.5\%}{3}=\frac{3.6\times 0.005}{3}=0.006\ (\mathrm{cm})$$

$$\Delta m\leqslant\frac{m\times 0.5\%}{3}=\frac{36\times 0.005}{3}=0.06\ (\mathrm{g})$$

因此应选用螺旋测微器（千分尺，精度为 0.001 cm）来测量直径，用 0.005 cm 精度的游标卡尺来测量高度，用感量为 0.05 g/div 的天平来测量质量。

若已知各测量量的不确定度，应按方差合成法求出合成不确定度，则均分原则应按 $\left(\frac{U_y}{y}\right)^2$ 进行，处理方法与上述相同。这里 U_y 为 y 的合成不确定度。

按误差均分原则来选配仪器的精度比较合理。当然，限于实际条件，有时不能完全做到，因此在处理具体问题时，还应依照实际情况调整误差分配。

二、测量条件和最佳参数的确定

由于仪器设备都有自己的使用条件，不满足这个条件就会产生所谓的“附加误差”。因此在设计实验时应明确提出仪器设备使用条件，尽量予以保证；如果无法做到，则应给出校正公式或曲线。另外，有的仪器在使用前必须调整到最佳工作状态。

设间接测量量与直接测量量关系为

$$y=f(x_1,x_2,\cdots,x_n)$$

若 x_i 各量的误差已知，且 x_i 最大误差为 Δx_i，相应 y 的误差为 Δy，$\frac{\Delta y}{y}$ 与 $\frac{\Delta x_i}{x_i}$ 的关系由误差传递公式确定。为了使 $\frac{\Delta y}{y}$ 为极小值，则要求 $\frac{\partial}{\partial x_i}\left(\frac{\Delta y}{y}\right)=0$，由此可确定最佳测量条件。

三、测量次数的确定

一般情况下，对某物理量 x 进行 n 次测量时，所得结果 $x_1,x_2,\cdots,x_n$ 的算术平均值

为 $\bar{x}$，各次测量偏差为 $\Delta x_1, \Delta x_2, \cdots, \Delta x_n$，则一次测量的标准误差为 $S=\sqrt{\dfrac{\sum_{i=1}^{n}(x_i-\bar{x})^2}{n(n-1)}}$。

由此可见，平均值的标准误差等于一次测量的标准误差的 $\dfrac{1}{\sqrt{n}}$ 倍，因而增加测量次数对提高平均值的精度是有利的。但测量精度主要是由测量仪器的精度、测量方法等因素决定的，不能超越这些条件而单纯地追求测量次数。只有在正确选择测量方法、测量仪器、测量条件的前提下，才谈得上确定必要的实验次数，以保证实验要求的精度。

例如，用某种天平测量某个物体的质量 m，已知 m 的一次测量的标准误差 $S(m)=1$ mg，若仪器精度、测量方法等只能要求测量结果的标准误差 $S(\overline{m})\leqslant 0.4$ mg，则根据 $S(\overline{m})\leqslant\dfrac{S(m)}{\sqrt{n}}$，有 $n\leqslant\dfrac{S^2(m)}{S^2(\overline{m})}$，因而测量次数至少应为 $n=\dfrac{1^2}{0.4^2}=6.25=7$（次）。

以上就物理实验基本方法做了较为全面的介绍。若要进行或设计一个物理实验，必须按照既定的实验目的和要求，首先确定实验方法，然后恰当选择仪器和测量条件（有些实验还要确定最有利的条件），再确定合理的测量次数。这是完成一个实验的基本要求。

光学实验中常用光源

能够发光的物体统称为光源。实验室中常用的是将电能转换为光能的光源——电光源。常见的有热辐射光源和气体放电光源及激光光源 3 类。

1. 热辐射光源

常用的热辐射光源是白炽灯。普通灯泡就是白炽灯，可作为白色光源，应按仪器要求和灯泡上指定的电压使用，如光具座、分光计、读数显微镜等。

2. 气体放电光源

实验室常用的钠灯和汞灯（又称水银灯）可作为单色光源，它们的工作原理都是以金属钠或汞蒸气在强电场中发生的游离放电现象为基础的弧光放电灯。

在 220 V 额定电压下，低压钠灯发出波长为 589.0 nm 和 589.6 nm 的两种单色黄光最强，可达 85%，而其他几种波长为 818.0 nm 和 819.1 nm 等的光仅有 15%。所以，在一般应用时取 589.0 nm 和 589.6 nm 的平均值 589.3 nm 作为钠光灯的波长值。

汞灯可按其气压的高低，分为低压汞灯、高压汞灯和超高压汞灯。低压汞灯最为常用，其电源电压与管端工作电压分别为 220 V 和 20 V，正常点燃时发出青紫色光，其中主要包括 7 种可见的单色光，它们的波长分别是 612.35 nm（红）、579.07 nm 和 576.96 nm（黄）、546.07 nm（绿）、491.60 nm（蓝绿）、435.84 nm（蓝紫）、404.66 nm（紫）。

使用钠灯和汞灯时，灯管必须与一定规格的整流器（限流器）串联后才能接到电源上，以稳定工作电流。钠灯和汞灯点燃后一般要预热 3～4 分钟才能正常工作，熄灭后也需冷却 3～4 分钟方可重新开启。

3. 激光光源

激光是 20 世纪 60 年代诞生的新光源。激光(Laser)是"受激辐射光放大"的简称。它具有发光强度大、方向性好、单色性强和相干性好等优点。激光器是产生激光的装置，它的种类很多，如氦氖激光器、氩离子激光器、二氧化碳激光器、红宝石激光器等。

实验室中常用的激光器是氦氖(He-Ne)激光器。它由激光工作的氦氖混合气体、激励装置和光学谐振腔 3 部分组成。氦氖激光器发出的光波波长为 632.8 nm，输出功率在几毫瓦到十几毫瓦之间，多数氦氖激光管的管长为 200～300 mm，两端所加高压是由倍压整流或开关电源产生，电压高达 1 500～8 000 V，操作时应严防触摸，以免造成触电事故。由于激光束输出的能量集中，强度较高，使用时应注意切勿迎着激光束直接用眼睛观看。

目前，气体放电灯的供电电源广泛采用电子整流器，这种整流器内部由开关电源电路组成，具有耗电小、使用方便等优点。

光学实验中，常把光束扩大或产生点光源以满足具体的实验要求，图 3.8.1 和图 3.8.2 表示两种扩束的方法，它们分别提供球面光波和平面光波。

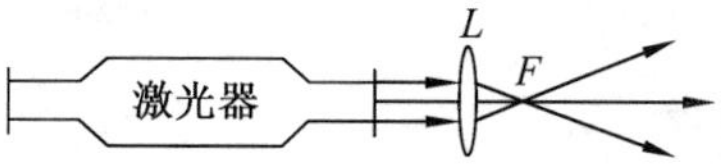

图 3.8.1 扩束提供球面光波

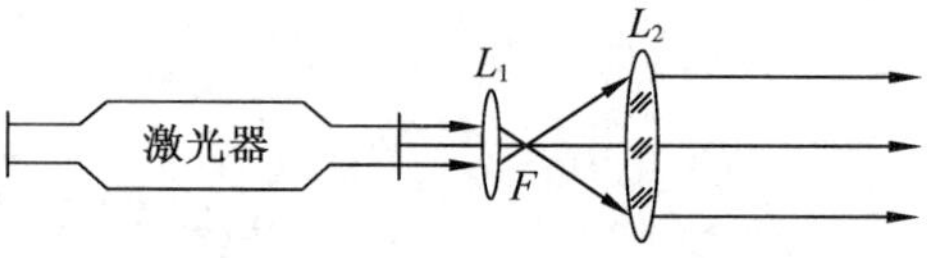

图 3.8.2 扩束提供平面光波

第四章

开放实验基础训练

长度的测量

长度是最常见的基本的物理量，如固态物体的密度、透镜的焦距、薄膜的厚度、球面的曲率半径、光栅常数、振动的振幅、波长等物理量测量都可以归属于长度测量。实验 4.1～4.6 将介绍多种测量长度的实验方法。光波的波长测量将在后面的模块中进行专题训练。

实验 4.1　测量固体的体积和密度

【实验目的】

(1) 学习物理天平的调节和使用方法。

(2) 掌握测定固体密度及数据处理的方法。

【实验仪器】

物理天平、游标卡尺、螺旋测微器、读数显微镜、烧杯、待测样品等。

【实验原理】

设物体的质量为 m，体积为 V，则它的密度 ρ 为

$$\rho=\frac{m}{V} \tag{4.1.1}$$

对于形状规则的物体，用适当的量具测量出该物体的几何尺寸，通过相应的公式计算其体积，再用物理天平测得其质量，由式(4.1.1)即可计算出该物体的密度。

1. 规则物体

1) 小球

设小球的直径为 D，质量为 m，则体积为 $V=\frac{\pi D^3}{6}$，密度为 $\rho=\frac{6m}{\pi D^3}$。

2）圆柱体

设圆柱体的底面直径为 D，高为 h，质量为 m，则体积为 $V=\frac{\pi D^2 h}{4}$，密度为 $\rho=\frac{4m}{\pi D^2 h}$。

3）空心圆柱体

设如图 4.1.1 所示的空心圆柱体外径为 D，内径为 d，高为 H，深为 h，则体积为 $V=\frac{\pi}{4}(D^2 H-d^2 h)$，密度为 $\rho=\frac{4m}{\pi(D^2 H-d^2 h)}$。

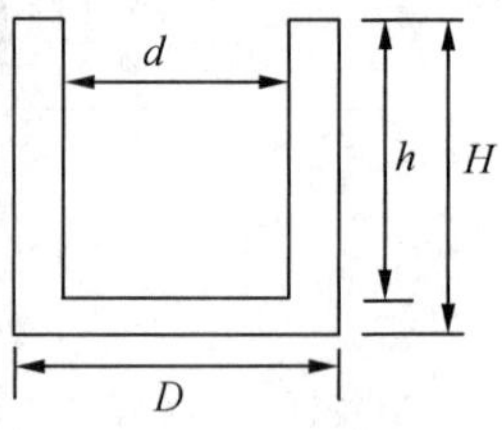

图 4.1.1　空心圆柱体剖面

2. 不规则物体

不规则物体的体积难以测定，可采用流体静力称衡法原理测量物体的密度。

1）待测物体密度大于水的密度

根据阿基米德原理，浸在水中的物体受到向上的浮力作用，其大小等于物体排开液体的重量。如果分别称量出物体在空气中和在水中的重量，即 $m_1 g$ 和 $m_2 g$，则物体浸在水中受到的浮力为

$$m_1 g-m_2 g=\rho_0 V g \tag{4.1.2}$$

式中，ρ_0 为水的密度（在 4 ℃条件下，$\rho_0=1.0\times10^3\ \mathrm{kg/m^3}$），$V$ 为物体排开水的体积，也就是物体的体积，则物体的密度为

$$\rho=\frac{m_1}{m_1-m_2}\rho_0 \tag{4.1.3}$$

2）待测物体密度小于水的密度

见开放实验 5.2。

【实验内容及数据处理】

1. 测量规则物体的密度

(1) 用螺旋测微器测小球的直径 D，测 5 次。

(2) 用螺旋测微器测圆柱体的直径 D，测 5 次；用游标卡尺测圆柱体的高度 H，测 5 次。

(3) 用游标卡尺测量空心圆柱体的内外直径 D 和 d，高度 H 和深度 h，各测 5 次。（选做）

(4) 用读数显微镜测量头发丝的直径 D，测 5 次。（选做）

(5) 分别测量圆柱体和小球的质量。

测得的实验数据填入表 4.1.1。

表 4.1.1　测量规则物体的实验数据　　　　单位：________

次数	小球	圆柱体		空心圆柱体				头发丝
	直径 D	直径 D	高度 H	内径 d	高度 H	深度 h	直径 D	直径 D
1								
2								
3								
4								
5								

圆柱体的质量 $m=$ ________ kg，小球的质量 $m=$ ________ kg。

2. 测量不规则物体的密度

(1) 用物理天平称出物体在空气中的质量 m_1。

(2) 用物理天平称出物体在水中的质量 m_2。

用细线系在待测物体上，如图 4.1.2a 所示，在天平的托盘上放盛有水的烧杯，水深以能够浸没待测物体为准。细线的另一端系在天平的挂钩上，将待测物体浸没在水中，但不能碰到烧杯的底，如图 4.1.2b 所示，用天平称出待测物体在水中的质量 m_2。将测得的 m_1 和 m_2 的数据填入表 4.1.2。

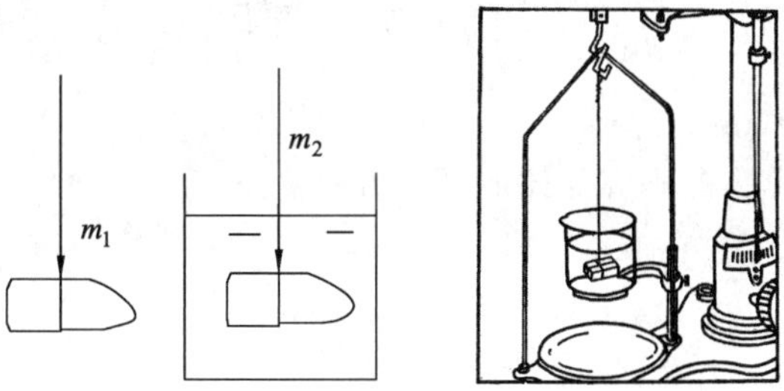

(a)　　(b)

图 4.1.2　不规则物体密度的测量

表 4.1.2　待测物体的质量

次数	m_1/kg	m_2/kg
1		
2		
3		
4		
5		

3. 数据处理

1) 规则物体

(1) 小球体积及不确定度。

小球体积及不确定度计算参照教材第二章第五节的例 2.8。

(2) 圆柱体体积及不确定度。

① 圆柱体直径的测量值：

直径的平均值：$\overline{D}=\dfrac{D_1+D_2+D_3+D_4+D_5}{5}$。

直径的 A 类标准不确定度：$u_A=\sqrt{\dfrac{\sum\limits_{i=1}^{5}(D_i-\overline{D})^2}{5\times(5-1)}}$。

测量直径仪器引入的 B 类标准不确定度：$u_B=0.02$ mm。

测量直径的合成标准不确定度：$u_C=\sqrt{u_A^2+u_B^2}$。

直径的总不确定度：$u(\overline{D})=u_C$。

直径的测量值：$D=\overline{D}\pm u(\overline{D})$(mm)。

② 圆柱体高的测量值：

高的平均值：$\overline{H}=\dfrac{H_1+H_2+H_3+H_4+H_5}{5}$。

高的A类标准不确定度：$u_A=\sqrt{\dfrac{\sum\limits_{i=1}^{5}(H_i-\overline{H})^2}{5\times(5-1)}}$。

测量高仪器引入的B类标准不确定度：$u_B=0.02$ mm。

测量高的合成标准不确定度：$u_C=\sqrt{u_A^2+u_B^2}$。

高的总不确定度：$u(\overline{H})=u_C$。

高的测量值：$H=\overline{H}\pm u(\overline{H})$(mm)。

③ 圆柱体体积：

圆柱体体积的平均值：$\overline{V}=\dfrac{\pi\overline{D}^2\overline{H}}{4}$。

圆柱体体积的总不确定度：

$$u(\overline{V})=\sqrt{\left(\frac{\partial\overline{V}}{\partial\overline{D}}\right)^2u^2(\overline{D})+\left(\frac{\partial\overline{V}}{\partial\overline{H}}\right)^2u^2(\overline{H})}=\sqrt{\left(\frac{\pi\overline{D}\overline{H}}{2}\right)^2u^2(\overline{D})+\left(\frac{\pi\overline{D}^2}{4}\right)^2u^2(\overline{H})}。$$

圆柱体体积的测量值：$V=\overline{V}\pm u(\overline{V})$($mm^3$)。

(3) 空心圆柱体的体积及不确定度计算参照圆柱体的计算方法。

空心圆柱体体积的平均值：$\overline{V}=\dfrac{\pi}{4}(\overline{D}^2\overline{H}-\overline{d}^2\overline{h})$

空心圆柱体体积的总不确定度：

$$u(\overline{V})=\sqrt{\left(\frac{\partial\overline{V}}{\partial\overline{D}}\right)^2u^2(\overline{D})+\left(\frac{\partial\overline{V}}{\partial\overline{H}}\right)^2u^2(\overline{H})+\left(\frac{\partial\overline{V}}{\partial\overline{d}}\right)^2u^2(\overline{d})+\left(\frac{\partial\overline{V}}{\partial\overline{h}}\right)^2u^2(\overline{h})},$$

即 $$u(\overline{V})=\sqrt{\left(\frac{\pi\overline{D}\overline{H}}{2}\right)^2u^2(\overline{D})+\left(\frac{\pi\overline{D}^2}{4}\right)^2u^2(\overline{H})+\left(\frac{\pi\overline{d}\overline{h}}{2}\right)^2u^2(\overline{d})+\left(\frac{\pi\overline{d}^2}{4}\right)^2u^2(\overline{h})}。$$

空心圆柱体体积的测量值：$V=\overline{V}\pm u(\overline{V})$($mm^3$)。

(4) 分别计算小球、圆柱体和空心圆柱体的密度及不确定度。

① 小球。

小球密的平均值：$\overline{\rho}=\dfrac{6\,\overline{m}}{\pi\overline{D}^3}$(积商形式)。

小球的密度不确定度传递公式：

$$\frac{u(\overline{\rho})}{\overline{\rho}}=\sqrt{\left(\frac{\partial\ln\overline{\rho}}{\partial\overline{m}}\right)^2u^2(\overline{m})+\left(\frac{\partial\ln\overline{\rho}}{\partial\overline{D}}\right)^2u^2(\overline{D})}=\sqrt{\frac{u^2(\overline{m})}{\overline{m}^2}+\frac{9u^2(\overline{D})}{\overline{D}^2}}。$$

② 圆柱体。

圆柱体密度的平均值：$\overline{\rho}=\dfrac{4\,\overline{m}}{\pi\overline{D}^2\overline{h}}$。

圆柱体的密度不确定度传递公式：

$$\frac{u(\bar{\rho})}{\bar{\rho}}=\sqrt{\left[\frac{\partial \ln \bar{\rho}}{\partial \bar{D}}\right]^2 u^2(\bar{D})+\left[\frac{\partial \ln \bar{\rho}}{\partial \bar{h}}\right]^2 u^2(\bar{h})+\left[\frac{\partial \ln \bar{\rho}}{\partial \bar{m}}\right]^2 u^2(\bar{m})}$$

$$=\sqrt{\frac{2u^2(\bar{D})}{\bar{D}^2}+\frac{u^2(\bar{h})}{\bar{h}^2}+\frac{u^2(\bar{m})}{\bar{m}^2}}。$$

③ 空心圆柱体。

空心圆柱体密度的平均值：$\bar{\rho}=\frac{4\bar{m}}{\pi(\bar{D}^2\bar{H}-\bar{d}^2\bar{h})}$。

空心圆柱体的密度不确定度传递公式：

$$\frac{u(\bar{\rho})}{\bar{\rho}}=\sqrt{\left[\frac{\partial \ln \bar{\rho}}{\partial \bar{D}}\right]^2 u^2(\bar{D})+\left[\frac{\partial \ln \bar{\rho}}{\partial \bar{H}}\right]^2 u^2(\bar{H})+\left[\frac{\partial \ln \bar{\rho}}{\partial \bar{d}}\right]^2 u^2(\bar{d})+\left[\frac{\partial \ln \bar{\rho}}{\partial \bar{h}}\right]^2 u^2(\bar{h})+\left[\frac{\partial \ln \bar{\rho}}{\partial \bar{m}}\right]^2 u^2(\bar{m})}$$

$$=\sqrt{\frac{u^2(\bar{m})}{\bar{m}^2}+\frac{4\bar{D}^2u^2(\bar{D})+u^2(\bar{H})+4\bar{d}^2u^2(\bar{d})+u^2(\bar{h})}{(\bar{D}^2\bar{H}-\bar{d}^2\bar{h})^2}}$$

密度的测量值：$\rho=\bar{\rho}\pm u(\bar{\rho})(\mathrm{kg/m^3})$。

2）不规则固体

(1) 计算每次测量不规则物体的密度 ρ_i。

(2) 计算其平均值。

【注意事项】

(1) 安装天平时，应注意托盘、托盘架、挂钩和横梁的“1”“2”标记，保持编号相同的在同一侧。

(2) 取放砝码时要用镊子，严禁用手触摸。

(3) 启动、制动天平一定要缓慢，严禁急起急落，以免损坏刀口。

(4) 加减砝码时应将刀口下降，以免碰伤刀口。

(5) 严禁将酸、碱、油脂、化学药品直接放在秤盘上，并保持刀口和称盘清洁。

【思考题】

(1) 一铝板长约 10 cm，宽约 5 cm，厚约 1 mm，其上有 5 mm 左右的圆孔两个，为使其体积的测量结果有四位数，应选用什么测量仪器？

(2) 螺旋测微器为什么又称千分尺？

(3) 用螺旋测微器测待测物的长度时，若已经将待测物夹紧，能不能直接旋动套筒？棘轮有什么作用？

实验 4.2　薄透镜焦距的测定

【实验目的】

(1) 学会调节光学系统并使之共轴。

(2) 掌握薄透镜焦距的常用测定方法。

(3) 学会简单光路的分析和调整方法。

【实验仪器】

光具座、凹透镜、凸透镜(一块)、物屏、白(像)屏、双面平面反射镜、单色光源。

【实验原理】

透镜分为两类:凹透镜(又称发聚透镜、负透镜),对光线起发散作用,焦距越短,发散本领越强;凸透镜(又称会聚透镜、正透镜),对光线起会聚作用,焦距越短,会聚本领越强。

如图 4.2.1 所示,在近轴光线的条件下,透镜置于空气中,透镜成像的高斯公式为

$$\frac{1}{s'}-\frac{1}{s}=\frac{1}{f'} \tag{4.2.1}$$

即

$$f'=\frac{ss'}{s-s'} \tag{4.2.2}$$

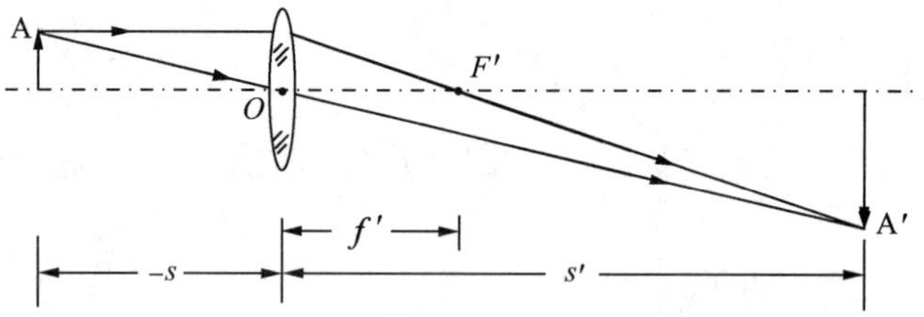

图 4.2.1 凸透镜成像光路图

式(4.2.2)中,f'是透镜的像方焦距(从光心到像方焦点的距离),s 是物距(从光心到物的距离),s'是像距(从光心到像的距离)。

设光线从左射向右,光心为原点,式(4.2.1)、式(4.2.2)中各物理量的符号有以下规定(新笛卡尔符号法则):① 距离的正负。从光心量起,与光的传播方向一致的为正,反之为负。② 角度的正负。从光轴或法线开始,顺时针为正,逆时针为负。③ 图中的线段、角度$\left(\text{取小于}\frac{\pi}{2}\text{的角度}\right)$均标为正值。

例如:图 4.2.1 中,光线的方向是从左向右的。像距 s'是从光心 O 测量到像点 A'(顺着光传播方向),符号为正;而物距 s 是从光心 O 测量到物点 A(逆着光传播方向),符号为负,图中物距线段用$-s$ 表示。

1. 测量凸透镜焦距的方法

1) 物距与像距法

如图 4.2.1 所示,实物 A 经凸透镜成实像 A′,用白屏接取实像 A′,通过测定物距和像距,利用式(4.2.2)计算 f'。

2）两次成像法(贝塞尔法)

如图4.2.2所示，在物屏和像屏距离 $l>4f'$ 条件下，保持物屏与像屏位置不变，使凸透镜在物屏与像屏之间移动，可以分别得到一个放大和缩小的实像，透镜移动的距离为 d。当透镜在位置Ⅰ时，在屏上成放大倒立的实像A′，在位置Ⅱ时，在屏上成缩小倒立的实像A″。

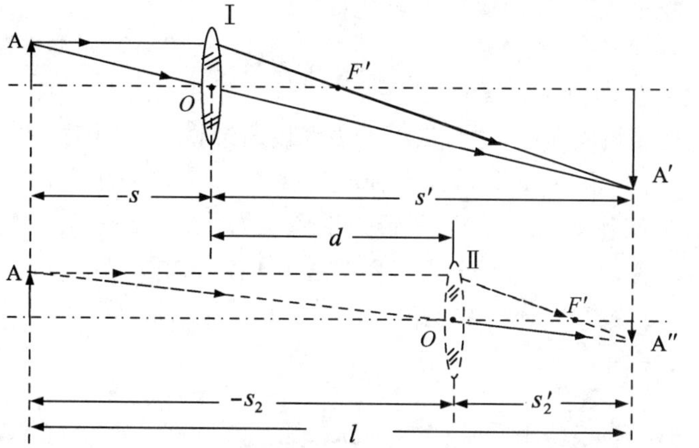

图4.2.2　两次成像法测凸透镜焦距

(1) 对于位置Ⅰ的成像而言：

$$-s=l-d-s_2',s'=d+s_2' \tag{4.2.3}$$

将式(4.2.3)代入式(4.2.2)中得出

$$f'=\frac{(l-d-s_2')(d+s_2')}{l} \tag{4.2.4}$$

(2) 对于位置Ⅱ的成像而言：

$$-s_2=l-s_2' \tag{4.2.5}$$

将式(4.2.5)代入式(4.2.2)中得出

$$f'=\frac{(l-s_2')s_2'}{l} \tag{4.2.6}$$

由式(4.2.4)、式(4.2.6)消去 f' 得

$$s_2'=\frac{l-d}{2} \tag{4.2.7}$$

将式(4.2.7)代入式(4.2.4)、式(4.2.6)均可得出

$$f'=\frac{l^2-d^2}{4l} \tag{4.2.8}$$

式(4.2.8)表明，测出 d 和 l 即可计算出 f'。用这种方法测出的焦距在理论上是比较准确的，因为它不需要测量物距和像距，可以避免利用高斯成像公式计算时因透镜本身的厚度所引入的误差。

3）自准直法

如图4.2.3所示，当物屏处在透镜L的物方焦面上时，它发出的光线通过透镜后将变为一束平行光。根据光路可逆性原理，若在透镜后面放一块与透镜光轴垂直的平面反射镜 M，则平行光被反射回来，经透镜成倒立等大实像，位于透镜的焦平面上，此时物屏与透镜之间的距离即为透镜的焦距。这种方法是利用调节实验装置本身使之产生平行光以达到调焦的目的，又称为自准直法。用此方法测焦距最简便，光学实验中经常用此方法调平行光，它广泛地应用于平行光管、分光计等精密仪器中。

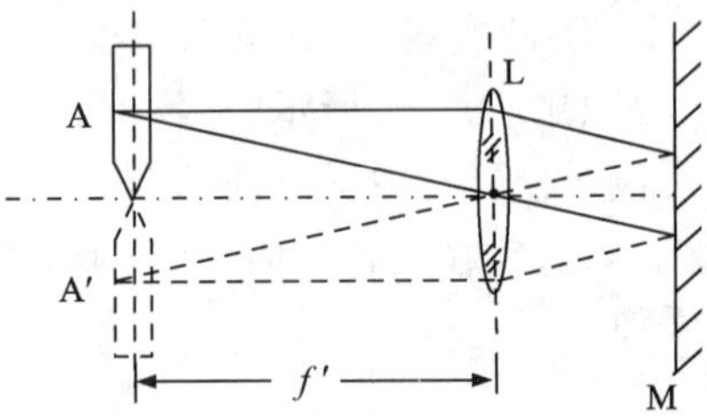

图 4.2.3　自准直法测凸透镜焦距

2. 辅助透镜成像测凹透镜焦距

由于凹透镜是实物成虚像，它的焦距无法直接通过物距像距法来测量。可以借助辅助凸透镜，如图 4.2.4 所示，设物屏 A 经辅助凸透镜 L_1 后成缩小实像于 A′，加上待测焦距的凹透镜 L 后成实像于 A″。对于凹透镜 L 而言，A′是凹透镜 L 的物，A″是凹透镜 L 的像。分别测出凹透镜 L 到 A′的物距 s 和凹透镜 L 到 A″的像距 s'，由式(4.2.2)计算凹透镜 L 的焦距 f'，注意物距 $s(s>0)$、像距 $s'(s'>0)$以及焦距 $f'(f'<0)$的符号。

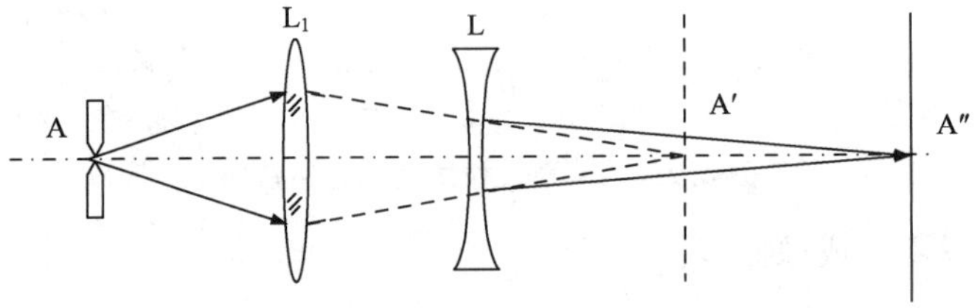

图 4.2.4　辅助透镜成像测凹透镜焦距

3. 获取像的最清晰位置

通过左右逼近法读数获取像的最清晰位置：从左向右移动像屏，到像清晰为止，记录像屏位置 1；从右向左移动像屏，到像清晰为止，记录像屏位置 2。取两次平均值作为最清晰的像屏位置。

【实验内容及数据处理】

1. 共轴调节

共轴调节就是要调节光具座上各种元件的位置及高低，使各元件中心连线与光具座导轨基线平行，这样从光具座导轨的刻度尺上的读数才符合实际光学系统光轴上的距离，否则就会引入系统误差。

调节光学系统各元件的“共轴等高”，是光学实验中的一项基本要求，必须很好地掌握。一般的调节可分成“粗调”和“细调”两步进行。

(1) 粗调。调节光具座底螺钉，使光具座水平；把物屏、透镜、像屏等元件放置于光具座上，并将它们尽量靠拢，目测各元件的中心连线大致与导轨基线平行，即等高；使物屏、透镜、像屏相互平行，且垂直于光具座导轨。

(2) 细调。利用“两次成像”法来判断和调节共轴。当物屏和像屏间距 $l>4f'$时，保持物屏与像屏位置不变，移动透镜会有两个不同的位置Ⅰ和Ⅱ，在像屏上分别呈现大、小两个实像。若物的中心处在透镜光轴上而且光轴与导轨基线平行，则移动透镜时，大小两次成像的中心必将重合；若物的中心偏离光轴或导轨与光轴不平行，则当透镜移动时，成像时像的中心不再重合。如图 4.2.5 所示，物体 $P(Q)$ 中心偏离透镜光轴，则所成的大像和小像的中心 $P'(Q')$ 和 $P''(Q'')$ 将不重合，但小像 $P''(Q'')$ 位置比大像 $P'(Q')$ 更靠近光轴，且光轴位于大像和小像中心的同一侧。

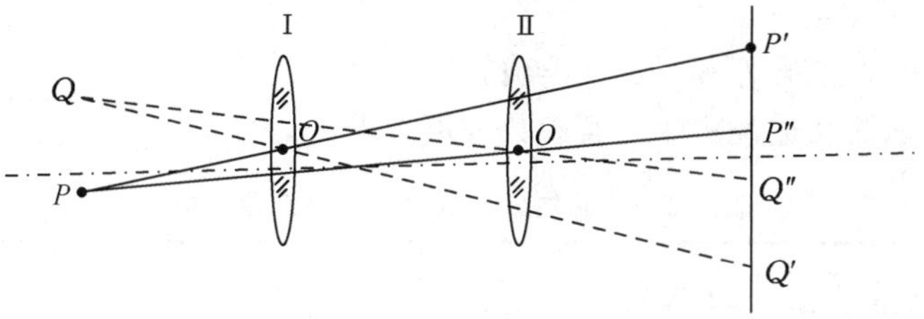

图 4.2.5　共轴调节

建议采用保持物屏、像屏位置不变，调节透镜中心高低的共轴调节方法：当小像中心高于大像中心时，物屏位置偏高（透镜位置偏低），应将透镜中心调高；当小像中心低于大像中心时，物屏位置偏低（透镜位置偏高），应将透镜中心调低；当大像中心与小像中心重合时，系统即处于共轴状态。

当有两个透镜需要调整时，必须逐个进行上述调整，即先将一个透镜调好，记住像中心在屏上的位置，然后加上另一透镜，再次观察成像情况，对后一个透镜的位置高低进行调整，直至像中心仍然保持在第一次成像时的位置上。

注意　已调至共轴等高状态的透镜，在后续的调整、测量中绝对不允许再变动。

2. 物距像距法测凸透镜焦距及透镜成像规律研究

(1) 使物屏与像屏相隔一定距离，移动待测透镜，直至像屏上呈现出箭形物体的清晰像。记录物屏、像屏及透镜的位置，计算凸透镜的焦距 f'。

(2) 研究透镜成像规律，将实验数据填入表 4.2.1。

① 将物屏置于距透镜大于二倍焦距处，在像屏上看到清晰的实像时，记录物屏、透镜和像屏的位置。

② 将物屏置于距透镜二倍焦距处，在像屏上看到清晰的实像时，记录物屏、透镜和像屏的位置。

③ 将物屏置于距透镜小于二倍焦距大于一倍焦距处，在像屏上看到清晰的实像时，记录物屏、透镜和像屏的位置。

④ 求凸透镜的焦距 f' 和 $\overline{f'}$ 及其不确定度。

表 4.2.1　物距像距法测凸透镜焦距数据

次数	物屏位置	透镜位置	像屏位置	物距 s	像距 s'	焦距 f'
初测焦距						
$\|s\|>2f'$（缩小像）						
$\|s\|=2f'$（等大像）						
$f'<\|s\|<2f'$（放大像）						
平均焦距 $\overline{f'}$						

3. 两次成像法测凸透镜焦距

(1) 保持物屏与像屏间距大于 $4f'$，记录物屏和像屏位置，移动透镜，使像屏上得到清晰的放大和缩小的像，记录透镜成放大像和缩小像的位置。

(2) 计算物屏和像屏间距 l 和透镜移动的距离 d，计算透镜焦距。改变物屏和像屏间距 l，重复进行 5 次测量。

(3) 求凸透镜的焦距 f' 和 $\overline{f'}$ 及其不确定度。

将两次成像法测凸透镜焦距的实验数据填入表 4.2.2。

表 4.2.2　两次成像法测凸透镜焦距数据

次数	物屏位置	像屏位置	成放大像透镜位置	成缩小像透镜位置	l	d	焦距 f'
1							
2							
3							
4							
5							
平均焦距 $\overline{f'}$							

4. 辅助透镜法测凹透镜焦距

(1) 按图 4.2.4 所示，先用辅助凸透镜 L_1 使像屏上成清晰缩小实像，记录凸透镜成像位置。

(2) 将待测凹透镜 L 置于辅助凸透镜 L_1 与像屏之间，将像屏向后移，使像屏上重新得到清晰的像，分别记录此时像屏及凹透镜 L 的位置。改变凹透镜的位置，重复进行 5 次测量。

(3) 计算凹透镜焦距 f'（注意物距 s 应取的符号）和 $\overline{f'}$ 及其不确定度。

将辅助透镜法测凹透镜焦距的实验数据填入表 4.2.3。

表 4.2.3　辅助透镜法测凹透镜焦距数据

次数	凸透镜成像的位置	凹透镜位置	凹透镜成像位置	物距 s	像距 s'	焦距 f'
1						
2						
3						
4						
5						
平均焦距 $\overline{f'}$						

【注意事项】

(1) 光具座的标尺最小分度值为 1 mm，在读取数据时，还应估读一位。

(2) 在实验中，不要用手或手帕等物品擦透镜，要用擦镜纸或棉花擦拭。装拆透镜时注意不要打破透镜。

(3) 进行几何光学实验、验证透镜成像规律、测定透镜焦距等实验，一般不直接使用发光物体或有三维分布的立体物为物体，而以平面的有一定几何形状的开孔金属屏为物体(或用分划板、平面网格)。

(4) 人眼对成像清晰度的分辨能力不是很强，因而像屏在小范围 $\Delta s'$ 内移动时，人眼所见的像是同样清晰的，此范围为"景深"。为了减少由此引入的误差，可由近向远和由远向近移动白屏去探测像的位置，并取两位置的平均值为像的位置。

【思考题】

(1) 如果会聚透镜的焦距大于光具座的长度，试设计一个实验，在光具座上能测定它的焦距。

(2) 透镜两次成像求焦距时，要求保持物屏与像屏的相对位置不变，并使其间距 l 大于四倍焦距，则 $f'=\dfrac{l^2-d^2}{4l}$，其中 d 为透镜两次成像时位置间的距离的绝对值。试证明：为何要求 $l>4f'$？

(3) 实验中为什么用白屏作为接收像屏？可否用黑屏、平面镜、透明平玻璃等？为什么？

(4) 在自准直法中，平面镜与透镜间的距离大小对实际测量有无影响？为什么？

(5) 用辅助透镜成像测焦距时，加入凹透镜 L 后，一定有实像 A″吗？为什么？

(6) 为什么要调"共轴等高"呢？

(7) 调节"共轴等高"时，当两次成像后，放大的像的中心在缩小的像的中心的下面，如何进行调节？当两次成像后，放大的像的中心在缩小的像的中心的上面，如何进行调节？

实验 4.3　金属线膨胀系数的测定

【实验目的】

(1) 理解线膨胀系数的意义，掌握测定金属杆线膨胀系数的方法。

(2) 掌握用光杠杆测量固体微小伸长量的原理及方法。

【实验仪器】

金属线胀系数测定仪、光杠杆、米尺、望远镜、游标卡尺、水银温度计。

【实验原理】

任何物体都具有“热胀冷缩”的特性，这个特性在工程设计、精密仪表设计、材料的焊接和加工中都必须加以考虑。线胀系数是描述材料受热膨胀的一项重要参数，金属线胀系数的测定是大学物理实验中一个重要的热学实验。测量金属线胀系数的方法按加热方式分为流水加热法、水蒸气加热法、电加热法等，按测量方式分为千分表法、组合法、单色光的劈尖干涉法、光杠杆法、传感器测量法等。目前，金属线胀系数测量较为常见的方法是利用电加热待测金属杆，利用温度计在多个温度工作点下，用尺度望远镜和光杠杆测量金属杆由不同状态温差所引起的长度变化，从而得到金属杆的线胀系数。

固体加热时，体积将增大，这是一般物体所具有的“热胀冷缩”的特性，固体受热后长度的增长称为“线膨胀”，其长度 L 和温度之间的关系为

$$L=L_t(1+\alpha t+\beta t^2+\cdots) \tag{4.3.1}$$

式中：L_t 为温度 $t=0$ ℃时的长度；$\alpha,\beta,\cdots$是和被测物质有关的常数，都是很小的数值；而 β 以下各系数和 α 相比甚小，所以在常温下可以忽略。因此，式(4.3.1)可写成

$$L=L_t(1+\alpha t) \tag{4.3.2}$$

式中：α 就是通常所称的线胀系数，其物理意义为温度每升高一度时物体的伸长量与它在零度时的长度比，单位是℃$^{-1}$。

如果在温度 t_0 和 t_i 时，金属杆的长度分别为 L_0 和 L_i，则可写出

$$L_0=L_t(1+\alpha t_0) \tag{4.3.3}$$

$$L_i=L_t(1+\alpha t_i) \tag{4.3.4}$$

将式(4.3.3)代入式(4.3.4)，化简后得

$$\alpha=\frac{L_i-L_0}{L_0\left(t_i-\dfrac{L_i}{L_0}t_0\right)} \tag{4.3.5}$$

由于 L_i 与 L_0 变化微小，$L_i/L_0\approx 1$，因此式(4.3.5)可近似写成

$$\alpha=\frac{L_i-L_0}{L_0(t_i-t_0)}=\frac{\Delta L}{L_0\Delta t} \tag{4.3.6}$$

式中：ΔL 为温度由 t_0 升至 t_i 时金属棒的伸长量。

利用光杠杆和尺读望远镜测量微小长度变化量 ΔL，记下温度为 t_1，尺读望远镜中读数为 A_{m_1}，温度为 t_2 时，尺读望远镜中的读数为 A_{m_2}，则金属棒的伸长量为

$$\Delta L=\frac{|A_{m_2}-A_{m_1}|Z}{2D} \tag{4.3.7}$$

将式(4.3.7)代入式(4.3.6)得

$$\alpha=\frac{|A_{m_2}-A_{m_1}|Z}{2DL_1(t_2-t_1)} \tag{4.3.8}$$

式中：D 为镜面到米尺的距离；Z 为光杠杆后足尖到前两足尖连线间的垂直距离。

由于单人用米尺测量光杠杆镜面到标尺的距离 D 比较困难，因此可以通过尺读望远

镜与光杠杆的远距离测量原理测量，$D=50n$，其中 n 是望远镜内上、下视距丝 PQ 在标尺上的读数 P_1，Q_1 之差。

【实验内容及数据处理】

(1) 用卷尺测量金属棒在 t_1 ℃时的长度 L_1，测量 3 次，然后将被测棒慢慢放入孔中，直到被测棒的下端接触底面，上端露出筒外。

(2) 调节温度计锁紧钉使温度计下端长度为 150～200 mm。小心放入加热器的被测棒孔内。(注：非数显线胀系数测试仪需要进行此步骤的设置)

(3) 将光杠杆放在仪器的平台上，后足尖端放在金属棒的顶端上面，前两足尖置于横槽内。

(4) 调节好光杠杆及望远镜，记下初温 t_0，记录标尺的初读数 A_0。注意测量过程中不要使光杠杆和平面镜发生移动或转动。

(5) 将调压电位器放置零端，接通电源，调节电位器旋钮，使指示灯发出微弱的光亮。每当温度变化 5 ℃时，记录标尺读数 A_i。停止加热，温度每降低 5 ℃时，记录标尺读数 A'_i。将数据填入表 4.3.1。

表 4.3.1　尺读望远镜标尺读数　　　室温 $t_0=$________℃

次数	金属杆温度/℃	升温/cm		降温/cm		平均值/cm	$\Delta A_i=(\overline{A_{i+5}}-\overline{A_i})$/cm	
		A_i	读数	A'_i	读数	$\overline{A_i}=\dfrac{A_i+A'_i}{2}$		
1	t_0+5 ℃	A_1		A'_1				
2	t_0+10 ℃	A_2		A'_2				
3	t_0+15 ℃	A_3		A'_3				
4	t_0+20 ℃	A_4		A'_4				
5	t_0+25 ℃	A_5		A'_5				
6	t_0+30 ℃	A_6		A'_6			$\Delta\overline{A}$/cm	
7	t_0+35 ℃	A_7		A'_7				
8	t_0+40 ℃	A_8		A'_8				
9	t_0+45 ℃	A_9		A'_9				
10	t_0+50 ℃	A_{10}		A'_{10}				

(6) 测量 D 值，读出望远镜内上、下视距丝 PQ 在标尺上的读数 P_1 和 Q_1，计算 $D=50\times|P_1-Q_1|$。将数据填入表 4.3.2。(注：可用米尺直接测量距离 D)

(7) 将光杠杆在白纸上轻轻压出 3 个足尖痕，用游标卡尺测出其后足尖到前两足尖的连线的垂直距离 Z，将数据填入表 4.3.3。

(8) 使用逐差法计算金属的线胀系数及其不确定度。(注：本实验测定的金属杆为紫铜,它的线胀系数 $\alpha_{标}=1.72\times10^{-5}\ ℃^{-1}$)

表 4.3.2　测量 *D* 值

次　数	P_1/cm	Q_1/cm	$n=\lvert P_1-Q_1\rvert$/cm	D/cm	平均值
1					
2					
3					
4					

表 4.3.3　测量 Z, L_1 值

次　数	1	2	3	平均值
Z/mm				
L_1/mm				

【注意事项】

(1) 读数是在温度连续变化过程中进行的,读数要快而准。

(2) 做实验时,拿、放光杠杆时要小心,以免打碎光杠杆。

(3) 观察温度计读数时,可将温度计提起,看完后及时放回,否则温度会发生变化,影响准确性。温度计要轻拿轻放,小心碰坏,以防汞污染。

【思考题】

(1) 本实验的误差来源主要有哪些?

(2) 若本实验并非绝热系统,对实验结果是否有影响?

(3) 被测金属棒的端面及下支撑面若不平整对实验结果会产生怎样的影响?

实验 4.4　利用等厚干涉测透镜的曲率半径

【实验目的】

(1) 掌握用牛顿环测定透镜曲率半径的方法。

(2) 通过实验加深对等厚干涉原理的理解。

【实验仪器】

牛顿环仪、钠灯、玻璃片(连支架)、读数显微镜。

牛顿环实验仪器 MOOC

【实验原理】

牛顿环仪是由待测平凸透镜(凸面曲率半径为 200～1 000 cm)

L 和磨光的平玻璃板 A 叠合装在金属框架 B 中构成的，在平凸透镜 L 和光学平玻璃 A 之间形成了一个空气薄膜，如图 4.4.1 所示。框架边上有 3 个螺旋 H，用以调节 L 和 A 之间的接触，以改变干涉环纹的形状和位置。调节 H 时，螺旋不可旋得过紧，以免接触压力过大引起透镜弹性形变，甚至损坏透镜。

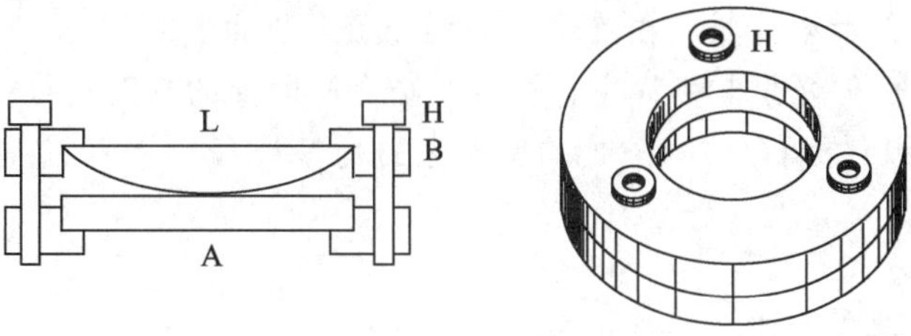

图 4.4.1　牛顿环仪示意图

若以波长为 λ 的单色平行光投射到这种装置上，由空气膜上下表面反射的光波会互相干涉，形成的干涉条纹是薄膜上各等厚点的轨迹，这种干涉是一种等厚干涉。在反射方向观察时，将看到一组以接触点为中心的明暗相间的圆环形干涉条纹，而且中心是一暗斑（见图 4.4.2a）；如果在透射方向观察，则观察到的干涉环纹与反射光的干涉环纹光强分布恰好互补，中心是亮斑，原来的亮环纹处变为暗环纹，暗环纹处变为亮环纹（见图 4.4.2b），这种干涉现象最早是由牛顿发现的，故称该装置为牛顿环，产生的干涉现象称为牛顿环干涉。

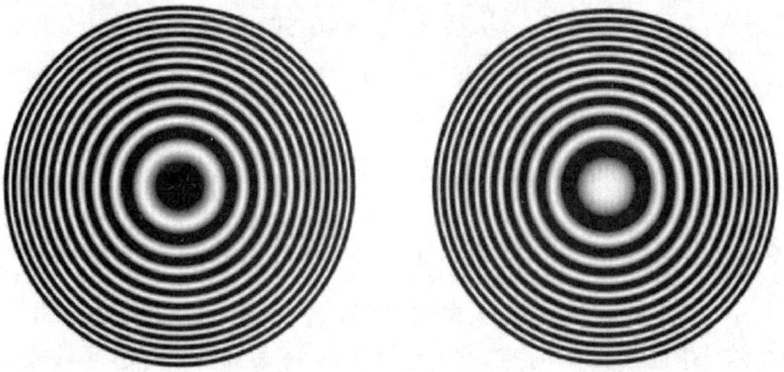

(a) 反射光形成的干涉条纹　　(b) 透射光形成的干涉条纹

图 4.4.2　牛顿环干涉条纹

干涉原理如图 4.4.3 所示，曲率半径为 R 的玻璃平凸透镜 AOA' 与光学玻璃板 BOB' 间为空气薄膜，薄膜厚度分布规律为：以触点 O 为中心、任意值 r 为半径所作的圆周上，各点的空气膜厚度 d 相等。

由几何定理 $R^2=(R-d)^2+r^2=R^2-2Rd+d^2+r^2$ 得

$$d=r^2/(2R-d)$$

因 $d \ll R$，略去 d 得

$$d \approx r^2/2R \tag{4.4.1}$$

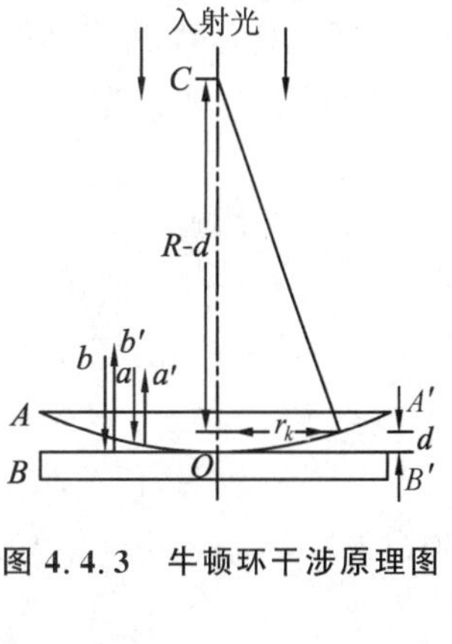

图 4.4.3　牛顿环干涉原理图

1. 光程差

曲面 AOA' 及平面 BOB' 处的反射光在空间相遇产生干涉，两反射光因空气膜的厚度产生的光程差为

$$\Delta L=2d \tag{4.4.2}$$

曲面 AOA' 处的反射光是在由光密介质到光疏介质面上的反射，不会产生半波损失；而平面 BOB' 处的反射光是在由光密介质到光疏介质面上的反射，会产生半波损失。

因此，曲面 AOA' 及平面 BOB' 处的反射光的光程差为

$$\Delta L=2d+\frac{\lambda}{2} \tag{4.4.3}$$

2. 明、暗纹产生的条件

当两光线的光程差为 $\lambda/2$ 的偶数倍时，产生亮条纹，即干涉强度极大；当光程差为 $\lambda/2$ 的奇数倍时，产生暗条纹，即干涉强度极小。

两反射光进行干涉，其干涉强度极大（亮纹）和极小（暗纹）的位置分别为

$$\begin{cases}\Delta L=m\lambda \quad & \text{即} \quad d=\dfrac{(2m-1)\lambda}{4} \\ \Delta L=\dfrac{2m+1}{2}\lambda \quad & \text{即} \quad d=\dfrac{m\lambda}{2}\end{cases} \quad m=1,2,3,4,\cdots \tag{4.4.4}$$

3. 暗环直径与平凸透镜曲率之间的关系

设第 m 级暗环纹的直径为 D_m，半径为 r_m，则由式(4.4.1)、式(4.4.3)、式(4.4.4)得

$$r_m^2=Rm\lambda$$

即

$$D_m^2=4Rm\lambda\ ,\ m=1,2,3,4,\cdots \tag{4.4.5}$$

式(4.4.5)中，m 代表干涉暗条纹的级次，若已知波长，只要测出 m 级暗条纹的直径，就可计算出透镜的曲率半径 R（或 R 已知，求出波长 λ）。

理论上，在透镜凸面与平行板的接触点 O，空气层的厚度几乎等于零，此处的光程差仅等于 $\lambda/2$，所以在反射光中看到的 O 点应是暗的。实际上，在凸透镜和平面玻璃板之间难免存在细微尘埃，并且在接触时难免发生弹性形变，因而接触处不可能是一个几何点，而是一个圆面，所以近圆心处环纹比较模糊和粗阔，以至难以判定干涉条纹的干涉级数 m，即干涉条纹的级数测量值与实际干涉条纹的级数不一致。这样，如果只测量一个条纹的半径，计算结果必然有较大的误差。为了减少误差，提高测量精度，必须测量距中心较远的、比较清晰的第 m_1 个和第 m_2 个暗环纹的直径（m_1，m_2 为暗环纹序数，不一定是干涉级数），式(4.4.5)修正为

$$D_m^2=4(m+j)R\lambda \tag{4.4.6}$$

式中，m 为环纹序数，$(m+j)$ 为干涉级数（j 为干涉级修正值），于是

$$D_{m_2}^2-D_{m_1}^2=4[(m_2+j)-(m_1+j)]R\lambda=4(m_2-m_1)R\lambda \tag{4.4.7}$$

$$R=\frac{D_{m_2}^2-D_{m_1}^2}{4(m_2-m_1)\lambda} \tag{4.4.8}$$

式(4.4.8)表明，任意两个环纹的直径平方差与干涉级及环纹序数无关，只与两个环纹的序数之差(m_2-m_1)有关。已知波长 $\lambda=589.3$ nm（钠黄光），只要测出任一组 D_{m_1} 和

D_{m_2}，就可计算出透镜的曲率半径 R，在多次测量中保持两个环纹的序数之差（$m_2 - m_1$）为定值，则任一组对应的（$D_{m_2}^2 - D_{m_1}^2$）为定值（用于判断实验数据是否准确）。

【实验内容及数据处理】

1. 调整测量装置

（1）借助室内灯光，用眼睛直接观察牛顿环仪，调节框上的螺钉 H，使平凸透镜与平玻璃板的接触点位于透镜中心，牛顿环呈圆形。注意螺钉不能拧得过紧，以免损伤透镜表面。

（2）转动螺旋测微鼓轮，使读数显微镜筒位于主尺的中间部位（位于 20～30 mm），避免损伤读数鼓轮。

（3）将牛顿环放置在读数显微镜的载物台上，显微镜筒的正下方。

（4）仪器按图 4.4.4 所示装置好，钠灯照射玻璃片 G，调节玻璃片 G 的倾斜角度，水平方向平行光变为竖直方向的平行光，垂直照射到牛顿环仪中心。此时，在显微镜视场中能观察到黄色明亮均匀的视场。

（5）调节读数显微镜筒 M 的目镜，使目镜中看到的叉丝最为清晰。

（6）把读数显微镜筒降到最低，但不能接触牛顿环，然后从下向上移动显微镜筒对干涉条纹进行调焦，使看到的环纹尽可能清晰。

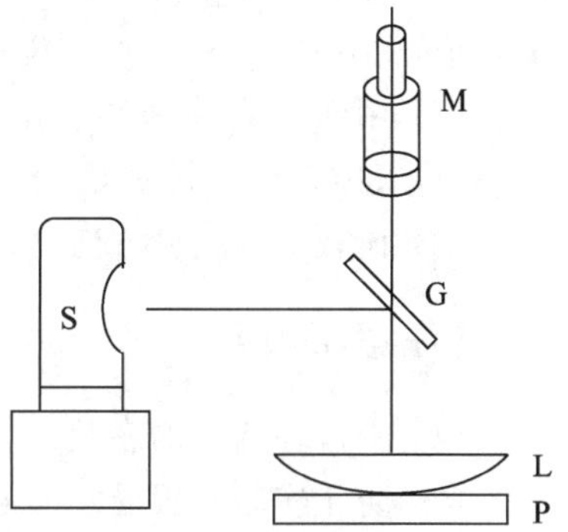

图 4.4.4　牛顿环干涉实验装置

（7）移动牛顿环仪，使目镜中的“十”字叉丝与牛顿环条纹中心大致重合。当条纹中心向某方偏离，就将牛顿环仪向同方向移动。例如，若条纹中心位于目镜视场的左上方，则将载物台上的牛顿环仪向左上方稍稍移动即可。

（8）调节目镜竖直叉丝，使之与显微镜移动方向垂直。

2. 测量干涉暗环的直径

测量时由于中心附近比较模糊，一般取 $m \geqslant 3$，至于（$m_2 - m_1$）取多大，可根据所观察的牛顿环级数来定。但是从减小测量误差考虑，（$m_2 - m_1$）不宜太小。

从第 $m_1 = 3$ 暗环到第 $m_2 = 12$ 暗环，测出各环直径两端的位置 x_{m_i}，x'_{m_i}，要从最外侧的位置 x_{m_2} 开始连续测量到 x_{m_1}，再继续由 x'_{m_1} 开始连续测量到 x'_{m_2} 为止（见图 4.4.5），测量时应避免回程误差。数据填入表 4.4.1。

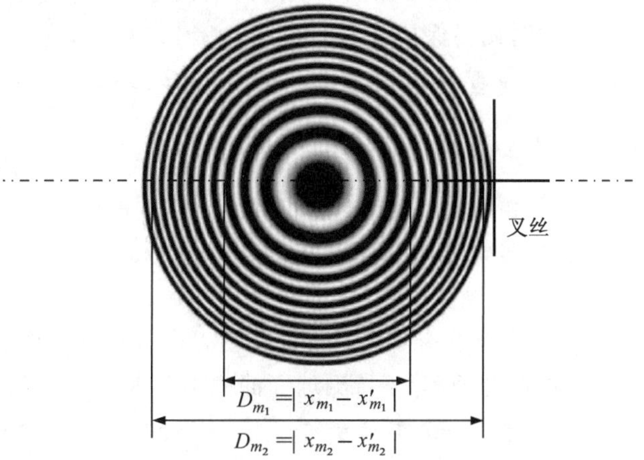

图 4.4.5　暗环直径的测量

表 4.4.1 牛顿环干涉数据($m_2-m_1=5$)

环数 m_2	读数/mm		直径/mm	环数 m_1	读数/mm		直径/mm	$D_{m_2}^2-D_{m_1}^2$
	左	右	D_{m_2}		左	右	D_{m_1}	
12				7				
11				6				
10				5				
9				4				
8				3				

3. 数据计算及分析

(1) 计算各环的直径 $D_{m_i}=|x_{m_i}-x'_{m_i}|$,$m_2-m_1=5$,计算 $D_{m_2}^2-D_{m_1}^2$,求 $D_{m_2}^2-D_{m_1}^2$ 的平均值,由式(4.4.8)计算透镜曲率半径 R。

(2) 用作图法处理实验数据:计算 D_m^2,作 D_m^2-m 的关系曲线(直线公式:$D_m^2=4Rm\lambda$),求出直线的斜率 $k=4R\lambda$,即可算出透镜曲率半径 R。

(3) 比较上述两种方法计算的结果,并进行分析。

【注意事项】

(1) 干涉环两侧的序数不要数错。

(2) 防止实验装置受震引起干涉环的变化。

(3) 防止读数显微镜的"回程误差",第一个测量值就要注意此问题;还应注意对读数显微镜的"零值误差"的修正。

(4) 平凸透镜 L 及平板玻璃 P 的表面加工不均匀是此实验重要的误差来源,为此应测大小不等的多个干涉环的直径去计算 R,可得平均的效果。

(5) 实验时,读数显微镜的叉丝最好调节成其中一根叉丝与显微镜的移动方向相垂直,移动时始终保持这根叉丝与干涉环纹相切,这样便于观察测量,并注意叉丝与干涉环纹相切的位置(与干涉环纹左侧相切、中心相切或右侧相切),应选定一个统一的位置。

【思考题】

(1) 如果被测透镜是平凹透镜,能否应用本实验方法测定其凹面的曲率半径?试说明理由并推导相应的计算公式。

(2) 实验为何用扩展光源代替平行光源?平行光源对实验结果是否有影响?

(3) 本实验有哪些系统误差?怎样减小这些误差?若牛顿环仪平面玻璃系曲率半径为 R_2 的凸球面(等于待测球面曲率半径 R_1 的 10 倍),试分析说明对计算公式的修正。

(4) 设计一个实验方案。用扩束后的激光照射在平凸透镜上,由透镜两表面的反射形成的非定域干涉环纹,测定凸球面的曲率半径。

(5) 试证明:$r_m^2=Rm\lambda$。

(6) 如果测量的不是干涉环半径,而是干涉环的半弦,对实验是否有影响?为什么?

实验 4.5　生物、医学显微镜的使用

【实验目的】

(1) 了解生物、医学显微镜的基本结构，掌握使用方法。
(2) 学会用显微镜的测微目镜测定微小长度。

【实验仪器】

显微镜、测微目镜、血球计数板、光栅、物镜微尺。

【实验原理】

1. 显微镜放大原理

显微镜广泛用于生物、医学等研究微观现象的科学领域。通常由一组会聚透镜组成，如图 4.5.1 所示，L_O 为物镜，L_E 为目镜。被观察的物体 PQ 放在 L_O 的焦点 F_O 稍外，所成的实像 $P'Q'$ 刚好位于 L_E 的焦点 F_E 稍内，经 L_E 成一放大虚像 $P''Q''$，位于明视距离处(眼前 25 cm)。

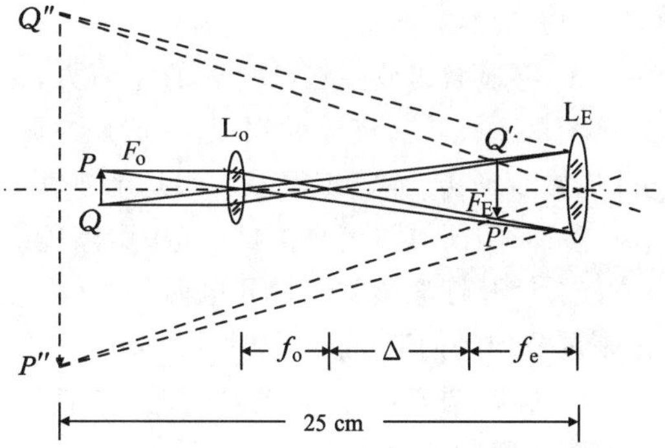

图 4.5.1　显微镜放大原理图

显微镜的放大率 M 为物镜线放大率 $m_O=\frac{P'Q'}{PQ}$ 与目镜角放大率 $m_E=\frac{25}{f_e}$ 的乘积，即

$$M=\frac{P'Q'}{PQ}\times\frac{25}{f_e} \tag{4.5.1}$$

因为物体是放在靠近物镜焦点来观察的，所以 $\frac{P'Q'}{PQ}=\frac{f_o+\Delta}{f_o}\approx\frac{\Delta}{f_o}(\Delta\gg f_o)$，$s$ 是物体在物镜的像距。(4.5.1)式可写成

$$M=\frac{P'Q'}{PQ}\times\frac{25}{f_e}=\frac{25\Delta}{f_o f_e} \tag{4.5.2}$$

式(4.5.2)中 Δ 可看作常数，因此放大率与所用的物镜的焦距成反比。显微镜都有放大倍数不同的物镜和目镜，适当配合使用可获得需要的放大率。

2. 生物显微镜的构造原理与使用

显微镜的种类很多，实验中常用的是生物显微镜。BM1000 生物显微镜的构造和外形如图 4.5.2 所示。

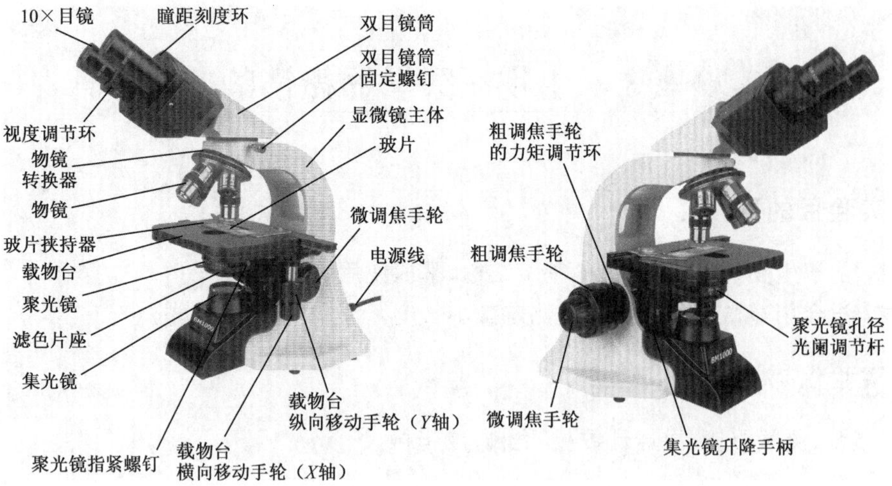

图 4.5.2　BM1000 生物显微镜结构

1）显微镜操作

（1）观察前准备。

① 将显微镜放在自己身体的左前方，镜座距实验台边沿约 10 cm，右侧可放记录本或绘图纸。镜检者姿势要端正，一般用左眼观察，右眼便于绘图或记录，两眼必须同时睁开，以减少疲劳，亦可练习左右眼均能观察。

② 使用前应将镜身擦拭一遍，用擦镜纸将镜头擦净（切不可用手指擦抹）。

③ 打开灯泡照明。打开电源开关（将开关拨至"—"侧），灯泡就会发亮。旋转亮度旋钮来调节现场的明亮度（顺时针旋转亮度增强，反之亮度减弱）。

④ 瞳距调节：通过目镜观察时，调节双目镜筒转座直到左右视场完全吻合。指示点"·"表示瞳距的大小。

（2）观察标本。

① 将标本载玻片放置在载物台上，用标本夹夹住，移动推动器，使被观察的标本处在物镜正下方。

② 物镜聚焦：观察标本时，要先用低倍（10×或 4×）镜聚焦目标，然后再用较高倍物镜观察。高、低倍镜转换是通过旋转转换器，将 10×或 4×物镜移至光路（当旋转到位时，物镜转换器会自动定位）。

③ 通过目镜进行观察，慢慢旋转粗调焦手轮，降低载物台，当标本像出现时停止旋转。

④ 改用细调节轮，上下微微转动，直至视野内获得清晰的物像。然后认真观察标本各部位，确定并将需进一步观察的位置移视野中央。

⑤ 调节物像的亮度。在调节标本焦距的同时需用电流调节旋钮、聚光镜和光阑调节光源的亮度，使物像的清晰度达到最佳状态。

注意　不要同时沿相反方向旋转左右调焦手轮，当载物台已经到达移动的极限位置，请不要继续旋转粗调焦手轮，这些操作都会导致故障。

（3）目镜屈光度调节。

根据左右眼的视度来调节视度调节环，以实现齐焦功能。

① 将物镜移至光路，转动粗、微调焦手轮对标本聚焦。

② 左眼通过左目镜，通过转动左目镜上的视度调节环而不是粗、微调焦手轮，对标本聚焦。

③ 重复以上步骤，达到左右眼同时看清图像。

(4) 聚光镜垂直位置调节。

利用聚光镜升降手柄将其调至上端极限处，然后稍微往下降低一点，如果在视场背景中发现散射图像，可将聚光镜上下微微调节，使其现象消失。

(5) 调节孔径光阑。

根据所选物镜调节孔径光阑，将聚光镜孔径光阑调节杆拨至光路中的物镜倍率相同的数字。通过转动孔径光阑调节杆改变孔径光阑大小。如果孔径光阑缩小，亮度和分辨率将会降低，而反差和景深则会增加；相反，如果开大孔径光阑，亮度和分辨率将会增加，而反差和景深则会降低。

2) 显微镜的操作注意事项

显微镜是精密光学仪器，要注意保养维护，使用时应严格遵守操作规程和使用方法，特别是使用高倍物镜时，由于物镜视场小而暗、工作距离短，因此调节较为困难，必须细心操作。例如 100×物镜，工作距离只有 0.2 mm 左右，调焦稍不注意，物镜就可能与被观察物接触而受挤压，造成损坏。

操作注意事项：

(1) 要使用高倍物镜时，先用低倍物镜进行调节。

(2) 观察完一个标本后，如果想要再观察另一标本，需先将高倍物镜(或油镜)转回到低倍物镜，取出标本，千万不可在高倍物镜下换片，以防损坏镜头。

(3) 观察结束将各部分还原，降下聚光镜，再将载物台下降至最低，用柔软纱布清洁载物台等机械部分，拔掉电源，最后用防尘罩将显微镜罩上。

3) 血球计数板

血球计数板是一块长方形玻璃板，中部有上下两个刻度平台(见图 4.5.3a)，每个平台分划为 9 个边长为 1 mm 的大方格，中心一个大方格被双线等分为 25 个中方格，每个中方格再等分为 16 个小方格(见图 4.5.3b)，因此最小方格边长为 0.05 mm。

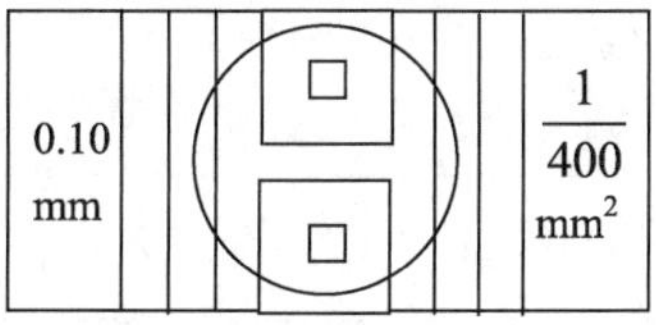

(a) 血球计数板正面图

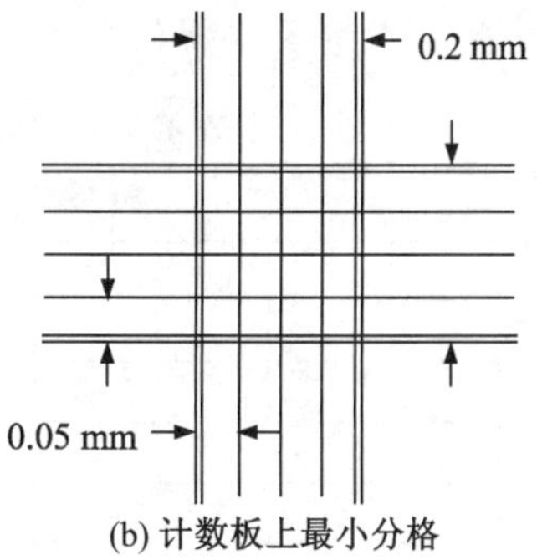

(b) 计数板上最小分格

图 4.5.3　血球计数板

4）物镜微尺和光栅

物镜微尺如图 4.5.4 所示，在玻璃片黑圈内有一总长为 2 mm 的微尺，最小分格为 0.01 mm。若无物镜微尺，也可用 0.05 mm 的血球计数板代替，将其作为标准长度，但测量精度较低。

光栅如图 4.5.5 所示，是衍射实验的重要元件，它由许多平行的等宽度、等间距的狭缝组成，两相邻狭缝的中心距离称为光栅常数，常用 d 表示。

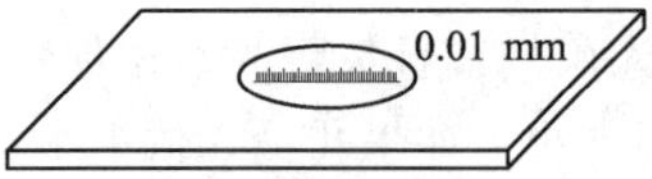

图 4.5.4　物镜微尺

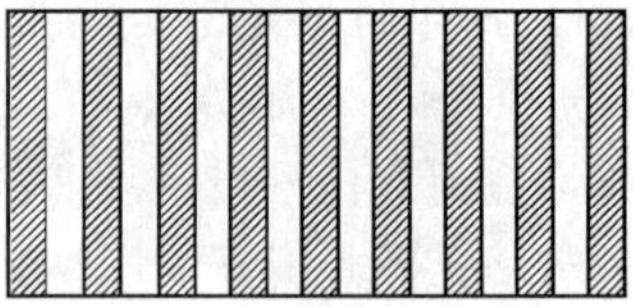

图 4.5.5　光栅

【实验内容及数据处理】

根据第三章第一节中“测微目镜”的内容，熟悉测微目镜使用和读数方法。

1. 测量显微镜物镜放大率

由于测微目镜只能读取 $P'Q'$ 的长度值，要测量 PQ，必须借助微尺测出物镜放大率的实际值 $m_o=\dfrac{P'Q'}{PQ}$。

（1）调节反光镜（或光源），使目镜中视场清晰明亮。

（2）将微尺所在的玻璃面向下，小心地放在镜台上，并用压簧片固定好。调节镜台上的微尺位置，先用低倍物镜（5×）调焦，找到黑圈内的微尺像，再用高倍物镜（10×）调焦，使位于正中央视场中的微尺像清晰，刻度竖直。

（3）取下显微镜的目镜，换上测微目镜，调焦使微尺像清晰，转动测微目镜，使十字叉丝竖线平行于微尺刻度，旋转测微目镜鼓轮，使叉丝竖线与某刻度（第 0 条刻度线）重合，记下测微目镜读数 a_1，填入表 4.5.1。

（4）同方向转动测微目镜鼓轮，使叉丝竖线在微尺刻度线上移动到与第 n 条刻度线重合为止，记下测微目镜读数 a_2，填入表 4.5.1。

（5）重复测 5 次，计算物镜放大率 m_o，填入表 4.5.1。

表 4.5.1　测定显微镜物镜放大率 m_o

$n=$______

项目 / 次数	a_1	a_2	$PQ=n\times 0.01$	$P'Q'=\lvert a_1-a_2\rvert$	m_o
1					
2					
3					
4					
5					
平　均　值					

2. 测量光栅常数、血球计数板最小分格边长

1）测量光栅常数(非医学专业做)

(1) 取下微尺放入盒中，换上光栅。仔细调焦(适当调节视场光强，使光栅刻线对比度最佳)，观察到清晰的光栅刻线；旋转测微目镜筒，使叉丝竖线与刻线平行。

(2) 同方向转动测微目镜鼓轮，使叉丝竖线与光栅刻线(第0条刻度线)重合，记下测微目镜读数 b_1；使叉丝竖线在光栅刻线上移动到与第 n 条刻线重合为止，记下测微目镜读数 b_2，填入表4.5.2。

(3) 重复测量5次，计算光栅常数 d 并将数据填入表4.5.2。

表4.5.2　测定光栅常数 d

$n=$________

次数＼项目	b_1	b_2	$P'Q'=\|b_1-b_2\|$	$PQ=P'Q'/m_o$	$d=PQ/n$
1					
2					
3					
4					
5					
平　均　值					

2）测定血球计数板最小分格边长(医学专业做)

取下微尺放入盒中，将计数板换上。用 $m_o=10$ 的物镜(10×)观察计数板，仔细调焦，找到小方格清晰的像(须适当减弱视场光强，以增加刻线对比度)。同方向旋转测微目镜鼓轮，使叉丝竖线与单线边长重合，测出最小两格所成像 $P'Q'$ 的初值 b_3 和终值 b_4，重复测量5次，求出计数板最小格边长的平均值 l，将所有数据填入表4.5.3。

表4.5.3　测定血球计数板最小分格边长 l

$n=$________

次数＼项目	b_3	b_4	$P'Q'=\|b_3-b_4\|/2$
1			
2			
3			
4			
5			
平　均　值			

【注意事项】

(1) 显微镜必须用双手轻拿轻放，不可倒置。光学组件避免与污物接触。

(2) 调焦时，先使物镜与标本距离较近，然后再调节使物镜与标本距离逐渐增大。切忌观察的同时目镜向下移动，以免损坏镜头和载玻片。

(3) 使用物镜必须按放大倍数由低到高的顺序。换镜头要注意它们的长短差别，以免损坏物镜和载玻片。

【思考题】

(1) 显微镜测量微小长度时，用测微目镜测定石英标准尺 m 个分格的数值为 Δx，为什么它和石英标准尺相应分格的实际值 Δx_0 之比不等于物镜的放大率？

(2) 用生物显微镜进行测量时应注意哪些问题？

实验 4.6　用双光栅测量微弱振动位移量

【实验目的】

(1) 了解利用光的多普勒频移形成光拍的原理，并用于测量光拍拍频。

(2) 学会用双光栅微弱振动测量仪测量音叉振动的微振幅。

(3) 掌握用光拍拍频精确测量微弱振动位移的方法。

【实验仪器】

双光栅综合实验仪调节部件如图 4.6.1 所示。

纵向移动调节手轮可调节使静光栅前后移动，横向移动调节手轮可调节使左右移动，游标尺读出静光栅的位置。静光栅由两组光栅组成，左边的光栅规格为 30 条/mm，右边的光栅规格为 100 条/mm，测量微弱振动位移量使用的是 100 条/mm 的光栅，测量 Talbot 长度使用的是 30 条/mm 的光栅。蜂鸣器接上交流电源后，形成交变磁场吸动音叉，带动动光栅一起振动。

实验所需信号发生器、频率计等已集成于一只电器箱内，另需外配一台普通的双踪或单踪示波器。

电器箱上 Y_1 拍频信号，Y_2 音叉驱动信号，X 为示波器提供“外触发”扫描信号，可使示波器上的波形稳定。

主要技术指标如下：

测量精度	5 μm，分辨率 1 μm
激光器	λ=635 mm，0～3 mW
信号发生器	100～1000 Hz，0.1 Hz 微调，0～500 mW 输出
频率计	1～999.9 Hz，±0.1 Hz
音叉	谐振频率 500 Hz
光栅规格	100 条/mm

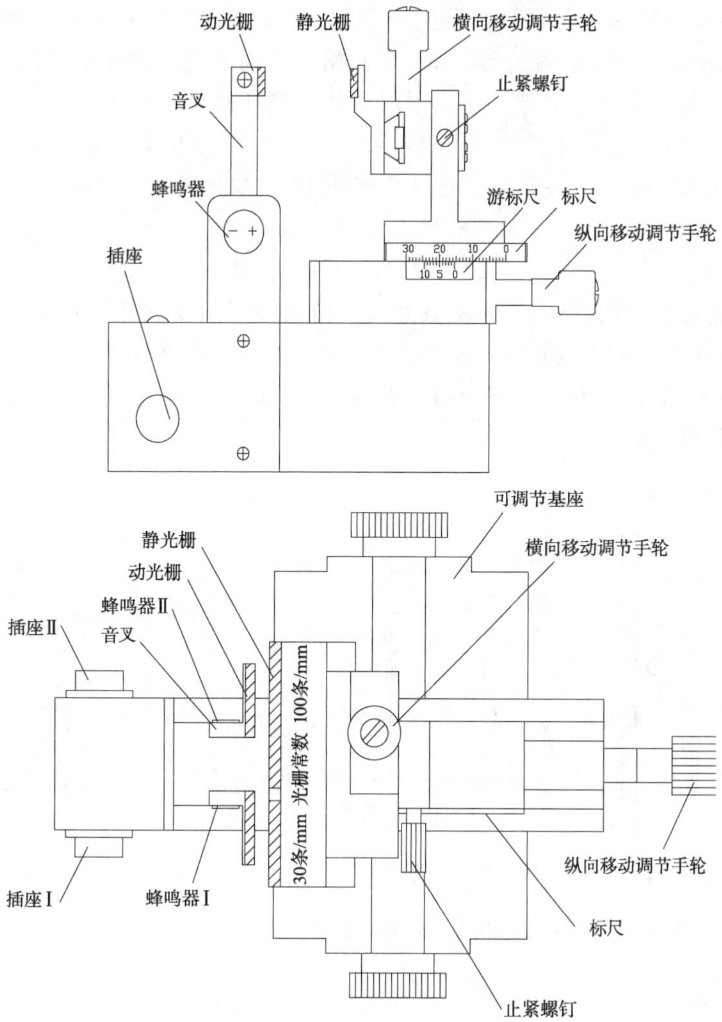

图 4.6.1　VM05 双光栅综合实验仪调节部件侧视图和俯视图

【实验原理】

精密测量在自动化控制的领域里一直扮演着重要的角色,其中光电测量是一种把机械位移信号转化为光电信号的手段,由于其具有较好的精密性与准确性,加上轻巧、无噪音等优点,因此常被用于测量。例如,光栅式位移测量技术,在长度与角度的数字化测量、运动比较测量、数控机床、应力分析等领域都得到了广泛应用。

多普勒频移物理特性的应用也非常广泛,如医学上的超声波诊断仪、测量不同深度的海水层的流速和方向、卫星导航定位系统、音乐中乐器的调音等。将光栅衍射原理、多普勒频移原理以及"光拍"测量技术等多学科结合在一起制作的双光栅微弱振动测量仪,在力学项目中可用作音叉振动分析、微振幅(位移)测量和光拍研究等。

1. 多普勒频移

多普勒效应是指光源、接收器、传播介质或中间反射器之间的相对运动所引起的接收器接收到的光波频率与光源频率发生的变化，由此产生的频率变化称为多普勒频移。当激光平面波垂直入射到位相光栅时，位相光栅上不同的光密和光疏媒质部分对光波的位相延迟作用，使入射的平面波变成出射时的摺曲波阵面，如图4.6.2所示。

由于光栅上每条缝自身的衍射作用以及缝和缝之间的干涉作用，通过光栅后光的强度会呈现周期性的变化。在远场，可以用光栅衍射方程来表示衍射光线的主极大位置，即

$$d\sin\theta=\pm k\lambda,\quad k=0,1,2,\cdots \tag{4.6.1}$$

式中：d 为光栅常数整数；整数 k 为主极大级数；θ 为衍射角；λ 为光波波长。

如果光栅在 y 方向以速度 v 移动，则从光栅出射的光的波阵面也以速度 v 在 y 方向移动。因此在不同时刻，对应于同一级的衍射光线，它的波阵面上发射点在 y 方向也有一个 vt 的位移量，如图 4.6.3 所示。

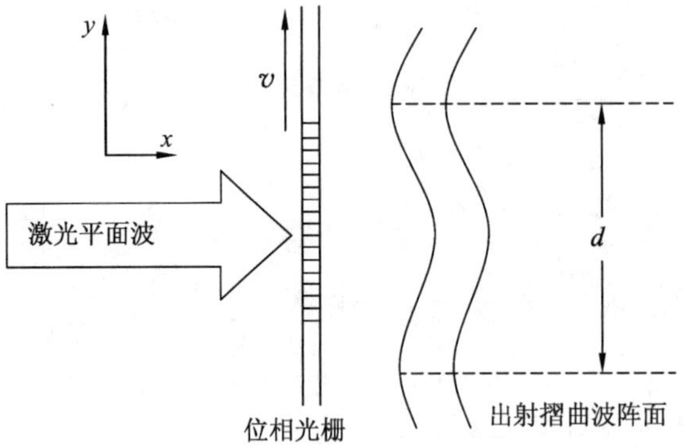

图 4.6.2　出射的摺曲波

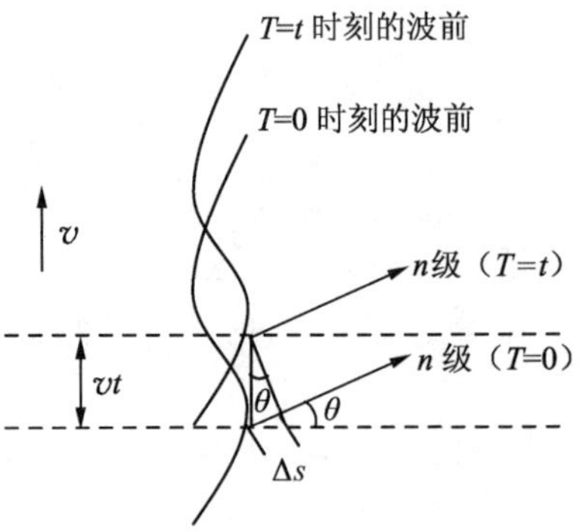

图 4.6.3　衍射光线在 y 方向的位移

这个位移量对应于出射光波相位的变化量为

$$\Delta\varphi(t)=\frac{2\pi}{\lambda}\Delta s=\frac{2\pi}{\lambda}vt\sin\theta \tag{4.6.2}$$

将式(4.6.1)代入式(4.6.2)得

$$\Delta\varphi(t)=\frac{2\pi}{\lambda}vt\,\frac{k\lambda}{d}=2k\pi\,\frac{v}{d}t=k\omega_d t \tag{4.6.3}$$

式中，$\omega_d=2\pi\,\dfrac{v}{d}$。

当激光从一静止的光栅出射时，光波的电矢量方程为 $E=E_0\cos\omega_0 t$，则光从相应的移动光栅出射时，光波的电矢量方程为

$$E=E_0\cos[\omega_0 t+\Delta\varphi(t)]=E_0\cos[(\omega_0+k\omega_d)t] \tag{4.6.4}$$

可见，移动位相光栅的 k 级衍射光波，相对于静止的位相光栅有一个 $\omega_k=\omega_0+k\omega_d\,(k=0,\pm1,\pm2,\cdots)$ 的多普勒频移，如图 4.6.4 所示。

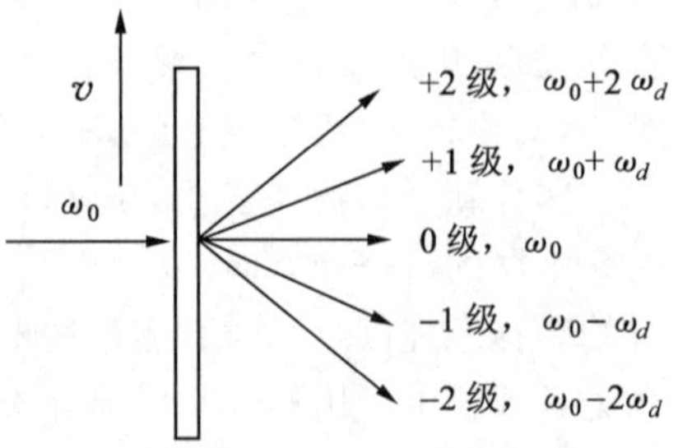

图 4.6.4　光栅多普勒频移

2. 光拍的获得与检测

光的频率非常高，为了要从光频 ω_0 中检测出多普勒频移量，必须采用“拍”的方法，即把已频移的和未频移的光束互相平行叠加，形成光拍。本实验形成光拍的方法是将两片完全相同的位相光栅平行紧贴，其中一片 B 静止不动（固定在底座上），另一片 A 相对 B 移动（固定在音叉上随音叉振动而上下运动）。激光通过双光栅后各自形成的衍射光波在光栅后还要相互叠加，在远场为两种以上平行光束的叠加，其形成的第 k 级衍射光波的多普勒频移如图 4.6.5 所示。

以速度 v_A 移动的光栅 A 起频移作用，而静止不动的光栅 B 起衍射作用，故通过双光栅后出射的衍射光包含了两种以上不同频率而又平行的光束，由于双光栅紧贴，激光束具有一定宽度，故该光束能平行叠加，这样就直接而又简单地形成了光拍，信号如图 4.6.6b 所示。

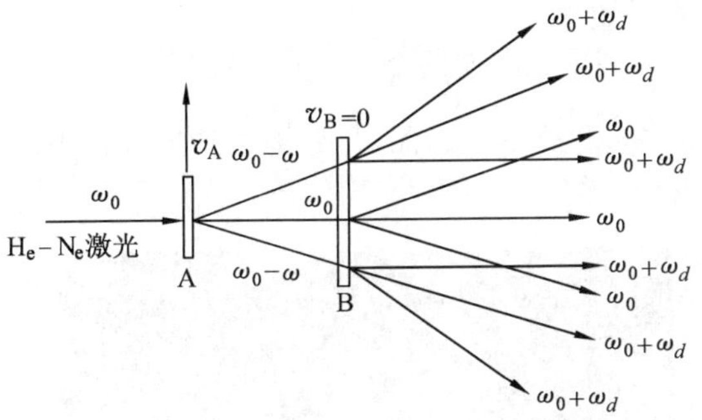

图 4.6.5　第 k 级衍射光波的多普勒频移

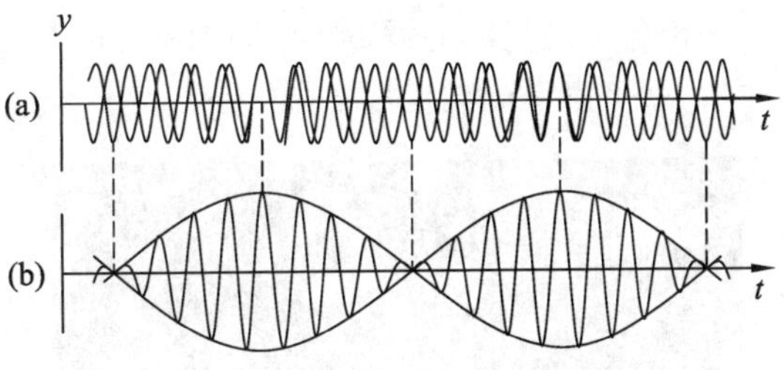

图 4.6.6　频差较小的两列光波叠加形成“拍”

该光拍信号进入光电检测器后，由于检测器的平方律检波性质，其输出光电流可由下述关系求得：

设光束 1 的电矢量为

$$E_1=E_{10}\cos(\omega_0 t+\varphi_1)$$

光束 2 的电矢量为

$$E_2=E_{20}\cos[(\omega_0+\omega_d)t+\varphi_2]$$

则光电流

$$I=\xi\,(E_1+E_2)^2$$

$$=\xi\begin{cases}E_{10}^2\cos^2(\omega_0 t+\varphi_1)\\+E_{20}^2\cos^2(\omega_0+\omega_d)t+\varphi_2\\+E_{10}E_{20}\cos[(\omega_0+\omega_d-\omega_0)t+(\varphi_2-\varphi_1)]\\+E_{10}E_{20}\cos[(\omega_0+\omega_0+\omega_d)t+(\varphi_2+\varphi_1)]\end{cases}\tag{4.6.5}$$

式中：ξ 为光电转换常数。

因为光波频率 ω_0 非常高，光电检测器无法检测。对于式(4.6.5)中的第一、二、四项，光电检测器所产生的光电流只能是在其响应时间内的时间平均值。第三项是拍频信号，因频率较低，光电检测器能够检测。其光电流为

$$i_s = \xi\{E_{10}E_{20}\cos[(\omega_0+\omega_d-\omega_0)t+(\varphi_2-\varphi_1)]\}$$
$$=\xi\{E_{10}E_{20}\cos[\omega_d t+(\varphi_2-\varphi_1)]\}$$

检测到的光拍频率为

$$F_{拍}=\frac{\omega_d}{2\pi}=\frac{v_A}{d}=v_A n_\theta \tag{4.6.6}$$

式中：n_θ 为光栅密度，本实验 $n_\theta=1/d=100$ 条/mm。

3. 微振幅的测量

从式(4.6.6)可知，$F_{拍}$与光频率 ω_0 无关，且当光栅密度 n_θ 为常数时，$F_{拍}$只与光栅移动速度 v_A 成正比。如果把光栅粘在音叉上，则 v_A 会呈周期性变化。所以光拍信号频率 $F_{拍}$也随时间变化，音叉微弱振动的振幅在一个周期内的平均值为

$$A=\frac{1}{2}\int_0^{\frac{T}{2}}v_A(t)\mathrm{d}t=\frac{1}{2}\int_0^{\frac{T}{2}}\frac{F_{拍}(t)}{n_\theta}\mathrm{d}t=\frac{1}{2n_\theta}\int_0^{\frac{T}{2}}F_{拍}(t)\mathrm{d}t \tag{4.6.7}$$

式中：T 为音叉振动周期；$\int_0^{\frac{T}{2}}F_{拍}(t)\mathrm{d}t$ 表示在$\frac{T}{2}$时间内拍频波的个数，即示波器荧光屏上一个包络里显示的波形个数，如图 4.6.7 和图 4.6.8 所示。因此，只要测得拍频波的波数，就可以得到微振振幅(微小位移)。

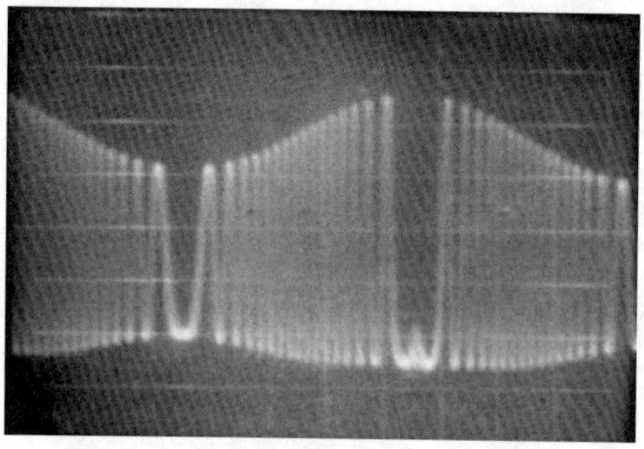

图 4.6.7 单踪示波器显示的拍频波

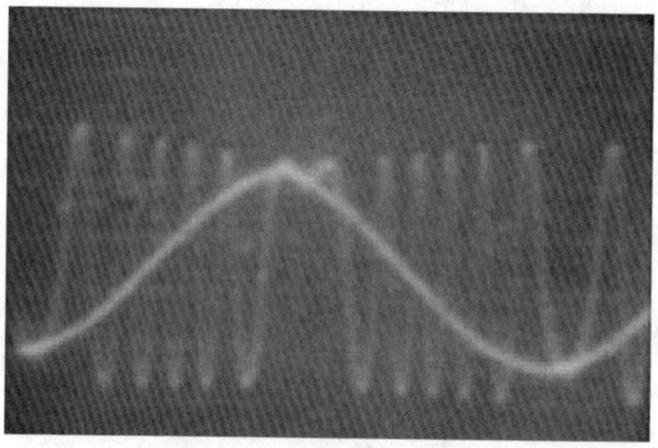

图 4.6.8 双踪示波器显示的拍频波和音叉驱动波

拍频波的波形数由完整波形数、波的首数、波的尾数三部分组成，对于屏上显示的不足一个完整波形的首数及尾数，需在波群的两端按反正弦函数折算为波形的分数部分，总波形数为

$$\begin{aligned}波形数\ N=&整数波形数\\&+波的首数和尾数中满\frac{1}{4},\frac{1}{2}或\frac{3}{4}个波形分数部分\\&+\frac{\arcsin a}{360^\circ}+\frac{\arcsin b}{360^\circ}\end{aligned} \tag{4.6.8}$$

式中，a，b 为波群的首尾两端不足一个完整波形部分的幅度和该位置处完整波形的振幅之比(波群指$\frac{T}{2}$内的波形，分数波形数包括满$\frac{1}{2}$个波形为 0.5，满$\frac{1}{4}$个波形为 0.25)。

例如：如图 4.6.9 所示，在$\frac{T}{2}$内，整数波形数为 4，尾数分数部分已满$\frac{1}{4}$波形，$b=\frac{h}{H}=\frac{0.6}{1}=0.6$，所以波形数

$$N=4+0.25+\frac{\sin^{-1}0.6}{360^\circ}$$

$$=4.25+\frac{36.8^\circ}{360^\circ}=4.25+0.10=4.35$$

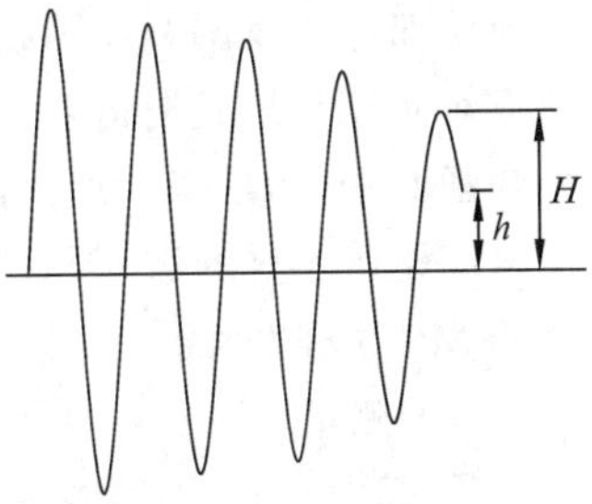

图 4.6.9　计算波形数

【实验内容及数据处理】

(1) 仪器放置。将半导体激光器、双光栅综合实验仪调节部件、光电池按图 4.6.10 所示位置放置，其中各部件在光具座导轨上相互之间的间距约为 15 cm。

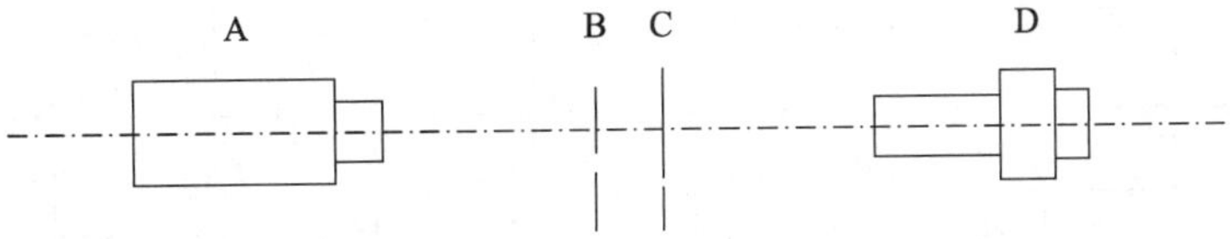

A—光电池；B—动光栅（粘在音叉上）；C—静光栅（100 条/mm）；D—半导体激光器

图 4.6.10　光路示意图

(2) 仪器连接。将光电池及蜂鸣器Ⅰ分别连接至电器箱上对应的连接标志处（注意：光电池和蜂鸣器Ⅱ不可以同时连接上），双踪示波器的 Y_1，Y_2，X 外触发输入端接至双光栅综合实验仪电器箱上的 Y_1，Y_2（音叉激振信号，使用单踪示波器时此信号空置）、X（音叉激振驱动信号整形成方波，作示波器“外触发”信号）的输出插座上，示波器的触发方式置于“外触发”；Y_1 的 V/格置于 0.1～0.5 V/格；“时基”置于 0.2 ms/格，开启各自的电源。

(3) 仪器操作：

① 几何光路调整。微调半导体激光器，让光束从动光栅架（此实验所用光栅规格为 100 条/mm）的孔中心通过。小心调节光电池架 M6 立杆上下升降，让某一级衍射光正好落入光电池前的小孔内。锁紧激光器与光电池。

② 双光栅调整。静光栅尽可能与动光栅接近（不可相碰，防止插伤光栅！），用一屏放于光电池架处，务必仔细观察二个光束是否重合，如不重合，可用一把一字起松开“静光栅架”的止紧螺钉，微旋转松开调节，直至两光束重合。去掉观察屏，轻轻敲击音叉，在示波器上应看到拍频波。注意：如看不到拍频波，将激光器的功率减小一些试试。在半导体激光器的电源盒上有一只电位器，转动电位器即可调节激光器的功率。过大的激光器功率照射在光电池上将使光电池“饱和”而看似无信号输出。

③ 音叉谐振调节。调节“频率”旋钮（音叉座上所贴标贴频率附近），使音叉谐振。调节时用手轻轻地按音叉顶部，找出调节方向。如音叉谐振太强烈，将“功率”旋钮顺或逆时钟方向调节试试，直到示波器上看到的 $T/2$ 内光拍得波数为 8～15 个为止。

④ 波形调节。光路粗调完成后，就可以看到一些拍频波，但欲获得光滑细腻的波形，

还须仔细地反复调节。稍稍松动静光栅架的止紧螺钉，试着微微转动光栅架，改善动光栅衍射光斑与静光栅衍射光斑的重合度，看看波形有否改善；在两光栅产生的衍射光斑重合区域中，不是每一点都能产生拍频波，所以光斑正中心对准光电池上的小孔时，并不一定都能产生好的波形，有时光斑的边缘即能产生好的波形，可以微调光电池架或激光器的 M6 立杆升降。

(4) 测量：

① 固定"功率"旋钮，调节"频率"，读出不同频率 f(Hz)时 $T/2$ 内的波数，不足一个完整波形的，算出它的分数部分，填入表 4.6.1。

表 4.6.1 测量音叉共振频率

频率										
波数										
频率										
波数										
频率										
波数										

其中一个波数的振幅由式(4.6.7)可以算出为 1/200 mm，即 5 μm。

② 参考图 4.6.11(图中音叉的共振频率约为 422 Hz)，画出频率—振幅曲线。根据实际图形，求出本实验中音叉的共振频率。

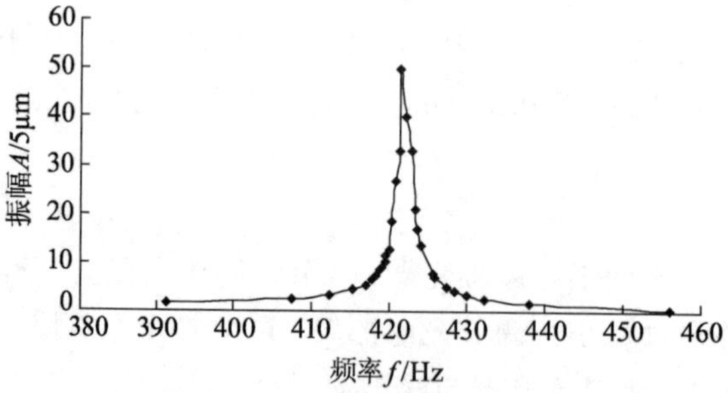

图 4.6.11 某音叉的频率—振幅曲线

(5)改变音叉的有效质量，研究谐振曲线的变化趋势，并说明原因。(改变质量可用橡皮泥或在音叉上吸一小块磁铁。注意，此时信号输出功率不能变。)

(6) 普勒效应的演示。将蜂鸣器的电源拔出，调节静光栅调节架上的横向移动调节手轮，听声音的变化。

【思考题】

(1) 如何判断动光栅与静光栅的刻痕已平行？

(2) 作外力驱动音叉谐振曲线时，为什么要固定信号功率？

(3) 本实验测量方法有何优点？测量微振动位移的灵敏度是多少？

(4) 计算图 4.6.12 中的波形数,已知 $h=0.5H$。

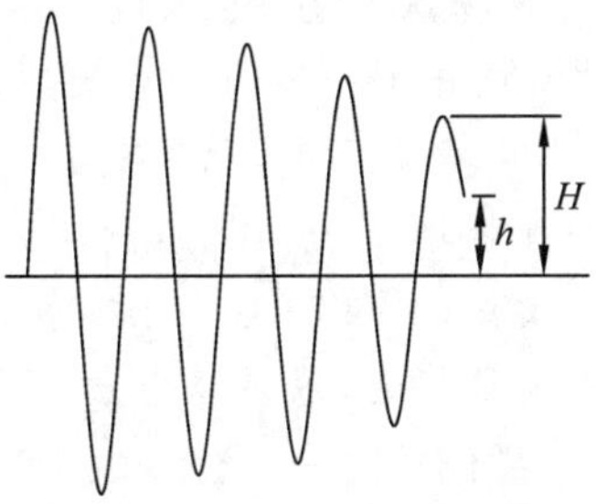

图 4.6.12　计算波形数

实测数据举例

(1) 按图 4.6.10 的要求连好电路,调整好光路。

(2) 固定“功率”旋钮,调节“频率”,读出不同频率 f(Hz)时 $T/2$ 内的波数,不足一个完整波形的,算出它的分数部分,填入表 4.6.2。

表 4.6.2　实验数据

频率	391.2	407.5	412.4	415.4	417.0	417.8	418.3	418.9	419.1	419.5
波数	1.7	2.5	3.5	4.5	5.5	6.5	7.5	8.5	9.3	10.5
频率	419.7	420.0	420.5	421.0	421.3	421.4	422.2	422.8	423.4	423.7
波数	11.5	13.0	18.7	27.0	44.0	50.0	40.0	33.0	21.0	17.0
频率	424.1	425.6	426.0	427.5	428.4	429.9	432.1	437.9	456.0	
波数	13.6	8.0	7.0	5.0	4.3	3.5	2.5	1.5	0.5	

其中一个波数的振幅由式(4.6.7)可以算出为 1/200 mm,即 5 μm。

(3) 画出频率—振幅曲线(见图 4.6.13)。

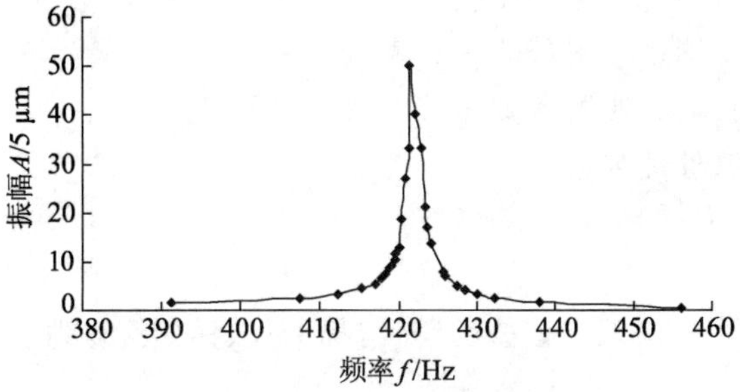

图 4.6.13　频率—振幅曲线

由图 4.6.13 可以得出,音叉的共振频率约为 422 Hz。

杨氏模量的测量

杨氏模量是描述固体材料抵抗形变能力的重要物理参数，它标志着材料抵抗弹性形变的能力。物体在受力后发生形变，物体的形变可分为弹性形变和塑性形变。根据胡克定律，在物体的弹性限度内，应力（胁强）与应变（胁变）成正比，比值为一常数，被称为材料的杨氏模量，它仅取决于材料本身的物理性质。杨氏模量的大小标志了材料的刚性，杨氏模量越大，越不容易发生形变。杨氏模量是选定机械零件材料和工程结构材料的重要依据之一，是工程技术中的常用参数，杨氏模量测定在科学研究和技术应用中都具有重要意义。目前，已提出多种测量杨氏模量的方法，如拉伸法、梁的弯曲法、振动法、内耗法等，其中动态悬挂法测量结果精确稳定，适用于各种金属及非金属（脆性）材料的测量，而且对不同温度条件下的材料都能测定。

下表中列出了一些常用材料的杨氏弹性模量值。在国家单位制中，杨氏模量的单位为帕斯卡，记为 Pa（$1\ \text{Pa}=1\ \text{N/m}^2$，$1\ \text{GPa}=10^9\ \text{Pa}$）。

材料名称	钢	铁	铜	铝	铅	玻璃	橡胶
E/GPa	192～216	113～157	73～127	约 70	约 17	约 55	约 0.0078

实验 4.7～4.9 将分别介绍采用静态拉伸法、工程杨氏模量电测法、动态悬挂法测定杨氏模量实验。

实验 4.7　拉伸法测杨氏模量

【实验目的】

(1) 学会调整测量系统光路的技能。
(2) 学会用拉伸法测量金属丝的杨氏模量。
(3) 掌握用光杠杆放大法测量微小长度变化的原理及方法。
(4) 掌握用逐差法处理数据。

【实验仪器】

杨氏模量测定仪、光杠杆、尺读望远镜、游标卡尺、螺旋测微器。

【实验原理】

物体在外力作用下或多或少都会发生形变，当形变不超过一定限度时，撤走外力之后，形变随之消失，这种形变称为弹性形变。发生弹性形变时，物体内部产生恢复原状的内应力，杨氏模量是反映材料形变与内应力关系的物理量。

一根粗细均匀的金属丝长为 L，横截面为 S，在外力作用下伸长了 δ，由胡克定律可知，在金属丝的弹性限度内，它所受的应力和应变成正比，即有

$$\frac{F}{S}=E\frac{\delta}{L} \tag{4.7.1}$$

式中：$\frac{F}{S}$叫胁强，其物理意义是金属丝单位面积上受到的力；$\frac{\delta}{L}$叫胁变，其物理意义是金属丝单位长度上的伸长量；比例系数 E 称为金属丝的杨氏弹性模量，其值等于胁强与胁变之比，单位为牛顿/平方米（N/m^2）。

设金属丝直径为 d，则其横截面积为

$$S=\frac{1}{4}\pi d^2 \tag{4.7.2}$$

将公式(4.7.2)代入公式(4.7.1)可得

$$E=\frac{4FL}{\pi d^2\delta} \tag{4.7.3}$$

其中由公式(4.7.3)可知，对于不同的金属丝，当长度、直径和所受外力都相同时，杨氏模量大的金属丝的伸长量较小，反之杨氏模量小的伸长量较大。因此，杨氏模量反映了材料抵抗外力产生拉伸(或压缩)形变的能力，与材料的长度、横截面积、所受外力无关，仅与材料本身性质有关。

利用光杠杆和尺读望远镜测量微小长度变化量 δ，$\delta=\frac{Z}{2D}(n_{i+1}-n_i)$，拉力 $F=mg$ 为增加(或减少)一个砝码的重量；杨氏模量为

$$E=\frac{8mgLD}{\pi d^2|n_{i+1}-n_i|Z} \tag{4.7.4}$$

式中：$|n_{i+1}-n_i|$为增加一个砝码后，由于金属丝被拉伸，读数望远镜目镜中刻划板中心线对准标尺时的对应读数变化量；mg 为增加的一个砝码的重量；L 为金属丝被拉伸部分的长度；D 为光杠杆镜面到标尺的距离；Z 为光杠杆后足尖到前两足尖的连线的垂直距离。

由于单人用米尺测量光杠杆镜面到标尺的距离 D 比较困难，可以通过尺读望远镜与光杠杆的远距离测量原理测量，$D=50n$，其中 n 是望远镜内上、下视距丝 PQ 在标尺上的读数 P_1、Q_1 之差。

【实验内容及数据处理】

拉伸法测杨氏模量实验操作 MOOC

1. 仪器的调节

(1) 调整杨氏模量测定仪的底座螺丝，使平台上的水准仪气泡居中，使立柱处于竖直状态。

(2) 调整金属丝长度：金属丝上端固定，下端砝码盘上不加砝码作初始负载；将金属丝拉直，拉掉自然曲度。调整杨氏模量测定仪的夹金属丝的上支架，并使平台与金属丝夹头的上端面在同一高度上。

(3) 摆放仪器，调整尺读望远镜物镜与光杠杆的镜面处于同一高度，将尺读望远镜移

到实验桌远离杨氏模量与架的远端装置。

(4) 将光杠杆放在仪器的平台上，调节光杠杆前后足尖的距离，使后足尖端放在夹金属丝的夹头上端面，前两足尖置于工作平台的横槽内，注意不要让光杠杆与金属丝相碰。

(5) 调节光杠杆的平面镜与地面垂直。

(6) 调节尺读望远镜，实现从望远镜目镜能看到光杠杆的平面镜里的标尺的像。

① 透过望远镜观察分划板，观察分划板叉丝是否清晰。若不清晰，调节望远镜的目镜旋钮，直到清晰为止。

② 左右移动望远镜底座，从望远镜镜筒外的瞄准星向光杠杆的平面镜看去，使米尺位于平面镜正中间。

③ 透过望远镜的目镜，向光杠杆的平面镜看去，如果不能看到清晰的像，可同时顺时针或逆时针旋转望远镜侧面的调焦旋钮，直到能清晰地看到标尺的像为止。如果出现标尺部分清晰、部分模糊的现象，可调节望远镜的仰角螺钉，使整个标尺清晰。

2. 测量

1) 测金属丝的伸长量

(1) 称量每一个砝码的质量(或者由实验室给出)。

(2) 选择望远镜中分划板上中间一条水平线作为读数基线，读出标尺的像上的读数，作为初始数据 n_0，n_1(加一个砝码时)，每加一个砝码，从望远镜中读出相应“读数基线”的坐标值 n_i，直到所配的砝码加完为止(i 代表所加砝码的个数)。

(3) 将所加的砝码依次取下来，每取一个砝码，从望远镜中读出相应“读数基线”的坐标值 n'_i，直到没有砝码为止。

将所有实验数据填入表 4.7.1。

表 4.7.1 尺读望远镜标尺读数

砝码数	砝码质量 m_i/kg	加砝码/cm		减砝码/cm		平均值/cm	加 k 个砝码时金属丝伸长量
		n_i	读数	n'_i	读数	$\overline{n_i}=\dfrac{n_i+n'_i}{2}$	$\Delta n_i=(\overline{n_{i+k}}-\overline{n_i})$/cm ($k=4$)
0		n_0		n'_0			
1		n_1		n'_1			
2		n_2		n'_2			
3		n_3		n'_3			
4		n_4		n'_4			
5		n_5		n'_5			
6		n_6		n'_6			$\Delta\bar{n}$/cm
7		n_7		n'_7			
8		n_8		n'_8			

2) 测量 D 值

读出望远镜内上、下视距丝 PQ 在标尺上的读数 P_1 及 Q_1，填入表 4.7.2。

表 4.7.2　测量 D 值

次数	P_1/cm	Q_1/cm	$n=\|P_1-Q_1\|$/cm	D/cm	平均值
1					
2					
3					
4					

3）测量 Z 值

取下光杠杆在纸上轻轻压下 3 个足尖痕，画出以后足尖为顶点、前两足尖连线为底边的三角形，作出该底边的高，用游标卡尺测量 Z 值 4 次，将测得的数据填入表 4.7.3。

4）测量金属丝长度

用卷尺测金属丝在上、下两个固定金属丝螺母之间的 L 长度 4 次，将测得的数据填入表 4.7.3。

表 4.7.3　测量 Z,L 值

次数	1	2	3	4	平均值
Z/mm					
L/mm					

5）测金属丝直径

用螺旋测微器分别在金属丝上、中、下三个部位测量其直径，各 2 次，并将测得的数据填入表 4.7.4。

表 4.7.4　测量 d 值

金属丝	上部		中部		下部		平均值
d/mm							

3. 数据处理

（1）计算光杠杆常数 Z、金属丝的长度 L、光杠杆镜面到望远镜上标尺距离 D 和金属丝的直径 d 的平均值。

（2）计算加 k 个砝码时金属丝伸长量 $\Delta\bar{n}$，则加单个砝码时金属丝伸长量为 $\frac{\Delta\bar{n}}{k}$，$\bar{E}=\frac{8kmg\bar{L}\bar{D}}{\pi\bar{d}^2\bar{Z}\Delta\bar{n}}$。

【注意事项】

（1）光杠杆与尺读望远镜所构成的光学系统一旦调节好，在实验过程中就不可再移动，否则实验数据无效，实验需从头做起。

（2）做实验时，拿放光杠杆时要小心，以免打碎光杠杆。

（3）增减砝码时要轻拿轻放，以防冲击和摆动，应等标尺稳定后才可读数。读数过程中不要按压桌面，标尺读数如在零点两侧应区分正负。

【思考题】

(1) 材料相同,但粗细、长度不同的两根钢丝,它们的杨氏模量是否相同?
(2) 为什么实验中的几个长度测量采用不同的仪器?
(3) 如果金属丝上有弯曲或金属丝从夹中滑脱少许能否继续实验?是否要重新调整?
(4) 实验过程中,如果移动了望远镜或光杠杆,能否继续实验?是否要重新测量?

实验 4.8 杨氏模量电测法

【实验目的】

(1) 利用金属元件的拉伸测定杨氏模量。
(2) 了解力传感器和形变传感器的原理。
(3) 学会使用作图法处理实验数据。

【实验仪器】

DW-100 型杨氏模量电测仪、游标卡尺。

【实验原理】

DW-100 型杨氏模量电测仪是利用传感器技术,将微小形变和轴向拉力转换为电信号,以数字量显示出来,其设计新颖,综合性强,符合中华人民共和国国家标准 GB 8653—1988 推荐的杨氏模量测定方法。与普通物理实验中的传统方法相比,该方法与工程实际更为接近,物理概念清晰,物理意义明确。

1. 杨氏模量的基本概念

如图 4.8.1 所示,直杆在轴向拉力作用下,将引起轴向长度的增加和横向尺寸的减小。设直杆在未受力时的长度为 L_0,横截面积为 A_0,在轴向拉力 F 作用下,长度由 L_0 变为 L_1,直杆在轴向方向的伸长量为

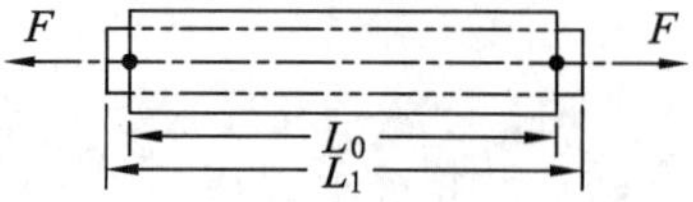

图 4.8.1 直杆轴向拉伸示意图

$$\Delta L = L_1 - L_0 \tag{4.8.1}$$

将 ΔL 除以 L_0 得直杆在轴向方向原始尺寸单位长度的变化(也可称为形变率),表达式为

$$\varepsilon = \frac{\Delta L}{L_0} \tag{4.8.2}$$

式中:ε 称为线应变(简称应变),是材料形变程度的量度,它没有量纲,通常将比值 10^{-6} 称为 1 微应变,记作 1 $\mu\varepsilon$,所以 1 $\mu\varepsilon = 10^{-6}\varepsilon$。

此外,在直杆横截面上,将轴向拉力 F 除以 A_0,得

$$\sigma = \frac{F}{A_0} \tag{4.8.3}$$

式中，σ 称为正应力(简称应力)，它反映了单位横截面积上内力的存在程度。在国际单位制中，应力的单位是牛/平方米(N/m^2)。

直杆在线弹性范围内，应力 σ 与应变 ε 成正比，即

$$\sigma \propto \varepsilon$$

把它写成等式，即

$$\sigma = E\varepsilon \tag{4.8.4}$$

这是拉伸或压缩的胡克定律，式中 E 为与材料有关的比例常数，称为杨氏模量。由于应变 ε 没有量纲，故 E 的量纲与 σ 相同。

2. 杨氏模量电测法

1) 电阻应变片

当金属电阻丝承受拉伸或压缩变形时，电阻必然会发生变化。研究结果表明，在一定应变范围内，电阻丝的电阻改变率 $\frac{\Delta R}{R}$ 与应变 ε 成正比，即

$$\frac{\Delta R}{R} = K_0\varepsilon \tag{4.8.5}$$

式中，K_0 为比例常数，称为电阻丝的灵敏系数。

如果将单根电阻丝粘贴在拉伸试件的表面上，使它与构件一起变形，从式(4.8.5)中可看出，如果能测出电阻丝的电阻变化率 $\frac{\Delta R}{R}$，就可确定拉伸试件的应变 ε。由于在弹性范围内试件形变很小，电阻丝的电阻改变量 ΔR 就很小，为了提高测量精度，希望增大电阻改变量，只有增加电阻丝的长度才能达到这一要求。过长的电阻丝不便于粘贴，且不适用于应变分布不均匀的测量场合。人们把电阻丝往复绕成栅状，如图 4.8.2 所示，这就成为电阻应变片，它是应用很广的微小形变传感器。

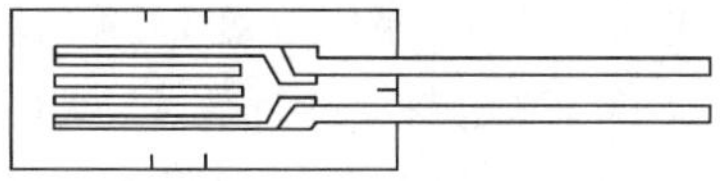

图 4.8.2 电阻应变片的结构

与单根电阻丝相似，电阻应变片也有类似于式(4.8.5)的关系

$$\frac{\Delta R}{R} = K\varepsilon \tag{4.8.6}$$

式中，比例常数 K 称为电阻应变片的灵敏系数，它是电阻应变片的主要技术参数。(注：实际使用的应变片把由电阻丝往复绕成的敏感栅，用粘接剂固定在绝缘的薄片基上，在金属丝的始末两端焊上引线。灵敏系数 K 由生产厂家用实验的方法测定出来，并标注在应变片成品上。)

2) 测量原理

电阻应变片随试件变形而产生的电阻变化 ΔR，通常用四臂电桥(惠斯通电桥)来测量，如图 4.8.3 所示。

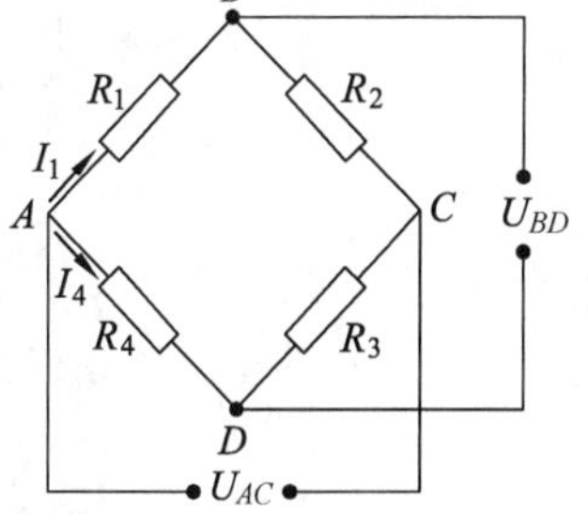

图 4.8.3 电阻应变片测量电路

电桥的四个桥臂 AB，BC，CD，DA 上的电阻分别为 R_1，R_2，R_3，R_4。当在对角节点 A，C 上加电压为 U_{AC} 的直流电源时，则另一对角点 B，D 的输出电压 U_{BD} 为

$$U_{BD} = U_{AB} - U_{AD} = I_1R_1 - I_4R_4$$

由于

$$I_1=\frac{U_{AC}}{R_1+R_2},I_4=\frac{U_{AC}}{R_3+R_4}$$

因此

$$U_{BD}=U_{AC}\frac{R_1R_3-R_2R_4}{(R_1+R_2)(R_3+R_4)} \tag{4.8.7}$$

当电桥平衡时，$U_{BD}=0$，由式(4.8.7)可得电桥的平衡条件为

$$R_1R_3=R_2R_4$$

现在，设电桥的四个桥臂为粘贴在试件上的同种电阻应变片，其初始电阻值相等，即

$$R_1=R_2=R_3=R_4=R_0 \tag{4.8.8}$$

试件受力之前，电桥保持平衡(即 $U_{BD}=0$)。在试件受力后，各电阻应变片产生的电阻改变量分别为 $\Delta R_1,\Delta R_2,\Delta R_3,\Delta R_4$，则由式(4.8.7)可得这时电桥输出电压为

$$U_{BD}=\frac{(R_1+\Delta R_1)(R_3+\Delta R_3)-(R_2+\Delta R_2)(R_4+\Delta R_4)}{(R_1+\Delta R_1+R_2+\Delta R_2)(R_3+\Delta R_3+R_4+\Delta R_4)}U_{AC}$$

简化上式时，略去 $\Delta R_i(i=1,2,3,4)$的高次项，因 ΔR_i 相对于 R_i 来说要小几个数量级(因为固体材料的弹性形变率是很小的)，化简时分母可省略 ΔR_i，则由式(4.8.8)得

$$\Delta U_{BD}=\frac{\Delta R_1+\Delta R_3-\Delta R_2-\Delta R_4}{4R_0}U_{AC}=\frac{U_{AC}}{4}\left(\frac{\Delta R_1}{R_0}-\frac{\Delta R_2}{R_0}+\frac{\Delta R_3}{R_0}-\frac{\Delta R_4}{R_0}\right)$$

将式(4.8.6)代入上式，可得

$$\Delta U_{BD}=\frac{U_{AC}K}{4}(\varepsilon_1-\varepsilon_2+\varepsilon_3-\varepsilon_4) \tag{4.8.9}$$

式(4.8.9)表明，应变信息($\varepsilon_1-\varepsilon_2+\varepsilon_3-\varepsilon_4$)通过电桥可以线性地转变为电压的变化 ΔU_{BD}，对此电压进行放大，就可以用数字仪器显示出应变信息($\varepsilon_1-\varepsilon_2+\varepsilon_3-\varepsilon_4$)。

本实验中，只需 AB 桥臂接入的应变片粘贴在受拉试件上，BC 桥臂接入的应变片粘贴在与直杆相同材质的不受外力的小固体块上，CD 臂和 DA 臂分别接入阻值为 120 Ω 的标准电阻 R_3,R_4，如图 4.8.4 所示。

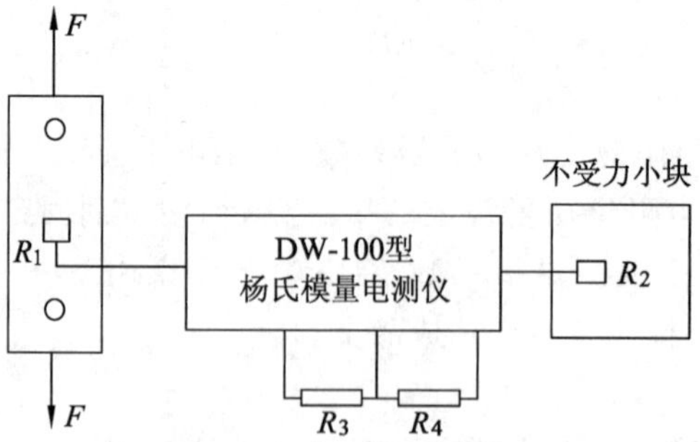

图 4.8.4 应变片与电桥接线图

应变片的敏感栅在受力变形过程中要发生阻值的改变；同样，当应变片所处环境温度发生变化时，敏感栅的电阻也会发生变化。为了消除温度变化对应变测量的影响，在测量中，按图 4.8.4 所示的贴片方式与接线方式进行实验，R_1 粘贴在受拉力的试件上参与形变，称其为工作片，R_2 粘贴在处于同一环境温度下的不受力小块上(小块与直杆材料

相同，保证线膨胀系数相同），称为温度补偿片。R_1 反映出来的总应变为

$$\varepsilon_1=\varepsilon_F+\varepsilon_{1,t}\quad (\Delta R_1=\Delta R_F+\Delta R_{1,t}) \tag{4.8.10}$$

式中：ε_F 为轴向拉力 F 引起的应变；$\varepsilon_{1,t}$ 为由于温度变化引起应变片电阻变化而等效成的应变。

温度补偿片不参与形变，只有温度变化引起电阻变化而等效成的应变，即

$$\varepsilon_2=\varepsilon_{2,t} \tag{4.8.11}$$

由于标准电阻阻值不会改变，因此

$$\varepsilon_3=0\ (\Delta R_3=0) \tag{4.8.12}$$

$$\varepsilon_4=0\ (\Delta R_4=0) \tag{4.8.13}$$

因为 R_1，R_2 处于同一环境温度下，且粘贴于同种材料上，所以

$$\varepsilon_{1,t}=\varepsilon_{2,t}$$

将式(4.8.10)、式(4.8.11)、式(4.8.12)和式(4.8.13)代入式(4.8.9)，得

$$\Delta U_{BD}=\frac{U_{AC}K\varepsilon_F}{4}$$

此式表明，仪器能够直接检测出试件受拉时的轴向应变 ε_F，温度影响全被消除。

本实验中，由于测量工作在实验室环境下进行，环境温度起伏不大，且每测试一组数据，仪器就要进行一次调零，因而 $\varepsilon_{1,t}$ 可忽略不计，所以 $\varepsilon_1=\varepsilon_F$，此时无需进行温度补偿，$R_2$ 也可采用标准电阻。

【实验内容及数据处理】

(1) 按图 4.8.5 所示，布置实验装置。

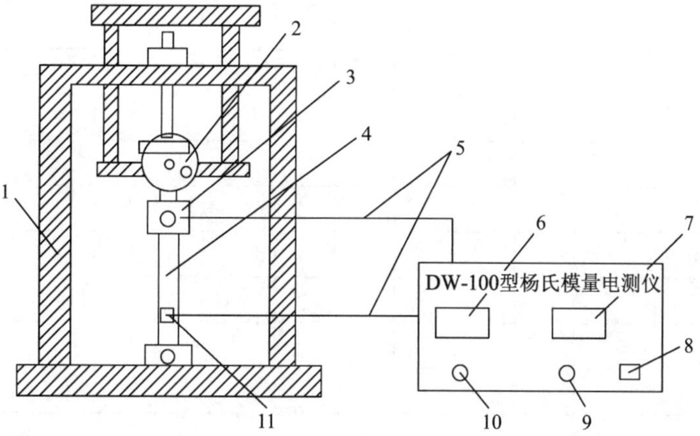

1—支架；2—蜗轮蜗杆加载机构；3—力传感器；4—试件；5—导线；6—轴力显示；7—形变显示；8—电源；9—形变调零；10—力调零；11—应变片

图 4.8.5　杨氏模量电测仪实验装置示意图

(2) 将“力传感器”的信号线接在电测仪背面的“力输入”端口上，将 R_1 应变片接于电测仪背面的 A，B 端子上，R_2 标准电阻接于 B，C 端子上，R_3 标准电阻接于 C，D 端子上，R_4 标准电阻接于 A，D 端子上。

(3) 接通电源开关，调节“蜗轮蜗杆加载机构”，使试件处于松弛状态(不受轴向拉力)。

(4) 调节仪器面板上的“力调零”旋钮,使轴力显示为零。

(5) 调节仪器面板上的“形变调零”旋钮,使形变显示为零。

(6) 逆时针旋转蜗轮,逐步给试件加轴向拉力,轴向拉力从 20 kg 开始逐步添加,读出对应的形变显示值,以后每增加 20 kg 轴力读出对应的形变值,直至轴力为 280 kg 为止。

(7) 顺时针旋转蜗轮,直至轴力显示为零,观察形变显示是否为零,若不为零时调节“形变调零”旋钮,使形变显示为零。重复第 6 步的操作,直至达到所需的数据组数。

(8) 用游标卡尺测量试件的横截面尺寸 a,b,计算横截面积 $A_0=ab$。

(9) 由式(4.8.3)和式(4.8.4)算出 E 值,并算出杨氏模量 E 的平均值及不确定度,正确表示测量结果。

(10) 用式(4.8.3)计算 σ,在坐标纸上以 σ 为纵轴,$\bar{\varepsilon}$ 为横轴,作 $\sigma-\bar{\varepsilon}$ 关系直线,求此直线的斜率,也可得杨氏模量 E 值。

将实验数据填入表 4.8.1。

表 4.8.1 数据记录

F/kg	$\sigma=\frac{F}{ab}/(\mathrm{N\cdot m^{-2}})$	$\varepsilon/(10^{-6})$					$\bar{\varepsilon}/(10^{-6})$	$E/(\mathrm{GN\cdot m^{-2}})$	$\bar{E}/(\mathrm{GN\cdot m^{-2}})$
		1	2	3	4	5			
20									
40									
60									
80									
100									
120									
140									
160									
180									
200									
220									
240									
260									
280									

(注:1 kg 轴力=9.8 N,$1\ \mathrm{GN/m^2}=10^9\ \mathrm{N/m^2}$)

【注意事项】

测量过程中请勿接触应变片的输入线缆,以免影响形变测量精度。

【思考题】

(1) 如果将拉伸试验改成压缩试验,还能测出杨氏模量 E 吗?

(2) 材料相同,但粗细、长度不同的两根钢棒,它们的杨氏模量相同吗?

实验 4.9 动态悬挂法测定材料的杨氏模量

【实验目的】

(1) 用动态悬挂法测定材料的杨氏模量。

(2) 了解换能器的功能,熟悉测试仪器和示波器的使用。

(3) 掌握测量样品共振频率的方法。

(4) 学习用外延法求出节点处的共振频率。

【实验仪器】

杨氏模量测试台、信号发生器、示波器、天平、游标卡尺、螺旋测微计、样品(铜和不锈钢的细杆各一根)。

【实验原理】

1. 杨氏模量的公式

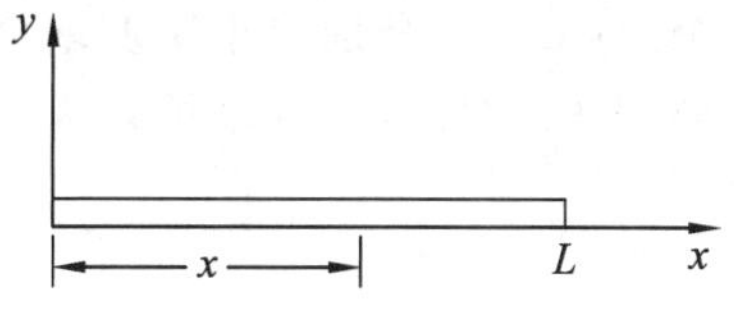

图 4.9.1 细杆的弯曲振动

如图 4.9.1 所示,对于一根水平放置的长度为 L 的细杆,在细杆上任意 x 处沿垂直方向 y 的微小横振动(弯曲振动)满足如下动力学方程:

$$\frac{\partial^4 y}{\partial x^4}+\frac{\rho S}{EI}\frac{\partial^2 y}{\partial t^2}=0 \tag{4.9.1}$$

式中:x 为位置坐标;y 为细杆振动的位移;t 为时间变量;E 为细杆的杨氏模量;S 为细杆的横截面积;I 为细杆某一截面的转动惯量;ρ 为细杆的密度。

用分离变量法求解细杆的振动方程。令 $y(x,t)=X(x)T(t)$,代入式(4.9.1),得

$$\frac{1}{X}\frac{\mathrm{d}^4 X}{\mathrm{d}x^4}=-\frac{\rho S}{EIT}\frac{\mathrm{d}^2 T}{\mathrm{d}t^2} \tag{4.9.2}$$

式(4.9.2)两边分别是关于 x 和 t 的函数,只有两边都等于任意常数时才有解。设该常数为 K^4,得

$$\frac{\mathrm{d}^4 X}{\mathrm{d}x^4}-K^4 X=0 \tag{4.9.3}$$

$$\frac{\mathrm{d}^2 T}{\mathrm{d}t^2}+\frac{K^4 EI}{\rho S}T=0 \tag{4.9.4}$$

解式(4.9.3)和式(4.9.4)这两个线性常微分方程,得到式(4.9.1)的通解为

$$y(x,t)=(B_1\,\mathrm{ch}\,Kx+B_2\,sh\,Kx+B_3\cos Kx+B_4\sin Kx)\cos(\omega t+\varphi)$$

$$=A(K,x)\cos(\omega t+\varphi) \tag{4.9.5}$$

式(4.9.5)为细杆的振动方程，其中 $B_1, B_2, B_3, B_4, \varphi$ 为待定系数，可由边界条件和初始条件确定，ω 为细杆振动的固有角频率，即

$$\omega=\sqrt{\frac{K^4EI}{\rho S}} \tag{4.9.6}$$

由上式可见，若 K 和 ω 可知，便可求出材料的杨氏模量 E。

如果悬线悬挂于细杆的节点附近，则边界条件为：自由端横向作用力 F 为零，弯矩 M 也为零，即

$$M=EI\frac{\partial^2 y}{\partial x^2}=0 \tag{4.9.7}$$

$$F=-\frac{\partial M}{\partial x}=-EI\frac{\partial^3 y}{\partial x^3}=0 \tag{4.9.8}$$

将式(4.9.7)和式(4.9.8)代入通解式(4.9.5)，方程(4.9.1)有解的条件是 $\cos KL\cdot \operatorname{ch} KL=1$。用数值法求解，$KL=0, 4.730, 7.853, 10.966, 14.137, \cdots$。其中，$KL=0$ 是基态，对应静止的情况；$KL=4.730$，对应最低的固有频率(基频率)，它是对称型基频振动，振动如图 4.9.2 所示；$KL=7.853$，对应反对称型振动。

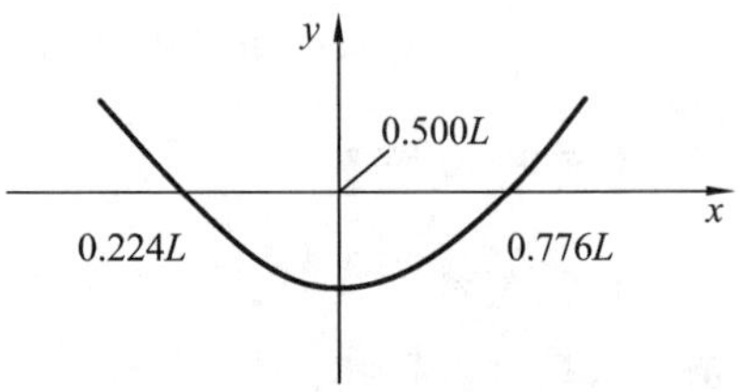

图 4.9.2　两端自由细杆基频振动时的波形

由图 4.9.2 可见，细杆在做基频振动时存在两个节点，它们分别位于距左端面 $0.224L$ 和 $0.776L$ 处，此时细杆的固有角频率 ω_0 为

$$\omega_0=\sqrt{\frac{K^4EI}{\rho S}}=\sqrt{\frac{4.73^4EI}{\rho SL^4}} \tag{4.9.9}$$

可得到杨氏模量 E 为

$$E=1.997\,8\times10^{-3}\frac{\rho SL^4}{I}\omega_0^2=7.887\,0\times10^{-2}\frac{L^3m}{I}f_0^2 \tag{4.9.10}$$

如果细杆是长度为 L、直径为 d 的圆棒样品(以下简称样品)，且长度远远大于直径($L\gg d$)，则 $I=\frac{Sd^2}{16}$，代入式(4.9.10)得到

$$E=1.606\,7\frac{L^3m}{d^4}f_0^2 \tag{4.9.11}$$

式中：L 为样品长度；d 为样品的直径；m 为样品的质量；f_0 为样品做基频振动的固有频率。如果在实验中测定了样品在不同温度时的固有频率 f_0，可由式(4.9.11)计算样品在不同温度时的杨氏模量 E(单位：$\mathrm{N/m^2}$)。实验样品有黄铜和不锈钢两种材料，其常温时杨氏模量参考值为：$E_{铜}=1.0\times10^{11}\sim1.2\times10^{11}\ \mathrm{N/m^2}$，$E_{钢}=1.95\times10^{11}\sim2.10\times10^{11}\ \mathrm{N/m^2}$。

如果样品不能满足 $d\ll L$ 时，式(4.9.11)应乘上一个修正系数 R，即

$$E=1.606\,7R\frac{L^3m}{d^4}f_0^2 \tag{4.9.12}$$

式(4.9.12)中的修正系数 R 可根据径长比 d/L 查表 4.9.1 得到。

表 4.9.1 径长比与修正系数的对应关系

d/L	0.01	0.02	0.03	0.04	0.05	0.06	0.08	0.10
R	1.001	1.002	1.005	1.008	1.014	1.019	1.033	1.055

2. 动态杨氏模量实验仪工作原理

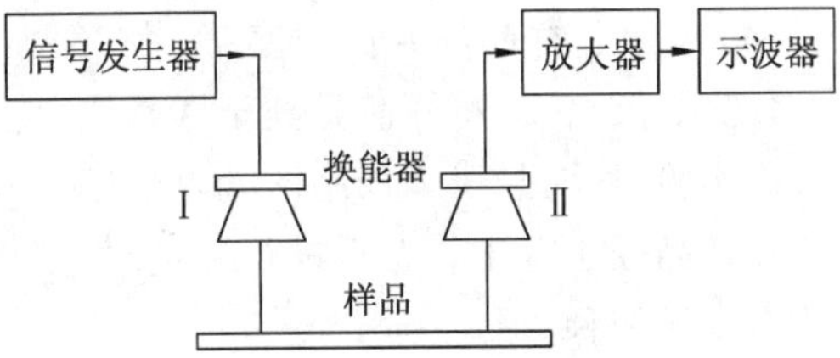

图 4.9.3 动态杨氏模量实验仪原理图

动态杨氏模量实验仪的原理如图 4.9.3 所示，信号发生器输出等幅正弦波信号，加在换能器Ⅰ上，通过换能器Ⅰ(激振)把电信号转变成机械振动，再由悬线把机械振动传给测试样品，使样品做横向受迫振动。样品另一端的悬线把样品的振动传给换能器Ⅱ(拾振)，这时机械振动又转变成电信号，该信号经过放大后送到示波器中显示。当信号发生器的频率不等于样品的共振频率时，样品不发生共振，示波器上几乎没有信号波形或波形很小；当信号发生器的频率等于样品的共振频率时，样品发生共振，这时示波器上的波形突然增大，读出此时的频率，就是该样品的共振频率 f'。

需要指出，样品的固有频率 f 和共振频率 f' 是不同的概念，它们之间的关系为

$$f=f'\sqrt{1+\frac{1}{4Q^2}}$$

式中，Q 为样品的机械品质因数。因为用动态悬挂法测量杨氏模量时，一般 Q 值的最小值约为 50，所以共振频率和固有频率相比偏低 0.005%。本实验中，由于两者相差极小，所以在数值上用样品的共振频率代替固有频率。

【实验内容及数据处理】

(1) 测量样品的长度 L、直径 d 和质量 m，各测 5 次，记录在表 4.9.2 中。

表 4.9.2 测量细杆长度、直径及质量

次数	长度 L/mm		直径 d/mm		质量 m/g	
	铜	钢	铜	钢	铜	钢
1						
2						
3						
4						
5						

(2) 在室温下，以铜的杨氏模量为 $1.2\times10^{11}\ \mathrm{N/m^2}$，不锈钢的杨氏模量为 $2\times10^{11}\ \mathrm{N/m^2}$，由式(4.9.12)估算共振频率 f，将结果记录在表 4.9.3 中，以便寻找共振点。

表 4.9.3 估算共振频率 f

铜的估算共振频率 f/Hz	
钢的估算共振频率 f/Hz	

(3) 测量样品的共振频率 f。按照图 4.9.4 连接各仪器,检查无误后方可接通电源,并预热 10 分钟。将样品悬挂于两悬线之上,要求样品横向呈水平状态,且悬线与样品垂直。实验时,两悬线到样品两端点的距离均从 5 mm 逐步增至 55 mm,每次改变距离后要让样品处于静止状态再进行测量,将结果记录在表 4.9.4 中。测量样品共振频率的方法有以下两种。

① 波幅法。调节信号发生器"频率调节"的"粗调""细调"旋钮,观察示波器上的波形,寻找样品的共振频率。为了能更快更准确地寻找到共振频率,可在步骤 2 估算出的共振频率值附近进行调节。当出现波形振幅突然变大的共振现象时,需缓慢进行频率细调,直至示波器上波形幅度达到极大。

② 李萨如图形法。激振器和拾振器的信号分别输入示波器的 X 和 Y 通道,示波器处于观察李萨如图形状态,调节信号发生器的频率,直到出现 y 方向极大的稳定椭圆时,即达到共振状态。

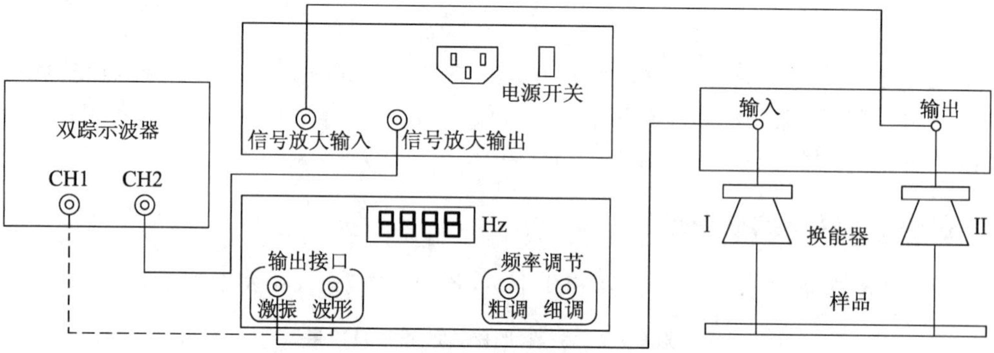

图 4.9.4 动态杨氏模量实验接线图

表 4.9.4 测量共振频率

悬挂点位置 x/mm	5	10	15	20	25	30	35	40	45	50	55
铜的共振频率 f/Hz											
钢的共振频率 f/Hz											

(4) 数据处理。

① 计算长度 L、直径 d 和质量 m 的测量值及其不确定度 u_L,u_d,u_m。

② 外延法求节点的基频共振频率 f_0。

所谓外延法,就是所需要的数据在测量数据范围之外,一般很难直接测量,采用作图外推求值的方法求出所需要的数据。外延法的适用条件是在所研究的范围内没有突变,否则不能使用。

本实验中，样品悬挂点应取在节点，即距样品左端面 0.224L 或 0.776L 处，但由于悬挂点在节点处的样品难于被激振和拾振，为此可在节点两侧选不同的对称悬挂点，用外延法找出该节点的基频共振频率 f_0。

处理方法：以悬挂点位置 x 为横坐标，共振频率 f 为纵坐标，作出 $f-x$ 关系曲线，求出曲线最低点(即节点 $x=0.224L$ 或 0.776L 处)所对应的基频共振频率 f_0。

③ 将 L,d,m,f_0 代入式(4.9.12)，计算杨氏模量 E 并估算其不确定度 u_E。其中，信号发生器的频率不确定度：$f<1$ kHz 时，$u_f=0.1$ Hz；$f\geqslant 1$ kHz 时，$u_f=1$ Hz。

$$u_E=E\sqrt{\left(3\frac{u_L}{L}\right)^2+\left(4\frac{u_d}{d}\right)^2+\left(\frac{u_m}{m}\right)^2+\left(2\frac{u_{f_0}}{f_0}\right)^2}$$

【注意事项】

(1) 样品不可以随便乱放，应保持清洁，拿放时应特别小心。

(2) 安装样品时，应先移动悬线到既定位置，再悬挂样品。

(3) 更换样品时要小心，避免损坏激振和拾振传感器。

(4) 实验时，悬线与样品垂直，稳定后才可测量。

【思考题】

(1) 样品的长度 L、直径 d、质量 m 和共振频率 f 分别应该采用什么规格的仪器测量？为什么？

(2) 如何用示波器判断共振频率？

(3) 如何用外延法算出样品真正的节点基频共振频率？

刚体转动惯量的测定

刚体的机械运动可以分解为平动和转动。转动惯量是刚体转动时惯性大小的量度，是决定刚体转动特性的重要物理量。在许多研究领域和工业设计中都需要知道其大小。刚体的转动惯量与自身的质量分布有关。对于质量分布均匀、几何形状规则的刚体，可由数学公式直接计算其转动惯量；对于质量分布不均匀、形状复杂不规则的刚体，转动惯量需要用实验的方法来测定。

测量转动惯量一般是使刚体以一定形式运动，通过表征这种运动特性的物理量与转动惯量的关系进行转换测量的。通常用动力法和振动法。动力法，使刚体在重力作用下进行转动，利用转动定律，通过对刚体转动时所受力矩和角加速度的测量来计算转动惯量；振动法，利用刚体绕指定轴摆动的规律来测量转动惯量。实验4.10～4.12分别介绍复摆法、扭摆法和三线摆法测量刚体转动惯量。

实验4.10　复摆特性的研究

【实验目的】

(1) 掌握复摆物理模型的分析。

(2) 通过实验学习用复摆测量重力加速度和复摆回转半径的方法。

(3) 利用复摆测量物体的转动惯量。

【实验仪器】

复摆装置、通用计数器、电子台秤。

1. 复摆的结构

复摆的结构如图4.10.1所示。

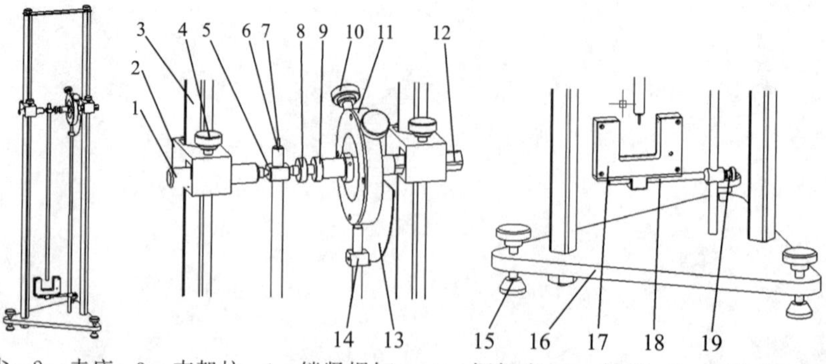

1—左侧顶尖；2—夹座；3—支架柱；4—锁紧螺钉1；5—摆杆座；6—摆杆；7—挡光棒；8—右侧顶尖；9—锁紧螺帽；10—锁紧螺钉2；11—转动圆环；12—顶尖轴；13—刻度盘；14—刻度指针；15—底座脚；16—底座；17—光电门；18—光电门安装轴；19—锁紧螺钉3

图4.10.1　复摆结构

2. 复摆的剖面图

复摆的剖面图如图 4.10.2 所示。

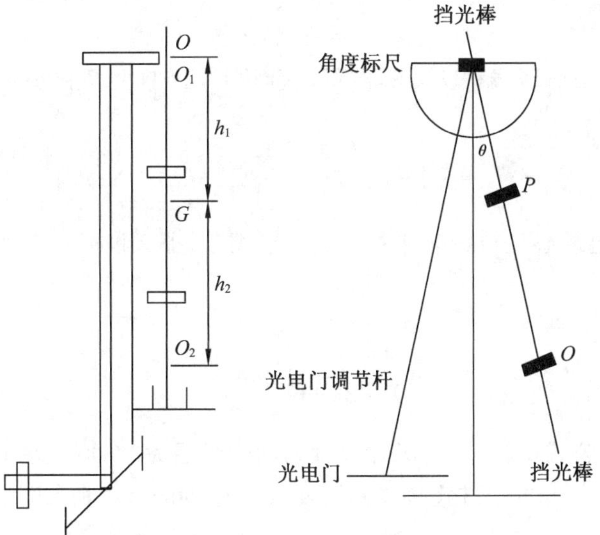

(a) 复摆侧面图　　　(b) 复摆正面图

图 4.10.2　复摆剖面图

【实验原理】

刚体在重力作用下绕某固定水平轴做微小摆动的动力运动体系通常称作复摆，又称物理摆。复摆的摆动中心称为撞击中心。机器中有些必须经受碰撞的转动件，如离合器、冲击摆锤等，为防止巨大瞬时力对轴承的危害，应使碰撞冲击力通过撞击中心。利用复摆的特性(如周期与物体摆动中心及摆轴位置的关系)，可以测定重力加速度、测定物体的转动惯量以及验证平行轴定理等。

1. 测量当地重力加速度及复摆的回转半径

如图 4.10.3 所示，一个任意形状的刚体，支在通过点 O 的光滑固定水平轴上，G 是该物体的质心，与轴 O 的距离为 h。当刚体的质心在轴 O 的正下方时，物体可保持静止，该处为平衡位置。如果把刚体的质心偏离平衡位置小角度后释放，刚体会绕轴 O 在竖直平面内左右摆动，θ 为其摆动角度。若规定逆时针方向为正方向，此时刚体所受力矩与角位移方向相反，有

$$M=-mgh\sin\theta \tag{4.10.1}$$

根据刚体定轴转动定律，有

$$M=I\ddot{\theta} \tag{4.10.2}$$

式中，I 为该物体对 O 轴的转动惯量。

由式(4.10.1)和式(4.10.2)可得

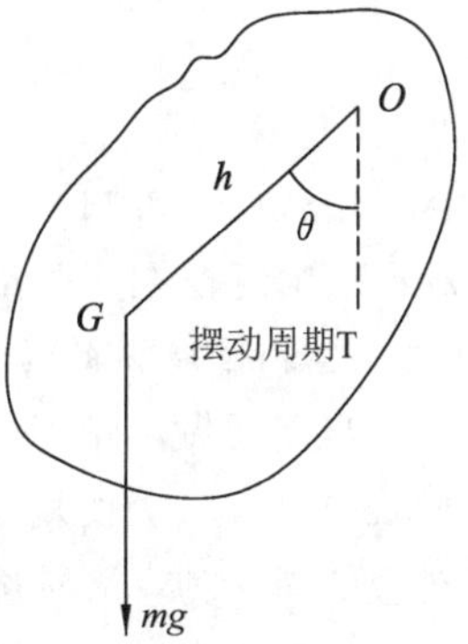

图 4.10.3　复摆受力分析图

$$\ddot{\theta}=-\omega^2\sin\theta \tag{4.10.3}$$

其中，$\omega^2=\frac{mgh}{I}$，ω 为复摆的圆频率。若 θ 很小（θ 在 5°以内），则近似有

$$\ddot{\theta}=-\omega^2\theta \tag{4.10.4}$$

将式（4.10.4）与简谐振动动力学方程进行比较可知，复摆在小角度下做简谐振动，其振动周期为

$$T=2\pi\sqrt{\frac{I}{mgh}} \tag{4.10.5}$$

设 I_G 为转轴过质心且与 O 轴平行时的转动惯量，那么根据平行轴定律可知

$$I=I_G+mh^2 \tag{4.10.6}$$

代入式（4.10.5）得

$$T=2\pi\sqrt{\frac{I_G+mh^2}{mgh}} \tag{4.10.7}$$

与单摆的周期公式比较，令复摆对 O 轴的回转半径为 k（即将复摆等效成长为 k 的轻质刚性细杆与质量为 m 的小球连接体），则复摆对 O 轴的转动惯量可表示为 $I_G=mk^2$，代入式（4.10.7），得

$$T=2\pi\sqrt{\frac{mk^2+mh^2}{mgh}}=2\pi\sqrt{\frac{k^2+h^2}{gh}} \tag{4.10.8}$$

对式（4.10.8）平方，并改写成

$$T^2h=\frac{4\pi^2}{g}k^2+\frac{4\pi^2}{g}h^2 \tag{4.10.9}$$

设 $y=T^2h$，$x=h^2$，则式（4.10.9）改写成

$$y=\frac{4\pi^2}{g}k^2+\frac{4\pi^2}{g}x \tag{4.10.10}$$

式（4.10.10）为一直线方程，测出 8 组（x，y）值，用作图法或最小二乘法求直线的截距 a 和斜率 b，由于 $a=\frac{4\pi^2}{g}k^2$，$b=\frac{4\pi^2}{g}$，所以

$$g=\frac{4\pi^2}{b},\quad k=\sqrt{\frac{ag}{4\pi^2}}=\sqrt{\frac{a}{b}} \tag{4.10.11}$$

由式（4.10.11）可求得重力加速度 g 和复摆对 O 轴的回转半径 k，从而利用公式 $I_G=mk^2$ 求出复摆在无配重情况下对 O 轴的转动惯量。

2. 测量物体的转动惯量

当复摆做小角度（$\theta<5°$）摆动，且忽略阻尼的影响时，摆动周期 T 与转动惯量的关系如式（4.10.5）。设复摆绕固定轴 O 转动时的转动惯量为 I_0，质心 G 到转轴的距离为 h_0，对应的周期为 T_0，质量为 m_0，则由式（4.10.5）得

$$I_0=\frac{mgh_0T_0^2}{4\pi^2} \tag{4.10.12}$$

又设待测物体的质量为 m_x，回转半径为 k_x，绕自身质心的转动惯量为 $I_{xC}=m_xk_x^2$，绕 O 轴转动时的转动惯量为 I_x，则 $I_x=I_{xC}+m_xh_x^2$。如图 4.10.4 所示，当待测物体的质心

与复摆质心重合时($h_x=h_0$,$x=0$)绕 O 轴转动,由式(4.10.5)有

$$T=2\pi\sqrt{\frac{I_x+I_0}{Mgh_0}} \tag{4.10.13}$$

式中,$M=m_0+m_x$。

将式(4.10.13)平方得

$$I_x=\frac{Mgh_0T^2}{4\pi^2}-I_0 \tag{4.10.14}$$

将待测物体的质心调节到与复摆质心重合,测出周期 T,代入式(4.10.14),可求转动惯量 I_x 和 I_{xC}。

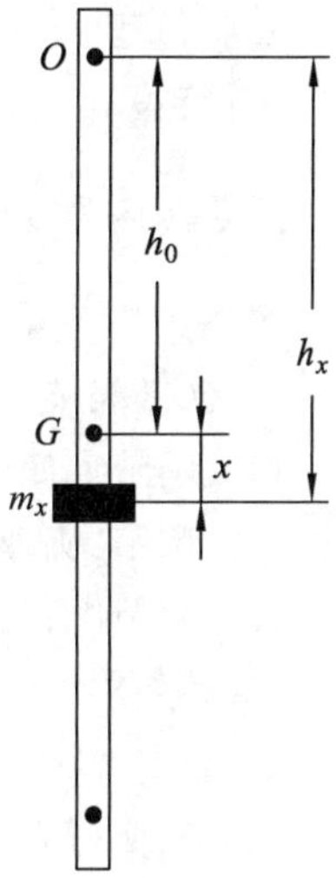

图 4.10.4　待测物体质心和复摆的质心

3. 验证平行轴定理(选做)

如图 4.10.5 所示,取质量和形状相同的两个配重 A 和 B,对称地固定在复摆质心 G 的两边,设 A 和 B 的位置距复摆质心位置为 x,由式(4.10.5)得

$$T=2\pi\sqrt{\frac{I_A+I_B+I_0}{Mgh_0}} \tag{4.10.15}$$

式中,$M=m_A+m_B+m_0=2m_A+m_0$,m_A 为配重 A 和 B 的质量,m_0 为复摆的质量,I_A 和 I_B 分别是配重对 O 轴的转动惯量。

根据平行轴定理有

$$I_A=I_{A_G}+m_A(h_0-x)^2 \tag{4.10.16}$$

$$I_B=I_{B_G}+m_B(h_0+x)^2 \tag{4.10.17}$$

式中,I_{A_G} 和 I_{B_G} 分别为摆锤 A 和 B 绕质心 G 的转动惯量,且两者相等。两式相加得

$$\begin{aligned}I_A+I_B&=I_{A_G}+I_{B_G}+m_A(h_0-x)^2+m_B(h_0+x)^2\\&=2[I_{A_G}+m_A(h_0^2+x^2)]\end{aligned} \tag{4.10.18}$$

将式(4.10.18)代入式(4.10.15),得

$$\begin{aligned}T^2&=\frac{8\pi^2}{mgh_0}[I_{A_G}+m_A(h_0^2+x^2)+I_0]\\&=\frac{8\pi^2m_A}{Mgh_0}x^2+\frac{8\pi^2}{Mgh_0}(I_{A_G}+I_0+m_Ah_0^2)\end{aligned} \tag{4.10.19}$$

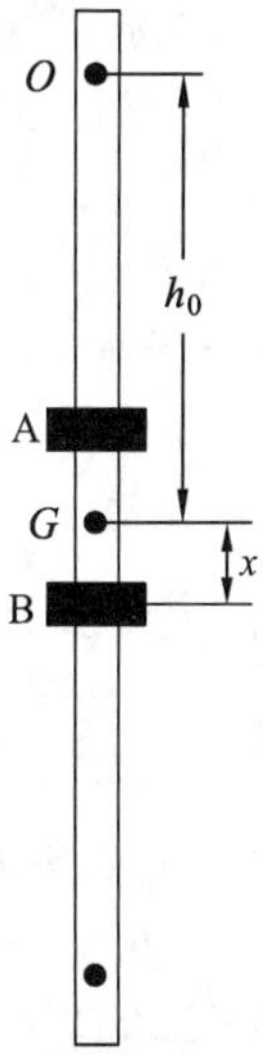

图 4.10.5　两个配重和复摆质心位置

以 x^2 为横轴,T^2 为纵轴,作 x^2-T^2 直线,直线的截距 a 和斜率 b 分别为

$$a=\frac{8\pi^2}{Mgh_0}(I_{A_G}+I_0+m_Ah_0^2) \tag{4.10.20}$$

$$b=\frac{8\pi^2m_A}{Mgh_0} \tag{4.10.21}$$

实验测出 5~6 组(x^2,T^2)值,作 x^2-T^2 图像,用作图法或最小二乘法求直线的截距 a 和斜率 b,与式(4.10.20)和式(4.10.21)对比。如果实验测得的 a,b 值与由式(4.10.20)和式(4.10.21)计算的理论值相等,则由平行轴定理推导的式(4.10.19)成立,也就证明平行轴定理成立。

实验过程中，先测量式(4.10.16)中的 I_{A_G} 和 I_0，然后参照测量物体转动惯量的实验内容，自行设计实验方案。

【实验内容及数据处理】

根据第三章第五节中"DHTC-1A 通用计数器"使用方法来测量时间。

1. 仪器调节

(1) 调节底座上的水准仪，使底座水平。

(2) 调节"夹座"和"支架柱"使两侧顶尖的轴线在一条线上。

(3) 调节"右侧顶尖"使摆杆座松紧适度，顶尖与"摆杆座"的摩擦力至最小，调好后用"锁紧螺帽"固定。

2. 测重力加速度

(1) 在摆杆无配重条件下，测量 O 轴在不同位置的周期(注意摆角 $\theta<5°$)。从距质心 3 cm 处开始测量，O 轴位置每次变化 3 cm。在同一位置处，测 30 个周期，直到 O 轴位置移到 33 cm 为止。

(2) 计算 $y=T^2h$，$x=h^2$，所得数据填在表 4.10.1 中。以 x 为横坐标，y 为纵坐标，用作图法求直线的截距 a 和斜率 b。

(3) 求出重力加速度、回转半径及转动惯量。

表 4.10.1 测重力加速度

复摆质量 $m=$________ kg

次数	1	2	3	4	5	6	7	8	9	10
h/m	0.14	0.16	0.18	0.20	0.22	0.24	0.26	0.28	0.30	0.32
T/s										
$x=h^2$										
$y=T^2h$										

3. 测量物体的转动惯量

(1) 在无配重的条件下，固定转轴位置，测量复摆质心距转轴的距离为 h_0 时的周期。

(2) 将待测物体安装在复摆上，并仔细调节使待测物体的质心与复摆质心重合。

(3) 测量待测物体与复摆一起摆动($\theta<5°$)30 个周期的总时间。

(4) 分别求出复摆用配重和无配重时绕 O 轴的转动惯量。

(5) 由式(4.10.14)求出待测物体的转动惯量 $\overline{I_x}$ 和 $\overline{I_{xC}}$。

将测量物体转动惯量的数据记录在表 4.10.2 中。

表 4.10.2 测物体转动惯量

待测物体的质量为 $m_x=$________ kg

h_0/m	
无配重 30 T/s	
有配重 30 T/s	

【注意事项】

(1) 复摆拉离平衡位置后，要确保复摆在一个竖直平面内摆动，摆角不宜超过 5°，且要尽量使每次摆动的幅度相近。

(2) 实验过程中要保护好左、右侧顶尖，确保支点尖锐。

(3) 注意测 30 个周期，如何选择计数器才符合实际情况。

【思考题】

(1) 试比较用单摆和复摆测量重力加速度的精确度，说明其精确度高或低的原因。

(2) 改变悬挂点时，摆动周期会改变吗？

(3) 公式(4.10.7)成立的条件是什么？在实验操作时，怎样才能保证满足这些条件？

(4) 选择复摆经过什么位置时作为计时起点比较合理？能不能选择振幅最大的位置作为计时起点？为什么？

实验 4.11 用扭摆法测物体的转动惯量

【实验目的】

(1) 熟悉扭摆的构造及使用方法。

(2) 测量扭摆弹簧的扭转常数 K。

(3) 测量不同形状物体的转动惯量，与理论值进行比较。

(4) 验证转动惯量的平行轴定理。

【实验仪器】

TH-2 型转动惯量测试仪(见图 4.11.1)、游标卡尺、直尺、塑料圆柱体、金属圆筒、金属细杆、金属滑块(2 个)。

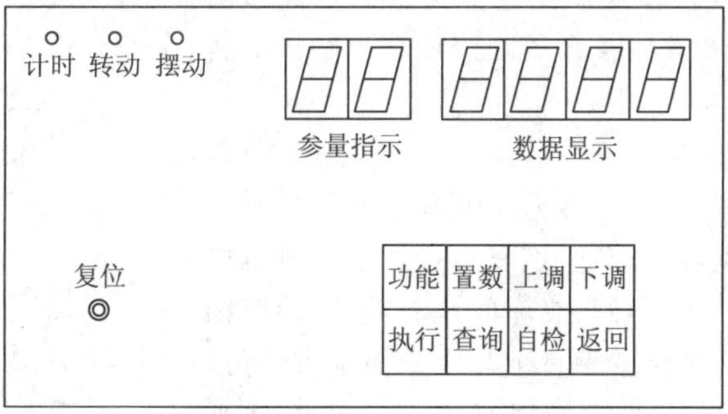

图 4.11.1 TH-2 型转动惯量测试仪前面板

TH-2 型转动惯量测试仪的使用方法：

(1) 调节光电门的高度，使被测物体上的挡光杆能自由往返通过光电门。

(2) 将光电门的信号传输线与主机输入端(位于测试仪背面)相连。

(3) 开启主机电源，“摆动”指示灯亮，参量指示为 P_1，数据显示为“————”。若情况异常(如死机等)，按“复位”键即可恢复正常，或关机重新启动。

(4) 开机后默认扭摆的周期累计数为 10，也可以根据需要重新设置。

设置方法：按“置数”键，显示为“$n=10$”。按“上调”键，周期数依次加 1；按“下调”键，周期数依次减 1。调至所需的周期累计数后，再按“置数”键确认，显示“F1end”(摆动周期预置确定)或“F2end”(转动周期预置确定)。周期累计数只能在 1～20 范围内任意设定。更改后的周期数不具有记忆功能，一旦切断电源或按复位键便恢复默认的周期累计数 10。

(5) 按“功能”键可以选择转动、摆动两种功能(开机默认值为摆动)。

(6) 按“执行”键，这时数据显示为“000.0”，表示仪器已处于待测状态。此时，当被测物体上的挡光杆第一次通过光电门时，仪器开始计时，直至所设定的周期数便自动停止计时。由“数据显示”给出累计的时间，同时仪器自行计算周期 T_1 予以存储，以供查询和计算多次测量的平均值，至此 P_1(第一次测量)测定完毕。

(7) 重复步骤(6)，按“执行”键，这时“P_1”变为“P_2”，数据显示又回到“000.0”，仪器处在第二次待测状态，该仪器最多可重复测量的次数为 5，即参量显示分别为 P_1，P_2，P_3，P_4，P_5。“执行”键还具有修改功能，如要修改第二次测量数据，可按“执行”键出现“$P_2$000.0”后，即可重复测量第二组数据。

(8) 按“查询”键可知各次测量的周期值 $T_i(i=1,2,\cdots,5)$以及它们的平均值 $\overline{T}$。

(9) 按“返回”键，系统将无条件回到最初状态，清除当前状态的所有执行数据，但预置的周期数不改变。

(10) 按“复位”键，实验所得的数据全部清除，所有参量恢复到初始的默认值。

【实验原理】

转动惯量的测量，一般是使刚体以一定形式转动，通过表征这种运动特征的物理量与转动惯量的关系进行转换测量。本实验使物体做扭转摆动，由摆动周期及其他参数的测定计算出物体的转动惯量。

1. 扭摆的简谐振动

扭摆的构造如图 4.11.2 所示，在垂直轴上装有一根薄片状的螺旋弹簧，用来产生恢复力矩。轴上方可以安装各种待测刚体。垂直轴与支座间装有轴承，使摩擦力矩尽可能降低。为了保持垂直轴与水平面垂直，可以通过底脚螺丝来调节。水准仪用来指示系统的水平调节。

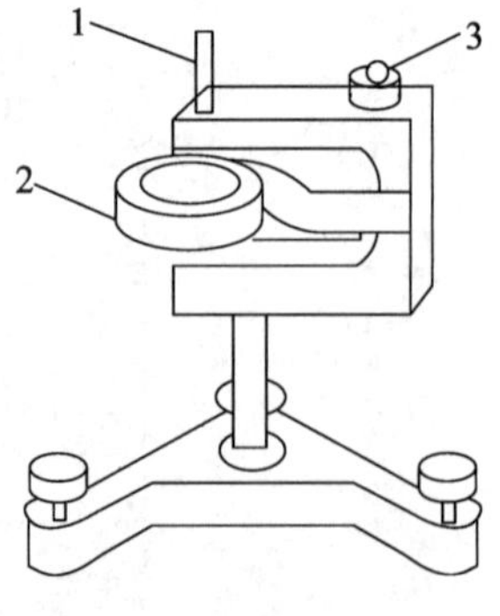

1—垂直轴；2—蜗簧；3—水平仪

图 4.11.2　扭摆的构造示意图

将刚体放在载物盘上，使其在水平面内偏离平衡位

置转过 θ 角，弹簧发生形变，产生一个恢复形变的力矩。在弹簧恢复力矩的作用下，物体开始绕垂直轴做往返扭转运动。当 $\theta<5°$时，根据胡克定律，弹簧受扭转而产生的恢复力矩 M 与所转过的角度 θ 成正比，即

$$M=-K\theta \tag{4.11.1}$$

式中：K 为弹簧的扭转常数。

根据刚体的定轴转动定律 $M=I\beta$（其中，I 为刚体绕转轴的转动惯量，β 为角加速度），得

$$\beta=\frac{M}{I} \tag{4.11.2}$$

忽略轴承的摩擦阻力矩，令 $\omega^2=\frac{K}{I}$，则由式(4.11.1)和式(4.11.2)有

$$\frac{d^2\theta}{dt^2}+\omega^2\theta=0 \tag{4.11.3}$$

此方程表明在忽略轴承的摩擦阻力矩的条件下，扭摆运动是简谐振动。角加速度与角位移成正比，且方向相反。该方程的解为

$$\theta=A\cos(\omega t+\Phi) \tag{4.11.4}$$

式中：A 为简谐振动的角振幅(最大角位移)；Φ 为初相位角；ω 为角速度。简谐振动的周期为

$$T=\frac{2\pi}{\omega}=2\pi\sqrt{\frac{I}{K}} \tag{4.11.5}$$

2. 扭摆常数的测量

通过一个已知转动惯量的刚体的转动可以测量所用扭摆的 K 值。实验中可先测量一个几何形状规则物体(如标准的圆柱体)的质量和几何尺寸，根据理论公式计算出它的转动惯量。再将该物体装到扭摆(即金属载物盘)上，测出它们一起转动的摆动周期 T。由式(4.11.5)计算出扭摆弹簧的扭转常数 K。

设空盘绕转轴的转动惯量为 I_0，转动的周期为 T_0，标准圆柱体绕转轴的转动惯量的理论值为 I_1，和空盘一起转动的周期为 T_1。由式(4.11.5)可得

$$T_0=2\pi\sqrt{\frac{I_0}{K}},\quad T_1=2\pi\sqrt{\frac{I_0+I_1}{K}}$$

消去 I_0，得

$$K=4\pi^2\frac{I_1}{T_1^2-T_0^2} \tag{4.11.6}$$

3. 验证平行轴定理

理论分析证明，若质量为 m 的物体绕通过质心轴的转动惯量为 I_0，当转轴平行移动距离为 x 时，此物体对新轴线的转动惯量变为(I_0+mx^2)，称为转动惯量的平行轴定理。

【实验内容及数据处理】

1. 仪器调节

(1) 水平调节：调节扭摆底座螺钉，当水准仪中的小气泡位于中间时，即完成了水平

调节。水平一旦调节好，扭摆不可移位，否则需要重新调节。

(2) 安装金属载物盘。

(3) 调整光电门的位置：使载物盘处于平衡位置时，挡光杆处于光电门中间，并能自由往返通过光电门，但不能碰到光电门。

2. 测量各物体的质量和几何尺寸

测圆柱体直径、金属圆筒内外径、金属细杆长度及其质量，各测 3 次，求其平均值，填入表 4.11.1。

表 4.11.1　塑料圆柱体直径、金属圆筒内外径、金属细杆长度及其质量

次数	塑料圆柱体		金属圆筒			金属细杆	
	质量/kg	D/cm	质量/kg	$D_{外}$/cm	$D_{内}$/cm	质量/kg	L/cm
1							
2							
3							
平均值							

3. 测量摆动周期，计算转动惯量

(1) 测定载物盘的摆动周期 T_0。

(2) 将塑料圆柱体安装在载物盘上，测它们共同的摆动周期 T_1。

(3) 将金属圆筒代替塑料圆柱体安装在载物盘上，测它们共同的摆动周期 T_2。

(4) 取下载物盘，装上金属细杆及杆夹具，测定金属细杆和杆夹具共同的摆动周期 T_3。

(5) 计算塑料圆柱体、金属圆筒以及金属细杆绕中心轴的转动惯量的理论值和实验值，并计算出百分差。已知金属细杆夹具转动惯量实验值为 $I_{夹具}=0.321\times10^{-6}\ \mathrm{kg\cdot m^2}$。

(6) 金属载物盘绕中心轴的转动惯量的实验值。

(7) 扭摆弹簧的扭转常数。

将数据填入表 4.11.2。

表 4.11.2　测量摆动周期

物体名称	周期/s		转动惯量理论值/(10^{-4} kg·m²)	实验值/(10^{-4} kg·m²)	百分差
金属载物盘	T_0			$I_0=\dfrac{i'_1\overline{T_0}^2}{\overline{T_1}^2-\overline{T_0}^2}=$	
	$\overline{T_0}$				

续表

物体名称	周期/s		转动惯量理论值/(10^{-4} kg·m^2)	实验值/(10^{-4} kg·m^2)	百分差
塑料圆柱体	T_1		$I_1'=\frac{1}{8}m\overline{D_1}^2=$	$I_1=\frac{K\overline{T_1}^2}{4\pi^2}-I_0=$	
	$\overline{T_1}$				
金属圆筒	T_2		$I_2'=\frac{1}{8}m(\overline{D_外}^2+\overline{D_内}^2)=$	$I_2=\frac{K\overline{T_2}^2}{4\pi^2}-I_0=$	
	$\overline{T_2}$				
金属细杆	T_3		$I_3'=\frac{1}{12}mL^2=$	$I_3=\frac{K\overline{T_3}^2}{4\pi^2}-I_{夹具}=$	
	$\overline{T_3}$				

4. 验证平行轴定理

(1) 将滑块对称放置在细杆两边的凹槽内。取滑块的质心离转轴的距离 x_i 分别为 5 cm,10 cm,15 cm,20 cm,25 cm,测出各位置对应的摆动周期 T_i,验证转动惯量平行轴定理。

(2) 计算滑块质心在不同位置的转动惯量实验值及理论值,并对结果做出分析说明。

滑块的质量 $m=$________ kg; $L_{滑块}=$________ cm;

$D_{滑块外}=$________ cm; $D_{滑块内}=$________ cm。

将数据填入表 4.11.3。

表 4.11.3 验证平行轴定理数据

X_i/cm	5.00	10.00	15.00	20.00	25.00
摆动周期 T_i/s					
$\overline{T_i}$/s					
实验值/(10^{-4} kg·m^2) $I_2=\frac{K}{4\pi^2}\overline{T_i}^2$					
理论值/(10^{-4} kg·m^2) $I_4'=I_3'+2mx^2+I_5'+I_{夹具}$					
百分差					

两个滑块绕过质心轴的转动惯量理论值为

$$I'_5=2\times\left[\frac{1}{16}m(D^2_{\text{滑块外}}+D^2_{\text{滑块内}})+\frac{1}{12}mL^2_{\text{滑块}}\right]=0.753\times10^{-4}\ \text{kg}\cdot\text{m}^2$$

【注意事项】

(1) 由于弹簧的扭转常数 K 值不是固定常数，它与摆动角度有关系，摆角在 $4°\sim90°$ 范围内基本相同，在小角度时变小。为了减少系统误差，在测各种物体的摆动周期时，摆角应基本保持在同一范围内。

(2) 光电探头宜放置在挡光杆的平衡位置处，挡光杆不能与它相接触，以免增大摩擦力矩。

(3) 光电探头不能放置在强光下，实验时采用窗帘遮光，以确保计时准确。

(4) 基座应保持水平状态。

(5) 在安装待测物体时，其支架必须全部套入扭摆主轴，并将制动螺丝拧紧，否则扭摆不能正常工作。

(6) 在称金属细杆的质量时，必须将支架取下，否则会带来较大误差。

【思考题】

(1) 如果标准圆柱体的材料由塑料改为金属或其他材料，对实验的结果是否会产生影响？

(2) 如何利用本实验仪来测定任意形状物体绕特定轴的转动惯量？

(3) 弹簧的扭转常数越大，物体的摆动周期是否越大？为什么？

(4) 验证滑块不对称时的平行轴定理。

(5) 本实验除了用光电门和数字计时器来测量摆动周期外，还可以用什么方法来测量周期？

实验 4.12 用三线摆测物体的转动惯量

【实验目的】

(1) 学会用三线摆测量物体的转动惯量。

(2) 验证转动惯量的平行轴定理。

(3) 验证平行轴定理。

【实验仪器】

三线摆及扭摆实验仪、水准仪、待测圆环、待测圆柱、游标卡尺、米尺等。

【实验原理】

1. 三线摆的转动惯量

1）三线摆的振动方程

三线摆由上、下均处于水平、悬挂在横梁上的圆盘、横梁、底座以及 3 根对称分布的等长悬线等组成。横梁由立柱和底座支撑着。3 根对称分布的等长悬线将两圆盘相连，如图 4.12.1 所示。拨动上圆盘上的转动杆就可以使上圆盘小幅度转动，带动下圆盘绕中心轴做扭摆运动。

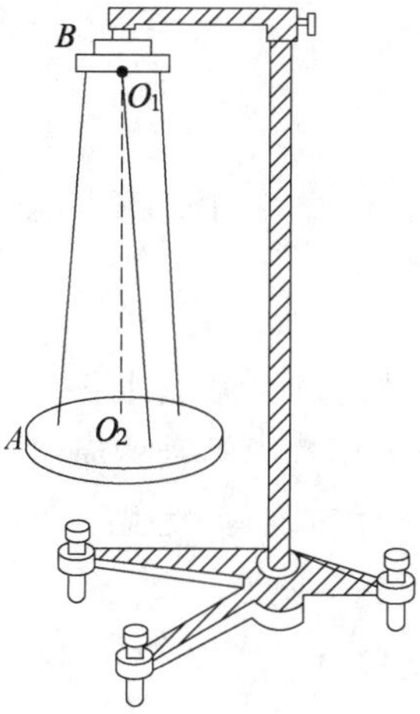

图 4.12.1　三线摆的结构

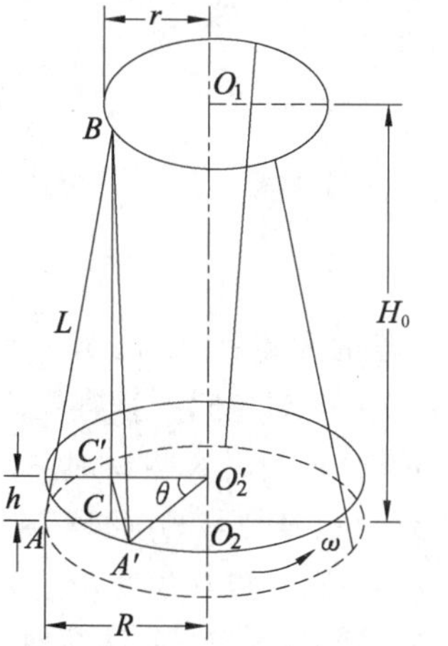

图 4.12.2　三线摆的受力分析图

当下圆盘做扭摆运动时，其转角控制在 5°以内。在忽略空气阻力和悬线扭力的条件下，下圆盘绕中心轴所做的扭摆运动可认为是简谐振动。用 θ 表示下盘半径的角坐标或相对平衡位置的角位移，用 M 表示扭转力矩。根据刚体定轴转动定理或机械能守恒定律，三线摆做简谐振动的运动学方程为

$$\theta=\theta_0\sin\frac{2\pi}{T_0}t \tag{4.12.1}$$

式中：θ_0 是扭摆的最大角位移；T_0 是摆动的周期。

2）振动周期与转动惯量的关系

当扭摆离开平衡位置最远时，下圆盘中心上升高度为 h，根据机械能守恒定律有

$$\frac{1}{2}I\omega_0^2=m_0gh,$$

即

$$I=\frac{2m_0gh}{\omega_0^2} \tag{4.12.2}$$

因为

$$\omega=\frac{\mathrm{d}\theta}{\mathrm{d}t}=\frac{2\pi\theta_0}{T_0}\cos\frac{2\pi}{T_0}t \tag{4.12.3}$$

故

$$\omega_0=\frac{2\pi\theta_0}{T_0} \tag{4.12.4}$$

将式(4.12.4)代入式(4.12.2)得

$$I=\frac{m_0 g h T_0^2}{2\pi^2\theta_0^2} \tag{4.12.5}$$

3）三线摆下圆盘的转动惯量

从图 4.12.2 中的几何关系可得

$$(H_0-h)^2+R^2-2Rr\cos\theta_0+r^2=L^2=H_0^2+(R-r)^2$$

化简得

$$H_0 h-\frac{h^2}{2}=Rr(1-\cos\theta_0)$$

略去$\frac{h^2}{2}$而且取 $1-\cos\theta_0=\frac{\theta_0^2}{2}$，则有

$$h=\frac{Rr\theta_0^2}{2H_0} \tag{4.12.6}$$

将式(4.12.6)代入式(4.12.5)得出下圆盘绕中心轴 O_1O_2 转动惯量为

$$I_0=\frac{m_0 gRr}{4\pi^2 H_0}T_0^2 \tag{4.12.7}$$

式中：m_0 为下圆盘的质量；r 和 R 分别为上、下圆盘的半径（悬点距各自圆盘中心的距离）；H_0 为平衡时上下圆盘间的垂直距离；T_0 为下圆盘做简谐运动的周期；g 为重力加速度（取为 9.80 $\mathrm{m/s^2}$）。测出这些物理量，即可求出下圆盘的转动惯量。

2. 测圆环绕中心轴转动的转动惯量 I_1

把质量为 m_1 的圆环放在下圆盘上，使两者圆心重合，组成一个系统。如果测得它们扭动的周期为 T_1，则这个系统的转动惯量为

$$I=\frac{(m_0+m_1)gRr}{4\pi^2 H}T_1^2 \tag{4.12.8}$$

如果不计因重量变化而引起的悬线伸长，则有 $H_0=H$。那么，待测圆环对中心轴的转动惯量为

$$I_1=I-I_0 \tag{4.12.9}$$

将式(4.12.7)和式(4.12.8)代入式(4.12.9)得到

$$I_1=\frac{gRr}{4\pi H}[(m_0+m_1)T_1{}^2-m_0T_0^2] \tag{4.12.10}$$

3. 验证平行轴定理

平行轴定理指出：若质量为 m 的刚体，绕通过其质心的某一转轴 CC' 的转动惯量为 I_c，则刚体绕与质心轴相距为 d 的平行轴 OO'（见图 4.12.3）的转动惯量为

$$I_x=I_c+md^2 \tag{4.12.11}$$

这个关系称为平行轴定理。

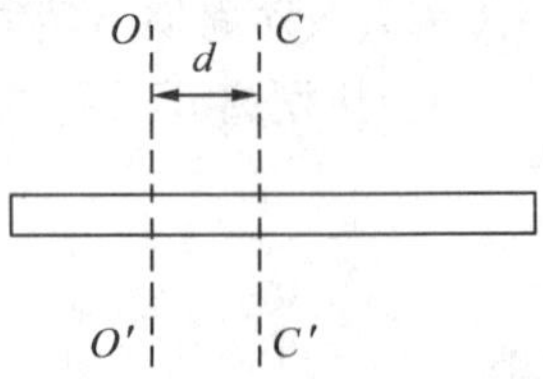

图 4.12.3　刚体平行轴定理示意图

实验时，将两个同样大小质量为 m 的圆柱体分别放在三线摆下圆盘对称的两个小孔上。按照上述方法，测出两圆柱体和下圆盘绕中心轴 OO' 的摆动周期 T_x，则可求出每个柱体对中心 OO' 的转动惯量为

$$I_x=\frac{1}{2}\left[\frac{(m_0+2m)gRr}{4\pi^2 H}T_x^2-I_0\right] \tag{4.12.12}$$

将式(4.12.12)所得的结果与式(4.12.11)计算出的理论值比较，就可验证平行轴定理。

【实验内容及数据处理】

1. 仪器调节

(1) 调整底座水平：调整底座上的 3 个螺钉旋钮，直至底座上水准仪中的气泡处于正中。

(2) 调整下悬盘水平：调整上悬盘 3 个旋钮，改变 3 根悬线的长度，直到下悬盘上水准仪气泡处于正中为止。注意：在测量过程中不可改变悬线的长度，否则要重新调整。

(3) 轻轻拨动上悬盘上的转动杆，带动下悬盘转动。避免三线摆在做扭摆运动时发生晃动(扭摆的转角控制在 5°以内)。

(4) 调整光电门的位置，使下圆盘处在平衡位置时其上挡光杆位于光电门的中央，选择此位置为计时的起始位置。

2. 测量

1) 相关物理量的测量

(1) 记录下圆盘的质量 m_0 和待测圆环的质量 m_1。

(2) 用米尺测出上下圆盘 3 个悬点之间的距离 a 与 b，然后分别算出悬点到中心的距离 r 和 R(等边三角形外接圆半径)。

(3) 用米尺测出下圆盘的直径 $2R_0$ 和上下圆盘间的垂直距离 H_0。

(4) 用游标卡尺测量圆环的内外直径 $2R_1$ 和 $2R_2$。

将相关数据填入表 4.12.1。

表 4.12.1　测量相关物理量

下圆盘的质量 m_0/g	待测圆环的质量 m_1/g	上圆盘悬点间距 a/cm	下圆盘悬点间距 b/cm	下圆盘直径 $2R_0$/cm	上下圆盘间距 H_0/cm	待测圆环	
						内径 $2R_1$/cm	外径 $2R_2$/cm

2) 测下圆盘的转动惯量

(1) 测下圆盘空盘时绕中心轴 OO' 扭摆运动的周期 T_0。

(2) 计算下圆盘绕中心轴 OO' 转动的转动惯量。

3) 测圆环绕过质心且垂直于圆环平面转轴的转动惯量

(1) 将圆环平放在下圆盘中，使圆环的轴线与下圆盘的中心轴线重合。

(2) 测圆环和下圆盘的共同摆动周期 T_1，重复测量 5 次，将数据填入表 4.12.2。

4) 验证平行轴定理(选做)

(1) 将两个圆柱体按图 4.12.3 所示位置对称放在下圆盘上的孔中。

(2) 测出其与下圆盘共同转动周期 ，重复测量 5 次，将数据填入表 4.12.2。

表 4.12.2　用数字计时器测得的数据

	下圆盘 T_0/s	下圆盘与圆环 T_1/s	下圆盘与两圆柱体 T_x/s
1			
2			
3			
4			
5			
平均			

(3) 测量两圆柱体的质量 m_2，用游标卡尺测下圆盘对称小孔的间距 $2d$ 和圆柱体的直径 $2R_x$，将数据填入表 4.12.3。

表 4.12.3　测量圆柱体相关数据

	1	2	3	4	平均
$2d$/cm					
$2R_x$/cm					
m_2/g					

3. 数据处理

(1) 计算下圆盘对中心轴的转动惯量，比较实验值与理论值，计算百分差。

实验值：
$$\bar{r}=\frac{\sqrt{3}}{3}\bar{a},\ \bar{R}=\frac{\sqrt{3}}{3}\bar{b},\ I_0=\frac{m_0 g\bar{R}\bar{r}}{4\pi^2 H}\overline{T}_0^2$$

理论值：
$$I_0'=\frac{1}{2}m_0R_0^2$$

误差：
$$\Delta I_0=|I_0'-I_0|$$

相对误差：
$$E_r=\frac{\Delta I_0}{I_0'}$$

(2) 计算圆环对中心轴的转动惯量 I_1。

实验值：
$$I=\frac{(m_0+m_1)g\bar{R}\bar{r}}{4\pi^2 H}\overline{T}_1^2,\ I_1=I-I_0$$

理论值：
$$I_1'=\frac{1}{2}m_1(R_1^2+R_2^2)$$

误差：
$$\Delta I_1=|I_1'-I_1|$$

相对误差：
$$E_r=\frac{\Delta I_1}{I_1'}\times 100\%$$

(3) 验证平行轴定理。将表 4.12.1 和表 4.12.2 中的数据分别代入公式(4.12.11)和公式(4.12.12)中，计算圆柱体位于对称圆孔处，绕中心轴 OO' 的转动惯量的实验值和理论值，并计算百分差。

实验值：
$$I_2=\frac{1}{2}\left[\frac{(m_0+2m_2)g\bar{R}\bar{r}}{4\pi^2 H}\overline{T}_2^2-I_0\right]$$

理论值：$I'_2=m_2d^2+\frac{1}{2}m_2R_x^2=m_2\left(d^2+\frac{1}{2}R_x^2\right)$

误差：$\Delta I_2=|I'_2-I_2|$

相对误差：$E_r=\frac{\Delta I_2}{I'_2}\times 100\%$

【注意事项】

若测 n 个周期，则挡光杆来回经过光电门的次数为 $T=(2n+1)$ 次，预置数应为 $2n+1$。

【思考题】

(1) 用数字计数器计数时，为什么挡光杆来回经过光电门的次数为 $2n+1$？

(2) 三线摆在摆动过程中要受到空气的阻尼，振幅会越来越小，它的周期是否会随时间而改变？

(3) 在三线摆下圆盘上加上待测物体后的摆动周期是否一定比不加时的周期大？试根据式(4.12.7)和式(4.12.10)进行分析说明。

(4) 如果三线摆的三根悬线与悬点不在上、下圆盘的边缘上，而是在各圆盘内的某一同心圆周上，则式(4.12.7)和式(4.12.10)中的 r 和 R 各应为多少？

折射率的测定

折射率是光学材料的重要参数之一，在科研和生产实验中常需要测量折射率。测量折射率的方法可分为两类：一类是几何光学方法，应用折射定律及反射、全反射定律，通过准确测量角度来计算折射率，如最小偏向角法、掠入射法、全反射法和位移法等；另一类是物理光学方法，利用光通过介质透射（或反射）后透射（或反射）光的位相变化（或偏振态变化）与折射率密切相关的原理来测定折射率，如布儒斯特角法、干涉法、椭圆偏振法等。实验4.13～4.15将分别介绍几种测量物质折射率的方法。

实验 4.13　分光计的调节与棱镜折射率测定

【实验目的】

（1）了解分光计的结构及基本原理。
（2）学会正确调节和使用分光计的方法。
（3）掌握测定玻璃棱镜角和最小偏角的方法，计算棱镜折射率。

【实验仪器】

分光计、钠灯、双面平面镜、三棱镜。

分光计实验仪器结构和调节 MOOC　　分光计的平行光管和望远镜 MOOC　　分光计的读数装置 MOOC

【实验原理】

1. 测棱镜玻璃折射率的原理

对棱镜玻璃折射率的测量，采用测量棱镜顶角和最小偏向角的方法求得。如图4.13.1所示，三角形 ABC 表示三棱镜的横截面；AB 和 AC 为透光的光学表面（又称为折射面），其夹角 α 称为三棱镜的顶角。入射光线 PO 经棱镜的两次折射后，沿 $O'P'$ 方向出射，入射光线 PO 与出射光线 $O'P'$ 之间的夹角称为偏向角 δ。

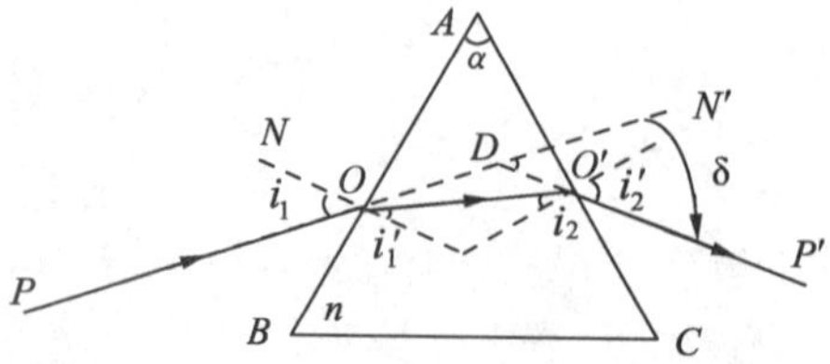

图 4.13.1　棱镜折射率测量原理图

根据图 4.13.1 中的几何关系可知

偏向角： $\delta=\angle DOO'+\angle DO'O=(i_1-i_1')+(i_2'-i_2)$

顶角： $$\alpha=i_1'+i_2 \tag{4.13.1}$$

偏向角与棱镜顶角和入射角之间关系为

$$\delta=(i_1+i_2')-\alpha \tag{4.13.2}$$

对于给定的棱镜来说，顶角 α 是常数，i_2' 是 i_1 的函数，偏向角 δ 也仅是 i_1 的函数。在实验中可观察到，当 i_1 变化时，偏向角 δ 也随之变化，但是存在一个极值位置，对应的角称为最小偏向角。

用微分法求偏向角 δ 的极小值，式(4.13.2)两边对 i_1 求一阶导数，令 $\mathrm{d}\delta/\mathrm{d}i_1=0$，得

$$\frac{\mathrm{d}i_2'}{\mathrm{d}i_1}=-1 \tag{4.13.3}$$

利用 $\alpha=i_1'+i_2$ 以及 AB 和 AC 面折射条件，得

$$\sin i_1=n\sin i_1' \tag{4.13.4}$$

$$\sin i_2'=n\sin i_2 \tag{4.13.5}$$

将式(4.13.4)和式(4.13.5)联立，对 i_1 求一阶导数，得

$$\frac{\mathrm{d}i_2'}{\mathrm{d}i_1}=\frac{\mathrm{d}i_2'}{\mathrm{d}i_2}\cdot\frac{\mathrm{d}i_2}{\mathrm{d}i_1'}\cdot\frac{\mathrm{d}i_1'}{\mathrm{d}i_1}=\frac{n\cos i_2}{\cos i_2'}\cdot(-1)\cdot\frac{\cos i_1}{n\cos i_1'}=-\frac{\cos i_2\sqrt{1-n^2\sin^2 i_1'}}{\cos i_1'\sqrt{1-n^2\sin^2 i_2}}$$

$$=-\frac{\sqrt{\sec^2 i_1'-n^2\tan^2 i_1'}}{\sqrt{\sec^2 i_2-n^2\tan^2 i_2}}=-\frac{\sqrt{1+(1-n^2)\tan^2 i_1'}}{\sqrt{1+(1-n^2)\tan^2 i_2}} \tag{4.13.6}$$

将式(4.13.6)代入式(4.13.3)，有 $\tan i_1'=\tan i_2$。由于 i_1' 和 i_2 均小于 $\pi/2$，故有 $i_1'=i_2$。将 $i_1'=i_2$ 代入式(4.13.4)和式(4.13.5)，得到 $i_1=i_2'$。可见，δ 取极值的条件是

$$i_1'=i_2 \text{ 或 } i_1=i_2' \tag{4.13.7}$$

当 $i_1=i_2'$ 或 $i_2=i_1'$ 时，入射光线和出射光线相对于棱镜是对称，之间的夹角 δ 取极小值，记为 δ_m。将式(4.13.7)代入式(4.13.2)，得

$$\delta_m=2i_1-\alpha$$

$$i_1=\frac{1}{2}(\delta_m+\alpha)$$

由式(4.13.1)得，$i_1'=\alpha/2$。

由式(4.13.4)得，待测棱镜的折射率 n 为

$$n=\frac{\sin\dfrac{\alpha+\delta_m}{2}}{\sin\dfrac{\alpha}{2}} \tag{4.13.8}$$

测出棱镜角 α 与最小偏向角 δ_m，就可以利用式(4.13.8)算出棱镜对某种光线的折射率 n。

2. 自准直法测棱镜顶角

将待测棱镜置于棱镜台上，固定望远镜，点燃小灯照亮目镜中的“十字叉丝”，旋转棱镜台，使棱镜的一个折射面对准望远镜，用自准直法调节望远镜的光轴与此折射面严格垂直，使十字叉丝的反射像和调整叉丝完全重合。再旋转棱镜台，使棱镜的另一个折射

面对准望远镜，用自准直法调节望远镜的光轴与此折射面严格垂直，使十字叉丝的反射像和调整叉丝完全重合，如图 4.13.2 所示。三棱镜两折射面垂线之间的夹角就是棱镜台旋转的角度，该角度等于棱镜顶角 α 的补角 φ，即棱镜角 $\alpha=180°-\varphi$。

3. 棱脊分束法测棱镜顶角

如图 4.13.3 所示，从平行光管发出一束平行光入射于三棱镜，经过 AB 面和 AC 面反射的光线分别沿 T_3 和 T_4 方位射出，T_3 和 T_4 方向的夹角记为 θ，由几何学关系可知

$$\alpha=\frac{\theta}{2}=\frac{1}{2}|T_3-T_4|$$

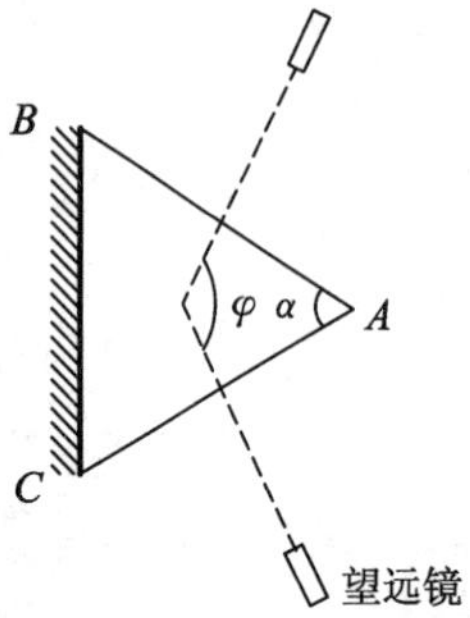

图 4.13.2 自准直法测顶角

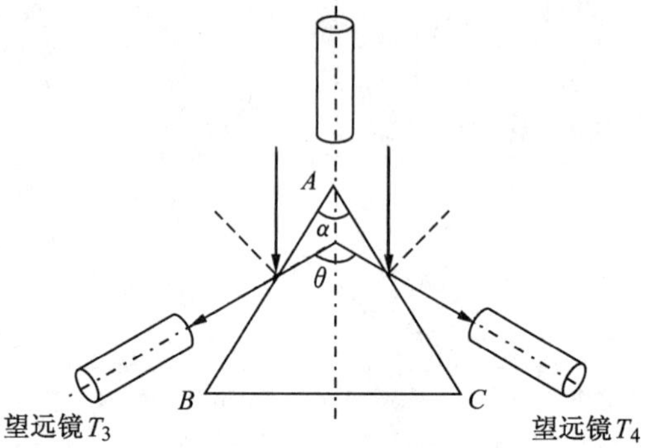

图 4.13.3 棱脊分束法测顶角

4. 测量三棱镜的最小偏向角 δ_m

让光入射到三棱镜的一个光学面上，固定载物台，从望远镜与平行光管轴线重合的位置开始，转动望远镜寻找出射光的极限位置，找到后读数。测量光路图如图 4.13.4 所示。

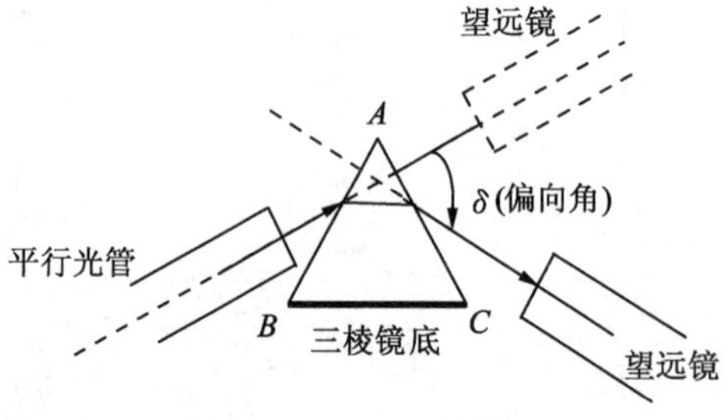

图 4.13.4 测偏向角

【实验内容及数据处理】

1. 分光计的调节

根据第三章第二节中“分光计调节”的步骤调节分光计，使分光计达到：① 望远镜适合观察平行光，或称望远镜聚焦于无穷远；② 平行光管能发射平行光；③ 望远镜和平行光管的光轴均与分光计中心轴正交。

2. 测量棱镜顶角

测量前先锁紧望远镜支架与刻度盘锁紧螺丝使望远镜与刻度盘同步转动，然后锁紧载物台锁紧螺丝，使载物台与读数游标盘同步转动。

1）自准直法测棱镜顶角

(1) 将棱镜按图 4.13.2 所示，放在载物台上。

(2) 点亮小灯照亮目镜中的“十字叉丝”，旋转棱镜台，使棱镜的一个折射面对准望远镜，用自准直法调节望远镜的光轴与此折射面严格垂直，使十字叉丝的反射像和调整叉丝完全重合，记下左、右游标的读数 ν_1 和 ν'_1；再旋转棱镜台，使棱镜的另一个折射面对准

望远镜，用自准直法调节望远镜的光轴与此折射面严格垂直，使十字叉丝的反射像和调整叉丝完全重合，记下左、右游标的读数 ν_2 和 ν_2'。重复测量 3 次，将数据填入表 4.13.1。

(3) 计算棱镜台旋转的角度 φ(取值介于 0～180°)；计算棱镜角 $\alpha=180°-\varphi$，将数据填入表 4.13.1(三棱镜两折射面垂线之间的夹角就是棱镜台旋转的角度，该角度等于棱镜角 α 的补角 φ)。

表 4.13.1　自准直法测顶角数据

次数	棱镜旋转角度 φ 测量				φ	顶角 α
	棱镜角折射面 AB		棱镜角折射面 AC			
	左游标读数 ν_1	右游标读数 ν_1'	左游标读数 ν_2	右游标读数 ν_2'		
1						
2						
3						

2) 用棱脊分束法测三棱镜的顶角

(1) 将棱镜按图 4.13.3 所示放在载物台上，使顶角正对平行光管，且使三棱镜顶角角平分线与平行光管的光轴重合，用压片压住。

(2) 转动狭缝手轮，把狭缝尽量调细。转动望远镜，在目镜里找到被棱镜 AB 面反射狭缝的像，如图 4.13.3 所示(望远镜 T_3 位置)。用望远镜微动装置进行调节，使狭缝的像与分划板中心竖线重合，记下左、右游标的读数 ν_1 和 ν_1'；再转动望远镜，在目镜里找到由棱镜 AC 面反射的狭缝的像(望远镜 T_4 位置)，分别记下左、右游标的读数 ν_2 和 ν_2'。重复测量 3 次，将数据填入表 4.13.2。

(3) 计算望远镜旋转的角度 θ，被测三棱镜顶角 $\alpha=\dfrac{\theta}{2}$，将数据填入表 4.13.2。

表 4.13.2　棱脊分束法测顶角数据

次数	望远镜旋转角度 θ 测量				θ	顶角 α
	望远镜 T_3 位置		望远镜 T_4 位置			
	左游标读数 ν_1	右游标读数 ν_1'	左游标读数 ν_2	右游标读数 ν_2'		
1						
2						
3						

3. 测钠灯谱线的最小偏向角

(1) 将三棱镜置于载物台上，并使三棱镜入射面 AB 的法线与平行光管轴线的夹角大致为 60°。用钠灯照亮狭缝，使钠灯光谱照射入射面 AB，用望远镜对着三棱镜的另一个光学面 AC 观察，左右转动望远镜，找到出射谱线。

(2) 轻转载物台(连同三棱镜)，用望远镜跟踪观察谱线，确定载物台转动方向对应谱线移动方向，判断偏向角是增大还是减小。选择偏向角减小的方向，缓慢转动载物台，使偏向角逐渐减小。

(3) 当载物台转到某一位置时,虽然载物台仍沿原方向前进,但谱线却先停住进而反向移动,此转折点所在位置,就是该棱镜对钠灯谱线的最小偏向角位置。旋紧游标盘制动螺丝,使载物台(游标盘)止动。轻轻转动望远镜,使十字叉丝中心竖线对准该谱线,在表 4.13.3 中记录左、右游标的角度读数 ν_1 和 ν'_1。

(4) 测入射光方向。取下三棱镜,转动望远镜,将望远镜对准平行光管,使十字叉丝中心竖线对准狭缝中央,记录左、右游标的角度读数 ν_2 和 ν'_2。计算最小偏向角 $\delta_m=\frac{1}{2}[(\nu_2-\nu_1)+(\nu'_2-\nu'_1)]$($\nu_2-\nu_1$ 和 $\nu'_2-\nu'_1$ 取值介于 0~180°)。将数据填入表 4.13.3。

(5) 计算棱镜的折射率 n 平均值及不确定度。

表 4.13.3 测最小偏向角数据

次数	棱镜角				最小偏向角
	折射光		原来光束		
	左游标读数 ν_1	右游标读数 ν'_1	左游标读数 ν_2	右游标读数 ν'_2	
1					
2					
3					

【注意事项】

(1) 调节时不要将双面镜碰落,以免打碎。前一步调好后,再调下一步时不能破坏原来的调节。

(2) 分光计是较精密的光学仪器,要加倍爱护,不应在制动螺丝锁紧时强行转动望远镜,也不要随意拧动狭缝。

(3) 在测量数据前,检查分光计的几个制动螺丝是否锁紧,若未锁紧,取得的数据会不可靠。

(4) 测量中应正确使用望远镜转动的微调螺丝,以便提高工作效率和测量准确度。

(5) 调节平行光管时再开钠光灯,打开后就不要再频繁开关。

(6) 测量顶角时,将三棱镜的折射棱靠近棱镜台的中心放置,以免由棱镜两折射面所反射的光不能进入望远镜,记录左、右游标读数时,防止混淆,以免算错角度。

(7) 在游标读数过程中,由于望远镜可能位于任何方位,故应注意望远镜转动过程中是否过了刻度的零点。

【思考题】

(1) 测棱镜最小偏向角时,与三棱镜放置的位置有关吗?为什么?

(2) 用棱脊分束法测量顶角时,三棱镜顶角放置的位置可以随意吗?为什么?

(3) 测最小偏向角时若找不到出射光线,可能的原因是什么?

(4) 调节望远镜适合观察平行光即达到调焦无穷远时,目镜视场中看到的绿"十"字像和"丰"形叉丝应满足什么要求?如何调节?

(5) 望远镜光轴与分光计中心轴不垂直时,应如何调节?

实验 4.14　偏振光的观测与研究

【实验目的】

(1) 通过观察光的偏振现象，加深对光波传播规律的认识。

(2) 掌握偏振光的产生原理和检验方法。

(3) 观察布儒斯特角及测定玻璃折射率。

(4) 观测圆偏振光和椭圆偏振光。

【实验仪器】

偏振光实验仪、激光器、光点检流计、起偏器、检偏器、1/4 波片、1/2 波片、光电转换装置、观测布儒斯特角装置、带小孔光屏、钠光灯。

【实验原理】

按照光的电磁理论，光波就是电磁波，电磁波是横波，所以光波也是横波。在大多数情况下，电磁辐射同物质相互作用时，起主要作用的是电场，因此常以电矢量作为光波的振动矢量。其振动方向相对于传播方向的一种空间取向称为偏振，光的这种偏振现象是横波的特征。

根据偏振的概念，如果电矢量的振动只限于某一确定方向的光，称为平面偏振光，亦称线偏振光；如果电矢量随时间做有规律的变化，其末端在垂直于传播方向的平面上的轨迹呈椭圆(或圆)，这样的光称为椭圆偏振光(或圆偏振光)；若电矢量的取向与大小都随时间做无规则变化，各方向的取向率相同，称为自然光，如图 4.14.1 所示；若电矢量在某一确定的方向上最强，且各向的电振动无固定相位关系，则称为偏振光。

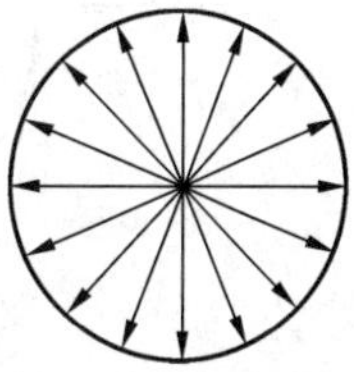

图 4.14.1　自然光

1. 获得偏振光的方法

(1) 非金属镜面的反射。当自然光从空气照射在折射率为 n 的非金属镜面(如玻璃、水等)上，反射光与折射光都将成为部分偏振光。当入射角增大到某一特定值 ϕ_0 时，镜面反射光成为完全偏振光，其振动面垂直于入射面，这时入射角 ϕ_0 称为布儒斯特角，也称起偏振角，由布儒斯特定律得

$$\tan \phi_0 = n \qquad (4.14.1)$$

(2) 多层玻璃片的折射。当自然光以布儒斯特角入射到叠在一起的多层平行玻璃片上时，经过多次反射后透过的光就近似于线偏振光，其振动在入射面内。

(3) 晶体双折射产生的寻常光(o 光)和非常光(e 光)，均为线偏振光。

(4) 用偏振片可以得到一定程度的线偏振光。

2. 偏振片、波片及其作用

1）偏振片

偏振片是利用某些有机化合物晶体的二向色性，将其渗入透明塑料薄膜中，经定向拉制而成。它能吸收某一方向振动的光，而透过与此垂直方向振动的光，由于在应用时起的作用不同而叫法不同，用来产生偏振光的偏振片称为起偏器，用来检验偏振光的偏振片称为检偏器。

按照马吕斯定律，强度为 I_0 的线偏振光通过检偏器后，透射光的强度为

$$I=I_0\cos^2\theta \tag{4.14.2}$$

式中，θ 为入射偏振光的偏振方向与检偏器偏振化方向之间的夹角。显然，当以光线传播方向为轴转动检偏器时，透射光强度 I 发生周期性变化。当 $\theta=0°$时，透射光强最大；当 $\theta=90°$时，透射光强为极小值（消光状态）；当 $0°<\theta<90°$时，透射光强介于最大和最小之间。

自然光通过起偏器后可变为线偏振光，线偏振光振动方向与起偏器的透光轴方向一致。因此，如果检偏器的透光轴与起偏器的透光轴平行，则在检偏器后面可看到一定光强，如果二者垂直，则无光透过，如图 4.14.2 所示。其中图 4.14.2a 为起偏器透光轴 P_1 与检偏器透光轴 P_2 平行的情况；图 4.14.2b 为起偏器透光轴 P_1 与检偏器透光轴 P_2 垂直的情况，此时透射光强为零，此种现象称为消光。在实验中经常要利用“消光”现象来判断光的偏振状态。

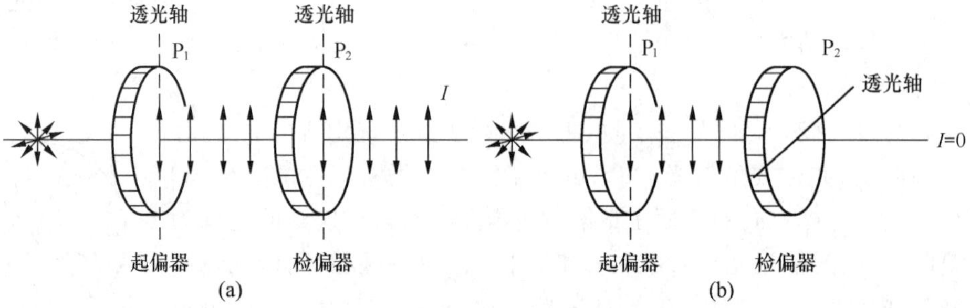

图 4.14.2　偏振光

2）波片

波片也称相位延迟片，是由晶体制成的厚度均匀的薄片，其光轴与薄片表面平行，它能使晶片内的 o 光和 e 光通过晶片后产生附加相位差。根据薄片的厚度不同，可以分为 1/2 波长片、1/4 波长片等，所用的 1/2、1/4 波长片皆是对钠光而言的。

当线偏振光垂直射到厚度为 L，表面平行于自身光轴的单轴晶片时，则寻常光（o 光）和非常光（e 光）沿同一方面前进，但传播的速度不同。这两种偏振光通过晶片后，它们的相位差 φ 为

$$\varphi=\frac{2\pi}{\lambda}(n_o-n_e)L \tag{4.14.3}$$

式中：λ 为入射偏振光在真空中的波长；n_o 和 n_e 分别为晶片对 o 光、e 光的折射率；L 为晶片的厚度。

两个互相垂直、同频率且有固定相位差的简谐振动，可用下列方程表示(通过晶片后o光和e光的振动)：

$$\begin{cases} X = A_e \sin \omega t \\ Y = A_o \sin(\omega t + \varphi) \end{cases}$$

从两式中消去 t，经三角运算后得到全振动的方程式为

$$\frac{X^2}{A_e^2} + \frac{Y^2}{A_o^2} + \frac{2XY}{A_e A_o} \cos \varphi = \sin^2 \varphi \tag{4.14.4}$$

(1) 讨论。

当 $\varphi = K\pi(K=0,1,2,\cdots)$时，为线偏振光。

当 $\varphi = (2K+1)\frac{\pi}{2}(K=0,1,2,\cdots)$时，为正椭圆偏振光。在 $A_o = A_e$ 时，为圆偏振光。

当 φ 为其他值时，为椭圆偏振光。

因此，在某一波长的线偏振光垂直入射于晶片的情况下，能使o光和e光产生相位差 $\varphi = (2K+1)\pi$(相当于光程差为 $\lambda/2$ 的奇数倍)的晶片，称为对应于该单色光的二分之一波片($\lambda/2$ 波片)。与此相似，能使o光和e光产生相位差 $\varphi = (2K+1)\frac{\pi}{2}$(相当于光程差为$\lambda/4$ 的奇数倍)的晶片，称为四分之一波片($\lambda/4$ 波片)。本实验中所用波片($\lambda/4$)是对6328A(He-Ne激光)而言的。

(2) 四分之一波片。

如图 4.14.3 所示，当振幅为 A 的线偏振光垂直入射到$\lambda/4$ 波片上，振动方向与波片光轴成 θ 角时，由于o光和e光的振幅分别为 $A\sin\theta$ 和 $A\cos\theta$，所以通过 $\lambda/4$ 波片后合成的偏振状态也随角度 θ 的变化而不同。

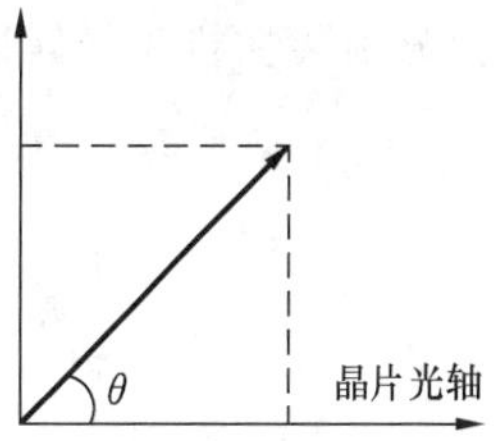

图 4.14.3 λ/4 波片光轴与偏振光夹角

当 $\theta = 0°$时，获得振动方向平行于光轴的线偏振光。

当 $\theta = \pi/2$ 时，获得振动方向垂直于光轴的线偏振光。

当 $\theta = \pi/4$ 时，$A_e = A_o$，获得圆偏振光。

当 θ 为其他值时，经过 $\lambda/4$ 波片后为椭圆偏振光。

3. 椭圆偏振光的测量

椭圆偏振光的测量包括长、短轴之比及长、短轴方位的测定。如图 4.14.4 所示，当检偏器方位与椭圆长轴的夹角为 φ 时，则透射光强为

$$I = A_1^2 \cos^2 \varphi + A_2^2 \sin^2 \varphi$$

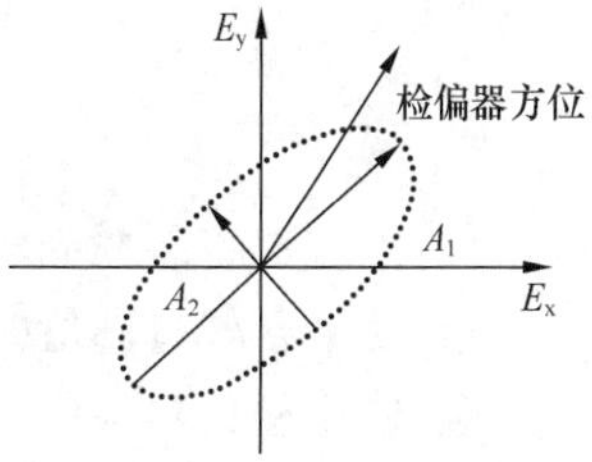

图 4.14.4 椭圆偏振光

当 $\varphi = K\pi$ 时，$I = I_{max} = A_1^2$；当 $\varphi = (2K+1)\frac{\pi}{2}$时，$I = I_{min} = A_2^2$。则椭圆长短轴之比为

$$\frac{A_1}{A_2} = \sqrt{\frac{I_{max}}{I_{min}}} \tag{4.14.5}$$

椭圆长轴的方位即为 I_{max}的方位。

【实验内容及数据处理】

(1) 验证马吕斯定律和起偏、检偏鉴别自然光与偏振光。

① 如图 4.14.5 所示，在光源至光屏(硅光电池)的光路上插入起偏器 P_1，旋转 P_1，观察光屏上光斑强度的变化情况。

② 在起偏器 P_1 后面再插入检偏器 P_2，固定 P_1 方位，旋转 P_2 360°，观察光屏上光斑强度的变化情况。(有几个消光方位?)

③ 以硅光电池代替光屏接收 P_2 出射的光束，旋转 P_2，每转过 10°记录一次相应的光电流值，共转 180°，在坐标纸上作出 $I_0—\cos^2\theta$ 关系曲线。

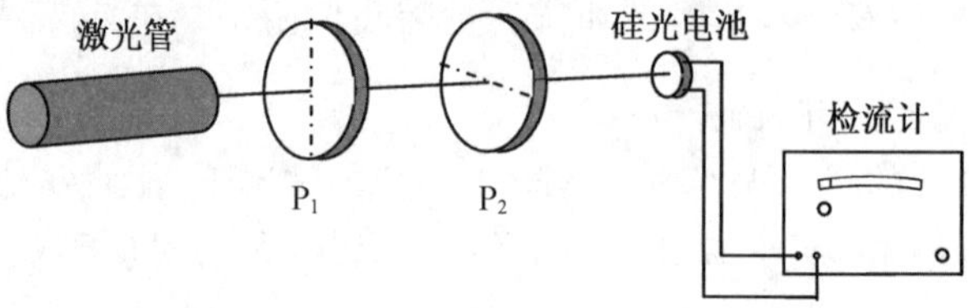

图 4.14.5　验证马吕斯定律装置

(2) 观察布儒斯特角和测玻璃折射率。

① 如图 4.14.6 所示，将高亮光度小光源、狭缝板、凸透镜($f'=150$ mm)、光学测角台分别装在机座导轨的滑动座上，调等高同轴，并使狭缝位于透镜的焦平面上。

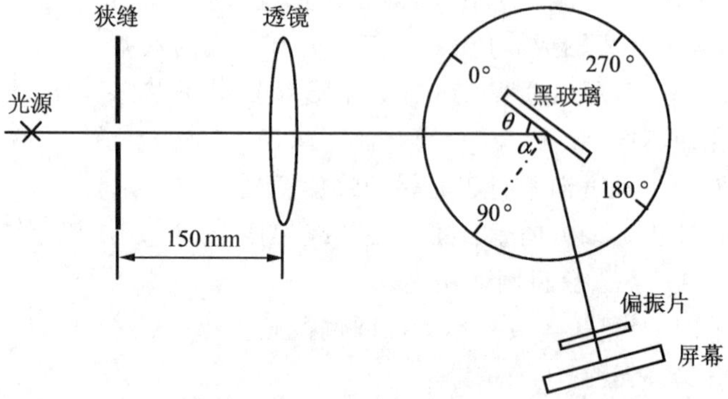

图 4.14.6　布儒斯特测量装置

② 黑玻璃镜装在光学测角台中央；偏振片架装在转动臂上，先使光束平行于玻璃板。

③ 使平台转过 θ 角($\alpha+\theta=90°$)，形成反射和透射光束。

④ 使用检偏器检验反射光的偏振态，并确定检偏器上偏振片的透光轴方向。

⑤ 当转到某个角度时，转动检偏器就能观察到垂直于入射面的光振动被消除的现象，此时 α 就是布儒斯特角 ϕ_0，记录该入射角数值。

⑥ 计算平板玻璃的折射率。

(3) 圆偏振光、椭圆偏振光的获取，圆偏振光、自然偏振光与椭圆偏振光、部分偏振光鉴别。

① 按图 4.14.7 所示，调整偏振片 P_1 和 P_2 的位置使通过的光消失，然后插入一片

$\lambda/4$ 波片 C_1（注意使光线尽量穿过元件中心）。

② 以光线为轴先转动 C_1 消光，然后使 P_2 转 360°观察现象。

③ 再将 C_1 从消光位置转过 30°，45°，60°，75°，90°，以光线为轴每次都将 P_2 转 360°观察并记录现象。（何时产生圆偏振光？何时产生椭圆偏振光？）

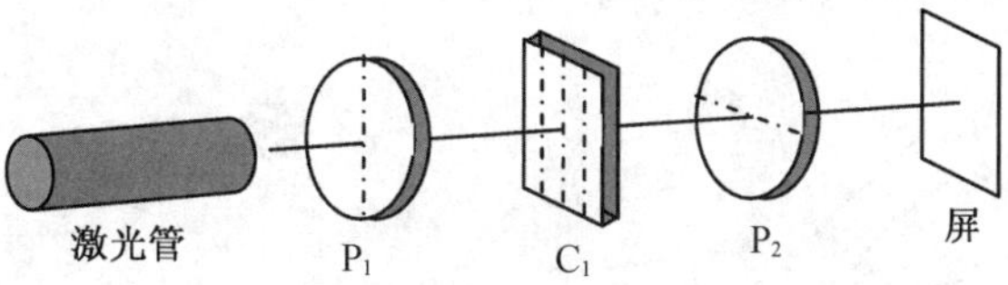

图 4.14.7　检偏装置

④ 圆偏振光、自然偏振光与椭圆偏振光、部分偏振光鉴别：在实验装置 C_1 后 P_2 前增加一片 $\lambda/4$ 波片 C_2，再按上述步骤，观察并记录现象。总结圆偏振光、自然偏振光与椭圆偏振光、部分偏振光鉴别方法。

【注意事项】

（1）激光器发光强度的起伏对实验有影响，实验前要预热半小时。

（2）用硅光电池记录光强时，电流计应选用低内阻型，读数时要扣除环境杂散光产生本底电流对测量结果的影响。

（3）由于波片是对应特定波长的，实验中选用的波长应与波片的对应波长一致。

【思考题】

（1）两片 $\lambda/4$ 波片组合，能否做成半波片？

（2）用偏振片如何区分椭圆偏振光和圆偏振光？

（3）如何区分自然光与圆偏振光？

实验 4.15　用阿贝折射仪测液体折射率

【实验目的】

（1）掌握阿贝折射仪的工作原理。

（2）学会阿贝折射仪的调整和使用方法。

（3）掌握液体折射率的测定方法，测量葡萄糖溶液折射率和浓度。

【实验仪器】

阿贝折射仪、待测液体（若干）、葡萄糖溶液（若干不同浓度值）、无水酒精（若干）、蒸馏水（若干）、镜头纸、滴管（若干）。

【实验原理】

1. 阿贝折射仪

阿贝折射仪是药物鉴定中常用的分析仪器，主要用于测定透明液体的折射率。阿贝折射仪的外形结构如图 4.15.1 所示。

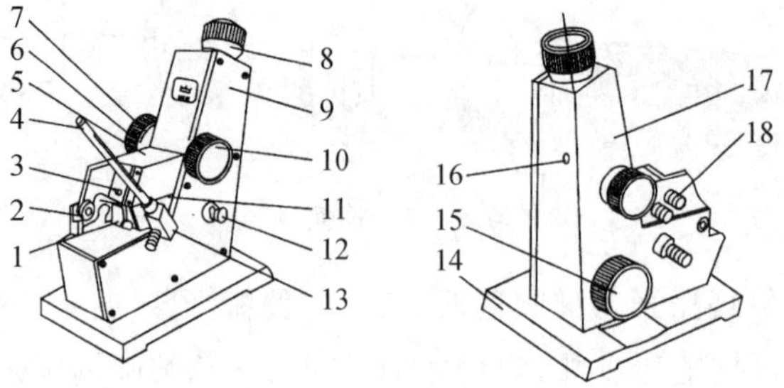

1—反射镜；2—转轴；3—遮光板；4—温度计；5—进光棱镜座；6—色散调节手轮；7—色散值刻度圈；8—目镜；9—盖板；10—棱镜锁紧手轮；11—折射棱镜座；12—照明刻度盘镜；13—温度计座；14—底座；15—刻度调节手轮；16—小孔；17—壳体；18—恒温器接头

图 4.15.1　阿贝折射仪结构

阿贝折射仪的光学系统由望远系统和读数系统组成，如图 4.15.2 所示。

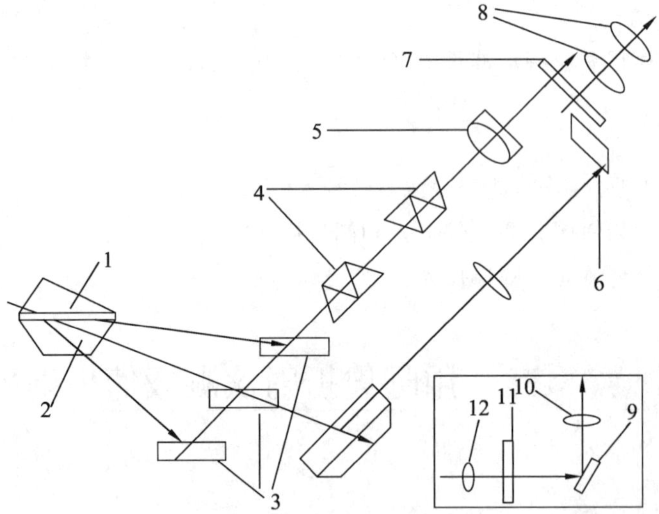

1—进光棱镜；2—折射棱镜；3—摆动反光镜；4—消色散棱镜组；5—望远物镜组；6—平行棱镜；7—分划板；8—目镜；9—读数物镜；10—反光镜；11—刻度盘；12—聚光镜

图 4.15.2　望远系统和读数系统光路

(1) 望远系统。进光棱镜与折射棱镜之间有一微小均匀的间隙，被测液体就放在此空隙内。当光线(太阳光或日光灯)射入进光棱镜时便在磨砂面上产生漫反射，使被测液层内有各种不同角度的入射光，经折射棱镜产生一束折射角均大于出射角度的光线。由摆动反射镜将此束光线射入消色散棱镜组，此消色散棱镜组是由一对等色散阿米西棱镜组成，其作用是可获得一可变色散来抵消由于折射棱镜对不同被测物体所产生的色散。

再由望远镜将此明暗分界线成像于分划板上，分划板上有十字分划线，通过目镜能看到如图 4.15.3 上部分所示的像。

(2) 读数系统。光线经聚光镜照明刻度板（刻度板与摆动反射镜连成一体同时绕刻度中心做回转运动）。通过反射镜、读数物镜、平行棱镜将刻度板上不同部位折射率示值成像于分划板上，通过目镜能看到如图 4.15.3下部分所示的像。下部刻度对应折射率示数，其读数精确到小数点后 3 位，读数应有 4 位小数；上部刻度对应被测溶液浓度，其读数只有一位小数。

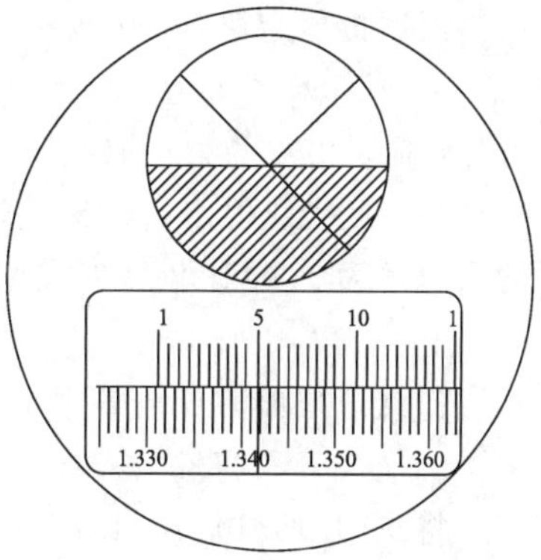

图 4.15.3　阿贝折射仪目镜视面

2. 测量原理

当光从一种媒质进入另一种媒质时，在两种媒质的分界面上会发生反射和折射现象，如图 4.15.4 所示。在折射现象中有

$$n_1 \sin \theta_1 = n_2 \sin \theta_2$$

若 $n_1 > n_2$，则折射角 θ_2 恒大于入射角 θ_1，其中折射率较大的媒质称为光密媒质，较小的称为光疏媒质。当光线从光密媒质 n_1 进入光疏媒质 n_2 时，θ_2 随 θ_1 的增大而增大，当入射角 θ_1 增大到某一数值 θ_0 而使 $\theta_2 = 90°$时，则发生全反射现象。入射角 θ_0 称为临界角。

阿贝折射仪就是根据全反射原理而制成的。其主要部分由一直角进光棱镜 ABC 和另一直角折光棱镜 DEF 组成，在两棱镜间放入待测液体，如图 4.15.5a 所示。进光棱镜的一个表面 AB 为磨砂面，从反光镜 M 射入进光棱镜的光照亮了整个磨砂面，磨砂面的漫反射使液层内有各种不同方向的入射光。

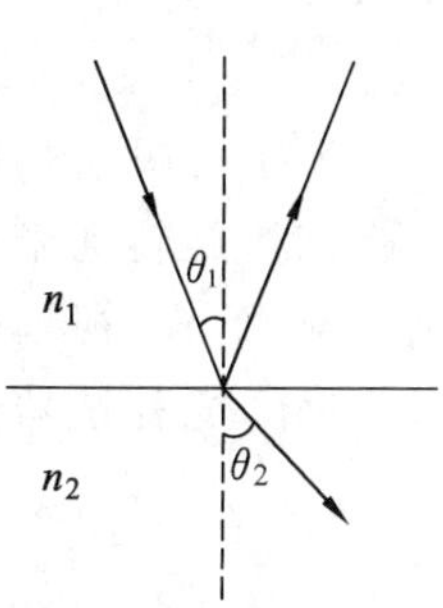

图 4.15.4　全反射原理图

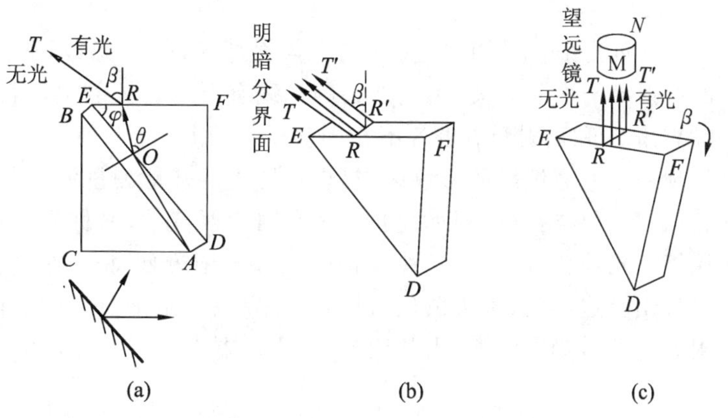

图 4.15.5　阿贝折射仪的测量原理图

假设入射光为单色光，图中入射光线 AO（入射点 O 实际是在靠近 E 点处）的入射角为最大，由于液层很薄，这个最大入射角非常接近直角。设待测液体的折射率 n_2 小于折光棱镜的折射率 n_1，则在待测液体与折光棱镜界面上入射光线 AO 和法线的夹角近似 90°，而折射光线 OR 和法线的夹角为 θ_0，由光路的可逆性可知，此折射角 θ_0 即为临界角。

根据折射定律：$n_1\sin\theta_0=n_2\sin 90°$，即

$$n_2=n_1\sin\theta_0 \tag{4.15.1}$$

可见，临界角 θ_0 的大小取决于待测液体的折射率 n_2 及折光棱镜的折射率 n_1。

当 OR 光线射出折射棱镜进入空气（其折射率 $n=1$）时，又要发生一次折射，设此时的入射角为 α，折射角为 β（或称出射角），则根据折射定律得

$$n_1\sin\alpha=\sin\beta \tag{4.15.2}$$

根据三角形的外角等于不相邻两内角之和的几何原理，由△ORE，得

$$(\theta_0+90°)=(\alpha+90°)+\varphi \tag{4.15.3}$$

将式(4.15.1)、式(4.15.2)、式(4.15.3)联立，解得

$$n_2=\sin\varphi\sqrt{n_1^2-\sin^2\beta}+\sin\beta\cos\varphi \tag{4.15.4}$$

式中，棱镜的棱角 φ 和折射率 n_1 均为定值，因此用阿贝折射仪测出 β 角后，就可算出液体的折射率 n_2。

在所有入射到折射棱镜 DE 面的入射光线中，光线 AO 的入射角等于 90°已经达到了最大的极限值，因此其出射角 β 也是出射光线的极限值，凡入射光线的入射角小于 90°，在折射棱镜中的折射角必小于 θ_0，从而其出射角也必小于 β。由此可见，以 RT 为分界线，在 RT 的右侧可以有出射光线，在 RT 的左侧不可能有出射光线，如图 4.15.5a 所示。必须指出图 4.15.5a 所示的只是棱镜的一个纵截面，若考虑折射棱镜整体，光线在整个折射棱镜中传播的情况，就会出现图 4.15.5b 所示的明暗分界面 $RR'T'T$。在 $RR'T'T$ 面的右侧有光，在 $RR'T'T$ 面的左侧无光，这分界面与棱镜顶面的法线成 β 角，当转动棱镜 β 角后，使明暗分界面通过望远镜中十字线的交点，这时从望远镜中可看到半明半暗的视场，如图 4.15.5c 所示。因在阿贝折射仪中直接刻出了与 β 角所对应的折射率，所以使用时可从仪器上直接读数而无须计算，阿贝折射仪对折射率的测量范围是 1.300 0～1.700 0。

阿贝折射仪是用白光（日光或普通灯光）作为光源，而白光是连续光谱，由于液体的折射率与波长有关，不同波长的光线有不同的折射率，因而不同波长的入射光线，其临界角 θ_0 和出射角 β 也各不相同。所以，用白光照射时就不能观察到明暗半影，而将呈现一段五彩缤纷的彩色区域，也就无法准确地测量液体的折射率。为了解决这个问题，在阿贝折射仪的望远镜筒中装有阿米西棱镜，又称光补偿器。测量时，旋转阿米西棱镜手轮使色散为零，各种波长的光的极限方向都与钠黄光的极限方向重合，视场仍呈现出半边黑色、半边白色，黑白的分界线就是钠黄光的极限方向。另外，光补偿器还附有色散值刻度圈，读出其读数，利用仪器附带的卡片还可以求出待测物的色散率。

【实验内容及数据处理】

1. 校准仪器(二选一)

1) 用蒸馏水校准

(1) 记录室温,由表 4.15.1 确定蒸馏水的折射率 n_D。将棱镜锁紧手轮 10 松开,将棱镜擦干净(注意:用无水酒精或其他易挥发溶剂,用镜头纸擦干)。

表 4.15.1　蒸馏水的折射率与温度对照

温度/℃	折射率(n_D)	温度/℃	折射率(n_D)
18	1.333 16	25	1.332 50
19	1.333 08	26	1.332 39
20	1.332 99	27	1.332 28
21	1.332 89	28	1.332 17
22	1.332 80	29	1.332 05
23	1.332 70	30	1.331 93
24	1.332 60		

(2) 用滴管将 2～3 滴蒸馏水滴入两棱镜中间,合上并锁紧。调节刻度调节手轮,使折射率读数恰为 n_D(如:室温为 20 ℃时,$n_D=1.333\,0$,此时水对应的浓度值为 $C_水$)。

(3) 从测量镜筒中观察黑白分界线是否与叉丝交点重合。若不重合,则用小起子从小孔慢慢旋转,使叉丝交点准确地和分界线重合,如图 4.15.6 所示。若视场出现色散,可调节色散调节手轮至色散消失。

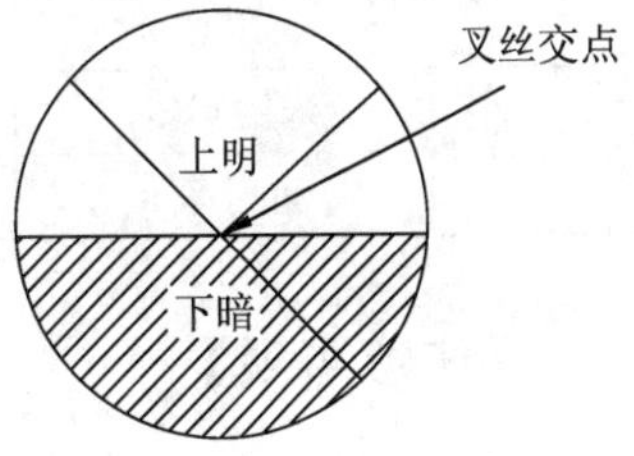

图 4.15.6　叉丝交点与分界线重合

2) 用标准玻璃块校准

(1) 松开棱镜锁紧扳手,将进光棱镜拉开。如图 4.15.7所示,在玻璃块的抛光底面上滴溴化萘(高折射率液体),把它贴在折光棱镜的 DE 面上,玻璃块的抛光侧面应向上,以接受光线,使测量镜筒视场明亮。

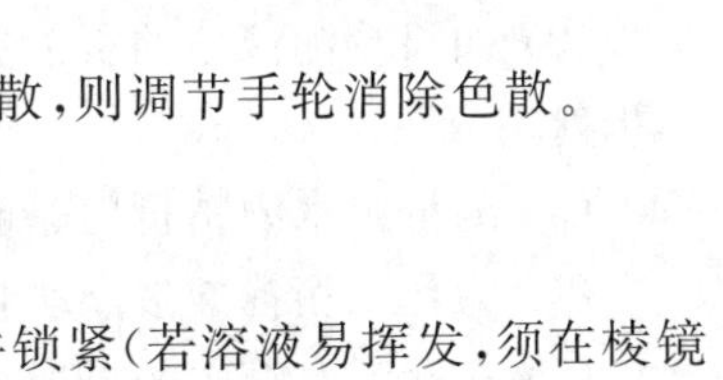

图 4.15.7　标准玻璃

(2) 调节手轮,使折射率读数恰为标准玻璃块已知的折射率值。

(3) 从测量镜筒中观察。若分界线不与叉丝交点重合,则从小孔处用小起子慢慢旋转使它们重合。若有色散,则调节手轮消除色散。

2. 测葡萄糖溶液的折射率 n 和浓度 C

(1) 将进光棱镜和折光棱镜擦干净。

(2) 滴 2～3 滴葡萄糖溶液在进光棱镜的磨砂面上,并锁紧(若溶液易挥发,须在棱镜组侧面的一个小孔内加以补充)。

(3) 旋转手轮,在测量镜筒中将观察到黑白分界线在上下移动(若有彩色,则转动手轮消除色散,使分界线黑白分明),至视场中黑白分界线与叉丝交点重合为止。

(4) 在读数镜筒中，读出分划板中葡萄糖溶液的折射率 n 和浓度 C，将数据填入表4.15.2。

(5) 对不同浓度的葡萄糖溶液样品进行测量。计算溶液的折射率 n 和浓度 C 平均值，并根据 $C_{水}$ 修正其浓度值，确定其不确定度。

(6) 以 C 为横坐标、n 为纵坐标，在坐标纸上画出葡萄糖溶液的 $n-C$ 关系曲线。

表 4.15.2　折射率和浓度数据

室温____℃；$n_{水}$ = ____；$C_{水}$ = ____%

溶液编号		次数						
		1	2	3	4	5	6	平均
1号	浓度 C/%							
	折射率 n							
2号	浓度 C/%							
	折射率 n							
3号	浓度 C/%							
	折射率 n							
4号	浓度 C/%							
	折射率 n							
5号	浓度 C/%							
	折射率 n							

【注意事项】

(1) 阿贝棱镜质地较软，用滴管加液时，不能让滴管碰到棱镜面上，以免划伤。并合棱镜时，应防止待测液层中存在气泡。

(2) 实验前，应首先用蒸馏水或标准玻璃块来校正阿贝折射仪的读数。

(3) 测固体折射率时，接触液溴代萘的用量要适当，不能涂得太多，过多待测玻璃或固体容易滑下、损坏。

(4) 实验后，用清洁液(如乙醚、乙醇等易挥发的液体)擦洗棱镜并擦干，整理放妥。

【思考题】

(1) 阿贝折射仪使用什么光源？所测得的折射率是对哪条谱线的折射率？

(2) 如果待测液体的折射率 n 大于折射棱镜的折射率 N，能不能用掠入射法来测定其折射率 n？

(3) 测量无水酒精折射率时，如果酒精蒸发完了，会出现什么现象？

(4) 为什么用标准玻璃块校准时要滴一滴高折射率液体？

(5) 在测量蒸馏水的折射率与温度实验曲线时，若水分蒸发完了，会出现什么现象？为什么？

波长的测定

波长是光学的重要参数之一，在科研和生产实验中常需要检测单色光的波长。测量波长的方法非常多，实验 4.16～4.19 将分别介绍几种测量光波波长的方法。

实验 4.16 迈克尔逊干涉仪的调节和使用

【实验目的】

(1) 了解迈克尔逊干涉仪的结构，掌握迈克尔逊干涉仪的调整和使用方法。

(2) 观察等倾干涉条纹，测量激光的波长。

(3) 观察等厚干涉条纹，测量钠光的双线波长差。

【实验仪器】

迈克尔逊干涉仪、激光器、钠光灯、毛玻璃屏、扩束镜。

迈克尔逊干涉仪器介绍 MOOC

【实验原理】

1. 薄膜干涉

利用透明薄膜的第一表面和第二表面对入射光的依次反射，将入射光的振幅分解为若干部分，由这些部分光波相遇产生的干涉，称为分振幅干涉，也称为薄膜干涉。

如图 4.16.1 所示，设薄膜的折射率为 n_2，上、下两表面为 M_1 和 M_2，M_1 上方的折射率为 n_1，M_2 下方的折射率为 n_3，膜的厚度为 d。入射角为 i_1 的入射光束照射薄膜，经上、下表面反射和透射，在上表面 M_1 附近形成两反射光束 a，b，在下表面 M_2 附近形成两透射光束 a' 和 b'，它们在无穷远处或透镜的焦平面上 P 点相遇产生干涉。

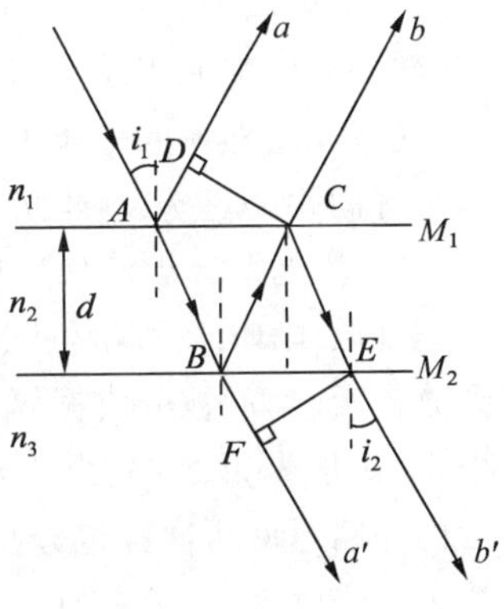

图 4.16.1 光的薄膜干涉

两束光线之间的光程差 δ 由两束光线的实际光程差 δ_1 和半波损失带来的附加光程差 δ_2 组成。当光从光疏介质射向光密介质界面反射时，在反射过程中光波有半个波长的损失。

第一种情况：如果 $n_1>n_2>n_3$ 或 $n_1<n_2<n_3$，两反射光束 a 和 b 都有半波损失或者都没有半波损失，这样两束光线的半波损失可以相互抵消，即无半波损失；两透射光束 a' 和 b' 中有一束光有一次半波损失。

第二种情况：如果 $n_1>n_2$ 且 $n_2<n_3$，反射光束中只有光束 b 有一次半波损失，透射光束中只有光束 b' 有两次半波损失（合起来相当于无半波损失）；如果 $n_1<n_2$ 且 $n_2>n_3$，反射光束中只有光束 a 有一次半波损失，两透射光束无半波损失。

由于通常是在空气中进行薄膜干涉实验，$n_1=n_3$，$i_1=i_2$，只需考虑第二种情况半波损失带来的附加光程差。

对于反射光束：附加光程差 $\delta_2=\dfrac{\lambda}{2}$；过 C 点作线段 CD 垂直于光束 a，b，根据透镜的物像之间的等光程原理，D 到 P 与 C 到 P 的光程相等，两光束的实际光程差为

$$\delta_1=n_2(AB+BC)-n_1AD=2d\sqrt{n_2^2-n_1^2\sin^2 i_1}$$

总光程差为

$$\delta=2d\sqrt{n_2^2-n_1^2\sin^2 i_1}+\frac{\lambda}{2} \tag{4.16.1}$$

对于透射光束：附加光程差 $\delta_2=0$，过 E 点作线段 EF 垂直于光束 a'，b'，根据透镜的物像之间的等光程原理，E 到 P 与 F 到 P 的光程相等，两光束的实际光程差为

$$\delta_1=n_2(CE+BC)-n_3BF=2d\sqrt{n_2^2-n_3^2\sin^2 i_2}$$

总光程差为

$$\delta=2d\sqrt{n_2^2-n_3^2\sin^2 i_2} \tag{4.16.2}$$

当光程差 $\delta=j\lambda(j=1,2,3,\cdots)$ 时，出现明纹；当 $\delta=(2j+1)\dfrac{\lambda}{2}(j=0,1,2,\cdots)$ 时，出现暗纹。

1）等倾干涉

当薄膜的厚度均匀，即 d 为常数时，由式(4.16.1)、式(4.16.2)知，两光束间的光程差仅与入射倾角有关，相同入射倾角的光线对应同一条干涉条纹，因此干涉条纹是一个个明暗相间的同心圆环，这种干涉称为等倾干涉。

2）等厚干涉

当薄膜的厚度不均匀时，保持入射光束的入射角不变，由式(4.16.1)、式(4.16.2)知，两光束间的光程差仅与薄膜的厚度有关，入射点在相同厚度薄膜处的光线光程差相同，这些光线对应同一条干涉条纹，明暗相间的干涉条纹形状与薄膜的厚度分布有关，可以是等间距的直条纹，也可以是不等距的圆环纹，这种干涉称为等厚干涉。

2. 迈克尔逊干涉仪实现等倾干涉和等厚干涉

如图 4.16.2 所示，从光源 S 发出的光射到分光板 P_1 后被分成振幅几乎相等的反射光束 1′、透射光束 2′；光束 1′经平面镜 M_1 反射后由原路返回再次穿过分光板 P_1 后成为光束 1″，到达观察点 E 处；光束 2′经补偿板 P_2 到达平面镜 M_2 被反射后按原路返回，在 P_1 的第二面上反射形成光束 2″，也被返回到观察点 E 处。如果平面镜 M_1 和平面镜 M_2 垂直，从 E 处向 M_1 看去，在 M_1 的附近(上部或下部)形成一个 M_2 的虚像 M'_2，且 M'_2 平行于 M_1，因而在迈克尔逊干涉仪中，从 M_1 和 M_2 获得的反射光束 1″，2″就相当于是从 M_1 和 M'_2 组

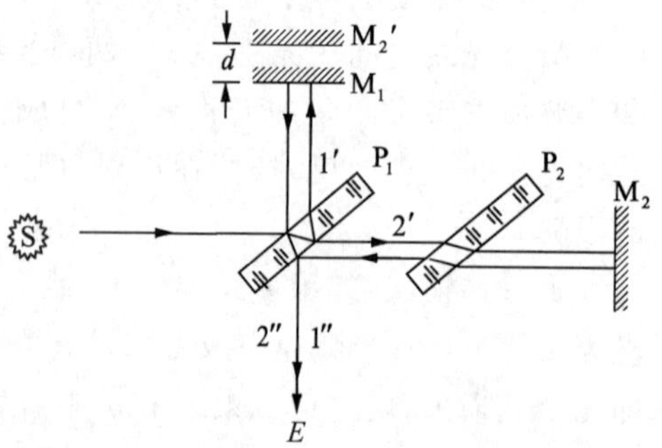

图 4.16.2　迈克尔逊干涉仪产生干涉的原理图

成的薄膜获得的反射光束。由于来自同一光源 S 的光束在到达 P_1 后被分成 1′和 2′两光束，所以 1″和 2″两光束是相干光。在迈克尔逊干涉仪中产生的干涉相当于厚度为 d 的空气薄膜产生的干涉，即 $n_1=n_2=n_3=n=1$，无半波损失，光束 1″和 2″的光程差为

$$\delta=2d\sqrt{n^2-n^2\sin^2 i}=2d\cos i \tag{4.16.3}$$

产生明、暗条比试的条件为

$$\delta=2d\cos i_k=\begin{cases}k\lambda & \text{明纹}\\ \left(k+\dfrac{1}{2}\right)\lambda & \text{暗纹}\end{cases}\quad (k=1,2,3,\cdots) \tag{4.16.4}$$

式中：i 为第 k 级条纹对应的入射角；λ 为激光的波长；d 为薄膜厚度。

1）迈克尔逊干涉仪等倾干涉的实现

当 M_1 垂直于 M_2 时，M_1 和 M_2'平行，空气薄膜的厚度均匀，用单色扩展光源（面光源）照射，S 发出的光束中入射角相同的光线有着相同的光程差，对应于同一条干涉条纹，因此在观察屏上看到一组明暗相间的同心圆环，如图 4.16.3 所示。

等倾干涉条纹的特点：

（1）中心条纹的级次最高。当 $i_k=0$ 时，因 $\cos i_k=1$ 为最大值，由式(4.16.3)、式(4.16.4)知，光程差最大 $\delta=2d$，中心条纹可以是明纹，也可以是暗纹。在干涉条纹非中心区域，$i_k\neq 0$，$|\cos i_k|<1$，因此干涉条纹从中心到边缘的级次由高到低逐步减小。

（2）当 M_1 和 M_2'间距 d 增大时，$\delta=2d=k\lambda$，$\delta=2d=(2k+1)\lambda/2$，干涉条纹中心处的干涉级次越来越高，可以看到圆环从中心向外"涌出"。反之，当 d 减小时，圆环由外向中心"陷入"。当 d 改变一个 $\lambda/2$ 时，就有一个条纹"涌出"或"陷入"，当"涌出"或"陷入"的条纹个数为 N 时，则 d 改变 N 个 $\lambda/2$，即有

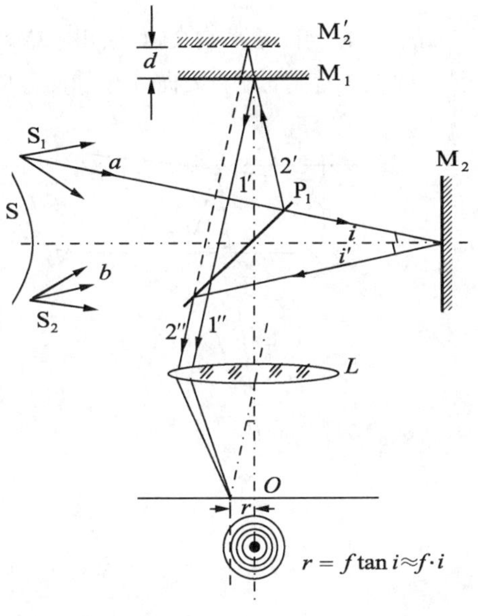

图 4.16.3　迈克尔逊干涉仪产生的等倾干涉条纹

$$\Delta d=N\cdot\frac{\lambda}{2} \tag{4.16.5}$$

所以，在实验时只要数出"涌出"或"陷入"的条纹个数 N，读出 d 的改变量 Δd 就可以计算出光波波长 λ 的值，即有

$$\lambda=\frac{2\Delta d}{N} \tag{4.16.6}$$

2）迈克尔逊干涉仪等厚干涉的实现

如图 4.16.4a 所示，如果 M_1 不垂直于 M_2，则 M_1 与 M_2'有一很小的夹角 θ，且当入射角 i 也较小时，用单色平面光照明将产生等厚干涉，条纹位于空气薄膜表面附近。此时，由 M_1 和 M_2'反射光线的光程差仍近似为

$$\delta=2d\cos i=2d\left(1-\frac{i^2}{2}\right) \tag{4.16.7}$$

等厚干涉条纹的特点：

(1) 在两镜面的交线附近处，因厚度 d 较小，$d\cdot i^2$ 的影响可略去，相干的光程差主要由膜厚 d 决定，因而在空气膜厚度相同的地方光程差均相同，即干涉条纹是一组平行于 M_1 和 M_2' 交线的等间隔的直线条纹。

(2) 在离 M_1 和 M_2' 的交线较远处，因 d 较大，干涉条纹变成弧形，且条纹弯曲的方向是背向两镜面的交线，如图 4.16.4b 所示。这是由于式(4.16.7)中 $d\cdot i^2$ 的作用不容忽略。由于同一 k 级干涉乃是等光程差点的轨迹，为满足 $2d\left(1-\frac{i^2}{2}\right)=k\lambda$，因此用扩展光源照明时，当 i 逐渐增大，必须相应增大 d 值，以补偿由 i 增大引起的光程差的减小。所以干涉条纹在 i 增大的地方要向 d 增加的方向移动，使条纹成为弧形。d 越大，条纹弯曲越厉害。

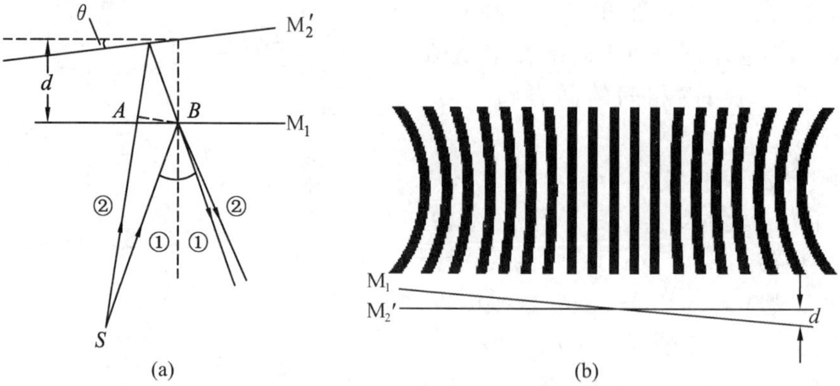

图 4.16.4　迈克尔逊干涉仪产生原理图

3. 用迈克尔逊干涉仪测量钠光的双线波长差

任何一个实际光源发出的光波波列长度都是有限的，它不是无限长波列的严格单色光，总有一定的光谱线宽 $\Delta\lambda$。$\Delta\lambda$ 越小，波列越长；$\Delta\lambda$ 越大，波列越短。在迈克尔逊干涉仪中，经 M_1 和 M_2 反射的两列光束叠加时，若它们的光程差大于波列长度，则由同一波列分割成的两束光将不能产生干涉；只有当光程差小于波列长度时，由同一波列分割成的两束光才能叠加相干。能产生干涉的最大光程差称为相干长度 Δl(即波列长度)。

当用钠光灯照射时，钠光源里有两相近的波长 $\lambda_1=589.0$ nm，$\lambda_2=589.6$ nm，波长差 $\Delta\lambda=\lambda_2-\lambda_1=0.6$ nm。若空气薄膜厚度为 d_1 时，对 λ_1 和 λ_2 均为明纹，干涉条纹可见度最佳；若空气薄膜厚度为 d_2 时，对 λ_1 为明纹，对 λ_2 为暗纹，干涉条纹可见度最差，光程差为

$$\delta_1=k\lambda_1,\ \delta_1=\left(k+\frac{1}{2}\right)\lambda_2 \tag{4.16.8}$$

当改变 Δd 时，对 λ_1 为暗纹，对 λ_2 为明纹，干涉条纹可见度最差，光程差为

$$\delta_2=\left(k+m+\frac{1}{2}\right)\lambda_1,\ \delta_2=(k+m)\lambda_2 \tag{4.16.9}$$

式(4.16.8)和式(4.16.9)对应相减得光程差变化量即为相干长度 Δl,即

$$\Delta l=\delta_2-\delta_1=\left(m+\frac{1}{2}\right)\lambda_1=\left(m-\frac{1}{2}\right)\lambda_2 \tag{4.16.10}$$

由式(4.16.10)得

$$\frac{\lambda_2-\lambda_1}{\lambda_1}=\frac{1}{m-\frac{1}{2}}=\frac{\lambda_2}{\Delta l}$$

于是,钠光的双线波长差为

$$\Delta\lambda=\frac{\lambda_1\lambda_2}{\Delta l}=\frac{\bar{\lambda}^2}{\Delta l} \tag{4.16.11}$$

式中,$\bar{\lambda}=\frac{\lambda_1+\lambda_2}{2}$在视场中心处,当 M_1 在相继两次可见度最差时,移过 Δd 引起的光程差变化量为 $\Delta l=2\Delta d$,则

$$\Delta\lambda=\frac{\bar{\lambda}^2}{2\Delta d} \tag{4.16.12}$$

从(4.16.12)可知,已知两波长的平均值 $\bar{\lambda}$,测量视场中相继两次出现条纹最暗(可见度最差)时 M_1 镜移动的距离 Δd,就可计算钠光的双线波长差 $\Delta\lambda$ 和钠光的相干长度。

【实验内容及数据处理】

迈克尔逊干涉仪器调节 MOOC

1. 测量激光的波长

1) 调节迈克尔逊干涉仪,观察等倾干涉条纹

(1) 激光器的调整。打开激光器电源,调节其高度和方向,使激光束大致照到两个平面镜 M_1,M_2 及观察屏的中部。用挡板挡住反射镜 M_2,让激光束经分光板 P_1 反射到反射镜 M_1 上,再经分光板 P_1 反射,返加至激光器的出光口,仔细调整 M_1 背面的 3 个调节螺钉,使最后的反射光像点与激光器的出光口重合。转动粗调鼓轮移动反射镜 M_1,要求反射光像点不随 M_1 的移动而漂移。此后的实验过程中,不可再旋动 M_1 后的 3 个调节螺钉。

(2) 移动 M_1,使 M_1 和 M_2 到分光板 P_1 的距离大致相等。

(3) 调节 M_1 和 M_2 相互垂直。撤去 M_2 的挡板,可观察到两组横向分布的小激光点,都以最亮者居中。调节 M_2 背面的 3 个微调螺钉,使反射光束再回到激光器的出光口处(最亮的那个点);仔细调节 M_2 背面的 3 个微调螺钉,使两组小激光斑点中最亮两个的光斑重合。

(4) 在激光器和干涉仪之间放上短焦距扩束透镜,使扩束后的激光照射在分光板 P_1,观察屏上将出现等倾干涉条纹,仔细缓慢地调节 M_2 背后的螺钉或下方的两个微调螺丝,使干涉条纹呈圆形。

(5) 无视差调节。一边用眼睛观察条纹,一边上下左右移动眼睛,看到的干涉环有“涌出”或“陷入”现象,说明干涉仪还没有调好,应再仔细缓慢地调节 M_2 背后的螺钉或下方的两个微调螺丝,直至眼睛移动时干涉条纹中心不发生条纹的“涌出”或“陷入”现象,这时观察到的干涉条纹才是严格的等倾干涉条纹。

2）测定激光波长

（1）校正零点。将微鼓轮沿某一方向（测量移动方向）旋转，使微鼓轮的读数刻线至零点，然后沿相同方向旋转粗鼓轮，使其读数刻线与读数窗中的某一刻线对齐。在后面的测量过程中，鼓轮只能沿这个方向旋转。

（2）连续向同方向转动微调鼓轮，使 M_1 移动，观察屏 E 上条纹的变化，从条纹的“涌出”或“陷入”，判断 M_1 与 M_2' 之间的距离 d 是变大还是变小，掌握干涉条纹“涌出”或“陷入”与转动微调鼓轮方向的关系。

（3）选择条纹的“涌出”或“陷入”作为计数的开始，记录 M_1 的位置（初始位置读数），然后沿同一方向转动微调鼓轮，仔细观察屏上的干涉条纹“涌出”或“陷入”的个数。每隔 50 个条纹，记录一次 M_1 的位置。共记 300 条条纹，读 6 个位置的读数，记录在表 4.16.1 中。

迈克尔逊干涉仪数 N 和测空气膜厚度差

（4）用逐差法计算每“涌出”或“陷入”$N=150$ 个条纹时，M_1 的位置的改变量

$$\overline{\Delta d}=\frac{|d_4-d_1|+|d_5-d_2|+|d_6-d_3|}{3}$$

（5）计算激光波长，将测量值与公认值比较，计算百分差。

表 4.16.1　测定激光波长

次数	1	2	3	4	5	6
M_1 的位置 d_i/mm						

2. 测量钠光灯波长和钠光双线波长差

1）调节迈克尔逊干涉仪，观察等倾干涉

（1）用钠光灯替换激光器，并用毛玻璃屏替换扩束透镜。调节使钠灯窗口的中心、分光板 P_1 中心、反射镜 M_2 的中心大致等高，且它们的连线大致垂直于 M_2（目测判断即可）。此时，从 E 处沿垂直于反射镜 M_1 的方向，可以观察到 3 个亮的毛玻璃片的像。

（2）粗调 M_1 和 M_2 相互垂直。调节 M_2 背面的 3 个微调螺钉，从 E 处观察，可以看到 3 个像其中有两个平行在一起不动，有一个是移动的。继续调节 M_2 背面的 3 个微调螺钉，使移动的像和两个平行不动像的右边那个重合，这时可以看到干涉条纹。接着仔细调节 M_2 背面的 3 个微调螺钉使条纹变粗变圆。

（3）细调 M_1 和 M_2 相互垂直。架上望远镜，从望远镜里看到干涉圆环后，再仔细调反射镜 M_2 背面的 3 个微调螺钉，直到能够看到清晰的圆环为止。如果圆环较密，可以转动粗调鼓轮移动反射镜 M_1 使圆环变疏。上下左右移动眼睛，观察干涉环是否有“涌出”或“陷入”现象，若有则表明 M_1 和 M_2' 没有完全平行，还需继续仔细调节 M_2 背后的螺钉或下方的两个微调螺丝，直到移动眼睛干涉环无“涌出”或“陷入”现象为止。

2）测量钠光的波长

（1）连续向一个方向转动微调鼓轮，使 M_1 移动，同时观察望远镜视场中条纹的变化，从条纹的“涌出”或“陷入”，判断 M_1 与 M_2' 之间的距离 d 是变大还是变小，掌握干涉条纹“涌出”或“陷入”与转动微调鼓轮方向的关系。

(2) 选择条纹的“涌出”或“陷入”作为计数的开始，记录 M_1 的位置(初始位置读数)，然后沿同一方向转动微调鼓轮，仔细观察屏上的干涉条纹“涌出”或“陷入”的个数。每隔 50 个条纹，记录一次 M_1 的位置。共记 300 条条纹，读 6 个位置的读数，记录在表 4.16.2 中。

(3) 用逐差法计算每“涌出”或“陷入”$N=150$ 个条纹时，M_1 的位置的改变量

$$\overline{\Delta d}=\frac{|d_4-d_1|+|d_5-d_2|+|d_6-d_3|}{3}$$

(4) 计算钠光波长，将测量值与公认值比较，计算百分差。

表 4.16.2　测定钠光波长

次数	1	2	3	4	5	6
M_1 的位置 d_i/mm						

3) 测钠光双线的波长差

(1) 沿同一个方向连续移动 M_1 位置时，可观察到干涉条纹对比度发生周期性变化，即等倾干涉条纹由最清晰变为最模糊，再由最模糊变为最清晰。测出等倾干涉圆环条纹变成最模糊的相邻两次 M_1 镜的位置 d_1 和 d_2，即得到 $\Delta d=|d_2-d_1|$。注意：可见度最小的位置较难判断，可选取干涉条纹刚消失和刚出现的位置为参考。重复测量 3 次，将数据填入表 4.16.3。

(2) 求 $\overline{\Delta d}=\dfrac{|d_2-d_1|+|d_3-d_2|}{2}$，计算出钠光双线波长差 $\Delta\lambda$，取 $\bar{\lambda}$ 为 589.3 nm。

表 4.16.3　测量钠光 *D* 双线的波长差

次数	1	2	3
M_1 的位置 d_i/mm			

【注意事项】

(1) 迈克尔逊干涉仪系精密光学仪器，使用时应注意：

① 注意防尘、防潮、防震；不能触摸元件的光学面；不要对着仪器说话、咳嗽等。

② 实验前和实验结束后，所有调节螺丝均应处于放松状态，调节时应先使之处于中间状态，以便有双向调节的余地，调节动作要均匀缓慢。

③ 有的干涉仪粗动手轮和微动手轮传动的离合器啮合时，只能使用微动手轮，不能再使用粗动手轮，否则会损坏仪器。

④ 旋转读数手轮进行测量时，要防止回程误差。

(2) 震动对测量的影响甚大，要注意。

(3) 迈克尔逊干涉仪的读数系统由三部分组成：标尺读数、粗鼓轮读数和微鼓轮读数。以 mm 为单位时，小数点前的整数部分为标尺读数，小数点后两位是粗鼓轮读数，小数点后的第三、四位为微鼓轮读数，最后为估读一位。

(4) 在调节和测量过程中，一定要非常细心和耐心，转动手轮时要缓慢、均匀。

(5) 为了防止引进螺距差，每项测量时必须沿同一方向转动手轮，途中不能倒退。

(6) 在用激光器测波长时，M_1 镜的位置应保持在 30～60 mm 范围内。

(7) 为了测量读数准确,使用干涉仪前必须对读数系统进行校正。

(8) 使用激光器时一定要注意安全,眼睛不能正视激光光束。

(9) 迈克尔逊干涉仪的光学元件全部暴露在外,使用时不能对着仪器咳嗽、说话,严禁用手触摸光学元件表面,也不要自行用擦镜纸擦拭。

【思考题】

(1) 简述本实验所用干涉仪的读数方法。

(2) 怎样利用干涉条纹的"涌出"和"陷入"来测定光波的波长?

(3) 调节钠光的干涉条纹时,如果确使双影重合,但条纹并不出现,试分析可能产生的原因。

(4) 如何判断和检验干涉条纹属于严格的等倾条纹?

实验 4.17 单色仪的定标

【实验目的】

(1) 熟悉棱镜单色仪的构造原理和使用方法。

(2) 以汞灯的主要谱线为基准,对单色仪在可见光区进行定标。

(3) 测定未知光谱的波长。

【实验仪器】

反射式棱镜单色仪、汞灯(定标光源)、低倍显微镜、钠灯(未知光源)。

【实验原理】

单色仪是一种分光仪器,它通过色散元件的分光作用,把一束复色光分解成组成它的各个"单色"。单色仪可分为棱镜单色仪和光栅单色仪两大类。单色仪可以分析的光谱区域从紫外、可见、近红外一直到远红外,对于不同的光谱区域,需用不同的棱镜或光栅。

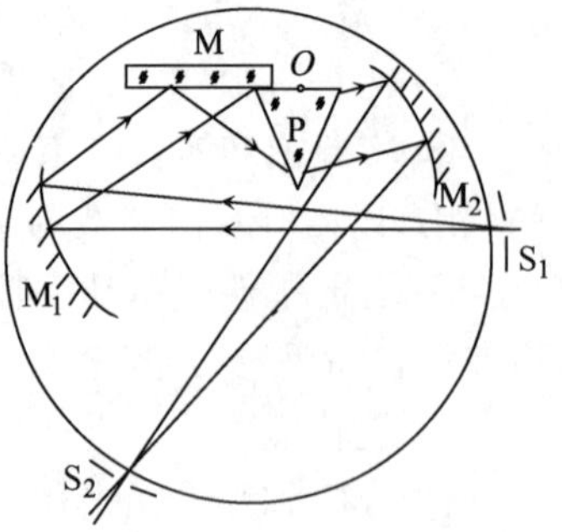

S_1—入射缝;M_1—准直凹面反射镜;M—平面反射镜;M_2—聚焦凹面反射镜;P—棱镜;S_2—出射缝

图 4.17.1 反射式棱镜单色仪

反射式棱镜单色仪如图 4.17.1 所示,用棱镜作为色散元件的光谱仪器,其外壳是圆形的,下方有驱动棱镜台转动的丝杆和读数鼓轮,外侧装有可调缝宽的入射狭缝 S_1 和出射狭缝 S_2。

1. 反射式棱镜单色仪各部分作用

1) 入射准直系统

由入射缝 S_1 和凹面镜 M_1 组成,S_1 固定在 M_1 的焦面上，M_1 使 S_1 发出的入射光束成为平行光束。

2）瓦兹渥斯色散系统

由玻璃棱镜 P 和平面镜 M 组装成一整体，安装在同一转台上，可以绕垂直于图面通过 O 点的轴线（棱镜顶角的等分面和底面的交线）转动。其特点是平行光束通过后，以最小偏向角出射的单色光仍与原入射光平行，故该系统又称为恒偏向色散装置。

3）出射聚光系统

由凹面镜 M_2 和出射缝 S_2 组成，S_2 固定在 M_2 的焦面上，M_2 将色散后沿不同方向传播的单色平行光会聚在 M_2 的焦面上，因 S_2 缝宽较小，从 S_2 射出的光可以看作波段很窄的光，通常称为单色光。

棱镜台的转动，可以实现不同波长的单色光的输出。当棱镜台绕 O 轴转动时，以最小偏向角通过棱镜的光束波长也跟着改变，随着最小偏向角由大到小的变化，从 S_2 输出的单色光波长将依次由短变长。

棱镜台转动装置与鼓轮连接，棱镜台转动的位置由鼓轮刻度读出，鼓轮每一刻度的数值都与一定波长的单色光输出相对应。因此，通过作单色仪的鼓轮读数和对应光波波长的关系曲线称为定标曲线（又称色散曲线），有了定标曲线，就可以查出单色仪输出的未知波长的单色光所对应的中心波长。

单色仪出厂时都附有定标曲线图或数据表供查阅，但是在长期使用过程中，数据会发生改变，实验前必须对单色仪进行重新定标，用以对原数据进行修正。

2. 定标的方法

单色仪定标曲线的定标，是借助于波长已知线光谱光源来进行的。为了获得较多的点，必须有一组特制的光源。通常采用汞灯、氢灯、钠灯、氖灯以及用铜、锌、铁做电极的弧光光源等。

本实验选用汞灯作为已知线光谱的光源，在可见光区域（400～760 nm）进行定标。在可见光波段，汞灯主要谱线的相对强度和波长如图 4.17.2 及表 4.17.1 所示。

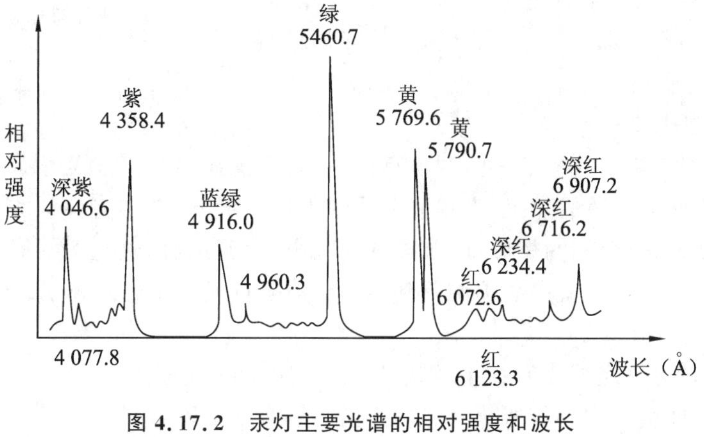

图 4.17.2　汞灯主要光谱的相对强度和波长

表 4.17.1　汞灯主要光谱波长

颜色	波长/nm	强度	颜色	波长/nm	强度
紫色	Δ404.66	强	黄色	Δ576.96	强
	Δ407.78	中		Δ579.07	强
	410.81	弱		585.92	弱
	433.92	弱		589.02	弱
	434.75	中	橙色	Δ607.26	弱
	Δ435.84	强		Δ612.33	弱
蓝绿色	Δ491.60	强	红色	Δ623.44	中
	Δ496.03	中			
绿色	535.41	弱	深红色	Δ671.62	中
	536.51	弱		Δ690.72	中
	Δ546.07	强		708.19	弱
	567.59	强			

【实验内容及数据处理】

1. 仪器的调节

(1) 调节入射狭缝和出射狭缝的宽度，根据需要选择合适的缝宽。两个缝的宽度直接影响出射光的强度和单色性。了解狭缝的宽度调节和读数以及狭缝使用时的注意事项。

(2) 调节入射光源。

将汞灯、凸透镜、单色仪按如图 4.17.3 所示摆放，使狭缝 S_1 对准凸透镜和汞灯所发出的光线。调节透镜和汞灯的位置，使汞灯发出的光照射在狭缝 S_1 上。将入射狭缝和出射狭缝开大，将光源移至 S_1 前半米以外的位置，从出射狭缝处朝单色仪内观察，可看见光源的清晰像，再调节光源的位置，使光源的像正好位于 M_2 的中央。

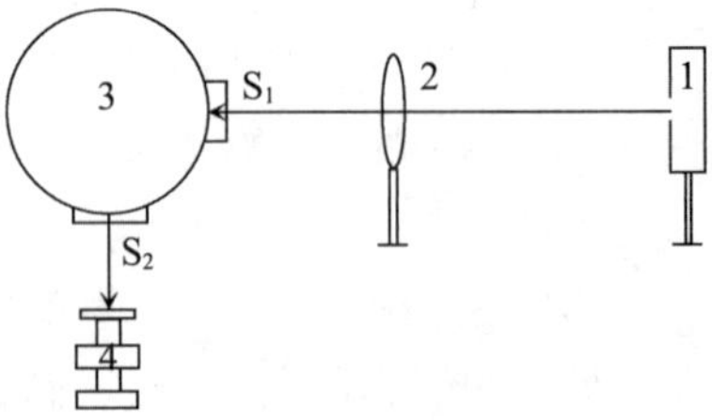

1—汞灯；2—短焦距凸透镜；
3—单色仪；4—低倍显微镜

图 4.17.3　测量装置结构

(3) 调节观测装置。

将显微镜置于出射狭缝 S_2 处，调节目镜，直到看清显微镜叉丝为止。然后对准出射狭缝 S_2 的刀口调节物镜的焦距，直到清楚看到出射狭缝 S_2 中的光谱线为止。若谱线较粗，调节入射狭缝 S_1 上端的螺旋，使狭缝宽度减小，边调边看，直到谱线亮度清晰而又细为止。调节好的标志：实验中必须调节到能够分清汞灯光谱中的双黄线。

2. 辨认汞灯谱线

汞灯光源在可见光波段有几十条谱线，最易观察到的约有 23 条。对初次接触单色仪的使用者，可能会感到对其所分解出的光谱辨别有如下困难：

(1) 某些谱线看起来若隐若现，只有耐心观察，才能看清楚。如汞灯的红谱线有三条，其中一条波长为 725.00 nm 的暗谱线，看起来非常朦胧。

(2) 对于颜色的界定不明确，特别是从一种颜色向另一种颜色过渡的过渡色很难分辨。例如，橙色与红色，初次接触难于分清，只能边看边学，边认识。

（3）将汞灯光谱从红到紫来回多看几遍，找出表 4.17.1 中打“Δ”符号的谱线。

3. 测量

（1）鼓轮的读数范围：转动读数鼓轮，将汞灯光谱从红到紫来回多看几遍，将鼓轮的读数范围确定下来。

（2）在熟悉 23 条谱线颜色的基础上，调节观测装置，把读数显微镜的叉丝对准出射缝中央。向一个方向缓慢转动鼓轮，从红到紫，找出表 4.17.2 中打有“Δ”符号谱线对应的鼓轮读数。

表 4.17.2　单色仪定标数据

颜色	强度	对应波长	鼓轮读数	颜色	强度	对应波长	鼓轮读数
紫色	强	Δ404.66		黄色	强	Δ576.96	
	中	Δ407.78			强	Δ579.07	
	弱	410.81		橙色	弱	Δ607.26	
	中	434.75			弱	Δ612.33	
	强	Δ435.84		红色	中	Δ623.44	
蓝绿色	强	Δ491.60		深红色	中	Δ671.62	
	中	Δ496.03			中	Δ690.72	
绿色	强	Δ546.07			弱	708.19	
	强	567.59					

（3）以光谱线波长（λ）为横坐标、鼓轮读数（L）为纵坐标绘制单色仪定标曲线。

（4）用未知光谱（钠灯）替换汞灯光源，读出钠灯光谱线对应的鼓轮读数。

（5）从绘制的单色仪定标曲线上读出钠灯光谱对应的中心波长，并与其理论值进行比较，分析误差原因。

【注意事项】

（1）避免回程误差，旋转鼓轮时应小心缓动，如旋转时感到有阻力应立即停止操作。

（2）在作定标曲线时，要根据所给定的谱线结构辨认出每一根谱线所对应的波长。

【思考题】

（1）在单色仪的定标实验中，应注意何种误差？

（2）单色仪的定标实验，如何进行零点误差的修正？

（3）单色仪内各光学元件各起什么作用？为什么要对单色仪定标？

（4）三棱镜的分光原理是什么？单色仪为什么要用平行光通过三棱镜？它是如何实现的？

（5）什么叫三棱镜色散的最小偏向角？单色光实现最小偏向角的条件是什么？

实验 4.18 透射光栅特性研究

【实验目的】

(1) 观察光栅衍射现象,了解光栅衍射条纹的特点。

(2) 掌握用分光计和透射光栅测光栅常数、光波波长。

【实验仪器】

分光计、平面透射光栅、汞灯、钠灯。

【实验原理】

光栅是一组数目很多的等宽、等距和平行排列的狭缝,光栅分透射光栅和反射光栅两类。光栅是重要的分光元件,通常用于光谱分析研究复色光的组成,通过光栅获得特定波长的单色光,本实验用的是平面透射光栅。光栅的衍射条纹是单缝衍射和多缝干涉的总效果。光栅的相邻两个狭缝对应点之间的距离 $d=a+b$,称为光栅常数。

由光栅衍射的原理可知,当一束单色平行光垂直照射一平面光栅时,透过每一狭缝的光都会发生单缝衍射,同时透过所有狭缝的光又会彼此产生干涉,光栅衍射光谱的强度由单缝衍射和缝间干涉两因素共同决定。用会聚透镜可将光栅的衍射光谱会聚于透镜的焦平面处的光屏上,便可看到一系列明、暗相间对称的条纹,如图 4.18.1 所示。

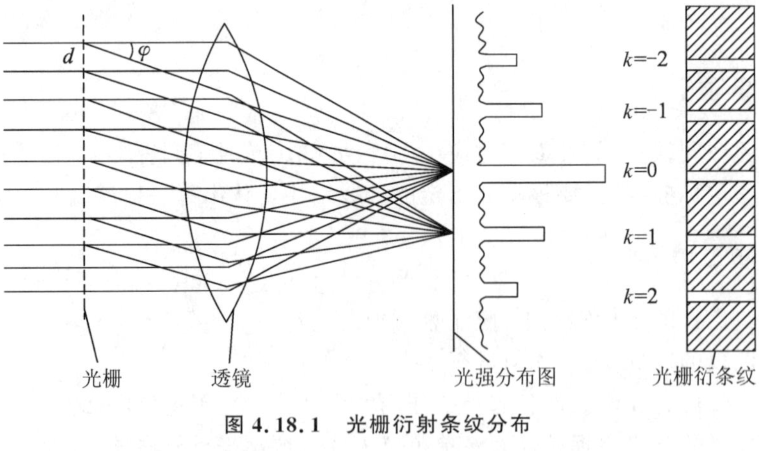

图 4.18.1 光栅衍射条纹分布

如图 4.18.2 所示,设 S 为位于透镜 L_1 物方焦平面上的细长狭缝光源,G 为光栅,光栅常数为 d。自 L_1 射出的平面光垂直地照射在 G 上。透镜 L_2 将与光栅法线成 θ 角的衍射光会聚于其像方焦面上的 P_1 点,则产生衍射亮条纹为

$$d\sin\theta=k\lambda \quad k=0,\pm1,\cdots \tag{4.18.1}$$

式(4.18.1)被称为光栅方程。其中,θ 为衍射角,λ 为光波波长,k 为级数,d 为光栅

常数。衍射亮条纹实际上是光源狭缝的单缝衍射和多缝干涉的总效果，是一系列锐细的亮线。

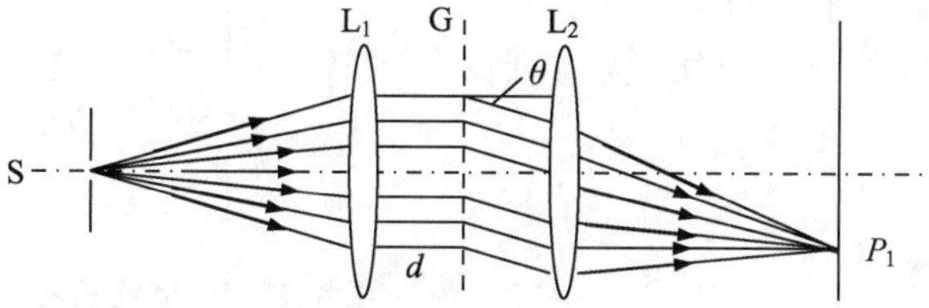

图 4.18.2　光栅衍射原理图

(1) 当 $k=0$ 时，在 $\theta=0$ 的方向上，各种波长的亮线重叠在一起，形成明亮的零级条纹。

(2) 对于 k 的其他数值，不同波长的亮线出现在不同的方向上形成光谱，对称地分布在零级条纹的两侧。

因此，若已知光栅常数 d，测出某谱线的衍射角 θ 和光谱谱线级数 k，则由式(4.18.1)便可求出该谱线的波长 λ；反之，如果波长 λ 是已知的，则可求出光栅常数 d。

【实验内容及数据处理】

1. 仪器调节

(1) 分光计调节方法参照第三章第二节中的内容。

(2) 光栅位置的调节。

① 调节光栅平面使其与平行光管和望远镜的光轴垂直。

先用汞灯或钠灯光照亮平行光管的狭缝，使望远镜目镜中分划板上的中心垂线对准狭缝的像，然后固定望远镜。将装有光栅的光栅支架，按图 4.18.3a 所示，置于载物台上。使其一端对准调平螺丝 a，一端置于另两个调平螺丝 b，c 的中点，旋转游标盘并调节调平螺丝 b 或 c，当从光栅平面反射回来的"十"字像与分划板上方的十字线重合时，如图 4.18.3b 所示，这时光栅已垂直于入射光，固定游标盘。

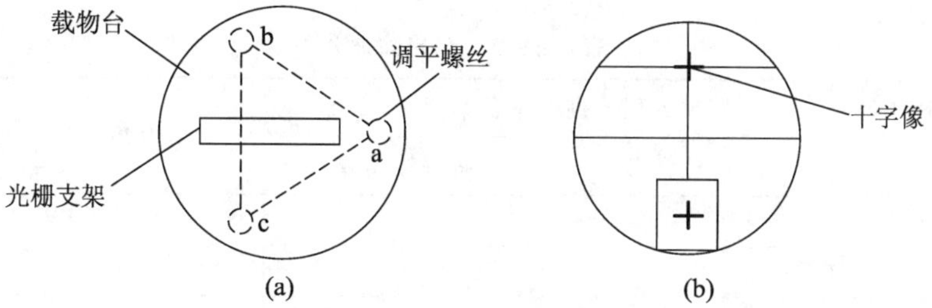

图 4.18.3　光栅支架放置及调节

② 调节光栅刻痕与转轴平行。

光栅刻痕与转轴平行的标志：用汞灯或钠灯光照亮狭缝，松开望远镜紧固螺丝，转动望远镜可观察到 0 级光谱两侧的 ±1，±2 级衍射光谱，两侧光谱线的光谱中心线与分划板水平线的中心重合，即使两侧的光谱线等高。

如果左右两侧的光谱线相对目镜中叉丝的水平线高低不等(见图 4.18.4),说明光栅刻痕与转轴不平行,这时可调节调平螺丝 a(不得动 b,c),重复①②两步的调节,直到两个条件均满足为止。

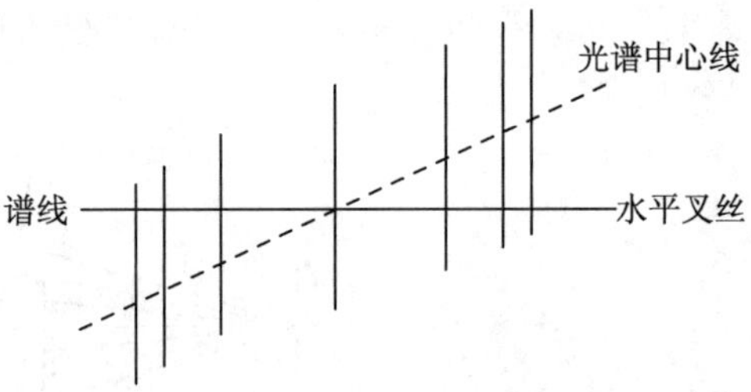

图 4.18.4 谱线相对目镜水平叉丝高低不等

2. 测量

1) 测定光栅常数

(1) 转动望远镜,观察汞灯绿线($\lambda=546.07$ nm)的各级衍射光谱,使叉丝竖线依次对准左右两边 $k=-1,+1$ 的绿线亮条纹,在表 4.18.1 中记下相应的左、右游标读数 $v_{-1左}, v_{-1右}, v_{+1左}, v_{+1右}$。

(2) 记录 $k=\pm2$ 时,将相应的左、右游标读数 $v_{-2左}, v_{-2右}, v_{+2左}, v_{+2右}$ 填入表 4.18.1。

(3) 记录 $k=\pm3$ 时,将相应的左、右游标读数 $v_{-3左}, v_{-3右}, v_{+3左}, v_{+3右}$ 填入表 4.18.1。

(4) 计算绿色各级谱线衍射角,求出光栅常数 d 及其平均值。

表 4.18.1 测定光栅常数

项目 / 级次	透射光栅的绿色谱线		衍射角	光栅常数
	左游标读数	右游标读数		
$k=-1$				
$k=+1$				
$k=-2$				
$k=+2$				
$k=-3$				
$k=+3$				

2) 测光波的波长

(1) 转动望远镜,观察汞灯紫色光谱,让叉丝竖线依次对准 $k=\pm1, \pm2, \pm3$ 的紫色光谱($\lambda=435.8$ nm),记录紫色各级光谱对应的左右游标读数,填入表 4.18.2。

表 4.18.2 测光波波长

项目 / 级次	透射光栅的紫色谱线		衍射角	波长
	左游标读数	右游标读数		
$k=-1$				
$k=+1$				
$k=-2$				
$k=+2$				
$k=-3$				
$k=+3$				

(2) 计算紫色谱线衍射角 θ,通过已知光栅常数 d 算出紫色光谱的波长及其平均值。

【注意事项】

(1) 分光计的调节十分费时,调节好后,实验时不要随意变动,以免重新调节而影响实验的进行。

(2) 实验用的光栅是由明胶制成的复制光栅,衍射光栅玻璃片上的明胶部位,不得用手触摸或用纸擦,以免损坏其表面刻痕。

(3) 转动望远镜前,要松开固定它的螺丝;转动望远镜时,手应持着其支架转动,不能用手持着望远镜转动。

(4) 光栅位置调好后,在实验中不应移动。

【思考题】

(1) 比较棱镜和光栅分光的主要区别。

(2) 分析光栅面和入射平行光不严格垂直时对实验有何影响?

(3) 如果光波波长是未知的,能否用光栅测其波长?

(4) 设计一种不用分光计,只用米尺和光栅去测 d 和 λ 的方案。

(5) 实验中怎样进行分光计的调节?

(6) 本实验对分光计的调整有何特殊要求? 如何调节才能满足测量要求?

(7) 设某光栅 $N=4\,000$,对一级光谱在波长为 590 nm 附近,它刚能辨认的两谱线的波长差为多少?

实验 4.19　用双棱镜干涉测光源的光波波长

【实验目的】

(1) 掌握菲涅耳双棱镜获得双光束干涉的方法。

(2) 观察双棱镜产生的双光束干涉现象,理解产生干涉的条件。

(3) 学会用双棱镜测定光波波长。

【实验仪器】

双棱镜干涉测定仪(见图 4.19.1)包括光具座、半导体激光器(含扩束镜)、双棱镜片、凸透镜、CCD 光强分布测量仪和数字示波器。

(1) 半导体激光器(含扩束镜):实验使用为小功率的半导体激光器,半导体激光器的电源盒上有一个旋钮用于调节光强。在进行单缝、光栅常数测量实验时需旋下半导体激光器光阑前的扩束镜。

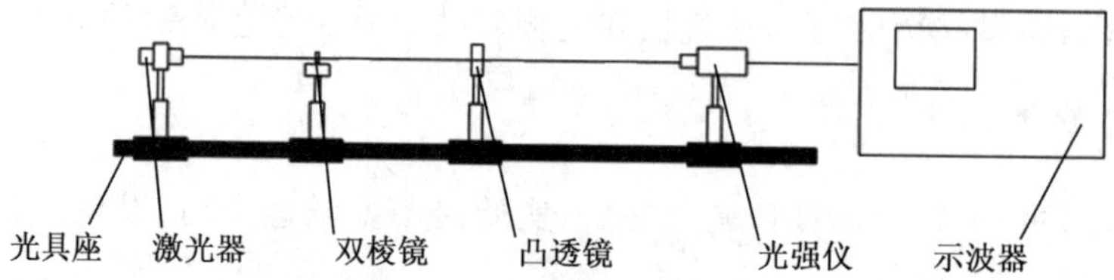

图 4.19.1　双棱镜干涉测定仪

(2) 双棱镜：置于二维调节架上，可自由调节上下、左右及俯仰位置。

(3) 凸透镜：用于虚光源成像。

(4) CCD 光强分布测量仪：其核心是线阵 CCD 器件。CCD 器件是一种可以电扫描的光电二极管列阵，有面阵（二维）和线阵（一维）之分。CCD 光强仪所用的是线阵 CCD 器件，性能参数见表 4.19.1。LM601/501 CCD 光强仪机壳尺寸为 150 mm×100 mm×50 mm，CCD 器件的光敏面至光强仪前面板距离为 4.5 mm。

表 4.19.1　CCD 光强分布测量仪相关参数

光敏元素	光敏元尺寸	光敏元中心距	光敏元线阵有效长度	光谱响应范围	光谱响应峰值
2700 个	11×11 μm	11 μm	29.7 mm	0.3～0.9 μm	0.56 μm

LM601/501 CCD 光强仪后面板各插孔标记含义如下：

“同步”：Q9 头，示波器型用。启动 CCD 器件扫描的触发脉冲，主要供示波器触发用。“同步”的含意是“同步扫描”，与示波器的触发端口相连。

“信号”：Q9 头，示波器型用。CCD 器件接受的空间光强分布信号的模拟电压输出端，与示波器的某一路 Y 信号端口相连。

【实验原理】

1. 菲涅耳双棱镜实验

菲涅耳双棱镜可看作是由两个折射棱角 α 很小（小于 1°）的直角棱镜底边相接而成，实际上是一个顶角 A 极大的等腰三棱镜，它的外形结构如图 4.19.2 所示。当单色光源照射在双棱镜表面时，经其折射后形成两束好像由两个光源发出的两列频率相同、传播方向几乎相同、相位差不随时间变化的光波，在两列光波相遇的区域内，光强的分布是不均匀的，满足光的相干条件，称这种棱镜为双棱镜。

菲涅耳利用图 4.19.3 所示的装置，获得了双光束的干涉现象。从单色光源 M 发出的光束经透镜 L 会聚于狭缝 S，使 S 成为具有较大亮度的线状光源。狭缝 S 发出的光波投射到双棱镜 B 上，经折射后，其波前便分割成两部分，形成沿不同方向传播的两束相干光波。通过双棱镜观察这两束光，就好像它们是由虚光源 S_1 和 S_2 发出的一样，故在两束光相互重叠区域 P_1P_2 内产生干涉。如果双棱镜棱脊和光源狭缝严格平行，且狭缝的宽度较小，便可在白屏 P 上观察到平行于狭缝的等间距干涉条纹。

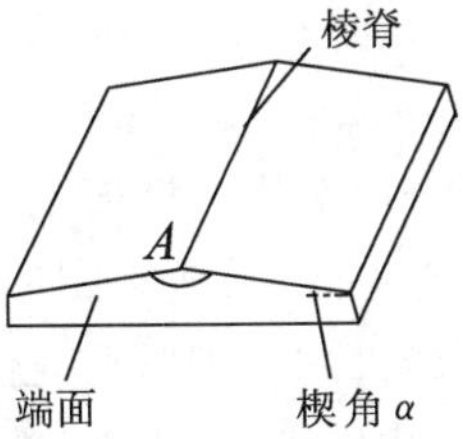

图 4.19.2　菲涅耳双棱镜

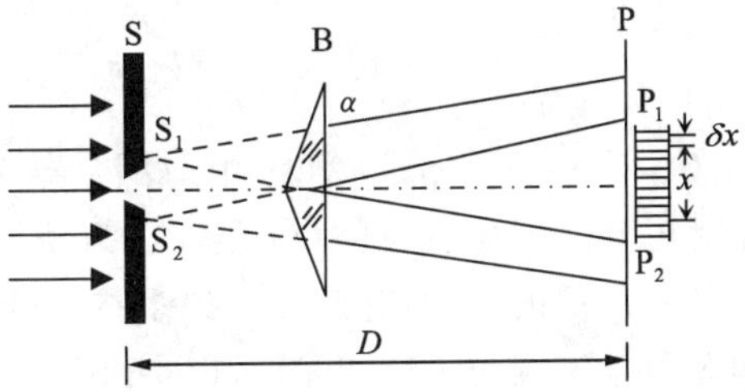

图 4.19.3　双棱镜干涉原理图

双棱镜干涉条纹间距的计算方法，与杨氏双缝干涉的计算方法相同。设 d 代表两虚光源 S_1 和 S_2 间的距离，D 为虚光源所在的平面至观察屏 P 的距离，且 $d \ll D$，干涉条纹宽度为 δx，则实验所用光波波长 λ 可表示为

$$\lambda=\frac{d}{D}\delta x \tag{4.19.1}$$

上式表明，只要测出 $d, D, \delta x$，就可算出光波波长。

在双棱镜和观察屏之间放置一个焦距为 f' 的凸透镜 L'，由透镜成像放大公式，可以初步获得两虚光源间的距离 d。虚光源的位置通常可以用狭缝所在位置来代替，D 为狭缝与观察屏之间的距离，可以通过光具座上的标尺测出虚光源所在的平面到观察屏 P 的距离 D。

通常用测微目镜来观察干涉条纹，还有更精确测量 d 和 D 的方法：

(1) 测量两虚光源间的距离 d。用已知焦距为 f' 的凸透镜 L′置于双棱镜与测微目镜之间，由透镜的两次成像法求得，如图 4.19.4 所示。当测微目镜到狭缝的距离 $D>4f'$ 时，前后移动透镜，就可以在两个不同位置上，从测微目镜中看到两虚光源 S_1 和 S_2 经透镜所成的实像 S_1' 和 S_2'，其中之一为放大的实像，另一为缩小的实像。如果分别测得两虚光源放大像的间距 d_1 和缩小像的 d_2，则两虚光源间的距离 d 为

$$d=\sqrt{d_1 d_2} \tag{4.19.2}$$

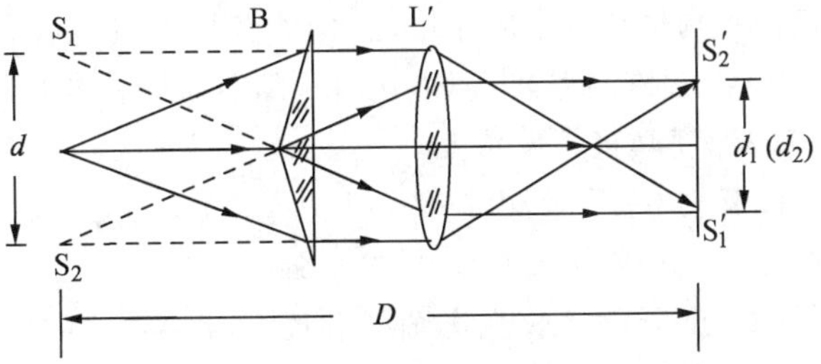

图 4.19.4　测两虚光源间距原理图

(2) 测量虚光源与测微目镜间的距离 D。实际上，两虚光源与狭缝并不一定在同一平面上，精确确定虚光源的位置的方法是：以测量两虚光源间的距离 d 的方法为基础，当测微目镜到狭缝的距离 $D>4f'$ 时，前后移动透镜，在两个不同位置上从测微目镜中看到两虚光源 S_1 和 S_2 经透镜所成的实像，两次成像的像距之和就是虚光源与测微目镜间的距离 D。实验中记录透镜所在的位置 1 和位置 2 以及测微目镜所在位置，就可以确定虚

光源的位置。

2. CCD技术

CCD(Charge-Coupled Device,电荷耦合器件)是20世纪60年代中期开始出现的新型半导体光电转换器件。自问世以来,在钢铁、冶金、机械、石油化工、航空、环保等支柱产业中得到了广泛的应用,并解决了许多技术难题。2009年诺贝尔物理学奖之一授予了美国的两名科学家维拉·博伊尔(Willard S. Boyle)和乔治·史密斯(George E. Smith),因为他们发明了成像半导体电路——电荷耦合器件图像传感器CCD。

CCD是由光敏单元、转移结构和输出结构组成的一种集光电转换、电荷储存和电荷转移为一体的光电传感器件。典型线阵CCD结构如图4.19.5所示。其中,光敏单元是CCD中注入信号电荷(光生电子)和存储信号电荷的部分;转移结构的基本单元是MOS(Metal-Oxide-Semiconductor,金属—氧化物—半导体)结构,它的作用是转移存储的信号电荷;输出结构是将信号电荷以电压或者电流的形式输出的部分。

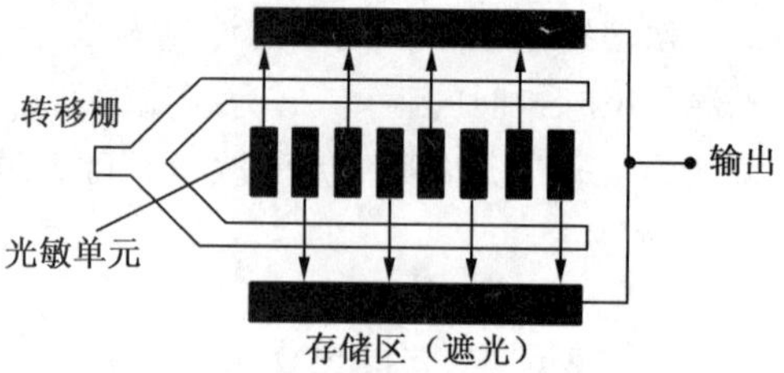

图4.19.5　典型线阵CCD结构示意图

CCD的基本功能是电荷的存储和电荷的转移。工作时,需要在金属栅极上加一定的偏压,形成势阱以容纳信号电荷,电荷的多少与光强呈线性关系。电荷读出时,采用了一种电荷耦合(相邻两个势阱相互耦合)的方法。在一定相位关系的移位脉冲电压作用下,从一个位置移动到下一个位置,直到移至输出电极,经过电荷—电压变换,转换为模拟信号。由于在CCD中每个像元的势阱所容纳电荷的能力是有一定限制的,所以如果光照太强,一旦电荷填满势阱,电子将产生“溢出”现象。

CCD图像传感器具有体积小、噪声低、分辨率高、灵敏度高、功耗小、寿命长、抗震性及抗冲击性好、不受电磁干扰、可靠性高、便于数字化处理和便于与计算机接口等诸多优点。与CMOS图像传感器相比,具有灵敏度高、分辨率高、噪声小、技术成熟等优势。在图像传感和非接触式精密测量技术中应用广泛,例如在摄像机、数码相机和扫描仪中,以及各类物体的尺寸、距离、三维特性测量等方面。随着CCD技术和理论的不断发展,CCD技术应用的广度与深度必将越来越大。

本实验中采用的双棱镜干涉测定仪结构如图4.19.6所示,其中CCD光强分布测量仪的光强测量系统,是利用线阵CCD器件接收光谱图形和光强分布,并利用示波器对采集到的数据进行显示处理,通过直观的方式获得式(4.19.1)中各参数的结果。

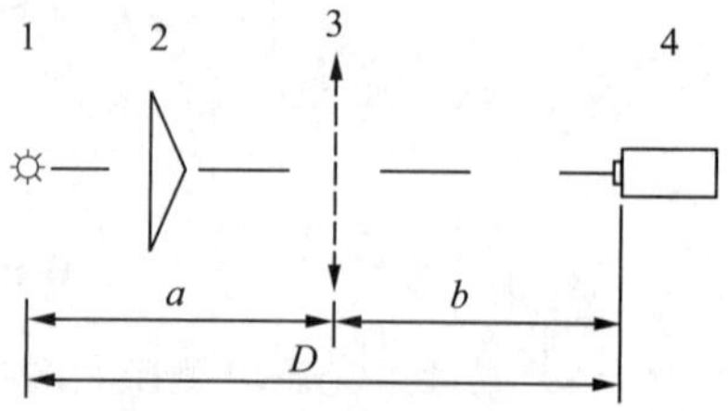

1—半导体激光器；2—双棱镜；3—凸透镜；4—CCD光强分布测量仪

图4.19.6　双棱镜干涉测定仪结构

根据透镜成像放大原理,通过测量两虚光源经透镜成像的像间距离t',计算出两虚光源之间的间距$d=t'\frac{a}{b}$。由式(4.19.2)可以计算出干涉光源的波长：

$$\lambda=\delta x\frac{t'a}{Db} \tag{4.19.3}$$

【实验内容及数据处理】

1. 同轴等高调节

将半导体激光器、双棱镜、CCD光强分布测量仪，按图4.19.6所示顺序放置在光具座上(先不放置透镜)，用目视法粗略的调整它们中心等高、共轴，并使双棱镜的底面与系统的光轴垂直，棱脊竖直。此步骤目的：使激光束通过双棱镜后能射入CCD光强仪前端的采光窗口，从而射到CCD线阵上。

2. 调节双棱镜使之产生干涉条纹

(1) 打开激光器电源开关，调节其电源盒上的旋钮使激光束的亮度适中(CCD光强测量仪有很高的光电灵敏度，在过强的光照条件下会发生饱和现象)。调节双棱镜的二维调节架的水平调节手轮，使激光束能够对称的正射于双棱镜的棱脊上，否则看不到清晰的干涉条纹。

(2) 在调节过程中，先在CCD光强分布测量仪前先放置一白屏(白纸)，用来观察干涉图样。调节半导体激光器和二维调节架的水平调节手轮，使得白屏上明暗相间的干涉条纹清晰，且位于CCD光强测量仪中部。

注： 调节光斑中心与CCD中心一致。实验中为了使CCD发挥最佳效率，减小实验误差，需仔细调节光斑中心与CCD光敏元中心一致，应尽量使光斑集中到CCD光敏区的中央位置。

(3) 若条纹数目过少，可增加双棱镜与光源的距离；若条纹太细密，可减少双棱镜与光源的距离。若条纹倾斜，可微调二维调节架的俯仰调节手轮。综合以上各个因素，直至能观察到6～10条条纹，且每条条纹宽度适当，条纹清晰可数为止。

3. 测量干涉条纹的宽度

(1) 移去白屏(白纸)，在数字示波器上观察干涉条纹，转动CCD光强测量仪底座升降旋钮，调节其高度，同时微调二维调节架的水平调节手轮，使得在示波器上出现如图4.19.7所示的双棱镜干涉曲线图。

为了提高测量精度，可以测出n条干涉条纹的总间距X(第1条波峰和第$n+1$条波峰间的间距)，则$\delta x=X/n$，例如，5条干涉条纹的总间距等于第1条波峰和第6条波峰的间距。

注： 在实验中有时干涉条纹的强度不一，即在为了CCD接收图样时不至于饱和，减小激光器功率时，有时一些条纹会不能被CCD辨别，所以在实验中也可以在干涉区边缘选取连续的相邻

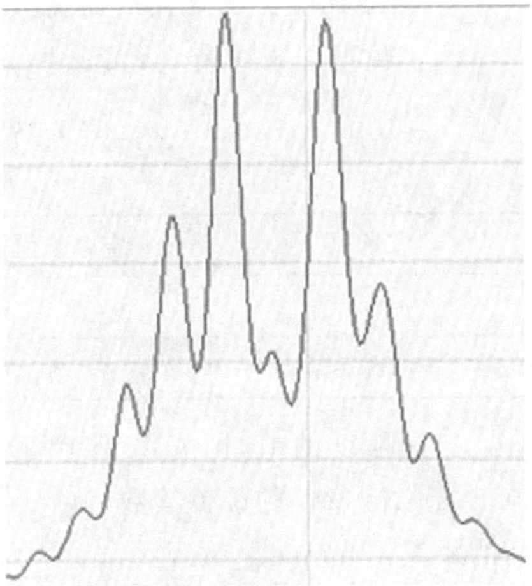

图4.19.7　双棱镜干涉曲线
(本实验中采用的CCD的分辨率为11 μm)

两个条纹，计算其间距，多选取这样的几个值，去掉相差比较大的，再计算其平均值，也可得精度较高的干涉条纹间距 δx。

（2）任选 6 条相邻的干涉条纹波峰，利用数字示波器的光标卡尺测量功能，调出光标线，移动光标使其依次位于第 1 条波峰和第 6 条波峰处，记录第 1 条和第 6 条干涉条纹的空间位置，计算出 5 条干涉条纹的总间距 X。

（3）重新选择 6 条相邻的干涉条纹波峰，重复第（2）步，再记录 2 组数据。将 3 组数据填入表 4.19.2。

表 4.19.2　计算条纹间距（$n=5$）

测量次数		空间位置/μs	总间距 X/mm	条纹间距 δx/mm
1	第 1 条波峰			
	第 6 条波峰			
2	第 1 条波峰			
	第 6 条波峰			
3	第 1 条波峰			
	第 6 条波峰			
$\overline{\delta x}=$				

注：$\Delta L/\Delta t=29.7/1.636=18.27$ mm/ms，计算总间距＝空间位置/ms×18.27 mm/ms

注：使用示波器测量条纹间距，先要解决“定标”的问题，即示波器 X 方向上的 1 大格等于 CCD 器件上多少像元（或者 δx 等于 CCD 器件位置的多少距离）。示波器有效周期长度为 1.636 ms，光敏元线阵有效长度为 29.7 mm 即定标为 $\Delta L/\Delta t=29.7/1.636=18.27$ mm/ms。

4. 测量两虚光源之间的距离

测量数据记录在表 4.19.3 中。

表 4.19.3　测量两虚光源间距离 d

$D'=$______，$a=$______，$b=$______

虚光源	空间位置/μs	总间距 t'/mm
S_1		
S_2		

（1）测 D 的值，即光源到 CCD 光敏面的距离。从光具座上读出半导体激光器和 CCD 光强测量仪的位置读数，$D=D'+4.5$ mm（要加上 CCD 光强测量仪前面板至光敏面的距离 4.5 mm）。

（2）保持半导体激光器、双棱镜、CCD 光强分布测量仪的位置不变（实验未完，切勿变动它们之间的间距），在双棱镜和 CCD 光强测量仪之间放上成像凸透镜，如图 4.19.6 所示。先在 CCD 光强测量仪前先放置一白屏（白纸），观察虚光源成像情况。

(3) 移动凸透镜，寻找二虚光源 S1 和 S2 经凸透镜后生成的像，微调激光器和二维调节架高度和水平调节手轮，但不可变动它们之间的间距，使二像位于 CCD 光强测量仪中间位置。细心观察二像的亮度和宽度的变化，注意辨认二虚光源的真实像。

(4) 移去白屏(白纸)，在数字示波器上观察虚光源经透镜后的成像，如图 4.19.8 所示。利用示波器的光标卡尺测量功能，调出光标线，移动光标使其依次位于第 1 个虚光源的波峰和第 2 个虚光源波峰处，记录其空间位置，并计算出两像的间距 t'。

(5) 从光具座上读出各器件的位置读数，测量图 4.19.6 中所示的 a(光源到成像透镜的距离)和 b(成像透镜到 CCD 光敏面的距离，需要加上 CCD 光强测量仪前面板至光敏面的距离 4.5 mm)的值。

5. 数据处理

(1) 计算条纹间距 $\overline{\delta x}$；计算两虚光源经透镜成像后像间距离 t'；计算两虚光源间的距离 $d=t'\dfrac{a}{b}$。

(2) 计算实验中半导体激光器的光波波长。

(3) 将计算值与理论值比较，计算两者的相对误差(半导体激光器的参考波长为 650 nm)。

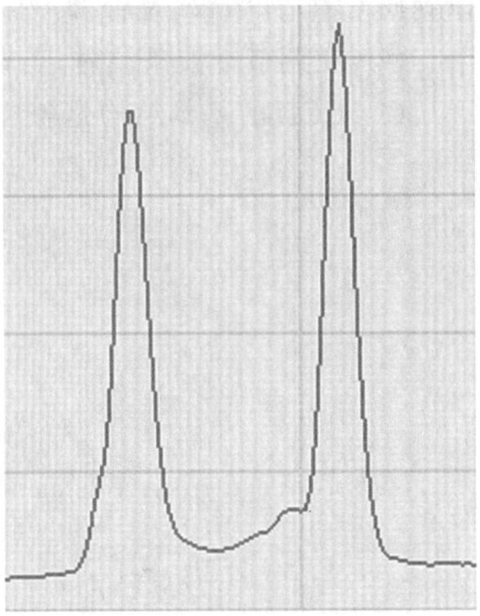

图 4.19.8　虚光源经透镜后的成像曲线图
(本实验中采用的 CCD 的分辨率为 11 μm)

【注意事项】

(1) 如果采集到的曲线出现了“削顶”，由于 CCD 器件饱和，说明信号光过强(注意：不是环境光过强)，这时可以减小激光器的功率。

(2) 调节光斑中心与 CCD 中心一致。实验中为了使 CCD 发挥最佳效率，减小实验误差，需仔细调节光斑中心与 CCD 光敏元中心一致，应尽量使光斑集中到 CCD 光敏区的中央位置，调节固定 CCD 的三维调节马鞍的升降旋钮，当 CCD 饱和了再降低激光器的功率，仔细调节使得激光器的功率小但 CCD 的相对光强为最大，即此时光斑中心与 CCD 光敏元的中心基本吻合。

(3) 一般的干涉花样是一种对称图形。但有时采集到的图形左右不对称，这主要是各光学元件的几何关系没有调好引起的。实验时，应操作如下：① 调节双棱镜的平面与激光束垂直。检查方法是，观察从缝上反射回来的衍射光，应在激光器出射孔附近。② 调节组合光栅架上的俯仰或水平调节手轮，使缝与光强仪采光窗的水平方向垂直(或调节光强仪)；

(4) 如果光强曲线幅值涨落或突跳，是激光器输出功率不稳造成的，常发生在用 He-Ne 激光器时(He-Ne 激光器的稳定时间较长，一般开机后半小时即可稳定)，如采用半导体激光器就不会有这种情况或只有轻微的跳动。

(5) 如果曲线不圆滑漂亮，请将干涉光直接投射到白纸上，如发现干射花样很乱，边缘不清晰，可能是 CCD 光强仪采光窗上有尖埃，可左右移动光强仪，寻找较好的 CCD 工作区间。

【思考题】

(1) 实验中放置双棱镜时,在保持棱脊竖直的前提下,棱脊一侧可以朝向光源,也可以朝向 CCD 光强仪,是否都可以看见干涉条纹?为什么?

(2) 在调节干涉条纹时,若条纹过于细密,应该如何调节?为什么?

(3) CCD 的基本结构是怎样的?每部分的作用是什么?

霍尔元件的应用

霍尔效应是导电材料中的电流与磁场相互作用而产生电动势的效应。1879 年美国霍普金斯大学研究生霍尔在研究金属导电机理时发现了这种电磁现象，故称霍尔效应。后来曾有人利用霍尔效应制成测量磁场的磁传感器，但因金属的霍尔效应太弱而未能得到实际应用。随着半导体材料和制造工艺的发展，人们又利用半导体材料制成霍尔元件，由于它的体积可以做得很小，且霍尔效应显著而得到应用和发展，现在广泛用于非电量的测量、电动控制、电磁测量和计算装置方面。例如，可以用它测量某点的磁场和缝隙间的磁场，还可以利用霍尔效应测量半导体中的载流子浓度及判别载流的性质等。

通过霍尔效应研究实验实验 4.20～4.22，研究霍尔效应与工作电流和磁场（励磁电流）之间的关系，认识霍尔效应和霍尔电压的特性，用霍尔效应法测量螺丝管和亥姆霍兹线圈轴线上的磁场分布，为霍尔效应应用在自动检测和自动控制等方面打下一个良好的基础。

实验 4.20 霍尔效应的研究

【实验目的】

(1) 了解霍尔效应的基本原理及霍尔元件有关参数的含义和作用。

(2) 研究霍尔电势差 V_H 与霍尔元件工作电流 I_S 之间的关系。

(3) 研究霍尔电势差 V_H 与励磁电流 I_M 之间的关系。

(4) 学会用“对称交换测量法”消除负效应产生的系统误差。

【实验仪器】

DH4512 型霍尔效应实验仪。

1. 仪器构成

DH4512 型霍尔效应实验仪由实验架和测试仪两个部分组成。图 4.20.1 为 DH4512 型霍尔效应双线圈实验架平面图，图 4.20.2 为 DH4512 型霍尔效应测试仪面板图。

2. 主要技术性能

1）环境适应性

工作温度 10～35 ℃；相对湿度 25％～75％。

2）DH4512 型霍尔效应实验架（DH4512，DH4512A）

两个励磁线圈：线圈匝数 1 400 匝（单个），有效直径 72 mm，二线圈中心间距 52 mm。

电流与磁感应强度对应关系见表 4.20.1（双线圈通电）。

移动尺装置：横向移动距离 70 mm，纵向移动距离 25 mm。

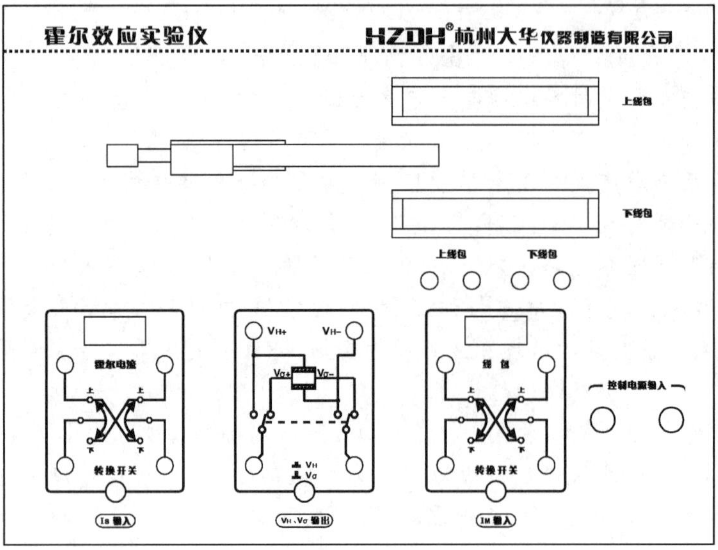

图 4.20.1 DH4512 型霍尔效应双线圈实验架平面图

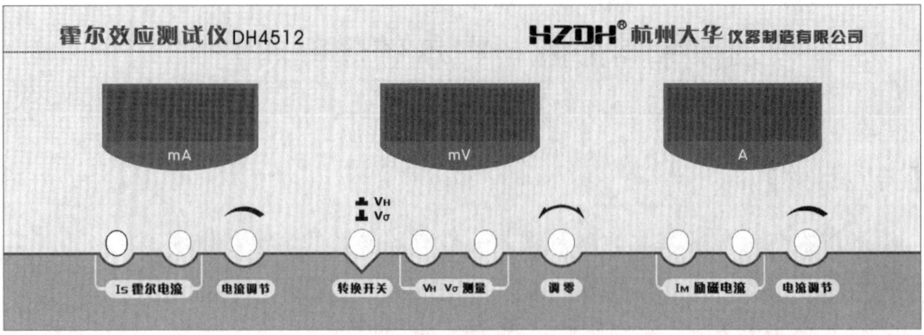

图 4.20.2 DH4512 系列霍尔效应测试仪面板

霍尔效应片类型：N 型砷化镓半导体。

3) DH4512 型霍尔效应测试仪

DH4512 型霍尔效应测试仪主要由 0～0.5 A 恒流源、0～3 mA 恒流源及 20 mV/2 000 mV量程三位半电压表组成。

(1) 霍尔工作电流用恒流源 I_S：工作电压 8 V，最大输出电流 3 mA，三位半数字显示，输出电流准确度为 0.5%。

(2) 磁场励磁电流用恒流源 I_M：工作电压 24 V，最大输出电流 0.5 A，三位半数字显示，输出电流准确度为 0.5%。

(3) 霍尔电压不等电位电势测量用直流电压表：20 mV 量程，三位半 LED 显示，分辨率 10 μV，测量准确度为 0.5%。

(4) 不等电位电势测量用直流电压表：2 000 mV 量程，三位半 LED 显示，分辨率 1 mV，测量准确度为 0.5%。

4）电源

AC 220V±10％，功耗：50 W。

5）外形尺寸

测试架：320 mm×270 mm×250 mm。测试仪：320 mm×300 mm×120 mm。

3. 使用说明

（1）测试仪的供电电源为交流 220 V，50 Hz，电源进线为单相三线。

（2）电源插座安装在机箱背面，保险丝为 1 A，置于电源插座内，电源开关在面板的左侧。

（3）实验架各接线柱连线说明如图 4.20.3 所示。

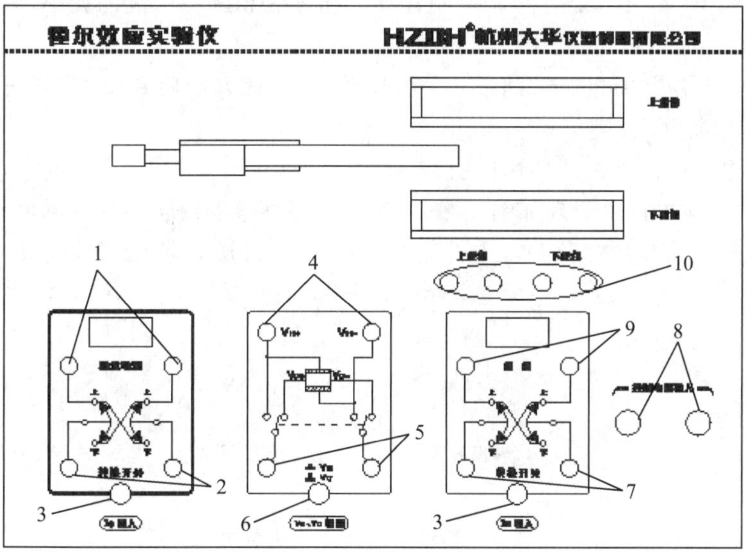

图 4.20.3　实验架各接线柱连线说明图

① 连接到霍尔片的工作电流端（红色插头与红色插座相连，黑色插头与黑色插座相连）。

② 连接到测试仪上霍尔工作电流 I_S 端（红色插头与红色插座相连，黑色插头与黑色插座相连）。

③ 电流换向开关。

④ 连接到霍尔片霍尔电压输出端（红色插头与红色插座相连，黑色插头与黑色插座相连）。

⑤ 连接到测试仪上 V_H，V_σ 测量端（红色插头与红色插座相连，黑色插头与黑色插座相连）。

⑥ V_H，V_σ 测量切换开关，测量霍尔电压与测量载流子浓度同一个测量端，只需按下 V_H，V_σ 转换开关即可。

⑦ 连接到测试仪磁场励磁电流 I_M 端（红色插头与红色插座相连，黑色插头与黑色插座相连）。

⑧ 用一边是分开的接线插、一边是双芯插头的控制连接线与测试仪背部的插孔相连接（红色插头与红色插座相连，黑色插头与黑色插座相连）。

⑨ 连接到磁场励磁线圈端子，出厂前已在内部连接好，实验时不再接线。

(4) 测试仪面板上的"I_S 输出""I_M 输出"和"V_H，V_σ 测量"三对接线柱应分别与实验架上的三对相应的接线柱正确连接。

(5) 将控制连接线一端插入测试仪背部的二芯插孔，另一端连接到实验架的控制接线端子上。

(6) 仪器开机前应将"I_S 调节"和"I_M 调节"旋钮逆时针方向旋到底，使其输出电流趋于最小状态，然后再开机。

(7) 仪器接通电源后，预热数分钟即可进行实验。

(8) "I_S 调节"和"I_M 调节"分别控制样品工作电流和励磁电流的大小，其电流随旋钮顺时针方向转动而增加，实验中应细心操作。

(9) 关机前，应将"I_S 调节"和"I_M 调节"旋钮逆时针方向旋到底，使其输出电流趋于零，然后才可切断电源。

(10) 继电器换向开关的使用说明。

单刀双向继电器的电原理如图 4.20.4 所示。当继电器线包不加控制电压时，动触点与常闭端相连接；当继电器线包加上控制电压时，继电器吸合，动触点与常开端相连接。

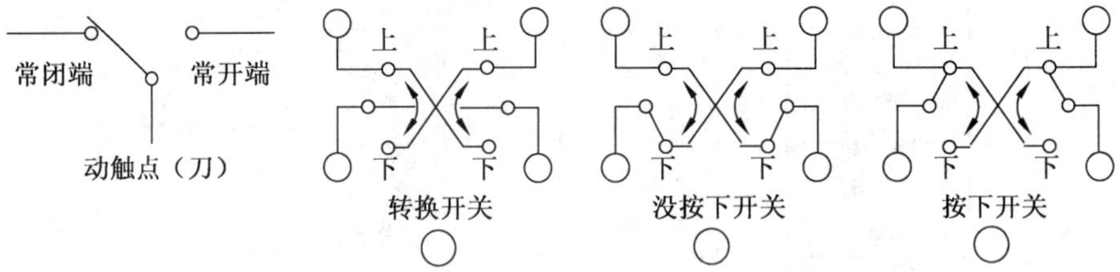

图 4.20.4　继电器工作示意图

实验架中使用了 3 个双刀双向继电器组成 3 个换向电子闸刀，换向由接钮开关控制。当未按下转换开关时，继电器线包不加电，常闭端与动触点相连接；当按下按钮开关时，继电器吸合，常开端与动触点相连接，实现连接线的转换。由此可知，通过按下、按上转换开关，可以实现与继电器相连的连接线的换向功能。

【实验原理】

1. 霍尔效应

霍尔效应从本质上讲，是运动的带电粒子在磁场中受洛仑兹力的作用而引起的偏转。当带电粒子(电子或空穴)被约束在固体材料中，这种偏转就导致在垂直电流和磁场的方向上产生正负电荷在不同侧的聚积，从而形成附加的横向电场。如图 4.20.5 所示，磁场 $\boldsymbol{B}$ 位于 z 的正向，与之垂直的半导体薄片上沿 x 正向通以电流 I_S(称为工作电流)，假设载流子为电子(N 型半导体材料)，它沿着与电流 I_S 相反的 x 负向运动。

由于洛仑兹力 f_L 作用，电子即向图中虚线箭头所指的位于 y 轴负方向的 b 侧偏转，并使 b 侧形成电子积累，而相对的 a 侧形成正电荷积累。与此同时，运动的电子还受到由于两种积累的异种电荷形成的反向电场力 f_E 的作用。随着电荷积累的增加，f_E 增大，当两力大小相等(方向相反)时，$f_L=-f_E$，此时电子积累便达到动态平衡。这时在 a，b 两端面之间建立的电场称为霍尔电场 E_H，相应的电势差称为霍尔电势 V_H。

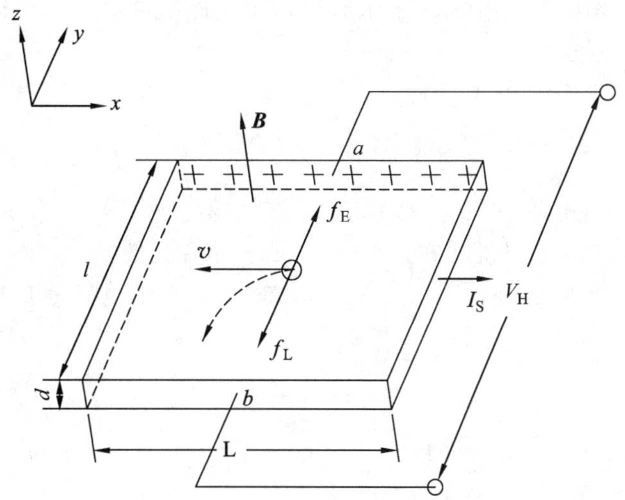

图 4.20.5　霍尔效应原理图

设电子按均一速度 $\bar{v}$，向图 4.20.5 所示的 x 负方向运动，在磁场 $\boldsymbol{B}$ 作用下，所受洛仑兹力为

$$f_L = -e\bar{v}\boldsymbol{B} \tag{4.20.1}$$

式中：e 为电子电量；$\bar{v}$ 为电子漂移平均速度；$\boldsymbol{B}$ 为磁感应强度。

同时，电场作用于电子的力为

$$f_E = -eE_H = -eV_H/l \tag{4.20.2}$$

式中：E_H 为霍尔电场强度；V_H 为霍尔电势；l 为霍尔元件宽度。

当达到动态平衡时，有

$$f_L = -f_E, \bar{v}B = V_H/l \tag{4.20.3}$$

设霍尔元件厚度为 d，载流子浓度为 n，则霍尔元件的工作电流为

$$I_S = ne\bar{v}ld \tag{4.20.4}$$

由式(4.20.3)、式(4.20.4)可得

$$V_H = E_H l = \frac{1}{ne}\frac{I_S B}{d} = R_H \frac{I_S B}{d} \tag{4.20.5}$$

即霍尔电压 V_H(a,b 间电压)与 I_S、B 的乘积成正比，与霍尔元件的厚度成反比，式中比例系数 $R_H = \frac{1}{ne}$称为霍尔系数(严格讲，对于半导体材料，在弱磁场下应引入一个修正因子 $C = \frac{3\pi}{8}$，从而有 $R_H = \frac{3\pi}{8}\frac{1}{ne}$)，它是反映材料霍尔效应强弱的重要参数。

当霍尔元件的材料和厚度确定时，引入另一个比例系数 K_H：

$$K_H = R_H/d = l/ned \tag{4.20.6}$$

式中：K_H 称为霍尔元件的灵敏度，表示霍尔元件在单位磁感应强度和单位控制电流下的霍尔电势大小，其单位是[mV/(mA · T)]，一般要求 K_H 愈大愈好。由于金属的电子浓度(n)很高，所以它的 R_H 和 K_H 都不大，因此不适宜做霍尔元件。此外，元件厚度 d 愈薄，

K_H 愈高，所以制作时往往采用减少 d 的办法来增加灵敏度，但不能认为 d 愈薄愈好，因为此时元件的输入和输出电阻将会增加，这对霍尔元件是不利的。本实验采用的霍尔片的厚度 d 为 0.2 mm。

将式(4.20.6)代入式(4.20.5)得

$$K_H = \frac{V_H}{I_S B} \tag{4.20.7}$$

由式(4.20.7)和式(4.20.5)可知，如果已知磁感应强度 B，只要分别测出传导电流 I_S 及霍尔电压 V_H，就可以计算出霍尔系数 R_H 和霍尔片灵敏度 K_H。

设霍尔片的长度为 L，横截面积为 $S=dl$，流过霍尔片的电流为 I_S，在零磁场下，测得长度 L 两端的电压为 V_σ，则材料的电导率为

$$\sigma = \frac{I_S L}{V_\sigma S} \tag{4.20.8}$$

式中，I_S 单位是 A，V_σ 是霍尔片长度 L 方向的电压降，单位是 V，长度 L、宽度 l 和厚度 d 的单位为 m，则 σ 的单位为 $\mathrm{S \cdot m^{-1}}$($1\ \mathrm{S}=1\ \Omega^{-1}$)。

根据 $\sigma = ne\mu$ 的关系，还可以得到

$$\mu = |R_H|\sigma \tag{4.20.9}$$

式中：μ 为载流子的迁移率，即单位电场下载流子的运动速度，一般电子迁移率大于空穴迁移率，因此制作霍尔元件时大多采用 N 型半导体材料。利用式(4.20.8)得到 σ 值，由式(4.20.9)计算出 μ 值。

2. 实验中产生的附加电势及其消除方法

测量霍尔电势 V_H 时，不可避免地会产生一些副效应，由此而产生的附加电势叠加在霍尔电势上，形成测量系统误差，因此应该设法消除。这些附加电势的来源有：

1) 爱廷豪森(Ettilghallsen)效应

当元件 x 方向通以工作电流 I_S，z 方向加磁场 $\boldsymbol{B}$ 时，由于霍尔片内的载流子速度服从统计分布，有快有慢。在到达动态平衡时，在磁场的作用下慢速快速的载流子将在洛仑兹力和霍尔电场的共同作用下，沿 y 轴分别向相反的两侧偏转，这些载流子的动能将转化为热能，使两侧的温升不同，因而造成 y 方向上的两侧的温差(T_a-T_b)。因为霍尔电极和元件两者材料不同，电极和元件之间形成温差电偶，这一温差在 a，b 间产生温差电动势 V_E，$V_E \propto I_S B$。

这一效应称为爱廷豪森效应，V_E 的大小和正负符号与 I_S，$\boldsymbol{B}$ 的大小和方向有关，跟 V_H 与 I_S，$\boldsymbol{B}$ 的关系相同，所以不能在测量中消除。

2) 能斯托(Nernst)效应

如图 4.20.5 所示，由于控制电流的两个电极与霍尔元件的接触电阻不同，控制电流在两电极处将产生不同的焦耳热，引起两电极间的温差电动势，此电动势又产生温差电流(称为热电流)Q，热电流在磁场作用下将发生偏转，结果在 y 方向上产生附加的电势差 V_N，且 $V_N \propto QB$，这一效应称为能斯托效应，V_N 的符号只与 $\boldsymbol{B}$ 的方向有关，与电流的方向无关。

3）里纪-杜勒克（Right-Leduc）效应

由能斯托效应产生的扩散电流中的载流子速度不同，与爱廷豪森效应类似，也会在 y 方向产生温度梯度，由此产生附加电势差 V_R，称为里纪-杜勒克效应。V_R 的符号也只与 $\boldsymbol{B}$ 的方向有关，与电流的方向无关。

4）不等势电压 V_0

由于制作时，两个霍尔电势不可能绝对对称地焊在霍尔片两侧（见图 4.20.6a），以及霍尔片电阻率不均匀、控制电流极的端面接触不良（见图 4.20.6b），这些都可能造成 a，b 两极不处在同一等势面上，此时虽未加磁场，但 a，b 间存在电势差 V_0，称为不等势电压，$V_0=I_SR_0$，R_0 是两等势面间的电阻，由此可见，在 R_0 确定的情况下，V_0 与 I_S 的大小成正比，且其正负随 I_S 的方向而改变。

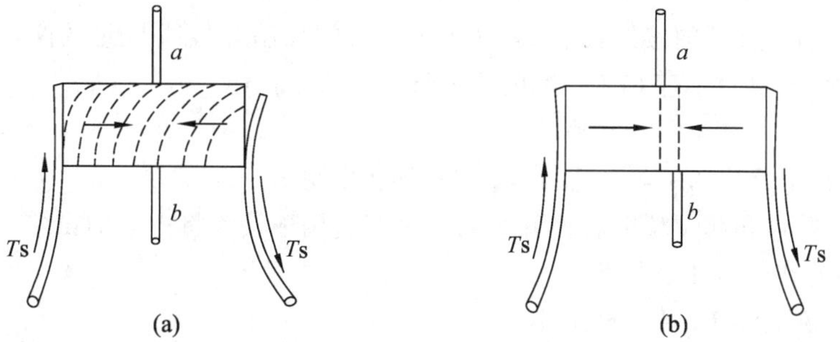

图 4.20.6　不等势电压产生示意图

为了减少和消除以上效应的附加电势差，利用这些附加电势差与霍尔元件工作电流 I_S，磁场 $\boldsymbol{B}$（即相应的励磁电流 I_M）的关系，采用对称（交换）测量法进行测量，即在测量时用改变 I_S 和 $\boldsymbol{B}$ 方向的方法，使在不同的测量条件下抵消某些因素的影响（“＋”代表正向，“－”代表反向，并将 I_S，I_M 换向开关“下指示灯亮”规定为正向）：

当 $+I_S$，$+I_M$ 时，$V_1=+V_H+V_0+V_E+V_N+V_R$

当 $+I_S$，$-I_M$ 时，$V_2=-V_H+V_0-V_E-V_N-V_R$

当 $-I_S$，$-I_M$ 时，$V_3=+V_H-V_0+V_E-V_N-V_R$

当 $-I_S$，$+I_M$ 时，$V_4=-V_H-V_0-V_E+V_N+V_R$

对以上四式做如下运算：

$$\frac{V_1-V_2+V_3-V_4}{4}=V_H+V_E \tag{4.20.10}$$

可见，除爱廷豪森效应以外的其他副效应产生的电势差会全部消除，因爱廷豪森效应所产生的电势差 V_E 的符号和霍尔电势 V_H 的符号，与 I_S 及 $\boldsymbol{B}$ 的方向关系相同，故无法消除，但在非大电流、非强磁场下，$V_H \gg V_E$，因而 V_E 可以忽略不计，由此可得

$$V_H \approx V_H+V_E=\frac{V_1-V_2+V_3-V_4}{4} \tag{4.20.11}$$

在用霍尔片测量磁场的实验中，霍尔电压的数值就是在不同条件下 4 次测量结果的代数和的平均值。

【实验内容及数据处理】

1. 实验电路连接

(1) 将 DH4512 型霍尔效应测试仪面板右下方的励磁电流 I_M 的直流恒流源输出端(0～0.5 A),接 DH4512 型霍尔效应实验架上的 I_M 磁场励磁电流的输入端(将红接线柱与红接线柱对应相连,黑接线柱与黑接线柱对应相连)。

(2) 测试仪左下方供给霍尔元件工作电流 I_S 的直流恒流源(0～3 mA)输出端,接实验架上 I_S 霍尔片工作电流输入端(将红接线柱与红接线柱对应相连,黑接线柱与黑接线柱对应相连)。

(3) 将测试仪 V_H,V_σ 测量端,连接实验架中部的 V_H,V_σ 输出端。

注意 以上三组线千万不能接错,以免烧坏元件。

(4) 用一边是分开的接线插、一边是双芯插头的控制连接线与测试仪背部的插孔相连接(红色插头与红色插座相连,黑色插头与黑色插座相连)。

2. 研究霍尔效应与霍尔元件特性

1) 测量霍尔元件的不等势电压 V_0 和不等势电阻 R_0

(1) 将实验仪和测试架的转换开关切换至 V_H,用连接线将中间的霍尔电压输入端短接,调节调零旋钮使电压表显示 0.00 mV。

(2) 将励磁电流 I_M 调节到最小。

(3) 调节霍尔工作电流 $I_S=3.00$ mA,利用 I_S 换向开关改变霍尔工作电流输入方向分别测出零位霍尔电压 V_{01},V_{02},并计算不等势电阻。

$$R_{01}=\frac{V_{01}}{I_S},R_{02}=\frac{V_{02}}{I_S} \tag{4.20.12}$$

表 4.20.1 测量霍尔元件的不等势电压 V_0 和不等势电阻 R_0

$I_S=3.00$ mA

工作电流	不等势电压 V_0	不等势电阻 R_0
$+I_S$/mA		
$-I_S$/mA		

2) 测量霍尔电压 V_H 与工作电流 I_S 的关系

(1) 先将“I_M 调节”和“I_S 调节”旋钮都调零,调节中间的霍尔电压表,使其显示为 0 mV。

(2) 将霍尔元件移至线圈中心,调节 $I_M=500$ mA。

(3) 调节 $I_S=0.50,1.00,1.50,\cdots,3.00$ mA(间隔为 0.50 mA),按表 4.20.2 中 I_S 和 I_M 正负情况切换“实验架”上的方向,分别测量霍尔电压 V_H 值(V_1,V_2,V_3,V_4)。

(4) 以 I_S 为横轴,V_H 为纵轴,绘出 I_S—V_H 曲线,验证霍尔电压 V_H 与工作电流 I_S 之间的关系。

表 4.20.2 测量霍尔电压 V_H 与工作电流 I_S 的关系

$I_M=500$ mA

I_S/mA	V_1/mV	V_2/mV	V_3/mV	V_4/mV	$V_H=\frac{V_1-V_2+V_3-V_4}{4}$/mV
	$+I_S,+I_M$	$+I_S,-I_M$	$-I_S,-I_M$	$-I_S,+I_M$	
0.50					
1.00					
1.50					
2.00					
2.50					
3.00					

3) 测量霍尔电压 V_H 与励磁电流 I_M 的关系。

(1) 先将“I_M 调节”和“I_S 调节”旋钮调零，调节中间的霍尔电压表，使其显示为 0 mV。

(2) 将霍尔元件移至线圈中心，调节工作电流 $I_S=3.00$ mA。

(3) 调节 $I_M=100,150,200,\cdots,500$ mA(间隔为 50 mA)，分别测量霍尔电压 V_H 值(V_1,V_2,V_3,V_4)。

(4) 以 I_M 为横轴，V_H 为纵轴，绘出 $I_M—V_H$ 曲线，验证霍尔电压 V_H 与励磁电流 I_M 之间的关系。

表 4.20.3 测量霍尔电压 V_H 与励磁电流 I_M 的关系

$I_S=3.00$ mA

I_M/mA	V_1/mV	V_2/mV	V_3/mV	V_4/mV	$V_H=\frac{V_1-V_2+V_3-V_4}{4}$/mV
	$+I_S,+I_M$	$+I_S,-I_M$	$-I_S,-I_M$	$-I_S,+I_M$	
100					
150					
200					
…					
500					

(5) 计算霍尔元件的霍尔灵敏度。

本实验采用的双圆线圈(DH4512,DH4512A)的励磁电流与总的磁感应强度对应关系见表 4.20.4，根据式(4.20.7)计算霍尔灵敏度 K_H。

表 4.20.4 双圆线圈的励磁电流与总磁感应强度对应关系

励磁电流值 I_M/A	0.1	0.2	0.3	0.4	0.5
中心磁感应强度 B/mT	2.25	4.50	6.75	9.00	11.25

4）测量样品的电导率σ(选做)

(1) 实验时,将实验仪和测试架的转换开关切换至V_σ。

(2) 调节I_M为0,或者断开I_M连线。

(3) 对实验仪测量V_σ值的毫伏表进行调零。

(4) 在零磁场下,工作电流取$I_S=0.25$ mA,测量V_σ值。因为霍尔片的引线电阻相对于霍尔片的体电阻来说很小,因此测量时引线电阻的影响可以忽略不计。

(5) 计算霍尔片的电导率σ。已知霍尔片的尺寸:厚度d为0.2 mm,宽度l为2.5 mm,长度L为3.5 mm。

【注意事项】

(1) 当霍尔片未连接到实验架,并且实验架与测试仪未连接好时,严禁开机加电,否则极易使霍尔片遭受冲击电流而使霍尔片损坏。

(2) 霍尔片性脆易碎、电极易断,严禁用手去触摸,以免损坏!在需要调节霍尔片位置时,必须谨慎。

(3) 通电前必须保证测试仪的"I_S调节"和"I_M调节"旋钮均置零位(即逆时针旋到底),严禁未调到零就开机。

(4) 测试仪的"I_S输出"接实验架的"I_S输入","I_M输出"接"I_M输入"。绝不允许将"I_M输出"接到"I_S输入"处,否则一旦通电,会损坏霍尔片!

(5) 移动尺的调节范围有限,在调节到两边停止移动后,不可继续调节,以免因错位而损坏移动尺。

(6) 为了不使通电线圈过热而受到损害,或影响测量精度,除在短时间内读取数据保持励磁电流接通外,其余时间最好断开励磁电流。

(7) 注意记录所用仪器线圈的特性和材料尺度。

【思考题】

(1) 如何判断半导体霍尔片的导电类型?

(2) 为提高霍尔片的灵敏度可以采用什么方法?

(3) 利用霍尔片可以读取磁带或磁盘记录的信息,试说明其原理。

实验4.21 用霍尔效应法测量螺线管的磁场分布

【实验目的】

(1) 了解螺线管磁场产生的原理。

(2) 掌握用霍尔片测量磁场的方法。

(3) 测量长直螺线管轴线上的磁感应强度分布。

(4) 熟悉霍尔传感器的特性和应用。

【实验仪器】

DH4512 型霍尔效应实验仪、螺线管实验装置。

【实验原理】

在实际应用中，人们往往需要知道载流导体所产生的磁场分布。从原则上讲，利用毕奥-萨伐尔定律可以从理论上计算出磁场分布，但对于一些复杂的情况，求解析解比较困难，需要用实验的方法来测量磁场。霍尔效应测磁场的相关原理可以参考实验 4.20"霍尔效应的研究"中的内容。

根据毕奥-萨伐尔定律，对于长度为 $2L$、匝数为 N_1、半径为 R 的单层密绕的直螺线管，距离螺线管中心点 x 处的磁感应强度为

$$B=\frac{\mu_0 nI}{2}\left(\frac{x+L}{[R^2+(x+L)^2]^{1/2}}-\frac{x-L}{[R^2+(x-L)^2]^{1/2}}\right) \tag{4.21.1}$$

其中，$\mu_0=4\pi\times10^{-7}\ \mathrm{N/A^2}$，为真空磁导率；$n=N_1/2L$，为单位长度的匝数；本实验中螺线管的 $N_1=1\,800$ 匝，螺线管长度 $2L=182\ \mathrm{mm}$，半径 $R=15.5\ \mathrm{mm}$。在 SI 单位制中，B 的单位是特斯拉(T)。

在螺线管内部磁场近于均匀，在端点附近磁感应强度显著下降。对于"无限长"螺线管 $L\gg R$，螺线管内各点的磁感应强度 $\mathrm{B}=\mu_0 nI$，与坐标无关。仅在螺线管两端点处，可视为"半无限长"螺线管，有 $x=L$，且 $L\gg R$，$B=\frac{\mu_0 nI}{2}$，为内部 B 值的一半。

需要注意的是，当磁感应强度 B 和元件平面法线成一角度时(见图 4.21.1)，作用在元件上的有效磁场是其法线方向上的分量 $B\cos\theta$，此时有

$$V_{\mathrm{H}}=K_{\mathrm{H}}I_{\mathrm{S}}B\cos\theta \tag{4.21.2}$$

因此，一般在使用时应调整元件两平面方位，使 V_{H} 达到最大，即 $\theta=0$，这时有

$$V_{\mathrm{H}}=K_{\mathrm{H}}I_{\mathrm{S}}B\cos\theta=K_{\mathrm{H}}I_{\mathrm{S}}B \tag{4.21.3}$$

由式(4.21.3)可知，当工作电流 I_{S} 或磁感应强度 B 两者之一改变方向时，霍尔电势 V_{H} 方向随之改变；若两者方向同时改变，则霍尔电势 V_{H} 极性不变。

霍尔元件测量磁场的基本电路如图 4.21.2 所示，将霍尔元件置于待测磁场的相应位置，并使元件平面与磁感应强度 B 垂直，在其控制端输入恒定的工作电流 I_{S}，霍尔元件的霍尔电势输出端接毫伏表，测量霍尔电势 V_{H} 的值。

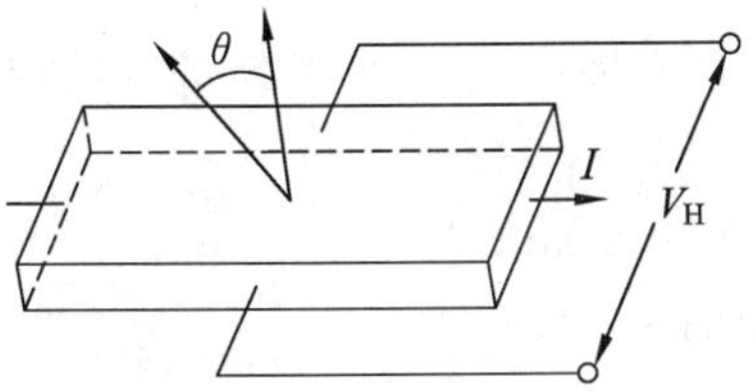

图 4.21.1　磁场 B 和元件平面法线有夹角示意图

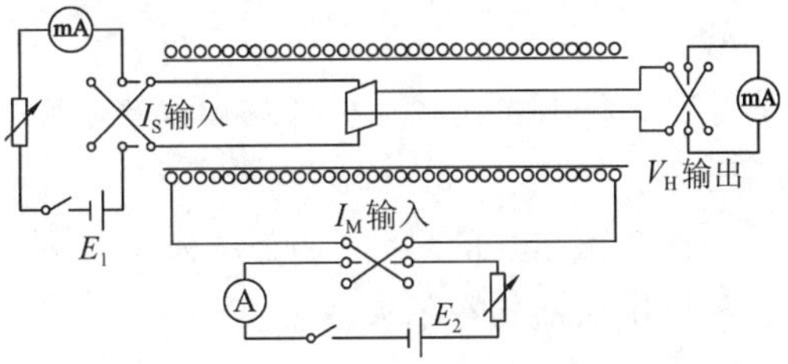

图 4.21.2　霍尔元件测量磁场的基本电路图

【实验内容及数据处理】

1. 电路连接(参考实验4.20"霍尔效应的研究")

(1) 将螺线管实验架上霍尔片的工作电流端与测试仪上霍尔片的工作电流端相连(红接线柱与红接线柱对应相连,黑接线柱与黑接线柱对应相连)。

(2) 将螺线管实验架上霍尔片的电压输出端与测试仪上霍尔片的电压输入端相连(红接线柱与红接线柱对应相连,黑接线柱与黑接线柱对应相连)。

(3) 将螺线管实验架上霍尔片的励磁电流端与测试仪上霍尔片的励磁电流端相连(红接线柱与红接线柱对应相连,黑接线柱与黑接线柱对应相连)。

(4) 用一边是分开的接线插、一边是双芯插头的控制连接线与测试仪背部的插孔相连接(红色插头与红色插座相连,黑色插头与黑色插座相连),另一端两插头连接到螺线管上(内部接线出厂前已连接好,实验时请不要动,否则还要调试)。

2. 实验测量

1) 仪器调试

(1) 仪器开机前先将测试仪的"I_S 调节"和"I_M 调节"旋钮均置零位(即逆时针旋到底),然后再开机。

(2) 调零:用一根连接线将电压表的输入端短接,然后调节调零旋钮使电压表显示为0.00 mV。若经过一段时间后由于温度漂移的影响而使显示不为零,则按上述步骤重新调零。

2) 测量

(1) 规定 I_S 及 I_M 换向开关指示灯向下亮,为 I_S 及 I_M 的正方向;当转换开关指示灯向上亮时为 I_S 及 I_M 的负方向。

(2) 将霍尔元件移至螺线管轴线中心,调节工作电流 I_S 至3.00 mA。

(3) 螺线管线圈励磁电流 I_M 分别取0.1,0.2,0.3,0.4,0.5 A,测量从螺线管中心位置(中心位置刻度:水平115 mm,垂直0 mm)到螺线管外侧10.0 cm位置,每隔1.0 cm处的磁场分布,在表4.21.1中记录相应的霍尔电压 V_H 值(V_1,V_2,V_3,V_4)。

(4) 利用公式 $V_H=\dfrac{V_1-V_2+V_3-V_4}{4}$ 计算 V_H。

(5) 利用公式 $K_H=\dfrac{V_H}{I_S B}$ 计算磁感应强度 B(mT)的值。

(6) 以 x 为横轴,V_H 为纵轴,绘出 B-x 关系曲线(用对称法同样作出0~10 cm的曲线)。

(7) 利用式(4.21.1)计算螺线管中心点磁感应强度理论值,与实验值进行比较,计算百分差。

已知霍尔片的尺寸:厚度 d 为0.2 mm,宽度 l 为1.5 mm,$I_S=2.00$ mA。

所用仪器的霍尔灵敏度 $K_H=$________ mV/(mA·T)。

表 4.21.1 实验数据

I_M/A	x/cm	V_1/mV	V_2/mV	V_3/mV	V_4/mV	V_H/mV	B/mT
		$+I_S,+I_M$	$+I_S,-I_M$	$-I_S,-I_M$	$-I_S,+I_M$		
0.1	0.0						
	1.0						
	2.0						
	⋮						
	20.0						
0.2	0.0						
	1.0						
	2.0						
	⋮						
	20.0						
⋮							
0.5							

【注意事项】

(1) 测试仪面板上的“I_S 输出”“I_M 输出”和“V_H 输入”三对接线柱应分别与实验架上的三对相应的接线柱正确连接，不可接错，以免烧坏仪器。

(2) 励磁线圈不宜长时间通电，否则线圈发热，会影响测量结果。

(3) 霍尔片有一定的温度系数，为了减少其自身发热对测量的影响，实验时工作电流不允许超过其额定值 5 mA。

【思考题】

(1) 试用简图说明如何用霍尔效应法判断霍尔片是属于 N 型还是 P 型的半导体材料。

(2) 用霍尔效应法测量磁场的过程中，为什么要保持 I_S 的大小不变？

(3) 试证明霍尔电压 V_H 与磁感应强度 B 及通过的电流强度 I_S 成正比。

(4) 若螺线管在绕制时，单位长度的匝数不相同或绕制不均匀，在实验时会出现什么情况？绘制 $B-x$ 分布图时，电磁学上的端面位置是否与螺线管几何端面重合？

(5) 霍尔效应在科研中有何应用？试举几个实例说明。

实验 4.22　用霍尔效应法测亥姆霍兹线圈磁场分布

【实验目的】

(1) 理解霍尔效应法测磁场的原理。
(2) 掌握霍尔效应法测量亥姆霍兹线圈磁场实验仪的使用方法。
(3) 学习测量载流圆线圈和亥姆霍兹线圈轴线上的磁场分布。

【实验仪器】

DH4501N 型三维亥姆霍兹线圈磁场实验仪。

1. 仪器构成

DH4501N 型三维亥姆霍兹线圈磁场实验仪由信号源和测试架两大部分组成。信号源面板如图 4.22.1 所示,三维亥姆霍兹线圈磁场测试架的结构如图 4.22.2 所示,

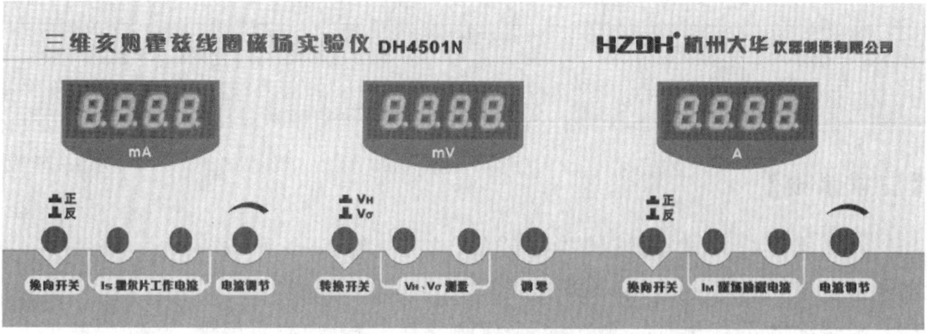

图 4.22.1　实验仪信号源面板图

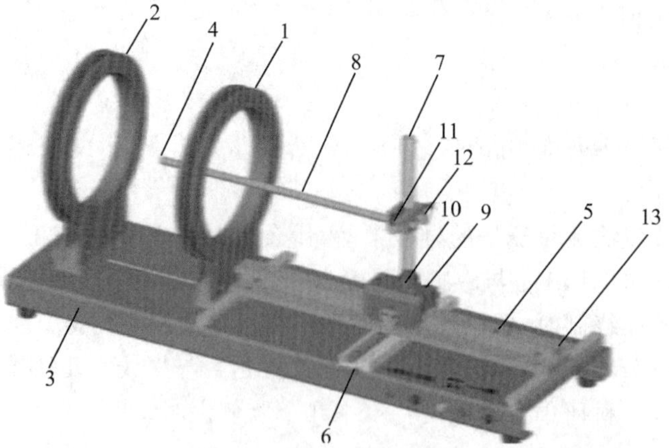

1—固定圆线圈；2—动线圈；3—安装底板；4—霍尔元件；5—左右移动的导轨；6—前后移动的导轨；7—上下移动的导轨；8—铜杆；9,11,12,13—紧固螺钉；10—可沿导轨移动的滑块

图 4.22.2　三维亥姆霍兹线圈磁场测试架的结构图

2. 主要技术性能

1) 励磁电流 I_M 输出范围

直流 0～0.500 A，三位半数字表测量，调节细度 1 mA，负载电阻范围 0～40 Ω。

2) 霍尔片工作电流 I_S 输出范围

直流 0～5.00 mA，三位半数字表测量，调节细度 10 μA，负载电阻范围 0～1 kΩ。

3) V_H，V_σ 测量输入范围

V_H：直流±0～19.99 mV，三位半数字表测量，分辨力 10 μV。

V_σ：直流±0～1 999 mV，三位半数字表测量，分辨力 1 mV。

4) 亥姆霍兹线圈

线圈等效半径：100 mm。二线圈中心间距：50～200 mm 连续可调。

线圈匝数：500 匝(单个)。线圈电阻：约 14 Ω。

5) 霍尔元件

砷化镓霍尔元件，四端引出，灵敏度＞140 mV/(mA・T)

霍尔片的厚度 d 为 0.2 mm，宽度 l 为 1.5 mm，长度 L 为 2.5 mm。

6) 三维可移动装置

x 向移动距离±200 mm，y 向移动距离±70 mm，z 向移动距离±70 mm。

7) 使用环境条件

环境温度：0～+40 ℃。环境湿度：不大于 80%(RH)。

8) 电源

220 V±10%，50 Hz 交流供电，耗电小于 60 W。

3. 使用说明

1) 信号源

(1) 励磁电流 I_M 输出：前面板右侧，三位半数显电流表显示输出电流值 I_M(A)，直流恒流输出可调，接到测试架的励磁线圈，提供实验用的励磁电流。

(2) 霍尔片工作电流 I_S 输出：前面板左侧，三位半数显电流表显示输出电流值 I_S(mA)，直流恒流输出可调，用于提供霍尔片的工作电流。

以上两组直流恒源只能在规定的负载范围内恒流，与之配套的“测试架”上的负载符合要求。若要做他用时需注意。

注意　只有在接通负载时，恒流源才有电流输出，数显表上才有相应显示。

(3) V_H，V_σ 测量输入：前面板中部，三位半数显表显示输入值(mV)，用于测量霍尔片的霍尔电压 V_H 及霍尔片长度 L 方向的电压降 V_σ。使用前将两输入端接线柱短路，用调零旋钮调零。

注意　I_S 霍尔片工作电流输出端与 V_H，V_σ 测量输入端连接测试架时，与测试架上对应的接线端子一一对应连接(红接线柱与红接线柱相连，黑接线柱与黑接线柱相连)。励磁电流 I_M 输出端连接到测试架线圈时，可以选择接单个线圈与双个线圈。接双个线圈时，将两线圈串联，即一个线圈的黑接线柱与另一线圈的红接线柱相连。另外两端子接至实验仪的 I_M 端。

(4) 二个换向开关：分别对励磁电流 I_M、工作电流 I_S 进行正反向换向控制。

(5) 一个转换开关：对霍尔片的霍尔电压 V_H 与霍尔片长度 L 方向的电压降 V_σ 测

量进行转换控制。

2）三维亥姆霍兹线圈磁场测试架

（1）滑块 10 可以沿导轨 5 左右移动，用于改变霍尔元件 x 方向的位置。移动时，用力要轻，速度不可过快，如果滑块移动时阻力太大或松动，则应适当调节滑块上的螺钉 9 的紧度；左右移动不可沿前后方向即 y 向用力，以免改变 y 向位置；必要时，可以锁紧导轨 5 右端的紧固螺钉 13，防止改变 y 向位置。

（2）轻推滑块 10 沿导轨 6 均匀移动导轨 5，可改变霍尔元件 y 方向的位置；这时，导轨 5 右端的紧定螺钉 13 应处于松开状态。

注意 *这时不可左右方向用力，以免改变霍尔元件的 x 向位置。*

（3）松开紧固螺钉 12，铜杆 8 可以沿导轨 7 上下移动，移到所需的位置后，再拧紧紧固螺钉 12，用于改变霍尔元件 z 方向的位置。

注意 *装置的 x，y，z 向均配有位置标尺，在三维测量磁场时，可以方便地测量空间磁场的三维坐标。*

（4）霍尔元件 4 安装于铜管 8 的左前端，导线从铜管中引出，连接到测试架后面板上的专用插座。

（5）改变圆线圈 2 的位置进行磁场分布实验时，为了读数方便，应该改变铜管 8 的位置。松开紧固螺钉 11，移动铜管至 R，$2R$ 或 $R/2$ 的位置，对应于圆线圈 2 在 R，$2R$ 或 $R/2$ 的位置，这样做的优点是移动滑块 10 时，x 向的读数是以 0 位置为对称的。如果不改变铜管 8 的位置，则应对 x 向位置读数进行修正。

【实验原理】

1．霍尔效应法测磁场的原理

参考实验 4.20“霍尔效应的研究”的相关原理。

2．载流圆线圈轴线上的磁场分布

根据毕奥-萨伐尔定律，载流圆线圈在轴线（通过圆心并与线圈平面垂直的直线）上某点的磁感应强度为

$$B=\frac{\mu_0 R^2}{2(R^2+x^2)^{\frac{3}{2}}}NI \qquad (4.22.1)$$

式中：I 为通过线圈的电流强度；N 为圆线圈的匝数；R 为线圈平均半径；x 为圆心到该点的距离；$\mu_0=4\pi\times10^{-7}$ H/m 为真空磁导率。磁场的分布如图 4.22.3 所示，是一条单峰的关于圆心左右对称的曲线。

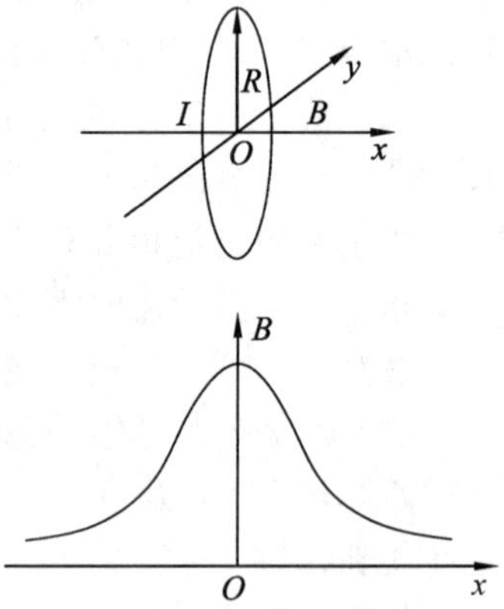

图 4.22.3　载流圆线圈轴线上磁场分布图

圆心处（$x=0$）的磁感应强度为

$$B_0=\frac{\mu_0}{2R}NI \qquad (4.22.2)$$

当 $I=0.5$ A，$N=500$，$R=0.100$ m 时，单个线圈圆心处的磁场强度为

$$B_0=\frac{\mu_0}{2R}NI=4\pi\times10^{-7}\times500\times0.5/(2\times0.100)=1.57\ (\text{mT})$$

3. 亥姆霍兹线圈轴线上的磁场分布

亥姆霍兹线圈是一对匝数和半径相同的共轴平行放置的圆线圈，两线圈间的距离 d 正好等于圆形线圈的半径 R。这种线圈的特点是能在其公共轴线中点附近产生较广的均匀磁场区，故在生产和科研中有较大的实用价值，其磁场合成示意图如图 4.22.4 所示。根据霍尔效应，用于探测的霍尔片置于磁场中，运动的电荷受洛仑兹力，运动方向发生偏转。在偏向的一侧会有电荷积累，这样两侧就形成电势差。通过测电势差就可知道其磁场的大小。当两通电线圈的通电电流方向一样时，线圈内部形成的磁场方向也一致，这样两线圈之间的部分就形成均匀磁场，即当霍尔片在磁场内运动时其测量的磁感应强度数值几乎不变；而当两通电线圈电流方向不同时，在两线圈中心的磁场应为 0。

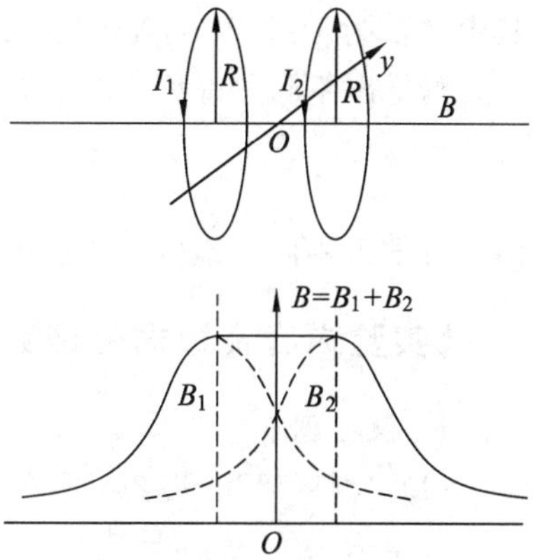

图 4.22.4　亥姆霍兹线圈轴线上磁场分布图

设 x 为亥姆霍兹线圈中轴线上某点离中心点 O 处的距离，则亥姆霍兹线圈轴线上任一点的磁感应强度为

$$B=\frac{1}{2}\mu_0 NIR^2\left\{\left[R^2+\left(\frac{R}{2}+x\right)^2\right]^{-\frac{3}{2}}+\left[R^2+\left(\frac{R}{2}-x\right)^2\right]^{-\frac{3}{2}}\right\} \tag{4.22.3}$$

而在亥姆霍兹线圈轴线上中心 O 处($x=0$)磁感应强度为

$$B_0=\frac{\mu_0 NI}{R}\times\frac{8}{5^{\frac{3}{2}}} \tag{4.22.4}$$

在 $I=0.5$ A，$N=500$，$R=0.100$ m 的实验条件下，当两圆线圈间的距离 d 正好等于圆形线圈的半径 R，组成亥姆霍兹线圈时，轴线上中心 O 处磁感应强度为

$$B_0=\frac{\mu_0 NI}{R}\times\frac{8}{5^{\frac{3}{2}}}=\frac{4\pi\times10^{-7}\times500\times0.5}{0.100}\times\frac{8}{5^{\frac{3}{2}}}=2.25\ (\text{mT})$$

当两圆线圈间的距离 d 不等于圆形线圈的半径 R 时，轴线上中心 O 处磁感应强度 B_0 按公式(4.22.3)计算。在 $d=\frac{1}{2}R, R, 2R$ 时，两线圈之间的磁场分布曲线如图 4.22.5 所示。

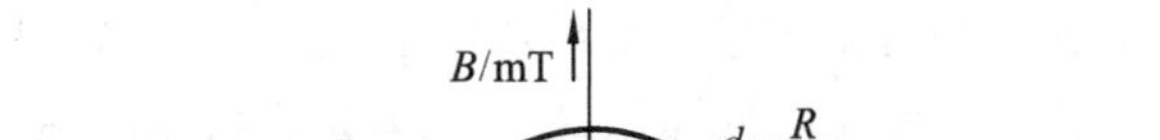

图 4.22.5　圆线圈间不同距离时轴线上的磁场分布图

由于霍尔元件的灵敏度受温度及其他因素的影响较大，所以实验仪器提供的灵敏度仅供参考。霍尔元件的实际灵敏度为

$$K_H=\frac{V_{H0}}{I_S B_0} \tag{4.22.5}$$

其中，V_{H0} 为 $I=0.5$ A，$N=500$，$R=0.100$ m 实验条件下，$B_0=2.25$ mT 时的霍尔电压。

测量出不同三维位置时的 V_H 值，再根据公式 $V_H=K_H I_S B\cos\theta=K_H I_S B$ 可得

$$B=\frac{V_H}{K_H I_S} \tag{4.22.6}$$

由此可求得不同三维位置的磁感应强度 B。

【实验内容及数据处理】

1. 仪器调节

(1)"测试架"上将亥姆霍兹线圈的距离设置为 R（将两圆线圈距离设置为 R）；铜管位置移至 R 处；y 方向导轨 5、z 方向导轨 7 均置于 0，并紧固相应的螺母，这样使霍尔元件位于亥姆霍兹线圈轴线上；霍尔片 R 器的信号插头连接到信号源后面板的专用四芯插座。

(2)"测试架"与"实验仪"间"I_S 霍尔片工作电流端"和"V_H，V_σ 测量端"的线路连接：关机断电，将"实验仪"与"测试架"上对应接线端一一对应连接（红接红，黑接黑）。

(3) 在开机前先将工作电流 I_S 和励磁电流 I_M 调节到最小，即逆时针方向将电位器调节到最小。

(4) 开机，预热 10 分钟。毫伏表调零：用短接线将数显毫伏表输入端短接，或者将 I_S 和 I_M 电流均调节为零，再调节面板上的调零电位器旋钮，使毫伏表显示为 0.00 mV。

2. 测量

本实验采用的霍尔片的尺寸：厚度 d 为 0.2 mm，宽度 l 为 1.5 mm，长度 L 为 2.5 mm。

记录所用仪器的霍尔灵敏度 K_H=________ mV/(mA·T)。

1) 测量单个通电圆线圈轴线上的磁感应强度

(1) 关机断电，"实验仪"励磁电流 I_M 端连接到"测试架"圆线圈 1 端，红接红，黑接黑。

(2) 开机通电，调节工作电流 $I_S=5.00$ mA 和励磁电流 $I_M=0.500$ A，沿 x 方向移动导轨 10，测量单个圆线圈 1 通电时轴线上各点的霍尔电压，由 −120 mm 到 +120 mm，每隔 10～20 mm 测量一个霍尔电压 V_H 值（V_1，V_2，V_3，V_4），填入表 4.22.1。

表 4.22.1 测量单个通电圆线圈 1 轴线上的磁感应强度

$I_S=5.00$ mA，$I_M=500$ mA

x/mm	V_1/mV	V_2/mV	V_3/mV	V_4/mV	$V_H=\frac{V_1-V_2+V_3-V_4}{4}$/mV	B_1/mT
	$+I_S,+I_M$	$+I_S,-I_M$	$-I_S,-I_M$	$-I_S,+I_M$		
−120						
−100						
−80						
−60						
−40						

续表

x/mm	V_1/mV	V_2/mV	V_3/mV	V_4/mV	$V_H=\frac{V_1-V_2+V_3-V_4}{4}$/mV	B_1 /mT
	$+I_S,+I_M$	$+I_S,-I_M$	$-I_S,-I_M$	$-I_S,+I_M$		
−30						
−20						
−10						
0						
10						
20						
30						
40						
60						
80						
100						
120						

2）测量单个通电圆线圈 2 轴线上的磁感应强度

（1）关机断电，“实验仪”励磁电流 I_M 端连接到“测试架”圆线圈 2 端，红接红，黑接黑。

（2）开机通电，调节工作电流 $I_S=5.00$ mA 和励磁电流 $I_M=0.500$ A，沿 x 方向移动导轨 10，测量单个固定圆线圈 2 通电时轴线上各点的霍尔电压，由 −120 mm 到 +120 mm，每隔 10～20 mm 测量一个霍尔电压 V_H 值（V_1，V_2，V_3，V_4），填入表 4.22.2。

表 4.22.2 测量单个通电动线圈 2 轴线上的磁感应强度

$I_S=5.00$ mA，$I_M=500$ mA

x/mm	V_1/mV	V_2/mV	V_3/mV	V_4/mV	$V_H=\frac{V_1-V_2+V_3-V_4}{4}$/mV	B_1 /mT
	$+I_S,+I_M$	$+I_S,-I_M$	$-I_S,-I_M$	$-I_S,I_M$		
−120						
−100						
−80						
−60						
−40						
−30						
−20						
−10						
0						

续表

x/mm	V_1/mV	V_2/mV	V_3/mV	V_4/mV	$V_H=\frac{V_1-V_2+V_3-V_4}{4}$/mV	B_1/mT
	$+I_S, +I_M$	$+I_S, -I_M$	$-I_S, -I_M$	$-I_S, I_M$		
10						
20						
30						
40						
60						
80						
100						
120						

3）测量亥姆霍兹线圈轴线上各点的磁感应强度

(1) 关机断电，“实验仪”励磁电流 I_M 端连接到“测试架”圆线圈 1 和圆线圈 2 端：“实验仪”励磁电流 I_M 红端接“测试架”动线圈 2 红端，动线圈 2 黑端接固定圆线圈 1 红端，固定圆线圈 1 黑端接“实验仪”上的励磁电流 I_M 黑端。

(2) 开机通电，调节工作电流 $I_S=5.00$ mA 和励磁电流 $I_M=0.500$ A，沿 x 方向移动导轨 10，测量单个固定圆线圈 1 通电时轴线上各点的霍尔电压，由 -120 mm 到 $+120$ mm，每隔 10～20 mm 测量一个霍尔电压 V_H 值(V_1, V_2, V_3, V_4)，填入表 4.22.3。

表 4.22.3　测量亥姆霍兹线圈轴线上的磁感应强度

$I_S=5.00$ mA，$I_M=500$ mA

x/mm	V_1/mV	V_2/mV	V_3/mV	V_4/mV	$V_H=\frac{V_1-V_2+V_3-V_4}{4}$/mV	B_1/mT
	$+I_S, +I_M$	$+I_S, -I_M$	$-I_S, -I_M$	$-I_S, +I_M$		
−120						
−100						
−80						
−60						
−40						
−30						
−20						
−10						
0						
10						
20						

续表

x/mm	V_1/mV	V_2/mV	V_3/mV	V_4/mV	$V_H=\frac{V_1-V_2+V_3-V_4}{4}$/mV	B_1 /mT
	$+I_S,+I_M$	$+I_S,-I_M$	$-I_S,-I_M$	$-I_S,+I_M$		
30						
40						
60						
80						
100						
120						

3. 数据处理

(1) 根据表 4.22.1、表 4.22.2 和表 4.22.3 中的数据，利用公式 $V_H=\frac{V_1-V_2+V_3-V_4}{4}$ 计算 V_H。

(2) 利用式(4.22.6)计算单个通电圆线圈、亥姆霍兹线圈轴线上各点的磁感应强度 B(mT)的值。

(3) 在同一张坐标纸上，分别绘出单个通电圆线圈、亥姆霍兹线圈在轴线上的 $B-x$ 分布图。

(4) 根据式(4.22.2)，计算单个通电圆线圈在圆心处的磁感应强度的理论值，与实验值进行比较，计算百分差。

(5) 根据式(4.22.4)，计算亥姆霍兹线圈轴线上中心点处的磁感应强度的理论值，与实验值进行比较，计算百分差。

【注意事项】

(1) 仪器使用前应预热 10～15 分钟，并避免周围有强磁场源或磁性物质。

(2) 仪器采用分体式设计，使用时要正确接线，注意不要扯拉霍尔传感器的引出线，以防损坏。

(3) 仪器采用三维移动设计，可移动的部件很多，一定要细心合理使用，不可用力过大，以防影响使用寿命；铜管的机械强度有限，切不可受外力冲击，以防变形，影响使用。

(4) 使用完毕应关闭电源。仪器的使用和存放应注意清洁干净；避免腐蚀和阳光暴晒或强磁场环境下工作和存放。

【思考题】

(1) 为什么在测量直流磁场时，必须考虑地球磁场对被测磁场的影响？

(2) 用霍尔元件放入磁场中，不同方向上特斯拉计指示值不同，哪个方向最大？

(3) 试分析载流圆线圈磁场分布的理论值与实验值的误差产生的原因。

电学电路实验

电学是物理学的分支学科之一，主要研究“电”的形成及其应用。“电”一词在西方是从希腊文“琥珀”一词转意而来的，在中国则是从雷闪现象中引出来的。自从18世纪中叶以来，对电的研究逐渐蓬勃开展。它的每项重大发现都引起广泛的实用研究，从而促进科学技术的飞速发展。现今，无论人类生活、科学技术活动以及物质生产活动都已离不开电。随着科学技术的发展，某些带有专门知识的研究内容逐渐独立，形成专门的学科，如电子学、电工学等。电学是物理学中颇具重要意义的基础学科。

在理工科学生中开展电学实验，可使学生对书本知识有更好地掌握，能够掌握常用电学仪器的基本性能和使用方法，对常用电路交直流特性、频率响应、频谱、噪声、温度进行分析，从而给学生提供更多的独立思考和培养创新能力的机会。

实验4.23～4.25将介绍电学电路的实验。

实验4.23 测定电学元件的伏安特性

【实验目的】

(1) 了解电阻及二极管的伏安特性。

(2) 掌握用伏安法测量时的接线方法。

(3) 了解分压器和电表的正确使用方法。

【实验仪器】

电流表(50 mA)、电流表(100 μA)、电压表(30 V)、电压表(3 V)、滑动变阻器(R=1.6 kΩ)、滑动变阻器(R=180 Ω)、直流稳压电源、电阻箱。

【实验原理】

1. 电学元件的伏安特性

在某一电学元件两端加上直流电压，在元件内就会有电流通过，通过元件的电流与端电压之间的关系称为电学元件的伏安特性。电压U与电流I之比称为该元件的电阻R，即

$$R=\frac{U}{I} \tag{4.23.1}$$

式(4.23.1)即为欧姆定律，电压U和电流I可分别用电压表和电流表测量。

2. 伏安法测量电阻的两种接法

用伏安法测量电阻的电路中，常有两种接法，图4.23.1所示为电流表内接法，

图 4.23.2 所示为电流表外接法。通常直接用电压表读数 U 除以电流表读数 I 获得被测电阻值 R，即 $R=\frac{U}{I}$，但由于电压表和电流表都有一定的内阻（分别设为 R_V 和 R_A），会引入一定的系统误差。

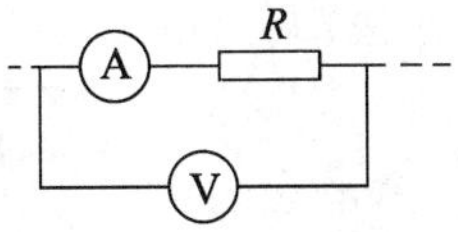

图 4.23.1　电流表内接电路

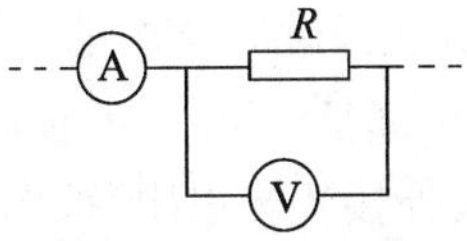

图 4.23.2　电流表外接电路

1）电流表内接法

电流表内接时，电压表读数 U 包含了电流表上的电压降 U_A，测得的阻值为

$$R_{测}=\frac{U}{I}=\frac{U_x+U_A}{I}=R_x+R_A>R_x$$

测量值 $R_{测}$ 比实际电阻 R_x 偏大，测量值绝对误差为 $\Delta R_{内}=R_{测}-R_x=R_A$，相对误差为 $\delta_{内}=\frac{\Delta R_{内}}{R_x}=\frac{R_A}{R_x}$，当 $R_x \gg R_A$ 时，电流表的分压很小，内接法误差小。

2）电流表外接法

电流表外接时，电流表上的读数包含了从电压表上流过的电流 I_V，测得的阻值为

$$R_{测}=\frac{U}{I}=\frac{R_x \cdot R_V}{R_x+R_V}=\left(\frac{R_V}{R_x+R_V}\right)R_x<R_x$$

测量值 $R_{测}$ 比实际电阻 R_x 偏小，测量值绝对误差为

$$\Delta R_{外}=|R_{测}-R_x|=\left|\frac{R_x \cdot R_V}{R_x+R_V}-R_x\right|=\frac{R_x^2}{R_x+R_V}$$

相对误差为 $\delta_{外}=\left|\frac{\Delta R_{外}}{R_x}\right|=\frac{R_x}{R_x+R_V}$，当 $R_x \ll R_V$ 时，电压表分流很小，外接法误差小。

3. 伏安曲线

以元件两端的电压 U 为横坐标，流经元件的电流 I 为纵坐标，绘制电流 I 随电压 U 变化的关系曲线，则该曲线称为该元件的伏安特性曲线。

若元件两端的电压与通过它的电流成正比，则元件的伏安特性曲线为一条直线，这类元件称为线性元件。一般金属导体的电阻在常温下是线性电阻，其阻值等于直线斜率的倒数，如图 4.23.3 所示。

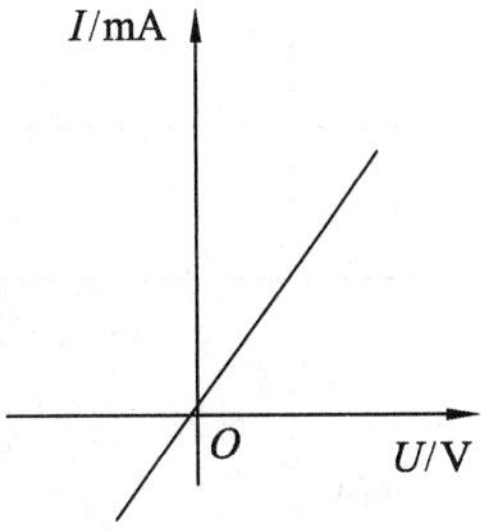

图 4.23.3　线性元件伏安特性曲线

若元件两端的电压与通过它的电流的比值不是常数，这类元件称为非线性元件。常用的晶体二极管就是一种非线性元件，其阻值与外加电压的大小方向都有关。图 4.23.4 是非线性元件晶体二极管的伏安特性曲线。若在二极管两端加正向电压（即 P 端接高电势，N 端接低电势），当电压大于正向导通电压时，电流随电压呈指数规律变化。若在二极管的两端加反向电压（即 P 端接低电势，N 端接高电势），当电压在较大范围内变化时，电流变化很小也很微弱，当电压达到反向击穿电压 U_B 后，反向

电流随电压的增加而迅速增加，PN 结击穿。

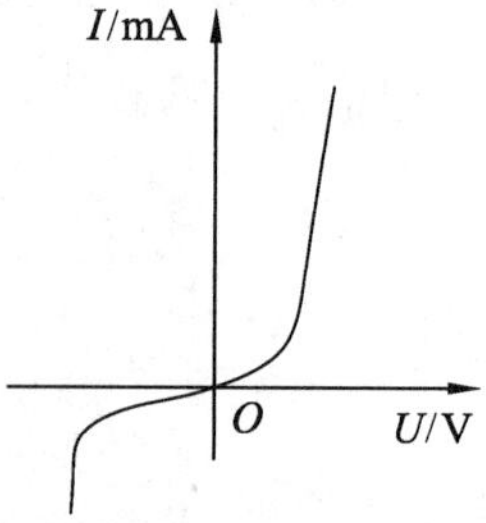

图 4.23.4 非线性元件伏安特性曲线

【实验内容及数据处理】

1. 测量电阻的伏安特性

(1) 了解直流稳压稳流电源的仪器面板和使用方法，调节电源，使电源电压为 7.5V。

(2) 用电流表外接法测电阻：按图 4.23.5 接线，注意电表的正负极性，电阻箱 R_x 取 100 Ω，将分压接法滑动变阻器调至分压最小位置，接通开关 K。调节变阻器，在电表读数范围内分别记录 8 组电压 V 和对应的电流 I 值，填入表 4.23.1。

(3) 用电流表内接法测电阻：按图 4.23.6 接线，电阻箱 R_x 取 300 Ω，将分压接法滑动变阻器调至分压最小位置，接通开关 K。调节变阻器，在电表读数范围内分别记录 8 组电压 U 和对应的电流 I 值，填入表 4.23.2。

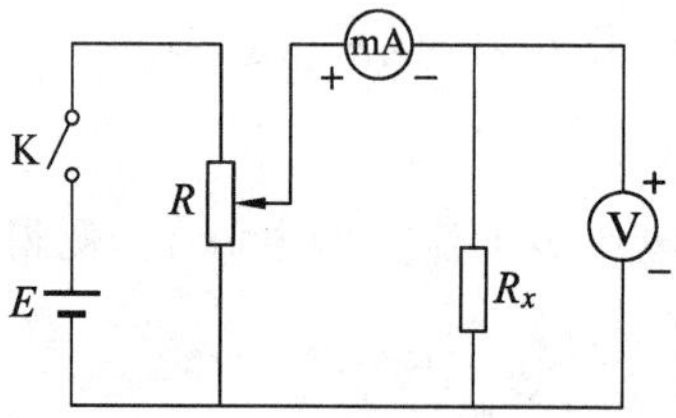

图 4.23.5 电流表外接电路

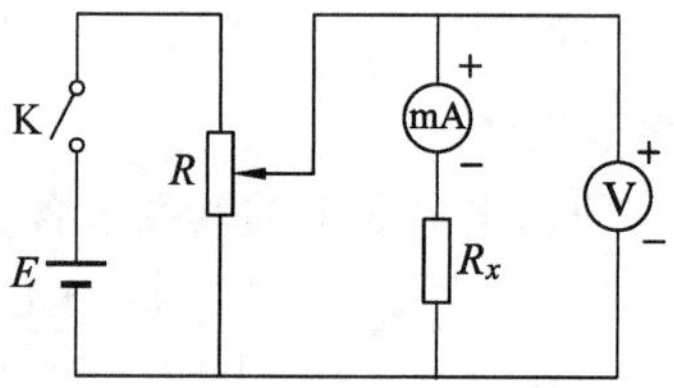

图 4.23.6 电流表内接电路

表 4.23.1 外接法测线性电阻的伏安特性

U/V								
I/mA								

表 4.23.2 内接法测线性电阻的伏安特性

U/V								
I/mA								

2. 测量二极管的伏安特性

(1) 了解直流稳压电源的仪器面板和使用方法，调节电源，使电源电压为 1.5 V。

(2) 测量二极管的正向伏安特性：按图 4.23.7 所示接线，调节滑动变阻器 R_1，使分压为最小(图 4.23.7 中最下端，此时电压表所在电路分压为零)；滑线变阻器 R_2 调成电阻为最大(图 4.23.7 中最上端)，接通开关 K；调节 R_1 和 R_2，使电压表示数从 0 V 开始增大，每隔 0.05 V 在表 4.23.3 中记录电压表、电流表示数，直到电流表示数大于 15 mA，才能结束二极管正向特性的测量。

(3) 测量二极管的反向伏安特性：按图 4.23.8 所示接线，调节滑动变阻器 R_1，R_2，使变阻器的输出电压为最小，接通开关 K，电源电压调至 30 V；粗调 R_1，细调 R_2，使电压表示数从 0 V 开始增大，每隔 2 V 在表 4.23.4 中记录电压表、电流表示数，直至电流为 100 μA为止。

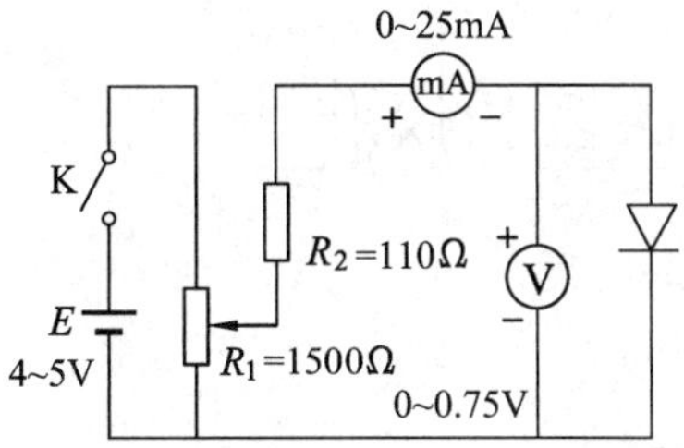

图 4.23.7　二极管的正向伏安特性测试电路

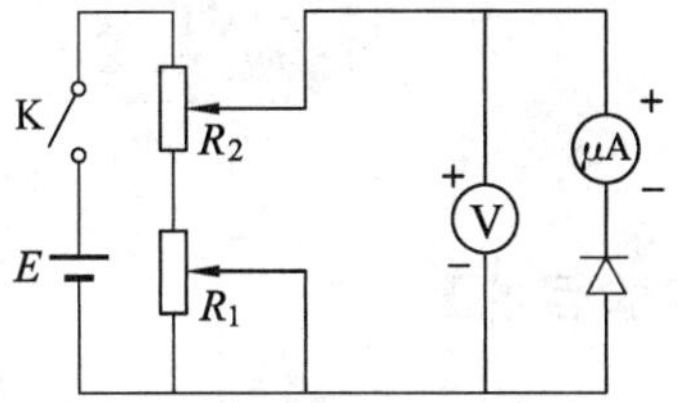

图 4.23.8　二极管的反向伏安特性测试电路

表 4.23.3　外接法测二极管的正向伏安特性

U/V								
I/mA								

表 4.23.4　内接法测二极管的反向伏安特性

U/V								
I/mA								

3. 数据处理

(1) 以 U 为横坐标，I 为纵坐标，绘制电阻的伏安特性曲线；由直线斜率分别求出两次 R_x 的测量值，并分别以电阻箱上的阻值作为标准值，计算不确定度，并加以分析。

(2) 在同一张坐标纸上，以 U 为横坐标，I 为纵坐标，绘制二极管的伏安特性曲线；因正向、反向电流相差较大，作图时可选取不同的单位。

【注意事项】

(1) 了解待测元件的规格，使加在它上面的电压和通过的电流均不超过额定值。二极管的 P，N 极不能接反。

(2) 了解测量时所需其他仪器的规格，也不得超过其量程或使用范围。电表在使用前应把指针调至 0 刻度，并注意摆放方式。电表的正负极不能接反。

(3) 接通电路前，先将电源输出电压调至最小，滑线变阻器的分压电阻调到最小值。线路接好并检查后才能合上开关，接通电源。

【思考题】

(1) 测量晶体二极管反向伏安特性曲线，电流表的接法与测正向时是否相同？为什么？

(2) 滑线变阻器主要有哪几种用途？如何使用？结合本次实验分别给予说明。

(3) 有一个工作电压为 12 V、功率为 5 W 的钨丝灯泡，已知加在灯泡上的电压与通过灯丝的电流之间的关系为 $I=KU^n$，其中 K，n 是与该灯泡有关的常数。如何通过实验方法并用作图法处理数据求出 K，n，得到 I 随 U 变化的经验公式？画出实验电路图并简述作图法处理数据的步骤。

实验 4.24　电表的改装和校准

【实验目的】

(1) 熟悉电流表、电压表的构造原理和校准方法。

(2) 掌握将表头改装成电流表、电压表(扩大量程)的原理和方法。

【实验仪器】

表头(0～100 μA)、毫安表(0－25－50 mA)、伏特表(0－7.5－15－30 V)、直流稳压电源(0～30 V 可调)、ZX36 型十进位电阻箱(0～9999 Ω)、ZX21 型十进位电阻箱(0～99999.9 Ω)、电位器(2.2 kΩ，已与表头串联好)、滑线式变阻器(1.5 kΩ 和 150 Ω 各一只)。

【实验原理】

电学实验中经常要用电表(电压表和电流表)进行电信号测量，常用的直流电流表和直流电压表都有一个共同的部分，称为表头。表头通常是一只磁电式微安表，只允许通过微安量级的电流，一般只能测量很小的电流和电压。如果要用它来测量较大的电流或电压，就必须对电表进行改装，扩大其量程。

1. 将微安表改装成毫安表

表头表针偏转到满刻度所需要的电流 I_g 称为微安表量程，其电路图符号用字母 μA 外加圆形表示。表头自身线圈的电阻 r_g，称为表头的内阻。表头的满刻度所能测量的电流非常小，只有微安量级，若用该表头测量超过其量程的电流，就必须扩大它的量程。办法是在表头两端并联一个较小(相对于 r_g)的分流电阻 R_s(见图 4.24.1)，要求被测电流的大部分从分流电阻上流过，表头上流过的电流仍小于等于原来允许通过的最大电流 I_g。

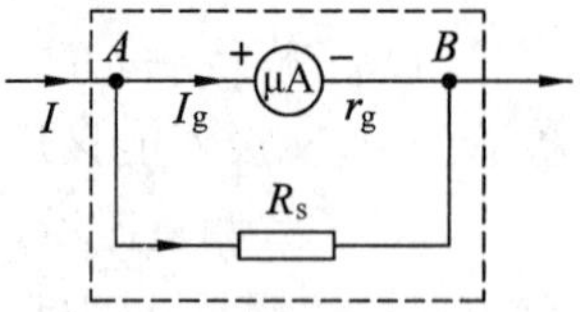

图 4.24.1　表头并联分流电阻成毫安表

图 4.24.1 总虚线框内由表头和分流电阻 R_s 组成的整体就是改装后的电流表，假设表头改装后的量程为 I，根据欧姆定律，得

$$I_g r_g=(I-I_g)R_s$$

也即

$$R_s=\frac{I_g}{I-I_g}r_g=\frac{1}{\frac{I}{I_g}-1}r_g \tag{4.24.1}$$

因此，若适当地选择分流电阻 R_s，就可以使通过表头的电流和总电流成合适的比例，若将电表按照新量程来划分刻度，就可以直接读出总电流的数值。

令 $n=\frac{I}{I_g}$，则有

$$R_s=\frac{1}{n-1}r_g \tag{4.24.2}$$

可见，要将量程为 I_g 的表头改装成量程扩大 n 倍，只需在该表头上并联一个分流电阻 $\frac{1}{n-1}r_g$ 即可，利用上述方法可以改装为单量程电流表。

想要制成多量程的电流表，则可在表头上并联不同阻值的分流电阻，但这种方法有其不容忽视的缺点：

(1) 在变换量程时，分流电阻断开的一瞬间，电路总电流瞬间会变得很大，并将全部流过表头，造成表头烧坏。

(2) 用来量程转换的多挡拨动开关的接触点一旦氧化，产生一附加接触电阻串联在分流电阻 R_s 上，会引起较大误差。

因此，多量程电流表通常采用"闭路抽头转换式分流电路"，在表头上同时串并联几个稍小电阻，计算各个电阻的方法也与单量程电流表略有不同。

图 4.24.2 是将一表头改装成两个量程(I_1，I_2)毫安表的电路原理图。图中 $R_g=R_0+r_g$，视为表头的总内阻，R_0 是电位器，用来调整 R_g 的数值，使其为某一整数，这样便于计算。分流电阻 R_1 和 R_2 可用下述方法求出：

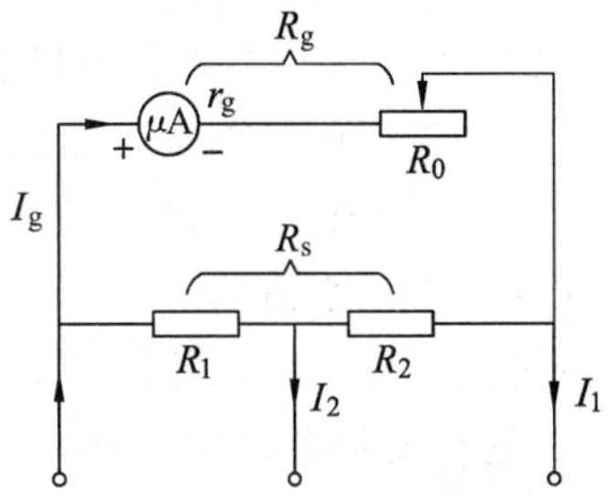

图 4.24.2　表头串、并联电阻成多量程电流表

先按最小电流量程 I_1 计算出各分流电阻的总电阻值 R_s，即有

$$R_s=\frac{R_g}{n-1},\ n=\frac{I_1}{I_g}$$

再计算量程为 I_2 的分流电阻值 R_1。由图 4.24.2 可知

$$I_g(R_g+R_2)=(I_2-I_g)R_1$$

其中，$I_2=n'I_g$，$R_2=R_s-R_1$，可解得

$$R_1=\frac{R_g+R_s}{n'}$$

$$R_2=R_s-\frac{R_g+R_s}{n'}$$

2. 将微安表改成伏特表

微安表的电压量程为 I_gR_g，虽然可以直接用来测量电压，但是电压量程 I_gR_g 很小，不能满足实际的需要。为了能测量较高的电压，就必须扩大它的电压量程。其方法是在微安表上串联一个附加电阻(也称为分压电阻)R_d，如图 4.24.3 所示。使大部分的电压

加在分压电阻 R_d 上，而微安表上的电压降很小，仍然保持小于等于原来的量程 I_gR_g。

同样，设微安表的量程为 I_g，内阻为 R_g（包括调整电阻 R_0 在内），改装后的伏特表的量程为 U，由欧姆定律

$$I_g(R_g+R_d)=U$$

得到

$$R_d=\frac{U}{I_g}-R_g$$

当需要将电流表改装成两挡以上不同量程的伏特表时，可采用图 4.24.4 的电路。

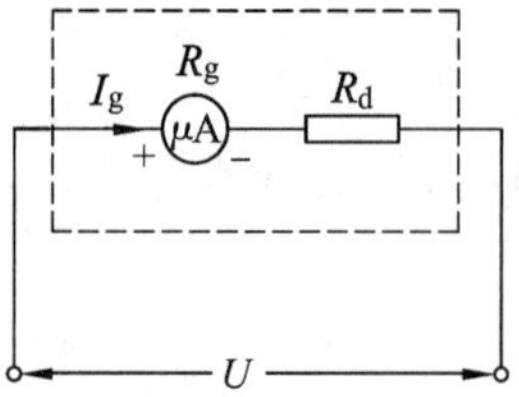

图 4.24.3　电流表串联电阻成电压表

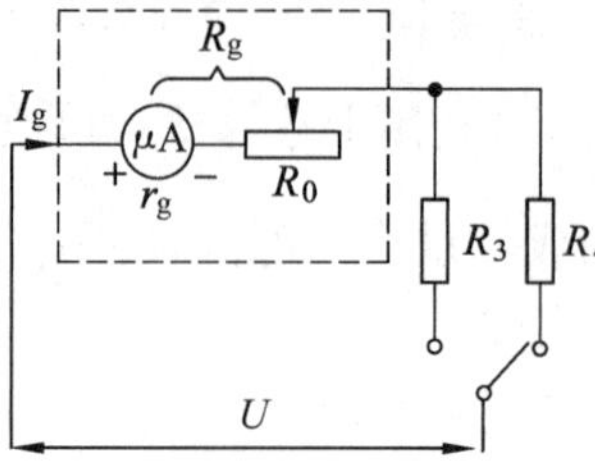

图 4.24.4　电流表改装成两挡电压表

【实验内容及数据处理】

1. 毫安表的改装和校准

(1) 实验室提供的表头（微安表）量程为 $I_g=100\ \mu A$，内阻 $R_g=r_g+R_0=1.75+1.25=3\ k\Omega$，利用该表头和电阻箱，改装成量程为 0～10 mA 和 0～25 mA 的毫安表，实验前请先理论计算所需并联的分流电阻 R_1 和 R_2。

(2) 按图 4.24.5 接好电路。直流稳压电源调节旋钮应位于最小值处，1.5 kΩ 的滑线变阻器用来调节电路的电流大小，注意实验开始时接入的有效电阻应为最大，这样使得电路中电流最小；150 Ω 的滑线变阻器用作电流微调，提高电流调节精度。R_1 和 R_2 均用精密电阻箱，设在所计算的理论数值上。电路图中的毫安表代表标准毫安表，用来校正改装的毫安表。假设实验室提供的毫安表（0—25—50 mA）为标准毫安表。

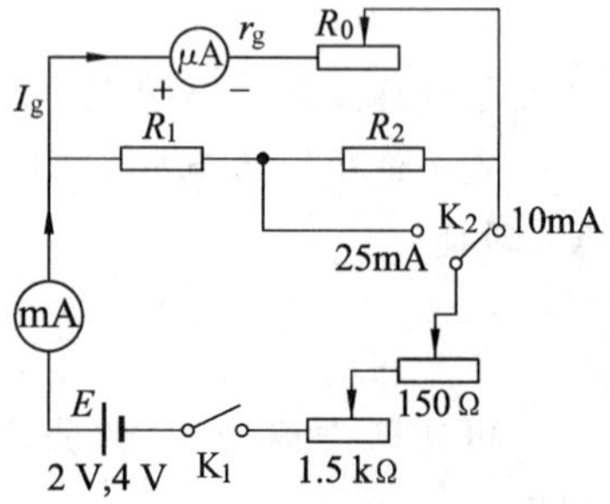

图 4.24.5　电流表的改装与校正

(3) 校准量程。首先打开稳压电源，电压调节为 2 V，接通 10 mA 挡，校准该挡量程。首先调节 1.5 kΩ 滑线变阻器，使标准毫安表的指示流接近 10 mA，再调节 150 Ω 滑线变阻器，使标准毫安表的指示流指向 10 mA，接着适当调节 R_0，使微安表的指针偏转至满刻度。这样，改装的毫安表的最程就已经校准好了。

(4) 校准刻度。对两挡量程分别校准（注意校准 25 mV 时电源电压设为 4 V），方法是调节滑线变阻器，使微安表指针分别偏转在满刻度的 1/5，2/5，3/5，4/5，5/5 处，读出微安表头的格数 m 和标准毫安表对应的读数 I，每个刻度测量 3 次，数据表格自拟。

(5) 以 m 为横坐标，I 为纵坐标，分别作出 0～10 mA，0～25 mA 的实验校正曲线。

2. 伏特表的改装和校准

(1) 同样利用上述表头和电阻箱改装成 0～3 V 和 0～10 V 的伏特表，根据实验原理提供的公式计算出串联电阻 R_3 和 R_4 的阻值。

(2) 按图 4.24.6 接好电路。1.5 kΩ 和 150 Ω 的滑线变阻器在此用作分压粗调和分压细调，开始时应调节滑线变阻器，使接入的电阻最小，即所获得的分压最小，R_3 和 R_4 都用精密电阻箱。电路图的伏特表代表标准伏特表，假设实验室提供的伏特表(0—7.5—15—30 V)为标准伏特表。

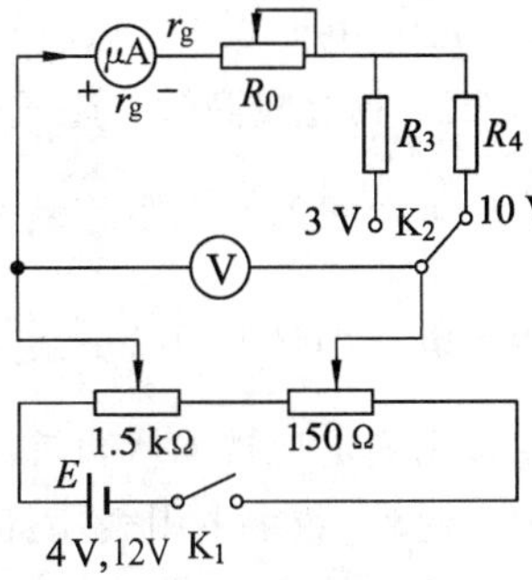

图 4.24.6　电压表的改装和校正

(3) 校准量程。要求同改装毫安表。

(4) 校准刻度。要求同改装毫安表。注意两挡电源电压分别调节为 4 V 和 12 V。

(5) 同样以 m 为横坐标，U 为纵坐标，分别作出 0～3 V 和 0～10 V 的校正曲线。

【注意事项】

(1) 使用电表前应把指针调至零刻度线。

(2) 分流电阻、分压电阻阻值不能搞错，以免损坏微安级电流表。

实验 4.25　数字多用表的设计和定标

【实验目的】

(1) 掌握数字多用表的工作原理、组成和特性。

(2) 掌握数字多用表的校准方法和使用方法。

(3) 掌握分压及分流电路的连接和计算。

【实验仪器】

数字多用表设计性实验仪、数字多用表、AA 电池、6F22 电池等。

【原理提示】

1. 数字多用表的特性

数字多用表与指针式多用表相比具有如下优良特性。

1) 高准确度和高分辨率

$3\frac{1}{2}$位数字式电压表头的准确度为±0.5%，$4\frac{1}{2}$位的表头可达±0.03%，而指针式多用表中使用的磁电系表头的准确度通常为±2.5%。分辨率即表头最低位上一个字所代表的被测量，它代表了仪表的灵敏度。通常 $3\frac{1}{2}$位数字多用表的分辨率可达到电压

0.1 mV、电流 0.1 μA、电阻 0.1 Ω，远高于一般的指针式多用表。

2）具有较高输入阻抗

电压表的输入阻抗越高，对被测电路的影响越小，测量准确性也越高。$3\frac{1}{2}$位数字多用表电压挡输入阻抗一般为 10 MΩ，$4\frac{1}{2}$位数字多用表输入阻抗则大于 100 MΩ，而指针式多用表电压挡输入阻抗的典型值为 20～100 kΩ。

此外，数字多用表还具有测量速率快、自动判别极性、数字式直读、自动调零、抗过载能力强等特性。

2. 数字多用表的基本组成

1）模/数（A/D）转换与数字显示电路

常见的物理量都是幅值（大小）连续变化的模拟量（模拟信号），指针式仪表可以直接对模拟电压、电流进行显示，而数字式仪表则需要把模拟电信号（通常是电压信号）转换成数字信号再进行显示和处理（如存储、传输、打印、运算等）。

数字信号与模拟信号不同，其幅值（大小）是不连续的，也就是说，数字信号的大小只能是某些分立的数值。数字信号是在模拟信号的基础上经过采样、量化和编码而形成的。若最小量化单位为 Δ，则数字信号的大小一定是 Δ 的整数倍，该整数可以用二进制数码表示，但为了能直观地读出信号的数值大小，需经过数码变换（译码）后由 LED 数码管或液晶屏显示出来。

数字测量仪表的核心是模/数（A/D）转换、译码显示电路。A/D 转换一般可分为量化、编码两个步骤，有关 A/D 转换及数字显示内容是很成熟的电子技术，已经制成大规模集成电路，一般的仪器仪表生产者、使用者只要知道该类集成电路的管脚编号及特性即可使用。

本实验使用的数字多用表设计性实验仪，其核心是一个$3\frac{1}{2}$位数字表头，它由数字表专用 A/D 转换译码驱动集成电路（ICL7107）和外围元件、LED 数码管构成。本实验中该表头有 7 个端口，包括 2 个测量电压输入端（IN＋，IN－）、2 个基准电压输入端（VREF＋，VREF－）和 3 个小数点驱动输入端（dp1，dp2，dp3）。

2）直流电压测量电路

在数字电压表头前面加一级分压电路（分压器），可以扩展直流电压测量的量程。如图 4.25.1 所示，U_o 为数字电压表头的量程（如 200 mV），r 为其内阻（如 10 MΩ），r_1，r_2 为分压电阻，U_i 为扩展后的量程。由于 $r \gg r_2$，所以分压比为$\frac{U_o}{U_i}=\frac{r_2}{r_1+r_2}$，扩展后的量程为 $U_i=\frac{r_1+r_2}{r_2}U_o$。

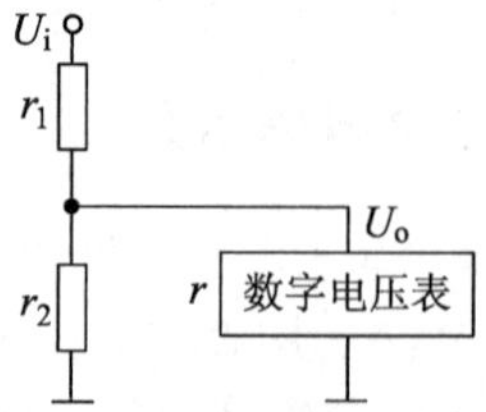

图 4.25.1　分压电路原理示意图

多量程分压器原理电路图如图 4.25.2 所示，5 挡量程的分压比分别为 1，0.1，0.01，0.001，0.000 1，对应的量程分别为 200 mV，2 V，20 V，200 V，2 000 V。采用该种分压电路虽然可以扩展电压表的量程，但在小量程挡明显降低了数字电压表的输入阻抗，这在实际使用中是不希望的，所以实际数字多用表的电压挡分压电路如图 4.25.3 所示，它在不降低输入阻抗的情况下，可达到同样的分压效果。

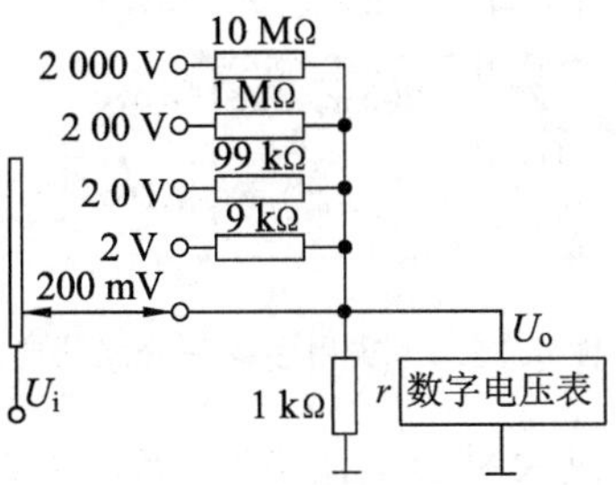

图 4.25.2　多量程分压器原理图

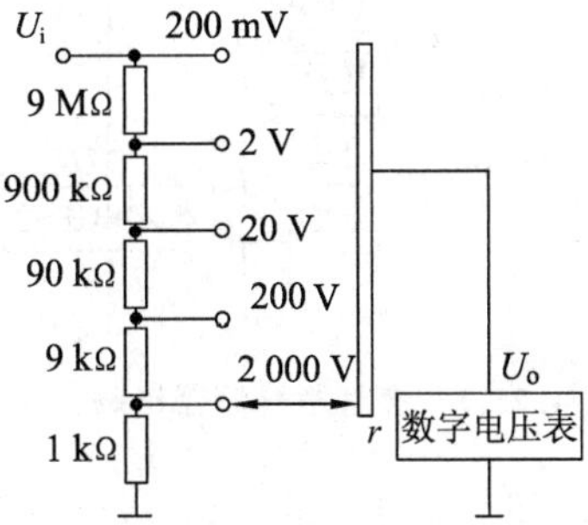

图 4.25.3　实用多量程分压器电路

例如，其中 2 000 V 挡的分压比为$\dfrac{R_5}{R_1+R_2+R_3+R_4+R_5}=\dfrac{1\ \mathrm{k\Omega}}{10\ \mathrm{M\Omega}}=0.000\ 1$，同样可计算出其余各挡的分压比。实际设计时是根据各挡的分压比和总电阻来确定各分压电阻的，如先确定 $R_{总}=R_1+R_2+R_3+R_4+R_5=10\ \mathrm{M\Omega}$；再计算 2 000 V 挡的电阻 $R_5=0.000\ 1R_{总}$；再逐挡计算 R_4，R_3，R_2，R_1。

尽管上述最高量程挡的理论量程是 2 000 V，但通常的数字多用表出于耐压和安全考虑，规定最高电压量限为 1 000 V。换量程时，多刀量程转换开关可以根据挡位自动调整小数点的显示，使用者可方便地直接读出测量结果。

3）直流电流测量电路

测量电流的原理：根据欧姆定律，用合适的取样电阻把待测电流转换为相应的电压，再进行测量。如图 4.25.4 所示，由于 $r \gg R$，取样电阻 R 上的电压降为 $U_i=RI_i \leqslant U_o$，即被测电流 $I_i=\dfrac{U_i}{R}$。若数字电压表头的电压量程为 U_o，欲使电流挡量程为 I_o，则该挡的取样电阻（也称分流电阻）为 $R=\dfrac{U_o}{I_o}$，如 $U_o=$ 200 mV挡的分流电阻 $R=1\ \Omega$。

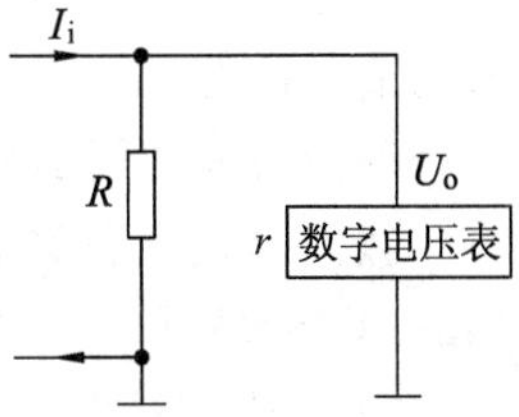

图 4.25.4　电流测量原理图

多量程分流器原理电路图如图 4.25.5 所示，其中的分流器在实际使用中存在一个缺点，就是当量程转换开关接触不良时，被测电路的电压可能使数字表头过载，所以实际数字多用表的电流挡分流电路如图 4.25.6 所示。各挡分流电阻的阻值是这样计算的：先计算最大电流挡 $I_{m5}=2$ A 的分流电阻 $R_5=\dfrac{U_o}{I_{m5}}=\dfrac{0.2}{2}\ \Omega=0.1\ \Omega$，再计算下一档$I_{m4}=0.2$ A 的分流电阻 $R_4=\dfrac{U_o}{I_{m4}}-R_5=\left(\dfrac{0.2}{0.2}-0.1\right)\ \Omega=0.9\ \Omega$，最后依次计算出 R_3，R_2，R_1。

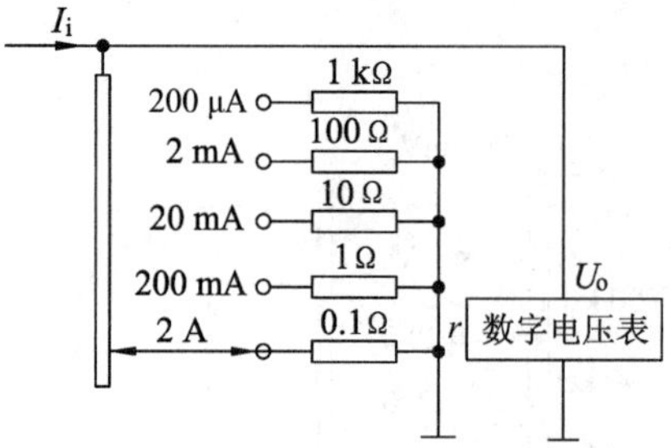

图 4.25.5　多量程分流器电路

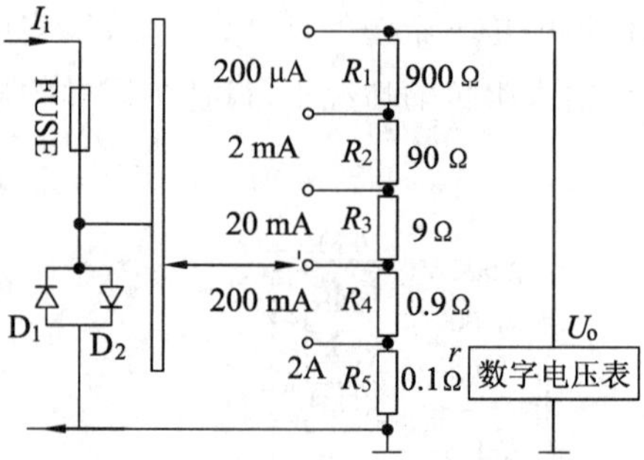

图 4.25.6　实用多量程分流器电路

图 4.25.6 中的 FUSE 是 2 A 保险丝管，电流过大时会快速熔断，起过流保护作用。两只反向连接且与分流电阻并联的二极管 D_1，D_2 为硅整流二极管，它们起双向限幅的过压保护作用。正常测量时，输入电压小于硅二极管的正向导通电压降，二极管截止，对测量毫无影响，一旦输入电压大于 0.7 V，二极管立即导通，二极管两端电压被钳位（小于 0.7 V），从而保护仪表不被损坏。用 2 A 挡测量时，若发现电流大于 1 A 时，测量时间不可超过 20 s，避免大电流引起的较高温度而影响测量精度，甚至损坏仪表。

4）交流电压、电流测量电路

数字多用表中交流电压、电流的测量电路是在直流电压、电流测量电路的基础上，在分压器或分流器之后加入了交流-直流（AC-DC）变换器，如图 4.25.7 所示。该直流-交流变换器主要由集成运算放大器 A、整流二极管 D、滤波器 RC 等组成，其中电位器 R 可以调整输出电压的高低，用于对交流电压有效值进行校准；调整该电位器可使数字表头的显示值等于被测交流电压的有效值。同样出于对安全方面因素的考虑，交流电压最高挡的量值通常限定为 750 V（有效值）。

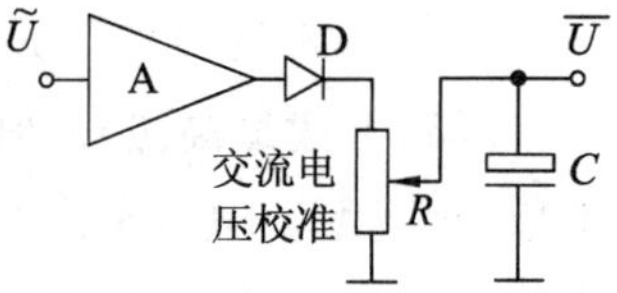

图 4.25.7　交流-直流变换器原理图

数字多用表交流电压、电流挡适用的频率范围通常为 40～400 Hz（如 DT830A、M2933 等型号），有些型号的交流挡适用的频率范围可达 1 000 Hz（如 M3800、PF72 等）。

5）电阻测量电路

数字多用表中的电阻挡采用比例测量法，其原理电路如图 4.25.8 所示，由稳压管 ZD 提供测量基准电压，流过标准电阻 R_0 和被测电阻 R_x 的电流基本相等（数字表头的输入阻抗很高，其流经的电流可忽略不计），所以 A/D 转换器的参考电压 U_{REF} 和输入电压 U_{IN} 的关系为 $\frac{U_{REF}}{U_{IN}}=\frac{R_0}{R_x}$，即 $R_x=\frac{U_{IN}}{U_{REF}}R_0$。

根据所用 A/D 转换器的特性可知，数字万用表显示的是 U_{IN} 与 U_{REF} 的比值：当 $U_{IN}=U_{REF}$ 时显示“1000”；当 $U_{IN}=0.5U_{REF}$ 时显示“500”，以此类推。当 $R_x=R_0$ 时，表头将显示“1000”；当 $R_x=0.5R_0$ 时，表头将显示“500”，称为比例读数特性。因此，只要选取不同的标准电阻并适当地对小数点进行定位，就能得到不同的电阻测量挡。如对 200 Ω 挡，取 $R_{01}=100$ Ω，小数点定在十位上。当 $R_x=100$ Ω 时，表头就会显示出 100.0；当 R_x 变化时显示值相应变化，可以从 0.1 Ω 测到 199.9 Ω；又如，对 2 kΩ 挡，取 $R_{02}=1$ kΩ，小数点定在千位上,可以从 0.001 kΩ 测到 1.999 kΩ。

数字多用表多量程电阻测量电路如图 4.25.9 所示,由上述分析可知,$R_1=R_{01}=100\ \Omega$,$R_2=R_{02}-R_{01}=(1\,000-100)\ \Omega=900\ \Omega$,$R_3=R_{03}-R_{02}=(10-1)\ \text{k}\Omega=9\ \text{k}\Omega$ 等。

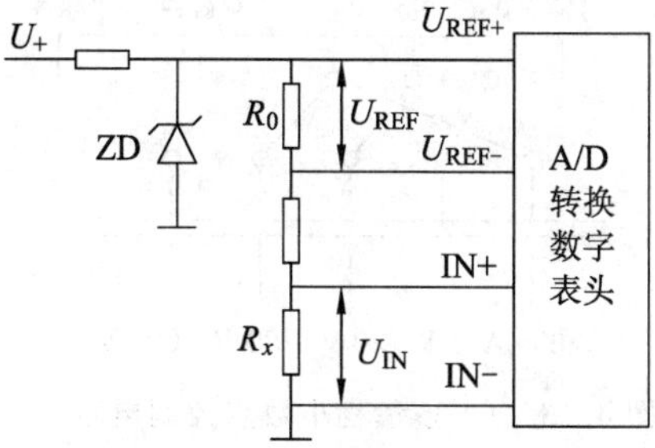

图 4.25.8 电阻测量原理图

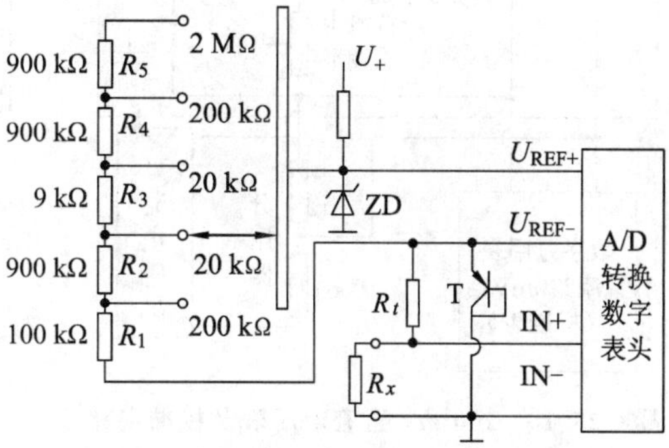

图 4.25.9 多量程电阻测量电路

图 4.25.9 中由正温度系数(PTC)热敏电阻 R_t 与晶体管 T 组成了过压保护电路,以防误用电阻挡去测高电压时损坏集成电路。当误测高电压时,晶体管 T 发射极将击穿,从而限制输入电压的升高;同时 R_t 随着电流的增加而发热,其阻值迅速增大,从而限制电流的增加,使 T 的击穿电流不超过允许范围,即 T 至少处于软击穿状态,不会损坏。一旦解除误操作,R_t 和 T 都能恢复正常。

【实验内容及数据处理】

1. 设计制作多量程直流数字电压表

(1) 制作 200 mV(199.9 mV)直流数字电压表头并校准。

使用电路单元:$3\frac{1}{2}$位数字表,直流电压校准,直流电压、电流,分压器。

按图 4.25.10 接线,参考电压 U_{REF+} 输入端接直流电压校准电位器,左数第三位小数点 d_{p_3} 接到量程转换单元的"动片 1"插孔以获得一位小数显示。

利用待测直流电压源和分压电阻获得 150 mV 左右的直流电压,把一只成品数字多用表(称为标准表)置于直流 200 mV 挡与表头输入端并联,调整"直流电压校准"旋钮,使表头读数与标准表读数一致(允许误差为±0.5 mV)。然后保留虚线框内的线路,拆除其余部分即可。

(2) 扩展电压表头成为多量程直流电压表。

使用电路单元:$3\frac{1}{2}$位数字表,直流电压校准,分压器 1 或分压器 2,量程转换开关与测量输入。

按图 4.25.2(用分压器 2)或图 4.25.3(用分压器 1)接线;"动片 2"作为量程转换开关;"动片 1"作为控制小数点显示的开关,可参照图 4.25.11 进行连线。

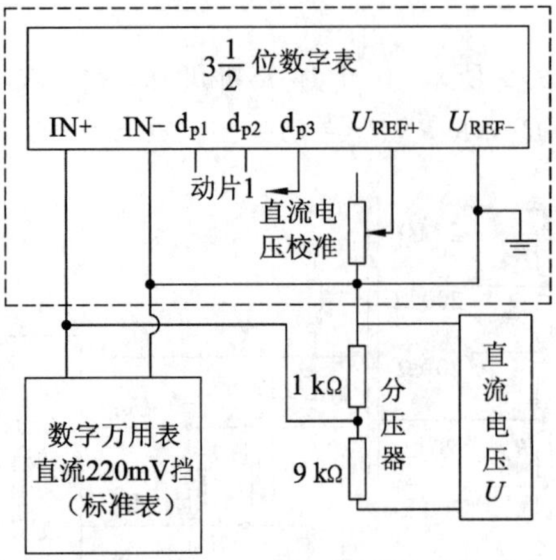

图 4.25.10　200 mV 直流电压表及校准电路

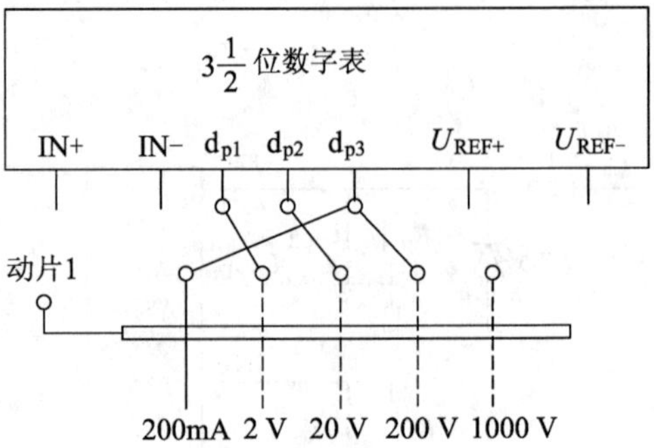

图 4.25.11　多量程小数点控制电路

(3) 用自制表和标准表分别测量直流电压，并自行设计数据表格。

① 测量 AA 电池和 6F22 电池的端电压。

② 测量实验仪上的待测直流电压：调节“直流电压电流”单元的电位器，记录直流电压“U”的可调范围。将电流“I”两端连通，构成电流回路，电路中的 LED 可能会发光，观测电压对发光状态的影响。

③ 测量光电池的端电压：将电压表连接于光电池的两端，改变光照的强度，观察电压的变化情况。

2. 设计制作多量程交流数字电压表

(1) 在 200 mV 直流数字电压表头的基础上，增加交流-直流(AC－DC)变换器，制成交流数字电压表并校准。

使用电路单元：$3\frac{1}{2}$位数字表，直流电压校准电路，交流电压校准电路(AC－DC 变换器)，交流电压、电流供给电路，分压器。

按图 4.25.12 接线，在 200 mV 直流数字电压表头(已校准)的前端接入 AC－DC 变换器，然后进行交流电压校准。利用待测交流电压和分压器获得 70 mV 左右的交流电压，把标准数字多用表置于交流 200 mV 挡，调整“交流电压校准”旋钮，使表头读数与标准表读数一致(允许误差为±1.5 mV)。校准后保留图 4.25.12 中两个虚线框内的线路，拆除其余部分即可。

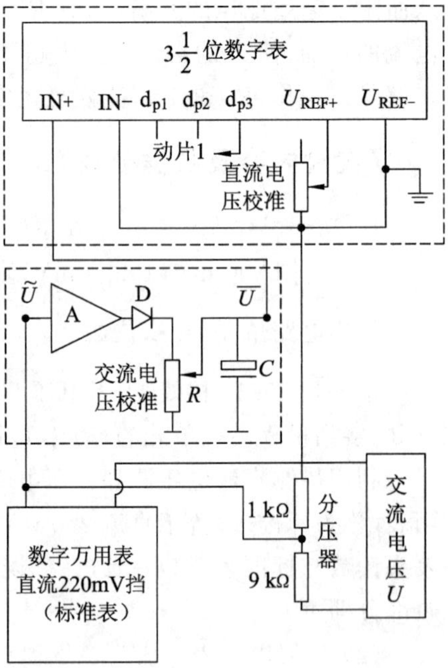

图 4.25.12　200 mV 交流电压表及校准电路

(2) 制成多量程交流数字电压表。

使用电路单元：$3\frac{1}{2}$位数字表，直流电压校准电路，交流电压校准电路(AC－DC 变换器)，分压器，量程转换开关与测量输入电路。

参照实验内容 1 中的第(2)部分，接入分压器和量程转换开关以及小数点控制电路。

(3) 用自制交流电压表测电压。

① 测量待测“交流电压电流”单元中的 $\widetilde{U}$。

② 测量灯泡电压：将待测交流电流 $\widetilde{I}$ 连通(短路)，小灯泡可能会发亮；调整电位器，灯泡亮度会随之变化，测量灯泡两端的电压，观察电压与灯泡亮度之间的关系。

3. 设计制作多量程直流数字电流表

(1) 同实验内容 1 中的第(1)部分，即先制成 200 mV 直流数字电压表头并将其校准。

(2) 制成多量程直流数字电流表。

使用电路单元：$3\frac{1}{2}$位数字表，直流电压校准电路，分流器 1 或分流器 2，电流挡保护电路，量程转换开关与测量输入电路。

按图 4.25.5 或图 4.25.6 接线；“动片 2”作为量程转换开关；“动片 1”作为控制小数点显示的开关，自己设计连线。

(3) 用自制电流表测直流电流。

① 测 LED 的电流：将电流表串接在待测直流电流“I”的电路中，调节电位器可观察电流的大小、极性变化以及 LED 的发光情况，并做相应记录。

② 测光电池的输出电流：将电流表连接到光电池两端，观察输出光电流随光照强度变化的关系。

4. 设计制作多量程交流数字电流表(选做)

(1) 在实验内容 2，3 的基础之上，参照数字多用表的基本组成，设计并连接多量程交流数字电流表电路。

(2) 用自制交流电流表测电流强度。将交流电流表串入待测交流电流 $\widetilde{I}$，调整电位器，灯泡亮度会做相应变化。观察电流强度与灯泡之间的关系。

5. 设计制作多量程数字欧姆表(选做)

(1) 制作。

使用电路单元：$3\frac{1}{2}$位数字表，电阻挡基准电压电路，分挡电阻，电阻挡保护电路，量程转换开关与测量输入电路。

参照图 4.25.9 电路，连接成比例式多量程数字欧姆表；“动片 2”作为量程转换开关；“动片 1”作为控制小数点显示的开关，自己设计电路并连线。

(2) 用多量程数字欧姆表测量电阻。

① 测量固定电阻器的阻值。

② 测量可变电阻器(电位器)的阻值范围，观察其变化是否线性。

③ 测量光敏电阻器的阻值，观察其阻值随光照强度的变化情况。

④ 测量热敏电阻器的阻值，观察其阻值随温度的变化情况。

⑤ 测量晶体管管脚之间的正反向电阻，观察 PN 结的单向导电性。

6. 数据处理

(1) 计算图 4.25.3 中分压电阻 R_5,R_4,R_3,R_2,R_1 的阻值,并列出计算过程。

(2) 计算图 4.26.6 中分流电阻 R_5,R_4,R_3,R_2,R_1 的阻值,并列出计算过程。

(3) 自行设计记录实验数据的表格。

【注意事项】

(1) 实验时应当“先接线,再通电;先断电,再拆线”,通电前应确认接线无误,避免短路。

(2) 即使有保护电路,也应注意不要用电流挡测量电压,以免造成不必要的损失。

(3) 当数字表头最高位显示“1”(或“−1”)而其余位都不亮时,表明输入信号过大而超量程,应尽快换大量程挡或减小(断开)输入信号,避免长时间超量程。

(4) 自锁紧插头插入时不必太用力就可接触良好,拔出时应手捏插头旋转一下就可轻易拔出,避免硬拔硬拽导线,拽断线芯。

【思考题】

(1) 在图 4.25.3 中,为什么在小量程挡时会明显降低数字电压表的输入阻抗?试举例说明。

(2) 在图 4.25.6 中,当量程转换开关接触不良时,为什么被测电路的电压可能使数字表头过载?

(3) 试分析数字多用表中电流挡保护电路的用处。

(4) 试分析数字多用表中欧姆挡过压保护电路的作用。

示波器的结构原理及应用

示波器是一种常用的电子仪器，主要用于观察和测量电信号。它利用被测信号产生的电场对示波管中电子运动的影响来反映被测信号电压的瞬变过程。由于电子惯性小，荷质比大，因此示波器具有较宽的频率响应，可以观察变化极快的电压瞬变过程，采用高增益放大器可以观察微弱信号；同时，配合各种传感器，把非电量转化为电量，还可以测量压力、应变、振动、声、光、热等非电信号，示波器不仅能测量信号的大小，还能测量信号的周期、相位、频率等多种参数，多踪示波器则可以同时比较几个信号之间的相应关系。

示波器中用来显示电信号波形的示波管，电视机、摄像机里显示图像的显像管、摄像管都属于电子束线管，虽然它们的型号和结构不完全相同，但都有产生电子束的系统和电子加速系统。为了使电子束在荧光屏上清晰地成像，还要设聚焦、偏转和强度控制系统。对电子束的聚焦和偏转，可以利用电极形成的静电场实现，也可以用电流形成的恒磁场实现。前者称为电聚焦和电偏转，后者称为磁聚焦和磁偏转。随着科技的发展，利用静电场或恒磁场使电子束偏转、聚焦的原理和方法还被广泛地用于扫描电子显微镜、回旋加速器、质谱仪等许多仪器设备之中。

实验 4.26 和实验 4.27 将介绍示波器的应用。

实验 4.26　电子束的偏转实验

【实验目的】

(1) 了解带电粒子在电磁场中的运动规律，以及电子束的电偏转、电聚焦、磁偏转、磁聚焦的原理。

(2) 学会测量示波管中偏转系统的灵敏度。

(3) 掌握用聚焦法测量电子荷质比的方法。

【实验原理】

1. 仪器介绍

示波管的结构如图 4.26.1 所示，包括：① 一个电子枪，它发射电子，把电子加速到一定速度，并聚焦成电子束；② 一个由两对金属板组成的偏转系统；③ 一个在管子末端的荧光屏，用来显示电子束的轰击点。所有部件全都密封在一个抽成真空的玻璃外壳里，目的是为了避免电子与气体分子碰撞而引起电子束散射。接通电源后，灯丝发热，阴极发射电子。栅极加上相对于阴极的负电压，它有两个作用：一方面调节栅极电压的大小控制阴极发射电子的强度，所以栅极也叫控制极；另一方面栅极电压和第一阳极电压构成一定的空间电位分布，使得由阴极发射的电子束在栅极附近形成一个交叉点。第一阳极和第二阳极的作用：一方面构成聚焦电场，使得经过第一交叉点又发散了的电子在聚焦场作用下又会聚起来；另一方面使电子加速，电子以高速打在荧光屏上，屏上的荧光物质在高速电子轰击下发出荧光，荧光屏上的发光亮度取决于到达荧光屏的电子数目和速度，改变栅压及加速电压的大小都可控制光点的亮度。水平偏转板和垂直偏转板是互相垂直的平行板，偏转板上加以不同的电压，用来控制荧光屏上亮点的位置。

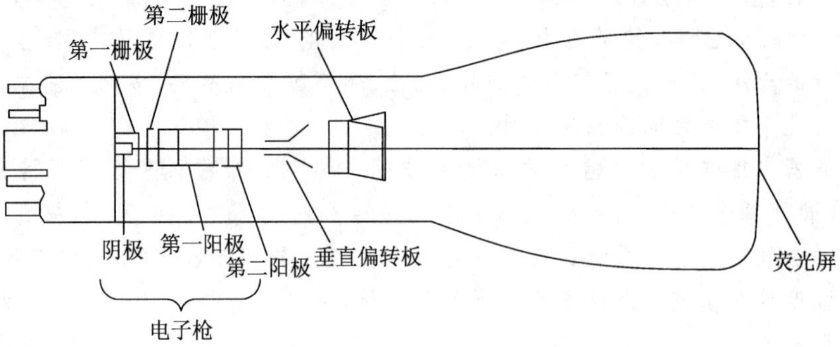

图 4.26.1　小型示波管外形示意图

2. 电子的加速和电偏转

1）电子的加速

为了描述电子的运动，我们选用了一个直角坐标系，其 z 轴沿示波管管轴，x 轴是示波管正面所在平面上的水平线，y 轴是示波管正面所在平面上的竖直线。

从阴极发射出来通过电子枪各个小孔的一个电子，它在从阳极 A_2 射出时在 z 方向上具有速度 v_z；v_z 的值取决于 K 和 A_2 之间的电位差 $U_2=U_B+U_C$，如图 4.26.2 所示。

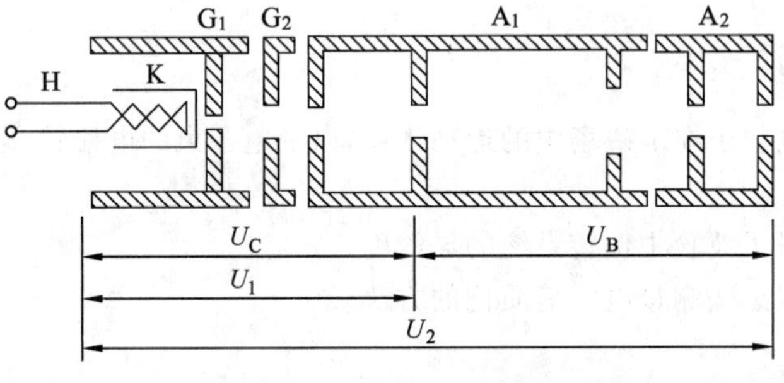

图 4.26.2　电子枪电极结构

电子从 K 移动到 A_2，位能降低了 eU_2；因此，如果电子逸出阴极时的初始动能可以忽略不计，那么它从 A_2 射出时的动能 $\frac{1}{2}mv_z^2$ 就由下式确定：

$$\frac{1}{2}mv_z^2=eU_2 \tag{4.26.1}$$

2）电子的电偏转

接着，电子会通过偏转板之间的空间。如果偏转板之间没有电位差，那么电子将笔直地通过，最后打在荧光屏的中心（假定电子枪瞄准了中心）形成一个小亮点。但是，如果两个垂直偏转板（水平放置的一对）之间加有电位差 U_d，使偏转板之间形成一个垂直于电子运动方向的电场，则电子在该电场作用下就会发生偏转，图 4.26.3 表示了电子在垂直电场作用下的偏转情况。

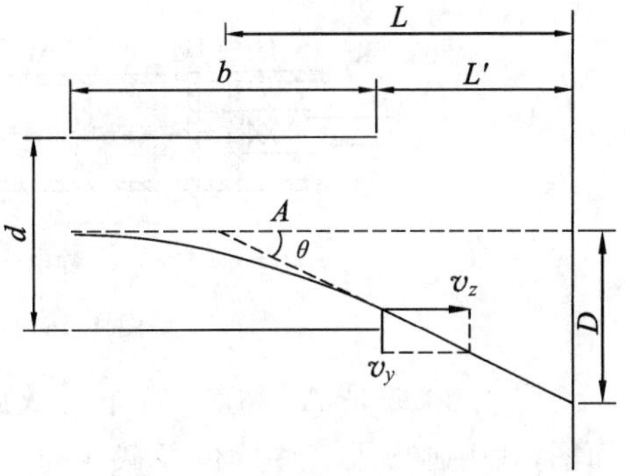

图 4.26.3　电子束的电偏转示意图

设偏转板长度为 b，两电极相距为 d，当平行板间的距离 d 比长度 b 小得多时，可以认为它形成的空间电场是均匀的，且在平行板的界外电场为零。电子在均匀电场内以速度 v_z 从平行于板的方向进入电场，在电场力的作用下，它将获得一纵向的速度 v_y，但不改变轴向速度分量 v_z。电子离开板右端时在 y 方向（垂直 v_y 方向）产生的偏离位移及速度为

$$y=\frac{1}{2}at^2=\frac{eU_d}{2md}\left(\frac{b}{v_z}\right)^2 \tag{4.26.2}$$

$$v_y=at=\frac{eU_d}{md}\left(\frac{b}{v_z}\right) \tag{4.26.3}$$

电子离开电场后不受电场力作用，将做匀速直线运动，等效直接从 A 点（极板中点位置）直接射出（见图 4.26.2），直线的倾角就是电子偏转区后的速度方向，有 $\tan\theta=\frac{v_y}{v_z}$。荧光屏上亮点在垂直方向偏转距离 D（忽略荧光屏的微小弯曲）为

$$D=\left(\frac{b}{2}+L'\right)\tan\theta=\left(\frac{b}{2}+L'\right)\frac{v_y}{v_z}=\left(\frac{b}{2}+L'\right)\cdot\frac{\frac{eU_d}{md}\left(\frac{b}{v_z}\right)}{v_z}=\left(\frac{b}{2}+L'\right)\frac{eU_d b}{md{v_z}^2} \tag{4.26.4}$$

令 $\frac{b}{2}+L'=L$（L 为偏转板中心点到屏的距离），并代入式（4.26.1），有

$$D=\frac{U_d bL}{2dU_2} \tag{4.26.5}$$

式（4.26.5）表明光点的偏转位移与偏转板的电压 U_d 之间是线性关系，U_d 越大，屏上的偏转位移就越大。

示波管的电偏转灵敏度 S_e 定义为：当偏转电压为 1 V 时，光点在屏上的位移大小，即

$$S_e=\frac{D}{U_d}=\frac{bL}{2dU_2} \tag{4.26.6}$$

式（4.26.6）表明，电偏转的灵敏度 S_e 与 b，L 成正比，与 d，U_2 成反比。

3）电子束的电聚焦

图 4.26.4 是电子枪各个电极的剖面图，加速场和聚焦场存在于各电极之间的区域。

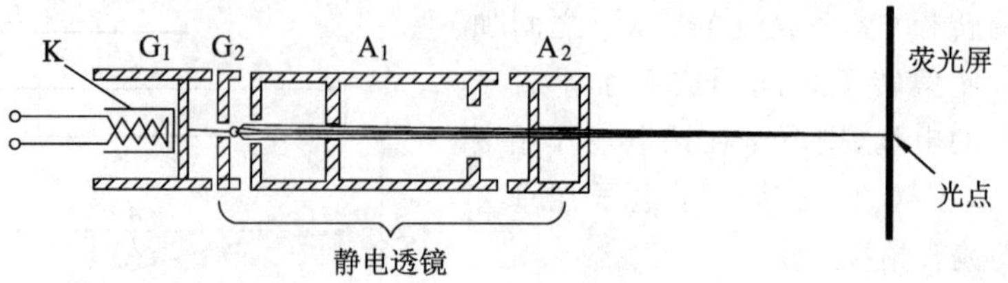

图 4.26.4　电子枪各电极剖面图

图 4.26.5 是 A_1 和 A_2 这个区域放大了的截面图，其中画出了一些等位面截线和一些电力线。从 A_1 出来的横向速度分量为 v_r 的具有离轴倾向的电子，在进入 A_1 和 A_2 之间的区域后，被电场的横向分量推向轴线。与此同时，电场 E 的轴向分量 E_z 使电子加速；当电子向 A_2 运动，进入接近 A_2 的区域时，那里的电场 E 的横向分量 E_r 有把电子推离轴线的倾向。但是由于电子在这个区域比前一个区域运动得更快，向外的冲量比前面的向内的冲量要小，所以总的效果仍然是使电子靠拢轴线。

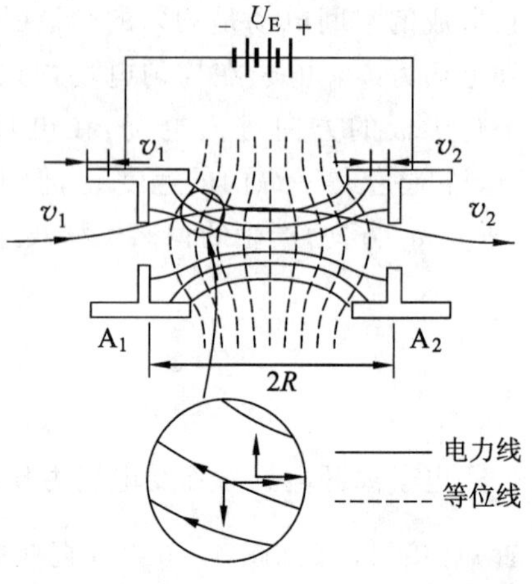

图 4.26.5　电聚焦

3. 电子的磁偏转原理

在电子枪和荧光屏之间放置一对线圈，当线圈通以励磁电流 I 时，在横向水平方向上将产生与电子束方向垂直的一均匀磁场，如图 4.26.6 所示。当电子以速度 v_z 垂直射入磁场时，必受洛仑兹力 $f=ev_zB$ 作用，从而在磁场区域内做匀速圆周运动，洛仑兹力就是向心力 $\frac{mv_z^{\ 2}}{R}$，所以电子旋转的半径为

$$R=\frac{mv_z}{eB} \qquad (4.26.7)$$

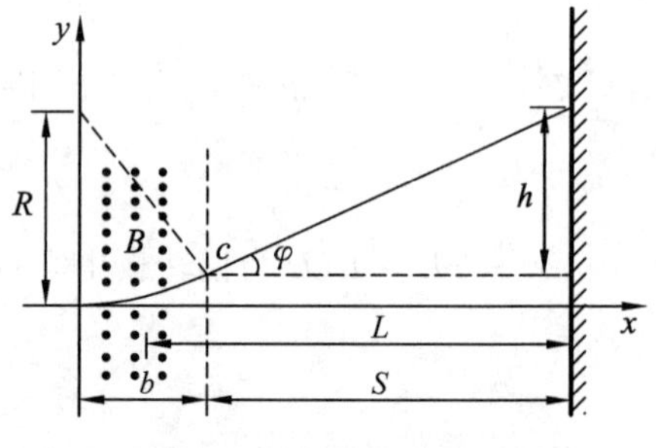

图 4.26.6　电子束的偏转

电子离开磁场区域之后，因为 $B=0$，电子不受任何作用力，应做匀速直线运动，打在荧光屏上光点位移为 h，由图 4.26.6 知，当偏转角 φ 不很大时，有

$$\tan\varphi=\frac{b}{R}=\frac{h}{L} \qquad (4.26.8)$$

式中：b 为偏转板长度。由式(4.26.7)和式(4.26.8)可得磁偏转距离

$$h=\frac{ebL}{mv_z}B \qquad (4.26.9)$$

设电子进入磁场前加速电压为 U_2，则加速场对电子做的功全部转变为电子的动能，即有 $\frac{1}{2}mv_z^{\ 2}=eU_2$，代入式(4.26.9)得

$$h=\frac{bLBe}{\sqrt{2emU_2}}=\sqrt{\frac{e}{2mU_2}}bLB \tag{4.26.10}$$

式(4.26.10)中，磁感应强度 B 通常用产生磁场两偏转线圈中通过的电流的安培匝数表示，即 $B=KnI$。其中 n 是偏转线圈单位长度匝数；I 是通过线圈的励磁电流；K 是比例系数，是与偏转线圈几何尺寸和磁介质有关的常量。因此，有以下公式：

$$h=\sqrt{\frac{e}{2mU_2}}KbLnI \tag{4.26.11}$$

由此可知，磁偏距离 h 与励磁电流 I 成正比，励磁电流越大，磁偏距离也越大。

若定义磁偏灵敏度 $S_m=\frac{h}{I}$(单位为 mm/A)为单位励磁电流所引起的电子束在荧光屏上偏转的距离。将式(4.26.11)代入，得

$$S_m=\sqrt{\frac{e}{2mU_2}}KbLn \tag{4.26.12}$$

公式(4.26.12)表明，对于特定的示波管和偏转线圈，磁偏灵敏度 S_m 与加速度电压 U_2 的平方根成反比。将式(4.26.12)与式(4.26.6)相比较可以看出，提高加速电压 U_2 对磁偏转灵敏度降低的影响比对电偏转灵敏度的影响小。使用磁偏转时，提高显像管中电子束的加速电压来增加荧光屏上图像亮度水平比使用电偏转有利，而且磁偏转便于得到电子束的大角度偏转，更适合于大屏幕的需要。因此，显像管往往采用磁偏转，但是偏转线圈的电感与分布电容都增大，这不利于高频使用，而且由于它的体积与质量较大，都不及电偏转系统，所以实际使用时示波管往往采用电偏转。

4. 磁聚焦和电子荷质比的测量原理

置于长直螺线管中的示波管，在不受任何偏转电压的情况下，示波管正常工作时，调节亮度和聚焦，可在荧光屏上得到一个小亮点。若第二加速阳极 A_2 的电压为 U_2，电子的轴向运动速度用 v_z 表示，则有

$$v_z=\sqrt{\frac{2eU_2}{m}} \tag{4.26.13}$$

当给其中一对偏转板加上交变电压时，电子将获得垂直于轴向的分速度(用 v_r 表示)，此时荧光屏上便出现一条直线，随后给长直螺线管通一直流电流 I，于是螺线管内便产生磁场，其磁场感应强度用 B 表示。众所周知，运动电子在磁场中要受到洛仑兹力 $F=ev_rB$ 的作用(v_z 方向受力为零)，这个力使电子在垂直于磁场(也垂直于螺线管轴线)的平面内做匀速圆周运动，设其圆周运动的半径为 R，则有

$$ev_rB=\frac{m{v_r}^2}{R}，即\ R=\frac{mv_r}{eB} \tag{4.26.14}$$

电子做匀速圆周运动的周期为

$$T=\frac{2\pi R}{v_r}=\frac{2\pi m}{eB} \tag{4.26.15}$$

电子既在轴线方向做直线运动，又在垂直于轴线的平面内做圆周运动，如图 4.26.7 所示。它的轨道是一条螺旋线，其螺距用 h 表示，则有

$$h=v_zT=\frac{2\pi mv_z}{eB} \qquad (4.26.16)$$

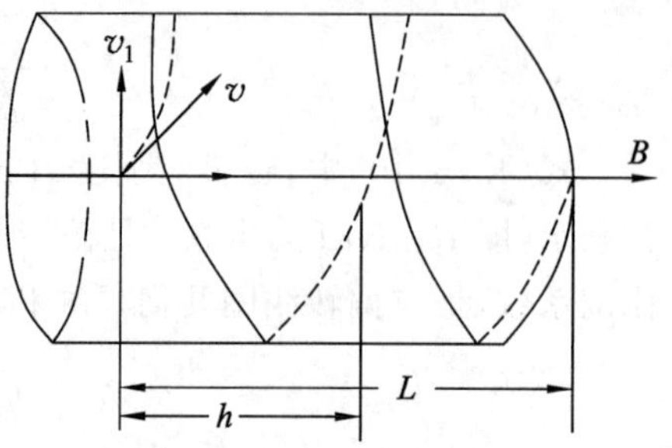

图 4.26.7　电子的螺旋运动

从式(4.26.15)、式(4.26.16)可以看出，电子运动的周期和螺距均与 v_r 无关。虽然各个点电子的径向速度不同，但由于轴向速度相同，由一点出发的电子束，经过一个周期以后，它们又会在距离出发点相距一个螺距的地方重新相遇，这就是磁聚焦的基本原理。调节磁感应强度 B 的大小，使螺距 h 正好等于电子束交叉点到荧光屏之间的距离，这时就可以在屏幕上看到一个光点。

由式(4.26.13)、式(4.26.16)可得

$$e/m=8\pi^2U_2/(h^2B^2) \qquad (4.26.17)$$

对于长直螺线管，由于螺线管的长度 L 与螺线管的平均直径 A 之间不能满足 $L\gg A$ 的要求，所以需引入一个修正系数 $K=\sqrt{\frac{L^2}{L^2+A^2}}$，则磁感应强度 B 可以由下式计算：

$$B=\frac{\mu_0 NIL}{\sqrt{L^2+A^2}} \qquad (4.26.18)$$

将式(4.26.18)代入式(4.26.17)，可得电子荷质比为

$$e/m=\frac{8\pi^2U_2(L^2+A^2)}{\mu_0^2N^2h^2I^2L^2} \qquad (4.26.19)$$

式中，μ_0 为真空中的磁导率，$\mu_0=4\pi\times10^{-7}$ H/m，螺线管的线圈总匝数 $N=526$ T，螺线管的长度 $L=0.234$ m，螺线管的平均直径 $A=0.090$ m，螺距(偏转板至荧光屏的距离) $h=0.145$ m。

【实验内容及数据处理】

1. 电子束的电偏转灵敏度测定

(1) 开启电源开关，将"电子束-荷质比"功能选择开关打向"电子束"位置。

(2) 光点调零：

① 将"X 偏转"输出的两接线柱和电偏转电压表的两输入接线柱相连接，如图 4.26.8 所示，调节"X 偏转"的"调节"旋钮，使电偏转电压表的指示为"零"，再调节调零的"X"旋钮，使光点位于示波管垂直中线上。

② 将"Y 偏转"输出的两接线柱和电偏转电压表的两输入接线柱相连接，调节"Y 偏转"的"调节"旋钮，使电偏转电压表的指示为"零"，再调节调零的 Y 旋钮，使光点位于示波管的中心原点。

③ 适当调节亮度旋钮，使示波管辉度适中，调节聚焦，使示波管显示屏上光点聚成一细点。(注意：光点不能太亮，以免烧坏荧光屏；在连接线时应关闭电源。)

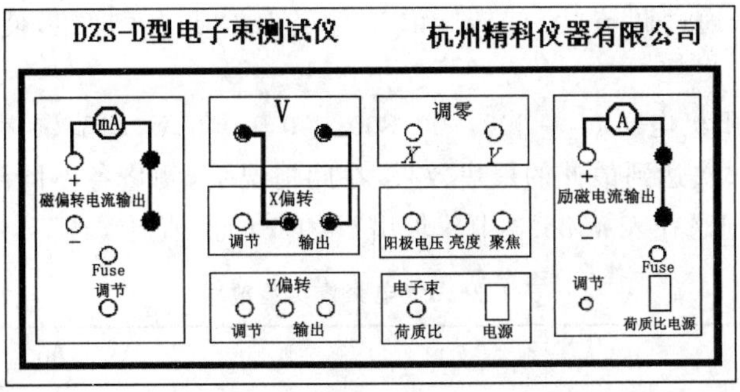

图 4.26.8 电子束测试仪与电子偏转接线图(水平偏转接线)

(3) 测量X偏转板的电偏转灵敏度。

① 将“X偏转”输出的两接线柱和电偏转电压表的两输入接线柱相连接。

② 调节阳极电压 $U_2=700,800$ V。

③ 调节“X偏转”的“调节”旋钮,使光点位于中心原点;再调节“X偏转”的“调节”旋钮,使光点水平移动一大格,记录光点水平移每一格时X电偏转电压 U_d。数据记录到表4.26.1中。作 $D—U_d$ 图,求出曲线斜率得电偏转灵敏度 S_x 值。

表 4.26.1 *x* 方向电偏转实验数据

X偏移量	格	0	1.0	2.0	3.0	4.0	5.0
	D/mm						
700 V	U_d/V						
800 V	U_d/V						

(4) 测量Y偏转板的电偏转灵敏度。

① 将“Y偏转”输出的两接线柱和电偏转电压表的两输入接线柱相连接。

② 调节阳极电压 $U_2=700,800$ V。

③ 调节“Y偏转”的“调节”旋钮,使光点位于中心原点;再调节“Y偏转”的“调节”旋钮,使光点竖直方向移动一大格,记录光点竖直移每一格时Y电偏转电压 U_d。数据记录到表4.26.2中。作 $D—U_d$ 图,求出曲线斜率得电偏转灵敏度 S_y 值。

表 4.26.2 *y* 方向电偏转实验数据

Y偏移量	格	0	1.0	2.0	3.0	4.0	5.0
	D/mm						
700 V	U_d/V						
800 V	U_d/V						

2. 电聚焦实验

(1) 不必连线,开启电源开关,将“电子束-荷质比”选择开关打向“电子束”位置;适当调节亮度旋钮,使示波管辉度适当;调节聚焦,使示波管显示屏上光点聚焦成一细点。(注意:光点不要太亮,以免烧坏荧光屏,缩短示波管寿命。)

(2) 光点调零，通过调节“X 偏转”和“Y 偏转”的“调节”旋钮，使光点位于 x，y 轴的中心。

(3) 分别调节阳极电压 $U_2=600,700,800,900,1\,000$ V，调节聚焦电压旋钮(改变聚焦电压)使光点一次次达到最佳的聚焦效果，在此情况下，测量各不同阳极电压时对应的电聚焦电压 U_1 并记录在表 4.26.3 中。求出 U_2/U_1 的比值。

表 4.26.3　电聚焦实验数据

U_2/V	600	700	800	900	1 000
U_1/V					
U_2/U_1					

3. 电子束磁偏转灵敏度测定

(1) 按图 4.26.9 所示连接线路。开启电源开关，将“电子束-荷质比”选择开关打向“电子束”位置，适当调节亮度旋钮，使示波管辉度适中，调节聚焦，使示波管显示屏上光点聚成一细点。

(2) 光点调零，在磁偏转输出电流为零时，通过调节“X 偏转”和“Y 偏转”的“调节”旋钮，使光点位于 y 轴的中心原点。

(3) 测量偏转量 D 随磁偏电流 I 的变化。

① 调节阳极电压 $V_2=600,700$ V。将线圈切换到磁偏转电流位，接通偏转线圈，调节磁偏转电流的“调节”旋钮(改变磁偏电流的大小)，记录屏上光点每移动一大格时对应的磁偏电流 I。数据记录于表 4.26.4 中。分别作 $D—I$ 图，求曲线斜率得磁偏转灵敏度。

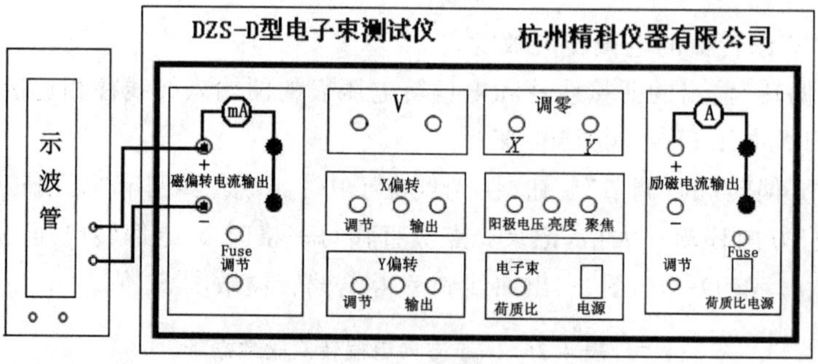

图 4.26.9　磁偏转实验接线图

表 4.26.4　磁偏转灵敏度实验数据

Y偏移量	格	0	1.0	2.0	3.0	4.0	5.0
	D/mm						
600 V	I/A						
700 V	I/A						

4. 磁聚焦和电子荷质比的测量

(1) 按图 4.26.10 所示接线。

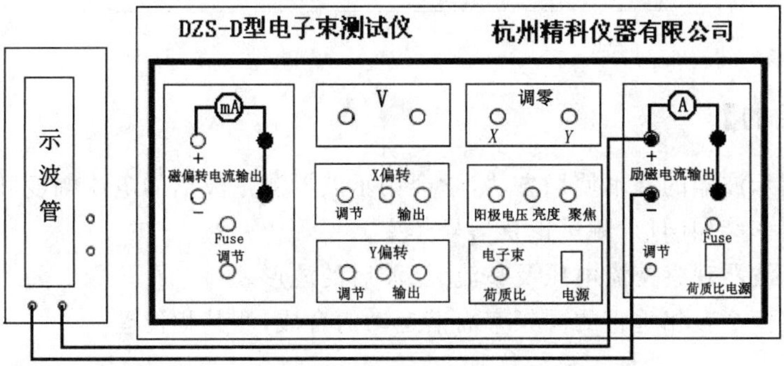

图 4.26.10 磁聚焦和电子荷质比的测量接线图

(2) 把测试仪上"励磁电流输出"两插座与示波管的螺线管前面板"励磁电流输入"的两插座用导线连接,把励磁电流"调节"旋钮逆时针旋到底。

(3) 开启电子束测试仪电源开关,"电子束-荷质比"转换开关打向"荷质比"位置,此时荧光屏上出现一条直线。

(4) 调节阳极电压 $U_2=700, 800$ V。开启励磁电流电源,顺时针转动励磁电流"调节"旋钮,逐渐加大电流使荧光屏上的直线一边旋转一边缩短,直到变成一个小光点。读取电流值,然后将电流值调为零。再将示波管的螺线管前面板上的电流换向开关扳到另一方,再从零开始增加电流使屏上的直线反方向旋转并缩短,直到再一次得到一个小光点为止,读取电流值并记录到表 4.26.5 中。由 $\bar{I}$ 和给定的参数,计算电子荷质比 e/m 的平均值,并和理论值比较,求出百分差。

表 4.26.5 磁聚焦和电子荷质比测量数据

U_2	$I_{正向}$/A	$I_{反向}$/A	$\bar{I}$/A	电子荷质比 e/m($\times10^{11}$ C/kg)
700 V				
800 V				

(5) 实验结束,先把励磁电流"调节"旋钮逆时针旋到底。

【思考题】

(1) 为什么示波管一般采用电偏转,而电视机显像管采用磁偏转?

(2) 在示波管中的垂直偏转板上加一正弦信号电压,在水平偏转板上加一锯齿波电压,会观察到什么现象?联系示波器显示原理说明之。

(3) 用纵向磁场聚焦法测电子荷质比,其误差主要因素有哪些?

(4) 偏转量大小改变时,光电的聚焦是否改变?

实验 4.27 示波器的使用

【实验目的】

(1) 掌握示波器的基本使用方法，学会用示波器测量波形的电压幅度和频率。

(2) 观察李萨如图形，测量正弦信号频率。

(3) 用示波器观察交流电压及整流、滤波后的波形。

(4) 观察两个互相垂直的同频率简谐运动的合成，测其相位差。

【实验仪器】

双踪示波器、低频函数信号发生器、实验测试板、开关式电阻箱、十进制电容箱、1.5 kΩ，0.5 A 滑动变阻器(一只)、电缆连接线、导线(若干)。

【实验原理】

示波器原理详见第三章第七节中“示波器”的内容。

1. 交流电压波形及整流、滤波后波形的观察

交流电压的波形是正弦波，经过二极管整流后得到脉冲的直流电，再经过电容滤波后得到比较平稳的直流电，这些不同的电压波形可由示波器显示出来。图 4.27.1 中，信号发生器电压输出端输出交流电压，接入测试板的输入端，测试板的输出端接示波器，这样示波器就可以观察相应的电压波形了。

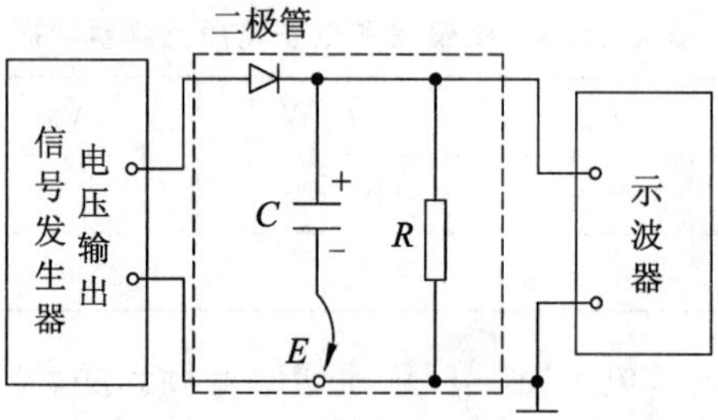

图 4.27.1 用示波器观察交流电压及整流、滤波后波形

2. 相位差的产生

简谐交流电的电压和电流都随时间按余弦(或正弦)函数的形式变化。

交变电压：$u(t)=u_0\cos(\omega t+\varphi_u)$。

交变电流：$i(t)=i_0\cos(\omega t+\varphi_i)$。

由于电压和电流有相位差，因此电阻、电容、电感元件在交流电路中的特性需要用阻抗 Z 和相位差 φ 两个参数描述。相位差规定为元件上的电压和电流的相位之差，即 $\varphi=\varphi_u-\varphi_i$。

在电阻元件上，电压、电流是同步变化的，即$\varphi_R=\varphi_u-\varphi_i=0$；在电容元件上，电压的相

位比电流落后 $\frac{\pi}{2}$，即 $\varphi_C=\varphi_u-\varphi_i=\frac{\pi}{2}$。因此，实验中采用 RC 移相电路，使不同元件的电压有相位差，使输入示波器 x 方向和 y 方向的相位振动有一相位差。根据计算，在 RC 串联电路中，总电压 $\tilde{U}=\tilde{U}_R+\tilde{U}_C$，如图 4.27.2 所示。

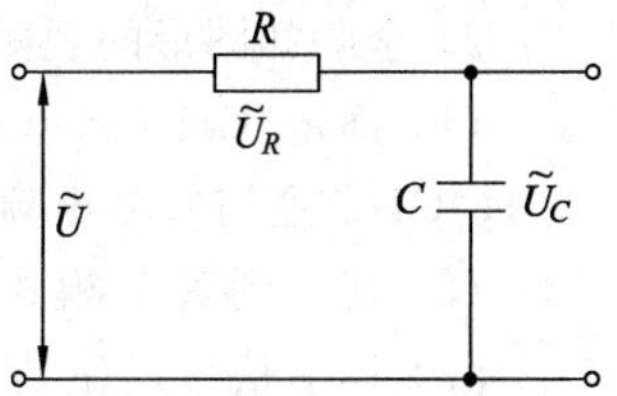

图 4.27.2　RC 串联电路

对应此电路的向量图如图 4.27.3 所示，图中 α 为电流和电压的相位差，φ 为输出电压 $\tilde{U}_C$ 落后于输入电压 $\tilde{U}$ 的相位差。因此，适当改变 R 和 C，即可改变 φ，使输入 y 方向和 x 方向的相位差改变。

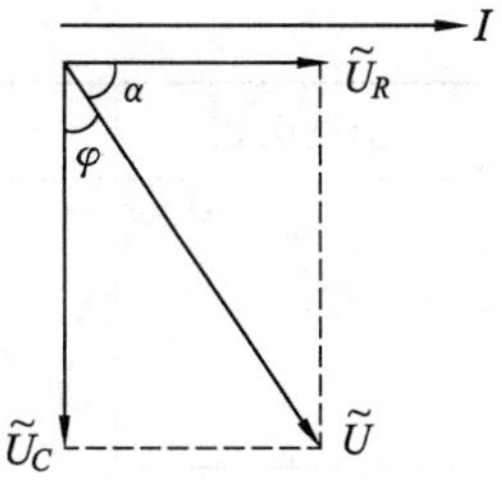

图 4.27.3　向量图

【实验内容及数据处理】

调节信号发生器的“幅度”调节旋钮，逆时针旋到底使幅度输出最小，才可以接通信号发生器电源，再接通示波器的电源，预热信号发生器和示波器 10 分钟。

1. 示波器的调整和使用

示波器不接外信号时，进入非 X-Y 方式；调整扫描信号的位置和清晰度；设置示波器工作方式。

1）测量正弦信号的电压、周期

（1）把信号发生器 1 输出接到示波器的“CH_1”通道，信号发生器 2 输出接到示波器的“CH_2”通道，接通电源开关。

（2）调节信号发生器 1，输出频率为 1 000 Hz、电压峰-峰值为 1 V 的正弦信号；调节信号发生器 2，输出频率为 500 Hz、电压峰-峰值为 2 V 的正弦信号。

（3）“CH_1”（“CH_2”）波形测量。调节示波器“CH_1”（“CH_2”）通道相应的竖直位移和水平位移旋钮，使得正弦波形位于示波器屏幕的中央；选择合适的电压挡位，正弦波形极大值和极小值之间距离尽量占显示屏竖直方向大约 2/3；选择合适的扫描时间挡位，使水平方向出现 2～3 个波峰。注意：“CH_1”和“CH_2”通道对应各自的电压挡位旋钮，应学会切换显示调节。

① 在表 4.27.1 中记录显示屏上正弦波形极大值与极小值之间部分，在竖直方向所占正方形的边长个数 k 和电压挡位值。

② 在表 4.27.1 中记录显示屏上正弦波形一个周期，在水平方向所占正方形的边长个数 l 和扫描时间挡位值。

表 4.27.1　用示波器测正弦波标准信号的电压和周期

信号发生器 1		示波器读数			
			挡位	格数	测量值
信号 1	1 000 Hz	周期(T)			
	1 V	电压(U)			
信号 2	500 Hz	周期(T)			
	2 V	电压(U)			

2）李萨如图形的观测

（1）确定“CH_1”通道对应 X 输入信号，“CH_2”通道对应 Y 输入信号。调节信号发生器 1（“CH_2”通道），输出频率为 300 Hz、电压峰-峰值为 1 V 的正弦信号。

（2）切换到 X-Y 模式，调整两个通道的偏转因子，使图形正常显示。

（3）调节信号发生器 2（“CH_1”通道）的频率，观测不同频率比例下的李萨如图形。保持“CH_2”通道（Y 输入信号）频率为 $f_y=300$ Hz 不变，改变“CH_1”通道（X 输入信号）频率 f_x，使显示屏上出现表 4.27.2 所示李萨如图形时，在表 4.27.2 中记录此时 f_x 的值。

表 4.27.2　用李萨如图形测未知信号频率

测量次数	李萨如图形	$N_x : N_y$	f_x	计算 f_y
1	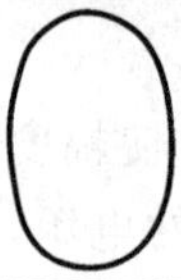	1∶1		
2		1∶2		
3	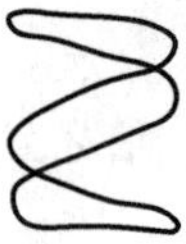	1∶3		
4		2∶1		

示波器的使用和相位差的测定
（实验讲解）

示波器使用和相位差测定
（实验操作视频）

2. 整流、滤波后波形的观察和相位差的测量

（1）将示波器“AC⊥DC”置于“⊥”，“＋－X 外接”置于“X 外接”，调节“辉度”旋钮，使亮度适中。

（2）调节“聚焦”旋钮，使亮点成小圆点。

（3）调节“←”“→”和“↑”“↓”旋钮，使亮点左右、上下适中。

（4）“＋－X 外接”置于“＋”或“－”，使扫描同步方式选择位于“自动”，此时亮点变成一条直线。

（5）将信号发生器“信号输出”接到示波器的 Y 端，调整信号发生器，取 $f=100$ Hz，

输出衰减为 0 dB。将示波器“AC⊥DC”于 AC,“+-X 外接”置于“+”或“-”;调节信号发生器的“幅度”旋钮,缓慢增加信号发生器的输出;选择适当的“SEC/DIV”和“微调”,可调出简单、稳定、清楚的正弦波形,并描下波形图。

(6) 如图 4.27.1 所示,将信号发生器“信号输出”接到测试板(虚线框内的元器件已安装好)的输入端 IN,示波器 Y 端的同轴电缆的两个鳄鱼夹夹到测试板的输出端;开始时电容器的接线 E 暂勿插上,让信号发生器送出一个交流电压信号,调节示波器的有关旋钮,将显示整流后的波形,并描下波形图。

再将测试板上的 E 插上,重复步骤(6),得到滤波后波形,并描下波形图。

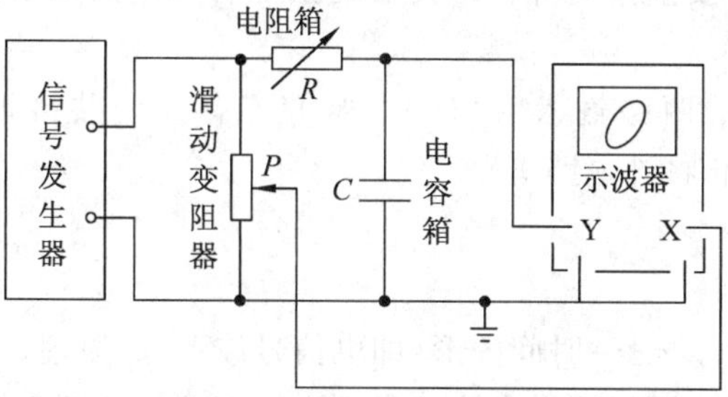

图 4.27.4　观察两个互相垂直的同频率简谐运动的合成连线图

(7) 按图 4.27.4 接好线路。

信号发生器频率取 300 Hz,示波器“+-X 外接”置于“X 外接”,逐渐增大信号发生器的输出,“CH_1”通道(X 输入信号)测量电阻箱和电容的总电压波形,“CH_2”通道(Y 输入信号)测量电容的电压波形,适当调节电阻箱、电容箱、滑动变阻器,得到椭圆图形,将椭圆图形移到屏幕中央位置。描下椭圆图形,并在表 4.27.3 中记下此时的 R,C 值,测量 L_1 和 L,计算出相位差。

C 不变,改变电阻箱 R 的值,重复上述步骤。

使 R 恢复为原来的值,仅改变 C 的值,重复上述步骤。

表 4.27.3　相位差的测量

序号	R 值	C 值	L_1	L
1				
2				
3				

3. 数据处理

(1) 由表 4.27.1 计算待测信号的电压峰-峰值、电压有效值,将电压峰-峰值与信号发生器显示电压比较,求百分差;计算待测信号的周期和频率,将所求的频率与信号发生器显示频率比较,求百分差。

(2) 由表 4.27.2,利用公式$\frac{f_x}{f_y}=\frac{N_y}{N_x}$计算未知信号的频率 f_y,$\overline{f}_y$,与信号发生器显示频率比较,求百分差。

(3) 记录交流电压波形及其整流、滤波后的波形。

(4) 由表 4.27.3，利用公式 $\sin(\alpha_2-\alpha_1)=\pm\frac{\overline{OP}}{A_2}=\pm\frac{L_1}{L}$，计算出 RC 总电压与电容电压的相位差 φ，并总结变化规律。

【注意事项】

(1) 荧光屏上光点(扫描线)亮度不可调得过亮，并且不可将光点(或亮线)固定在荧光屏上某一点时间过久，以免损坏荧光屏。

(2) 示波器和信号发生器上所有开关及旋钮都有一定的调节限度，调节时不能用力过猛。

(3) 双踪示波器的两路输入端"CH_1""CH_2"有一公共接地端，同时使用"CH_1""CH_2"时，接线时应防止将外电路短路。

【思考题】

(1) 简述示波器显示电压-时间图形(即电信号波形)的原理。

(2) 怎样用示波器定量地测量交流信号的电压有效值和频率？

(3) 观察两个信号的合成李萨如图形时，应选择什么挡位？所选挡位与电压的挡位有关吗？

电桥及电位差计的应用

电桥电路是利用比较法进行电磁测量的一种基本连接方式，可以用来测量电阻、电容、电感、温度、压力以及频率等物理量。它具有测量准确、方法巧妙、使用方便等优点，因而被广泛应用于工业生产及自动化控制系统中。电桥按用途可分为平衡电桥和非平衡电桥，按使用的电源又可分为直流电桥和交流电桥。直流电桥用来测量电阻以及与电阻有关的物理量，交流电桥主要用来测量电容、电感等物理量。按线路结构直流电桥又分为单臂电桥（又称惠斯通电桥）和双臂电桥（又称开尔文电桥），分别用于测量中值电阻（$1\sim10^6\ \Omega$）和低值电阻（$10^{-6}\sim1\ \Omega$）。

电位差计是利用补偿原理和比较法精确测量电源电动势的常用仪器。它具有准确度高、使用方便、测量结果稳定可靠等特点，还常被用来间接测量电流、电阻以及校正各种精密电表。在现代工程技术中，电位差计还可以用在一些非电量（如温度、压力、位移和速度等）的电测法及自动测量和控制系统中。

实验 4.28～4.30 将介绍电桥及电位差计的应用。

实验 4.28 惠斯通电桥测电阻

【实验目的】

(1) 了解惠斯通电桥的结构和特点。

(2) 学会用惠斯通电桥测电阻的原理和方法。

(3) 掌握电桥灵敏度的概念及测量方法。

(4) 学会使用滑线式惠斯通电桥和便携式电桥测量电阻。

【实验仪器】

直流稳压电源、滑线变阻器（0～100 Ω 或 0～200 Ω）、电阻箱（三只）、待测电阻（阻值差异较大的三只）、检流计、万用表、开关和导线（若干）、滑线式电桥、QJ23a 直流电阻电桥。

【实验原理】

1. 惠斯通电桥测电阻的原理

惠斯通电桥由直流电源、检流计和 4 个电阻三部分组成。它的结构线路如图 4.28.1 所示，标准电阻 R_1，R_2，R_0 和待测电阻 R_x 连接成四边形，每一条边称为电桥的一个臂。在对角 A 和 C 之间接电源 E，在对角 B 和 D 之间接检流计 G。当闭合开关 K_E 和 K_G 后，检流计支路起了沟通 ABC 和 ADC 两条支路的作用，好比一座“桥”，故称为“电桥”。适当调节 R_1，R_2 和 R_0 的大小，使 B，D 两点的电势相等，则流过检流计的电流为零（$I_g=$

0)，这时电桥处于平衡状态，于是 A，B 之间的电势差等于 A，D 之间的电势差，B，C 之间的电势差等于 D，C 之间的电势差。设 ABC 支路和 ADC 支路中的电流分别为 I_1 和 I_2，由欧姆定律得

$$I_1R_0=I_2R_2$$
$$I_1R_x=I_2R_1 \tag{4.28.1}$$

两式相除得

$$\frac{R_x}{R_0}=\frac{R_1}{R_2} \tag{4.28.2}$$

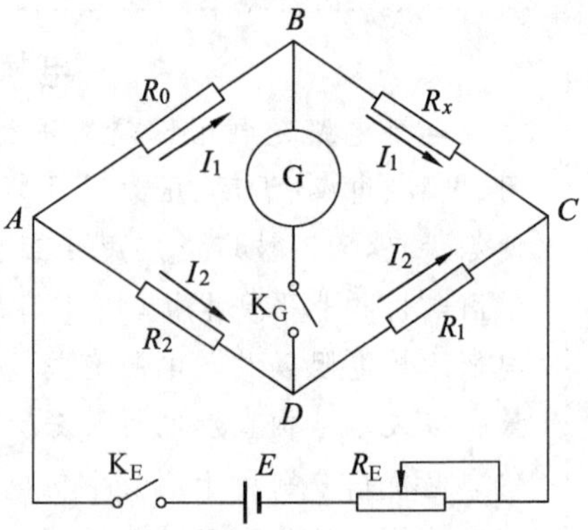

图 4.28.1　惠斯通电桥原理图

上式称为电桥的平衡条件，表明电桥的平衡与工作电流 I 的大小无关。式(4.28.2)也可写成 $R_x \cdot R_2=R_0 \cdot R_1$，即相对两个桥臂的电阻乘积相等。

对式(4.28.2)变形得

$$R_x=R_0\frac{R_1}{R_2} \tag{4.28.3}$$

通常称$\frac{R_1}{R_2}$为比率臂(或倍率)，称 R_0 为比较臂。

电桥的平衡条件可用两种方法来实现，一是保持比率臂$\frac{R_1}{R_2}$不变，改变比较臂 R_0，如 QJ23a 电桥；另一种是保持比较臂 R_0 恒定，改变比率臂$\frac{R_1}{R_2}$，同时保持 R_1 与 R_2 的和不变，如滑线式电桥。后一种方法精确度很低，目前广泛采用前一种使$\frac{R_1}{R_2}$保持定值的方法。

2. 关于桥路各臂阻值选取的问题

对于自组电桥，可以利用基本实验理论证明，当 $R_1=R_2$ 时，测量结果的相对不确定度最小，这个结论也可以推广到滑线式电桥，即当 $L_1=L_2$ 时，测量结果的相对不确定度最小。

3. 滑线式电桥

滑线式电桥如图 4.28.2 所示，它是通过保持 R_0 不变，改变比率臂$\frac{R_1}{R_2}$(R_1 与 R_2 之和不变)调节电桥平衡的。图 4.28.2 中的 R_1 与 R_2 换成了一根 1 m 长的电阻丝 AB，而 D 为可沿 AB 滑动的接触电键，它起检流计开关的作用，按下则检流计接通。因电阻丝是粗细均匀的，有$\frac{R_1}{R_2}=\frac{L_1}{L_2}$，移动接触电键 D 使电桥平衡，则 $R_x=\frac{R_0R_1}{R_2}=\frac{R_0L_1}{L_2}$。图中 R_E 为滑动变阻器，起限流保护检流计的作用，当电桥远未平衡时，就把 R_E 调到较大阻值。当电桥接近平衡时，调至 $R_E=0$ 以提高电桥的灵敏度。K_E 为电源开关，合上则电路中有电流通过，再接 D 时检流计接通，K_E 要先合后断，即先合上 K_E 后按 D，先断 D 再断 K_E。D 应采用试探性的点按法，避免检流计流过大电流而受到损坏。

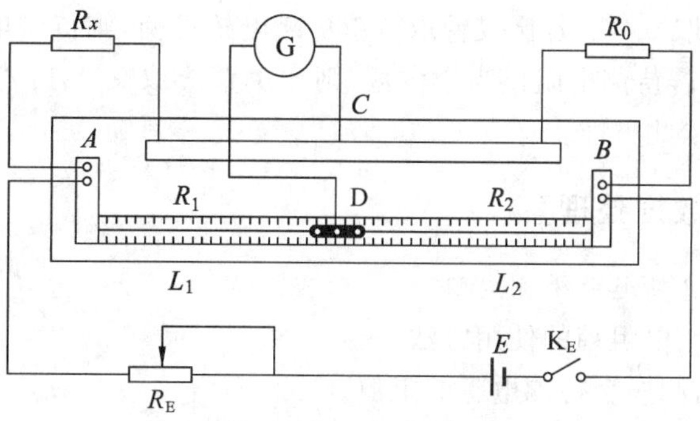

图 4.28.2　滑线式电桥接线

4. 箱式惠斯通电桥

QJ23a 型直流电阻电桥是箱式惠斯通电桥，保持比率臂$\frac{R_1}{R_2}$不变，只改变比较臂 R_0 的大小，使电桥达到平衡，其面板如图 4.28.3 所示。它主要由比率臂、比较臂、检流计及电池组等组合而成。比率臂分 0.001，0.01，0.1，1，10，100，1 000 七挡，可根据测量需要选择。比较臂为四个十进位盘组合，最大可调阻值为 11 110 Ω，最小步进阻值为 1 Ω。“G 外接”与“B 外接”分别为外接检流计和外接电源的两对接线端口（使用内部检流计和电源时，不使用此两对端口），使用外接电源应先连接“－”极。

测量时，估计待测电阻的近似值，选择适当的比率臂数值，调整检流计上的调零旋钮，使检流计指针停在零线上，按下电源按键 B 和检流计按键 G，调节比较臂直到检流计指零，则待测电阻值为比率臂与比较臂之积。

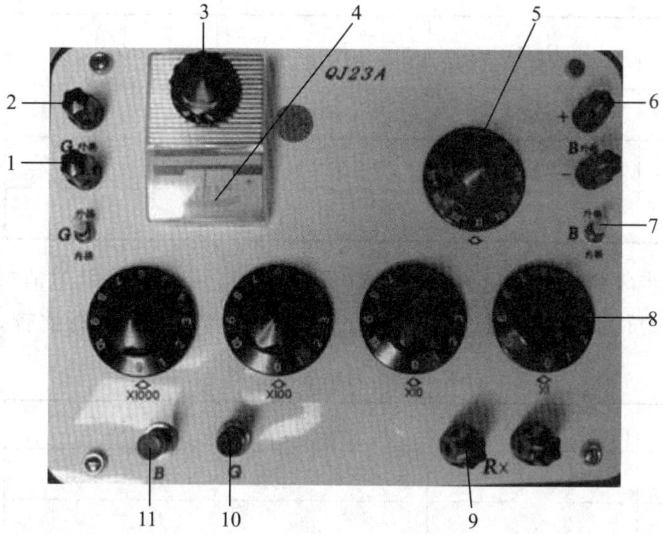

1—G 内外接选择；2—G 外接线端口；3—检流计调零旋钮；4—检流计；5—比率臂；6—B 外接线端口；7—B 内外接选择；8—比较臂；9—待测电阻接线端口；10—检流计按键 G；11—电源按键 B

图 4.28.3　箱式惠斯通电桥面板

比率臂选取的原则是应能保证测量结果取足四位有效数字。例如：若待测电阻估值为两位数，比率臂应取 0.01，若比较臂取 5 669 Ω 电桥平衡，则待测电阻值 $R_x=5\ 669\times 0.01\ \Omega=56.69\ \Omega$。若待测电阻值为个位数，则比率臂应取 0.001；若待测电阻值为 5 位数，比率臂就取 10，依此类推。

【实验内容及数据处理】

1. 用自组装的惠斯通电桥测电阻

(1) 熟悉检流计、电阻箱的使用方法。

(2) 用万用表粗测 3 个待测电阻的阻值。

(3) 按图 4.28.1 所示将电阻箱、检流计、直流稳压电源、待测电阻等组装成单臂电桥电路。R_E 取最大值，直流电源电压取 3 V，开关 K_E 和 K_G 处于打开状态。

(4) 根据待测电阻 R_x 的粗测值，选取适当倍率如 1∶1，1∶10，10∶1（R_1 和 R_2 根据倍率确定大小），根据倍率和 R_x 的粗测值将 R_0 调至适当值。

(5) 闭合开关 K_E 和 K_G，将 R_0 取到最大和最小时，快速按一下检流计上的"电计"按钮，立即松开，观察检流计指针的偏转方向。若两次检流计的偏转方向相反，说明电路连接正确，可以进行实验，否则重新连接电路。

(6) 调节电桥平衡：

① R_E 取最大值，根据检流计指针的偏转方向调节 R_0 的大小，直至检流计指针不偏转。

② 将 R_E 减到零，调节 R_0 的大小，直到检流计无偏转时在表 4.28.1 中记录 R_0 值，计算 R_{x_1} 平均值。

表 4.28.1　自组装电桥测电阻

$\frac{R_1}{R_2}$ 比率臂	R_1/Ω	R_2/Ω	R_0/Ω	R_{x_1}/Ω
1∶1	5000.0	5000.0		
1∶10	500.0	5000.0		
10∶1	5000.0	500.0		

(7) 按同样步骤测待测电阻 2、两待测电阻串联和并联时的电阻值，填入表 4.28.2。计算 R_{x_2}，R_x，将两待测电阻串联和并联的阻值测量值与理论值进行比较，计算百分差。

表 4.28.2　自组装电桥测电阻

待测电阻	R_1/Ω	R_2/Ω	R_0/Ω	R_x/Ω
R_{x_2}	500	500		
R_{x_1} 和 R_{x_2} 串联	500	500		
R_{x_1} 和 R_{x_2} 并联	500	500		

2. 用滑线式电桥测电阻

(1) 按图 4.28.2 接好线路，K_E 呈断开状态，将滑线变阻器 R_E 调到最大值。

(2) 估计待测电阻 1 的 R_x 的数量级,用电阻箱(选取与 R_x 接近的值)作为 R_0。

(3) 合上 K_E 接通电源,将接触开关 D 移近电阻的右端,迅速轻按 D,同时观察检流计偏转方向,然后将 D 移至左端做同样操作,如检流计两次偏转方向不同,说明电路连接正常,可开始进行测量。

(4) 将 D 放在中点附近,改变 R_0,使检流计不偏转,然后将滑线变阻器 R_E 调到最小,改变 D 的位置使电桥平衡,断开 K_E。

(5) 将 R_0 和 R_x 位置互换,重复步骤(4),这时 L_1 和 L_2 也互换位置,计算 R_x 的平均值。

(6) 按同样步骤测待测电阻 2、两待测电阻串联和并联时的电阻值,填入表 4.28.3。计算 R_{x_2},R_x,将两待测电阻串联和并联的阻值测量值与理论值进行比较,计算百分差。

表 4.28.3　用滑线式电桥测电阻

待测电阻	R_1/Ω	R_2/Ω	R_0/Ω	R_x/Ω
R_0 和 R_x 互换前				
R_0 和 R_x 互换后				

3. 用箱式电桥测电阻

(1) 用内部电源和内部检流计,将检流计指针调零。

(2) 测待测电阻 1,估计被测电阻的近似值,选择适当的比率臂。

(3) 调节比较臂,同时按 B,G,观察电桥是否平衡,待平衡后,求得 R_x。

(4) 把 R_x 两端位置对换再测量一次,求 R_x 平均值。

(5) 用同样方法测待测电阻 2、两待测电阻串联和并联时的电阻。

【注意事项】

(1) 检流计接通只能采取"即按即松"的方法,不能长按不松,否则会烧坏检流计。

(2) 通过电阻箱的电流不能大于额定电流。阅读电阻箱上的铭牌,了解电阻箱的额定电流是多少。

(3) 在使用电阻箱时,要特别注意防止电阻箱发生突变(即转盘从 9 到 0),若不注意,可能会损坏其他仪表。

【思考题】

(1) 若待测电阻 R_x 的一个接头接触不良,电桥能否调至平衡?

(2) 用电桥测电阻时,若比率臂的比率选择不好,对测量结果有何影响?

(3) 改变电源极性对测量结果有什么影响?

(4) 如果按图 4.28.1 所示连成电路,接通电源后,检流计指针:① 始终向一边偏转;② 不偏转。试分析这两种情况下电路故障的原因。

实验 4.29　用板式电位差计测量电池的电动势和内阻

【实验目的】

(1) 了解电位差计的工作原理和结构特点。

(2) 学习补偿法测电动势的原理和方法。

(3) 掌握用板式电位差计测量电源电动势和内阻的方法。

【实验仪器】

板式电位差计、检流计、滑线变阻器、标准电池、待测电池、标准电阻(电阻箱)、直流稳压电源、开关及导线若干。

【实验原理】

1. 补偿法测量电源电动势的原理

电位差计有箱式电位差计和板式电位差计之分。其中箱式电位差计是测量电位差的专用仪器,使用方便,测量精度高,稳定性好,而板式电位差计的原理直观性较强,有一定的测量精度,便于学习和掌握。本实验利用的是板式电位差计。

当用电压表直接测量电源电动势时,需要将电压表并联到电源两端,如图 4.29.1 所示,此时会有电流 I 通过电源内部,由于电源有内电阻 r,因此在电源内部不可避免地存在电位降落 Ir,此时电压表的指示值只是电源两端电压 $V=E_x-Ir$ 的大小,而不是电源电动势,即 $V\neq E_x$。

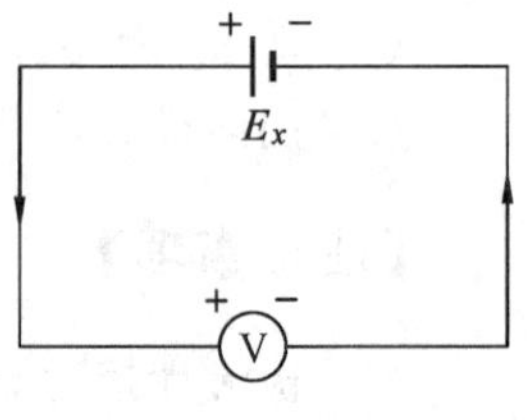

图 4.29.1　电压表测电源电动势原理图

显然,只有当 $I=0$ 时,电源两端的电压 V 才等于电动势 E_x。

怎样才能使电源内部没有电流通过而又能测定电源的电动势 E_x 呢?这就需要采用补偿法。补偿法的基本思想就是另外产生一个量,将此量与待测量进行比较,当两者相同时,对新产生的量进行测量,而不影响待测量原来的状态。图 4.29.2 中两个电源 E_0 和 E_x,其中 E_0 为可调电源,E_x 为待测电源,两个电源正极对正极、负极对负极,回路中串有一个检流计 G,调节电源 E_0 可以使检流计指针指零,此时即有 $E_x=E_0$。

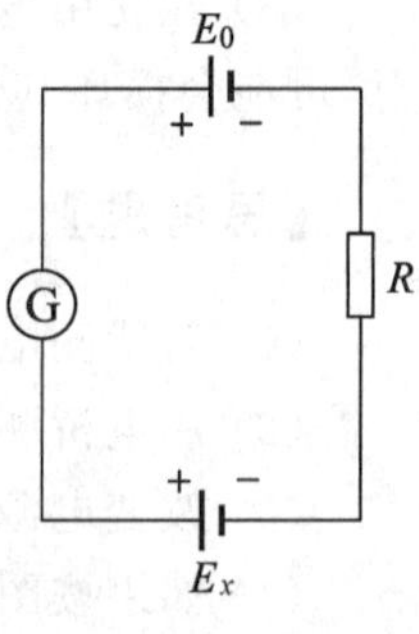

图 4.29.2　补偿法测电源电动势原理图

在实际中很难找到连续可调的理想电源 E_0,本实验通过改变板式电位差计上电阻丝可调触头的位置来获得连续可调的理想电压 E_0。工作原理如图 4.29.3 所示,图中电阻 ab 为电位差计的已知电阻。使某一电流 I 通过电阻 ab,由于在 adE_0a 回路中 ad 段的电位

差与 E_0 的方向相反，只要满足 E_0 小于工作电源的电动势 E，滑动点就可以找到平衡点(即 G 中无电流时对应的点)，此时 ad 段的电位即为 E_0。设此时 ad 段电阻为 r_1，则有

$$E_0 = I \cdot r_1 \tag{4.29.1}$$

因为 d 点可调，所以 E_0 也连续可调。再将 E_0 换成待测电源 E_x，保持工作电流 I 不变，重新移动 d 点到 d'，G 仍为零。设此时 ad' 的电阻为 r_2，则有

$$E_x = I \cdot r_2 \tag{4.29.2}$$

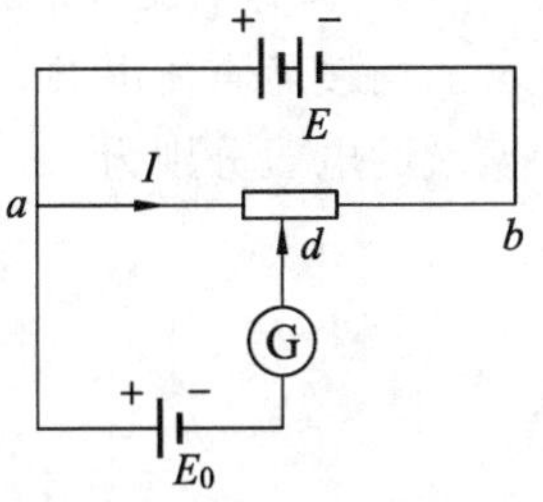

图 4.29.3　工作原理图

比较式(4.29.1)与式(4.29.2)得

$$E_x = \frac{I \cdot r_2}{I \cdot r_1} E_0 \tag{4.29.3}$$

即

$$E_x = \frac{r_2}{r_1} E_0 \tag{4.29.4}$$

因此，只要 $\frac{r_2}{r_1}$ 和 E_0 为已知，即可求得 E_x 的值。同理，若要测任意电路两点间的电位差，只需将待测两点接入电路代替 E_x 即可。

2. 实验电路图

如图 4.29.4 所示，板式电位差计又称“十一线电位差计”，实际是由一根长 11 m、粗细均匀的电阻丝 AB，折成 11 段 1 m 长的导线后固定在平板上构成，其中 C 端为粗调插头，通过导线可与 1，2，3，…，10 这 10 个插孔中的任意一个相连，活动范围为 10 m；D 端是细调滑动接触点，其活动范围是 1 m。由电阻丝 AB 与直流电源 E 组成的回路称作工作回路，提供稳定的工作电流 I_0；由待测电源 E_x、检流计 G、电阻丝 CD 构成的回路称为测量回路；由标准电源 E_s、检流计 G、电阻丝 CD 构成的回路称为定标(或校准)回路。调节总电流 I_0 的变化可以改变电阻丝 AB 单位长度上电位差 U_0 的大小。在电阻丝上移动 C，D 两个活动接触点，可以从 AB 上获取适当的电位差来与测量支路上的电位差(或电动势)补偿。

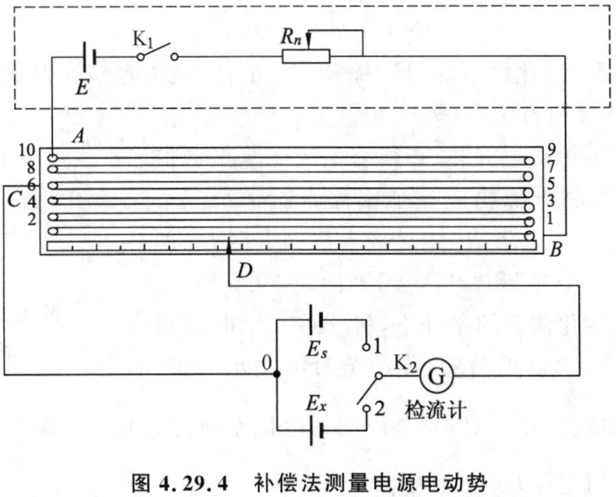

图 4.29.4　补偿法测量电源电动势

3. 工作电流标准化及测量电源电动势

当接通直流电源，K_2 既不与 E_s 接通，又不与 E_x 接通时，流过 AB 的电流 I_0 和 CD 两端的电压分别为

$$I_0=\frac{E}{R_n+R_{AB}} \tag{4.29.5}$$

$$U_{CD}=U_C-U_D=\frac{E}{R_n+R_{AB}}R_{CD} \tag{4.29.6}$$

式中，R_n 为直流电源的总电阻。当电键 K_2 合向“1”时，则 C,D 两点之间接有标准电源 E_s 和检流计 G。适当移动 C 和 D 点的位置以改变 U_{CD}，当 $U_{CD}=E_s$ 时，检流计的指针指零，标准电源无电流流过，此时电位差计达到了平衡。令 C,D 两点之间的距离为 L_s，因为电阻丝各处粗细均匀、电阻率都相等，则电阻丝单位长度上的电压降为$\frac{E_s}{L_s}$。为了方便，通常取$\frac{E_s}{L_s}$为一个预先规定的简单数值，如取 0.100 00 $\mathrm{V\cdot m^{-1}}$或 0.200 00 $\mathrm{V\cdot m^{-1}}$。因此，当 K_2 合向“1”时，根据 E_s 和取定的$\frac{E_s}{L_s}$值，先确定 L_s 的值，而后通过调节 R_n 改变流过电阻丝的电流，使电位差计达到平衡，这种满足$\frac{E_s}{L_s}$为某确定值的调节过程，称为电位差计工作电流标准化的过程。

在保证工作电流 I_0 不变的条件下，将 K_2 合向“2”，则 C,D 两点间的 E_s 换成了待测电源 E_x，由于一般情况下 $E_s\neq E_x$，因此检流计的指针将左偏或右偏，电位差计失去了平衡。此时如果合理移动 C 和 D 点的位置以改变 U_{CD}，当 $U_{CD}=E_x$ 时，电位差计又重新达到平衡，使检流计 G 的指针再次指零。令 C,D 两点之间的距离为 L_x，则待测电源的电动势为

$$E_x=\frac{L_xE_s}{L_s} \tag{4.29.7}$$

如果按$\frac{E_s}{L_s}=0.200\ 00\ \mathrm{V\cdot m^{-1}}$进行电流标准化调节，则式(4.29.7)可写成

$$E_x=0.200\ 00\ L_x(\mathrm{V}) \tag{4.29.8}$$

可见，进行电流标准化调节后，只要测出 L_x 的值，就很容易求得 E_x 的值。

4. 测量待测电源的内阻(选做)

为了测定待测电源内阻 $R_{x内}$，必须有电流 I 从电源的内部流过，这就需要将电源构成一个回路。通常情况下 $R_{x内}$ 为常数，将一个已知电阻 R_s 并联接入待测电源 E_x 两端，即接在图 4.29.5 中“0”和“2”两点，如图 4.29.5 所示。在完成工作电流标准化调节的条件下，将开关 K_2 和“2”点闭合，再移动接触头 C,D 的位置，使检流计的指示为零，读出 C,D 两点间的距离 L'。此时 C,D 间的电位差即待测电源的端电压，为 $U=\frac{L'E_s}{L_s}$。

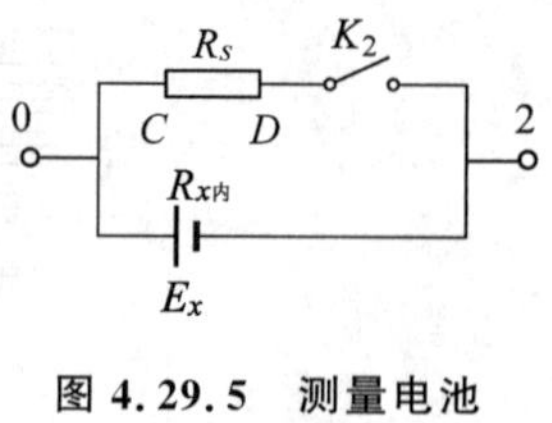

图 4.29.5　测量电池内阻电路图

根据全电路欧姆定律 $U=E-IR_{内}$ 可得

$$U=\frac{E_x}{R_s+R_{x内}}R_s \tag{4.29.9}$$

将式(4.29.7)代入式(4.29.9)，有

$$R_{x内}=\frac{L_x-L'}{L'}R_s \tag{4.29.10}$$

因此，只要 R_s 已知，在测出 L_x 和 L' 后，便可算出电源的内阻 $R_{x内}$。

【实验内容及数据处理】

1. 工作电流标准化调节

(1) 熟读第三章第七节中有关标准电池的使用说明，按图 4.29.4 连接电路，接线时需注意断开所有开关，并特别注意标准电池不可短路。电源的正负极应与标准电池和待测电池的正负极相对，否则检流计的指针不会指零，且易损坏标准电池和检流计。直流稳压电源电压取 3 V 左右。

(2) 记录实验室标准电池的电压 E_s，计算电阻丝 AB 单位长度上的电压降为 0.2 V/m 时接触头 C,D 两点的间距 L_s，将接触头 C 与"L_s 的整数值"插孔相连，接触头 D 定位于"L_s 的小数值"位置，并保持 C,D 位置不变。

(3) 将开关 K_2 合向"1"，R_n 阻值置零，跃按滑动触头 D，同时观察检流计指针的偏转方向并记录；再将 R_n 阻值置为最大，跃按滑动触头 D，同时观察检流计指针的偏转方向并记录。若两次操作检流计指针的偏转方向相反，说明电路正常，否则说明电路有问题，需重新连接电路。

(4) 调节 R_n 阻值，跃按滑动触头 D，同时观察检流计指针的偏转方向，直至检流计指示为零，即完成工作电流标准化调节。

2. 测量待测电池的电动势

(1) 将开关 K_2 合向"2"，把插头 C 插入 10 m 插孔中(C,D 两点间的距离取最大值)，跃按滑动触头 D，同时观察检流计指针的偏转方向并记录；再将插头 C 插入 1 m 插孔中，跃按滑动触头 D，同时观察检流计指针的偏转方向并记录。若两次操作检流计指针的偏转方向相反，说明电路正常，否则说明电路有问题，需重新连接电路。

(2) 粗调 C,D 两点间的距离，保持滑动触头 D 的位置不变，将插头 C 从 5 m 插孔开始，跃按滑动触头 D，同时观察检流计指针的偏转方向，根据检流计指针的偏转方向，找到插头 C 的合适插孔位置，完成整米长度的调节。

(3) 细调 C,D 两点间的距离，保持插头 C 的位置不变，调节滑动触头 D 的位置并跃按滑动触头 D，观察检流计指针的偏转情况，直至检流计指示为零，读出此时 C,D 两点之间的距离 L_x，并填入表 4.29.1。

(4) 重复测量 5 次，求 L_x 的平均值 $\overline{L_x}$，利用公式(4.29.8)计算出待测电池的电动势 $\overline{E_x}$ 及 E_x 的不确定度 u，结果表达成 $E_x=\overline{E_x}\pm u$。

注：$u=\sqrt{u_A(\overline{L_x})^2+u_B^2}$，其中 $\overline{L_x}$ 的 A 类不确定度 $u_A(\overline{L_x})=\sqrt{\dfrac{\sum_{i=1}^{n}(L_{x_i}-\overline{L_x})^2}{n(n-1)}}$（单位

要统一)；u_B 为米尺的B类不确定度。

标准电池 $E_s=$________ V，$L_s=$________ m。

表 4.29.1 数据记录

次数	1	2	3	4	5
L_x/m					
L'/m					

3. 测量待测电池的内阻(选做)

(1) 按图4.29.5所示方法，接入图4.29.4中。

(2) 重复测量5次 L'，并填入表4.29.1。

(3) 求出 L' 的平均值 $\overline{L'}$ 后，利用公式(4.29.8)计算出电池端电压的平均值 $\overline{U}$，再利用公式 $\overline{R_{x内}}=\dfrac{\overline{L_x}-\overline{L'}}{\overline{L'}}R_s$，算出电池内阻的平均值。

【注意事项】

(1) 线路接好后，要仔细检查，确认无误方可接通电源，特别要注意正负极的连接，断开电源时，应先断开校准回路。

(2) 实验过程中应保护标准电池和检流计不受损害，标准电池的通电时间不宜过长，通过标准电池和检流计的电流都不宜过大，一般小于1 μA。因此为避免出现过大电流，调试时应掌握先粗后细的原则，先粗测再细测。

(3) 工作电流标准化以后，R_n 不可再改变，否则就必须重新进行校准。由于工作条件的不稳定，工作电流常偏离标准状态，为此每测一次数据，必须重新进行一次校准，以减小测量误差。

(4) 标准电池中是半流体化学物质，不能倾斜、摇晃，更不能倒置。

(5) 调节电位差计 D 端时，D 端与电阻丝只做点接触，严禁将 D 端按下后左右移动，避免刮伤电阻丝。

【思考题】

(1) 在实验中如果发现检流计总是向一侧偏转，其原因可能有哪些？

(2) 板式电位差计的直接测定量是什么？能否用它来测量其他电学量，如电流式电阻？

(3) 为什么不能用精度很高的电压表测量电源电动势？

(4) 用板式电位差计测量一个大约3 V的电源电动势，工作电源的输出电压应取多少才既经济又合理？

(5) 板式电位差计能否“扩大量程”，应该怎么做？

实验 4.30　用精密电位差计校正电表

【实验目的】

(1) 了解精密电位差计的工作原理,正确掌握精密电位差计的使用。

(2) 掌握用精密电位差计校正伏特表和安培表的原理与方法。

(3) 掌握确定电表的等级的方法。

【实验仪器】

UJ36a 型直流电位差计、毫伏表(100 mV,0.5 级)、毫安表(50 mA,0.5 级)、精密电阻箱、滑线变阻器、稳压电源。

【实验原理】

磁电式电表在电学测量中得到广泛应用,使用和携带都很方便,但电表在经常使用或长期保存后,它的各个元件参数及性能都会发生变化,如电阻老化、磁性减弱、转动部件的磨损等。这样,电表的准确度等级就可能降低。因此,电表需要定期进行检定或校准。如果检定结果说明它的误差已经超过原来预定的数值,则该电表只能降低级别,或用校准所得的校准曲线加以修正。

电表校准的基本方法就是用一个标准表来校准被校表,也就是在同一电路和条件下比较标准表和被校表的指示值的差异。在校准中要求标准表的准确度等级应该比被校表至少高两个级别。电表的等级是用来表示电表的精确度的。我国规定电表分为 7 个等级,分别是 0.1,0.2,0.5,1.0,1.5,2.5,5.0 级。等级数值越小,电表的精确度越高,通常所用电表的等级都在电表的度盘上标出。如被校表为 2.5 级或 1.5 级表,标准表可以用 0.5 级表。但如果要校准的是一个 0.5 级电表,那么标准表就应该是 0.1 级以上,UJ36a 型直流电位差计测量精度可达 0.1%,可用来校正 0.5 级的电表。

1. 电位差计校准毫伏表

电位差计能精确地测量电势差,因此就可以用它来校准毫伏表。但是毫伏表本身并不能产生电势差,必须通过一个辅助电源及一套调节装置,才能使毫伏表有示值并发生变化。在毫伏表不同示值情况下,用电位差计进行精确测量,比较二者结果,进行校准。校准电路如图 4.30.1 所示。图中 mV 为被校毫伏表,E 为毫伏表供电的辅助电源,滑线变阻器 R 接成分压器,可改变毫伏表两端的电压 V_x(毫伏表的示数),开始时使分压最小,变阻器 R 做细调用,改变 R 可使 V_x 做微小的变化。被校毫伏表两端接至电位差计的待测端,用电位差计直接测出毫伏表两端的准确电压

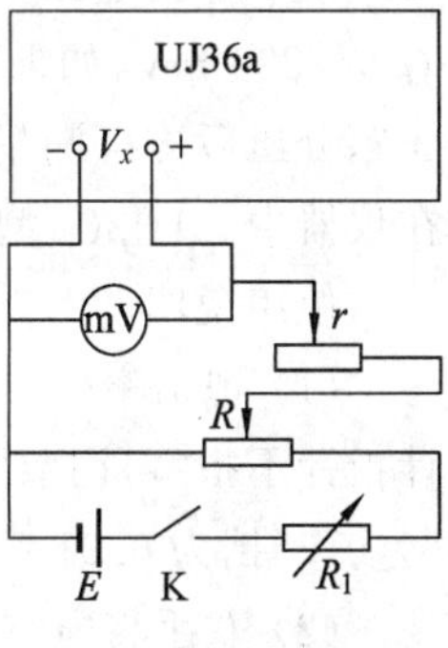

图 4.30.1　电压表校正电路

V_{x0}。毫伏表的示数 V_x 与实际值 V_{x0} 之间的绝对误差为

$$\Delta U=V_x-V_{x0} \tag{4.30.1}$$

用电位差计对被校毫伏表在不同示值下进行校准，可得一组 ΔU_0，以 V_x 为横轴、ΔU 为纵轴作图线 $\Delta U—V_x$（注意用折线联结相邻两点），这一图线称为校准曲线或修正曲线。利用修正曲线可以对该被校表的测量值进行修正。如果用被校表测量某一电压所得示值为 U_x，可在修正曲线上找出对应于 U_x 的误差 ΔU_x，则经修正而得测量结果为

$$U_{0x}=U_x-\Delta U_x \tag{4.30.2}$$

另外，根据修正曲线可以确定被校表的最大引用误差。找出各校准点中误差的绝对值最大的数值 ΔU_m，根据被校表的量程 U_m，则被校表的最大引用误差为

$$最大引用误差\ \delta_m=\frac{最大绝对误差的绝对值|\Delta U_m|}{量程\ U_m}\times 100\% \tag{4.30.3}$$

根据电表的最大引用误差可以确定电表的等级，若 $\delta_m=2.4584\%$，则电表的等级为2.5级。

2. 电位差计校准毫安表

电位差计的直接测量量为电势差，但是利用一个串接在待测回路中的标准电阻，通过测量标准电阻上电势差就可间接测量出待测回路的电流。因此，用电位差计亦可校准毫安表。

电位差计校准毫安表的电路如图 4.30.2 所示。图中 mA 为被校毫安表，R_0 为精密电阻箱。因被校毫安表与标准电阻两电压端间的电压 U_s，则电流的实际值为

$$I_0=\frac{U_s}{R_s} \tag{4.30.4}$$

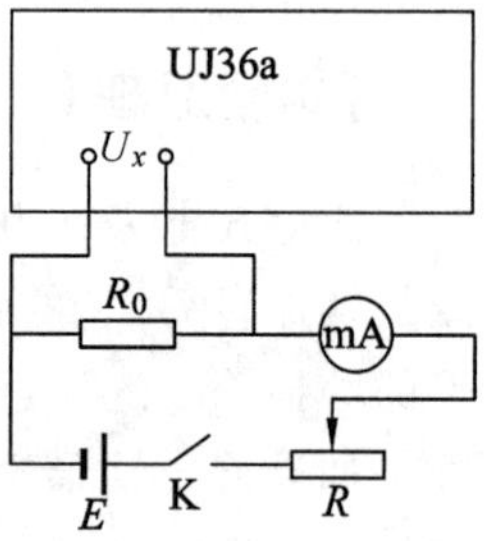

图 4.30.2　电流表校正电路

比较毫安表的示值 I 与电路电流实际值 I_0，可得两者间的绝对误差 ΔI 为

$$\Delta I=I-I_0 \tag{4.30.5}$$

通过对电流表不同示值的校准，同样可以作出校准曲线，并确定最大引用误差和等级（方法与电压表完全类似）。

3. UJ36a 型电位差计

UJ36a 型电位差计的工作原理与滑线式电位差计的工作原理一样，但其测量范围只有 0～230 mV，如果要用 UJ36a 型电位差计测量大于 230 mV 的电位差，则必须使用分压箱分压后方可测量。UJ36a 型电位差计的辅助电源 E、标准电池 E_s、检流计 G 都已装在仪器中。UJ36a 型电位差计的面板如图 4.30.3 所示。

使用说明：

（1）把倍率（×1，×0.2）开关放在需要的位置上，此时已接通检流计及电源，如检流计指针不指零，调节“调零”旋钮，使检流计指零。“×1”挡的测量范围为 0.05～230 mV；“×0.2”挡为 0.01～46 mV。

（2）左手将电键开关“K”按向“标准”，右手调节“R_p”（电流调节多圈电位器）使检流计指零，此时电位差计已校准好。调节完毕，移开左手，电键开关“K”自动回到中间断开位置，以保护标准电池。拨向“未知”一侧，就可以进行测量。

(3) 倍率开关旋向“G1”或“G0.2”时，检流计短路，可从电位差计的“未知”接线柱输出标准电压。倍率开关置于“G1”时，输出的标准电压可从两个测量盘上读出。倍率开关置“G0.2”时，输出的标准电压等于两个测量盘上读数之和乘以 0.2。

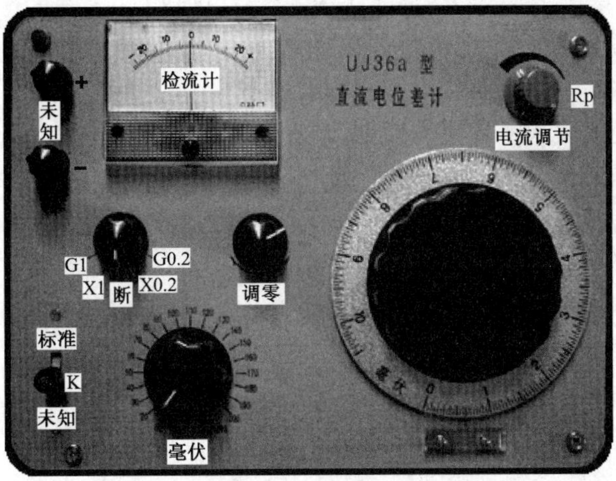

图 4.30.3　UJ36a 型电位差计

【实验内容及数据处理】

1. 校正毫伏表

(1) 按图 4.30.1 接好线路。按使用说明中步骤 1,2 调好电位差计，倍率开关旋向“×1”挡。

(2) 测量过程中需滑动滑线变阻器，使 V 从零逐渐增大，再调节 r，在毫伏表整个刻度上均匀读数若干次（10 次左右），相应地取 UJ36a 大致与其相等的数值。测量时把电键“K”扳向“未知”，调整 UJ36a 的右盘使检流计指零，根据情况调整步进左盘，两盘之和即为被校表的校正值，每次都在表 4.30.1 中记下毫安表读数 V_x 和对应的电位差计读数 V_{x0}。

(3) 滑动滑线变阻器使电压减小，同样测出一组相应的读数，取两次电位差计读数的平均值，与毫伏表读数进行对照，计算 ΔU。

(4) 以 V_x 为横轴、ΔU 为纵轴，在坐标纸上作毫伏表的电压校正曲线 $\Delta U - V_x$。

(5) 计算被校表的最大引用误差 δ_m，确定毫伏表的等级。

表 4.30.1　校正毫伏表

毫伏表读数 V_x/mV		10	20	30	40	50	60	70	80	90	100
电位差计读数 V_{x0}/mV	电压增大时										
	电压减小时										
	平均值										
ΔU/mV											

2. 校正毫安表

(1) 按图 4.30.2 接好电路。R_0 取 2～4 Ω，调节“R”使电流逐渐增加，在毫安表整个刻度上均匀读数若干次（10 次左右），每次都在表 4.30.2 中记下毫安表上的读数 I 和对应的电位差计读数 U_s。

(2) 逐渐减小电流重复以上步骤，取得一组相应的 I，U_s 数据，取两次 U_s 的平均值。

用精密电位差计校正电表（实验操作视频）

(3) 计算 I_0，与毫安表示数进行对照，计算 ΔI。

(4) 以 I 为横轴、ΔI 为纵轴，在坐标纸上作毫安表的电流校正曲线 $\Delta I - I$。

(5) 计算被校表的最大引用误差 δ_m，确定毫安表的等级。

表 4.30.2　校正毫安表

$R_0 =$ ____ Ω

毫安表读数 I/mA		5	10	15	20	25	30	35	40	45	50
电位差计读数 U_s/mV	电压增大时										
	电压减小时										
	平均值										
I_0/mA											
ΔI/mA											

【注意事项】

(1) 测量“大数盘”为 0，10，20，…，220 mV 步进，没有中间数据，“小数盘”读数为连续变化的，电位差计的读数应为两测量盘读数之和乘以倍率。拨的顺序只能从 0，10，20，…旋向 220 mV，或由 220，210，…旋回 0 mV。切不可从 0 直接旋到 220 mV，或从 220 mV 直接旋到 0，否则会旋坏旋钮。

(2) 根据被测电压（电动势）的大小，选择倍率，不能打错，以免损坏检流计。

(3) 为了保护检流计，被校表读数 V_x 与 V_{x0}（电位差计读数）基本相当时，再进行测量。

(4) 被测电压接到“未知”接线柱上时，正、负极不能接错。

(5) 测量完毕，倍率开关应放在“断”的位置，电键开关“K”放在中间位置，以免浪费电池能量。

【思考题】

(1) 实验中如果发现检流计总往一边偏，无法调到平衡，试分析可能导致现象的原因。

(2) 当被校表读数为 100 mV，电位差计“大数盘”打到 100 mV，调节“小数盘”，总不能使检流计零，该如何解决呢？

(3) 精密电阻箱的作用是什么？

速度的测量

从人类开始研究物体运动,速度就成为人们测量的对象。速度是物理学中的一个重要的概念。在运动学中速度是描述物体运动快慢的物理量,定义为位移随着时间的变化率。通过对平均速度和瞬时速度的测定,可以了解物体的运动状态和运动规律;在波动学中,波速指的是波在空间中传递的速度,分相速度和群速度等不同波速,一般不特别指定时所提的波速是指相速度。声波是一种在弹性媒质中传播的纵波。对超声波(频率超过 2×10^4 Hz 的声波)传播速度的测量在超声波测距、测量气体温度瞬间变化等方面具有重大意义。超声波在媒质中的传播速度与媒质的特性及状态因素有关。因此,通过媒质中声速的测定,可以了解媒质的特性或状态变化。声速测定在工业生产上具有一定的实用意义。

实验 4.31 和实验 4.32 介绍几种不同的方法来测量速度及相关应用。

实验 4.31 气垫导轨测量速度和加速度

气垫导轨是一种现代化的力学实验仪器。它通过导轨表面均匀分布的小孔喷出气流,在导轨表面与滑块之间形成很薄的“气垫层”,将滑块浮起,与轨面脱离接触,使滑块在轨面上做近似无摩擦的直线运动,从而极大地减小以往在力学实验中由于摩擦力引起的误差,使实验结果接近理论值。气垫导轨配用数字计时器或高压电火花计时器,记录滑块在气轨上运动的时间,可以对多种力学物理量进行测定,以及对力学定律进行验证。目前气垫技术在工程实际中得到了广泛的应用,例如气垫搬运、气垫船、气垫轴承等。

【实验目的】

(1) 熟悉气垫导轨和数字计时器的使用方法。
(2) 研究力、质量和加速度之间的关系,验证牛顿第二定律。
(3) 研究弹性碰撞与完全非弹性碰撞的特点,验证动量守恒定律。

【实验仪器】

气垫导轨及附件、数字计时器、托盘天平、气源及游标卡尺等。

【实验原理】

1. 气垫导轨

气垫导轨是一根方形(或三角形)铝合金型材料结构的管体,全长约 1 580 mm,两个管面互成直角,经过精细加工,有较高的平直度和表面光洁度,每个轨面上均匀分布着直径为 0.6 mm 的喷气孔。气泵将压缩空气从导轨一端的进气管送入,空气通过导轨表面的喷气孔向外喷射,在滑块与导轨之间形成一定厚度的“气垫”,将滑块托起,使滑块能在导轨上做近似无摩擦的运动。气垫导轨装置如图 4.31.1 所示。

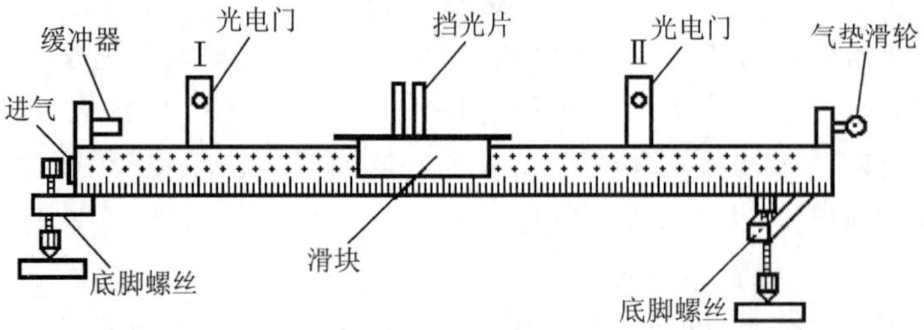

图 4.31.1　气垫导轨装置

气垫导轨的主要附件有以下几种：

(1) 滑块：共 3 个，与导轨配套使用，不可随意调换。滑块两端的弹簧与气垫导轨两端的弹簧需校准到能发生对心碰撞。如果碰撞偏斜，滑块运动时就会左右摇摆，造成能量损失，产生较大的实验误差。

(2) 挡光片：挡光片安装在滑块上，随滑块一起运动。当经过光电门时，挡光片阻挡光电门的光路，使数字计时器“开始计时”或“停止计时”。挡光片形状有“U”形(开口)和条形(不开口)两种，如图 4.31.2 所示。挡光片的宽度 d，对于“U” 形挡光片是第一前沿到第二前沿的距离，即“11′”和“33′”之间的距离；对于条形挡光片即为其宽度。

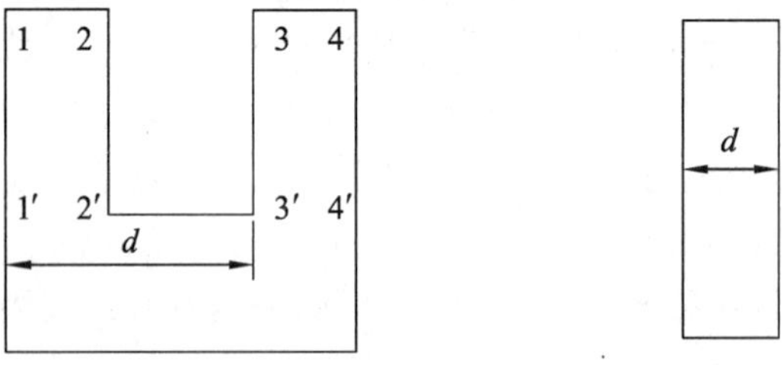

(a) “U”形挡光片　　(b) 条形挡光片

图 4.31.2　挡光片示意图

(3) 光电门：光电门内装发光二极管及光敏二极管，将光信号转换为电信号，用来控制数字计时器的“开始计时”或“停止计时”。

(4) 滑轮：跨在滑轮表面的细线在滑轮表面可以做近似无摩擦的滑动。

(5) 碰簧：位于导轨面的两端，当滑块上的碰簧与之相撞时起缓冲作用。

(6) 高度调节旋钮：用于调节导轨左右、前后水平。

(7) 进气管：气源和气垫导轨相连接的波纹管，将一定压强的气流输进导轨内部。

(8) 标尺：固定在导轨上用来指示光电门、滑块的位置及间距等。

(9) 砝码：每组 8 个，每个质量为(25.0±0.5)g，用以调节滑块的质量。

气垫导轨进行实验时，应保持水平，如果在滑块的一端系一条细线，经过气轨一端的滑轮后系一重物，由滑块、托盘和砝码构成的运动系统在重力作用下做直线加速运动，这样可以验证牛顿第二定律。如果在气垫导轨上放置两个滑块，让它们相互碰撞，分析它们碰撞前后的状态，可以验证动量守恒定律。

2. 测量滑块运动的瞬时速度 V

物体做直线运动时，其瞬时速度定义为

$$v=\lim_{\Delta t\to 0}\frac{\Delta S}{\Delta t}=\frac{\mathrm{d}S}{\mathrm{d}t} \tag{4.31.1}$$

根据这个定义瞬时速度实际上是不可能测量的。因为当 $\Delta t\to 0$ 时，同时有 $\Delta S\to 0$，测量上有具体困难。我们只能取很小的 Δt 及相应的 ΔS，用其平均速度来代替瞬时速度 V，即

$$V=\frac{\Delta S}{\Delta t} \tag{4.31.2}$$

尽管像这样用平均速度代替瞬时速度会产生一定误差，但只要物体运动速度较大而加速度又不太大，这种误差也不会太大。

3. 测量滑块运动的加速度 a

滑块在恒外力作用下，在气垫导轨上做匀变速直线运动，有 3 个基本运动公式：

$$V-V_0=a(t-t_0) \tag{4.31.3}$$

$$V^2-V_0^2=2a(s-s_0) \tag{4.31.4}$$

$$s-s_0=V_0(t-t_0)+\frac{1}{2}a(t-t_0)^2 \tag{4.31.5}$$

式中：s_0，s 分别为 t_0，t 时刻滑块的位置坐标；V_0，V 分别为 t_0，t 时刻滑块的瞬时速度。在实验中使用的毫秒计从 $t_0=0$ 时刻开始计时，运动方程变为

$$V-V_0=at \tag{4.31.6}$$

$$V^2-V_0^2=2a(s-s_0)=2aS \tag{4.31.7}$$

$$S=V_0t+\frac{1}{2}at^2 \tag{4.31.8}$$

此时 t 为滑块从 s_0 处到 s 处的运动时间，$S=s-s_0$ 为两光电门之间的距离。

实验时，使滑块由导轨最高端（或某一固定位置）静止自由下滑，即可测得不同位置 s_0，s_1，s_2…处各自相应的速度和加速度值，如图 4.31.3 所示。

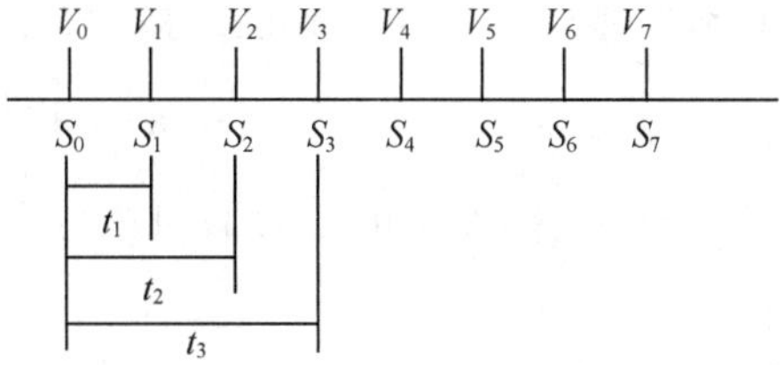

图 4.31.3　位置和速度对应图

4. 牛顿第二定律的验证

牛顿第二定律是经典力学的基础和核心，是分析、研究和解决力学问题的三大法宝之一。它指出物体的加速度 a 与物体所受的合外力 F 成正比，与物体的质量 m 成反比。加速度的方向与作用力的方向相同，用公式表示为

$$F=ma \tag{4.31.9}$$

为了研究问题方便，验证实验分两步进行。第一步：当保持物体的质量 m 不变时，验证加速度 a 与合外力 F 之间的关系。第二步：当保持物体所受的合外力 F 不变时，验证加速度 a 与物体质量 m 之间的关系。

放置在光滑桌面上的质量为 M 的滑块、质量为 m 的砝码和托盘、细线（不可伸长）组成一个力学系统。如图 4.31.4 所示，T 为细线的张力，则有

$$\begin{cases} mg-T=ma \\ T=Ma \end{cases} \quad (4.31.10)$$

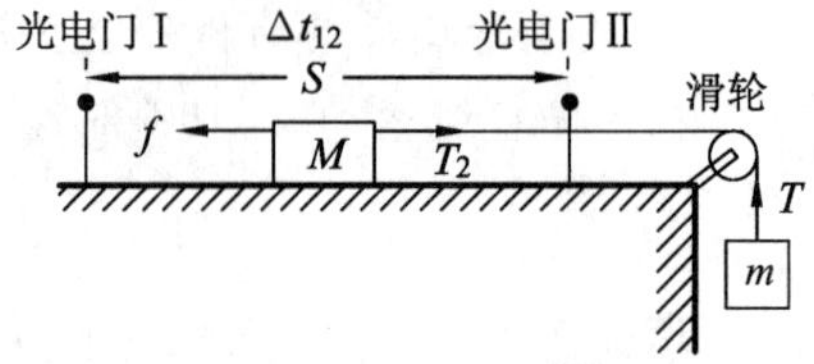

图 4.31.4　力学系统

系统所受合外力为

$$F=mg=(m+M)a \quad (4.31.11)$$

令 $M_0=m+M$ 得

$$F=M_0a \quad (4.31.12)$$

5. 动量守恒定律的验证

如果系统不受外力或所受外力的矢量和为零，则系统的总动量保持不变，这一结论称为动量守恒定律。本实验研究两个滑块，在水平导轨上沿直线做对心碰撞，由于气垫导轨的漂浮作用（滑块运动过程中受到的摩擦阻力和空气阻力可以忽略不计），两滑块在水平方向（沿导轨方向）除受到碰撞时彼此相互作用的内力外，不受其他外力作用，两滑块的总动量在碰撞前后保持不变，即动量守恒。

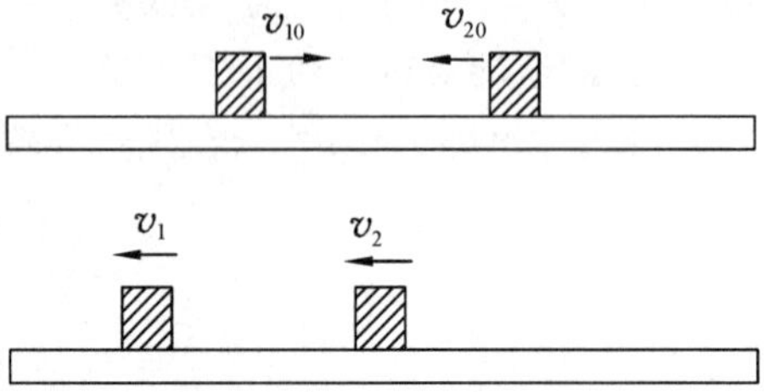

图 4.31.5　两滑块碰撞示意图

设两滑块的质量分别为 m_1 和 m_2，碰撞前两滑块的速度分别为 v_{10} 和 v_{20}，碰撞后的速度分别为 v_1 和 v_2，如图 4.31.5 所示。

根据动量守恒定律有

$$m_1v_{10}+m_2v_{20}=m_1v_1+m_2v_2 \quad (4.31.13)$$

1）完全弹性碰撞

在完全弹性碰撞中，碰撞前后不仅系统的动量守恒，而且机械能也守恒。实验时，在两滑块的相碰端装上弹簧片，当两滑块相碰时，弹簧片发生弹性形变后迅速恢复原状，并将滑块弹开，系统的机械能近似没有损失，即两滑块的总动能不变，则有

$$\frac{1}{2}m_1v_{10}^2+\frac{1}{2}m_2v_{20}^2=\frac{1}{2}m_1v_1^2+\frac{1}{2}m_2v_2^2 \quad (4.31.14)$$

当 $v_{20}=0$ 时，由式(4.31.13)与式(4.31.14)解得

$$v_1=\frac{m_1-m_2}{m_1+m_2}v_{10} \quad (4.31.15)$$

$$v_2=\frac{2m_1}{m_1+m_2}v_{10} \quad (4.31.16)$$

如果 $m_1=m_2$，则 $v_1=0$，$v_2=v_{10}$。

2）完全非弹性碰撞

在两滑块的相碰面上粘上橡皮泥（或胶水），碰撞后两滑块粘在一起以同一速度 v 运动，即可实现完全非弹性碰撞，此时式(4.31.14)变为

$$m_1v_{10}+m_2v_{20}=(m_1+m_2)v \quad (4.31.17)$$

当 $v_{20}=0$ 时，由上式可得

$$v=\frac{m_1v_{10}}{m_1-m_2} \quad (4.31.18)$$

碰撞前后动能变化量为

$$|\Delta E_k| = \left|\frac{1}{2}m_1 v_{10}^2 - \frac{1}{2}(m_1+m_2)v^2\right| \tag{4.31.19}$$

【实验内容及数据处理】

1. 调节气垫导轨

(1) 掌握气垫导轨和数字计时器的使用方法。

(2) 将两光电门分别安装在 $x_1=40.0$ cm 和 $x_2=90.0$ cm 的位置，使它们相距 50 cm。将两光电门分别接在计时器后面板的"光电门Ⅰ"和"光电门Ⅱ"上，接通数字计时器电源。

(3) 用游标卡尺测量挡光片的宽度 L，然后将挡光片夹在滑块上。

(4) 打开气源开关，将压缩气体送入导轨，在气垫导轨表面形成一层非常薄的"气垫"。

(5) 调节气垫导轨水平：

① 粗调。将滑块放置在两光电门之间，若滑块能基本静止，说明气垫导轨基本水平；若总是向一个方向滑动，则需要调节气垫导轨的底座螺丝，使滑块静止。

② 细调。打开计时器开关，选择"S_2"挡功能键，按执行键。用手轻推滑块，让滑块以一定的速度通过两个光电门；依次记下通过两光电门的时间 Δt_1 和 Δt_2. 调节底座螺钉，$|\Delta t_1-\Delta t_2|<3.0$ ms，则可认为导轨的水平已调好。

2. 验证牛顿第二定律

1) 研究加速度与力之间的关系

(1) 称量滑块和砝码的质量。

(2) 用细线拴住砝码桶，并跨过滑轮上的方孔绑在滑块一端的挂钩上，线长度的选取要求是，当滑块通过靠近滑轮一侧的光电门时，砝码桶正好着地。

(3) 在数字计时器上按功能键，使"a"指示灯亮。

(4) 将砝码依次加在滑块上，重复测 4 次加速度，并在表 4.31.1 中记录数据。

表 4.31.1　加速度与力的关系

滑块质量 $M=$____ kg；砝码质量 $m=$____ kg

F/N	$a/(\text{cm}\cdot\text{s}^{-2})$				
	a_1	a_2	a_3	a_4	$\bar{a}$

2) 研究加速度与质量的关系

(1) 拉力一定(如加 4 个砝码)。

(2) 依次加上铁块，改变滑块的质量 4 次，在表 4.31.2 中记录加速度的值。每改变一次质量，滑块从同一位置静止释放，测加速度 4 次，在表 4.31.2 中记录每次加速度的值。

表 4.31.2 加速度与质量的关系

$F=$________N

m/kg	$a/(\mathrm{cm\cdot s^{-2}})$				
	a_1	a_2	a_3	a_4	$\bar{a}$

3. 验证动量守恒定律

1）弹性碰撞

（1）等质量的弹性碰撞。

将两光电门分别安装在 $x_1=30.0$ cm 和 $x_2=80.0$ cm 的位置，使它们相距 50 cm。取两个质量相同的大滑块，其质量 $m_1=m_2=M$，分别装上挡光片，将滑块 1 置于两光电门之外，滑块 2 置于两光电门之间，使其缓冲弹簧端相对放置，数字计时器选择"S_2"功能，按执行键。令滑块 2 静止，用手推滑块 1，使之与滑块 2 做弹性碰撞，两滑块应交换速度，$v_1=0$。记录碰撞前滑块 1 通过光电门的时间 Δt_{10} 和碰撞后滑块 2 通过另一光电门的时间 Δt_2，重复 5 次，并将数据填入表 4.31.3。

（2）不等质量的弹性碰撞。

取两滑块，其质量 $m_1=m$，$m_2=M(m<M)$，其上各装一个挡光片。将滑块 2 置于两光电门之间，将滑块 1 置于两光电门之外，使其缓冲弹簧端相对放置，数字计时器选择"S_2"功能，按执行键。令滑块 2 静止，即 $v_{20}=0$。用手推滑块 1，使之与滑块 2 做弹性碰撞。依次记录碰撞前滑块 1 通过光电门的时间 Δt_{10} 和碰撞后滑块 1、滑块 2 通过另一光电门的时间 Δt_1 和 Δt_2，重复 5 次，并将数据填入表 4.31.3。

表 4.31.3 弹性碰撞

大滑块 $M=$________kg；小滑块 $m=$________kg；挡光片宽度 $L=$________mm

次数	等质量碰撞 $m_1=m_2=$				不等质量碰撞 $m_1=$　　$m_2=$					
	Δt_{10}	Δt_2	v_{10}	v_2	Δt_{10}	Δt_1	Δt_2	v_{10}	v_1	v_2
1										
2										
3										
4										
5										

2）完全非弹性碰撞

（1）等质量的非弹性碰撞。

取两个质量相同的大滑块，其质量 $m_1=m_2=M$，分别装上挡光片，将滑块 1 置于两光电门之外，滑块 2 置于两光电门之间，使其粘有橡皮泥端相对放置，数字计时器选择"S_2"功能，按执行键。令滑块 2 静止，用手推滑块 1，使之与滑块 2 做完全非弹性碰撞。记录碰撞前滑块 1 通过光电门的时间 Δt_{10} 和碰撞后两滑块一起通过另一光电门的时间 Δt，重复 5 次，并将数据填入表 4.31.4。

（2）不等质量的非弹性碰撞。

取两滑块，其质量 $m_1=m$，$m_2=M(m<M)$，其上各装一个挡光片。仿照上述等质量滑块碰撞的操作，记录碰撞前滑块 1 通过光电门的时间 Δt_{10} 和碰撞后两滑块一起通过另一光电门的时间 Δt，重复 5 次，并将数据填入表 4.31.4。

表 4.31.4　完全非弹性碰撞

大滑块 $M=$________ kg；小滑块 $m=$________ kg；挡光片宽度 $L=$________ mm

次数	等质量碰撞 $m_1=m_2=$				不等质量碰撞 $m_1=$　　$m_2=$			
	Δt_{10}	Δt	v_{10}	v	Δt_{10}	Δt	v_{10}	v
1								
2								
3								
4								
5								

4. 数据处理

（1）分别根据表 4.31.1 和表 4.31.2 中的数据，在坐标纸上作出 $\overline{a}-F$ 及 $\overline{a}-\frac{1}{m}$ 曲线。

（2）根据曲线分别得出相应的结论，并对结论做出分析。

（3）比较弹性碰撞前后系统的动量，分析动量是否守恒；若不守恒，请说明原因。

（4）计算完全非弹性碰撞前后动能损失的百分比。

【注意事项】

（1）要特别注意气垫导轨的保护和保养。使用之前，用酒精棉球擦拭导轨面和滑块的工作面，保持清洁及气流畅通，如发现气孔堵塞，可以用直径 0.5 mm 的钢丝疏通，不应留有灰尘和污垢。

（2）两滑块碰撞时，尽量使碰撞点在两滑块质心的连线上，以减少滑块震动。

（3）未通气前不能将滑块放在导轨上，以免划伤或滑坏导轨，更不能在导轨面上推动滑块，以防划伤气垫导轨和滑块的工作面。

（4）实验完毕应先取下滑块，再关闭气源。更换或调节滑块上的附件时，也必须将滑块从气垫导轨上取下再调节，并注意轻拿轻放。

【思考题】

(1) 使用气垫导轨要注意哪些问题,如何调平气垫导轨?

(2) 影响加速度测量结果精确度的主要因素有哪些?

实验 4.32　用超声波法测声波的速度

声波是在弹性介质中传播的一种机械波,振动频率在 20～20 000 Hz 的声波为可闻声波,频率超过 20 000 Hz 的声波称为超声波。声速是描述声波在媒质中传播特性的一个基本物理量。测量声速最简单的方法之一就是利用声速与振动频率 f 和波长 λ 之间的关系($v=f\lambda$)求出。声速的测量在声波定位、探伤、测距中有广泛的应用,因此具有重要意义。

【实验目的】

(1) 了解超声波的发射和接收方法。

(2) 加深对振动合成、波动干涉等理论知识的理解。

(3) 掌握用干涉法和相位法测声速的方法。

(4) 掌握用逐差法处理数据。

【实验仪器】

双踪示波器、声速测试仪信号源、声速测试仪(包括两个压电陶瓷换能器)。

【实验原理】

1. 压电陶瓷换能器

声速实验所采用的声波频率一般为 20～60 kHz。在此频率范围内,采用压电陶瓷换能器作为声波的发射器、接收器,效果最佳。压电陶瓷片是一种多晶结构的压电材料(如石英、锆钛酸铅陶瓷等),是在一定温度下经极化处理制成的。它具有压电效应,即受到与极化方向一致的应力 T 时,在极化方向上产生一定的电场强度 E,且具有线性关系:$E=gT$,即力→电,称为正压电效应。当与极化方向一致的外加电压 U 加在压电材料上时,材料的伸缩形变 S 与 U 之间有简单的线性关系:$S=dU$,即电→力,称为逆压电效应。其中,g 为比例系数;d 为压电常数,与材料的性质有关。由于 E 与 T、S 与 U 之间有简单的线性关系,因此,可以将正弦交流电信号变成压电材料纵向的长度伸缩,使压电陶瓷片成为超声波的波源。即压电换能器可以把电能转换为声能而作为超声波发生器,反过来也可以使声压变化转化为电压变化而作为声频信号接收器。根据工作方式的不同,压电陶瓷换能器可分为纵向(振动)换能器、径向

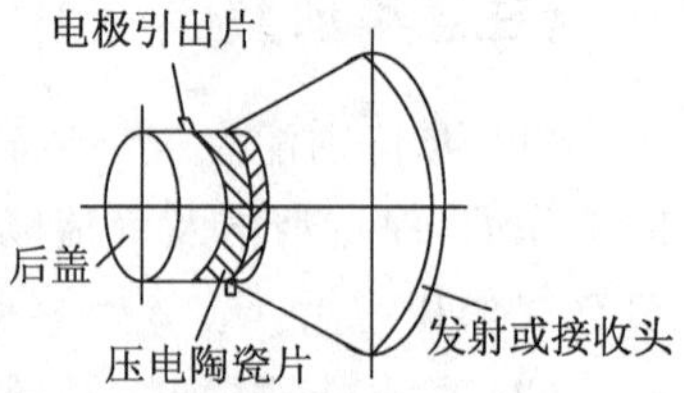

图 4.32.1　纵向换能器的结构简图

(振动)换能器及弯曲振动换能器。图 4.32.1 所示为纵向换能器的结构简图。

2. 声速测量原理

机械波在弹性连续介质中传播，设其传播速度为 v、波长为 λ、频率为 f，则三者之间的关系为 $v=f\lambda$。实验中只要测出波长 λ 和频率 f，即可求得声波的传播速度 v。常用的测量方法有共振干涉法(驻波)、相位比较法和时差法 3 种。

1) 驻波法测量声速

频率、振动方向和振幅相同，相位差固定，沿同一条直线相向传播的两列波，在相遇区域使介质的质点同时参与两种振动，形成稳定分布，即产生干涉，形成驻波。设两列波的波动方程为

波束 1：
$$y_1=A_1\cos\left(\omega t+2\pi\frac{x}{\lambda}\right) \tag{4.32.1}$$

波束 2：
$$y_2=A_2\cos\left(\omega t-2\pi\frac{x}{\lambda}\right) \tag{4.32.2}$$

在相遇区域，叠加后形成的合成波为

$$\begin{aligned}y_3&=y_1+y_2\\&=A_1\cos\left(\omega t+\frac{2\pi x}{\lambda}\right)+A_2\cos\left(\omega t-\frac{2\pi x}{\lambda}\right)\\&=A_1\cos\left(\omega t+\frac{2\pi x}{\lambda}\right)+A_1\cos\left(\omega t-\frac{2\pi x}{\lambda}\right)+(A_2-A_1)\cos\left(\omega t-\frac{2\pi x}{\lambda}\right)\\&=2A_1\cos\frac{2\pi x}{\lambda}\cos\omega t+(A_2-A_1)\cos\left(\omega t-\frac{2\pi x}{\lambda}\right)\end{aligned} \tag{4.32.3}$$

式中：ω 为声波的角频率；t 为经过的时间；x 为波传播的距离(接收换能器与发射换能器之间的距离)。由此可见，叠加后的声波振幅，在空间上随距离 x，按 $2A_1\cos\frac{2\pi x}{\lambda}$ 做周期性变化。如果入射波和反射波的振幅相等，合成波的振幅在波节处为 0，如图 4.32.2a 所示；如果入射波和反射波的振幅不等，合成波的振幅即使在波节处振幅也不为 0，如图4.32.2b所示，且按 $(A_2-A_1)\cos\left(\omega t-\frac{2\pi x}{\lambda}\right)$ 变化。图 4.32.2 所示波形显示了按 $2A_1\cos\frac{2\pi x}{\lambda}\cos\omega t+(A_2-A_1)\cos\left(\omega t-\frac{2\pi x}{\lambda}\right)$ 叠加后的声波波形，随距离 $\frac{2\pi x}{\lambda}$ 在空间上做周期性变化的规律。

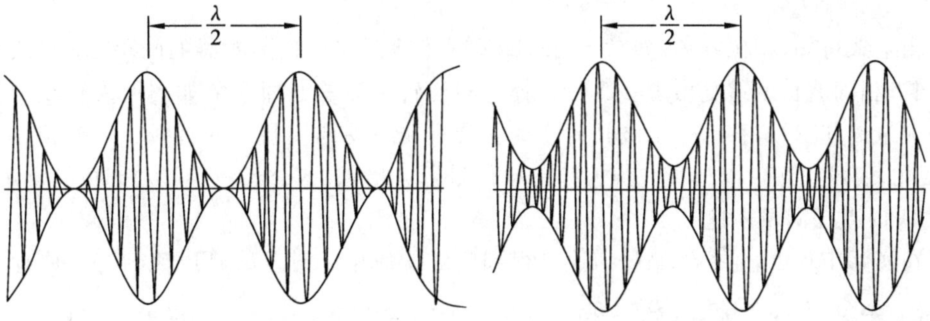

图 4.32.2　驻波波形示意图

发射换能器将交流正弦电压信号转换为声波发射出去，接收换能器将接收到的声波转换成交流正弦电压信号输入示波器，在示波器上可观察到正弦波。当接收换能器和发射换能器的表面严格平行，入射波与反射波在两换能器之间区域相干叠加形成驻波。因为入射波在接收换能器表面部分反射，反射波振幅小于入射波振幅，故在驻波的波节处，振幅不为 0，如图 4.32.2b 所示。

在示波器上观察到的波形会周期性显示，在某些位置时振幅有最小或最大值。根据波的干涉原理可知：任意两个相邻的振幅最大值的位置之间（或两个相邻的振幅最小值的位置之间）的距离均为$\frac{\lambda}{2}$。实验时，一边观察示波器上的波形变化，一边缓慢地改变两个换能器之间的距离，每当波幅最大时，记录接收换能器的位置，测出两相邻最大波幅之间距离（即接收换能器移动过的距离应为$\frac{\lambda}{2}$），由公式 $v=f\lambda$，即可算出声速。

2）相位比较法测量声速

将发射交流正弦电压信号和接收正弦电压信号分别输入示波器的“x 轴”和“y 轴”，通过示波器来观察相位差。互相垂直的两个谐振动的叠加，能得到李萨如图形。如果两个谐振动的频率相同，则李萨如图形就很简单。图 4.32.3 是两个互相垂直振动的相位差，从 0→π 的变化图，图形从斜率为正的直线，变为椭圆，再变为斜率为负的直线。

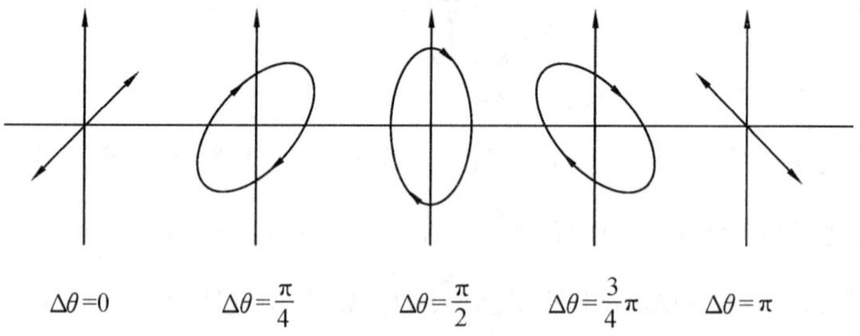

图 4.32.3　用李萨如图形观测相位的变化

从发射换能器发出的超声波通过媒质达到接收换能器，在发射波和接收波之间产生了相位差，此相位差 $\Delta\theta$ 和角频率 $\omega(\omega=2\pi f)$、传播时间 t、声速 v、距离 Δx、波长 λ 之间服从

$$\Delta\theta=\omega t=2\pi f\frac{\Delta x}{v}=2\pi\frac{\Delta x}{\lambda} \tag{4.32.4}$$

由上式可知，相位差 $\Delta\theta$ 每改变 2π，即发射换能器和接收换能器的间距 Δx 每改变一个波长，相同波长就重复出现一次。选择判断比较灵敏的亦即李萨如图形为直线的位置作为测量的起点，每移动一个波长的距离就会重复出现同样斜率的直线。根据相位差的 2π 变化，便可以测量出波长。声波频率由信号源读出，根据公式（4.32.4）即可算出声速。

3）时差法测量声速

在实际工程中，时差法测量声速已得到广泛的应用。时差法测声速的基本原理基于“速度＝距离/时间”，即 $v=\frac{\Delta x}{t}$。通过在已知的距离内测量声波传播的时间，可计算出声波的传播速度。

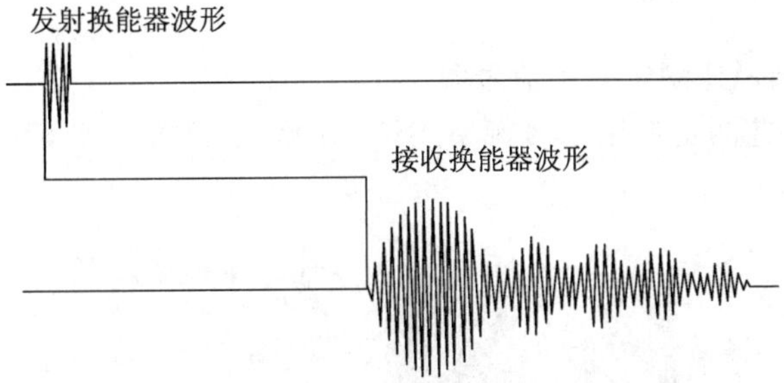

图 4.32.4　发射波与接收波

连续波由控制电路调制后定时发出一个声脉冲，由发射换能器发射至被测介质中，声波在介质中传播，经过时间 t 后，到达相距 Δx 处的接收换能器，如图 4.32.4 所示，接收到的信号，经放大、滤波后，由高精度计时电路求出声波从发出到接收在介质中传播的时间，从而计算出声波在某一介质中的传播速度。因为是由仪器进行计测，所以其测量精度比前面两种方法要高。同样，声波在液体中传播时，由于只检测首先到达的声波传播的时间，而与其他发射波无关，这样反射波的影响可以忽略不计，因此测量的结果较为准确，所以工程中往往采用时差法来测量。

通过测量两个换能器发射与接收平面之间的距离和传播时间 t，就可以计算出当前介质中的声波传播速度。

【仪器介绍】

声速测试仪由声速专用测试架及专用信号源两部分组成。

1. 专用测试架

专用测试架如图 4.32.5 所示，转动手摇鼓轮可以改变 S_1 和 S_2 之间的距离。S_2 与游标卡尺相连，S_2 每改变一次位置都可以通过数显游标卡尺读出。

数显表头按钮的作用：

(1) "inch/mm"按钮：转换"英制/公制"，测量声速时用"mm"。

(2) "OFF""ON"按钮：数显表头电源开关。

(3) "ZERO"按钮：表头数字回零。

(4) S_2 在标尺范围内任意位置，数字显示窗都可以设置"0"位。摇动鼓轮，接收换能器移动的距离为数显表头显示的数字。

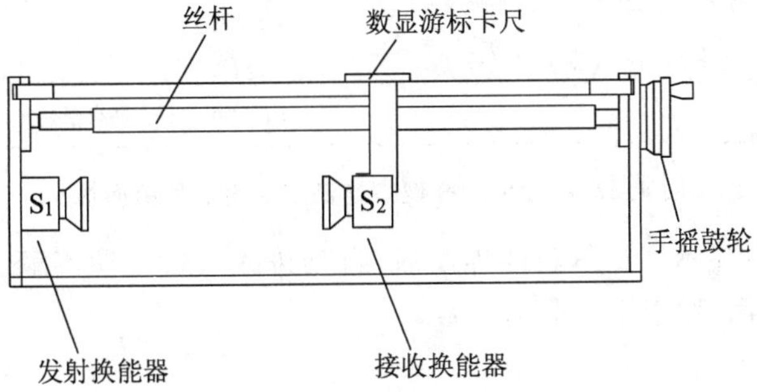

图 4.32.5　声速测试架外形示意图

2. 专用信号源

1) SV-DH 系列声速测定专用信号源

SV-DH 系列声速测定专用信号源有 SVX-5 型和 SVX-7 型两种型号,其面板如图 4.32.6 所示。

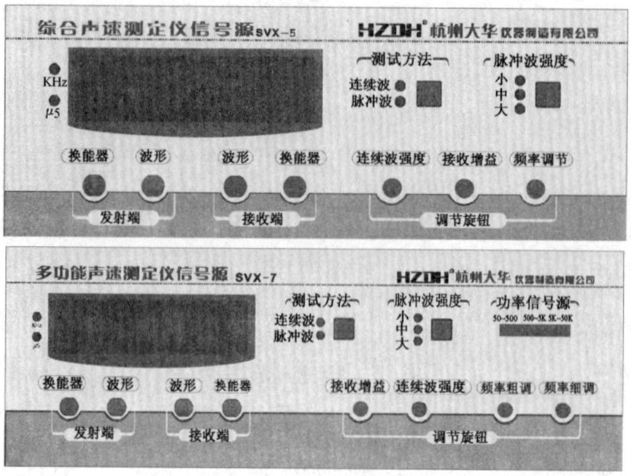

图 4.32.6　SVX-5 型、SVX-7 型声速测试仪信号源面板

图中各调节旋钮的作用:

(1) 信号频率:用于调节输出信号的频率。

(2) 发射强度:用于调节输出信号电功率(输出电压),仅对连续波有效。

(3) 接收增益:用于调节仪器内部的接收增益。

2) ZKY-SS 声速测定专用信号源

ZKY-SS 型声速测定专用信号源面板如图 4.32.7 所示。面板上 LCD 显示屏用于显示信号源的工作信息;通过"上""下""左""右""确认""复位"按键以及频率调节旋钮来设置工作参数。

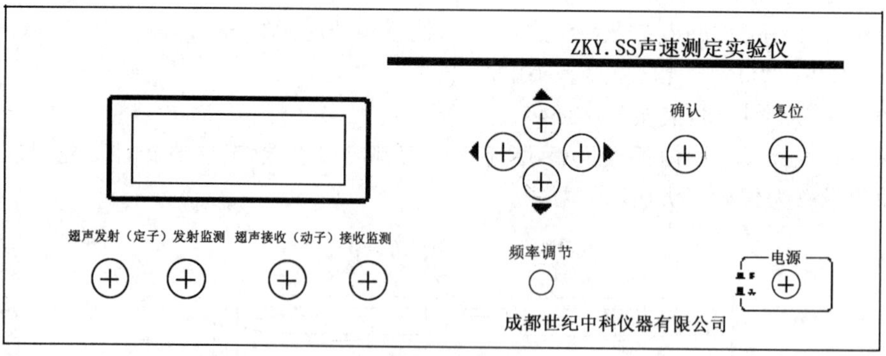

图 4.32.7　ZKY-SS 型声速测定专用信号源面板

(1) 开机,LCD 显示屏显示欢迎界面后,自动进入按键说明界面。按"确认"键后进入工作模式选择界面,用于选择驱动信号。

```
Mode Select:
>Vel with Sine-Wave
 Vel with Pulse-Wave
```

其中，Sine-Wave 为连续正弦波工作模式（用于共振干涉法与相位比较法），Pulse-Wave 为脉冲波工作模式（用于时差法）。

（2）选择 Sine-Wave 连续波工作模式，按“确认”键后进入频率与增益调节界面；在该界面下将显示输出频率值，用频率调节旋钮改变当前输出驱动信号的频率值；发射增益（Transmit Gain）挡位，接收增益（Receive Gain）挡位等信息，并可做相应的改动。

```
Freq=XX.XXX kHz
>Receive    Gain: X
 Transmit   Gain: X
```

（3）选择 Pulse-Wave 脉冲波工作模式，按“确认”键后进入时差显示与增益调节界面；在该界面下将显示超声波通过目前超声波换能器之间的距离所需的时间值；发射增益挡位，接收增益挡位等信息，并可做相应的改动。

```
Time=XX.XXX s
>Receive    Gain: X
 Transmit   Gain: X
```

（4）增益可在 0 挡到 3 挡之间调节，初始值为 2 挡；发射增益调节驱动信号的振幅；接收增益将调节接收信号放大器的增益，放大后的接收信号由接收监测端口输出。以上调节完成后即可进行测量。

（5）改变测量条件可按“确认”键，将交替显示模式选择界面或频率（时差显示）与增益调节界面。按“复位”键将返回欢迎界面。

【实验内容及数据处理】

记录室内环境温度 t（℃），按照图 4.32.8 连接电路，其中 S_1 和 S_2 为压电陶瓷换能器。

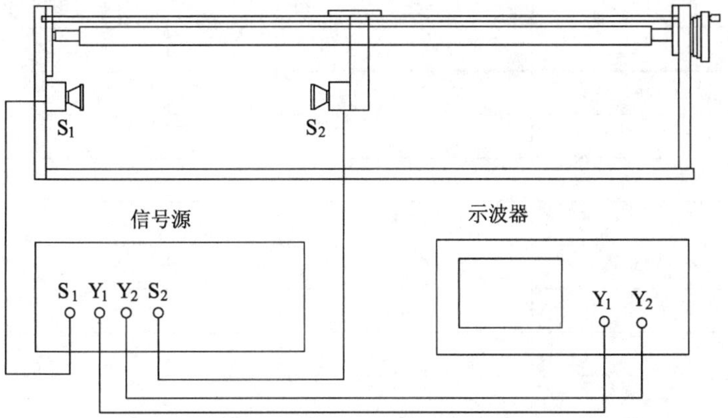

图 4.32.8　驻波法、相位法测量连线图

1. 共振频率调节

(1) 打开电源，开机预热 15 分钟。

(2) 信号源调节：选择连续波工作方式；选择合适的发射强度；输出频率调节为 34～35 kHz 之间的某一值。

(3) 接收换能器共振频率调节。

① 在示波器上，选择与信号源相连接的通道，调整时基旋钮和通道增益旋钮，直到示波器显示稳定的正弦波形为止。

② 示波器转换到与接收换能器相连接的通道。

③ 调节信号源频率旋钮，同时观察示波器上正弦波幅值的变化，再配合时基旋钮和相应通道增益旋钮的调节，找出使正弦波幅值最大的频率，记录频率 f，该频率仅为接收换能器的共振频率，到此共振频率调节完成，且实验过程中保持该频率不变。

2. 驻波(共振干涉)法测波长

(1) 在共振频率调节的基础上，转动测试架上的调节鼓轮，使接收换能器沿一个方向移动(注意：发射换能器和接收换能器间的距离不能小于 50 mm)。

(2) 观察示波器上正弦波的振幅变化，选择振幅极大值处为测量起点 x_1。

(3) 继续沿同一个方向移动接收换能器，每当正弦波的振幅为最大值时，记录一次接收换能器的位置坐标，共记录 10 次，并填入表 4.32.1。

3. 相位法(李萨如图法)测量声速

在前面调节的基础上，保持共振频率不变。

(1) 示波器的工作方式选用 X-Y 方式，在示波器上观察李萨如图形。

(2) 转动测试架上的调节鼓轮，使接收换能器沿一个方向移动，同时观察示波器上的图形变化，当出现一条斜线时为测量起点 x_1。

(3) 继续沿同一个方向移动接收换能器，每出现一次同样斜率的直线时，记录一次接收换能器的位置坐标，共记录 10 次数据，并填入表 4.32.1。

表 4.32.1　驻波法、相位法测波长

室温 t=________℃；共振频率 f=________ kHz

序　号	驻波法 x_i/mm	相位法 x_i/mm
1		
2		
3		
4		
5		
6		
7		
8		
9		
10		

4．时差法测声速(选做)

(1) 按图 4.32.9 连接电路。

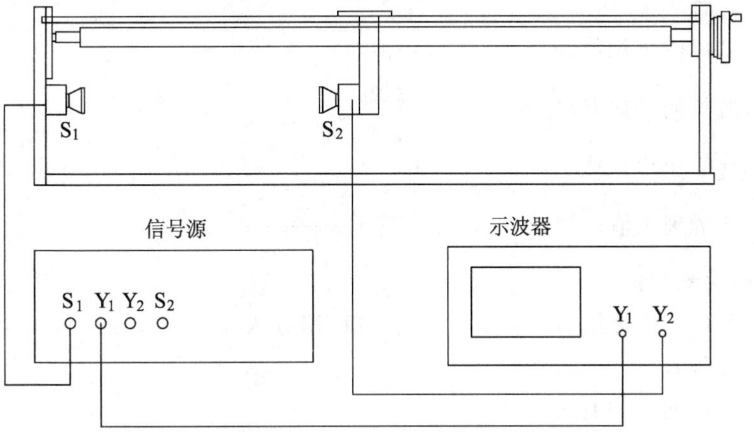

图 4.32.9　时差法测量连线图

(2) 信号源调节:选择脉冲方式。

(3) 将发射换能器和接收换能器之间的距离调到适当值(不小于 50 mm)。

(4) 调节示波器接收通道增益和扫描时基旋钮,使显示的时间差值读数稳定,此时仪器内置的定时器处于最佳工作状态。

(5) 记录此时接收换能器的位置 x_1 和信号源上计时器显示的时间值 t_1;移动接收换能器,同时调节接收增益使接收信号振幅始终保持一致,记录此时的距离值 x_i 和显示的时间 t_i。连续测量 5 次接收换能器的位置值和显示的时间,并将数据填入表 4.32.2。由公式 $v_i=\dfrac{x_i-x_{i-1}}{t_i-t_{i-1}}$ 计算速度 v_i 的值,取其平均值为测量结果。

表 4.32.2　时差法测声速

次数	S_2 的位置		S_1 和 S_2 之间距离 Δx_i/mm	Δt_i/s	$v_i=\dfrac{\Delta x_i}{\Delta t_i}$/(m·s^{-1})	$\bar{v}$
	x_i/mm	读数				
1						
2						
3						
4						
5						

5．数据处理

(1) 计算声速理论值,记录室内环境温度 t(℃),在室温 t 下,空气中声速的理论值为

$$v'=v_0\sqrt{\frac{T_0+t}{T_0}} \tag{4.32.5}$$

式中:T_0=273.15 K;v_0 是温度为 T_0 时的声速,v_0=331.45 m/s。

(2) 驻波法测声速。

① 用逐差法处理数据,将表 4.32.1 中的数据分为 $x_1 \sim x_5$,$x_6 \sim x_{10}$ 两组,利用公式 $\Delta x_i = x_{i+5} - x_i$ 计算 Δx_i。

② 求出 Δx_i 的平均值。

③ 求出波长的平均值:$\frac{\bar{\lambda}}{2} = \frac{\overline{\Delta x_i}}{5}$,$\bar{\lambda} = \frac{2\overline{\Delta x_i}}{5}$。

④ 由 $\bar{v} = \overline{f\lambda}$ 求出声速。

⑤ 与声速的理论值比较,求出百分差 $E = \frac{|\bar{v} - v_0|}{v_0} \times 100\%$。

(3) 相位法测声速。

① 用逐差法处理数据,将表 4.32.1 中的数据分为 $x_1 \sim x_5$,$x_6 \sim x_{10}$ 两组,利用公式 $\Delta x_i = x_{i+5} - x_i$ 计算 Δx_i。

② 求出 Δx_i 的平均值。

③ 求出波长的平均值:$\bar{\lambda} = \frac{\overline{\Delta x_i}}{5}$。

④ 由 $\bar{v} = \overline{f\lambda}$ 求出声速。

⑤ 与声速的理论值比较,求出百分差 $E = \frac{|\bar{v} - v'|}{v'} \times 100\%$。

【注意事项】

(1) 禁止无目的地旋转仪器旋钮。

(2) 换能器发射端与接收端绝对不能相互接触,间距一般要在 50 mm 以上,距离近时可减少信号源面板上的放射强度,随着距离的增大,信号源发射强度可适当增大。

(3) 示波器上图形失真时可适当减小发射强度。

(4) 来回转动鼓轮会产生回空误差,测量时应沿一个方向转动鼓轮。

【思考题】

(1) 相位比较法中,为什么选直线图形作为测量起点?从斜率为正的直线变到斜率为负的直线,相位改变了多少?

(2) 在相位比较法中,调节哪些旋钮可改变直线的斜率?调节哪些旋钮可改变李萨如图形的形状?

(3) 本实验中的超声波是如何获得的?

(4) 超声波信号能否直接用示波器观测?怎样实现?

(5) 固定距离改变频率以求声速是否可行?

(6) 本实验中用逐差法处理数据的优点是什么?

第五章 开放实验

实验 5.1 长度的测量

【实验任务】

(1) 测量 5 寸光盘的体积。

(2) 测量保鲜薄膜或盖璃片的厚度。

(3) 测量方法和测量仪器自选,要求测量精度越高越好。请同学自己设计出实验方案和实验步骤。

【原理提示】

产生劈尖干涉的部件是一个放在空气中的劈尖形状的透明薄片,或是两块不平行的平面玻璃片之间的劈尖空气薄膜。当用单色平行光垂直入射到劈面上,光分别从劈尖形薄膜的上、下表面反射,两反射光线在表面相遇产生干涉,它也是一种等厚干涉,其干涉条纹是一簇间距相等且平行于劈尖的棱的明暗相间的平行条纹,如图 5.1.1 所示。劈尖薄膜干涉中两相干光线的干涉条纹光强的极大(亮条纹)和极小(暗条纹)由下式决定:

亮条纹: $$\Delta L=2nh+\frac{\lambda}{2}=k\lambda \quad k=1,2,\cdots$$

暗条纹: $$\Delta L=2nh+\frac{\lambda}{2}=(2k+1)\frac{\lambda}{2} \quad k=0,1,2,\cdots$$

对于空气劈尖而言,$n=1$。第 k 级暗纹对应的空气劈尖厚度为 $h=k\frac{\lambda}{2}$,第 $k+1$ 级暗纹对应的空气劈尖厚度为 $h=(2k+1)\frac{\lambda}{2}$,任意相邻的两条干涉条纹对应的空气劈尖厚度差为

$$\Delta h=\frac{\lambda}{2}$$

相隔 N 个干涉条纹对应的空气劈尖厚度差为 $\Delta h_N=N\frac{\lambda}{2}$,相隔 N 个干涉条纹的距

离为

$$\Delta L_N = N\frac{\lambda}{2}\cdot\frac{L}{H} \tag{5.1.1}$$

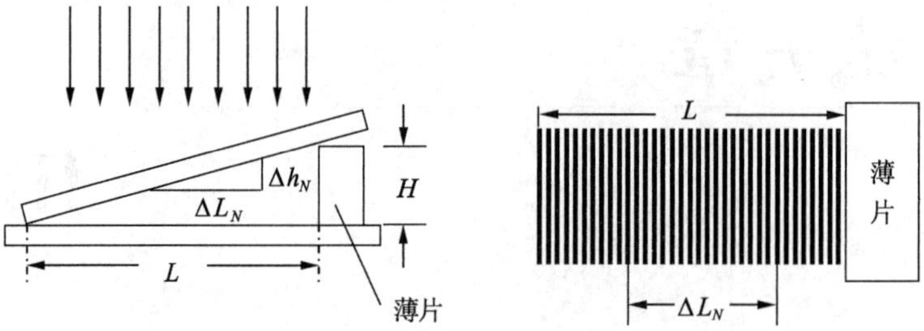

图 5.1.1 劈尖干涉原理

如果用波长 λ 的单色平行光垂直入射到劈尖上，通过读数显微镜可测出相隔 N 个干涉条纹的距离 ΔL_N、劈尖的有效长度 L，由式(5.1.1)可计算出薄片的厚度 H。

实验 5.2 密度的测量

【实验任务】

测量密度小于水的密度的物体密度。假设实验室只有物理天平这一种测量工具，请同学自己设计出测量不规则蜡烛的密度的实验方案和实验步骤。已知 $\rho_{蜡烛} < \rho_{水}$。

【原理提示】

利用流体静力称衡法原理测量物体的密度，辅助一块铁块，将铁块与蜡烛捆在一起后，蜡烛方可浸没到水中。

设铁块在空气和水中的重量为 $m_1 g$ 和 $m_2 g$，铁块浸在水中受到的浮力为

$$m_1 g - m_2 g = \rho_{水} V_{铁} g$$

铁块与蜡烛在空气和水中的重量为 $m_3 g$ 和 $m_4 g$，铁块和蜡烛浸在水中受到的浮力为

$$m_3 g - m_4 g = \rho_{水} V_{铁} g + \rho_{水} V_{蜡烛} g$$

则蜡烛浸在水中受到的浮力为

$$m_3 g - m_4 g - (m_1 g - m_2 g) = \rho_{水} V_{蜡烛} g$$

蜡烛物体的体积为

$$V_{蜡烛} = \frac{m_3 - m_4 - (m_1 - m_2)}{\rho_{水}}$$

蜡烛物体的密度为

$$\rho_{蜡烛} = \frac{m_{蜡烛}}{m_3 - m_4 - (m_1 - m_2)}\rho_{水}$$

可以用物理天平测量出密度小于水的密度的物体的体积和密度。

实验 5.3　测电流表和电压表内阻

【实验任务】

用伏安法测电流表和电压表的内阻(用阻值可读的电阻箱作为电阻)。

【原理提示】

参见实验 4.23“测定电学元件的伏安特性”原理。

通过电流表内接法电路测量电流表的内阻和用电流表外接法电路测量电压表内阻，如图 5.3.1 和图 5.3.2 所示。

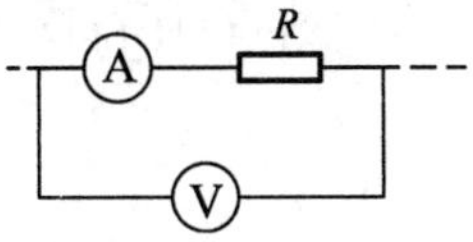

图 5.3.1　电流表内接电路

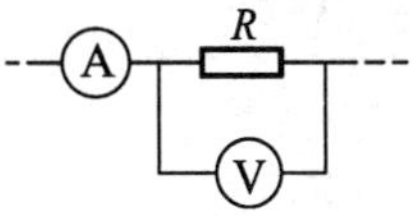

图 5.3.2　电流表外接电路

1. 电流表内接法

电流表内接时，电压表读数 U 包含了电流表上的电压降 U_A。

$$R_{电流表}=\frac{U_A}{I}=\frac{U-RI}{I}$$

2. 电流表外接法

电流表外接时，电流表上的读数包含了从电压表上流过的电流 I_V。

$$R_{电压表}=\frac{U}{I_V}=\frac{U}{I-\frac{U}{R}}$$

实验 5.4　相位差的测定

【实验任务】

请设计 RC 串联电路，测量电路中电阻和电容的电压相位差，说明两相位差的规律。

【原理提示】

双踪示波器的两路输入端“CH_1”“CH_2”有一公共接地端，同时使用“CH_1”和“CH_2”时，接线时应防止将外电路短路。因此测量 RC 电路中电阻和电容的电压相位差时，应将示波器的公共接地端与两电压同一点相连，如图 5.4.1 中的 A 点。

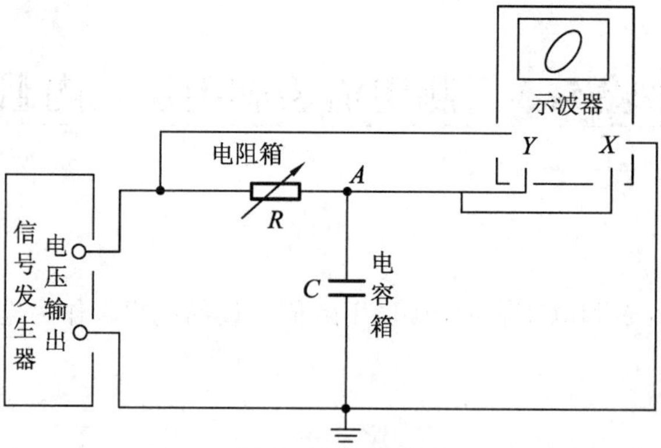

图 5.4.1 测定电路

实验 5.5 测量液体和固体介质中的声速

【实验任务】

（1）分别用驻波法、相位法和时差法这三种方法测量声波在水中的传播速度。

（2）分别用驻波法、相位法和时差法这三种方法测量声波在有机玻璃棒和铝棒中的传播速度。（有机玻璃棒和铝棒，每种材料均有长 50 mm，20 mm，10 mm 的 3 种样品若干。）

【原理提示】

参见实验 4.32“用超声波法测声波的速度”原理。

【参考步骤】

（1）将测量固体介质中声速的专用测量装置接入测量线路，如图 5.5.1 所示，将发射换能器发射端面朝上竖立放置于托盘上，在换能器端面和固体块的端面上涂上适量的耦合剂，再把固体块放在发射面上，使其紧密接触并对准，然后将接收换能器接收端面置于固体块的上端面上并对准，利用接收换能器的自重与固体块端面接触。

（2）将不同厚度的样品组合成不同长度，置于两个换能器之间，用来改变 S_1 和 S_2 之间的距离进行测量，用不同的介质棒各测 3 次。

（3）在 S_1 和 S_2 之间添加固体块时，第一个必须是厚度为 50 mm 的固体块，然后再加 20 mm 或 10 mm 厚度的固体块，一边加一边观察示波器上的波形变化，当出现与加厚度为 50 mm 的固体块相同波形或图形时，记录数据。各记录 3 个 S_1 和 S_2 之间不同距离的数据。

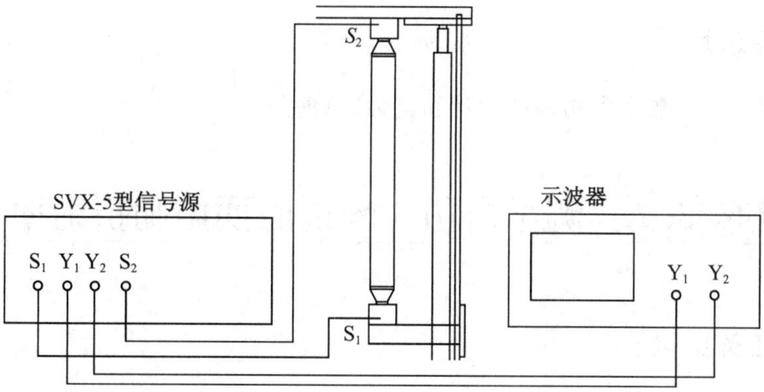

图 5.5.1 测量固体介质中声速的接线图

(4) 时差法测声速(方法同测空气中的声速)。将接收增益调到适当位置(一般为最大位置),以计时器不跳字为好。将发射换能器发射端面朝上,竖立放置于托盘上,在换能器端面和固体块的端面上涂上适量的耦合剂,再把固体块放在发射面上,使其紧密接触并对准,然后将接收换能器接收端面放置于固体块的上端面上并对准,利用接收换能器的自重与固体块端面接触。这时计时器的读数为 t_{i-1},固体块的长度为 L_{i-1}。移开接收换能器,将另一固体块端面上涂上适量的耦合剂,置于下面固体块之上,并保持良好接触,再放上接收换能器,这时计时器的读数为 t_i,固体块的长度为 L_i。

测量超声波在不同固体介质中传播的平均速度时,只要将不同的介质同时置于两换能器之间即可进行测量。

实验 5.6 交流数字电流表和欧姆表的设计

【实验任务】

1. 设计制作多量程交流数字电流表

(1) 设计并连接多量程交流数字电流表电路。

(2) 用自制交流电流表测电流强度。将交流电流表串入待测交流电流 $\tilde{I}$,调整电位器,灯泡亮度会做相应变化。观察电流强度与灯泡之间的关系。

2. 设计制作多量程数字欧姆表

(1) 自行设计多量程数字欧姆表电路并连线。

(2) 用多量程数字欧姆表测量电阻:

① 测量电阻箱的电阻,将测量值与电阻箱的电阻示数进行比较,分析误差原因。

② 测量可变电阻器(电位器)的阻值范围,观察其变化是否线性。

③ 测量光敏电阻器的阻值,观察其阻值随光照强度的变化情况。

④ 测量热敏电阻器的阻值,观察其阻值随温度的变化情况。

⑤ 测量晶体管管脚之间的正反向电阻,观察 PN 结的单向导电性。

【原理提示】

参见实验4.25“数字多用表的设计和定标”原理。

实验5.7 测量直角三棱镜的顶角和折射率

【实验任务】

用分光计测量直角三棱镜的三个顶角，用最小偏向角法测量直角三棱镜的折射率。

【原理提示】

参见实验4.13中“分光计的调节”与“棱镜折射率测定”原理。

实验5.8 测量透明固体薄片的折射率

【实验任务】

选用合适的方法，测量厚度d均匀的透明固体薄片的折射率。

【原理提示】

1. 用迈克尔逊干涉仪测量原理

整个装置处于折射率为n_0的空气介质中。实验时以白光为光源，调节出等厚干涉条纹并使零级干涉条纹(彩色直条纹)出现在视场中央，读出M_1的位置，此时光束$1''$和光束$2''$等光程；然后在图5.8.1所示的光束$2'$中插入各向同性透明均匀平行平面薄片(薄片平面与M_2平行)，这时光线光束$2''$的光程大于光束$1''$的光程。由于白光的干涉条纹相干长度很短，故白光的干涉条纹消失。移动M_1增大光束$1''$的光程，使得彩色直条纹再次出现，且零级的干涉条纹出现在视场中央，读出M_1的位置。这时M_1所增大的光程正好等于薄片插入所增加的光程。设薄片的厚度为d，折射率为n，M_1移动的距离为Δl，则有

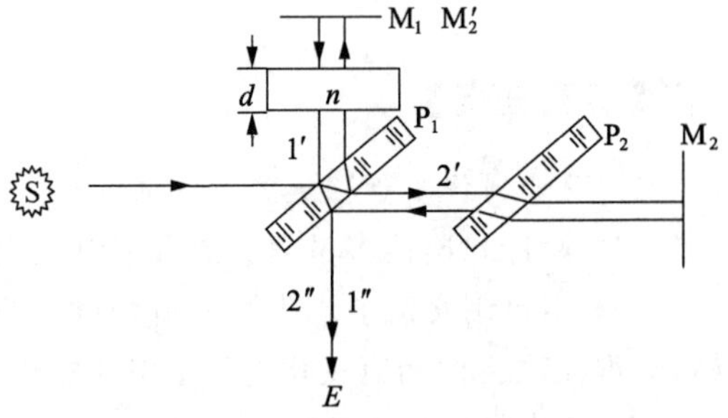

图5.8.1 用迈克尔逊干涉仪测折射率

$$\Delta l=(n-n_0)d$$

实验时，测量Δl，已知空气折射率n_0、薄片的厚度d，可计算出薄片的折射率n。

2. 用偏振光测量原理

当一束自然光从空气中入射到折射率为 n 的玻璃表面时，反射光与折射光都是部分偏振光。布儒斯特定律：若入射角 i 满足

$$\tan i = n$$

则反射光成为完全的平面偏振光，其振动方向垂直于入射面，这个入射角就是布儒斯特角。利用这一定律可以测量物质的折射率。

3. 用全反射测量原理

当光从一种媒质进入另一种媒质时，在两种媒质的分界面上，会发生反射和折射现象，如图 5.8.2 所示。

若 $n_1 > n_2$，折射角 θ_2 恒大于入射角 θ_1，其中折射率较大的媒质称为光密媒质，较小的称为光疏媒质。当光线从光密媒质 n_1 进入光疏媒质 n_2 时，θ_2 随 θ_1 的增大而增大，当入射角 θ_1 增大到某一数值 θ_0 而使 $\theta_2 = 90°$ 时，则发生全反射现象。入射角 θ_0 称为临界角。

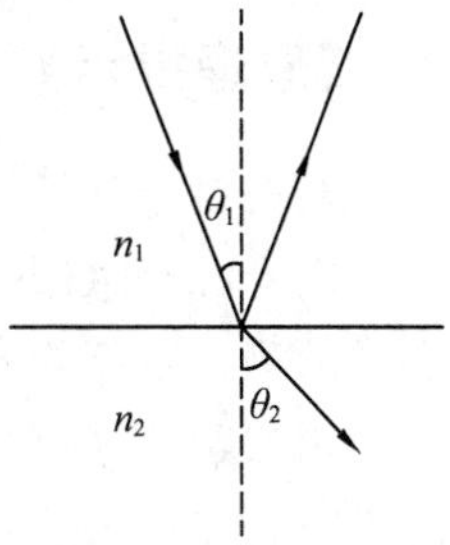

图 5.8.2　全反射测定折射率

根据折射定律 $n_1 \sin\theta_0 = n_2 \sin 90°$，即 $n_2 = n_1 \sin\theta_0$，若已知 n_1 为空气折射率，测出临界角 θ_0，即可测量出薄片的折射率 n_2。

实验 5.9　测量单色光的波长

【实验任务】

用牛顿环的透射光干涉条纹测量钠光的波长(已知牛顿环平凸透镜曲率半径 R)。

【原理提示】

牛顿环干涉实验中，反射光和透射光的光程差正好是互补的，牛顿环透射光干涉条纹是一组以接触点为中心的明暗相间的圆环形条纹(中心是亮斑)。透射光干涉明纹对应着反射光的暗纹，则可以通过测量透射光干涉明纹的直径和已知透镜曲率半径 R，计算出钠光波长

$$\lambda = \frac{D_{m_2}^2 - D_{m_1}^2}{4(m_2 - m_1)R}$$

获得透射光干涉条纹的光路如图 5.9.1 所示。用光源照射到读数显微镜底部的反射镜 G，调节 G 的角度使水平光束改变方向为竖直光束，再照射到牛顿环的空气薄膜上，其透射光产生的干涉条纹通过显微镜筒聚焦成清晰的像。

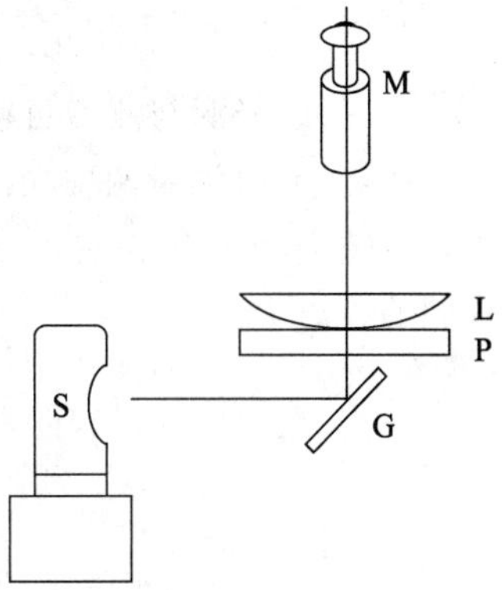

图 5.9.1　牛顿环透射光干涉

实验 5.10　双棱镜干涉中的两虚光源间距的测量

【实验任务】

选择合适的方法测量双棱镜干涉中的两虚光源间距。

【原理提示】

双棱镜干涉原理详见实验 4.19“用双棱镜干涉测钠光波长”。

虚光源是人眼无法直接观察的，必须要借助光学元件，使虚光源成实像，然后通过对实像的测量数据换算成虚光源的数据。

用焦距为 f' 的会聚透镜 L′置于双棱镜与测微目镜之间。当测微目镜到虚光源的距离 $D>4f'$时，前后移动透镜，就可以在两个不同位置上，从测微目镜中看到两虚光源 S_1 和 S_2 经透镜所成的实像 S_1'和 S_2'，其中之一为放大的实像，另一为缩小的实像。设两虚光源放大像的间距 d_1 和缩小像的间距 d_2，其成像光路如图 5.10.1 所示。

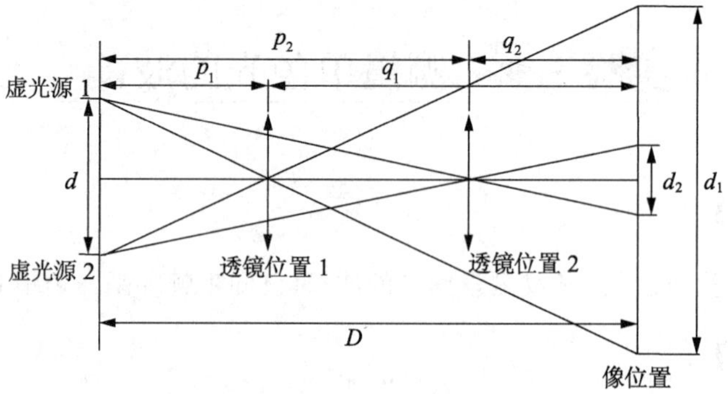

图 5.10.1　虚光源两次成像光路图

若 $p_1=q_2$，$p_2=q_1$，$\frac{d}{p_1}=\frac{d_1}{q_1}$，$\frac{d}{p_2}=\frac{d_2}{q_2}$，$\frac{d^2}{d_1 d_2}=\frac{p_1 p_2}{q_1 q_2}=1$，则两虚光源间的距离 d 为 $d=\sqrt{d_1 d_2}$，两虚光源与测微目镜间的距离为 $D=p_2+q_2=q_1+q_2$。

因此，通过测量两虚光源放大像的间距 d_1 和缩小像的间距 d_2，计算两虚光源间的距离 d；通过测量透镜位置 1、透镜位置 2 和像位置，计算 q_1，q_2，再计算出两虚光源与测微目镜间的距离 D。

实验 5.11　望远镜和显微镜的组装

【实验任务】

(1) 设计一个能发出近似平行光的发光物体。

(2) 设计组装开普勒望远镜，设计测望远镜的放大率方案，测望远镜的放大率。

(3) 设计组装伽利略望远镜，设计测望远镜的放大率方案，测望远镜的放大率。

(4) 设计组装镜筒长度为 40 cm 的显微镜，测显微镜物镜的放大率。

【原理提示】

(1) 发出近似平行光的发光物体的制作原理，参见第三章第二节中“分光计的调节和使用”平行光管原理。

(2) 显微镜。

参见实验 4.5“生物、医学显微镜的使用”原理。

(3) 望远镜。

望远镜是帮助人眼对远处物体进行观察的光学仪器。观察者是以对望远镜像空间的观察代替物空间的观察。而所观察的像，实际上并不比原物大，只是相当于把远处的物体移近，增大视角，以便观察。

望远镜由物镜和目镜组成。物镜用反射镜的称反射式望远镜，物镜用透镜的称折射式望远镜。目镜是会聚透镜的称为开普勒望远镜，目镜是发散透镜的称为伽利略望远镜。

① 开普勒望远镜。

如图 5.11.1 所示，由两个会聚薄透镜分别作为物镜和目镜所构成的天文望远镜是开普勒于 1611 年首先提出的，这种望远镜完全由透镜折射成像，所以又称折射望远镜。$U=\theta, U'=\theta'$，物镜和目镜的焦距依次为 f'_o 和 f'_e，$U=\frac{-y'}{f'_o}, -U'=\frac{-y'}{-f_e}=-\frac{y'}{f'_e}$。

望远镜的放大本领为 $M=\frac{U'}{U}=-\frac{f'_o}{f'_e}=\frac{f'_o}{f_e}$。

由此可见，物镜的焦距 f'_o 越长，目镜的焦距 f'_e 越短，则望远镜的放大本领就越大。开普勒望远镜的物镜和目镜的像方焦距均为正，放大本领 M 为负值，故形成的是倒立的像。

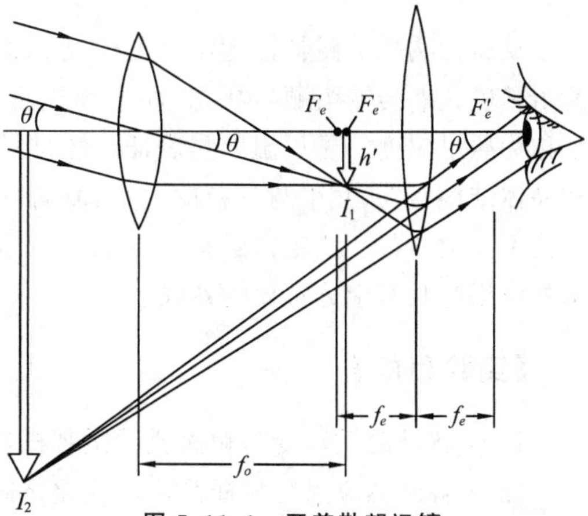

图 5.11.1　开普勒望远镜

② 伽利略望远镜。

伽利略于 1609 年创制的这种望远镜的特点，是用发散透镜来做目镜。物镜的像方焦点仍和目镜的物方焦点相重合，如图 5.11.2 所示。

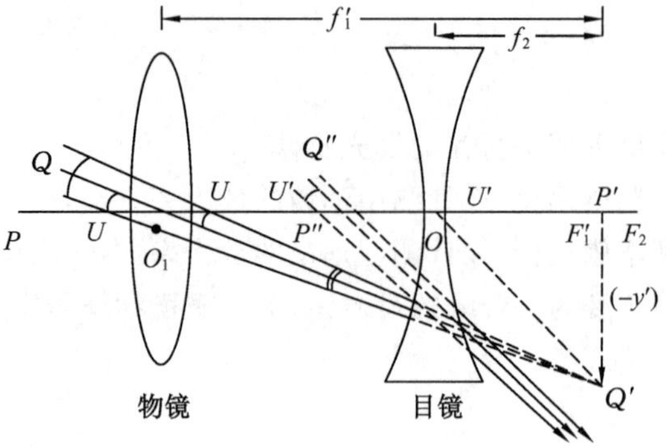

图 5.11.2　伽利略望远镜

物镜和目镜的焦距依次为 f_o' 和 f_e'，$U=\frac{-y'}{f_o'}$，$U'=\frac{-y'}{f_e}=-\frac{y'}{f_e'}$。

望远镜的放大本领为 $M=\frac{U'}{U}=-\frac{f_o'}{f_e'}=\frac{f_o'}{f_e}$。

伽利略望远镜，物镜的像方焦距为正，目镜的像方焦距为负，放大本领为正值，故形成正立的像。

开普勒望远镜(或伽利略望远镜)的物镜和目镜所成的复合光具组的间隔等于零。这样的光具组称为望远光具组，它的特点是平行光束通过时，透射出来的仍是平行光束，但方向改变。整个光具组的焦点和主干面都在无限远。

实验 5.12　铁磁材料居里温度的测量

铁磁性物质的磁特性随温度的变化而改变，当温度上升至某一温度时，铁磁性材料就由铁磁状态转变为顺磁状态，即失掉铁磁性物质的特性而转变为顺磁性物质，这个温度称为居里温度。居里温度是表征磁性材料基本特性的物理量，它仅与材料的化学成分和晶体结构有关，几乎与晶粒的大小、取向以及应力分布等结构因素无关，因此又称它为结构不灵敏参数。测定铁磁材料的居里温度对磁材料、磁性器件的研究和研制，工程技术的应用都具有十分重要的意义。

【实验目的】

1. 了解铁磁质转变为顺磁质的微观机理。
2. 了解磁感应强度与样品温度变化之间的关系。
3. 测定铁磁样品的居里温度。

【实验仪器】

FD-FMCT-B 型铁磁材料居里温度与磁滞回线测量实验仪(参见“实验 6.9　铁磁材料的磁滞回线的测量”的实验仪器)、数字示波器。

【原理提示】

物质的磁性可分为反铁磁性(抗磁性)、顺磁性和铁磁性三种,一切可被磁化的物质叫做磁介质。在铁磁质中,相邻电子之间存在着一种很强的“交换耦合”作用,在无外磁场的情况下,它们的自旋磁矩能在一个个微小区域内“自发地”整齐排列起来而形成自发磁化小区域,称为磁畴。在未经磁化的铁磁质中,虽然每一磁畴内部都有确定的自发磁化方向,有很大的磁性,但大量磁畴的磁化方向各不相同,因而整个铁磁质不显磁性。图 5.12.1、图 5.12.2 给出了多晶磁畴结构示意图。当铁磁质处于外磁场中时,那些自发磁化方向和外磁场方向成小角度的磁畴,其体积随着外加磁场的增大而扩大,并使磁畴的磁化方向进一步转向外磁场方向;另一些自发磁化方向和外磁场方向成大角度的磁畴,其体积则逐渐缩小,这时铁磁质对外呈现宏观磁性。当外磁场增大时,上述效应相应增大,直到所有磁畴都沿外磁场排列好,介质的磁化就达到饱和。

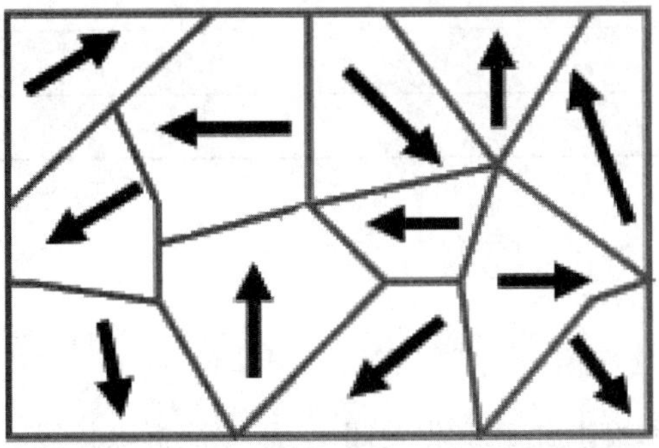

图 5.12.1　未加磁场时的多晶磁畴结构

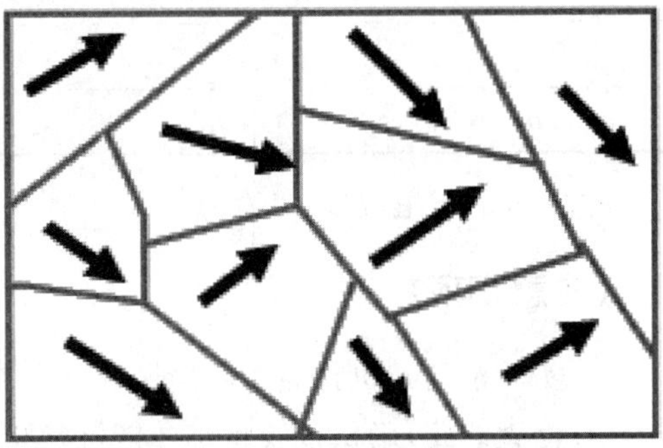

图 5.12.2　加磁场时的多晶磁畴结构

由于在每个磁畴中元磁矩已完全排列整齐,因此其具有很强的磁性。这就是铁磁质的磁性比顺磁质强得多的原因。介质里的掺杂和内应力在磁化场去掉后阻碍着磁畴恢复到原来的退磁状态,这是造成磁滞现象的主要原因。铁磁性是与磁畴结构分不开的。当铁磁体受到强烈的震动,或在高温下由于剧烈运动的影响,磁畴便会瓦解,这时与磁畴联系的一系列铁磁性质(如高磁导率、磁滞等)全部消失。对于任何铁磁物质都有这样一个临界温度,高过这个温度铁磁性就会消失,变为顺磁性,这个临界温度称为磁质的居里点(居里温度)。

从图 5.12.3 中可看到,铁磁材料的磁导率 μ 是温度的函数,当温度升高到某个值时,铁磁性介质由铁磁状态转变成顺磁状态,在曲线突变点所对应的温度就是居里温度 T_C。

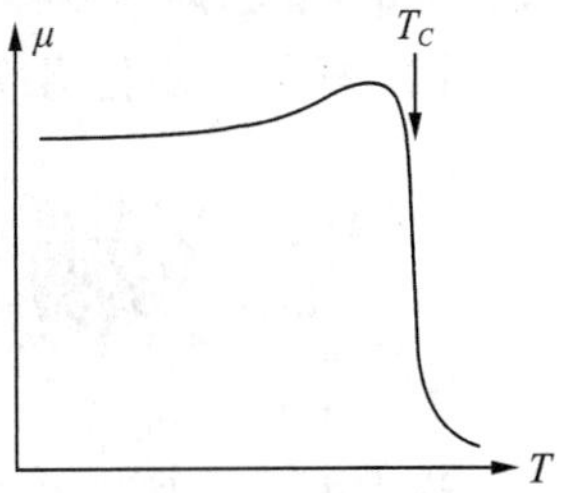

图 5.12.3　μ-T 曲线

【实验内容】

(1) 选取一待测样品,按“实验 6.9　铁磁材料的磁滞回线的测量”中的图 6.9.3 所示线路连接各元器件。其中,电压 u_2 即 CH2 可连接到示波器观测其幅值,也可连接到仪器自带的交流电压表观测其有效值。

(2) 磁化电流的频率 f 取 9000 Hz 左右,增大磁化电流,直至磁感应强度 B 达到饱和。

(3) 将待测样品放入加热井,设定温度,在井内温度稳定在设定温度左右 1 ℃时,记录下当时仪器显示的温度及电压 u_2 的峰峰值或者有效值。将数据记录在表 5.12.1 中,从室温开始逐步增高温度,记录多组数据,注意在斜率变化较大时增加数据取值点。

(4) 根据表 5.12.1 数据作出温度 t 与磁场强度测量电压有效值 $u_{2有效}$ 的关系曲线。取曲线中斜率最大处的温度,即为该样品的居里温度 t_C。

表 5.12.1　样品温度 t 与磁场强度测量电压有效值 $u_{2有效}$ 的测量数据表

样品编号:B　磁化电流的频率 f=9036 Hz

t/℃	
$u_{2有效}$/mV	
t/℃	
$u_{2有效}$/mV	

样品 B 的居里温度 t_C 约为________

【注意事项】

1. 实验前请开机预热 10 分钟。
2. 检查线路,确认接线正确才能开启电源;实验结束应先关闭电源,才能拆除接线。
3. 请勿将交流电源输出两端直接短接,以免损坏电源。
4. 加热井温度较高时请勿直接触摸,以免烫伤。

【思考题】

(1) 作出温度 t 与磁场强度测量电压有效值 $u_{2有效}$ 的关系曲线,为什么取曲线中斜率最大处的温度,即为该样品的居里温度 t_C?

(2) 样品的磁化强度在温度达到居里点时发生突变的微观机理是什么?

实验 5.13　稳压电源的设计与制作

许多电子产品如电视机、电子计算机、音响设备等都需要直流电源,电子仪器也需要直流电源,实验室更需要独立的直流电源。为了提高电子设备的精度及稳定性,在直流电源中还要加入稳压电路，因此称为直流稳压电源。直流稳压电源的发展已有几十年的历史，已从分立器件发展到集成电路。集成稳压电路具有体积小、重量轻、耗电少、寿命长等优点，随着功率集成电路的发展，集成稳压电路已有多个品种、多种型号问世，按输出电压、输出电流形成系列产品，已成为直流稳压电源的主流产品，特别适用于小型电子设备使用。本实验主要采用直流稳压构成集成稳压电路，通过变压、整流、滤波、稳压过程将 220 V 交流电，变为稳定的直流电，并实现电压可在一定范围内调节。

【实验目的】

（1）了解整流、滤波及稳压电源的功能，加深对直流稳压电源原理的理解。
（2）掌握直流稳压电源的主要技术指标及测试方法。
（3）熟悉多用表、示波器等仪器的使用方法。

【实验仪器】

电子元件、电烙铁、数字多用表、示波器等。

【实验任务】

（1）设计一个输出电压连续可调的稳压电源，性能指标如下：
① 输出电压 $U_o=(+3\sim+12\ \mathrm{V})$；最大输出电流 $I_{omax}=100\ \mathrm{mA}$。
② 负载电流 $I_0=80\ \mathrm{mA}$。
③ 纹波电压 $\widetilde{U}_0\leqslant 5\ \mathrm{mV}$。
④ 稳压系数 $S\leqslant 5\times10^{-3}$。
（2）按照教材中所介绍的方法，设计满足以上性能指标的稳压电源，计算出稳压电源中各元件的参数，安装和调试电路。
（3）在保证电路正常工作后，测出稳压电源的性能参数 U_{omin}，U_{omax}，I_{omax}，S，R_0，$\widetilde{U}_0$。

【原理提示】

1. 直流稳压电源技术指标

直流稳压电源一般由电源变压器、整流、滤波和稳压电路 4 部分组成，其原理框图如图 5.13.1 所示。

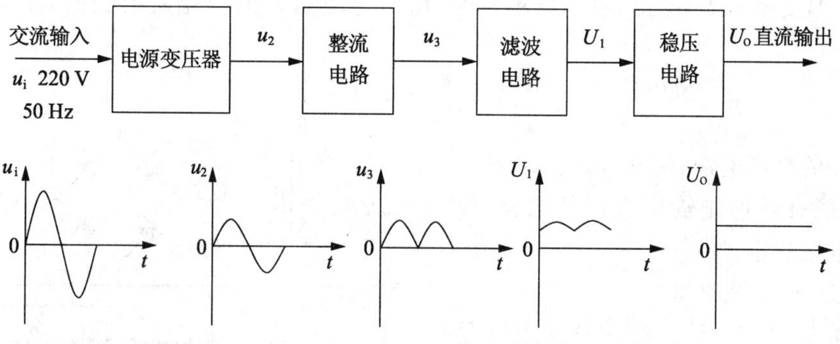

图 5.13.1 直流稳压电源框图

电网供给的交流电压 u_i(220 V,50 Hz) 经电源变压器得到符合电路需要的交流电压 u_2,然后由整流电路变换成方向不变、大小随时间变化的脉动电压 u_3,再用滤波器滤去其交流分量,就可得到比较平直的直流电压 U_1。但这样的直流输出电压还会随交流电网电压的波动或负载的变动而变化,在对直流供电要求较高的场合,还需要使用稳压电路,以保证输出的直流电压更加稳定。

稳压电源的技术指标分为两种:一种是特性指标,包括允许的输入电压、输出电压、输出电流及输出电压调节范围等;另一种是质量指标,用来衡量输出直流电压的稳定程度,包括稳压系数(电压调整率)、输出电阻(电流调整率)及纹波电压等。

(1) 稳压系数 S:负载电流 I_L 和环境温度保持不变时,电源电压 U_i 的相对变化与由它所引起的 U_o 的相对变化的比值,即

$$S=\frac{\frac{\Delta U_o}{U_o}}{\frac{\Delta U_i}{U_i}} \tag{5.13.1}$$

式中:U_o 是额定输出电压;U_i 为交流电压(220 V)。在同样的输入电压变化条件下,S 越小,输出电压的变化越小,电源的稳定度越高。通常为 $10^{-2}\sim10^{-4}$。

当 U_i 在 10%内变化时,有

$$S=\frac{\frac{\Delta U_o}{U_o}}{\frac{\Delta U_i}{U_i}}=\frac{220}{(242-198)V}\times\frac{\Delta U_o}{U_o}=5\,\frac{\Delta U_o}{U_o} \tag{5.13.2}$$

(2) 输出电阻(也称内阻)R_o:电源电压 U_i 和环境温度保持不变时,由于负载电流 I_0 变化所引起的 U_o 变化的比值,即

$$R_o=\frac{\Delta U_o}{\Delta I_0} \tag{5.13.3}$$

(3) 纹波电压 $\widetilde{U}_0$:稳压电源输出直流电压 U_o 中含 50 Hz 或 100 Hz 的交流分量,一般为毫伏数量级。通常在 I_0 最大时,$\widetilde{U}_0$ 也是最大。该值可用晶体管毫伏表测量,也可用示波器测得。但由于纹波电压已不是正弦波,毫伏表的读数不能代表纹波的有效值。实际应用中,常用示波器测量纹波的峰-峰值或有效值,以便对不同的稳压电源进行比较。经过稳压作用,可以使整流、滤波后的纹波电压大大降低。

(4) 温度系数 S_T:当其他参数不变时,由于环境温度的变化所引起的 U_o 变化的比值,即

$$S=\frac{\Delta U_o}{\Delta T} \tag{5.13.4}$$

良好的稳压电源,应在环境温度发生变化时,能有效抑制输出电压的漂移,保持输出电压稳定。

2. 整流、滤波电路

如图 5.13.2 所示,桥式整流电路是

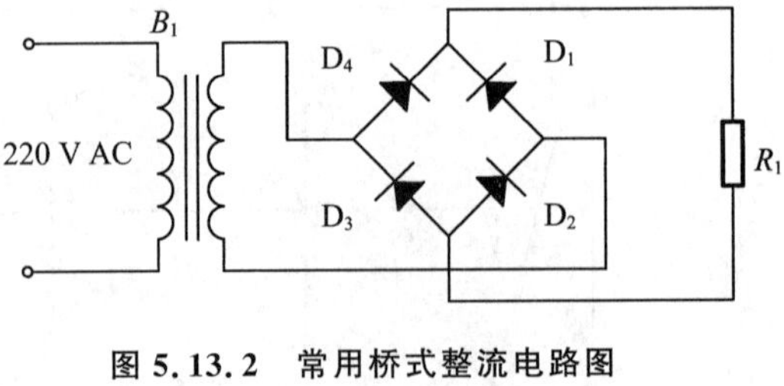

图 5.13.2　常用桥式整流电路图

利用二极管的单向导通性进行整流的最常用电路，可以用来将交流电转变成直流电。该电路利用四个二极管，两两对接。输入正弦波的正半部分时两只管导通，得到正的输出；输入正弦波的负半部分时，另两只管导通，由于这两只管是反接的，所以输出还是得到正弦波的正半部分。桥式整流电路对输入正弦波的利用效率比半波整流高一倍。

桥式整流器是由多只整流二极管做桥式连接，外用绝缘塑料封装而成，大功率桥式整流器在绝缘层外添加金属壳包封，增强散热。桥式整流器品种多，性能优良，整流效率高，稳定性好，最大整流电流从 0.5 A 到 50 A，最高反向峰值电压从 50 V 到 1 000 V。

经过整流后的直流电幅值变化很大，会影响电路的工作性能，可利用电容的“通交流，隔直流”的特性，在电路中并入两个并联电容作为电容滤波器，滤去其中的交流成分。电容滤波电路是最常见也是最简单的滤波电路，如图 5.13.3 所示，在整流电路的输出端（即负载电阻两端）并联一个电容即构成电容滤波电路。滤波电容容量较大，因此一般均采用电解电容，在接线时要注意电解电容的正负极。电容滤波电路利用电容的充、放电作用，使输出电压趋于平滑。如果将两个滤波电容相连接，且连接点接地，就可同时得到输出电压平滑的正负电源。在理想情况下，变压器副边无损耗，二极管导通电压为零，所以电容两端电压相等。而当其上升到峰值后开始下降，电容便通过负载电阻放电，其电压也开始下降，趋势与电容两端电压基本相同。

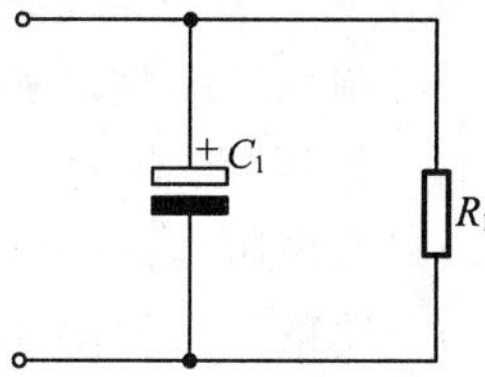

图 5.13.3　电容滤波电路图

3. 集成稳压电路

由于输入电压发生波动、负载和温度发生变化时，滤波电路输出的直流电压会随着变化。因此，为了维持输出电压稳定不变，还需加一级稳压电路。稳压电路的作用是当外界因素（电网电压、负载、环境温度）发生变化时，能使输出直流电压不受影响，而维持稳定的输出。稳压电路一般采用集成稳压器和一些外围元件所组成。采用集成稳压器设计的稳压电源具有性能稳定、结构简单等优点。

集成稳压器的类型很多，在小功率稳压电源中，普遍使用的是三端稳压器。按输出电压类型可分为固定式和可调式，此外又可分为正电压输出或负电压输出两种类型。

1）固定电压输出稳压器

常见的有 LM78××（CW78××）系列三端固定式正电压输出集成稳压器以及 LM79××（CW79××）系列三端固定式负电压输出集成稳压器。三端是指稳压电路只有输入、输出和接地三个接地端子。型号中最后两位数字表示输出电压的稳定值，有 5，6，9，15，18，24 V。稳压器使用时，要求输入电压 U_i 与输出电压 U_o 的电压差 $U_i-U_o\geqslant 2$ V。稳压器的静态电流 $I_o=8$ mA。当 $U_o=5\sim18$ V 时，U_i 的最大值 $U_{imax}=35$ V；当 $U_o=18\sim24$ V 时，U_i 的最大值 $U_{imax}=40$ V。它们的引脚功能及组成的典型稳压电路见图 5.13.4，其中，LM78××：$C_1=0.33\ \mu F$，$C_o=0.1\ \mu F$，C_1，C_o 采用漏电流小的钽电容；LM79××：$C_1=2.2\ \mu F$，$C_o=1\ \mu F$。

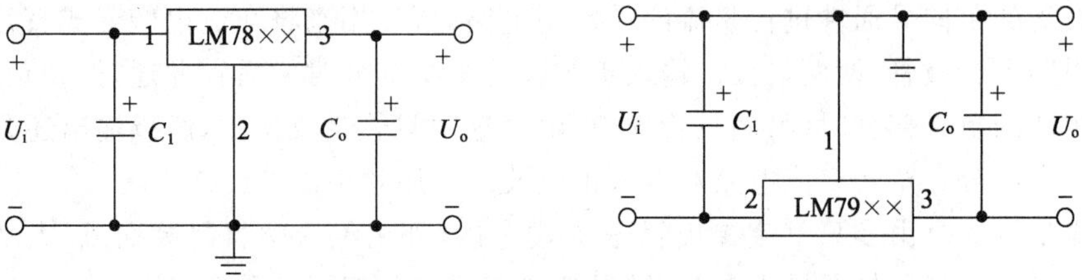

图 5.13.4　LM78××及 LM79××系列三端固定式集成稳压器

2）可调式三端集成稳压器

可调式三端集成稳压器是指输出电压可以连续调节的稳压器，有输出正电压的 LM 317 系列（CW 317）三端稳压器；有输出负电压的 LM 337 系列（CW 337）三端稳压器。在可调式三端集成稳压器中，稳压器的三个端是指输入端、输出端和调节端。稳压器输出电压的可调范围为 $U_o=1.2\sim37$ V，最大输出电流 $I_{omax}=1.5$ A。输入电压与输出电压差的允许范围为 $U_i-U_o=2\sim40$ V。本实验使用三端可调式集成稳压器 LM 317，其引脚及其应用电路见图 5.13.5。

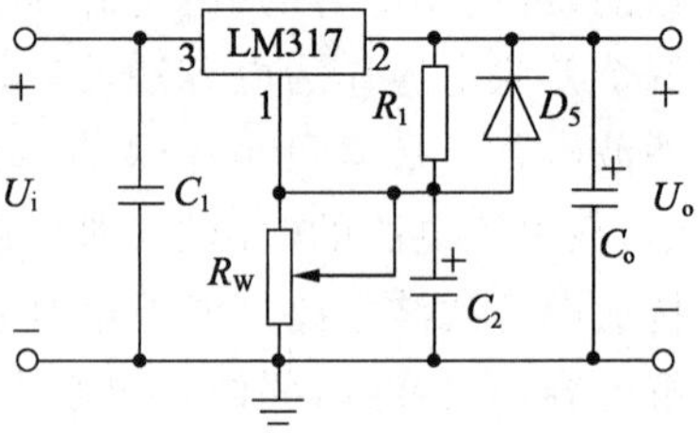

图 5.13.5　LM 317 系列三端固定式集成稳压器

LM 317 是一种使用方便、应用广泛的集成稳压块，其输出电压可用下式计算：

$$U_o=1.25\left(1+\frac{R_W}{R_1}\right) \tag{5.13.5}$$

从式(5.13.5)可知，调节 R_W 可以改变输出电压的大小。图中接二极管作为保护电路，防止电路中的电容放电时的高压把 LM317 烧坏。LM317 还有一个最小负载电流的问题，即只有负载电流超过某一值时，它才能起到稳压的作用。这个电流随器件的生产厂家不同在 3～8 mA 不等。该问题可以通过在直流稳压电源负载端接一个合适的电阻来解决。

4. 集成稳压电路

简单的集成稳压电路（直流稳压电源电路）并不复杂，按照原理图 5.13.6 去装配即可。220 V 的交流电从直流稳压电源插头经保险管送到变压器的初级线圈，并从次级线圈感应出经约 9 V 的交流电压送到 4 个二极管。二极管在电路中的符号，有短线的一端称为它的负极（或阴极），有三角前进标志的一端称为它的正极（或阳极）。基本作用是只允许电流从它的正极流向它的负极（即只能按三角标示的方向流动），而不允许从负极流向正极。我们知道，交流电的特点是方向和电压大小一直随时间变化，用通俗的话说，它的正负极是不固定的。但是不管从变压器中出来的两根线中哪根电压高，电流都能而且只能由 D_3 或 D_4 流入右边的电路，由 D_1 或 D_2 流回去。这样，从右边的电路来看，正极永远都是 D_3 和 D_4 连接的那一端，负极永远是 D_1 和 D_2 连接的那一端。这便是二极管整流的原理。

二极管把直流稳压电源交流电方向变化的问题解决了，但是它的电压大小还在变化。而电容器有可以存储电能的特性，正好可以用来解决这个问题。在电压较高时向电容器中充电,电压较低时便由电容器向电路供电,这个过程称为滤波。图中的 C_1 便是用来完成这个工作的。LM317 因工作电流较小,可以不加散热片。装好后再检查一遍,无误后接通电源。这时用万用表测量 C_1 两端,应有 11 V 左右的电压,再测 C_3 两端,应有 2～7 V 的电压。再调节 R_P 和 C_3 两端的电压应该能够改变,调到所需要的电压即可。

输出端可以接一根十字插头线,以便与随身听等用电器相连。

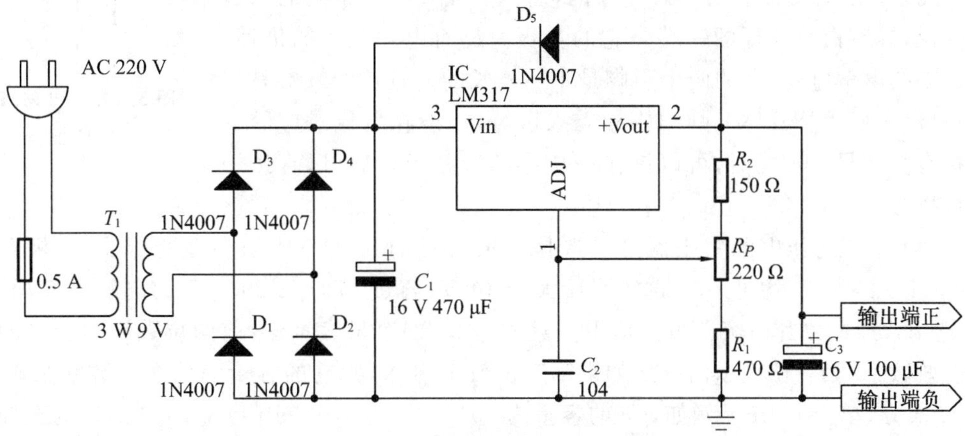

图 5.13.6　直流稳压电源电路原理图

5. 各部分电子元件的作用及选择

元件清单如表 5.13.1 所示。

表 5.13.1　直流稳压电源需要的元件清单

编号	名　称	型　号	数量
D_1～D_5	二极管	1N4007	5
T_1	变压器	3 W　9 V	1
C_1	电解电容	25 V　470 μF	1
C_2	电解电容	0.1 μF	1
C_3	电解电容	16 V　100 μF	1
IC	三端稳压集成电路	LM317T	1
R_1	电阻	470 Ω	1
R_2	电阻	150 Ω	1
R_P	可调电阻	200 Ω	1
	保险管	0.5 A	1

(1) LM317 是一块输出电压可以调节的三端稳压集成电路,其封装形式如图 5.13.7 所示(有 TO-200,TO-220FP,TO-3,D²PAK 等封装形式),它的输入端 u_{in}(3 脚)、输出端 u_{out}(2 脚)和调整端 Adj(1 脚),由 u_{in}端提供工作电压后,就可以保持 u_{out}(2 脚)比其 Adj 端(1 脚)的电压高出 1.25 V。因此,只需要用极小的电流来调整 Adj 端的电压,便可在 u_{out}端得到比较大的电流输出,并且电压比 Adj 端高出恒定的 1.25 V。由此可知,我们可

以通过调整电位器 R_P 的抽头位置来改变输出电压 U_{+-}。

(2) 图 5.13.7 中 C_2 的作用是对 LM317T 1 脚的电压进行小小的滤波,以提高直流稳压电源输出电压的质量。D_5 的作用是当有意外情况使得 LM317T 的 3 脚电压比 2 脚电压还低的时候,防止从 C_3 上有电流倒灌入 LM317T 引起其损坏。

图 5.13.7 LM317 管脚图

(3) 装配时要注意的是二极管的极性,拿 1N400X 系列的二极管来说,标有白色色环的一端是它的负极。还有电解电容的极性,新买来的电解电容,它的两个引脚是不一样长的。较长的一端是它的正极,也可以从柱体上的印刷标志来区分,一般在负极对应的一侧标有“一”号。装配时,可以制作一块小的线路板,也可以直接用元件搭接。

(4) 直流稳压电源变压器可以选择一般常见的 9～12 V 的小型变压器,二极管选 1N4001～1N4007 均可。C_1 选择耐压大于 16 V、容量 470～2 200 μF 的电解电容均可。C_2 选用普通的磁片电容即可。值得注意的是 C_2 的容量表示法:前两位数表示容量的两位有效数字,第三位表示倍率。如果第三位数字为 N,则它的容量为前两位数字乘以 10 的 N 次方,单位为 PF。例如,C_2 的容量为 $10\times10^4=100\ 000$ PF=0.1 μF。C_3 的选择类似于 C_1。

(5) 电阻选用 1/8 W 的小型电阻。现在的小电阻一般用色环来标示其阻值,就是在电阻器上用不同颜色的环来表示电阻的规格,有的用 4 个色环表示,有的用 5 个。例如,4 环电阻一般是碳膜电阻,前两个色环表示阻值,第三个色环表示所乘的倍数,第四个色环表示误差。5 环电阻一般是金属膜电阻,为更好地表示精度,用 4 个色环表示阻值,另一个色环也是表示误差。具体说明如表 5.13.2 所示。

表 5.13.2 电阻色环颜色表示的数值

色环颜色	第一色环(表示第一位数)	第二色环(表示第二位数)	第三色环(表示所乘的倍数)	第四色环(误差环)
棕	1	1	×10	±2%
红	2	2	×100	±3%
橙	3	3	×1 000	±4%
黄	4	4	$\times10^4$	±1%
绿	5	5	$\times10^5$	±5%
蓝	6	6	$\times10^6$	±10%
紫	7	7	$\times10^7$	±20%
灰	8	8	$\times10^8$	
白	9	9	$\times10^9$	
黑	0	0	×1	
金			×0.1	
银			×0.01	

例如,某电阻色环排列顺序为棕、黑、红、棕,其阻值为 10×100,即 1 kΩ,误差为 ±2%。

第六章

其他常见实验

实验 6.1 传感器法测液体的表面张力系数

【实验目的】

(1) 了解硅压阻力敏传感器的基本使用方法。

(2) 学习硅压阻力敏传感器的定标方法。

(3) 学会使用力敏传感器测定液体表面张力系数。

【实验仪器】

液体表面张力系数测定仪、游标卡尺、吹风机、砝码盘、金属圆环等。

1. FD-NST-1 型液体表面张力系数测定仪

FD-NST-1 型液体表面张力系数测定仪如图 6.1.1 所示。本仪器测量液体的表面张力系数误差小,重复性好,有利于学习和掌握硅压阻力敏传感器的原理和方法,所以该仪器是物理实验和物理化学实验的理想优质仪器,是一种新型拉脱法液体表面张力系数测定仪,具有以下三个优点:① 用硅压阻力敏传感器(又称半导体应变计)测量液体与金属相接触的表面张力,该传感器灵敏度高,线性和稳定性好,以数字式电压表输出显示;② 用一定高度的薄金属圆环及金属圆环替代原细铂丝环或铂丝刀片,新的金属圆环不易变形,反复使用不易损坏或遗失;③ 金属圆环的外形尺寸经专门设计和实验试验,对直接测量结果一般不需要校正,可得到较准确可靠的结果。

实验时,通过调节升降台下降,使金属圆环从液体中缓慢拉起,在金属圆环与液面之间形成一个环形液膜,继续下降液面,测出环形液膜破裂前一瞬间电压表的数值 U_1 和液膜破裂后一瞬间电压表的数值 U_2。通过传感器的灵敏度可获得液体表面张力 $f=B(U_1-U_2)$。

1—底座；2—调水平螺钉；3—升降螺丝；4—玻璃器皿；5—金属圆环；6—力敏传感器；7—支架；8—固定螺丝；9—电压表零点调节旋钮；10—数据连接插口；11—数字电压表

图 6.1.1 FD-NST-1 型液体表面张力系数测定仪

2. DW-800 表面张力系数电测仪

DW-800 表面张力系数电测仪为了准确测量向上的拉脱力 F，采用测力传感器装置，如图 6.1.2 所示，将应变片式传感器（上、下各两片）对称粘贴于弹性元件 A 上，将它们组成电桥电路，当有外力作用于弹性元件 A 时，就会破坏电桥电路的平衡，显示屏会显示出此时的作用力。调节旋钮 C，使圆环 B 缓缓浸入待测液体，读出表面张力系数电测仪显示的作用力 P。再调节旋钮 C，将圆环 B 缓缓拉出待测液体，此时会发现器皿对传感器向下的作用力逐渐减小，记下最小的作用力 Q，则拉脱力 $F=P-Q$。

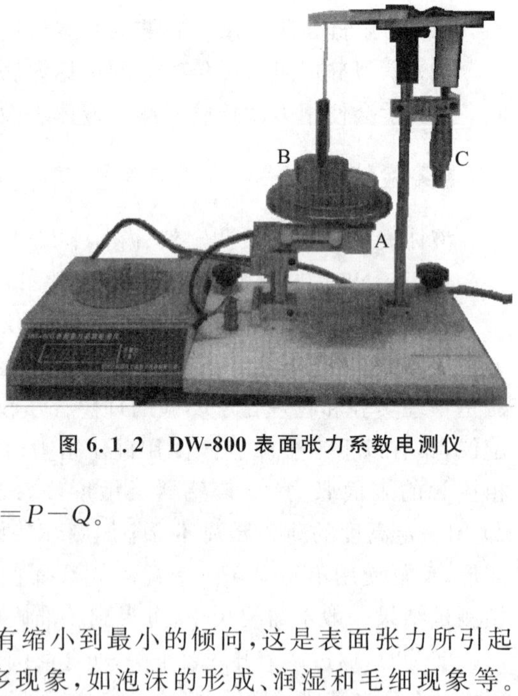

图 6.1.2 DW-800 表面张力系数电测仪

【实验原理】

液体的表面颇似张紧的弹性膜，其表面有缩小到最小的倾向，这是表面张力所引起的。表面张力能说明液态物质所特有的许多现象，如泡沫的形成、润湿和毛细现象等。常用的测定液体表面张力系数的方法有拉脱法、毛细管升高法、液滴测重法和最大气泡压力法等。本实验采用拉脱法测量液体表面张力系数。因为拉脱法测量液体表面张力系数，用时少、简便可靠。

1. 实验原理

实验中把一表面洁净的金属圆环（内外直径分别为 D_1 和 D_2）竖直地浸入液体中，使其底边保持水平，待充分浸渍后，将其缓慢拉起，则其附近的液面呈现出如图 6.1.3 所示的形状，金属圆环和液体之间有一层液膜出现。

由于表面张力 f 的作用，液面收缩。表面张力的方向沿着液面的切线方向，与金属圆环的夹角 θ 称为接触角。当缓缓拉出金属圆环时，接触角 θ 逐渐减小而且趋于零。这时表面张力 f 垂直向下，金属圆环脱离液面的瞬间，即液膜要破裂未破时，诸力的平衡条件为

$$F=mg+f \tag{6.1.1}$$

式中：F 是将金属圆环匀速提出液面时所施加的外力；mg 为金属圆环和它所黏附的液体的总重量。实验表明液体表面张力 f 的大小与受其作用的接触面的周长成正比，即

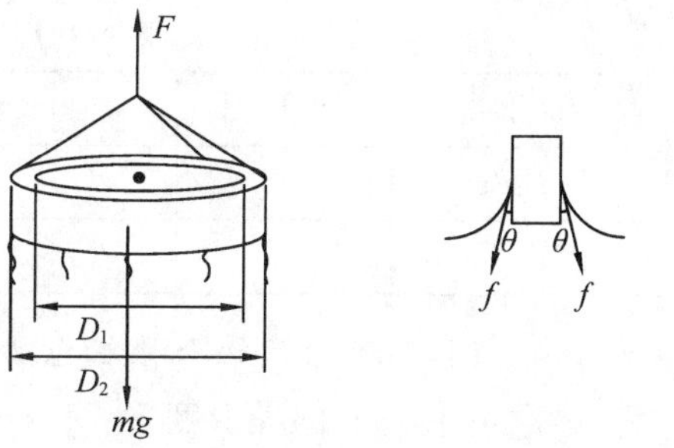

(a) 圆形拉环　　(b) 圆环局部放大图

图 6.1.3　表面张力计算图

$$f=\pi(D_1+D_2)\alpha \tag{6.1.2}$$

式中，比例系数 α 称为表面张力系数。它表示液体表面作用在单位长度上表面张力的大小，这种测量表面张力系数的方法称为拉脱法。在 SI 制中，它的单位为 N/m。

由式(6.1.1)和式(6.1.2)得

$$\alpha=\frac{F-mg}{\pi(D_1+D_2)} \tag{6.1.3}$$

实验中只要测出金属圆环脱离液面瞬间的拉脱力 F，以及金属圆环和它所黏附的液体的总重量 mg，再测出金属圆环的内、外径，就可算出被测液体的表面张力系数 α。

2. 测量原理

1）测量方法

本实验采用拉脱法测量液体表面张力系数。由于金属圆环上所黏附的液体重量无法精确测量，故在实验中测量金属圆环拉脱液膜破裂前后的拉力差值 F' 为

$$F'=\pi(D_1+D_2)\alpha \tag{6.1.4}$$

液体表面张力系数即为

$$\alpha=\frac{F'}{\pi(D_1+D_2)} \tag{6.1.5}$$

2）力与电压的关系

设力敏传感器的灵敏度为 B，则力与电压示数成正比，表示为

$$U=BF+A \tag{6.1.6}$$

所以金属圆环从液面拉脱液膜破裂前后，力敏传感器受到的拉力差值 F' 为

$$F'=\frac{U_1-U_2}{B} \tag{6.1.7}$$

由式(6.1.5)和式(6.1.7)得液体表面张力系数

$$\alpha=\frac{U_1-U_2}{\pi(D_1+D_2)B} \tag{6.1.8}$$

【实验内容及数据处理】

用游标卡尺测量金属圆环的内、外直径，测量 5 次，数据填入表 6.1.1。

表 6.1.1　测金属圆环的内、外直径

次数	1	2	3	4	5	平均
内径 D_1/mm						
外径 D_2/mm						

1. 用 FD-NST-1 型液体表面张力系数测定仪测液体表面张力系数

1）测量传感器的灵敏度

（1）调整仪器底座，使之水平；打开仪器的电源开关，预热 15 分钟左右。

（2）将砝码盘轻轻地挂在传感器上的小挂钩上（注意：不要碰坏传感器上的小挂钩），调节电压表的调零旋钮，尽量使电压表显示为零。等待电压表显示稳定。

（3）从 0.5 g 起加砝码，每加 0.5 g 的砝码，记录一次电压表的数值，测量 7 组数据，填入表 6.1.2。

表 6.1.2　测传感器灵敏度

物体质量/g		0.500	1.000	1.500	2.000	2.500	3.000	3.500
重力/N	$x_i=m_ig$							
电压/mV	$y_i=U_i$							

2）测量液体表面张力系数

（1）用 NaOH 溶液或酒精清洗玻璃器皿和金属圆环的油污或杂质，用清洁水冲洗干净，并用热吹风烘干；将砝码盘轻轻地取下来，换上金属圆环，使金属圆环的下表面与液面平行。

（2）调节升降台，使液面缓慢上升，将金属圆环的下表面全部浸没在待测液体中。

（3）反向调节升降台，使液面缓慢下降，金属圆环从液体中缓慢拉起，在金属圆环与液面之间形成一个环形液膜，继续调节升降台、下降液面，测出环形液膜破裂前一瞬间电压表的数值 U_1 和液膜破裂后一瞬间电压表的数值 U_2，重复测量 5 次，填入表 6.1.3。

表 6.1.3　测液体表面张力

室温：________℃

测量次数	纯水		乙醇	
	U_1/mV	U_2/mV	U_1/mV	U_2/mV
1				
2				
3				
4				
5				

2. 用 DW-800 表面张力系数电测仪测液体表面张力系数

（1）使金属圆环的下表面与液面平行。调节旋钮 C，使圆环缓缓下降，记录圆环由上而下刚接触液面时电测仪显示的读数 P_0，继续下降，使圆环缓缓浸入待测液体，表面张力系数电测仪显示作用力 $P=P_0+0.2$。

(2) 调节旋钮C,将圆环缓缓拉出待测液体,此时会发现器皿对传感器向下的作用力逐渐减小,记下最小的作用力 Q,则拉脱力 $F=P-Q$。

(3) 重复上述步骤,测量5次,数据填入表6.1.4。

表6.1.4　测液体表面张力

室温:________℃

测量次数		纯　水			乙　醇	
	P_0/N	P/N	Q/N	P_0/N	P/N	Q/N
1						
2						
3						
4						
5						

3. 数据处理

(1) 圆环内径 D_1、外径 D_2 的平均值。

(2) FD-NST-1型液体表面张力系数测定仪测量数据处理(见表6.1.5)。

① 求出传感器的灵敏度:依据表6.1.2中的数据,以重力为横轴、电压为纵轴作图,计算仪器的灵敏度 B(mV/N,即毫伏/牛)。重力加速度取 $g=9.8\ \mathrm{m/s^2}$(N/kg)。

② 计算 $\alpha_{水}$ 和 $\alpha_{酒精}$ 的平均值。

(3) DW-800表面张力系数电测仪测量数据处理。

① 由 $F=P-Q$ 求表面张力 F 及平均值 $\bar{F}$。

② 计算 $\alpha_{水}$ 和 $\alpha_{酒精}$ 的平均值。

表6.1.5　水的表面张力系数的标准值

水的温度 t/℃	10	15	20	25	30
α/(N/m)	0.074 22	0.073 49	0.072 75	0.071 97	0.071 18

【注意事项】

(1) 砝码应轻拿轻放。

(2) 待电压表输出稳定后再读数。

(3) 金属圆环保持水平,缓慢旋转升降台,不能使液面有波动,而且应避风,以免金属圆环摆动致使零点波动,所测系数不准确。

(4) 金属圆环水平须调节好,注意:偏差1°,测量结果引入误差为0.5%;偏差2°,则误差为1.6%。

(5) 玻璃器皿和金属圆环经过洁净处理后,不能再用手接触,亦不能用手触及液体。

(6) FD-NST-1型液体表面张力系数测定仪的力敏传感器使用时用力不宜大于

0.098 N;DW-800 表面张力系数电测仪的测力传感器量程为 200 g,操作时不可过载使用,以免损坏测力传感器。

(7) 实验结束须将金属圆环用清洁纸擦干,用清洁纸包好,放入干燥缸内,旋好传感器帽盖。

【思考题】

(1) 为什么金属圆环拉起的水柱的表面张力为 $f=\pi(D_1+D_2)\alpha$?

(2) 分析金属圆环即将拉断液面前的一瞬间数字电压表读数值由大变小的原因?

(3) 当金属圆环下沿部分均浸入液体中后,旋转大螺帽使得液面往下降,数字电压表的示数如何变化?

(4) 在缓慢向上拉金属圆环的过程中,拉力的大小怎样变化?

实验 6.2　落球法测定液体的黏滞系数

落球法测定液体的黏滞系数(实验讲解)

【实验目的】

(1) 掌握用落球法测液体黏滞系数的原理和方法。

(2) 测量蓖麻油的黏滞系数。

(3) 练习用秒表计时,用螺旋测微器测直径。

【实验仪器】

玻璃圆筒(或变温黏度测量仪,ZKY-PID 温控实验仪)、秒表、螺旋测微器、小球(若干)、蓖麻油、温度计、米尺。

1. *落球法变温黏度测量仪*

变温黏度仪的外形如图 6.2.1 所示。待测液体装在细长的样品管中,能使液体温度较快地与加热水温达到平衡,样品管壁上有刻度线,便于测量小球下落的距离。样品管外的加热水套连接到温控仪,通过热循环水加热样品。底座下有调节螺钉,用于调节样品管的铅直。

2. *开放式 PID 温控实验仪*

温控实验仪包含水箱、水泵、加热器、控制及显示电路等部分。

本温控试验仪内置微处理器,带有液晶显示屏,具有操作菜单化,能根据实验对象选择 PID 参数以达到最佳控制,能显示温控过程的温度变化曲线和功率变化曲线及温度和功率的实时值,能存储温度及功率变化曲线,以及控制精度高等特点。仪器面板如图 6.2.2 所示。

开机后,水泵开始运转,显示屏显示操作菜单,可选择工作方式,输入序号及室温,设定温度及 PID 参数。使用"◀ ▶"键选择项目,"▲▼"键设置参数,按"确认"键进入下一屏,按"返回"键返回上一屏。

进入测量界面后，屏幕上方的数据栏从左至右依次显示序号、设定温度、初始温度、当前温度、当前功率、调节时间等参数。图形区以横坐标代表时间、纵坐标代表温度（以及功率），并可用“▲▼”键改变温度坐标值。仪器每隔 15 s 采集 1 次温度及加热功率值，并将采得的数据标示在图上。温度达到设定值并保持两分钟温度波动小于 0.1°，仪器自动判定达到平衡，并在图形区右边显示过渡时间 t_s，动态偏差 σ，静态偏差 e。一次实验完成退出时，仪器自动将屏幕按设定的序号存储（共可存储 10 幅），以供必要时查看、分析和比较。

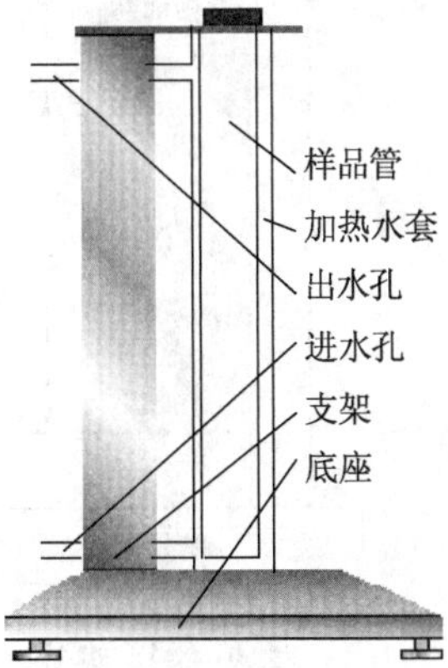

图 6.2.1　变温黏度仪

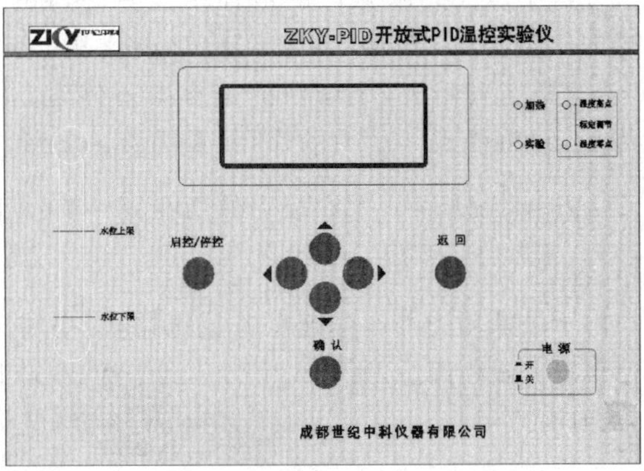

图 6.2.2　温控实验仪面板

3. 秒表

PC396 电子秒表具有多种功能。按功能转换键，待显示屏上方出现符号“— — — — — —”且第 1 和第 6，7 短横线闪烁时，即进入秒表功能。此时按“开始/停止”键可开始或停止计时，多次按“开始/停止”键可以累计计时。一次测量完成后，按“暂停/回零”键使数字回零，准备进行下一次测量。

【实验原理】

当液体内各部分之间有相对运动时，接触面之间存在内摩擦力，阻碍液体的相对运动，这种性质称为液体的黏滞性，液体的内摩擦力称为黏滞力。黏滞力的大小与接触面面积以及接触面处的速度梯度成正比，比例系数 η 称为黏度（或黏滞系数）。

对液体黏滞性的研究在流体力学、化学化工、医疗、水利等领域都有广泛的应用。例如，在用管道输送液体时，要根据输送液体的流量、压力差、输送距离及液体黏度，设计输送管道的口径。

测量液体黏度可用落球法、毛细管法、转筒法等方法，其中落球法适用于测量黏度较大的液体。

黏度的大小取决于液体的性质与温度，温度升高，黏度将迅速减小。例如，对于蓖麻油，在室温附近温度改变 1 ℃，黏度值改变约 10%。因此，测定液体在不同温度的黏度有很大的实际意义，欲准确测量液体的黏度，必须精确控制液体温度。

由于液体具有黏滞性，固体在液体内运动时，附着在固体表面的一层液体和相邻层液体间有相互作用的力，这个力叫内摩擦阻力，也叫黏滞力。对于直径为 d 的光滑钢球，在无限宽广的液体中以速度 v 匀速运动，在无涡流产生的情况下，小球所受到的黏滞阻力为

$$F=3\pi\eta vd \tag{6.2.1}$$

式中：η 为液体的黏滞系数；v 为小球的运动速度。式(6.2.1)称为斯托克斯公式。

分析小球在无限宽广的液体中竖直下落的运动情况。设小球的质量为 m、直径为 d。实验时小球从静止释放，在空气中，若忽略空气阻力，小球做的是自由落体运动。当小球进入液体后，它将受到3个力的作用：重力 mg，黏滞阻力 $3\pi\eta vd$，液体浮力 $f=\frac{1}{6}\pi d^3\rho_{液}$。这3个力作用在同一直线上，如图6.2.3所示。

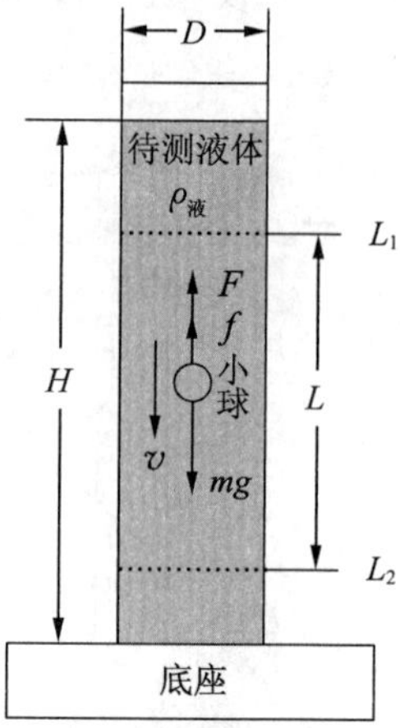

图6.2.3 液体黏度测量原理图

由于黏滞阻力与小球速度 v 成正比，当小球直径很小时，在下落很短一段距离后，所受3个力达到平衡，小球将以 v_0 匀速下落，此时有

$$\frac{1}{6}\pi d^3(\rho_{球}-\rho_{液})g=3\pi\eta v_0 d \tag{6.2.2}$$

式中：$\rho_{球}$ 为小球密度；$\rho_{液}$ 为液体密度。

由式(6.2.2)可解出黏度 η 的表达式：

$$\eta=\frac{(\rho_{球}-\rho_{液})gd^2}{18v_0} \tag{6.2.3}$$

若小球以速度 v_0 通过路程 L 所用时间为 t，则 $v_0=\frac{L}{t}$，代入式(6.2.3)得

$$\eta=\frac{(\rho_{球}-\rho_{液})gd^2}{18L}\cdot t \tag{6.2.4}$$

上式成立的条件是小球在无限宽广的均匀液体中下落，但实验中小球是在直径为 D 的玻璃圆筒中下落，筒的直径 D 和液体深度 H 都是有限的，液体在各方向无限广阔的条件不满足，此时黏滞阻力的表达式可加修正系数 $\left(1+\frac{2.4d}{D}\right)\left(1+\frac{1.6d}{H}\right)$，而式(6.2.4)可修正为

$$\eta=\frac{(\rho_{球}-\rho_{液})gd^2}{18L\left(1+\frac{2.4d}{D}\right)\left(1+\frac{1.6d}{H}\right)}\cdot t \tag{6.2.5}$$

实验时若油温较高等因素导致小球下落速度较大，则小球下落时可能出现湍流，式(6.2.1)和式(6.2.5)还需要修正。为了判断是否出现湍流，可利用流体力学中一个重要参数雷诺数 Re 来判断，Re 为

$$Re=\frac{dv_0\rho_{液}}{\eta} \tag{6.2.6}$$

当雷诺数不甚大(一般在 $Re<10$)时,斯托克斯公式(6.2.1)修正为

$$F=3\pi\eta vd\left(1+\frac{3}{16}Re-\frac{19}{1\,080}Re^2\right) \tag{6.2.7}$$

则修正后的黏度测得值 η_0 为

$$\eta_0=\eta\left(1+\frac{3}{16}Re-\frac{19}{1\,080}Re^2\right)^{-1} \tag{6.2.8}$$

实验时,先由式(6.2.5)求出近似值 η,再将 η 代入式(6.2.6)求出雷诺数 Re,最后由式(6.2.8)求出最佳值 η_0。当液体黏度及小球密度一定时,雷诺数 $Re\propto d^3$。在测量蓖麻油的黏度时建议采用直径 1～2 mm 的小球,这样可不考虑雷诺修正或只考虑 1 级雷诺修正。

在国际单位制中,η 的单位是 Pa・s(帕斯卡・秒),在厘米、克、秒制中,η 的单位是 P(泊)或 cP(厘泊),它们之间的换算关系为

$$1\ \text{Pa}\cdot\text{s}=10\ \text{P}=1\,000\ \text{cP} \tag{6.2.9}$$

【实验内容及数据处理】

落球法测定液体的黏滞系数(实验操作视频)

(1) 将装有蓖麻油的圆筒按图 6.2.1 所示竖直平放,调节底座,使底盘水平,记录室温 $T=$________℃。

(2) 测定液体深度 H、圆筒内径 D 和小球直径 d。

① 用米尺测量液体的深度 $H=$________ cm 和圆筒内径 $D=$________ cm。

② 用螺旋测微器分别测出 10 个小球的直径 d,将数据记入表 6.2.1 中。实验结束后,小球用酒精清洗干净,用滤纸吸干残液后待用。

表 6.2.1　小球的直径

小球	1	2	3	4	5	6	…	10	平均值
d/mm									

(3) 室温下蓖麻油的黏度的测量。(医学专业做)

① 在蓖麻油中部取液柱总高度 H 约 1/3 的一段,上、下端各固定一标线 L_1,L_2,用米尺测量出 L_1 与 L_2 之间的距离 L。

② 用镊子夹小球,先在油中浸一下,然后从玻璃圆筒的中间由静止放入圆形油面中心,让其自由下落,用秒表测出每个小球匀速经过 L_1L_2 所用时间 t。

③ 已知 $\rho_{球}=7.8\times10^3\ \text{kg/m}^3$,$\rho_{液}=0.95\times10^3\ \text{kg/m}^3$,由式(6.2.5)计算蓖麻油的黏度 η 和 $\bar{\eta}$ 及其不确度。

表 6.2.2　小球下落 L 距离所用时间

小球	1	2	3	4	5	6	…	10	平均值
t/s									
η/Pa・s									

(4) 变温黏度测量仪测量不同温度下蓖麻油的黏度。

① 检查温控仪后面的水位管，将水箱水加到适当值。平常加水从仪器顶部的注水孔注入。若水箱排空后第1次加水，应该用软管从出水孔将水经水泵加入水箱，以便排出水泵内的空气，避免水泵空转(无循环水流出)或发出嗡鸣声。

② 设定PID参数。开机后，水泵开始运转，显示屏显示操作菜单。选择工作方式，输入序号及室温，确定温度设定值。温控仪温度达到设定值后再等约10分钟，使样品管中的待测液体温度与加热水温完全一致，才能测液体黏度。

③ 在蓖麻油中部取液柱总高度 H 约1/3的一段，上、下端各固定一标线 L_1，L_2，用米尺测量出 L_1 与 L_2 之间的距离 L。

④ 用镊子夹小球，先在油中浸一下，然后从玻璃圆筒的中间由静止放入圆形油面中心，让其自由下落，用秒表测出小球匀速经过 L_1，L_2 之间的距离 $L=$ ________ cm所用时间 t。测量过程中，尽量避免对液体的扰动。

⑤ 重复②～④步骤，测量表6.2.3中不同温度条件下的数据。

⑥ 由式(6.2.5)求出近似值 η，由式(6.2.6)计算雷诺数 Re，由式(6.2.8)计算最佳值 η_0。

表6.2.3 黏度的测定

温度/℃	时间/s						η_0/Pa·s 测量值	* η/Pa·s 标准值
	1	2	3	4	5	平均		
10								2.41
15								1.56
20								0.99
25								0.60
30								0.45
35								0.31
40								0.23
45								0.15
50								0.06

注：$\rho_{球}=7.8\times10^3\ kg/m^3$；$\rho_{液}=0.95\times10^3\ kg/m^3$；$D=2.0\times10^{-2}$ m。

(5) 数据处理。

① 比较黏度的测量值与标准值，并计算相对误差。

② 以温度为横坐标、η_0 为纵坐标，绘制黏度随温度的变化曲线。

③ 实验全部完成后，用磁铁将小球吸引至样品管口，用镊子夹入蓖麻油中保存，以备下次实验使用。

【注意事项】

(1) 实验时，玻璃筒应放平稳、铅直，油必须静止，油中无气泡，小球要圆，表面清洁无油污。

(2) 选定 L_1 和 L_2 的位置时，保证小球在通过 L_1 之前已经达到收尾速度。

实验 6.3　用传感器法测定空气的比热容比

【实验目的】

(1) 用绝热膨胀法测定空气的比热容比。

(2) 观测热力学过程中的状态变化及基本物理规律。

(3) 学习空气压力传感器及电流型集成温度传感器的原理和使用方法。

【实验仪器】

贮气瓶(含瓶、活塞两只、橡皮塞、打气球),空盒气压表,扩散硅压力传感器及同轴电缆,电流型集成温度传感器及电缆,数字电压表(三位半和四位半各一只)。

【实验原理】

1. 定压比热容和定容比热容的关系

理想气体的定压比热容 C_p 和定容比热容 C_v 之间满足关系:$C_p-C_v=R$。其中,R 为气体普适常数,二者之比 $\gamma=\frac{C_p}{C_v}$ 称为气体的比热容比,也称气体的绝热系数。空气的比热容比是一个基本的物理量,在热力学理论及工程技术的实际应用中起着重要的作用,如热机的效率及声波在气体中的传播特性都与之有关。过去,由于实验测量手段的原因使得测量 γ 的误差较大,现在通过先进的传感器技术使得测量变得简单而准确。本实验通过压力传感器和温度传感器来测量空气的比热容比。

设处于环境压强 P_0 及室温 T_0 下的空气状态为状态 $O(P_0,T_0)$。将贮气瓶内的空气(近似为理想气体)作为热力学研究对象,参见图 6.3.1。

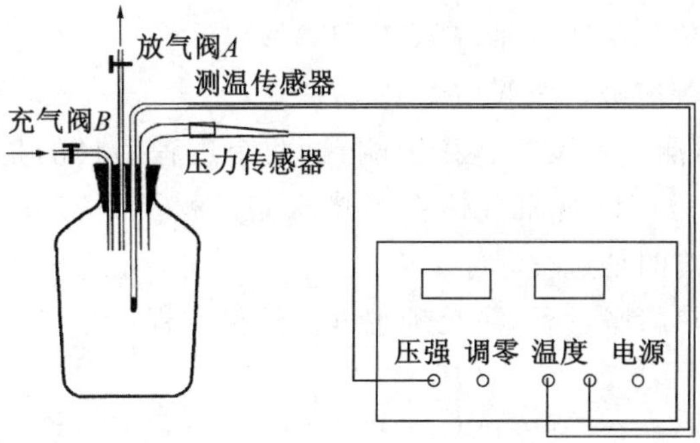

图 6.3.1　实验电路连接图

(1) 首先打开放气阀,让贮气瓶与大气相通,等瓶内气体与周围空气达到热平衡后,再关闭放气阀,这时瓶内气体处于状态(P_0,T_0)。

(2) 接着打开充气阀,用充气球将瓶外部分空气经充气阀压入贮气瓶中。打气速度很快时，此过程可近似为一个绝热压缩过程，瓶内空气压强增大、温度升高。关闭充气阀，气体压强稳定后，达到状态Ⅰ(P_1,V_1,T_1)。随后，瓶内气体通过容器壁和外界进行热交换，温度逐步下降至室温 T_0，达到状态Ⅱ(P_2,V_1,T_0)，这是一个等容放热过程。

(3) 迅速打开放气阀，使瓶内空气与外界大气相通，当压强降至 P_0 时，向外喷气的声音消失，立即关闭放气阀。此过程进行非常快时，可近似为一个绝热膨胀过程，瓶内空气压强减小、温度降低；气体压强稳定后，瓶内空气达到状态Ⅲ(P_0,V_2,T_2)。此时，V_2 为贮气瓶容积，而 V_1 为保留在瓶中这部分气体在状态Ⅰ(P_1, T_1)时的体积。

(4) 随后，瓶内空气通过容器壁和外界进行热交换，温度逐步回升至室温 T_0，达到状态Ⅳ(P_3,V_2,T_0)，这是一个等容吸热过程。

以上过程如图 6.3.2 所示。

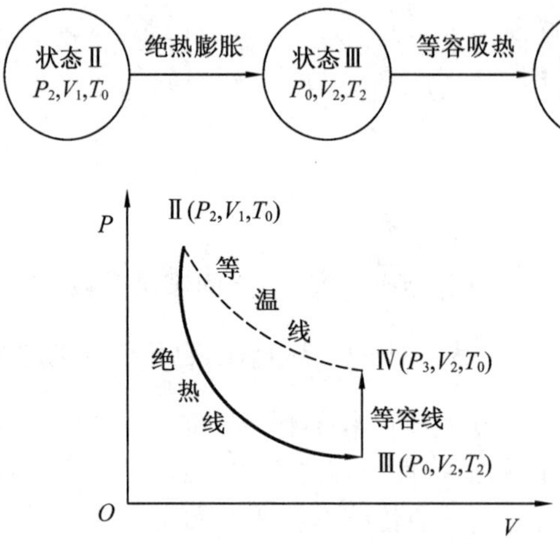

图 6.3.2　气体状态变化及 P－V 图

$O(P_0,T_0)$→① 绝热压缩→Ⅰ(P_1,V_1,T_1)

② 等容放热→Ⅱ(P_2,V_1,T_0)

③ 绝热膨胀→Ⅲ(P_0,V_2,T_2)

④ 等容吸热→Ⅳ(P_3,V_2,T_0)

其中，过程①②对测量 γ 没有直接影响，这两个过程的目的是获取温度等于环境温度 T_0 的压缩空气，同时可以观察气体在绝热压缩过程及等容放热过程中的状态变化。对测量结果有直接影响的是过程③④。

过程③是一个绝热膨胀过程，满足理想气体绝热方程：

$$\left(\frac{P_2}{P_0}\right)^{\gamma-1}=\left(\frac{T_2}{T_0}\right)^{-\gamma} \tag{6.3.1}$$

过程④是一个等容吸热过程，满足理想气体状态方程：

$$\frac{P_0}{P_3}=\frac{T_2}{T_0} \tag{6.3.2}$$

将式(6.3.2)代入式(6.3.1)，消去$\frac{T_2}{T_0}$可得

$$\left(\frac{P_2}{P_0}\right)^{\gamma-1}=\left(\frac{P_0}{P_3}\right)^{-\gamma} \tag{6.3.3}$$

两边取对数，得

$$(\gamma-1)\ln\frac{P_2}{P_0}=-\gamma\ln\frac{P_0}{P_3} \tag{6.3.4}$$

整理得

$$\gamma=\frac{\ln P_2-\ln P_0}{\ln P_2-\ln P_3} \tag{6.3.5}$$

根据式(6.3.5)，只要测出环境压强 P_0、瓶内气体在绝热膨胀前的压强 P_2 及放气后经等容吸热回升至室温时的压强 P_3，即可计算出空气的比热容比 γ。

2. 压强与电压表读数的关系

用同轴电缆将硅压力传感器的气体压力传感器探头与仪器的三维板数字电压表相连，数字电压表用于测量超过环境气压的那部分压强，测量范围为 0～10 000 Pa，灵敏度为 20 mV/kpa（表示 1 000 Pa 的压强变化将产生 20 mV 的电压变化，或者 50 Pa/mV，即单位电压变化对应 50 Pa 的压强变化）。实验时，贮气瓶内的空气压强变化范围为 0～6 000 Pa。

3. 温度与电压表读数的关系

温度传感器 AD590 是新型半导体温度传感器，其测量灵敏度高，线性好，测温范围为−50～150 ℃，接 6 V 直流电源后组成一个稳流源。它的测温灵敏度为 1 μA/℃，若串接 5 kΩ 电阻，可产生 5 mV/℃的信号电压，接 0～2 V 量程四位半数字电压表，可检测到最小 0.02 ℃温度变化。

【实验步骤及数据处理】

实验采用传感器法测定 γ 值，传感器由扩散硅压力传感器和电流型集成温度传感器 AD590 组成。

(1) 打开放气阀，按图 6.3.1 接好电路，注意集成温度传感器的正负极不可接错，红导线为正极、黑导线为负极，电源机箱后面的开关拨向“内”。开启电源，让电子仪器部件预热 20 分钟，然后旋转调零电位器旋钮，把用于测量空气压强的三位半数字电压表指示值调到“0”，并记录此时四位半数字电压表指示值 U_{T_0}。用空盒气压表测定环境大气压强 P_0 和室温 T_0。

(2) 先关闭充气阀、打开放气阀，使贮气瓶与大气相通。然后关闭放气阀、打开充气阀，用充气球将原处于环境大气压强 P_0、室温 T_0 状态下的空气经充气阀压入贮气瓶中，待仪器三位半数字电压表读数介于 70～120 mV 时，关闭充气阀并停止充气；观察此过程中瓶内气体压强和温度的变化。

(3) 静待一段时间，待瓶内空气温度降至室温 T_0，记录仪器三位半数字电压表读数 U_{P_2}，并计算出瓶内气体的压强 $P_2=P_0+\frac{U_{P_2}}{2\,000}\times 10^5$ Pa，数据填入表 6.3.1 中。

(4) 迅速打开放气阀，当贮气瓶内的空气压强降低至环境大气压强 P_0 时（放气声消失时)，迅速关闭放气阀，观察此过程中瓶内气体压强和温度的变化。

(5) 静待一段时间，待瓶内空气温度升至室温 T_0，记录仪器三位半数字电压表读数 U_{P_3}，并计算出瓶内气体的压强 $P_3=P_0+\frac{U_{P_3}}{2\,000}\times10^5$ Pa，数据填入表 6.3.1。

(6) 利用式(6.3.5)计算空气的比热容比 γ 值。

(7) 重复步骤(2)～(7)，测量 5 组数据填入表 6.3.1，并计算出相应的 γ 值。γ_1，γ_2，γ_3 值计算平均值及相对误差。

表 6.3.1　各状态数据记录及计算

环境大气：$T_0=$ ________ ℃，$P_0=$ ________ Pa

测量次数	测量值/mV		计算值			
	状态Ⅱ	状态Ⅲ	p/Pa		γ	$\bar{\gamma}$
	U_{P_2}	U_{P_3}	P_2	P_3		
1						
2						
3						
4						
5						

计算 γ 的平均值，并与理论值比较，计算测量值的百分差(空气比热容比的理论值是 1.402)。

【注意事项】

(1) 本实验所用的贮气瓶、进气阀、放气阀及其连接管均是由玻璃材料制成的，属易碎品，实验中连线、关闭/开启阀门、用充气球充气时均要小心、仔细，而且贮气玻璃瓶及各仪器应放于合适位置，最好不要将贮气玻璃瓶放于靠桌沿处，以免打破。

(2) 实验前应检查系统是否漏气，方法是关闭放气阀，打开充气阀，用充气球向瓶内打气，使瓶内压强升高 1 000～2 000 Pa(对应电压值为 20～40 mV)，关闭充气阀，观察压强是否稳定，若始终下降则说明系统有漏气之处，须找出原因。

(3) 转动充气阀和放气阀的活塞时，一定要用一只手先扶稳活塞。

(4) 做好本实验的关键是放气要严格掌握放气阀从打开到关闭的时间，即打开放气阀后又关上放气阀的动作要快捷，使瓶内气体与大气相通要充分且尽量快地完成。当听到放气声结束应迅速关闭放气阀，提早或推迟关闭都将影响实验结果，引入误差。

(5) 压力传感器及数字电压表需预热和调零，待零点稳定后方可进行实验。

(6) 由于热学实验受外界环境因素，特别是温度的影响较大，测量过程中应随时留意环境温度的变化。测量时只要做到“瓶内气体在放气前降低至某一温度，放气后又能回升到同一温度”即可，这一温度不一定等于充气前的室温。

(7) 实验完成后将仪器整理复原，并注意将放气阀打开，使容器与大气相通。

【思考题】

(1) 该实验的误差来源主要有哪些？

(2) 实验过程中要求环境温度基本不变，若温度发生变化，对实验有什么影响？

(3) 实验时若放气不充分，则所得 γ 值是偏大还是偏小？为什么？若放气时间过长呢？

(4) 本实验中测量温度为什么要用温度传感器？它有什么优点？可否用水银温度计来代替？

实验 6.4　用旋光仪测旋光性溶液的浓度

【实验目的】

(1) 观察光的偏振现象和偏振光通过旋光物质后的旋光现象。

(2) 了解旋光仪的结构原理，学习测定旋光性溶液的旋光率和浓度的方法。

(3) 进一步熟悉用图解法处理数据。

【实验仪器】

WXG-4 型圆盘旋光仪、葡萄糖溶液、移液枪。

【实验原理】

1. 偏振光的基本概念

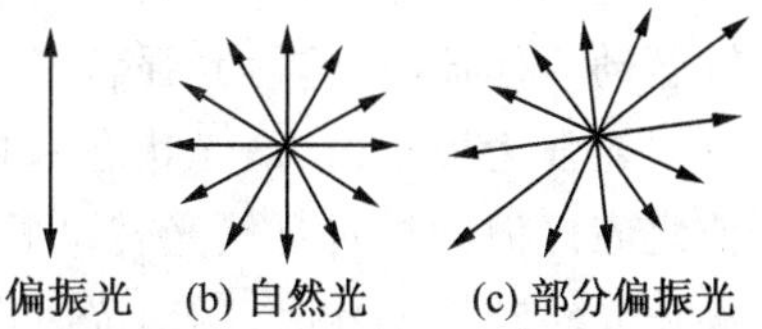

图 6.4.1　光振动分布

麦克斯韦的电磁场理论揭示了光是一种电磁波。光的传播就是电场强度 E 和磁场强度 H 以横波的形式传播的过程。而 E 与 H 互相垂直，均垂直于光的传播方向，因此光波是一种横波。由于引起视觉和光化学反应的是 E，所以 E 矢量又称为光矢量，把 E 的振动称为光振动，E 与光波传播方向之间组成的平面叫振动面。光在传播过程中，光振动始终在某一确定方向的光称为线偏振光，简称偏振光，如图 6.4.1a 所示。普通光源发射的光是由大量原子或分子辐射而产生，单个原子或分子辐射的光是偏振的，但由于热运动和辐射的随机性，大量原子或分子所发射的光的光矢量出现在各个方向的概率是相同的，没有哪个方向的光振动占优势，这种光源发射的光不显现偏振的性质，称为自然光，如图 6.4.1b 所示。还有一种光线，光矢量在某个特定方向上出现的概率比较大，也就是光振动在某一方向上较强，这样的光称为部分偏振光，如图 6.4.1c 所示。

2. 偏振光的获得和检测

将自然光变成偏振光的过程称为起偏，起偏的装置称为起偏器。常用的起偏器有人工制造的偏振片、晶体起偏器和利用反射或多次透射（光的入射角为布儒斯特角）而获得偏振光。自然光通过偏振片后，所形成偏振光的光矢量方向与偏振片的偏振化方向（或称透光轴）一致。在偏振片上用符号"↕"表示其偏振化方向。

鉴别光的偏振状态的过程称为检偏，检偏的装置称为检偏器。实际上起偏器也就是检偏器，两者是通用的。如图 6.4.2 所示，自然光通过作为起偏器的偏振片以后，变成光强为 I_0 的偏振光，这个偏振光的光矢量与偏振化方向同方位，而与作为检偏器的偏振片的偏振化方向的夹角为 θ。

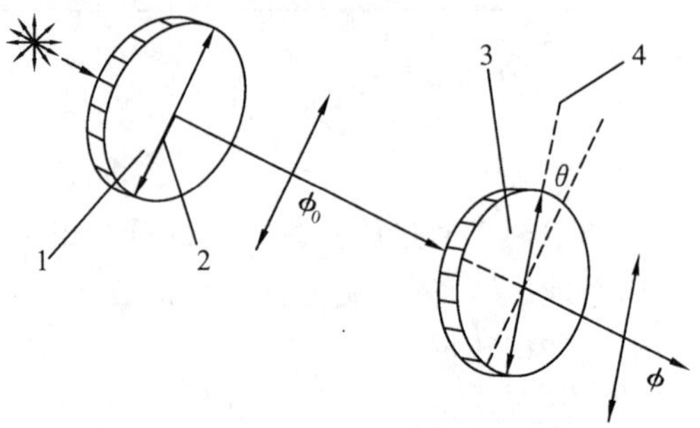

1—起偏器偏振片；2—起偏器偏振化方向；3—检偏器偏振片；4—检偏器偏振化方向

图 6.4.2　自然光通过起偏器和检偏器的变化

根据马吕斯定律，I_0 通过检偏器后，透射光强

$$I = I_0 \cos^2\theta \tag{6.4.1}$$

透射光仍为偏振光，其光矢量与检偏器偏振化方向同方位。显然，当以光线传播方向为轴转动检偏器时，透射光强将发生周期性变化。当 $\theta=0°$时，透射光强最大；当 $\theta=90°$时，透射光强为极小值（消光状态），接近全暗；当 $0°<\theta<90°$时，透射光强介于最大值和最小值之间。但同样对自然光转动检偏器时，就不会发生上述现象，透射光强不变。对部分偏振光转动检偏器时，透射光通量有变化但没有消光现象。因此根据透射光强的变化，就可以区分偏振光、自然光和部分偏振光。

3. 旋光现象

偏振光通过某些晶体或某些物质的溶液以后，偏振光的振动面将旋转一定的角度，这种现象称为旋光现象。如图 6.4.3 所示，α 称为旋光角。它与偏振光通过溶液的长度 L 和溶液中旋光性物质的浓度 C 成正比，即

$$\alpha = \alpha_m LC \tag{6.4.2}$$

式中，α_m 称为该物质的旋光率。如果 L 的单位用分米(dm)，浓度 C 定义为在 1 cm^3 溶液内溶质的克数，单位用 g/cm^3，那么旋光率 α_m 的单位为$(°)cm^3/(dm \cdot g)$。

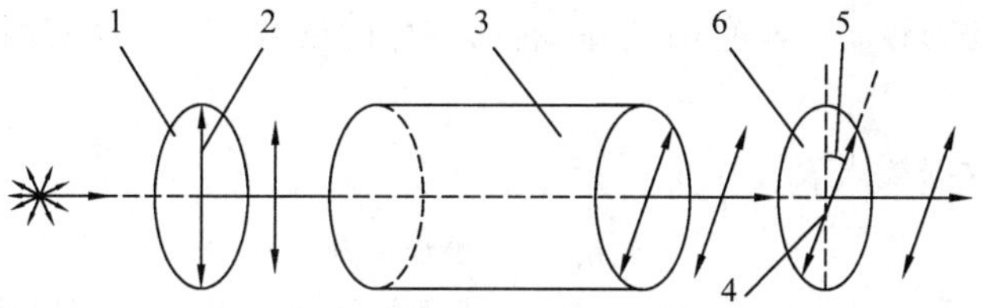

1—起偏器；2—起偏器偏振化方向；3—旋光物质；
4—检偏器偏振化方向；5—旋光角 α；6—检偏器

图 6.4.3 旋光现象

同一旋光物质对不同波长的光有不同的旋光率，因此，通常采用钠黄光(589.3 nm)来测定旋光率。旋光率还与旋光物质的温度有关，如对于蔗糖水溶液，在室温条件下温度每升高(或降低)1 ℃，其旋光率约减小(或增加)0.024° $cm^3/(dm \cdot g)$，因此对于所测的旋光率，必须说明测量时的温度。旋光率有正负之分，这是因为迎着射来的光线看去，如果旋光现象使振动面向右(顺时针方向)旋转，这种溶液称为右旋溶液，如葡萄糖、麦芽糖、蔗糖的水溶液，它们的旋光率用正值表示；反之，如果振动面向左(逆时针方向)旋转，这种溶液称为左旋溶液，如转化糖、果糖的水溶液，它们的旋光率用负值表示。

若已知待测旋光性溶液的浓度 C 和液柱的长度 L，测出旋光角 α，可以由式(6.4.2)算出旋光率 α_m。若液柱长 L 不变的条件下，依次改变浓度 C，测出相应的旋光角，然后画出 α 与 C 的关系图线(称为旋光曲线)，它基本是条直线，直线的斜率为 $\alpha_m \cdot L$，由直线的斜率也可求出旋光率 α_m；反之，在已知某种溶液的旋光曲线时，只要测量出溶液的旋光角，就可以从旋光曲线上查出对应的浓度。

【实验内容及数据处理】

1. 调整旋光仪

(1) 接通旋光仪电源，约 5 分钟后待钠光灯发光正常，开始实验。

(2) 校验零点位置。在没有放测试管时，调节望远镜调焦手轮，使三分视场清晰。调节度盘转动手轮，当三分视场刚消失并且整个视场变为较暗的黄色时，记录左、右两游标的读数 α_0，α_0'。反复测 5 次，并求其平均值 $\overline{\alpha_0}$，$\overline{\alpha_0'}$。

(3) 将装有蒸馏水的测试管放入旋光仪的试管筒内，调节望远镜的调焦手轮和度盘转动手轮，当三分视场刚消失并且整个视场变为较暗的黄色时，记录左、右两游标的读数 $\alpha_水$，$\alpha_水'$。反复测 5 次，并求其平均值 $\overline{\alpha_水}$，$\overline{\alpha_水'}$。

2. 测定旋光性溶液的旋光率和浓度

(1) 将测试液体事先配制成不同浓度的溶液，分别注入长度相等的各个测试管内。注入时要装满试管，不能有气泡。试管头装上橡皮圈，再旋上螺帽，螺帽不要旋得太紧，不漏即可，否则会引起护片玻璃的附加应力，影响实验的准确性。将试管两头残余溶液揩干，再将试管放入试管筒内，试管的凸起部分朝上，以便存放管内残存的气泡。

(2) 调节望远镜调焦手轮，使三分视场清晰。调节度盘转动手轮，在视场中找到三分视场刚消失并且整个视场变为较暗的黄色时的左、右两游标的读数 α_i，α_i'，反复测 5 次。

(3) 将浓度未知的溶液装入测试管，调节度盘转动手轮，在视场中找到三分视场刚消失并且整个视场变为较暗的黄色时的左、右两游标的读数 α_x，α_x'，反复测 5 次，求出平均值 $\overline{\alpha_x}$，$\overline{\alpha_x'}$。

将所有测得数据填入表 6.4.1。

表 6.4.1　数据记录

试管液长/dm：________；环境温度/℃：________

次数	溶液浓度/(g/mL)				1%		2%		4%		8%			
	无试管		纯水		标准液 1		标准液 2		标准液 3		标准液 4		待测液	
	α_0	α_0'	$\alpha_水$	$\alpha_水'$	α_1	α_1'	α_2	α_2'	α_3	α_3'	α_4	α_4'	α_x	α_x'
1														
2														
3														
4														
5														
平均														
旋光角														

(4) 由表 6.4.1，计算平均值 $\overline{\alpha_i}$，$\overline{\alpha_i'}$ 和旋光角 $\alpha=\frac{(\overline{\alpha_i}-\alpha_0)+(\overline{\alpha_i'}-\overline{\alpha_0'})}{2}$，在坐标纸上根据作图法规则，绘出 $\alpha-C$ 图线。根据图解法规则，由图线的斜率求出该物质的旋光率 α_m。在图线旁边应标明实验时溶液的温度和所用的光波波长。

(5) 计算待测液的旋光角 α，再从 $\alpha-C$ 图线上确定待测液体的浓度。

【注意事项】

(1) 测试管应轻拿轻放，小心打碎。

(2) 所有镜片，包括测试管两头的护片玻璃都不能用手直接揩拭，应用柔软的绒布或镜头纸揩拭。

(3) 只能沿同一方向转动度盘手轮时读取始、末示值确定旋光角。不能在来回转动度盘手轮时读取示值，以免产生回程误差。

实验 6.5　阿贝成像原理和空间滤波实验

【实验目的】

(1) 掌握在相干光条件下调节多透镜系统的共轴。

(2) 学会验证和演示阿贝成像原理，加深对傅里叶光学中空间频谱和空间滤波等概念的理解。

(3) 了解透镜孔径对成像的影响和两种简单的空间滤波。

(4) 初步了解简单的空间滤波在光信息处理中的实际应用。

【实验仪器】

光具座，氦-氖激光器，溴钨灯(12 V，50 W)，薄透镜(若干)，可变狭缝光阑，可变圆孔光阑，全息光栅三块，游标卡尺，毛玻璃屏及白屏，数字显微镜。

【实验原理】

德国物理学家阿贝 1873 年研究显微镜成像原理时提出的相干光成像现象以及随后的阿波特实验在傅里叶光学早期发展历史上具有重要的地位。对相干光成像的机理、频谱的分析和综合的原理做出了深刻的解释。而且这种用简单模板做滤波的方法，直到今天在图像处理中仍然有广泛的应用价值。

1. 阿贝成像原理

如图 6.5.1 所示，用一束平行光照明物体，按照传统的成像原理，物体上任一点都成了一次波源，辐射球面波，经透镜的会聚作用，各个发散的球面波转变为会聚的球面波，球面波的中心就是物体上某一点的像。一个复杂的物体可以看成是无数个亮度不同的点构成，所有这些点经透镜的作用在像平面上形成像点，像点重新叠加构成物体的像。这种传统的成像原理着眼于点的对应，物像之间是点点对应关系。

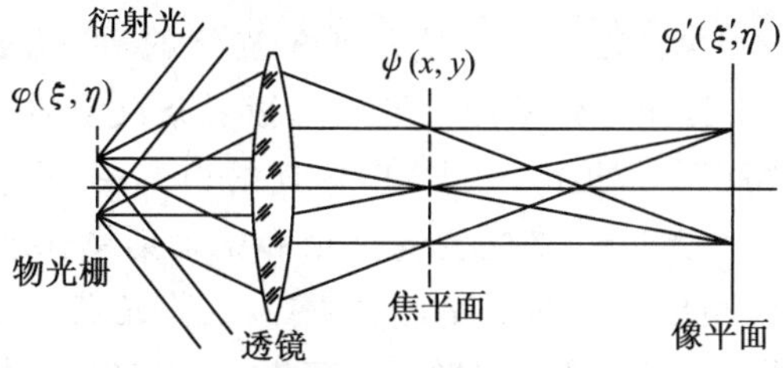

图 6.5.1　阿贝成像原理

阿贝成像原理认为，透镜的成像过程可以分成两步：第一步是通过物的衍射光在透镜后焦面(即频谱面)上形成空间频谱，这是衍射所引起的“分频”作用；第二步是代表不同空间频率的各光束在像平面上相干叠加而形成物体的像，这是干涉所引起的“合成”作用。成像过程的这两步本质上就是两次傅里叶变换。如果这两次傅里叶变换是完全理想的，即信息没有任何损失，则像和物应完全相似。

设 $\varphi(\xi,\eta)$ 代表物平面上光场的复振幅分布。首先，根据惠更斯-菲涅耳原理，在透镜第二焦平面上的复振幅分布 $\psi(x,y)$ 即为 $\varphi(\xi,\eta)$ 的傅里叶变换，即

$$\psi(x,y)=\iint_{-\infty}^{+\infty}\varphi(\xi,\eta)\mathrm{e}^{-2\pi(v_x\xi+v_y\eta)}\,\mathrm{d}\xi\mathrm{d}\eta \tag{6.5.1}$$

式中：$v_x=\dfrac{x}{F\lambda}$ 和 $v_y=\dfrac{y}{F\lambda}$ 为 x，y 的方向空间频率，量纲为 L^{-1}；F 为透镜的第二焦距；λ 为光波的波长。

$\psi(x,y)$也称为光场的频谱函数，透镜的第二焦平面则称为频谱面或傅氏面，并且$\varphi(\xi,\eta)$是$\psi(x,y)$的逆傅里叶变换，即

$$\varphi(\xi,\eta)=\iint_{-\infty}^{+\infty}\psi(x,y)\mathrm{e}^{i2\pi(v_x\xi+v_y\eta)}\mathrm{d}v_x\mathrm{d}v_y \tag{6.5.2}$$

可见它们是对同一光场分布的两种本质上等效的描述。然后，再以频谱为物，则由于二次衍射，可以证明，在像平面上的复振幅分布$\varphi'(\xi',\eta')$恰为$\psi(x,y)$的又一次傅里叶变换，即

$$\varphi'(\xi',\eta')=\iint_{-\infty}^{+\infty}\psi(x,y)\mathrm{e}^{i2\pi(v_x\xi+v_y\eta)}\mathrm{d}x\mathrm{d}y \tag{6.5.3}$$

比较式(6.5.2)和式(6.5.3)，可得

$$\varphi'(\xi',\eta')=(F\lambda)^2\varphi(\xi,\eta) \tag{6.5.4}$$

这样，经过两次衍射过程，第一次衍射将物光场的空间分布变换成空间频谱，第二次则又经一次变换将空间的频谱分布还原为像场的空间分布；结果物平面和像平面上共轭点的复数之比是常数，亦即像平面光振动的实数振幅、位相分布和物平面上的分布完全对应，因而像与物在几何上一致(可能有放大和缩小)。

为了简便直观地说明，假设物是一个一维光栅，光栅常数为d，即$\varphi(\xi)$是一个空间的周期性函数，其空间频率为ν_0(即$\nu_0=\frac{1}{d}$)，则其光振幅分布可展开成级数：

$$\varphi(\xi)=\sum_{n=-\infty}^{\infty}\psi_n\mathrm{e}^{i2\pi n v_0\xi} \tag{6.5.5}$$

相应的空间频率分布为$\nu=0,\nu_0,2\nu_0,\cdots$。它们是不连续的，可以相当于用波长为$\lambda$的单色平行光照射光栅时，在透镜第二焦平面上形成的衍射条纹中的零级、一级、二级……主极。这是由于透射光经衍射分解为沿不同方向传播的很多束平行光，经过物镜分别聚焦在后焦面上形成点阵。这一点阵就是光栅的夫琅和费衍射图，光轴上一点是0级衍射，其他依次为$\pm1,\pm2,\cdots$级衍射。从傅里叶光学来看，这些光点正好相应于光栅的各傅里叶分量。0级为“直流”分量，该分量在像平面上产生一个均匀的照度。$\pm l$级称为基频分量，这两分量产生一个相当于空间频率为ν_0的余弦光栅像。±2级称为倍频分量，在像平面上产生一个空间频率为$2\nu_0$的余弦光栅像，其他依次类推。更高级的傅里叶分量将在像平面上产生更精细的余弦光栅条纹。因此物镜后焦面的振幅分布就反映了光栅(物)的空间频谱，这一后焦面也称为频谱面。在成像的第二步骤中，这些代表不同空间频率的光束在像平面上又重新叠加而形成了原物(光栅)的实像。只要物的所有衍射分量都无阻碍地到达像平面，则像就和物完全一样。

2. 空间滤波

一般来说，现实中像和物不可能完全一样，这是由于成像透镜的孔径是有限的，总是一部分衍射角度较大的高频信息不能进入透镜而被丢失，使像的信息少于物的信息。因此，透镜作为最简单的成像系统，就成像光束的空间频率来说，是一个低通滤波器(即高频滤波器)。在相干光照明时，如果透镜的像差已校正，则其频带的上限为

$$f_0=\frac{D}{2\lambda s'} \tag{6.5.6}$$

式中：D 为透镜的通光孔径；s' 为像距；f_0 称为截止频率，即成像光束中所含最高的空间频率。

当物的结构非常精细(例如很密的光栅)，或透镜通光孔径 D 非常小时，物光栅频率 ν_0 大于式(6.5.6)决定的 f_0，则物光波中相应于一级衍射极大的分量(其空间频率即为光栅的频率 ν_0)也不能通过透镜，即只有 0 级衍射(空间频率为 0)能通过，这时像平面上虽有光照，但完全不能形成图像。这是由于高频信息主要是反映物体的精细结构，如果高频信息因受阻而不能到达像平面，则像无论怎样被放大，也不可能在像平面上显示出这些细节。这就是光学仪器如显微镜等的分辨率受到限制的根本原因。

由此可见，如果在透镜第二焦平面上人为地插入一些滤波器(吸收板或移动板)，去掉(或选择通过)某些空间频率成分或者改变它们的振幅和相位，就可以根据需要改变频谱，使像发生变化，这就是空间滤波。最简单的滤波器就是放置在透镜焦平面上的特种形状的光阑，它仅使一个或几个频率分量通过，而挡住其他的频率分量，从而使像质发生变化。相干光学处理的实质就是在光学系统的频谱面上放置各种空间滤波器，使二维物体像按照要求得到改善。观察这些现象能帮助我们对空间傅里叶变换和空间滤波有更明晰的理解。下面介绍几种常用的滤波方法：

(1) 低通滤波。滤去高频成分，保留低频成分。由于低频成分集中在频谱面的光轴附近，高频成分则落在远离光轴的地方。故低通滤波器就是一个圆形光孔，图像的精细结构及突变部分主要由高频成分起作用，故经低通滤波后图像的精细结构消失，黑白突变处变模糊。

(2) 高通滤波。滤去低频成分，保留高频成分，即让高频部分通过。高频信息反映了图像的突变部分。如果所处理的图像由透明和不透明部分组成，则经过高通滤波的处理，图像的轮廓(及相应于物的透光和不透光的交界处)应显得特别明显。

(3) 方向滤波。滤波器可以是一个狭缝，如果将狭缝放在沿水平方向，则只有水平方向的衍射的物面信息能通过。在像平面上就突出了垂直方向的线条。方向滤波器有时也可制成扇形。

【实验内容及数据处理】

1. 共轴光路调节练习

在光具座上将小圆孔光阑靠近激光管的输出端，上、下、左、右调节激光管，使激光束能穿过小孔；然后移远小孔，如光束偏离光阑，调节激光管的仰俯角，再使激光束能穿过小孔，重新将光阑移近，反复调节，直至小孔光阑在光具座上平移时，激光束均能通过小孔光阑。记录激光束在光屏上的照射点位置。

在做以后的实验时，都要用透镜，调平激光管后，激光束直接打在屏 Q 上的位置为 O，在加入透镜 L 后，如激光束正好射在 L 的光心上，则在屏 Q 上的光斑以 O 为中心，如果光斑不以 O 为中心，则需调节 L 的高低及左右，直到经过 L 的光束不改变方向(即仍打在 O 上)为止；此时在激光束处再设带有圆孔 P 的光屏，从 L 前后两个表面反射回去的光束回到孔 P 上，如二个光斑套准并正好以 P 为中心，则说明 L 的光轴正好就在 P 和 O 连线上。否则就要调整 L 的取向。如光路中有几个透镜，先调离激光器最远的透镜，再逐个由远及近加入其他透镜，每次都保持两个反射光斑套准在 P 上，透射光斑以 O 为中心，则光路就一直保持共轴。

2. 解释阿贝成像原理实验

1）一维光栅成像系统

(1) 以一个 30～50 条/毫米的一维光栅作物放在光具座上，用氦-氖激光器发出的细锐光束垂直照射光栅。

(2) 用一短焦距的薄透镜（焦距 6～10 cm）组装一个放大的成像系统。调节透镜位置，使光栅狭缝清晰地成像在 4 米以外的白屏上，其光路如图 6.5.2 所示，调节光栅，使屏上的条纹像沿竖直方向。

(3) 此时物（光栅）的位置接近于透镜的第一焦平面，故透镜的第二焦平面就是其傅氏面，该面上的光强分布即为物的空间频谱。将一块毛玻璃屏放在透镜第二焦平面上，就可以看到水平排列的一些清晰光点，如图 6.5.3a 所示，这些光点相应于光栅的 0，±1，±2，…级的衍射极大值。用尺（或游标卡尺）测出各光点与中央主极大亮点的距离 x 记录在表 6.5.1 中。由 x、透镜焦距 F 及光波波长 λ（$\lambda=632.8$ nm），求出这些光点相应的空间频率，并与物光栅的实际空间频率进行比较，求出它们之间的关系。

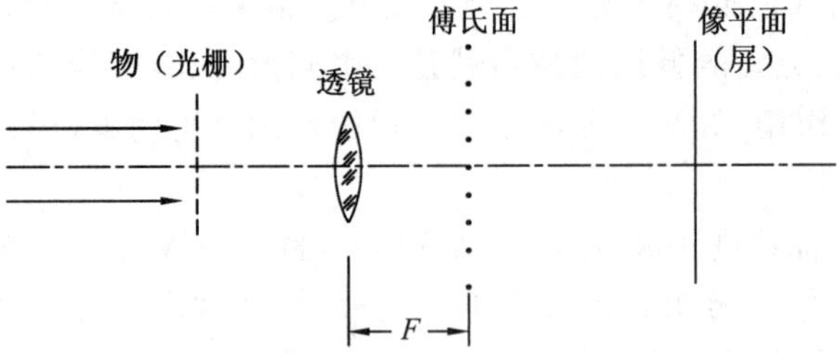

图 6.5.2　一维光栅成像系统光路图

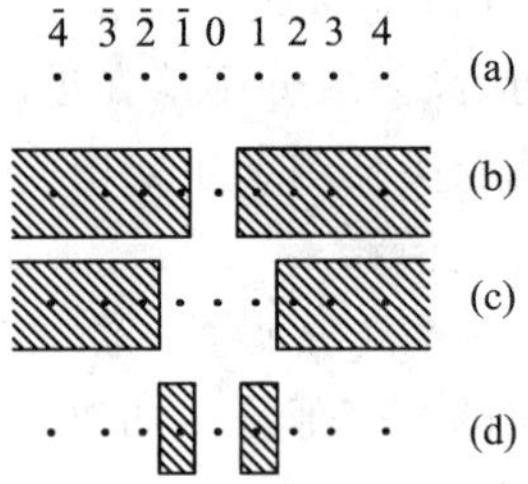

图 6.5.3　光阑的调节

表 6.5.1　测量一维光栅傅氏面频谱分布

	与 0 级衍射点的距离 x/mm	空间频率/(1/mm)
一级衍射点		
二级衍射点		
三级衍射点		
⋮		

(4) 在透镜第二焦平面处放一可调光阑，挡住 0 级以外的各光点，如图 6.5.3b 所示，此时在屏上虽有足够的光强，但看不到光栅条纹像，思考一下为什么。

(5) 调节光阑，使通过 0 级和±1 级极大值，如图 6.5.3c 所示，而挡住±2 级以上的各光点，这时屏上有没有光栅条纹像？记录所观察到的现象。

(6) 继续开大光阑，使±2 级或更高级的衍射光都能通过，注意观察所成的像，并注意观察与仅有 0 级、±1 级极大值通过时所成的像的区别。

(7) 在傅氏面上用一光阑仅仅挡住±1 级，而保留 0 级及±2 级以上极大值，如图 6.5.3d所示，观察屏上条纹像的宽度变化，并说明变化的原因。

2）正交光栅成像系统

（1）保留图 6.5.2 所示光路，用一个正交全息光栅代替一维光栅。调节光栅，使条纹像分别处于竖直和水平的位置。这时在透镜第二焦平面上可以观察到二维的分立光点阵（即正交光栅的频谱），而在像平面上则看到正交光栅的放大像，如图 6.5.4a 所示。

（2）如果在透镜第二焦平面上加一小的光阑，仅仅使中间轴上的光点通过，则在像平面上虽有光斑，但看不到图像，如图 6.5.4b 所示。

（3）如用一竖直的狭缝光阑，仅使竖直通过光轴的一系列光点通过，其他光点被挡住，则在像平面上只观察到水平条纹，而看不到竖直条纹，如图 6.5.4c 所示。如将光阑绕轴转动 90°，则像平面上只看到竖直条纹而看不到水平条纹。

（4）再将狭缝光阑转过 45°，如图 6.5.4d 所示，观察此时像平面上条纹分布的方位和条纹宽度的变化。

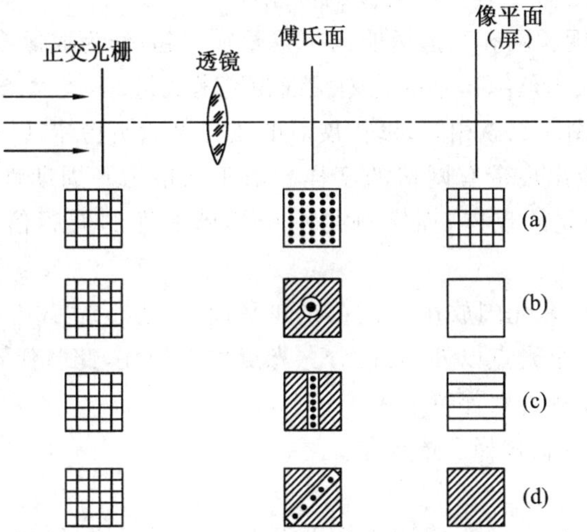

图 6.5.4　一维光栅成像系统光路图及光阑的调节

（5）用一光阑仅挡住中央零级光点，而使其他光点通过，观察像平面上强度分布的反转变化（与图 6.5.4a 对比）。

（6）说明上述实验结果。

3. 透镜成像截止频率的测定（选做）

（1）如图 6.5.5 所示的光路，用两个凸透镜 L_1 和 L_2 组成倒装的望远系统，将激光束扩展成具有较大截面的平行光束。

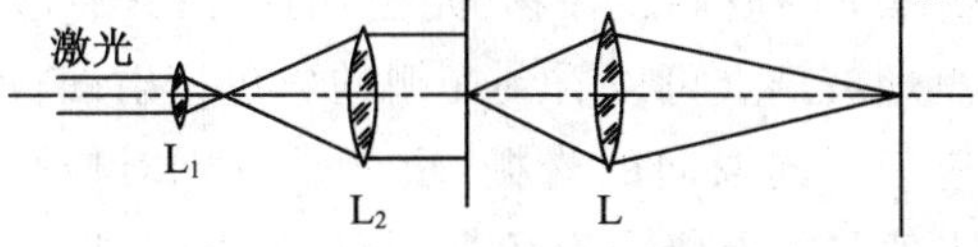

图 6.5.5　测定截止频率光路图

(2) 将扩展后的激光束照射在物光栅上，以透镜 L 将光栅共轴成像于屏上(或用低倍显微镜观察)。

(3) 将一可变圆形光阑紧靠透镜 L 放置，逐步缩小光阑的孔径，观察像面上光栅条纹的变化，直到条纹消失。

(4) 用数字显微镜测量像平面上光栅条纹消失时光阑的直径 D，用米尺测量像距 s'，并以 $\lambda=6\,328$ Å 代入式(6.5.6)计算 f_0 值。与光栅频率 ν_0 比较，并说明差异的原因。

4. 空间滤波实验

1) 高频滤波

由无线电传真所得到的照片是由许多有规律地排列的像元所组成，如果用放大镜仔细观察，就可看到这些像元的结构，能否去掉这些分立的像元而获得原来的图像呢？由于像元比图像要小得多，它具有更高的空间频率，因而这就成为一个高频滤波的问题。下面的实验可以显示这样一种空间滤波的可能性。

(1) 将一个正交铜丝网和纸上透明的字重叠在一起，作为成像系统的物，铜丝网格密度约为 10 条/毫米(或用丝绢)，字的笔划粗细为毫米数量级，放大像如图 6.5.6 所示。

(2) 光路布置与图 6.5.5 相同，以扩展后的激光束照明物体，以透镜 L 将此物成像于较远处的屏上，则屏上出现带有网格的字样。由于网格为一周期性的空间函数，它的频谱是有规律排列的分立的点阵，而字迹是一个非周期性的低频信号，它的频谱就是连续的。

(3) 将一个可变圆孔光阑放在 L 的第二焦平面上，逐步缩小光阑，直到除了光轴上一个光点以外，其他分立光点均被挡住，此时像上不再有网格，但是字迹仍然保留下来。

图 6.5.6　透明字成像

试从空间滤波的概念解释上述现象。

2) θ 调制实验

θ 调制就是以不同取向的光栅调制物平面上的不同部位，经过空间滤波以后，使像平面上各相应部位呈现不同的灰度(用单色光照明)或不同的色彩(用白光照明)。下面进行 θ 彩色调制实验。

(1) 用全息照相方法制作一个 θ 调制的图像，即由不同取向的光栅组成的图像，如图 6.5.7 所示。图中的地面、房子、天空分别由 3 个不同取向的光栅组成(光栅条纹数约为 100 条/毫米)，3 个光栅的取向各相差 60°。

(2) 以溴钨灯 S 为光源，上述 θ 调制的图像为物，按图 6.5.8 在光具座上布置光路，L_1 为聚光镜，物就放在 L_1 后面，成像透镜 L_2 放在接近于傅氏面(即光源 S 的共轭像平面)的位置，它将物成实像在屏上。

(3) 将一块用烟灰熏黑了的玻璃放在物(光栅)的后面紧靠透镜 L_2 的地方，制成简单的空间滤波器。这时在熏烟玻璃上可以看到光栅的彩色衍射图，如图 6.5.8 所示，3 个不同取向的衍射极大值对应于不同取向的光栅，也就是分别对应于图像中的天空、房子和草地。此时这些衍射极大值除了 0 级没有色散以外，1 级、2 级……都有色散。波长短的蓝光具有较小的衍射角，其次为绿光，而红光的衍射角最大。

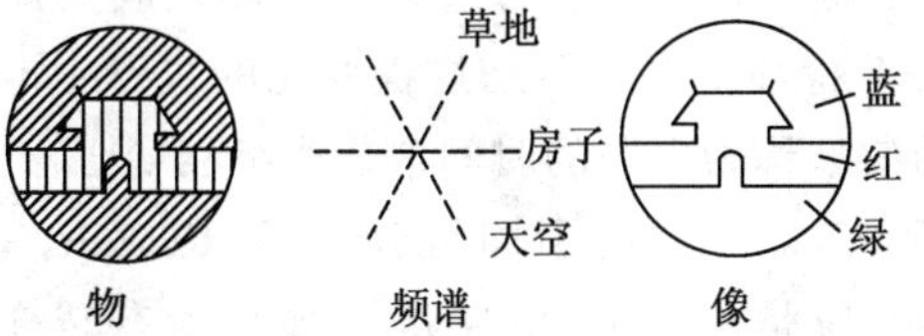

图 6.5.7　不同取向的光栅组成的 θ 调制图像

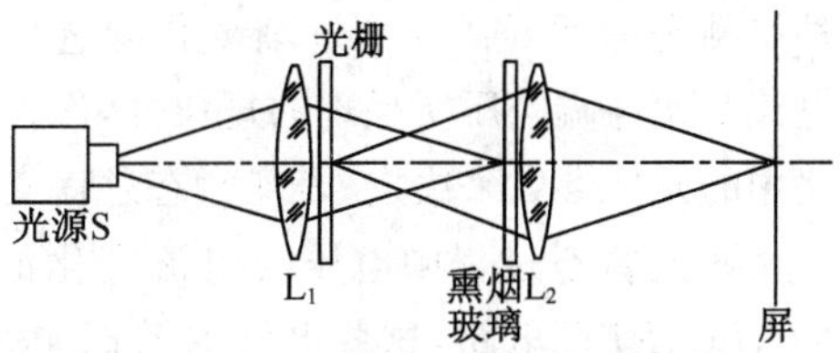

图 6.5.8　θ 调制实验光路图

(4) 用一金属指针轻轻抹去玻璃板上一些烟灰，使对应于草地的一级衍射图上的绿光能透过。用同样办法，使对应于房子的一级衍射的红光和对应于天空部分的一级衍射的蓝光能透过。这时在屏上将出现蓝色的天空、红色的房子和绿色的草地的彩色图像。

【思考题】

(1) 在透镜的第一焦平面上放一个 100 条/毫米的一维光栅，在第二焦平面上可以看到一排衍射的极大值，其相应的空间频率各是多少？如果透镜的焦距为 5.0 cm，光波波长为 6 328 Å，则第二焦平面上相邻两个极大值之间的距离是多少？

(2) 如何从阿贝成像原理来理解显微镜或望远镜的分辨率受限制的原因？能不能用增加放大率的办法来提高分辨率？

(3) 在“解释阿贝成像原理实验”的步骤(5)中，用一光阑挡住二维光点阵中的 0 级光点，网格图像的强度分布为什么会发生反转变化？试解释之。

(4) 如果有一张细节比较模糊的照片，能否通过空间滤波的方法加以改善？

(5) 在 θ 调制实验中，物面上没有光栅处原是透明的，像面上相应的部位却是暗的，为什么？如果要让这些部位也是亮的，该怎么办？此时还能进行彩色调制吗？

实验 6.6　串联电路暂态过程的研究

【实验目的】

(1) 通过对 RC，RL 电路暂态过程的研究，掌握该过程电压与电流变化所遵从的规律。

(2) 通过对 RLC 串联电路暂态过程的研究，加深对阻尼运动规律的理解。

【实验仪器】

信号发生器、双踪示波器、电子元件(电阻、电容、电感)等。

【实验原理】

电感 L 的自感现象、电容 C 的充放电过程使得含有它们的电路在电源接通或断开的瞬间，即在阶跃电压的作用下，电路中的电流和元件两端的电压从一种平衡态变到另一种平衡态需要经历一个逐渐变化的过程，这一过程称为电路的暂态过程。在此期间回路电流及元件端电压所呈现的规律性，称为电路的暂态特性。电路暂态过程变化的快慢由电路中的元件参数来决定，表征暂态过程变化快慢的参数称为电路的时间常数或半衰期。

研究暂态过程中电压与电流变化的规律。R，L，C 元件的不同组合，可以构成 RC，RL，LC，RLC 电路，这些电路对阶跃电压信号的响应是不同的，电路从一种平衡态转变到另一种平衡态的过程，称为暂态过程。

1. *RC* 串联电路的暂态过程

RC 串联电路如图 6.6.1 所示，暂态过程即是电容器 C 的充放电过程。当开关 S 打向位置 1 时，电源 E 对电容器 C 充电，由于电容器上的电荷有个逐步累积的过程，不可突变；同样，电容器上的电压 U_C 也只能从 0 逐渐增加。根据欧姆定律，有

$$IR+U_C=E \tag{6.6.1}$$

其中，$I=\frac{dq}{dt}=C\frac{dU_C}{dt}$，所以有

$$RC\frac{dU_C}{dt}+U_C=E \tag{6.6.2}$$

考虑到初始条件 $t=0$ 时 $U_C=0$，得到充电过程的解为

$$U_C=E(1-e^{-\frac{t}{RC}}) \tag{6.6.3}$$

当电容器端电压等于电源 E 时，把开关 S 打向位置 2，此时电容器 C 通过电阻 R 放电，放电过程的方程为 $IR+U_C=0$，放电 $t=0$ 时 $U_C=E$，得到放电过程的解为

$$U_C=Ee^{-\frac{t}{RC}} \tag{6.6.4}$$

可见，电容充放电的过程中，U_C 均按指数规律变化，如图 6.6.2 所示。令 $\tau=RC$，它具有时间量纲，称为电路的时间常数，它是表征暂态过程进行的快慢的一个重要的物理量。

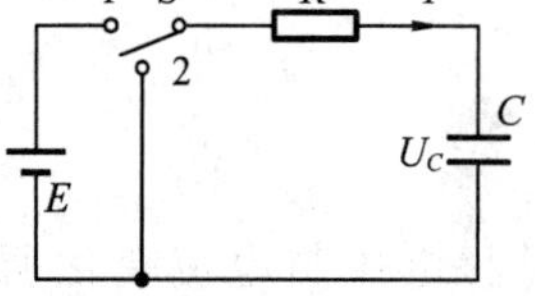

图 6.6.1 *RC* 串联电路

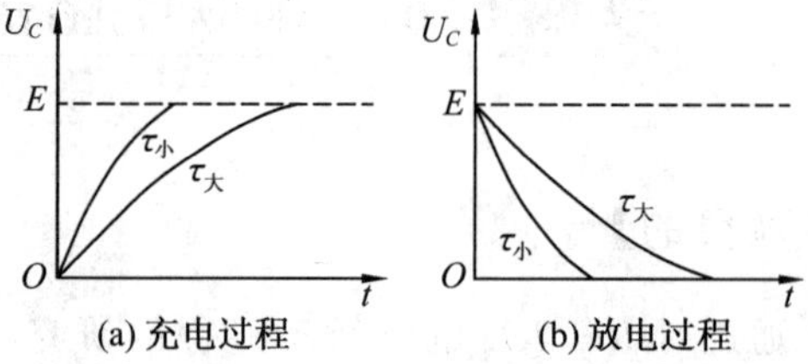

图 6.6.2 *RC* 串联电路的暂态过程

2. *RL* 串联电路的暂态过程

在由电阻 R 及电感 L 组成的串联电路中（见图 6.6.3），当开关 S 置于 1 时，由于电感 L 的自感作用，回路中的电流不能瞬间突变，而是逐渐增加到最大值 $\frac{E}{R}$，电流增加的过程为

考虑到初始条件 $t=0$ 时 $I=0$，可得电流增加过程的解为

$$I=\frac{E}{R}(1-e^{-\frac{R}{L}t}),\ U_L=Ee^{-\frac{R}{L}t} \tag{6.6.6}$$

开关 S 打向位置 2 时，电路方程为 $L\frac{dI}{dt}+IR=0$，由初始条件 $t=0$ 时 $I=\frac{E}{R}$，可以得到电流消失过程的解为

$$I=\frac{E}{R}e^{-\frac{R}{L}t},\ U_L=-Ee^{-\frac{R}{L}t} \tag{6.6.7}$$

可见，回路中电流增加和消失的过程，I，U_L 都按照指数规律变化，如图 6.6.4 所示。RL 电路的时间常数 $\tau=\frac{L}{R}$，τ 越大过程越长。

$$L\frac{dI}{dt}+IR=E \tag{6.6.5}$$

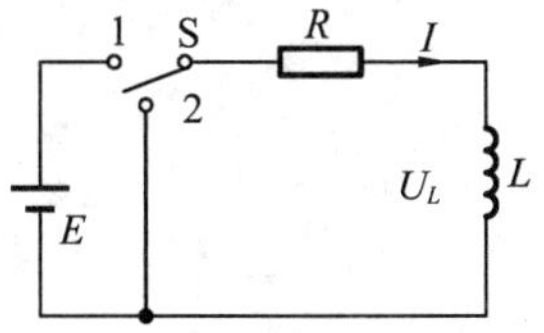

图 6.6.3　**RL 串联电路**

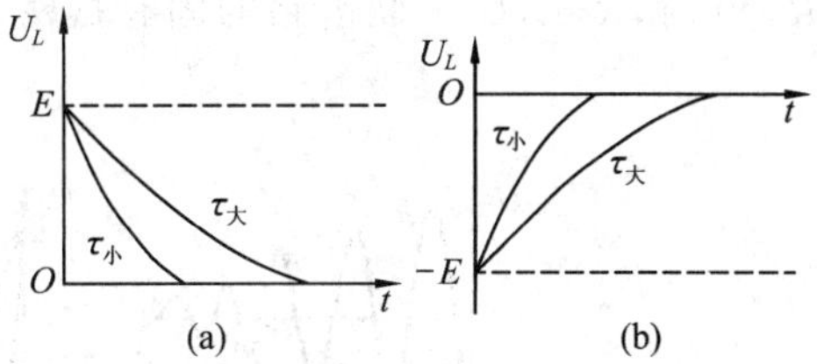

图 6.6.4　**RL 串联电路的暂态过程**

3. *RLC* 串联电路的暂态过程

在具有电阻 R、电感 L 和电容 C 元件的交流电路中，电路两端的电压与其中电流位相一般是不同的。如果调节电路元件（L 或 C）的参数或电源频率，可以使它们位相相同，整个电路呈现为纯电阻性。电路达到这种状态称为谐振。

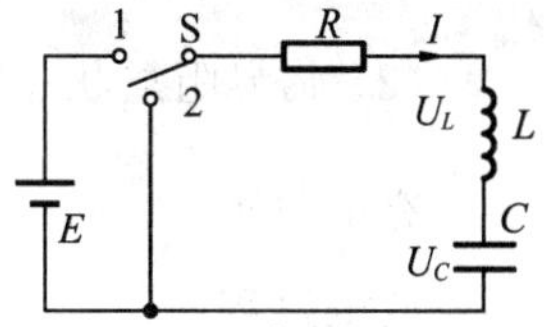

图 6.6.5　**RLC 串联电路**

充电过程：在一个由电阻 R、电容 C 及电感 L 组成的直流串联电路中（见图 6.6.5），当把开关 S 置于 1 时，电源对电容器进行充电，回路方程为

$$L\frac{dI}{dt}+IR+U_C=E \tag{6.6.8}$$

由于 $I=\frac{dq}{dt}=C\frac{dU_C}{dt}$，$\frac{dI}{dt}=C\frac{d^2U_C}{dt^2}$，代入式(6.6.8)得

$$LC\frac{d^2U_C}{dt^2}+RC\frac{dU_C}{dt}+U_C=E \tag{6.6.9}$$

放电过程：当电容器被充电到 U_C 时，将开关 S 从位置 1 打到位置 2，则电容器在闭合的 RLC 回路中进行放电，此时回路方程为

$$LC\frac{d^2U_C}{dt^2}+RC\frac{dU_C}{dt}+U_C=0 \tag{6.6.10}$$

令 $\lambda=\frac{R}{2}\sqrt{\frac{C}{L}}$，$\lambda$ 称为电路的阻尼系数，那么由充放电过程的初始条件：充电 $t=0$ 时，$I=0$，$U_C=0$；放电 $t=0$ 时，$I=0$，$U_C=E$，式(6.6.9)和式(6.6.10)的解有三种形式：

(1) 阻尼较小时（$\lambda<1$），即 $R^2<\frac{4L}{C}$，此时方程的解为

充电过程 $$U_C = Ae^{-\frac{t}{\tau}}\cos(\omega t+\varphi)+E \tag{6.6.11}$$

放电过程 $$U_C = Ae^{-\frac{t}{\tau}}\cos(\omega t+\varphi) \tag{6.6.12}$$

式中：A，φ 是由初始条件决定的常数；时间常数 $\tau=\dfrac{2L}{R}$。

由式(6.6.11)和式(6.6.12)可知，电路中的电压均按正弦规律做衰减(或称欠阻尼)振荡，如图 6.6.6 中所示的周期性衰减振荡曲线 a。振荡角频率 $\omega=\sqrt{\dfrac{1}{LC}-\dfrac{R^2}{4L^2}}$。令 $\omega_0=\dfrac{1}{\sqrt{LC}}$是在 $R=0$ 情况下的振动频率，称为无阻尼振荡电路的固有频率；衰减系数 $\delta=\dfrac{R}{2L}$。在 $R\neq0$ 时，R，L，C 串联电路的固有振荡角频率 $\omega=\sqrt{\omega_0^2-\delta^2}$将随电阻的增加而下降。

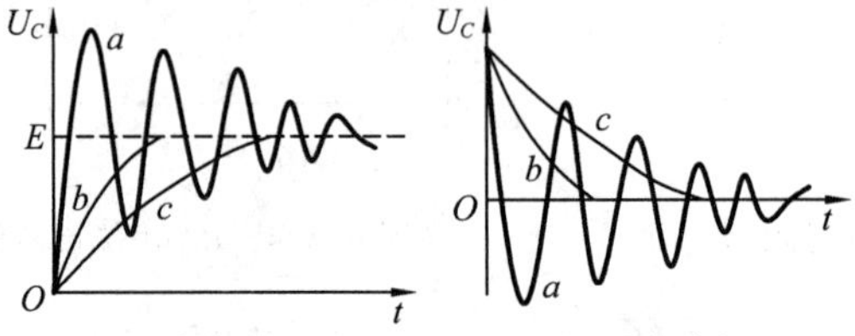

(a) 充电过程　　(b) 放电过程

图 6.6.6　RLC 串联电路的暂态过程

(2) 临界阻尼状态($\lambda=1$)，即 $R^2=\dfrac{4L}{C}$，此时方程的解为

充电过程 $$U_C=(C_1+C_2t)e^{-\frac{t}{\tau}}+E \tag{6.6.13}$$

放电过程 $$U_C=(C_1+C_2t)e^{-\frac{t}{\tau}} \tag{6.6.14}$$

式中：C_1，C_2 是由初始条件决定的常数。

由式(6.6.13)和式(6.6.14)可见，此时电路中各物理量的变化过程不再具有周期性，振荡状态如图 6.6.6 中曲线 b，这时的电阻值称为临界阻尼电阻。

(3) 过阻尼状态($\lambda>1$)，即 $R^2>\dfrac{4L}{C}$，方程解为

充电过程 $$U_C=e^{-\frac{t}{\tau}}B_1e^{\omega t}+B_2e^{-\omega t}+E \tag{6.6.15}$$

放电过程 $$U_C=e^{-\frac{t}{\tau}}B_1e^{\omega t}+B_2e^{-\omega t} \tag{6.6.16}$$

式中：B_1，B_2 是由初始条件决定的常数；$\omega=\sqrt{\dfrac{1}{LC}\left(\dfrac{R^2C}{4L}-1\right)}$，属于过阻尼情况。

此时电路的电压不再具有周期性变化的规律，而是缓慢地趋向平衡值，且变化值比临界阻尼时的变化率要小，如图 6.6.6 中曲线 c。

【实验内容及数据处理】

1. 观察 RC 串联电路的暂态过程

(1) 调节方波信号发生器的输出频率 $f=500$ Hz，幅度为 2 V，将方波信号接入示波

器 CH_1 输入端，观察并记录方波波形。

(2) 按图 6.6.7 所示电路接线，观察电容器上电压随时间的变化关系。将 U_C 接到示波器 CH_2 输入端，电容 C 取 0.1 μF。改变电阻 $R=1,5,10\ \mathrm{k\Omega}$，观察并记录这三种情况下 U_C 的波形，并分别解释 U_C 的变化规律。

2. 观察 RL 串联电路的暂态过程

按图 6.6.8 所示连接电路，方波频率 $f=500\ \mathrm{Hz}$，电感 $L=10\ \mathrm{mH}$，改变电阻 $R=10$，50，200 Ω 和 1 kΩ，观察并记录这几种情况下 U_L 的波形，并分别解释 U_L 的变化规律。

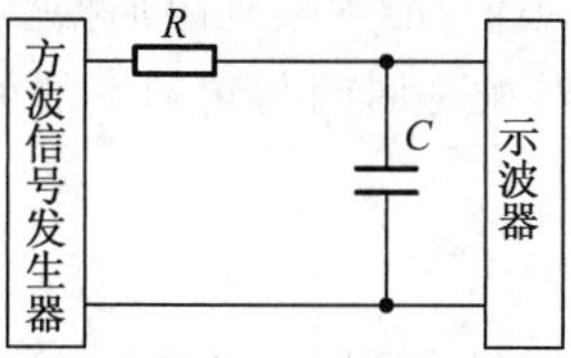

图 6.6.7　*RC* 串联电路连线示意图

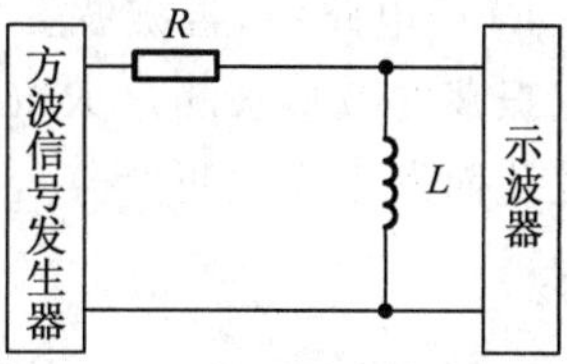

图 6.6.8　*RL* 串联电路连线示意图

3. 观察 RLC 电路的暂态过程

(1) 电路连接如图 6.6.9 所示，方波频率 $f=500\ \mathrm{Hz}$，电感 $L=10\ \mathrm{mH}$，电容 C 取 0.1 μF，改变电阻 $R=10,50,200\ \Omega$ 和 1 kΩ，观察并记录这几种情况下的波形。

(2) 选择 $R=50\ \Omega$，如图 6.6.10 所示，从示波器上测出相邻两次振动波峰间的水平距离 x，记下此时的扫描速度 v，根据 $T=\frac{x}{v}$ 计算衰减振动的周期 T，并与 $T_0=2\pi\sqrt{LC}$ 的计算值相比较。

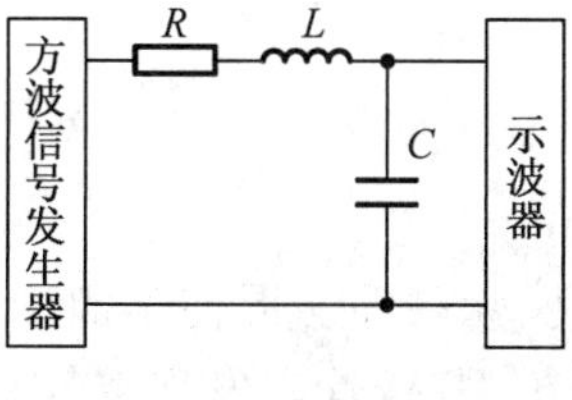

图 6.6.9　*RLC* 电路连接示意图

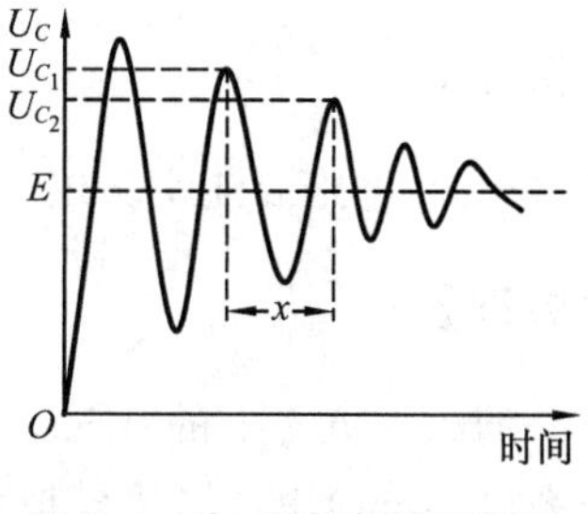

图 6.6.10　测相邻波峰距离

测出相邻两次振动的幅值 U_{C_1} 和 U_{C_2}，因 $\frac{U_{C_1}}{U_{C_2}}=\frac{A\mathrm{e}^{-\frac{t}{\tau}}}{A\mathrm{e}^{-\frac{t+T}{\tau}}}=\mathrm{e}^{\frac{T}{\tau}}$，则

$$\tau=\frac{T}{\ln\frac{U_{C_1}}{U_{C_2}}}$$

计算衰减振动的时间常数 τ，并与公式 $\tau=\frac{2L}{R}$ 的计算值比较，注意 R 是振动回路全部损耗电阻的总和，包括电感 L 损耗电阻和方波发生器的内阻。

(3) 观察临界阻尼状态。采用 1 kΩ 的可变电阻，逐步改变 R 值，当 U_C 的波形刚刚不出现振荡时，即处于临界状态，此时回路的总电阻就是临界电阻，与用公式 $R=2\sqrt{\frac{L}{C}}$

计算出来的总阻值进行比较。

(4) 观察过阻尼状态。继续加大 R 值，即处于过阻尼状态，定性观察不同 R 值对 U_C 波形的影响。

【思考题】

(1) 在 RC 电路中，固定方波频率而改变 R 的阻值，为什么会有各种不同的波形？若固定 R 而改变方波频率，会得到类似的波形吗？为什么？

(2) 在 RLC 电路中，若方波发生器的频率很高或很低，能观察到阻尼振荡的波形吗？如何由阻尼振荡的波形来测量 RLC 电路的振荡周期？振荡周期与角频率的关系会因方波频率的变化而发生变化吗？

实验 6.7　研究非线性电路的混沌现象

【实验目的】

(1) 学会用双踪示波器观察两个波形组成的相图。

(2) 观察相图周期变化，记录倍周期分岔、阵法混沌、三倍周期、单吸引子和双吸引子相图。

(3) 测量 TL082 双运放构成的有源非线性负阻元件的伏安特性。

【实验仪器】

NCE-II 非线性电路混沌实验仪、双踪示波器。

【实验原理】

"混沌"一词源自英文中的"Chaos"，原意是混乱、无秩序。混沌学源于 1963 年美国气象学洛伦兹(Lorenz)用计算机模拟分析天气预报模型时，首先发现空气动力学中的混沌现象，该现象只能用非线性动力学来解释。近年来的研究逐步揭示了混沌运动的基本特征，即确定性中包含非周期性和不可预测性，对初值的敏感性等。非线性混沌是自然世界中普遍存在的现象，正是非线性才构成了变化莫测的世界。

在现代非线性理论中，混沌则是泛指在确定体系中出现的貌似无规则的、类随机的运动。简单地说，混沌理论所研究的是非线性动力学混沌，目的是揭示貌似随机现象背后所隐藏的规律。混沌的研究表明，一个完全确定的系统，即使非常简单，但由于自身的非线性作用，同样具有内阻的随机性。绝大多数非线性动力学系统，既有周期运动，又有混沌运动，而混沌既不是具有周期性和对称性的有序，也不是绝对的无序，而是可用奇怪吸引子来描述的复杂中的有序，混沌是非周期的有序性。

1. 模型及状态方程

动力学系统的状态定义为完全表征系统的时间域行为的一个最小内部变量组。组成这个变量组的变量 $x_1(t), x_2(t), \cdots, x_n(t)$ 称为系统的状态变量，其中 $t \geqslant t_0$，t_0 为初始时刻。由状态变量构成的列向量

$$x(t)=[x_1(t), x_2(t), \cdots, x_n(t)]^{\mathrm{T}}(t \geqslant t_0) \tag{6.7.1}$$

称为系统的状态向量，简称状态。状态空间则定义为状态向量取值的一个向量空间。由于状态变量只能取为实数值，故状态空间是建立在实数域上的向量空间。对于某个确定时刻，状态表示为状态空间的一个点；而状态随时间的变化过程，则构成了状态空间中的一条轨迹。系统的状态空间描述由状态方程和输出方程组成，其一般形式为

$$x=f(x, u, t) \tag{6.7.2}$$

$$y=g(x, u, t) \tag{6.7.3}$$

式中：u 为输入向量。

若上式不包含输入向量 u，则称该系统为自治系统，即该系统的当前状态完全由上一时刻的状态转移而来。

产生混沌现象的基本条件：① 系统是非线性的。② 描述系统的状态方程若是非自治的，则为二阶的；若为自治的，则至少需要 3 个以上变量。

2. 非线性电路与非线性动力学方程

实验电路如图 6.7.1 所示，图中只有一个非线性元件 R，它是一个有源非线性负阻器件，电感 L 和电容 C_2 组成一个损耗可以忽略的谐振回路；可变电阻 R_V 和电容器 C_1 串联成相移电路，它将 LC 振荡器产生的正弦信号移相输出。非线性元件 R 是一个分段线性元件，该元件的伏安特性曲线如图 6.7.2 所示，可见，此非线性元件上的电压与通过它的电流极性是相反的。由于加在此元件上的电压增加时，通过它的电流却在减小，因而将此元件称为非线性负阻元件。

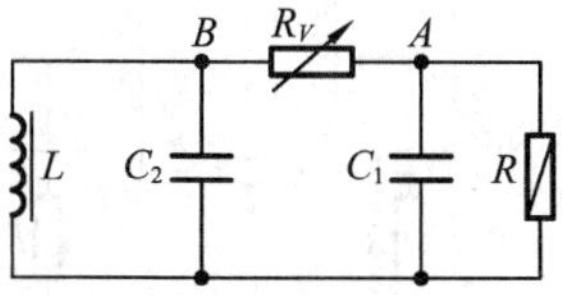

图 6.7.1 实验电路图

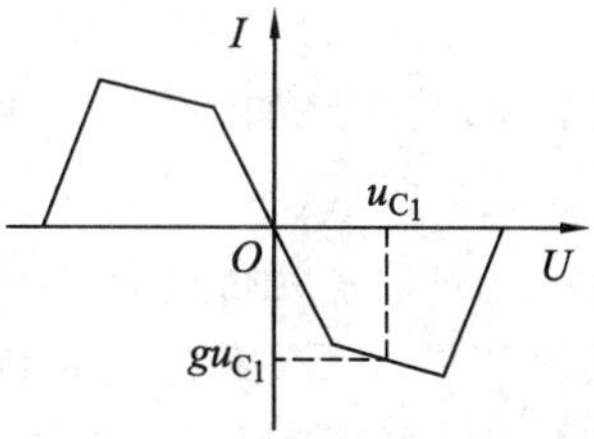

图 6.7.2 非线性负阻元件伏安特性

根据基尔霍夫第一定律（节点电流定律），A，B 两节点的电流方程可写成式(6.7.4)和式(6.7.5)，电感 L 的自感电动势可写成式(6.7.6)，该电路的非线性动力学方程为

$$C_1 \frac{\mathrm{d}u_{C_1}}{\mathrm{d}t}=G(u_{C_2}-u_{C_1})-gu_{C_1} \tag{6.7.4}$$

$$C_2 \frac{\mathrm{d}u_{C_2}}{\mathrm{d}t}=G(u_{C_1}-u_{C_2})+i_L \tag{6.7.5}$$

$$L \frac{\mathrm{d}i_L}{\mathrm{d}t}=-u_{C_2} \tag{6.7.6}$$

式中：u_{C_1} 和 u_{C_2} 分别表示加在电容 C_1 和 C_2 上的电压；i_L 表示流过电感器 L 的电流；$g=$

$\frac{1}{R}$表示非线性负阻的导纳；$G=\frac{1}{R_V}$是可变电阻的导纳。

上式可变形为

$$\begin{bmatrix}\dot{u}_{C_1}\\ \dot{u}_{C_2}\\ \dot{i}_L\end{bmatrix}=\begin{bmatrix}-\frac{(G+g)}{C_1} & \frac{G}{C_1} & 0\\ \frac{G}{C_2} & -\frac{G}{C_1} & \frac{1}{C_2}\\ 0 & \frac{-1}{L} & 0\end{bmatrix}\begin{bmatrix}u_{C_1}\\ u_{C_2}\\ i_L\end{bmatrix}$$

系统含有 3 个状态变量，不含输入向量，称为自治过程，满足产生混沌现象的条件。以上方程组很难得到具体解析表达式，但可求得数值解。

(1) 先取 $G=a$，选取参考点 $t=0$ 时，测定 u_{C_1}，u_{C_2}，i_L。

(2) 根据 u_{C_1} 的值，从图 6.7.2 中查得 gu_{C_1}。根据式(6.7.4)，有

$$\mathrm{d}u_{C_1}=\left[\frac{G}{C_1}(u_{C_2}-u_{C_1})-\frac{g}{C_1}u_{C_1}\right]\mathrm{d}t$$

从而求得当时间变化 $\mathrm{d}t$ 时，u_{C_1} 的变化值 $\mathrm{d}u_{C_1}$。同理，由式(6.7.5)和式(6.7.6)求得 $\mathrm{d}u_{C_2}$ 和 $\mathrm{d}i_L$。

(3) 计算得到 $t+\mathrm{d}t$ 时刻的 u_{C_1}，u_{C_2}，i_L，即 $u_{C_1}=u_{C_1}+\mathrm{d}u_{C_1}$，$u_{C_2}=u_{C_2}+\mathrm{d}u_{C_2}$，$i_L=i_L+\mathrm{d}i_L$。依次重复迭代式(6.7.2)和式(6.7.3)过程，求得各个时刻的值 u_{C_1}，u_{C_2}，i_L。

以所求得的$[u_{C_1},u_{C_2}]$，在二维空间中作各点图像，可得到二维空间相图。以$[u_{C_1},u_{C_2},i_L]$为三维空间的点作图，可以得到三维空间相图。

3. 有源非线性负阻元件

非线性元件的实现方法有许多种，这里使用的是 Kennedy 于 1993 年提出的方法，使用 2 个运算放大器和 6 个电阻来实现，其电路如图 6.7.3 所示，它的伏安特性曲线如图 6.7.2 所示。

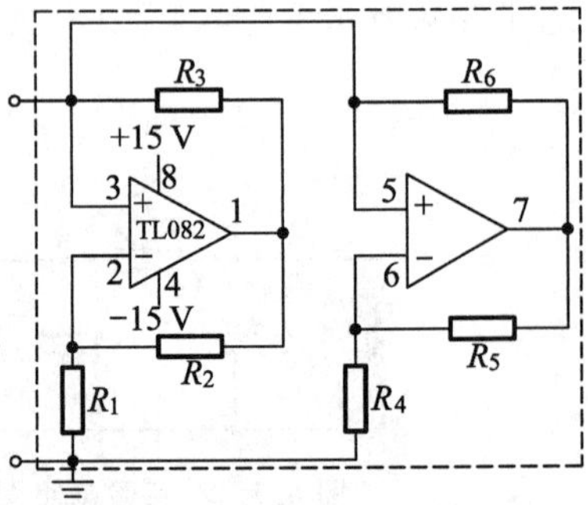

图 6.7.3 有源非线性负阻电路图

由于这里研究的只是元件的外部效应，即其两端电压与流过其电流的关系，因此在允许的范围内，完全可以把它看成一个黑匣子(虚线框内)，也可以利用电流或电压反相等技术来实现负阻特性，这里就不一一讨论了。负阻的实现是为了产生振荡，非线性的目的是为了产生混沌等一系列非线性的现象。事实上，很难说哪一个元件是绝对线性的，这里特意去做一个非线性元件只是想让非线性现象更加明显。

【实验步骤】

1. 倍周期现象的观察、记录

按图 6.7.4 连好线路。将电容 C_1，C_2 上的电压输入示波器的 X(CH_1)，Y(CH_2)轴，示波器设为 X－Y 方式。先把 R_V(W_1 粗调、W_2 微调)调到最小，示波器屏上可观察到一条直线，调节 R_V，直到直线变成椭圆(逐步提高示波器的灵敏度)，然后反向慢慢调节 R_V，

可见曲线作倍周期变化，曲线由一周期（P）增为二周期（2P），由二周期倍增至四周期（4P）。

微调 R_V 及示波器使相图清晰稳定，记录 2P，4P 倍周期时的相图（见图 6.7.5），以及相应的 CH_1，CH_2 输出波形图。

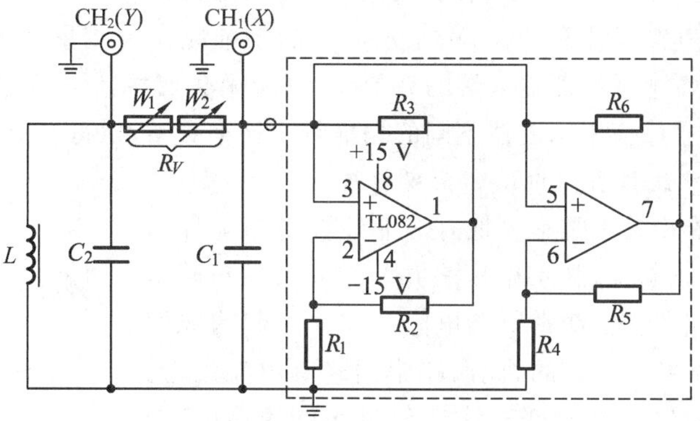

图 6.7.4　非线性混沌实验电路图

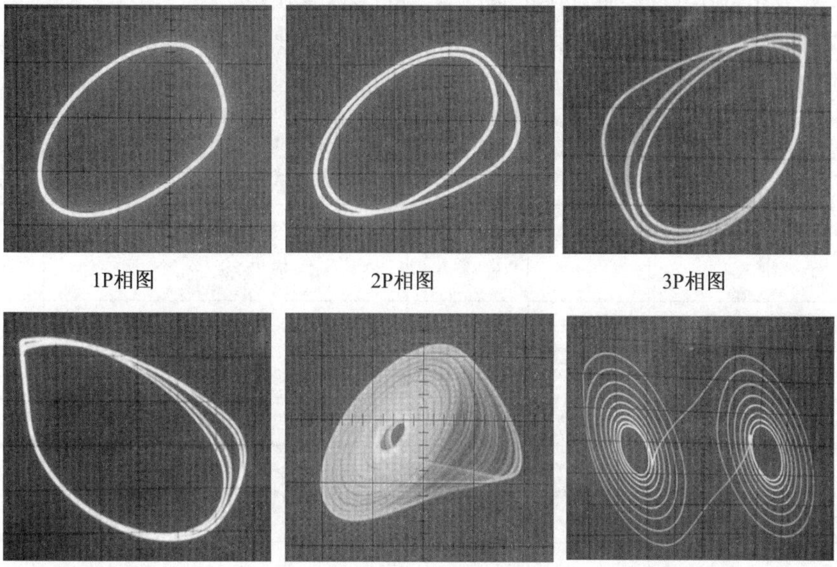

1P相图　　2P相图　　3P相图

4P相图　　单吸引子相图　　双吸引子相图

图 6.7.5　几种相图

2. 单吸引子和双吸引子的观察、记录

在步骤 1 的基础上，继续调节 R_V 直至出现一系列难以计数的无首尾的环状曲线，这是一个单涡旋吸引子集。再细调，单吸引子突然变成了双吸引子，只见到环状曲线在两个向外涡旋的吸引子之间不断填充与跳跃，这就是混沌现象中所描述的“蝴蝶”图像，也是一种奇怪吸引子，它的特点是整体的稳定性和局域的不稳定性同时存在。

记录单吸引子和双吸引子的相图（见图 6.7.5），以及示波器相应的 CH_1 和 CH_2 通道输出波形图。

3. 周期性窗口的观察、记录

仔细调节 R_V，有时原先的混沌吸引子不是倍周期变化，却突然出现了一个三周期相图，再微调，又出现混沌吸引子，这一现象称为出现了周期性窗口。

观察并记录三周期(3P)时的相图(见图 6.7.5)，以及相应的 CH_1，CH_2 输出波形图。

在实验中，尤其需要注意的是，由于示波器的扫描频率与测量的信号频率不成整数倍数，当分别观察每个示波器输入端的波形时，可能无法观察到正确的现象。这样，就需要仔细分析，可以通过使用示波器不同的扫描频率挡来观察，以得到最佳的波形图。

4. 测量有源非线性负阻电路的伏安特性

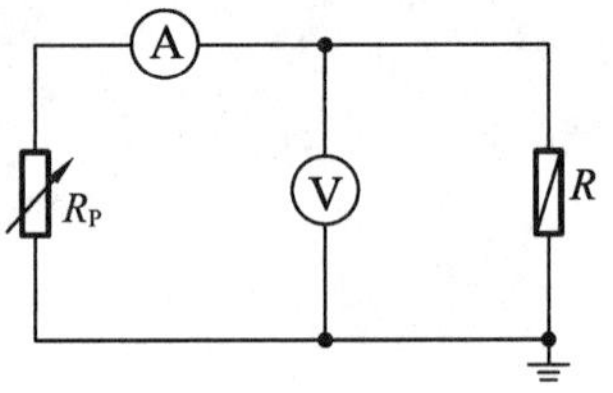

图 6.7.6 非线性负阻伏安特性测量电路

测量电路如图 6.7.6 所示。把有源非线性电阻元件与 RC 移相电路的连线断开，数字电压表并联在非线性负阻 R 的两端，再和数字电流表、精密可调电阻器连在一起构成回路。因为非线性负阻是有源的，此回路中始终有电流流过。精密可调电阻器的作用是改变非线性负阻元件的输出，调节 R_P 的阻值，可测量非线性负阻对应的 U 值，并将之记录于实验数据表格 6.7.1 中，通过所记录的 R_P 和 U 计算出电流 I 的数值，作出 $I—U$ 伏安关系图，并进行分段直线拟合。由理论计算可知，正向电压部分曲线和反向电压部分曲线关于原点 180°对称，本实验中可据此得到对称部分的曲线。

表 6.7.1 有源非线性负阻电路的伏安特性

R_P/kΩ	1.000	1.100	1.200	1.300	1.400	1.500	1.600
U/V							
I/mA							
R_P/kΩ	1.700	1.800	1.900	2.000	2.100	2.200	2.300
U/V							
I/mA							
R_P/kΩ	2.400	2.500	2.600	2.700	2.800	2.900	3.000
U/V							
I/mA							

5. 测量铁氧体电感与电流的关系及谐振频率

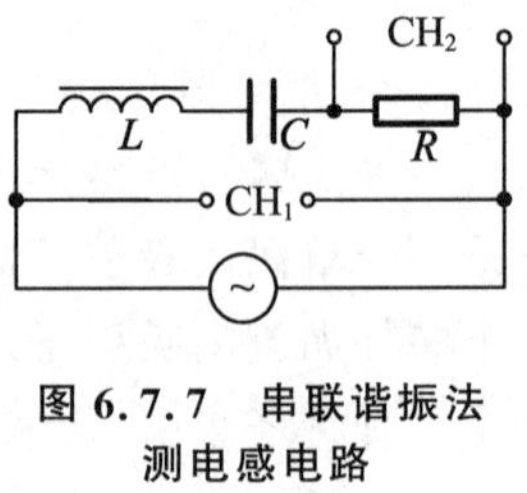

图 6.7.7 串联谐振法测电感电路

按图 6.7.7 所示电路接线，其中电感 L 由实验者用漆包线手工缠绕，可在线框上绕 80～90 圈，然后装上铁氧体磁芯，并把引出漆包线端点上的绝缘漆用刀片刮去，使两端点导电性能良好。

用串联谐振法测电感器的电感量，把电感、电阻箱（取

30.00 Ω)串联，并与低频信号发生器相接。保持信号发生器输出电压不变，用示波器测量电阻两端的电压，调节低频信号发生器正弦波频率，使电阻两端电压达到最大值，此时对应的频率即为谐振频率。依次增大输出电压为 3 V,6 V,9 V,12 V，分别测出对应的谐振频率 f_0，并根据 $L=\frac{1}{4\pi^2 f_0^2 C}$($C=0.01$ pF)，$I=\frac{U_{CH_2}}{2\sqrt{2}R}$，计算出对应的电感值和电流值，作出电感器 L 的电感值和电流值的关系图。

【注意事项】

(1) 双运算放大器的正、负极不能接反，仪器应预热 5 分钟再开始测量数据。

(2) 实验时，应当“先接线，再通电；先断电，再拆线”。通电前应确认接线无误，避免短路。

(3) 伏安特性测量过程中，禁止出现 R_P 电阻值为零的情况。

【思考题】

(1) 为什么要使用 RC 移相器，并且用相图来观测倍周期分岔等现象？

(2) 非线性负阻电路(元件)在本实验中的作用是什么？

实验 6.8　测定电介质材料的介电常数

【实验目的】

(1) 掌握固体、气体、液体电介质材料介电常数的测量原理及测量方法。

(2) 学会“消去法”的实验测量原理，会利用最小二乘法处理实验数据。

【实验仪器】

DW-220 智能介电常数测量仪、固体测试传感器、液体测试传感器、游标卡尺、测量材料(固体、液体)、清洗剂等。

【实验原理】

电介质的相对介电常数 ε_r 不仅是静电学、电磁学、电工学中一个重要的物理量，而且在工程技术中也是很重要的参数，所以介电常数的测量成为物理实验和工程应用中的重要内容之一。

1. 测量装置、原理

将待测介电常数的材料做成圆柱形介质板样品，放置到如图 6.8.1 所示固体测试传感器的平行上、下电极之间，构成一个可变的电容器 C_x。由测试电路设计得

$$f=\frac{1}{T}=\frac{1.44}{(R_1+2R_2)C_x} \tag{6.8.1}$$

其中，$R_1=R_2=10\ \text{k}\Omega$，因此所测电容 C_x 的容量为

$$C_x=\frac{1.44}{3\times10^4 f} \tag{6.8.2}$$

由此可求出待测材料的相对介电常数，电容—输出频率的关系如图 6.8.2 所示。

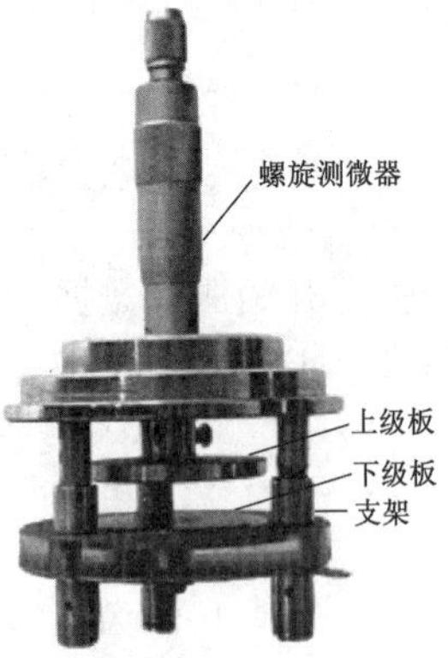

图 6.8.1　固体测试传感器

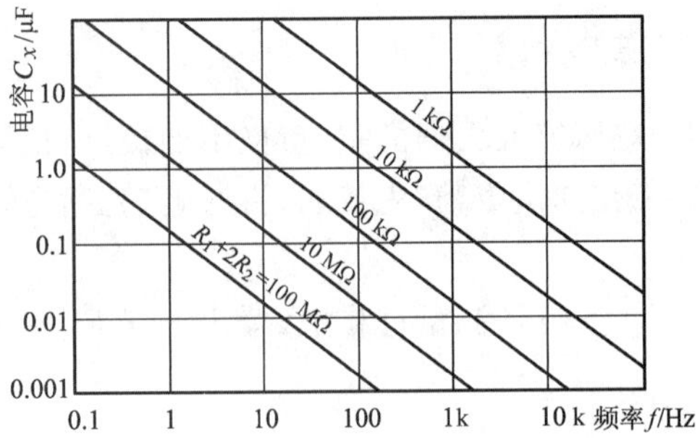

图 6.8.2　电容—输出频率的关系

2. 固体电介质的介电常数测量

测定固体电介质的相对介电常数，将固体测试传感器的输出端接入 DW-220 智能介电常数测量仪的测量输入端，适当调节螺旋测微器，改变上、下二电极之间的距离 d（见图 6.8.3a），测定以空气为介质时的电容量 C_{x0}，然后保持电极间距离不变，将待测的圆柱形介质板样品放入上、下电极之间（见图 6.8.3b），测出有介质板时的电容量 C_{x1}，可得出

$$C_{x0}=C_0+C_b+C_f \tag{6.8.3}$$

$$C_{x1}=C_{串}+C_b+C_f \tag{6.8.4}$$

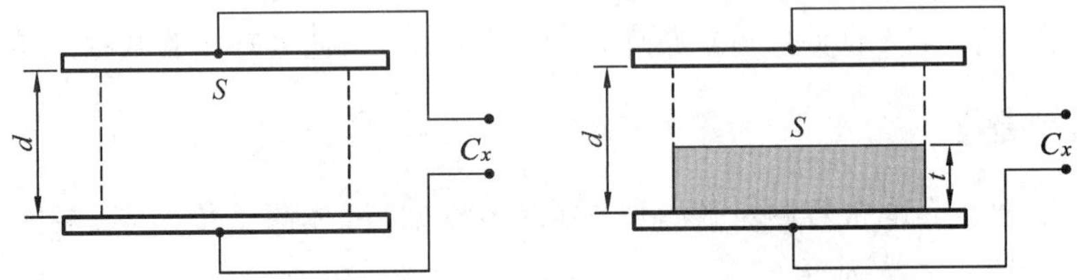

(a) 无介质板　　(b) 有介质板

图 6.8.3　固体测试传感器上下极板间示意图

式(6.8.3)和式(6.8.4)中，$C_0=\dfrac{\varepsilon_0 S}{d}$，这里的 ε_0 是真空的介电常数，其值为8.854×10^{-12} F/m（空气的相对介电常数≈1）。C_b 为介质板以外边缘电极间电容量，C_f 是测量系统的分布容量，$C_{串}$ 是有介质板时，介质板形成的电容与空气形成的电容串联后的等值电容量。若测量过程中保持测量电极、接线等状态不变，则两次测量中的 C_b 和 C_f 可认为不变，由式(6.8.4)减式(6.8.3)，得

$$C_{串}=C_{x1}-C_{x0}+C_0 \tag{6.8.5}$$

则边缘效应及分布电容对测量结果的影响即被消除。

因为 $C_{串}$ 是介质板形成的电容与空气形成的电容串联后的等值电容量，所以有

$$C_{串}=\frac{\frac{\varepsilon_0 S}{d-t}\cdot\frac{\varepsilon_r\varepsilon_0 S}{t}}{\frac{\varepsilon_0 S}{d-t}+\frac{\varepsilon_r\varepsilon_0 S}{t}}=\frac{\varepsilon_r\varepsilon_0 S}{t+\varepsilon_r(d-t)} \tag{6.8.6}$$

由式(6.8.6)可得

$$\varepsilon_r=\frac{C_{串}t}{\varepsilon_0 S-C_{串}(d-t)} \tag{6.8.7}$$

式中：ε_r 是待测电介质的相对介电常数；S 是圆柱形介质板的底面积；t 是介质板的厚度；d 是上、下电极间的距离。只要测出 C_{x0}，C_{x1}，t，d，S，即可准确地求得 ε_r。

3. 气体电介质的介电常数测量

用上述固体测试传感器也可测定空气的介电常数($\approx\varepsilon_0$)和测量系统的分布电容。方法是利用固体测试传感器，改变上、下极间的距离 d，对应不同 d 值，测出两极板充满空气时的电容量 C，此时有近似值

$$C=\frac{\varepsilon_0 S_0}{d}+C_f \tag{6.8.8}$$

式中，S_0 为电极面积，若令 $y=C$，$x=\frac{1}{d}$，$a=\varepsilon_0 S_0$，$b=C_f$，代入式(6.8.8)，则得到线性方程 $y=ax+b$。分别测定 d_1，d_2，d_3，…，以及对应的 C_1，C_2，C_3，…，经过最小二乘法可算得 ε_0 及 C_f。

4. 液体电介质的介电常数测量实验

液体电介质在外电场的作用下会产生极化现象，通常可用相对介电常数 ε_r 来表征电介质材料的属性。一般地，对于各向同性均匀电介质，ε_r 是一个没有单位的纯数。对于液体 ε_r 的测量也可使用液体测试传感器和 DW-220 智能介电常数测量仪来测定。

若要测定液体电介质的相对介电常数 ε_r，选用适用于液体介质的测试传感器，即采用如图 6.8.4 所示的圆柱形电容器传感器，其没有充入被测液体前的电容值可写为

$$C_0=\frac{2\pi\varepsilon_0 l}{\ln\frac{R}{r}} \tag{6.8.9}$$

式中：l 为圆柱面极板的高度；R 和 r 分别为两个同心圆柱面的半径。

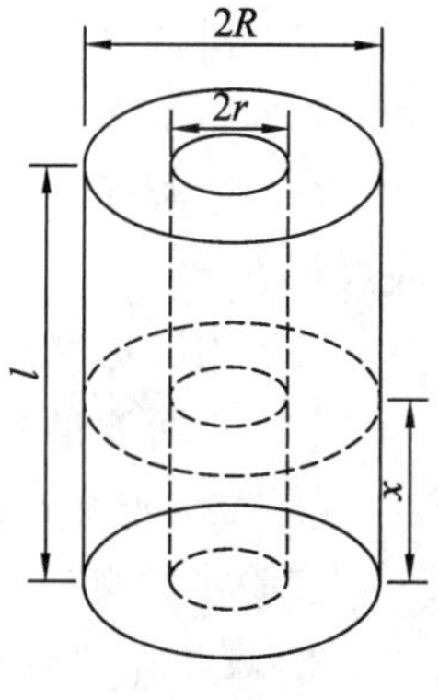

图 6.8.4　液体介质相对介电常数的测量

设被测的液体电介质在传感器内的高度为 x，则此时的电容为

$$C=\frac{2\pi\varepsilon_0(l-x)}{\ln\frac{R}{r}}+\frac{2\pi\varepsilon_0\varepsilon_r x}{\ln\frac{R}{r}}=\frac{2\pi\varepsilon_0 l}{\ln\frac{R}{r}}+\frac{2\pi\varepsilon_0(\varepsilon_r-1)x}{\ln\frac{R}{r}}=C_0+\frac{2\pi\varepsilon_0(\varepsilon_r-1)x}{\ln\frac{R}{r}} \tag{6.8.10}$$

充入被测液体电介质前后的电容变化为

$$\Delta C=C-C_0=\frac{2\pi\varepsilon_0(\varepsilon_r-1)x}{\ln\frac{R}{r}} \tag{6.8.11}$$

测出传感器的电容改变即可测出 ε_r，即

$$\varepsilon_r=\frac{\ln\frac{R}{r}}{2\pi\varepsilon_0 x}\Delta C+1 \tag{6.8.12}$$

将待测的液体介质材料注入如图 6.8.4 所示的传感器中，构成一个可变的电容器 C，将该电容器接入 DW-220 智能介电常数测量仪的测量输入端，由式(6.8.2)和式(6.8.12)得

$$\varepsilon_r=\frac{0.72\ln\frac{R}{r}}{\pi\varepsilon_0(R_1+2R_2)x}\left(\frac{1}{f_1}-\frac{1}{f_2}\right)+1 \tag{6.8.13}$$

式中：f_1，f_2 是注入液体介质材料前后的频率，据此可求出待测液体电介质的相对介电常数。

【实验内容及数据处理】

1. 固体介质的相对介电常数测量

(1) 打开 DW-220 智能介电常数测量仪开关，预热 10 分钟。

(2) 将固体测试传感器的输出端接入 DW-220 智能介电常数测量仪的测量输入端。

(3) 转动螺旋测微器，使上下极板相距小于 5 mm，记下此时上、下极板之间间距 d。

(4) 测定以空气为介质时的频率 10 次，取平均可得电容量 C_{x0}。

(5) 保持电极间距离不变，将待测的圆柱形介质板样品放入上、下电极之间，测出有介质板时的频率 10 次，取平均可得电容量 C_{x1}。

(6) 用游标卡尺测量圆柱形介质板的直径 5 次，计算其平均值，可算出圆柱形介质板底面积 S。

(7) 用游标卡尺，选 6 个不同的位置测量圆柱形介质板的厚度，得平均值 t。

(8) 将所测量的值代入相关公式，即可准确地求得固体的相对介电常数。

2. 气体介质的相对介电常数测量

实验步骤自拟。

3. 液体介质的相对介电常数测量

(1) 将液体介质的测试传感器测微装置的输出端接入 DW-220 智能介电常数测量仪的测量输入端。

(2) 没有注入被测液体前，测量出其频率 f_1。

(3) 注入被测液体至 5 mm 处，测量出其频率 f_2。

(4) 由实验室给出 R，r，将测量的相关数据代入式(6.8.13)，即可求出待测液体电介质的相对介电常数。

(5) 改变注入被测液体至 10，15，20，25，30，35，40，45，50，55，60 mm，分别求出待测液体电介质的相对介电常数，求出平均值。

【注意事项】

(1) 测定固体介质时,固体介质必须保持干净,两极板也同样保持干净。

(2) 测定固体介质时,上下极板相距小于 5 mm。

(3) 实验测量时,周围环境保持相对静止,传感器要尽可能远离实验者,传感器连接线放置尽可能保持一致。

(4) 测量液体时要小心,不要把液体溢出。

【思考题】

(1) 固体介质的介电常数测量时,为什么上下极板相距小于 5 mm?

(2) 测量固体、液体电介质的介电常数实验中,如何消除分布电容的影响?

实验 6.9　铁磁材料磁滞回线的测量

【实验目的】

1. 测量软磁铁氧体的磁滞回线,求出材料的矫顽磁力和剩磁值。

2. 测量软磁铁氧体的基本磁化曲线以及磁导率与磁场强度关系曲线。

【实验仪器】

FD-FMCT-B 型铁磁材料居里温度与磁滞回线测量实验仪、数字示波器。

FD-FMCT-B 型铁磁材料居里温度与磁滞回线测量实验仪主要由正弦波信号源、交流电压表、加热井、温控系统、待测样品等组成,如图 6.9.1 所示。

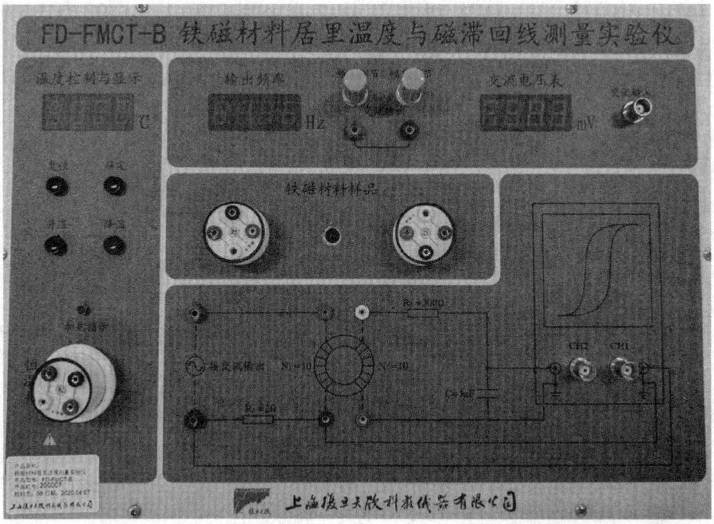

图 6.9.1　FD-FMCT-B 型铁磁材料居里温度与磁滞回线测量实验仪

技术指标如下：

(1) 正弦波信号源：频率为 7500～9500 Hz，连续可调；峰峰值为 0～2.5 V，连续可调。

(2) 交流电压表：量程为 0～199.9 mV；分辨率为 0.1 mV。

(3) 温控系统：控温范围为室温～80.0 ℃；控温调节分辨率为 1 ℃；读数分辨率为 0.1 ℃。

(4) 待测样品：

① 居里温度各不相同的环状铁氧体样品 3 个；

② 大小尺寸：内径为 2.8 mm，外径为 6.0 mm，厚度为 4.0 mm；样品的平均周长 $l=13.8$ mm，截面积 $S=6.4\ \text{mm}^2$。

③ 线圈匝数：磁化线圈 $N_1=10$，副线圈 $N_2=10$。

本实验仪既可对磁性材料进行磁特性测量，又可观察铁磁物质磁矩随温度变化而引起的磁滞回线形状的变化，并可测量铁磁物质自发磁化消失时的温度。该仪器系统结构简单，性能稳定可靠。通过对软磁铁氧体材料居里温度与磁滞回线的测量，可以加深对磁性材料基本特性的理解。

【实验原理】

磁性材料在通信、计算机和信息存储、电力、电子仪器、交通工具等领域有着十分广泛的应用。磁化曲线和磁滞回线反映磁性材料在外磁场作用下的磁化特性，根据材料的不同磁特性，可以用于电动机、变压器、电感、电磁铁、永久磁铁、磁记忆元件等。动态磁滞回线是磁性材料的交流磁特性，其在工业中有重要应用，因为交流电动机、变压器的铁芯都是在交流状态下使用的。

1. 铁磁物质的磁滞现象

铁磁性物质的磁化过程很复杂，这主要是由于它具有磁性。一般都是通过测量磁化场的磁场强度 H 和磁感应强度 B 之间的关系来研究其磁化规律的。

如图 6.9.2 所示，当铁磁物质中不存在磁化场时，H 和 B 均为零，在 B-H 曲线图中则相当于坐标原点 O。随着磁化场 H 的增加，B 也随之增加，但两者之间不是线性关系。当 H 增加到一定值时，B 不再增加或增加的十分缓慢，这说明该物质的磁化已达到饱和状态。H_m 和 B_m 分别为饱和时的磁场强度和磁感应强度(对应于图中 A 点)。如果再使 H 逐步退到零，则与此同时 B 也逐渐减小。然而，其轨迹并不沿原曲线 AO，而是沿另一曲线 AR 下降到 B_r，这说明当 H 下降为零时，铁磁物质中仍保留一定的磁性。将磁化场反向，再逐渐增加其强度，直到 $H=-H_m$，这时曲线达到 A' 点(即反向饱和点)；然后，先使磁化场退回到 $H=0$，再使正向磁化

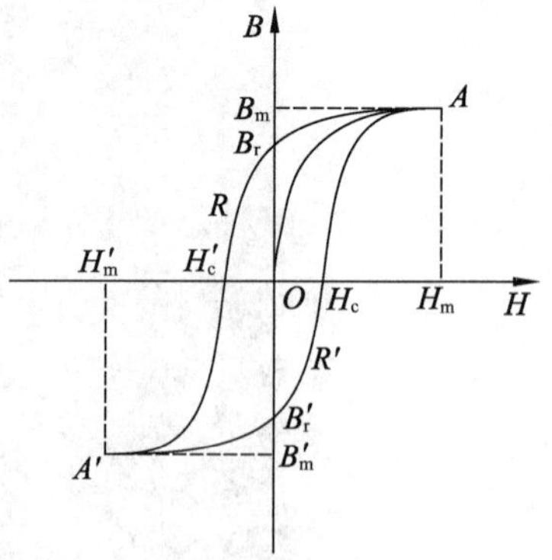

图 6.9.2 铁磁物质的磁化曲线和磁滞回线

场逐渐增大，直到饱和值 H_m。如此就得到一条与 ARA' 对称的曲线 $A'R'A$，而自 A 点出发又回到 A 点的轨迹为一闭合曲线，称为铁磁物质的磁滞回线，此属于饱和磁滞回线。其中，回线和 H 轴的交点 H_c 和 H_c' 称为矫顽力，回线与 B 轴的交点 B_r 和 B_r'，称为剩余磁感应强度。

2. 利用示波器观测铁磁材料动态磁滞回线

电路原理图如图 6.9.3 所示，将样品制成闭合环状，其上均匀地绕以磁化线圈 N_1 及副线圈 N_2。交流电压 u 加在磁化线圈上，线路中串联了一取样电阻 R_1，将 R_1 两端的电压 u_1 加到示波器的 X 轴输入端上。副线圈 N_2 与电阻 R_2 和电容 C 串联成一回路，将电容 C 两端的电压 u_2 加到示波器的 Y 轴输入端，这样的电路，在示波器上可以显示和测量铁磁材料的磁滞回线。其中，$R_1=2\ \Omega$，$R_2=300\ \Omega$，$C=1\ \mu\text{F}$。

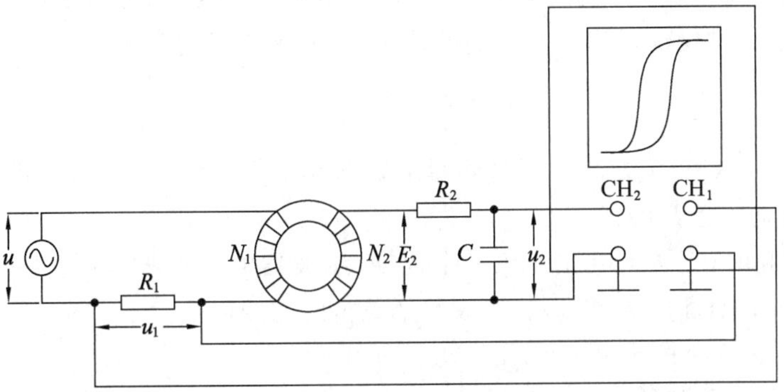

图 6.9.3　用示波器测动态磁滞回线的电路图

3. 磁场强度 H 的测量

设环状样品的平均周长为 l，磁化线圈的匝数为 N_1，磁化电流为交流正弦波电流 i_1，由安培回路定律 $Hl=N_1i_1$，而 $u_1=R_1i_1$，可得

$$H=\frac{N_1\cdot u_1}{l\cdot R_1} \tag{6.9.1}$$

式中，u_1 为取样电阻 R_1 上的电压。由公式(6.9.1)可知，在已知 R_1、l、N_1 的情况下，测得 u_1，即可用计算磁场强度 H。

4. 磁感应强度 B 的测量

设样品的截面积为 S，根据电磁感应定律，在匝数为 N_2 的副线圈中感生电动势 E_2 为

$$E_2=-N_2S\frac{\mathrm{d}B}{\mathrm{d}t} \tag{6.9.2}$$

式中，$\frac{\mathrm{d}B}{\mathrm{d}t}$为磁感应强度 B 对时间 t 的导数。

若副线圈所接回路中的电流为 i_2，且电容 C 上的电量为 Q，则有

$$E_2=R_2i_2+\frac{Q}{C} \tag{6.9.3}$$

在式(6.9.3)中，考虑到副线圈匝数不太多，因此自感电动势可忽略不计。在选定线

路参数时，将 R_2 和 C 都取较大值，使电容 C 上的电压降 $u_2=\frac{Q}{C}\ll R_2 i_2$，可忽略不计，于是式(6.9.3)可写为

$$E_2=R_2 i_2 \tag{6.9.4}$$

将电流 $i_2=\frac{\mathrm{d}Q}{\mathrm{d}t}=C\frac{\mathrm{d}u_2}{\mathrm{d}t}$代入式(6.9.4)得

$$E_2=R_2 C\frac{\mathrm{d}u_2}{\mathrm{d}t} \tag{6.9.5}$$

将式(6.9.5)代入式(6.9.2)得

$$-N_2 S\frac{\mathrm{d}B}{\mathrm{d}t}=R_2 C\frac{\mathrm{d}u_2}{\mathrm{d}t}$$

在将此式两边对时间积分时，由于 B 和 u_2 都是交变的，积分常数项为零。于是，在不考虑负号(在这里仅仅指相位差 $\pm\pi$)的情况下，磁感应强度为

$$B=\frac{R_2 C u_2}{N_2 S} \tag{6.9.6}$$

式中，N_2、S、R_2 和 C 皆为常数。通过测量电容两端电压幅值 u_2 代入公式(6.9.6)，可以求得材料磁感应强度 B 的值。

频率足够高时，当磁化电流变化一个周期，示波器的光点将描绘出一条完整的磁滞回线，以后每个周期都重复此过程，形成一个稳定的磁滞回线。

5. 铁磁性介质的磁导率 μ

将一块未被磁化的铁磁材料放在磁场中进行磁化，铁磁物质内部的磁场强度 H 与磁感应强度 B 之间的关系为 $B=\mu H$，$\mu=B/H$ 为磁导率。铁磁性介质的磁导率 μ 和 B、H 之间有着复杂的非线性关系。图 6.9.4 中，B—H 曲线是典型的磁化曲线，它反映了铁磁质的共同磁化特点：随着 H 的增加，开始时 B 缓慢的增加，此时 μ 较小；而后便随 H 的增加 B 急剧增大，μ 也迅速增加；最后随 H 增加，B 趋向于饱和，而此时的 μ 值在到达最大值后又急剧减小。图 6.9.6 表明了磁导率 μ 是磁场 H 的函数。

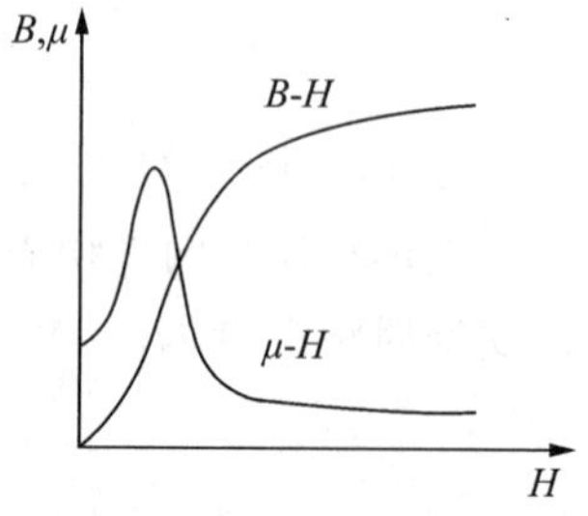

图 6.9.4　B—H 磁化曲线和 μ—H 曲线

【实验内容及数据处理】

1. 观察和测量软磁铁氧体的动态磁滞回线

(1) 选取一待测样品，按图 6.9.3 所示线路连接各元器件。

(2) 把示波器光点调至荧光屏中心。磁化电流从零开始，逐渐增大磁化电流，直至磁滞回线上的磁感应强度 B 达到饱和(即 H 值达到足够高时，曲线有变平坦的趋势，这一状态属饱和)。磁化电流的频率 f 取 9000 Hz 左右。示波器的 x 轴和 y 轴分度值调整至适当位置，使磁滞回线尽可能充满整个荧光屏，且图形不失真。

(3) 记录样品在示波器上 x 轴电压 u_1 与 y 轴电压 u_2 测量值及相应的 H 和 B 数据，将数据记录在表 6.9.1 中。根据表 6.9.1 中的数据作出软磁铁氧体样品的磁滞回线。

读出磁滞回线的顶点 B_m 和 H_m，剩磁 B_r 和矫顽力 H_c 等的读数值(以电压为单位)，根据式(6.9.1)和式(6.9.6)换算成相应的 B_m 和 H_m，B_r 和 H_c 值。

表 6.9.1　样品在示波器上 x 轴电压 u_1 与 y 轴电压 u_2 测量值及相应的 H 和 B 数据列表

样品编号:B　磁化电流的频率 f=9036 Hz。

u_1/mV	$H/(A\cdot m^{-1})$	u_2/mV	B/T	u_1/mV	$H/(A\cdot m^{-1})$	u_2/mV	B/T

2. 测量软磁铁氧体的基本磁化曲线

(1) 将磁化电流慢慢从大至小，退磁至零。从零开始，由小到大测量不同磁滞回线顶点的读数值 B_i 和 H_i，记录样品在示波器上 x 轴电压 u_1 与 y 轴电压 u_2 测量值及相应的 H_i 和 B_i 数据，将数据记录在表 6.9.2 中。根据表 6.9.2 中的数据作出铁氧体样品的基本磁化曲线(B—H 关系)。

表 6.9.2　样品在示波器上 x 轴电压 u_1 与 y 轴电压 u_2 测量值及相应的 H_i 和 B_i 数据列表

样品编号:B　磁化电流的频率 f=9036 Hz

u_1/mV	$H_i/(A\cdot m^{-1})$	u_2/mV	B_i/T	u_1/mV	$H_i/(A\cdot m^{-1})$	u_2/mV	B_i/T

(2) 由表 6.9.2 数据计算磁导率 $\mu=\frac{B}{H}$,计算结果记录在表 6.9.3 中,根据表 6.9.3 数据作出样品的磁导率 μ 与磁场强度 H 的关系曲线。

表 6.9.3 样品的磁导率 μ 与磁场强度 H 数据表

H_i/ $(A \cdot m^{-1})$	μ/ $(\times 10^{-3}\ H \cdot m^{-1})$	H_i/ $(A \cdot m^{-1})$	μ/ $(\times 10^{-3}\ H \cdot m^{-1})$	H_i/ $(A \cdot m^{-1})$	μ/ $(\times 10^{-3}\ H \cdot m^{-1})$

【注意事项】

1. 实验前请开机预热 10 分钟。
2. 检查线路,确认接线正确才能开启电源;实验结束应先关闭电源,才能拆除接线。
3. 请勿将交流电源输出两端直接短接,以免损坏电源。

【思考题】

1. 铁磁物质的两个显著特征是什么?
2. 对于示波器的 X 调节和 Y 调节,是否分度值越小,实验结果越精确?

实验 6.10 普朗克常数的测定——光电效应

【实验目的】

(1) 了解光电效应的规律,加深对光的量子性的理解。
(2) 通过测量光电管对不同频率光的截止电压,测定普朗克常数。
(3) 测量光电管的伏安特性曲线。
(4) 学会验证饱和光电流和入射光强之间的关系。

【实验仪器】

ZKY-GD-4 智能光电效应(普朗克常数)实验仪。

仪器由汞灯及电源,滤色片(365,405,436,546,577 nm),光阑,光电管、智能实验仪构成,仪器结构如图 6.10.1 所示,实验仪的调节面板如图 6.10.2 所示。实验仪有手动和自动两种工作模式,具有数据自动采集、存储、实时显示采集数据、动态显示采集曲线(连接普通示波器,可同时显示 5 个存储区中存储的曲线)以及采集完成后查询数据的功能。

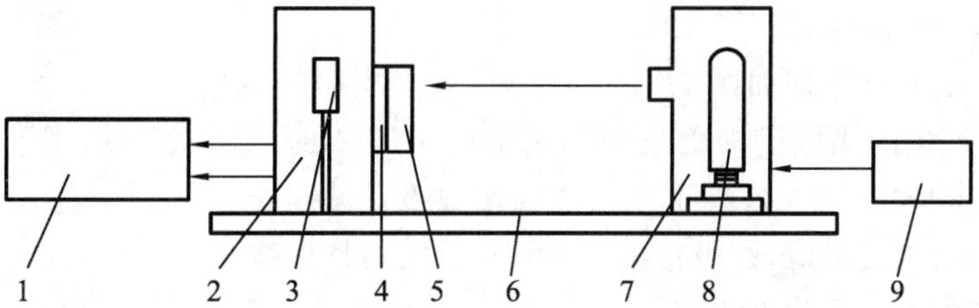

1—实验仪；2—光电管暗盒；3—光电管；4—光阑选择圈；5—滤色片选择圈；
6—基座；7—汞灯暗盒；8—汞灯；9—汞灯电源

图 6.10.1　仪器结构

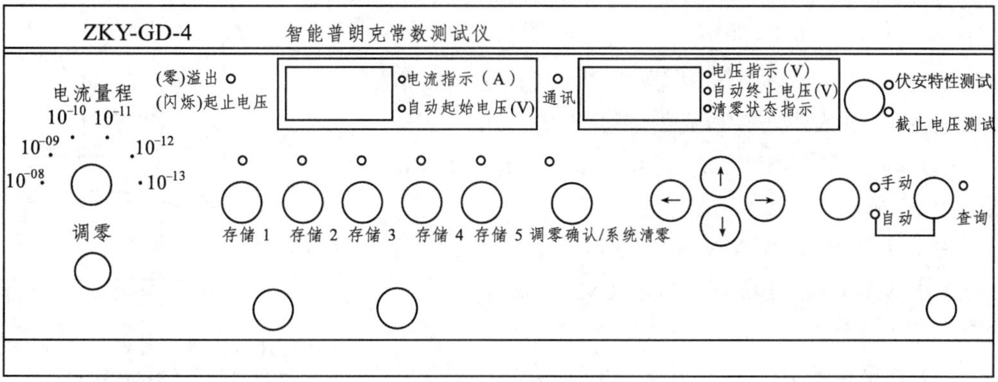

图 6.10.2　光电效应测试仪面板

【实验原理】

量子论是近代物理的基础之一，给予量子论以直观、鲜明物理图像的是光电效应。随着科学技术的发展，光电效应已广泛应用于工农业生产、国防和许多科技领域。普朗克常数是自然界中一个很重要的普适常数，可以用光电效应法简单而又较准确地求出。利用光电效应实验测量普朗克常数有助于我们了解量子物理学的发展以及认识光的本性。

光电效应是指一定频率的光照射在金属表面时会有电子从金属表面逸出的现象。按照爱因斯坦的光量子理论，光能并不像电磁波理论所想象的那样，分布在波阵面上，而是集中在被称为光子的微粒上，但这种微粒仍然保持着频率(或波长)的概念，频率为 ν 的光子具有能量 $E=h\nu$，h 为普朗克常数。当光子照射到金属表面上时，一次为金属中的电子全部吸收，而无须积累能量的时间。电子把这能量的一部分用来克服金属表面对它的吸引力，余下的就变为电子离开金属表面后的动能，按照能量守恒原理，爱因斯坦提出了著名的光电效应方程：

$$h\nu=\frac{1}{2}mv_0^2+A \tag{6.10.1}$$

式中：A 为金属的逸出功；$\frac{1}{2}mv_0^2$ 为光电子获得的初始动能。

由式(6.10.1)可见，入射到金属表面的光频率越高，逸出的电子动能越大。爱因斯坦的光量子理论成功地解释了光电效应规律。

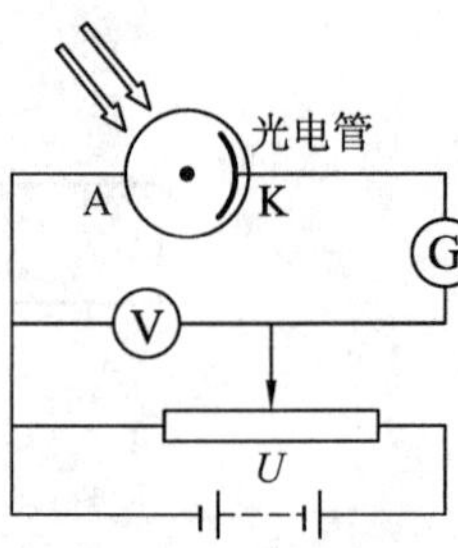

图 6.10.3　光电效应实验原理图

光电效应的实验原理如图 6.10.3 所示。入射光照射到光电管阴极 K 上，产生的光电子在电场的作用下向阳极 A 迁移构成光电流，改变外加电压 U，光电流 I 也会发生改变。测量出不同电压值对应的光电流的值，即可得出光电管的伏安特性曲线。

光电效应的基本实验事实如下：

(1) 对应于某一频率，光电效应的 I—U 关系如图 6.10.4 所示。从图中可见，对一定的频率，有一反向电压 U_0，当 $U \leqslant U_0$ 时，电流为零，这个相对于阴极的负值的阳极电压 U_0，被称为截止电压。

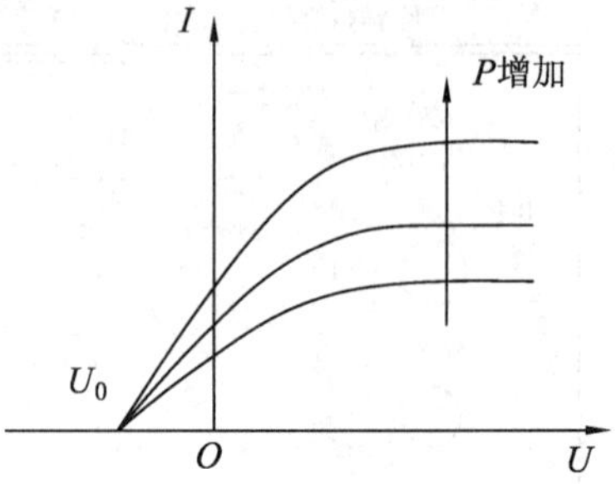

图 6.10.4　同一频率，不同光强时光电管的伏安特性曲线

(2) 当 $U \geqslant U_0$ 后，I 迅速增加，然后趋于饱和，饱和光电流 I_m 的大小与入射光的强度 P 成正比。

(3) 对于不同频率的光，其截止电压的值不同，如图 6.10.5 所示。

注　实际中，反向电流并不为零。图 6.10.4、图 6.10.5 中从零开始，是因为反向电流极小，仅为 10^{-13} ～ 10^{-14} 数量级，所以在坐标上反映不出来。

(4) 作截止电压 U_0 与频率 ν 的关系图（见图 6.10.6），U_0 与 ν 成正比关系。当入射光频率低于某极限值 ν_0（ν_0 为截止频率，随金属材料不同而异）时，不论光的强度如何，照射时间多长，都没有光电流产生。

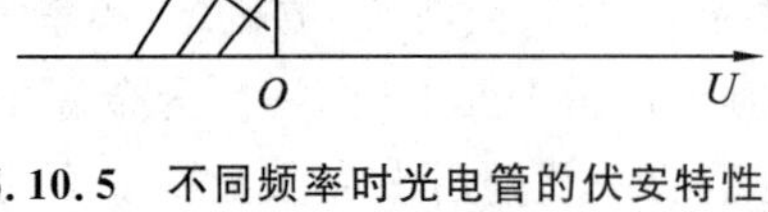

图 6.10.5　不同频率时光电管的伏安特性曲线

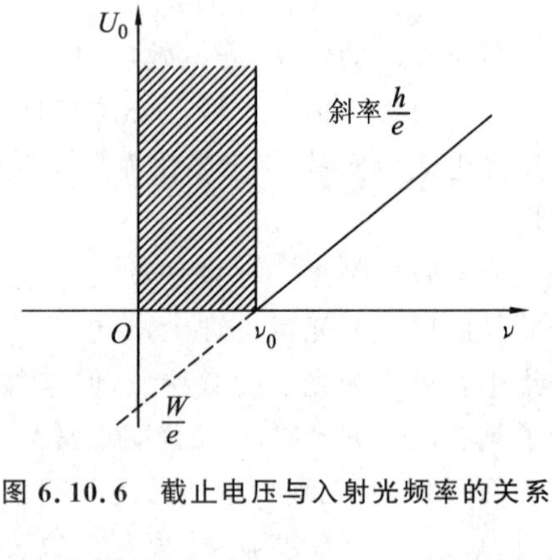

图 6.10.6　截止电压与入射光频率的关系

(5) 光电效应是瞬时效应。即使入射光的强度非常微弱，只要频率大于 ν_0，在开始照射后立即有光电子产生，所经过的时间至多为 10^{-9} 秒的数量级。

当阳极电位等于截止电压时，光电流减小为零，此时有关系：

$$eU_0 = \frac{1}{2}m\nu_0^2 \tag{6.10.2}$$

阳极电位高于截止电压后，随着阳极电位的升高，阳极对阴极发射的电子的收集作用越强，光电流随之上升；当阳极电压高到一定程度，已把阴极发射的光电子几乎全收集到阳极，再增加 U 时 I 不再变化，光电流出现饱和，饱和光电流 I_m 的大小与入射光的强度 P 成正比。

光子的能量 $h\nu_0 < A$ 时，电子不能脱离金属，因而没有光电流产生。产生光电效应的最低频率(截止频率)是 $\nu_0 = \dfrac{A}{h}$。

将式(6.10.2)代入式(6.10.1)可得

$$eU_0 = h\nu - A \tag{6.10.3}$$

此式表明截止电压 U_0 是频率 ν 的线性函数，直线斜率 $k = \dfrac{h}{e}$，只要用实验方法得出不同的频率对应的截止电压，求出直线斜率，就可算出普朗克常数 h。

但是需要指出，理论上测出各频率的光照射下阴极电流为零时对应的 U_0，其绝对值即该频率的截止电压，然而实际上由于光电管的阳极反向电流、暗电流、本底电流及极间接触电位差的影响，实测电流并非阴极电流，实测电流为零时对应的 U 也并非截止电压。

光电管制作过程中阳极往往被污染，沾上少许阴极材料，入射光照射阳极或入射光从阴极反射到阳极之后都会造成阳极光电子发射，U 为负值时，阳极发射的电子向阴极迁移构成了阳极反向电流。

暗电流和本底电流是热激发产生的光电流与杂散光照射光电管产生的光电流，可以在光电管制作或测量过程中采取适当措施以减小它们的影响。

极间接触电位差与入射光频率无关，只影响 U_0 的准确性，不影响 U_0—ν 直线斜率，对测定 h 无大影响。

由于本实验仪器的电流放大器灵敏度高，稳定性好；光电管阳极反向电流，暗电流水平也较低。在测量各谱线的截止电压 U_0 时，可采用零电流法，即直接将各谱线照射下测得的电流为零时对应的电压 U 的绝对值作为截止电压 U_0。此法的前提是阳极反向电流、暗电流和本地电流都很小，用零电流法测得的截止电压与真实值相差较小。且各谱线的截止电压都相差 ΔU，对 U_0—ν 曲线的斜率无大的影响，因此对 h 的测量不会产生大的影响。

【实验内容及数据处理】

普朗克常数的测定——光电效应(实验操作)

1. 准备

(1) 调整光电管与汞灯距离约 40 cm 并保持不变。

(2) 将汞灯盖上遮光盖、将光电管暗盒的光阑选择圈调整到任意两个光阑的中间位置，在此遮住光电管条件下，接通测试仪及汞灯电源，预热 20 分钟。

(3) 用专用连接线将光电管电压输入端与测试仪背板上电压输出端，红对红、蓝对蓝连接起来。

2. 测量截止电压(以 400 mm 距离，$\Phi 4$ 光阑为例)

(1) 选择手动工作模式及“截止电压测试”状态。

(2) 电流量程选择 10^{-13} A 挡。

(3) 电流表调零(只要电流量程换挡,就必须调零)。

① 将光电管暗箱电流输出端 K 与实验仪微电流输入端断开(断开连接测试仪一端)。

注 调零时,必须将光电管暗箱电流输出端 K 与实验仪微电流输入端断开,且必须断开连线的实验仪一端。

② 旋转"调零"旋钮,使电流表指示为 000.0。

③ 用高频匹配电缆(短 Q9 线,长 500 mm)将电流输入连接起来。

④ 按"调零确认/系统清零"键,电压表显示为−1.998 V,系统进入测试状态。

(4) 旋转光阑选择圈和滤色片选择圈,"$\Phi4$" 光阑及"365"滤色片调到"↓"下方,打开汞灯遮光盖。

注 先调光阑及滤光片后打开汞灯遮光盖,汞灯遮光盖测量时打开,停止测量就盖上,以防长时间照射光电管,降低灵敏度。

(5) 用"↑""↓"键调节电压的大小,用"→""←"键移动调节位。从小数点后第一位开始调节电压的大小(注意:在调节的过程中,当电流表出现正数时,表明在这一位电压已调到极限,该换下一位;换位前,电流表示值恢复为负值后,方可换到下一位。),直到电流表示值为零,停止对电压的调节,记下这个电压值的绝对值填入表 6.10.1。

(6) 旋转滤色片选择圈,依次换 405,436,546,577 nm 的滤色片,重复步骤(5),分别测量它们对应的截止电压,将截止电压的绝对值填入表 6.10.1。

(7) 完成后盖上汞灯的遮光盖,将光电管暗盒的光阑选择圈调整到任意两个光阑的中间位置。

表 6.10.1 测量截止电压

$L=$ ________ mm,光阑孔 $\Phi=$ ________ mm

波长 λ/nm	365.0	405.0	436.0	546.0	577.0
频率 $\nu/(\times10^{14}$ Hz)	8.22	7.41	6.88	5.49	5.20
截止电压 U_0/V					

(8) 求普朗克常数。

① 根据表 6.10.1 中的数据,以频率为横轴、截止电压为纵轴,在坐标纸上绘制 $\nu-U_0$ 曲线。

② 在直线上,距两端四分之一处各取一点,分别向横轴和纵轴作垂线,求出这两点 (ν_1,U_1) 和 (ν_2,U_2) 的坐标。

③ 由 $k=\dfrac{U_2-U_1}{\nu_2-\nu_1}$ 求出直线的斜率。

④ 由 $k=\dfrac{h}{e}$ 计算普朗克常数的值(普朗克常数的公认值是 $h=6.626\,176\times10^{-34}$ J·s)。

3. 测光电管的伏安特性曲线(以 400 mm 距离,$\Phi4$ 光阑为例)

(1) 选择"伏安特性测试"状态。

(2) 电流量程选择 10^{-10} A 挡。

(3) 电流表调零，操作过程同实验内容 2 的步骤(3)，此时电压表显示为 −1.0 V。

(4) 旋转光阑选择圈和滤色片选择圈，"$\Phi 4$" 光阑及"405"滤色片调到"↓"下方，打开汞灯遮光盖。

(5) 按电压值由小到大调节电压("←""→"调节位，"↑""↓"调节值的大小)，记录下不同的电压值及其对应的电流值，填入表 6.10.2。电压测量的最大范围为 −1～50 V，步长为 1 V。

(6) 以电压为横轴、电流为纵轴，在坐标纸上绘制光电管的伏安特性 I—U 曲线图。

表 6.10.2 测量光电管测伏安特性

$\lambda=$________ nm，$L=$________ mm

U_{AK}/V	−1	0	1	2	3	4	5	6	7	8	9	…
$I/(\times 10^{-10}$ A)												
U_{AK}/V												
$I/(\times 10^{-10}$ A)												

4. 验证饱和电流与入射光强成正比(选做)

(1) 电流量程选择 10^{-10} A 挡，并调零。

(2) 取 $U_{AK}=50$ V。

(3) 在 5 个滤光片中，选择其中之一(436 nm)进行测量：分别使用 2，4，8 mm 光阑时，记录对应的电流并填入表 6.10.3(注意：入射光的强度与入射面积也就是光阑的面积成正比)。

(4) 以光阑直径为横轴、电流为纵轴，在同一张坐标纸上绘制光电管对不同频率光的伏安特性 d—I 曲线图，从曲线的特点分析饱和电流与入射光强的关系。

表 6.10.3 饱和电流与入射光强关系

$U_{AK}=$________ V，$\lambda=$________ nm，$L=$________ mm

光阑孔 Φ/mm	2	4	8
$I/(\times 10^{-10}$ A)			

5. 验证入射光的强度与入射距离平方成反比(选做)

(1) 电流量程选择 10^{-10} A 挡，并调零。

(2) 取 $U_{AK}=50$ V。

(3) 在 5 个滤光片和 3 个光阑中，分别选择一个滤光片(436 nm)和一个光阑("$\Phi 4$"光阑)，取光电管与汞灯距离分别在 300～400 mm，每隔 20 mm 时，记录对应的电流值填入表 6.10.4。

(4) 以入射距离 $\frac{1}{r^2}$ 为横轴、电流为纵轴，在同一张坐标纸上绘制光电管对不同频率光的伏安特性 $\frac{1}{r^2}$—I 曲线图，从曲线的特点分析入射光强与入射距离平方的倒数的关系。

表 6.10.4　入射光强与入射距离关系

$U_{AK}=$ ________ V，$\lambda=$ ________ nm，$\Phi=$ ________ mm

入射距离 L/mm			
$I/(\times 10^{-10}$ A)			

【注意事项】

(1) 实验过程中，仪器暂不使用时，须将汞灯暗箱用遮光盖盖上，并将光电管光阑选择圈旋转到任意两个光阑中间的位置。使光电暗箱处于完全闭光状态，否则会减少光电管的使用寿命。

(2) 实验完成后，请将汞灯暗箱用遮光盖盖上，光电管光阑选择圈旋转到任意两个光阑中间的位置存放。

(3) 滤光片切勿用手去摸；切忌汞灯直接照射光电管。

(4) 如遇到环境湿度较大，应将光电管和微电流放大器进行干燥处理，以减少漏电流的影响。

【思考题】

(1) 何谓光电效应？如果一种物质逸出功为 2.0 eV，那么它做成光电管阴极时能探测的红限波长是多少？

(2) 光电子的能量随光强变化吗？光电流的大小随光强变化吗？

(3) 光电管的阴极选用脱出功小的光敏材料，阳极选用脱出功大的金属制造，为什么？

(4) 光电管的暗电流是如何产生的？本底电流是如何产生的？

实验 6.11　模拟法描绘静电场

【实验目的】

(1) 掌握模拟法描绘静电场的原理和方法。

(2) 加深对电场强度和电势概念的理解。

【实验仪器】

双层式结构静电场描绘仪(含模拟电极)、静电场描绘电源、模拟电极、游标卡尺。

实验装置主要由模拟静电场描绘电源、模拟电极及静电场描绘仪两部分组成。实验室常用的两种型号仪器介绍如下：

1. CE-N 型静电场描绘实验仪

如图 6.11.1 所示，描绘仪分上下两层，将坐标纸放入上层面板的夹板下，在电极水槽中放入适量的水(水须淹没电极)，然后将电极放入下层中。再将电极的接线端接入电源接线柱上，然后接通电源形成模拟场。测绘系统由同步上下探针组成，两探针由两根等长的金属片固定在探针座上，它们始终保持同步。当下探针在模拟场中探测出电场不同点的等势时，轻按上探针，扎孔为记，可在坐标纸上同步描绘出相应的等势点。静电场描绘仪电源面板如图 6.11.1 右部分所示，它可以提供 0～15 V 连续可调直流稳压源。

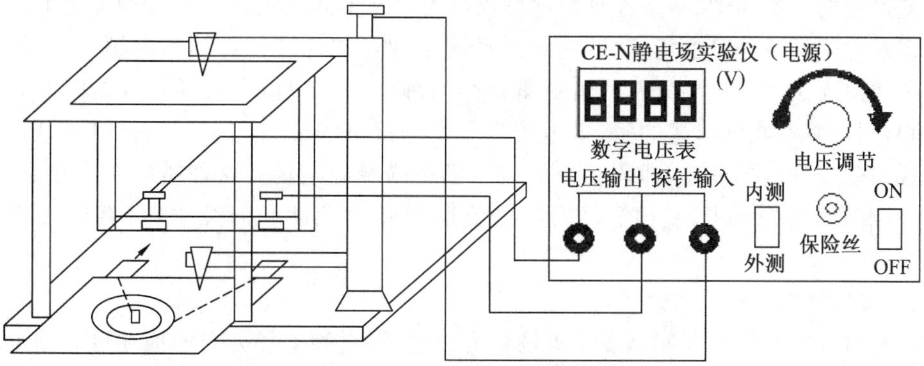

图 6.11.1 CE-N 型静电场描绘实验仪

2. GVZ-3 型静电场描绘实验仪

如图 6.11.2 所示，描绘仪(包括导电微晶、双层固定支架、同步探针等)的支架采用双层式结构，上层放记录纸，下层放导电微晶。电极已直接制作在导电微晶上，并将电极引线接出到外接线柱上，电极间制作有导电率远小于电极且各向均匀的导电介质。在导电微晶和记录纸上方各有一探针，通过金属探针臂把两探针固定在同一手柄座上，两探针始终保持在同一铅垂线上。移动手柄座时，可保证两探针的运动轨迹是一样的。由导电微晶上方的探针找到待测点后，按一下记录纸上方的探针，在记录纸上留下一个对应的标记。移动同步探针在导电微晶上找出若干电位相同的点，由此即可描绘出等位线。静电场描绘仪电源面板如图 6.11.2 左部分所示，它可以提供 7.00～13.00 V 连续可调直流稳压源。

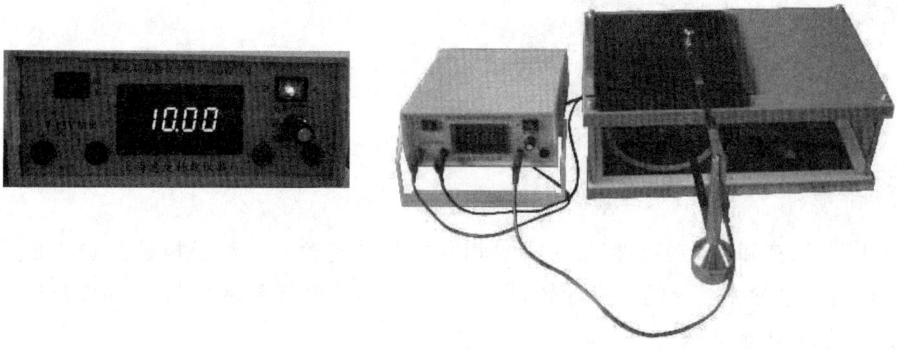

图 6.11.2 GVZ-3 型静电场描绘实验仪

接线如图 6.11.2 右部分所示：静电场专用稳压电源输出＋(红)接线柱用红色电线连接描绘架(红)、－(黑)接线柱用黑色电线连接描绘架(黑)接线柱。专用稳压电源探针输入＋(红色)接线柱用红色电线连接探针架连接线柱。将探针架好，并使探针下探头置于导电微晶电极上，启动电源开关，先“校正”，后“测量”。

【实验原理】

模拟法是一种用易于实现、便于测量的物理状态或过程，模拟不易实现、不便测量的状态或过程的方法，其基本条件是两种过程或现象在形式上或数学上有相似之处。对于带电体在空间形成的静电场，比较简单的情况可通过理论计算得到其电场分布，但大多数复杂情况无法求出电场分布的解析解。因为静电场和稳恒电流场具有相同形式的数学方程，因而具有相同形式的解，即电流场分布与静电场分布完全相似。因此可以采用模拟法来确定静电场分布，即用稳恒电流场模拟描绘静电场。这种实验方法在电缆、电子管、示波管、显像管和电子显微镜等电子束器件的设计和研究中，具有广泛的实用意义。

1. 模拟原理

静止电荷在其周围空间激发的电场称为静电场，对静电场分布的描述可以用电场强度矢量 $\boldsymbol{E}$ 和电势 U 来描述，也可以形象地用电场线和等势线(等势面)来描述。由于电场线与等势线(等势面)存在永远正交的关系，只要能够设法描绘出电场中的等势线(等势面)分布，就可以方便地描绘出电场的电场线分布图。而且标量在计算和测量方面比矢量要简单得多，所以我们先描绘出电势的分布，再根据电场线和等势面处处相互正交的关系描绘出电场强度矢量的分布。

为了克服直接测量静电场的困难，将带电体放到电介质里，维持带电体之间的电势差(电压)不变，介质里便会有恒定不变的电流，这样就可以直接用电压表测量介质中各点的电势值(相对于另一电极的电压)，再根据电势变化的最大方向(电势梯度)计算出电场强度。理论和实践证明，导电介质中恒定电流建立的电场(稳恒电流场)与静电场的规律完全相似，故用稳恒电流场去模拟静电场。

静电场和稳恒电流场尽管是两种不同的场，前者是静止电荷产生的，后者是运动电荷产生的，但都可以用电势和场强进行描述，且有 $\mathrm{E}=-\operatorname{grad} U$。

在无源区，静电场服从的规律：

$$\oiint_{s}\boldsymbol{E}\cdot\mathrm{d}\boldsymbol{S}=0,\quad \oint_{L}\boldsymbol{E}\cdot\mathrm{d}\boldsymbol{l}=0 \tag{6.11.1}$$

稳恒电流场服从的规律：

$$\oiint_{s}\boldsymbol{J}\cdot\mathrm{d}\boldsymbol{S}=0,\quad \oint_{L}\boldsymbol{J}\cdot\mathrm{d}\boldsymbol{l}=0 \tag{6.11.2}$$

由此可见，$\boldsymbol{E}$ 和 $\boldsymbol{J}$ 在各自区域中满足相同的数学规律。若稳恒电流场分布的空间内均匀地充满了电导率为 σ 的不良导体，则不良导体内的电场强度矢量 $\boldsymbol{E}$ 和电流密度矢量 $\boldsymbol{J}$ 有关，遵守欧姆定律：

$$J=\sigma E \tag{6.11.3}$$

静电场的电场线与等势线和稳恒电流场的电流线与等势线具有相似的分布，所以测绘稳恒电流场的电势分布，也就得到了静电场的电势分布。

2. 模拟案例

一对无限长的均匀带电共轴的圆柱体和圆筒，圆柱体 A 的半径为 r_A，圆筒 B 的内半径为 $r_B(r_A<r_B)$，带等量异号电荷，其间形成一静电场，如图 6.11.3 所示。设 B 接地 $U_B=0$，圆柱体 A 相对圆筒 B 的电势为 U_A，利用高斯定理及电势和场强的积分关系，可求得场中离轴线距离为 $r(r_A<r<r_B)$的任一点 P，电势为

$$U_P=U_{AB}\frac{\ln\frac{r_B}{r}}{\ln\frac{r_B}{r_A}} \tag{6.11.4}$$

由上式可知，等势面为许多同轴圆柱面，只要求出任一同轴圆柱面的电势分布就得到整个场的电势分布，从而可得整个电场分布。

接下来用一稳恒电流场来模拟这一静电场。设有一同轴电缆，芯线(电极)A 和共轴的金属圆柱面 B 之间的空间充以均匀的电介质，A，B 接在稳压电源上，A 接正，B 接负，使得 A，B 间的电压 U_{AB}大小等于上述静电场中的 U_A 的值，即 $U_{AB}=U_A$，这就在 A，B 间建立了一个稳恒电流场，如图 6.11.4 所示。利用欧姆定律可以证明，芯线(电极)A 和共轴的金属圆柱面 B 之间的空间中，任一点距轴线距离为 $r(r_A<r<r_B)$的 P'点的电势为

$$U_P{}'=U_{AB}\frac{\ln\frac{r_B}{r}}{\ln\frac{r_B}{r_A}} \tag{6.11.5}$$

故 $U_P{}'=U_P$，由此得出模拟场和静电场的电势分布完全相同，由此求出电场强度分布：

$$E'_P=-\frac{dU'_P}{dr}=\frac{U_{AB}}{\ln\frac{r_B}{r_A}}\cdot\frac{1}{r} \tag{6.11.6}$$

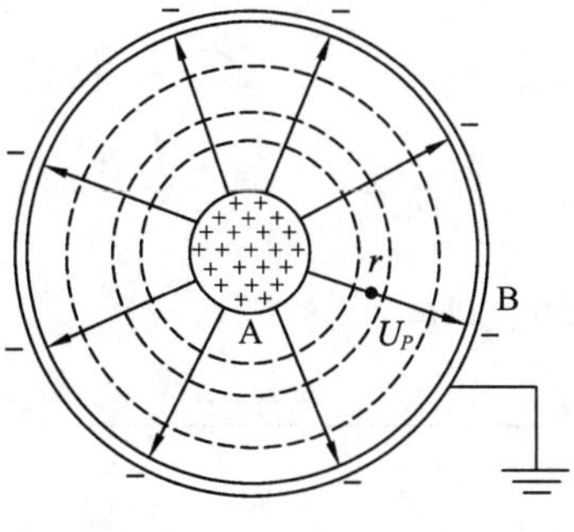

图 6.11.3　共轴带电圆柱体柱面间的电场分布

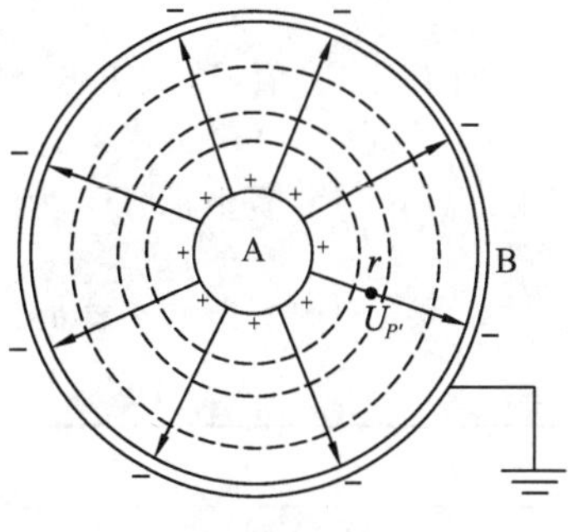

图 6.11.4　同轴电缆柱面间的电场分布

3. 模拟条件

使用模拟法有一定的条件和范围，不能随意推广，否则将会得到荒谬的结论。用稳恒电流场模拟静电场的条件可以归纳为下列 3 点：

(1) 稳恒电流场中的电极形状应与被模拟的静电场中的带电体几何形状相同。

(2) 稳恒电流场中的导电介质应是不良导体且电导率分布均匀，并满足 $\sigma_{电极} \gg \sigma_{电介质}$，才能保证电流场中的电极(良导体)的表面近似是一个等势面。本实验使用的导电介质是水。

(3) 模拟所用电极系统与被模拟电极系统的边界条件相同。

【实验内容及数据处理】

(1) 按图 6.11.1 或图 6.11.2 所示连接电路，将坐标纸铺平，在描绘仪上层装好。使用 CE-N 型静电场描绘实验仪时应注意：给同轴电缆的电极槽灌水，使水刚淹没电极(注意不能有气泡)，然后将其放入描绘仪下层。调节探针位置，使下探针与水接触良好，上探针与坐标纸相距 1～2 mm。

(2) 将“内测/外测”(或“校正/测量”)换向开关打向“内测”或“校正”，接通电源，调节电压调节旋钮，使输出电压为 10 V。

(3) 将“内测/外测”(或“校正/测量”)换向开关打向“外测”或“测量”，移动同步探针，找出电压为 10 V 的等势点，并在坐标纸上打孔，点与点的间距保持均匀，在 1 cm 左右。

(4) 接着分别找出电压为 0,2,4,6,8 V 的描绘点。以每条等势线上的点到原点的平均距离 r 为半径画出等势线的同心圆簇。

(5) 用游标卡尺测量圆柱电极的外直径 $2r_A$、圆筒电极的内直径 $2r_B$ 并记录。

(6) 换其他电极，重复步骤(1)～(4)。(选做)

(7) 数据处理。

① 用静电场描绘仪在坐标纸上打出 0,2,4,6,8,10 V 六条等势线的实验点。

② 将 0,2,4,6,8,10 V 的等势点连接成光滑的曲线，每条曲线上标上对应的电压值。

③ 根据等势线与电场线的关系，在垂直等势线方向上画出对称的 8 条电场线分布。

④ 用米尺测出每条等势线的半径 r。

a. 在每条等势线上的不同位置，测 5 个半径值，取其平均值 $\bar{r}_i$。

b. 将测得的半径值 $\bar{r}_i$ 和对应的电压值，填入表 6.11.1。

c. 计算 $\ln \frac{r_B}{\bar{r}_i}$ 值，填入表 6.11.1。

d. 以 $\ln \frac{r_B}{\bar{r}_i}$ 为横坐标、$U_{P'}$ 为纵坐标画出一条 $U_{P'}—\ln \frac{r_B}{\bar{r}_i}$ 曲线。

表 6.11.1　各等势线对应的电压及半径

$U_{AB}=$________，$2r_A=$________，$2r_B=$________

$U_{P'}$/V					
r/cm					
$\ln \frac{r_B}{\bar{r}_i}$					

【注意事项】

(1) 水槽由有机玻璃制成，切勿损坏；如果使用时摔裂，可用氯仿 $CHCL_3$ 滴到开裂处。

(2) 电极与铜导线保持良好接触，实验完后，将水槽中的自来水倒净空干。

【思考题】

(1) 在描绘同轴电缆的等势线簇时，如何正确确定圆形等势线簇的圆心，如何正确描绘圆形等势线？

(2) 等势线的疏密说明什么问题？

(3) 怎样由测得的等势线描绘电场线？电场线的疏密和方向如何确定？将极间电压的正负极交换一下，实验得到的等势线会有变化吗？

(4) 为什么水中不能有气泡？

(5) 电势测量时能否使用内阻小的电压表？

实验 6.12　音频信号光纤传输技术实验

【实验目的】

(1) 了解光纤通信的基本工作原理。

(2) 了解光纤通信中主要元器件的工作原理和部分特性。

(3) 调试传输音频信息的光纤通信实验系统。

【实验仪器】

TKGT-1 型光纤音频信号传输实验仪、函数信号发生器、双踪示波器。

【实验原理】

光纤传输系统由光纤信号发送端、传送光纤信号的传输介质光纤、光信号接收与处理端构成，如图 6.12.1 所示。

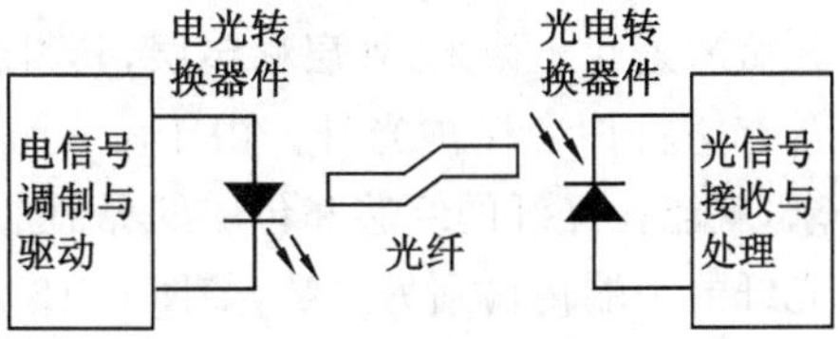

图 6.12.1　光纤传输系统

1. 光信号发送端

光信号发送端的功能是将待传输的电信号经电光转换器件转换为光信号，发送端电光转换器件一般采用发光二极管或半导体激光管，TKGT-1 型音频信号光纤传输实验仪的发送端电光转换器件采用 0.84 μm 的高度近红外半导体发光二极管。光信号发送端工作原理图如图 6.12.2 所示，发送端信号采用光强调制的方法。

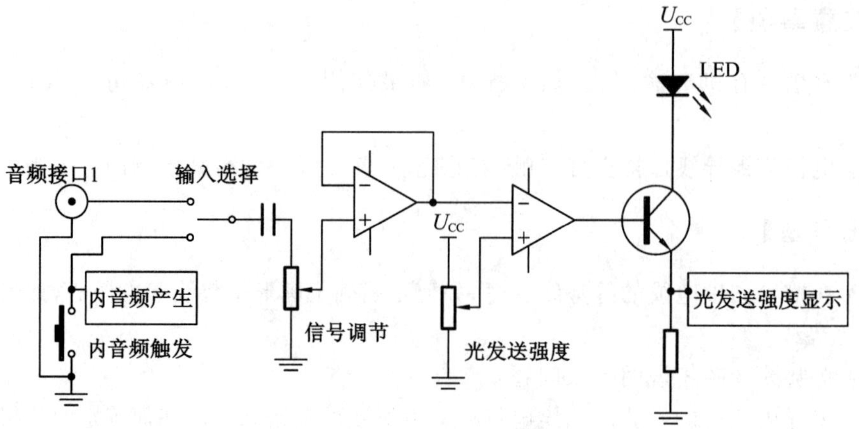

图 6.12.2　发送端工作原理图

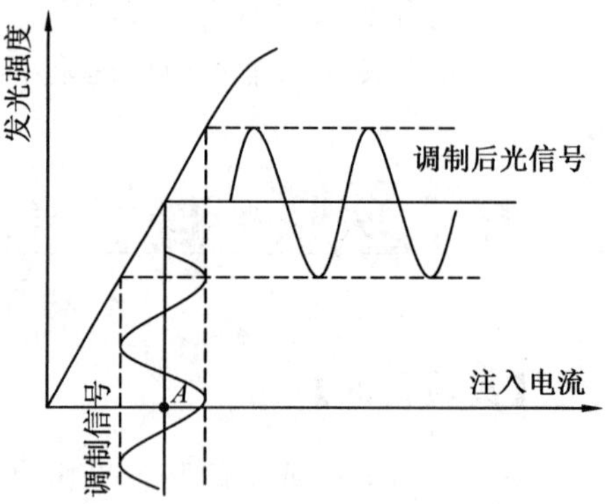

图 6.12.3　发光二极管的信号调制

“光发送强度”电位器可以调节发光二极管LED的静态驱动电流(0～20 mA),从而改变发光二极管的发射光功率。静态驱动电流调节范围为 0～20 mA,面板“发送光强度”对应显示值为 0～2 000 单位。当静态驱动电流较小时,发光二极管的发射光功率与静态驱动电流基本上呈线性关系。音频信号经电容、电阻网络及运放耦合到另一运放的负载入端,与发光二极管的静态驱动电流相叠加,使发光二极管发送随音频信号变化的光信号,光信号如图 6.12.3 所示。再由光纤耦合器将这一光信号传输到光纤中。

2. 传输光纤的工作原理

光纤是光导纤维的简称,是一种圆柱“光波导”。“光波导”是反映能够约束并引导光波在其内部或表面附近沿轴线方向传输的传输介质。常用光纤是由各种导光材料做成的纤维丝,有石英光纤、玻璃光纤和塑料光纤等多种,其结构分两层:内层为纤芯,直径为几微米到几十微米;外层称包层,其材料折射率 n_2 小于纤芯材料的折射率 n_1,包层外面常有塑料护套保护光纤。由于 $n_1>n_2$,只要入射于光纤头上的外来光满足一定角度要求,就能在光纤的纤芯和包层的界面上产生全反射,通过连续不断的全反射,光波就可从光纤的一端传输到另一端,如图 6.12.4 所示。

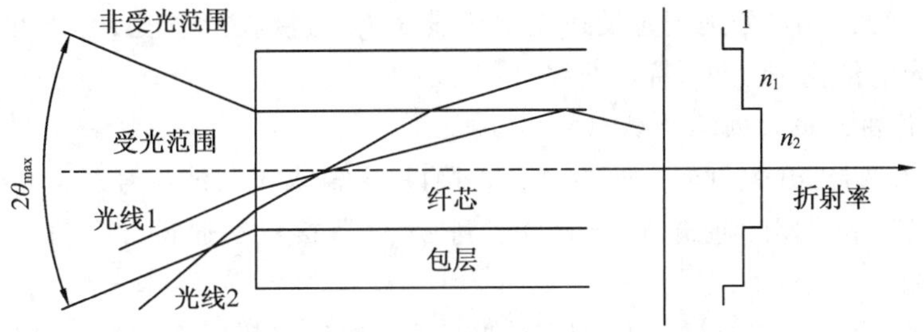

图 6.12.4　光纤传输工作原理图

3. 光信号接收端

光信号接收端的功能是将光信号经光电转换器件还原为相应的电信号，光电转换器件一般采用半导体光电二极管和雪崩光电二极管。组成光纤传输系统光源的发光波长必须与传输光纤呈现低损耗窗口的波段、光电检测器件的峰值响应波段匹配。TKGT-1型音频信号光纤传输实验仪接收端的光电转换器件采用峰值响应频率为 0.8～0.9 μm 的硅光电二极管，发送端电光转换器件采用中心发光波长为 0.84 μm 的高亮度近红外半导体发光二极管，传输光纤采用多模石英光纤，接收端光电转换器件采用峰值响应波长为 0.8～0.9 μm 的硅光电二极管。

图 6.12.5 是光信号接收端的工作原理图，传输光纤把从发送端发出的光信号通过光纤耦合器将光信号耦合到光电转换器件光电二极管，光电二极管把光信号转变为与之成正比的电流信号；光电二极管使用时应反向偏压，经运放的电流-电压转换，把光电流信号转换成与之成正比的电压信号，电压信号中包含的音频信号经电容电阻耦合到音频功率放大器驱动扬声器发声。光电二极管的频响一般较高，系统的高频响应主要取决于运放等的响应频率。光接收强度显示 0～2 000 单位对应静态电压范围为 0～20 mV。

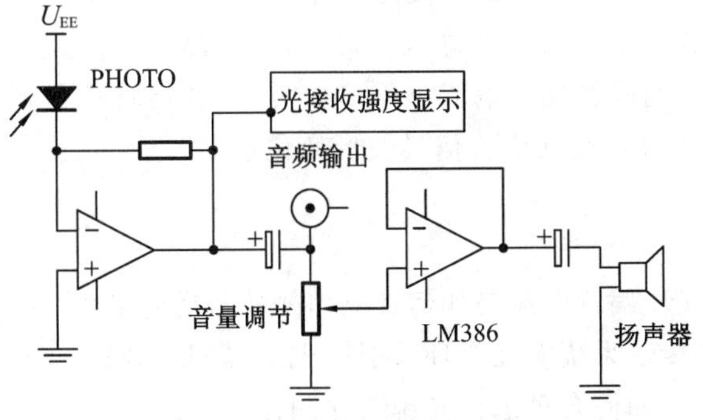

图 6.12.5　接收端的工作原理图

【实验内容及数据处理】

1. 光纤传输系统静态电光、光电传输特性测定

分别打开光发送端电源和光接收端电源，仪器面板上两个 $3\frac{1}{2}$ 位数字表头分别显示“发送光强度”和“接收光强度”。调节“发送光强度”电位器，每隔 200 单位(相当于改变

发光管驱动电流 2 mA)分别记录发送光驱动强度 I_D 与接收光强度 P_0，在坐标纸上绘制静态电光－光电传输 P_0-I_D 特性曲线。

2. 光纤传输系统的频响特性测定

(1) “输入选择”开关打向“外”，在“音频接口”上输入正弦波信号。

(2) 将双踪示波器的通道 Y_1(CH_1)连到“示波器接口”，通道 Y_2(CH_2)接到接收端“音频输出”端。

(3) 保持输入信号的幅度 1 V_{pp}不变，调节信号发生器频率(20 Hz～20 kHz)，记录信号频率变化时输出端信号幅度 V_0，绘制传输系统的幅度—频率特性曲线；从图中确定带宽(幅度降到峰值的 0.707 时的频率范围)。

3. LED 偏置电流与无失真最大调制幅度关系测定

(1) 将函数发生器的正弦波频率设定为 1 kHz，输入“音频幅度”调节电位器置于最大位置。

(2) 在 LED 偏置电流为 5 mA(500 单位)情况下，调节信号源输出幅度，使其逐步增加，同时在接收端“音频输出”处观察波形变化，直到波形出现截止现象时，记录下电压波形的峰-峰值。

(3) 在 LED 偏置电流为 6,7,8,9,10 mA 情况下，重复(2)；确定 LED 在不同偏置电流下光功率的最大调制幅度 u_{pp}。

4. 多种波形光纤传输实验

分别将方波信号和三角波信号输入音频接口，改变输入频率，从接收端观察输出波形变化情况，记录输入信号频率变化时输出信号幅度的变化，分别测定系统的低频和高频截止频率。在数字光纤传输系统中往往采用方波来传输数字信号。

5. 音频信号光纤传输实验

(1) 将“输入选择”打向“内”，调节发送光强度电位器改变发送端 LED 的静态偏置电流。按下“内音频触发”按钮，在接收端收听语音片的音乐声。

(2) 观察当 LED 的静态偏置电流小于多少时，音频传输信号产生明显失真，分析原因，并同时在示波器中分析观察语音信号波形变化情况。

【思考题】

(1) 本实验中 LED 偏置电流是如何影响信号传输质量的？

(2) 本实验中光传输系统哪几个环节引起光信号的衰减？

(3) 光传输系统中如何合理选择光源与探测器？

(4) 光电二极管在工作时应正偏压还是负偏压，为什么？

实验 6.13 弗兰克-赫兹实验

【实验目的】

通过测定氩原子等元素的第一激发电位(即中肯电位),证明原子能级的存在。

【实验仪器】

ZKY-FH-2 智能弗兰克-赫兹实验仪。

1. *弗兰克-赫兹实验仪面板说明*

(1) 弗兰克-赫兹实验仪前面板。如图 6.13.1 所示,弗兰克-赫兹实验仪前面板以功能划分为 8 个区:

① 区是弗兰克-赫兹管各输入电压连接插孔和板极电流输出插座。

② 区是弗兰克-赫兹管所需激励电压的输出连接插孔,其中左侧输出孔为正极,右侧为负极。

③ 区是测试电流指示区:四位七段数码管指示电流值;四个电流量程挡位选择按键用于选择不同的最大电流量程挡;每一个量程选择同时备有一个选择指示灯指示当前电流量程挡位。

④ 区是测试电压指示区:四位七段数码管指示当前选择电压源的电压值;四个电压源选择按键用于选择不同的电压源;每一个电压源选择都备有一个选择指示灯指示当前选择的电压源。

⑤ 区是测试信号输入输出区:电流输入插座输入弗兰克-赫兹管板极电流;信号输出和同步输出插座可将信号送示波器显示。

⑥ 区是调整按键区,用于改变当前电压源电压设定值,设置查询电压点。

⑦ 区是工作状态指示区:通信指示灯指示实验仪与计算机的通信状态;启动按键与工作方式按键共同完成多种操作。

⑧ 区是电源开关。

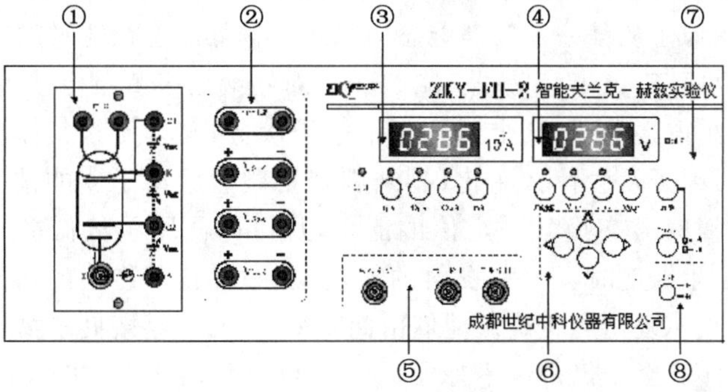

图 6.13.1 弗兰克-赫兹实验仪面板示意图

(2) 弗兰克-赫兹实验仪后面板。弗兰克-赫兹实验仪后面板上有交流电源插座，插座上自带有保险管座；如果实验仪已升级为微机型，则通信插座可连计算机，否则该插座不可使用。

2. 基本操作

(1) 弗兰克-赫兹实验仪连线说明。在确认供电电网电压无误后，将电源连线插入后面板的电源插座中。

(2) 开机后的初始状态。开机后，实验仪面板状态显示如下：

① 实验仪"1 mA"电流挡位指示灯亮，表明此时电流的量程为 1 mA 挡；电流显示值为 0000. $\times 10^{-7}$ A(若最后一位不为 0，属正常现象)。

② 实验仪"灯丝电压"挡位指示灯亮，表明此时修改的电压为灯丝电压；电压显示值为 000.0 V；最后一位在闪动，表明现在修改位为最后一位。

③ "手动"指示灯亮，表明此时实验操作方式为手动操作。

(3) 变换电流量程。如果想变换电流量程，则按下在③区中的相应电流量程按键，对应的量程指示灯点亮，同时电流指示的小数点位置随之改变，表明量程已变换。

(4) 变换电压源。如果想变换不同的电压，则按下在④区中的相应电压源按键，对应的电压源指示灯随之点亮，表明电压源变换选择已完成，可以对选择的电压源进行电压值设定和修改。

(5) 修改电压值。按下前面板⑥区上的"←/→"键，当前电压的修改位将进行循环移动，同时闪动位随之改变，以提示目前修改的电压位置；按下面板上的"↑/↓键"，电压值在当前修改位递增/递减一个增量单位。

(6) 注意：

① 如果当前电压值加上一个单位电压值的和值超过了允许输出的最大电压值，再按下"↑"键，电压值只能修改为最大电压值。

② 如果当前电压值减去一个单位电压值的差值小于零，再按下"↓"键，电压值只能修改为零。

【实验原理】

1913 年，丹麦物理学家玻尔(N. Bohr)提出了一个氢原子模型，并指出原子存在能级。该模型在预言氢光谱的观察中取得了显著的成功。根据玻尔的原子理论，原子光谱中的每根谱线表示原子从某一个较高能态向另一个较低能态跃迁时的辐射。1914 年，德国物理学家弗兰克(J. Franck)和赫兹(G. Hertz)对勒纳用来测量电离电位的实验装置做了改进，他们同样采取慢电子(几个到几十个电子伏特)与单元素气体原子碰撞的办法，但着重观察碰撞后电子发生什么变化(勒纳则观察碰撞后离子流的情况)。通过实验测量，电子和原子碰撞时会交换某一定值的能量，且可以使原子从低能级激发到高能级。直接证明了原子发生跃变时吸收和发射的能量是分立的、不连续的，证明了原子能级的存在，从而证明了玻尔理论的正确。他们由此获得了 1925 年诺贝尔物理学奖。

弗兰克-赫兹实验至今仍是探索原子结构的重要手段之一，实验中用的"拒斥电压"筛去小能量电子的方法，已成为广泛应用的实验技术。

1. 激发电位

玻尔提出的原子理论指出：

(1) 原子只能较长地停留在一些稳定状态（简称为定态）。原子在这些状态时，不发射或吸收能量；各定态有一定的能量，其数值是彼此分隔的。原子的能量不论通过什么方式发生改变，它只能从一个定态跃迁到另一个定态。

(2) 原子从一个定态跃迁到另一个定态而发射或吸收辐射时，辐射频率是一定的。如果用 E_m 和 E_n 分别代表有关两定态的能量，辐射的频率 ν 决定于如下关系：

$$h\nu=E_m-E_n \tag{6.13.1}$$

式中：普朗克常数 $h=6.63\times10^{-34}\ \mathrm{J\cdot s}$。

为了使原子从低能级向高能级跃迁，可以通过具有一定能量的电子与原子相碰撞进行能量交换的办法来实现。

设初速度为零的电子在电位差为 U_0 的加速电场作用下，获得能量 eU_0。当具有这种能量的电子与稀薄气体的原子（比如氩原子）发生碰撞时，就会发生能量交换。如以 E_1 代表氩原子的基态能量、E_2 代表氩原子的第一激发态能量，那么当氩原子吸收从电子传递来的能量恰好为

$$eU_0=E_2-E_1 \tag{6.13.2}$$

时，氩原子就会从基态跃迁到第一激发态，而且相应的电位差称为氩的第一激发电位（或称为氩原子的"中肯电位"）。测定出这个电位差 U_0，就可以根据式(6.13.2)求出氩原子的基态和第一激发态之间的能量差（其他元素气体原子的第一激发电位亦可依此法求得）。

弗兰克-赫兹实验的原理图如图 6.13.2 所示。在充满氩气的弗兰克-赫兹管中，U_H 给灯丝加热时，热阴极的氧化层发射电子，第一栅极 G_1 与阴极 K 之间加上 1.5～2 V 的电压 U_{G_1K}，其作用是消除空间电荷对阴极散射电子的影响。第二栅极 G_2 和阴极 K 之间的加速电压 U_{G_2K} 使电子加速。在板极 A 和第二栅极 G_2 之间加有反向拒斥电压 U_{G_2A}。管内空间电位分布如图 6.13.3 所示。当电子通过 KG_2 空间进入 G_2A 空间时，如果有较大的能量（$\geqslant eU_{G_2A}$），就能冲过反向拒斥电场而到达板极 A 形成板极电流，由微电流计 μA 表检出。如果电子在 KG_2 空间与氩原子碰撞，把自己一部分能量传给氩原子而使后者激发的话，电子本身所剩余的能量就很小，以致通过第二栅极后已不足以克服拒斥电场而折回到第二栅极，这时，通过微电流计 μA 表的电流将显著减小。

实验时，使 U_{G_2K} 电压逐渐增加并仔细观察电流计的电流指示，如果原子能级确实存在，而且基态和第一激发态之间有确定的能量差的话，就能观察到如图 6.13.4 所示的 I_A—U_{G_2K} 曲线。

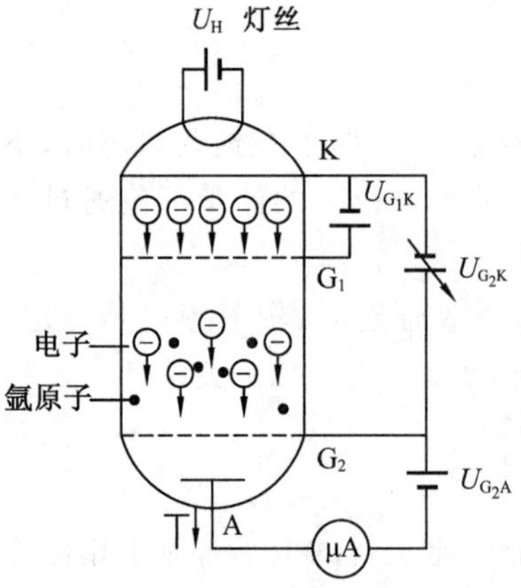

图 6.13.2　弗兰克-赫兹实验原理图

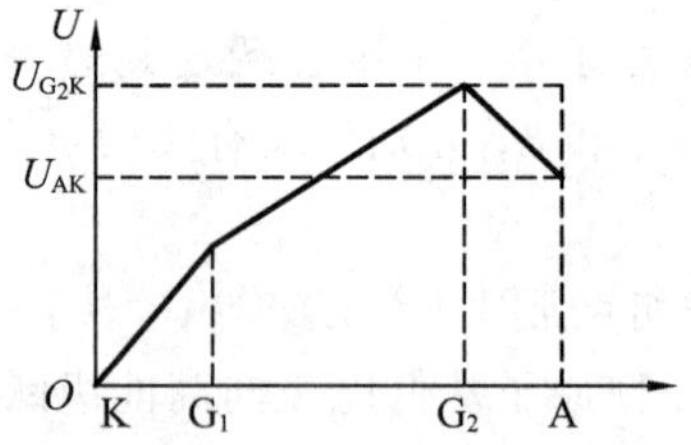

图 6.13.3　弗兰克-赫兹管管内空间电位分布

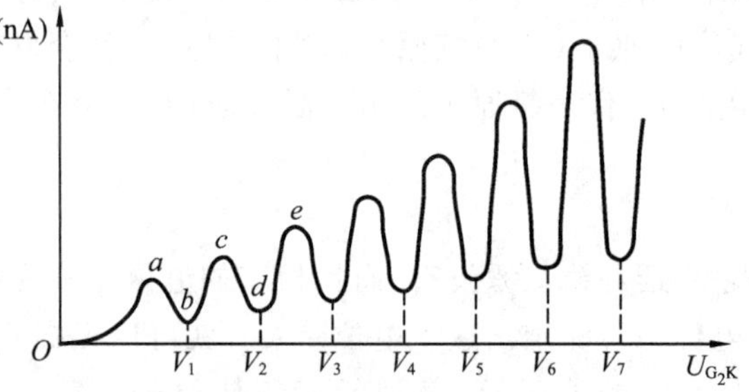

图 6.13.4　弗兰克-赫兹管的 I_A—U_{G_2K} 曲线

图 6.13.4 所示的曲线反映了氩原子在 KG_2 空间与电子进行能量交换的情况。当 KG_2 空间电压逐渐增加时，电子在 KG_2 空间被加速而取得越来越大的能量。在起始阶段，由于电压较低，电子的能量较少，即使在运动过程中它与原子相碰撞也只有微小的能量交换(为弹性碰撞)。穿过第二栅极的电子所形成的板极电流 I_A 将随第二栅极电压 U_{G_2K} 的增加而增大(图 6.13.4 的 Oa 段)。当 KG_2 间的电压达到氩原子的第一激发电位 U_0 时，电子在第二栅极附近与氩原子相碰撞，将自己从加速电场中获得的全部能量交给氩原子，并且使氩原子从基态激发到第一激发态。而电子本身由于把全部能量给了氩原子，即使穿过了第二栅极也不能克服反向拒斥电场而被折回第二栅极(被筛选掉)。所以板极电流将显著减小(图 6.13.4 的 ab 段)。随着第二栅极电压的增加，电子的能量也随之增加，在与氩原子相碰撞后还留下足够的能量，可以克服反向拒斥电场而达到板极 A，这时电流又开始上升(图 6.13.4 的 bc 段)。直到 KG_2 间电压是氩原子的第一激发电位的 2 倍时，电子在 KG_2 间又会因二次碰撞而失去能量，因而又会造成第二次板极电流的下降(图 6.13.4 的 cd 段)，同理，凡在

$$U_{G_2K}=nU_0 \quad (n=1,2,3) \tag{6.13.3}$$

时板极电流 I_A 都会相应下跌，形成规则起伏变化的 I_A—U_{G_2K} 曲线。而各次板极电流 I_A 下降相对应的阴、栅极电压差 U_{n+1}—U_n 应该是氩原子的第一激发电位 U_0。

本实验就是要通过实际测量来证实原子能级的存在，并测出氩原子的第一激发电位(公认值为 $U_0=11.61$ V)。

如果弗兰克-赫兹管中充以其他元素，则可以得到它们相应的第一激发电位，如表6.13.1所示。

表 6.13.1 几种元素的第一激发电位

元素	钠(Na)	钾(K)	锂(Li)	镁(Mg)	汞(Hg)	氦(He)	氖(Ne)
U_0/V	2.12	1.63	1.84	3.2	4.9	21.2	18.6

【实验内容及数据处理】

1. 准备工作

(1) 按照图 6.13.5 所示，连接好各组工作电源线(注：先不要开电源，先按图示检查线路的连接，确认无误后再打开电源)。

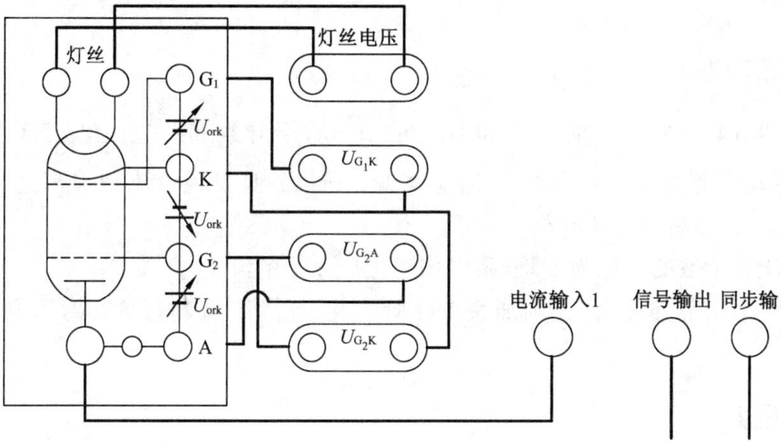

图 6.13.5 接线图

(2) 打开电源，将实验仪预热 20～30 分钟。

(3) 检查开机后的初始状态如下，确认仪器工作正常：

① 实验仪的"1 mA"电流挡位指示灯亮，电流显示值为 0000.(10^{-7} A)。

② 实验仪的"灯丝电压"挡位指示灯亮，电压显示值为 000.0(V)。

③ "手动"指示灯亮。

2. 手动测试

(1) 按"手动/自动"键，将仪器设置为"手动"工作状态。

(2) 按下相应电流量程键，设定电流量程(电流量程可参考机箱盖上提供的数据)。

(3) 用电压调节键"←""→"调节位，"↑""↓"调节值的大小，设定灯丝电压 U_F、第一加速电压 U_{G_1K}、拒斥电压 U_{G_2A} 的值(设定值可参考机箱盖上提供的数据)。

(4) 按下"启动"键和"U_{G_2K}"挡位键，实验开始。

用电压调节键"↑""↓""←""→"，从 0.0 V 开始，按步长 1 V 的电压值调节电压源 U_{G_2K}，并记录下 U_{G_2K} 的值和对应的电流值 I_A。同时可用示波器观察板极电流 I_A 随电压 U_{G_2K} 的变化情况。

为保证实验数据的唯一性，U_{G_2K}的值必须从小到大单向调节，不可在过程中反复；在表 6.13.2 中记录完成最后一组数据后，立即按下“启动”键将 U_{G_2K} 电压快速归零。

表 6.13.2 数据记录

测试条件：U_F＝________V，U_{G_1K}＝________V，U_{G_2A}＝________V

U_{G_2K}/V	1	2	3	4	5	6	7	8	9	10	11	12	…	82
$I_A/10^{-10}$ A														

（5）测试结束后的数据处理：

① 在坐标纸上描绘以 U_{G_2K}为横坐标、板极电流 I_A 为纵坐标的 $I_A-U_{G_2K}$曲线图。

② 利用逐差法计算相邻峰值电压以及相邻谷值电压的平均间距 $U_{0峰}$ 和 $U_{0谷}$，并求出其平均值$\overline{u}_0$，将实验值 $\overline{u}_0$ 与氩的第一激发电位 $U_0=11.61$ V 比较，计算相对误差，并写出结果表达式。

【注意事项】

（1）在调节 U_H 和 U_{G_2K}时，U_H 和 U_{G_2K}的值过大会导致弗兰克-赫兹管（电子管）电离，电离以后电子管电流会自发增大，直至烧毁。所以一旦发现电流$|I_A|$超过 100 nA 时应迅速关机，5 分钟后再重新开机。

（2）电流表读数的单位为安培，乘以倍率之后才是电流 I_A 的值。

（3）灯丝电压不宜过高，否则加快 FH 管老化；U_{G_2K}不宜超过 85 V，否则管子易被击穿。

【思考题】

（1）分别说明灯丝电压 U_F、第一加速电压 U_{G_1K}、第二栅极电压 U_{G_2K} 以及拒斥电压 U_{G_2A}的作用。

（2）随着第二栅极电压 U_{G_2K}的逐渐增大，氩原子在 KG_2 空间与电子是如何进行能量交换的？

（3）为什么 $I_A-U_{G_2K}$曲线上的各谷底电流会随 U_{G_2K}的增大而增大？

（4）在 $I_A-U_{G_2K}$曲线上，为什么第一个峰值电压的数值不恰好在氩原子第一激发电位 U_0 的附近？

实验 6.14 密立根油滴实验

【实验目的】

（1）掌握密立根油滴实验的设计思想、实验方法和实验技巧。

（2）验证电荷的量子化并测定基本电荷电量。

(3) 通过对实验仪器的调整,油滴的选择、跟踪、测量以及实验数据处理等,培养学生严谨的科学实验态度。

【实验仪器】

P67101 型密立根油滴仪。

1. 仪器概述

油滴仪的基本结构由油滴盒、油滴照明装置、调平系统、测量显微镜、计时器、供电电源、喷雾器等部分组成,如图 6.14.1 所示。

1—油滴盒(在防风罩); 2—有机玻璃防风罩; 3—有机玻璃油雾室; 4—调平螺丝; 5—CCD 测量显微镜; 6—数字电压表; 7—电压调节旋钮; 8—工作电压控键开关; 9—数字计时器; 10—计时/复位按钮; 11—CCD; 12—监视器

图 6.14.1　P67101 型密里根油滴仪

油滴盒是用两块经过精磨的平行极板(上、下电极板)中间垫上绝缘环组成的,平行极板间的距离为 d,绝缘环上有照明发光二极管进光孔、显微镜观察孔,油滴盒放在有机玻璃放风罩中,上电极板中央有一个直径为 0.4 mm 的小孔,油滴从“油雾室”经过油雾孔落入小孔,进入上、下电极之间,如图 6.14.2 所示。油滴由高亮度发光二极管照明,测量显微镜中就可以观察到油滴的散射光线。

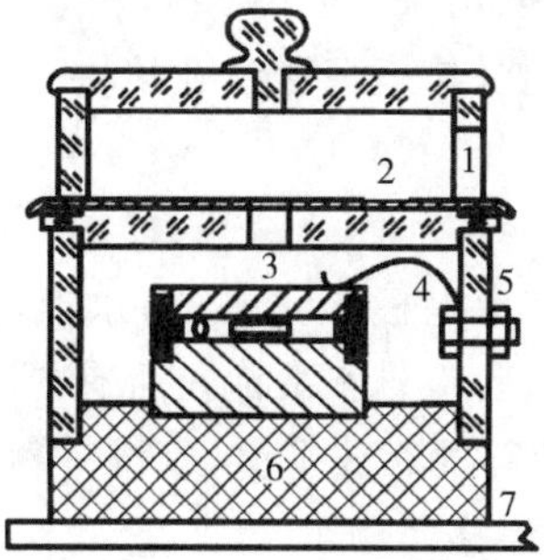

1—喷雾口; 2—油雾口开关; 3—油雾孔; 4—上电极板压簧;
5—外接电源插孔; 6—油滴盒基座; 7—油滴仪板面

图 6.14.2　油滴盒

油滴盒可用“调平螺丝”调节水平，并由“水准泡”进行检查。

油滴盒防风罩前装有测量显微镜，通过绝缘环上的观察孔观察平行极板间的油滴。目镜头中装有分化板，其垂直总刻度相当于线视场中的 0.300 cm(每小格 0.050 cm)，用以测量油滴运动的距离 l，视场所见分划板的刻度如图 6.14.3 所示，测量油滴运动的距离 l 一般取中间四格。分划板中间的横向刻度尺是用来测量布朗运动的。

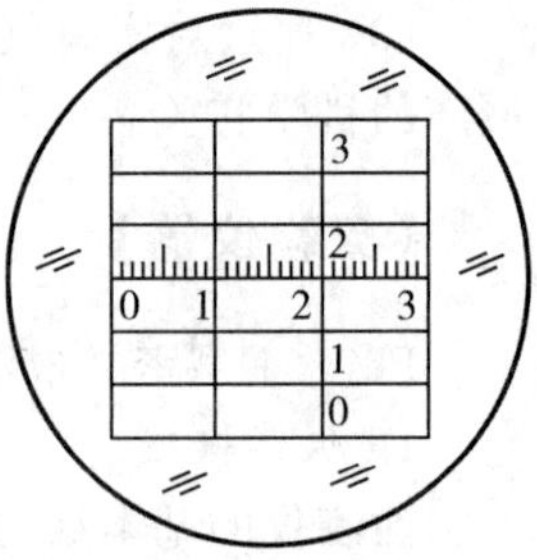

图 6.14.3　分划板

油滴的运动时间由数字计时器计时。

电压部分提供三种电压：

(1) 500 V 直流工作电压：接平行极板，使两极板间产生电场。该电压由“工作电压调节旋钮”连续调节，电压值从“数字电压表”上读出，并受“工作电压选择开关”控制，开关分三挡：

① “平衡”挡：提供极板间平衡电压(在用非平衡法实验时，稍微偏离平衡位置)。

② “下落”挡：去除平衡电压，使油滴自由下落。

③ “提升”挡：在平衡电压上叠加了一个 200 V 左右的提升电压，将油滴从视场的下端提升上来，再次测量。

(2) 200 V 左右的提升电压。

(3) 5 V 的数字电压表、数字计时器、发光二极管等的电源电压。

2. 使用注意事项

1) 关于实验油的问题

要做好密立根油滴实验，油是很重要的。对油的要求有 5 条：① 油要纯净；② 油的黏滞系数随温度的变化要小；③ 油在雾化时要容易带电，但带的电荷量不多；④ 油的挥发性要小；⑤ 油的密度随温度变化要小。

2) 关于喷雾器和喷雾方法

随机提供的喷雾器是和实验油相配套使用的，其优点是雾化的油滴大小合适，并且比较均匀，没有特别大的油滴。

喷雾时喷雾器应竖拿，喷雾器对准油雾室的喷雾口，轻轻喷入少许油液即可。切勿将喷雾器插入油雾室，甚至将油倒出来，更不应该将油雾室拿掉后对准上电极板落油小孔喷油；否则会把油滴盒周围搞脏，甚至把落油孔堵塞。如能正确喷雾，油滴盒周围无需经常擦洗。

3) 关于油滴漂移问题

(1) 水准泡是用来检查油滴盒电极板水平的，水准泡在出厂前已经调整好，使用日久，如果油滴向左右或前后漂移，要检查水准泡是否有松动。

(2) 检查上电极板和绝缘环有没有放平整，有没有翘起来，否则油滴所受的电场力和重力不在一条直线上，油滴就要漂移。

(3) 观察空气通过观察孔的对流情况，检查室内有无较大的风源。

上述前两项使油滴产生定向漂移，第三项使油滴产生乱漂移。用户可根据油滴的漂移现象，找出原因，进行排除。

【实验原理】

密立根油滴实验是近代物理学发展史上一个很重要的实验，由美国实验物理学家 R. A. 密立根首先设计并完成了这一实验。该实验证明了任何带电体所带的电荷量是某一最小电荷——基本电荷($e=1.6\times10^{-19}$ C)的整数倍，明确了电荷的不连续性，并精确地测定了基本电荷的数值，为从实验上测定其他一些基本物理量提供了可能。该实验原理还可用于测量粉尘所带的电荷量，这对静电除尘、静电分选、静电复印、静电喷雾等应用领域有着十分重要的意义，从而显示出密立根油滴实验在工业和科学研究中的广泛应用前景。

利用密立根油滴仪测定电子电量，关键在于测出油滴的带电量，测定油滴的带电量通常有两种方法：静态(平衡)测量法和动态(非平衡)测量法。前者的测量原理、实验操作和数据处理都较简单，本实验采用静态(平衡)法测量。

用喷雾器将油滴喷入电容器两块相距为 d 的水平放置平行电极板之间，油滴经喷射后，一般都是带电的。设油滴的质量为 m，所带的电荷为 q，两极板间的电压为 U，则油滴在平行极板间将同时受到重力 mg 和静电场力 qE 和空气浮力 F_f 的作用，如图 6.14.4 所示。如果调节两极板间的电压 U，可使三力达到平衡，这时

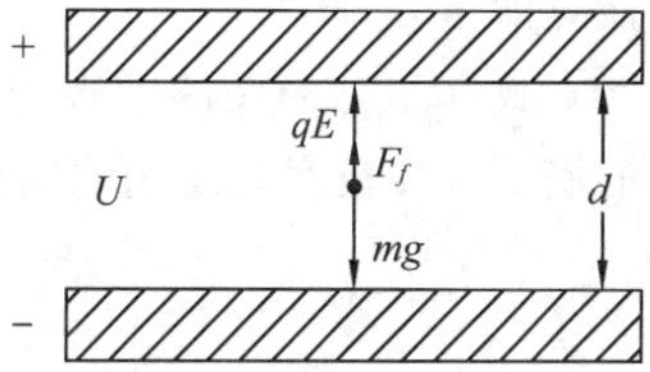

图 6.14.4 电场中油滴受力情况

$$mg=qE+F_f=q\frac{U}{d}+F_f \tag{6.14.1}$$

从上式可见，为了测出油滴所带的电量 q，除了需测定 U 和 d 外，还需要测量油滴质量 m。因 m 很小，需用如下特殊方法测定。

平行极板不加电压时，油滴受重力作用而加速下降，除受空气浮力作用外，还受空气黏滞阻力的作用，黏滞力可由斯托克斯定律给出：

$$f_r=6\pi\eta a v_g$$

下降一段距离达到某一速度 v_g 后，空气黏滞阻力 f_r、空气浮力 F_f 与重力 mg 平衡，油滴将匀速下降。油滴匀速下降时

$$f_r=6\pi a\eta v_g=mg-F_f \tag{6.14.2}$$

式中：η 是空气的黏滞系数；a 是油滴的半径(由于表面张力的原因，油滴总是呈小球状)。

设油滴的密度为 ρ_0，空气的密度为 ρ'，则油滴的质量 m 、空气浮力 F_f 可表示为

$$m=\frac{4}{3}\pi a^3\rho_0 \tag{6.14.3}$$

$$F_f=\frac{4}{3}\pi a^3\rho' g \tag{6.14.4}$$

由式(6.14.2)、式(6.14.3)、式(6.14.4)得油滴半径

$$a=\sqrt{\frac{9\eta v_g}{2\rho g}} \tag{6.14.5}$$

式中，$\rho=\rho_0-\rho'$(可忽略空气密度，有 $\rho=\rho_0$)。对于半径小到 10^{-6} 米的油滴小球，与空气分子的间隙相当，空气已不能看成是连续介质，空气的黏滞系数应做如下修正：

$$\eta' = \frac{\eta}{1+\frac{b}{Pa}}$$

此时的斯托克斯定律应修正为

$$f_r = \frac{6\pi a \eta v_g}{1+\frac{b}{Pa}}$$

式中：b 为修正常数，$b=6.17\times10^{-6}$ m·cmHg；P 为大气压强，单位为 cmHg。

根据修正后的黏滞阻力公式，得油滴半径为

$$a = \sqrt{\frac{9\eta v_g}{2\rho g}\frac{1}{1+\frac{b}{Pa}}} \tag{6.14.6}$$

上式根号中还包含油滴的半径 a，由于它处在修正项中，故无需十分精确，用式(6.14.5)计算即可。

式(6.14.6)中的油滴匀速下降的速度 v_g，可用下法测出：在平行板未加电压时，测出油滴下降 l 长度时所用的时间 t_g，即可知

$$v_g = \frac{l}{t_g} \tag{6.14.7}$$

将式(6.14.7)、式(6.14.6)、式(6.14.3)、式(6.14.4)代入式(6.14.1)，整理后得

$$q = \frac{18\pi}{\sqrt{2\rho g}}\left[\frac{\eta l}{t_g\left(1+\frac{b}{Pa}\right)}\right]^{\frac{3}{2}}\frac{d}{U} \tag{6.14.8}$$

上式是用平衡测量法测定油滴所带电荷的理论公式。

实验发现，对于某一颗油滴，如果改变它所带的电荷量 q，则能够使油滴达到平衡的电压必须是某些特定值 U_n，研究这些电压变化的规律可以发现，它们都满足下列方程：

$$q = mg\frac{d}{U_n} = ne \tag{6.14.9}$$

式中，$n=\pm1,\pm2,\cdots$，而 e 则是一个不变的值。

对于每一颗油滴，可以发现式(6.14.9)均成立，而且 e 值是一个确定的常数。由此可见，所有带电油滴所带电荷量 q 都是最小电荷量 e 的整数倍，这个事实说明物体所带电荷量不是以连续方式出现的，而是以一个不连续的量值出现，这个最小电荷量 e 就是电子的电荷值：

$$e = \frac{q}{n} \tag{6.14.10}$$

式(6.14.8)和式(6.14.9)是用静态(平衡)法测量电子电荷量的理论公式。

【实验内容及数据处理】

1. 熟悉密立根油滴仪

了解 P67101 型密立根油滴仪的结构。

2. 调整仪器

(1) 调节仪器底部左右的两只“调平螺丝”，使“水准仪”的水泡处于中央，这时平行极板处于水平位置。

(2) 接通电源，预热10分钟。利用预热时间从测量显微镜中观察，如果分划板位置不正，转动目镜，将分划板位置放正；同时要将目镜调到底，调节目镜，使分划板刻线清晰。

(3) 将油从油雾室旁的喷雾口喷入(喷一次即可)，微调测量显微镜的“调焦手轮”，这时视场中将出现大量清晰的油滴。

注意　调整仪器时，如需要打开有机玻璃“油雾室”，应先将工作电压选择开关放在“下落”位置，或关闭电源。

3. 测量练习

(1) 练习控制油滴：在平行极板上加工作(平衡)电压约250 V，工作电压选择开关放在“平衡”挡，驱走不需要的油滴，直到剩下几颗缓慢运动的油滴为止。注视其中的某一颗，仔细调节平衡电压，使该油滴静止不动，然后去掉平衡电压，让它自由下降，下降一段距离后再加“提升”电压，使油滴上升，如此反复多次地进行练习，以掌握控制油滴的方法。

(2) 练习测量油滴下落所需的时间：任意选择几颗运动速度快慢不同的油滴，用计时器测出它们下降一段距离所需要的时间。或者加上一定的电压，测出它们上升一段距离所需要的时间。如此反复多练几次，以掌握测量油滴运动时间的方法。

(3) 练习选择油滴：要做好本实验，很重要的一点是选择合适的油滴。选的油滴体积不能太大，太大的油滴虽然比较亮，但带电荷比较多，下降速度也比较快，时间不容易测准确。油滴也不能选得太小，否则布朗运动明显。通常平衡电压在200 V以上，在20～30秒时间内匀速下降2 mm的油滴，其大小和带电量都比较合适。

4. 正式测量

从式(6.14.8)可知，用静态(平衡)法进行实验时要测量两个量，一个是平衡电压U，另一个是油滴匀速下降一段距离l所需要的t_g。

1) 测量平衡电压

测量平衡电压必须经过仔细的调节，而且应该将油滴置于分划板上某条横线附近，以便准确判断出这颗油滴是否已经平衡。

2) 测量油滴匀速下降一段距离l所需要的t_g

为保证油滴下降时速度是均匀的，应该先让它下降一段距离后再测量时间。选定测量的一段距离l，应该在平行极板之间的中央部分，即视场中分划板的中央部分，若太靠近上电极板，小孔附近有气流，电场也不均匀，会影响测量结果；若太靠近下电极板，测量完时间t后，油滴容易丢失，影响重复测量。一般取l为0.200 cm比较合适。

对同一颗油滴应进行4～6次测量，将测得数据填入表6.14.1，而且每次测量都要重新调整平衡电压。如果油滴逐渐变得模糊，要微调测量显微镜跟踪油滴，勿使油滴丢失。

用同样方法，分别对4～5颗油滴进行测量，求得电子电荷e。

表 6.14.1　平衡测量法数据记录

油滴	t_g/s					U/v					$\overline{t_g}$/s	$\overline{U}$/V	$\overline{q_i}$ /(×10^{-19} C)	n_i	e_i /(×10^{-19} C)
	1	2	3	4	5	1	2	3	4	5					
1															
2															
3															
4															
5															

5. 数据处理

由式(6.14.4)和式(6.14.7)得油滴的半径 $a=\sqrt{\dfrac{9\eta l}{2\rho g t_g}}$，油的密度 $\rho=981\ \text{kg/m}^3$，重力加速度 $g=9.792\ \text{m/s}^2$，空气的黏滞系数 $\eta=1.83\times10^{-5}\ \text{kg}\cdot\text{m}^{-1}\cdot\text{s}^{-1}$，油滴匀速下降的距离取 $l=2.00\times10^{-3}$ m，修正常数 $b=6.17\times10^{-6}$ m · cmHg，大气压强 $P=76.0$ cmHg，平行极板距离 $d=5.00\times10^{-3}$ m，将以上数据代入式(6.14.8)，得

$$q=\frac{1.43\times10^{-14}}{[t(1+0.02)]^{\frac{3}{2}}}\frac{1}{U}$$

由于油的密度 ρ、空气的黏滞系数 η 都是温度的函数，重力加速度 g 和大气压强 P 也随实验地点和条件而变化，因此上式的计算是近似的。在一般条件下，这样的计算引起的误差约 1%，但好处是运算方便得多，这是可取的方法。

为了证明电荷的不连续性和所有电荷都是基本电荷 e 的整数倍，并得到基本电荷 e 值，应对实验测得的各个电荷量值 q 求最大公约数，这个最大公约数就是基本电荷 e 值，也就是电子的电荷值。但由于学生实验技术不熟练，测量误差可能比较大，欲求出电荷 q 的最大公约数有时比较困难，通常用"倒过来验证"的办法进行数据处理，即用实验测得的电荷值 q 除以公认的电子电荷 e，得到一个接近于某一个整数的数值 $n=\dfrac{q}{e}$，这个整数就是油滴所带的基本电荷的数目 n，再用实验测得的电荷值去除以 n，即得到电子的电荷 e。

计算每一组$\overline{e_{测}}$(即每一颗油滴所对应的$\overline{e_{测}}$)并与公认值($e=1.6\times10^{-19}$ C)比较，求出每一组相对误差 E_r $\left(E_r=\dfrac{|\overline{e_{测}}-e|}{e}\times100\%\right)$。

【注意事项】

(1) 实验前必须调节仪器底座上的三只调平手轮,使水准泡指示水平。

(2) 喷雾时喷雾器应竖拿,喷雾器对准油雾室的喷雾口,轻轻喷入少许油即可,切勿将喷雾器插入油雾室,甚至将油倒出来,更不应该将油雾室拿掉后对准上电极板落油小孔喷油;否则会把油滴盒周围搞脏,甚至把落油孔堵塞。

(3) 实验中,由于油滴盒上下电极间有高压产生,请不要将油雾杯取下来,以防触电。

【思考题】

(1) 实验过程中,为什么油滴会从视场中消失?应如何处理?

(2) 选择油滴时,为什么平衡电压要控制在 250 V 左右?油滴下降时间要控制在 20 s 左右?

(3) 本实验测量的是油滴所带电荷量,为何能求出电子的电荷量?

实验 6.15 心电图机原理及使用

【实验目的】

(1) 了解心电图机的结构。

(2) 掌握心电图机的使用方法。

(3) 学习心电图机技术指标的测量。

【实验仪器】

心电图机、心电图纸。

【仪器介绍】

心电图机的种类较多,但从结构上看,一般都由导联选择器、电压放大器、功率放大器、记录器、走纸装置、1 mV 标准信号发生器、电源等部分组成。图 6.15.1 为心电图机面板。供电选择开关的作用见表 6.15.1。

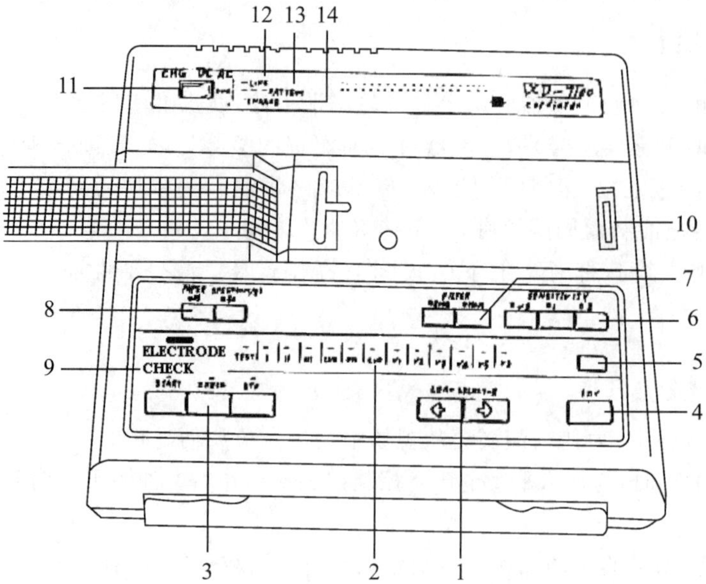

1—LEAD SELECTOR:导联选择键,按下“←”或“→”键可任意选择导联; 2—导联指示灯; 3—记录开关:Stop(停止键,停止走纸)、CHECK(观察键,按输入信号动作)、START(走纸,描记波形); 4—1 mV:定标键,产生 1 mV 方波信号,用于仪器灵敏度、仪器工作状态的检测; 5—RESET 封闭键:当有基线漂移、有输入过大或突然发生交流干扰时,按下此键使扫描笔复零;6—SENSITIVITY:灵敏度选择开关,调节心电图机的描记幅度为 5 mm/mV(×1/2), 10 mm/mV(×1)或 20 mm/mV(×2),通常使用×1 挡; 7—FILTER:滤波器选择键,具有交流干扰(HUM)和肌电干扰(EMG)两种滤波器,灯亮表示滤波器处于工作状态; 8—PAPER SPEED:走纸速度选择键,常用 25mm/s; 9—ELECTRODE CHECK:电极异常指示灯,电极的安装如有发生松脱或极化电压超过±200 mV 等现象时,指示灯便会自己发亮; 10—基线位置调节器:调节热笔位置;11—供电方式选择开关:它与右侧面的电源开关配合使用时,作用见表 6.15.1; 12—LINE:交流电源指示灯,使用交流电供电时灯亮; 13—BATTERY:电池电量指示灯,使用电池供电时灯亮,四种发亮方式表示电池电量; 14—CHAREGE:充电表示灯,灯闪表示在充电,灯亮表示充电完毕

图 6.15.1 心电图机面板

表 6.15.1 供电选择开关作用

电源开关	供电选择开关	
	OPR(OPERATION)	STBY(STANDBY)
ON	交流供电	电池供电
OFF	电池供电	

【实验原理】

心电生理活动在人体表面产生微弱的低频变化的电位,变化的电位同心脏活动有着密切的联系。我们不能对这种变化的电位进行直接的分析,而是通过心电图机以不同的导联拾取这种变化的电位差即心电信号,经过放大并在时间轴上展开,形成心电图,对心

电图波形进行分析，了解心脏的活动情况，为临床上对心脏疾病的诊断提供重要的依据。

1. 心电图机、心电图纸

一般心电图机的结构可分为导程选择器、标准讯号源、电压放大器、功率放大器、记录器、记录笔、浮标振荡器、走纸装置和电源等。有些心电图机因其功能不同，结构和组成部分也有区别，但它们描记心电图波形的原理是相同的。导联选择器的任务是将同时接在人体上的多根导联线组成各种导联的接法，分挡选择任一个导联送入放大器。例如，选择导程 *I* 时，导联选择器就把红、黄二根导联线接入电压放大器，同时其他导联线被断开。通过导联选择器的选择，来自导联线的心电信号被送入电压放大器输入端，因为心电信号很微弱（1～2 mV），频率又低（5～40 Hz），所以要用电压放大器加以放大，放大器本身不但要具有足够的增益，而且还要保证较低的噪音电平，以利于提高整机的灵敏度，心电信号在本级得到足够的幅度放大再送至功率放大器，进行功率放大。此时心电信号不仅具有一定的电压幅度，而且还具有足够的功率，这样送到记录器后，就可推动描记笔在下面的记录纸上留下心电图波形。

记录器是一个放在恒定磁场中的可以转动的线圈，流过线圈的电流与心电信号的强弱成正比，线圈中的电流与磁场的相互作用使线圈偏转，从而使与线圈同轴的扫描笔按心电波变化的规律摆动。记录纸在由电动机驱动的走纸机构的带动下，以一定的速度做匀速运动，这样便在纸带上记录了心电图波形。

2. 心电图机的性能及技术指标

只有在统一标准下描记出来的心电图才有诊断价值。1 mV 标准信号发生器就是为了统一标准而设置的。实验时先输入 1 mV 标准信号，按规定调节放大器的增益，使标准统一。

1）灵敏度

心电图机的灵敏度是指输入 1 mV 电压时，热笔偏转幅度的毫米数，常用 mm/mV 表示。心电图机的最大灵敏度大于 15 mm/mV，标准灵敏度为 10 mm/mV。灵敏度是由放大器的放大倍数（增益）决定的，放大倍数约为 7 500 时，灵敏度约为 15 mm/mV；放大倍数为 5 000 时，灵敏度约为 10 mm/mV。因此，灵敏度可由“衰减”开关和“增益”旋钮来改变和调节。

2）噪声和漂移

当心电图机处于正常的工作状态，没有信号输入时，扫描笔在记录纸上描出的基线是一条直线，如图 6. 15. 2a 所示；漂移是指扫描笔做缓慢的上下移动，如图 6. 15. 2b 所示；噪声是指扫描笔做频率较高、振幅很小的抖动，如图 6. 15. 2c 所示；噪声和漂移都是由电路内部元件及外界环境影响造成的，如同时存在，其波形如图 6. 15. 2d 所示。

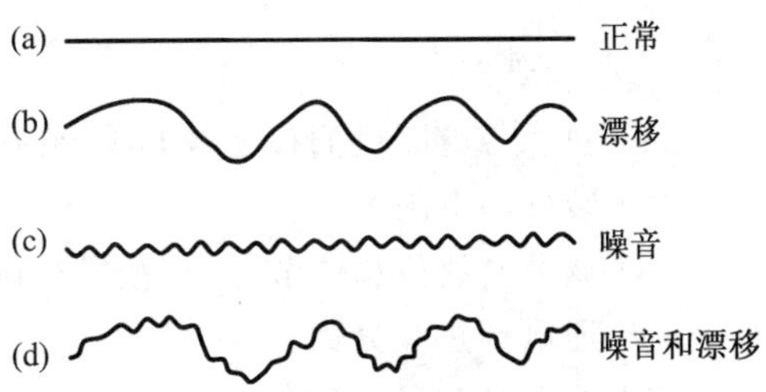

图 6. 15. 2　基线的波形

3）阻尼

在心电图机中，用以抵消记录器产生振荡的阻力叫阻尼。阻尼过小或阻尼过大都将会引起心电图的失真，如图 6.15.3a，c 所示。调整阻尼的方法是调整扫描笔与纸面间的压力和热笔的温度，使输出标准波形如图 6.15.3b 所示。

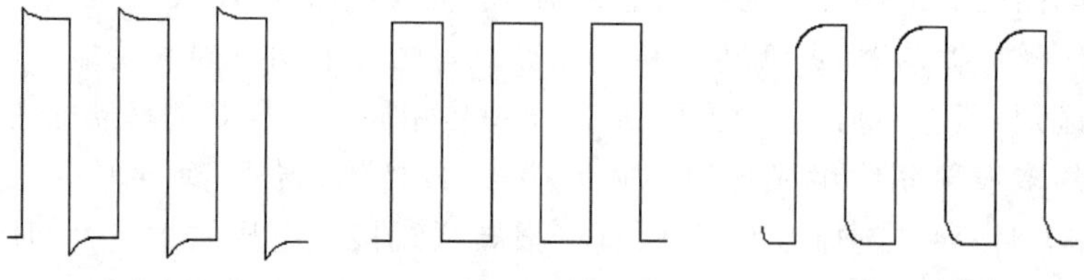

图 6.15.3 阻尼不同时的波形

4）对称性

心电图机对于输入等幅的正、负信号的放大倍数相等，则对称性好；反之，则对称性差，如图 6.15.4 所示。对称性不好的机器，放大后的波形就会失真，影响诊断。

5）时间常数

心电图波形中含有不同比例不同频率正弦波成分，最低的频率约为 5 Hz，最高的频率约为 40 Hz。放大器对不同频率的信号，放大能力是不同的，因而心电图机输出波形的振幅信号随频率的变化而变化，这种特性叫放大器的频率响应特性。如果心电图机对各种频率信号的放大倍数基本相同，则称频率响应良好，反之较差。心电图频率低，要求放大器的低频响应良好。频率响应的优劣，通常用时间常数 t 来表示。时间常数是指心电图机中输入直流信号时，输出波形幅度自100%下降到 37%所需要的时间。一般要求时间常数大于 1.5～3.5 s。

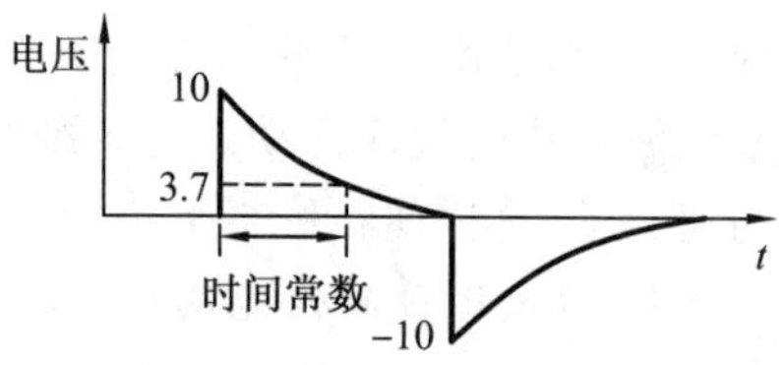

图 6.15.4 对称性及时间常数

6）走纸速度

心电图的横坐标是时间坐标，时间坐标取决于走纸速度。一般标准为每小格 0.04 s（或 0.02 s），相应的走纸速度为 25 mm/s（或 50 mm/s），所以要求走纸速度稳定。走纸速度不稳定将会直接影响到心电图波形的测量和分析。一般允许误差为 2%～5%。

【实验内容及数据处理】

1. 仪器调节

（1）熟悉心电图机面板上各开关、旋钮的作用和调节方法。

（2）装好心电图纸。

（3）调节基线位移调节器，把扫描笔调节到记录纸的中央。

（4）通电预热 5 分钟。

（5）按下“LEAD SELECTOR（导联选择）”键，选择“TEST”导联。

（6）按下“STOP”键，接地插孔应接地。

（7）走纸速度选择“25 mm/s”。

（8）衰减开关选择“1”。

(9) 按下“CHECK”键，重复按、放“1 mV”按钮，此时扫描笔应有跳动。再按下“START”，按、放“1 mV”按钮，在记录纸上应描出一列方波波形。调节热笔温度，使线条浓淡适中。按照标准灵敏度 10 mm/mV 的要求，调节增益旋钮，使方波幅度为 10 小格。

(10) 记录一段时间，如一切正常，按下“STOP”键，停止测试。

2. 心电图机性能测试

(1) 灵敏度测试。将记录开关选择“START”，同时按下“1 mV”按钮，衰减开关选择“1”，方波幅度为 10 mm，再将衰减开关选择“$\frac{1}{2}$”，波形幅度降到5 mm，则心电图机工作正常。

(2) 噪声和漂移测试。将导联开关选择“TEST”，扫描笔调到中间，在标准灵敏度时，走纸 10 s，若所描基线漂移不大于±1 mm，且无杂波干扰，则心电图机工作正常。

(3) 对称性测试。将扫描笔调到中间，衰减开关选择“1”，按下“1 mV”按钮，扫描笔向上跳 10 mm，然后慢慢地向下移动。当扫描笔回到中心基线时立即放开“定标”按钮，此时扫描笔向下跳动，待扫描笔再走一段距离后停止工作。若上、下两振幅之差小于 1 mm，则对称性良好。一般要求上、下振幅相等。

(4) 阻尼测试。将步骤(1)中得到的波形与图 6.15.3 进行比较，判别阻尼是否正常。

(5) 时间常数测试。将步骤(3)得到的对称性波形，从基线上方 3.7 mm 处作一平行于基线的直线交曲线于某一点，数出从起跳点到该点的线段的格数 n，若走纸速度为 25 mm/s，那么时间常数$t=\frac{1}{25}n$ s。

(6) 走纸速度。用精度高的秒表来测量。待走纸平稳后，在开始计时的同时按下“1 mV”按钮，打印出一个方波，经过 t s(一般取 10 s)后，再打一个方波，停止走纸。算出两个方波前沿之间的格数 n，则走纸速度 $v=\frac{n}{t}$(mm/s)。

(7) 数据处理。根据所得到的心电图纸带，分析说明使用的心电图机的基线波形和阻尼波形是否正常，对称性是否良好，并计算出灵敏度和时间常数。

实验 6.16　热敏电阻温度特性研究仿真实验

【实验目的】

(1) 了解热敏电阻的电阻—温度特性及惠斯通电桥测温原理。

(2) 电桥灵敏度的测量及对测量的影响。

(3) 用两种方法求热敏电阻的温度系数。

【实验仪器】

计算机仿真软件。

【实验原理】

1. 半导体热敏电阻的电阻-温度特性

热敏电阻的电阻值与温度的关系为

$$R = Ae^{B/T} \tag{6.16.1}$$

式中：A,B 是与半导体材料有关的常数；T 为绝对温度。

根据定义，电阻温度系数为

$$\alpha = \frac{1}{R_t}\frac{\mathrm{d}R}{\mathrm{d}T} \tag{6.16.2}$$

式中：R_t 是在温度为 t 时的电阻值。

2. 惠斯通电桥及电桥灵敏度

惠斯通电桥的工作原理如图 6.16.1 所示，4 个电阻 R_0,R_1,R_2,R_x 组成一个四边形，即电桥的 4 个臂，其中 R_x 就是待测热敏电阻。在四边形的一对对角 A 和 C 之间连接电源，而在另一对对角 B 和 D 之间接入检流计 G。当 B 和 D 两点电位相等时，G 中无电流通过，电桥便达到了平衡。平衡时必有 $R_x = (R_1/R_2) \cdot R_0$，$(R_1/R_2)$ 和 R_0 都已知，R_x 即可求出。

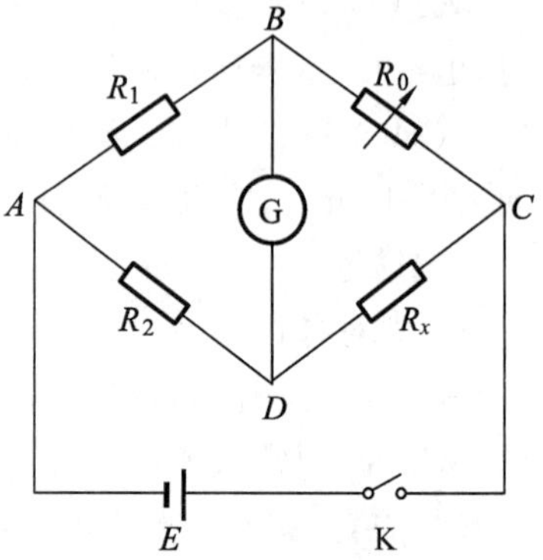

图 6.16.1　惠斯通电桥原理图

电桥灵敏度的定义为

$$S = \frac{\Delta n}{\Delta R_x / R_x} \tag{6.16.3}$$

式中：ΔR_x 指的是在电桥平衡后 R_x 的微小改变量；Δn 越大，说明电桥灵敏度越高。

【实验内容及数据处理】

1. 实验仪器

自耦调压器、待测热敏电阻和温度计、直流单臂电桥、电压源、滑线变阻器(2 个)、四线电阻箱(3 个)、检流计、单刀开关。

(1) 自耦调压器(见图 6.16.2)。

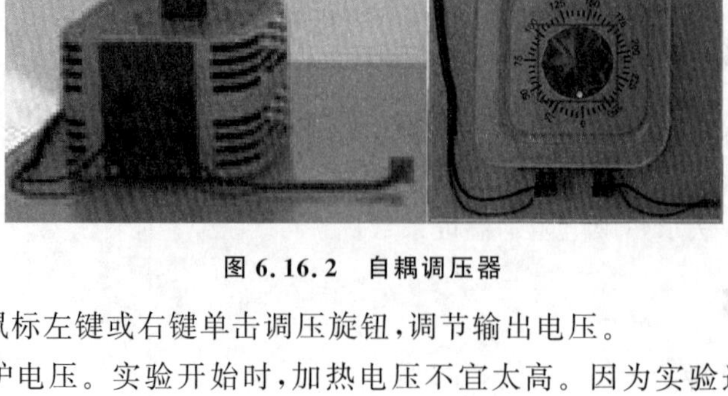

图 6.16.2　自耦调压器

操作提示：鼠标左键或右键单击调压旋钮，调节输出电压。

控制加热电炉电压。实验开始时，加热电压不宜太高。因为实验过程中，既要观察温度的变化，又要调节电桥平衡，操作有一定难度。待操作熟练后，可适当加大电压，让温度升高的快些。

(2) 待测热敏电阻和温度计(见图 6.16.3)。单击接线柱可以进行连线操作；在主场景中双击温度计，弹出煤油温度计读数窗体，显示的温度值为当前烧杯中的水温值。

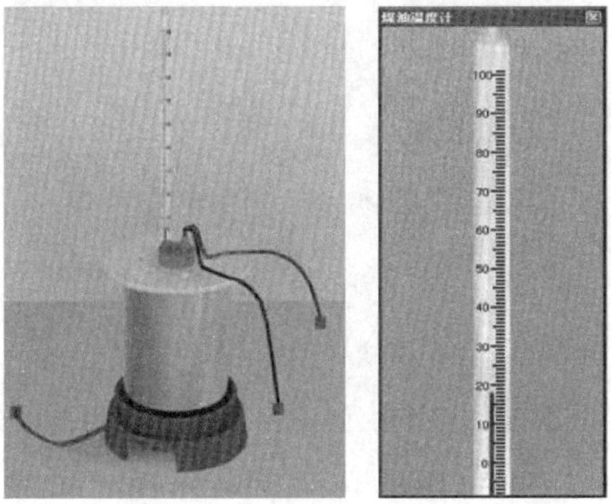

图 6.16.3 待测热敏电阻和煤油温度计

(3) 直流单臂电桥(见图 6.16.4)。把电阻箱、检流计、电池、开关及电路都装在箱内，以便于携带。

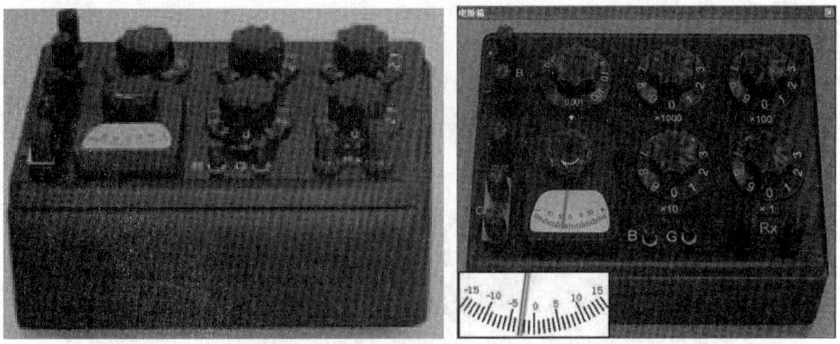

图 6.16.4 直流单臂电桥箱

① 刻度盘示值 $C=R_2/R_1$，分为 0.001，0.01，0.1，1，10，100，1 000 共七挡。

② 测量臂 R：由四个十进位电阻盘组成×1 000，×100，×10，×1。

③ 端钮 $X1$ 和 $X2$ 接被测电阻。

④ 电流计 G 用作平衡指示器。电桥箱使用内部检流计时，需按下按钮 G。

⑤ 电源 B。电桥箱使用内带电池时，需按下按钮 B。

实验过程中要注意电池按钮和接通检流计按钮的使用。实验完成后，一定要将电池按钮开。当电桥达到平衡时，检流中电流为零。在使用检流计时，要注意保护检流计，不要让大电流通过检流计。

(4) 电压源(见图 6.16.5)。

图 6.16.5 电压源

电源开关：鼠标点击，打开或关闭电源。

电源指示灯：打开电源时，指示灯变亮；关闭电源时，指示灯变暗。

调节电压值旋钮：左击或右击、按下鼠标左键或右键可以改变电源电压大小。

(5) 滑线变阻器(见图 6.16.6)。

图 6.16.6 滑动变阻器视图

滑动片：可以用鼠标左右拖动滑动片，粗调滑线变阻器在线路中的电阻值。

微调按钮：鼠标单击或按下微调按钮，微调滑线变阻器在电路中的电阻值。

(6) 电阻箱(见图 6.16.7)。为电路提供一定大小的电阻，同时有分压的功能，电阻箱上有 6 个不同挡位的旋钮，依次对应 0.1 Ω 挡、1 Ω 挡、10 Ω 挡、100 Ω 挡、1 000 Ω 挡、10 000 Ω 挡。每个旋钮有 0～9 共 10 个刻度值。左击电阻箱上的旋钮，旋钮顺时针旋转；右击电阻箱上的旋钮，旋钮逆时针旋转。

图 6.16.7　电阻箱

(7) 检流计(见图 6.16.8)。在电路中充当平衡指示器的作用,它主要由两个接线柱、一个调零旋钮、一个档位旋钮、一个短路按钮和一个电计按钮组成。

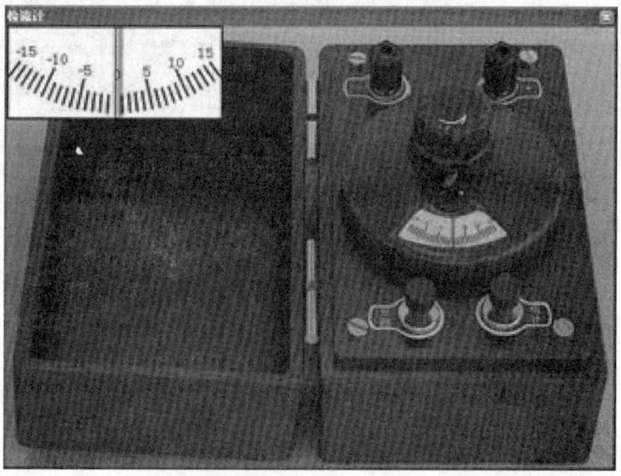

图 6.16.8　检流计

调零旋钮:进行检流计调零工作时用到,给检流计调零。

档位旋钮:打到红点位置,检流计处于短路状态;打到白点位置,检流计处于直接状态,也就是工作状态。

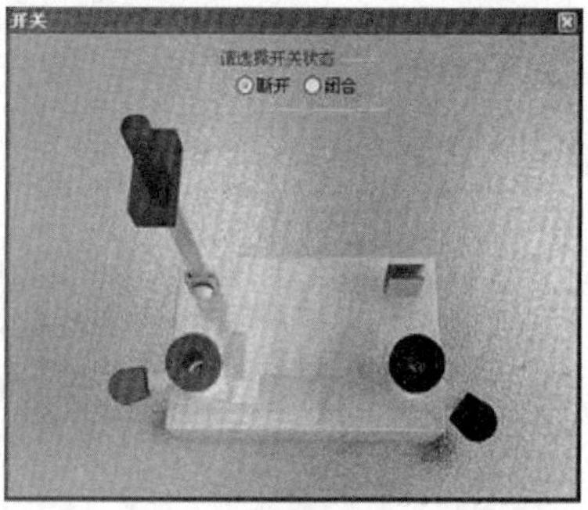

图 6.16.9　单刀开关

短路按钮:"短路"按钮按下,检流计处于短路状态。

电计按钮:"电计"按钮按下,检流计处于工作状态。

实验完毕,为了保护检流计,请松开"电计"和"短路"按钮,并将挡位旋钮打到红点位置。

(8) 单刀开关:控制电路的闭合。界面中有两个开关状态按钮,一个是"闭合",另一个是"断开"。单击"闭合",开关闭合,显示闭合图片;单击"断开",开关断开，显示断开图片。

3. 实验步骤及操作方法

(1) 主窗口介绍。成功进入实验场景窗体，成功进入实验场景窗体，默认进入第一个实验内容“用箱式电桥研究热敏电阻温度特性”，如图 6.16.10 所示。

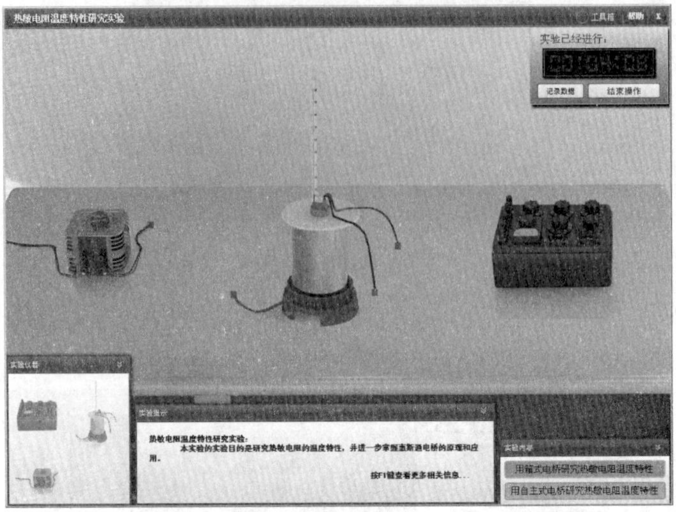

图 6.16.10 热敏电阻温度特性研究实验场景图

(2) 用箱式电桥研究热敏电阻温度特性。

① 实验连线。当鼠标移动到实验仪器接线柱的上方，拖动鼠标，便会产生“导线”，当鼠标移动到另一个接线柱的时候，松开鼠标，两个接线柱之间便产生一条导线，连线成功；如果松开鼠标的时候，鼠标不是在某个接线柱上，画出的导线将会被自动销毁，此次连线失败。连接好电路，如图 6.16.11 所示，然后在数据表格中单击“连线”模块下的“确定状态”按钮，保存连线状态。

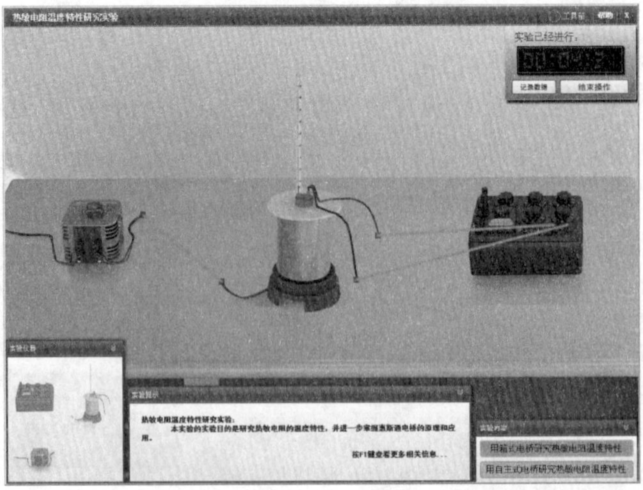

图 6.16.11 用箱式电桥研究热敏电阻温度特性电路连接图

② 调节电桥箱初始状态。双击主场景中电桥箱视图,在弹出的电桥箱窗体中选择合适的比例臂,并将电桥箱的电阻旋钮调节为 4 000 Ω 左右;通过鼠标左击或右击调零旋钮,将电桥箱的检流计进行调零。

③ 调节电桥平衡。先按下 B 按钮,打开电桥箱内部电源,再左键按下检流计开关 G 按钮;如果弹出电流过大的提示,则调节电桥箱上的电阻值 R_0,然后再左键按下检流计开关 G 按钮,直到按下 G 按钮时无提示时,则右键按下检流计开关 G 按钮;此时再微调电桥箱上的电阻值 R_0 使电桥达到平衡。

④ 测量电桥灵敏度。根据所选择的比例臂,单击保存状态按钮,在此比例臂下测量电桥的灵敏度;调节电桥箱上的电阻值 R_0,使检流计指针发生偏转,记下电阻值的相对变化量和指针偏转格数,填到如图 6.16.12 所示的实验数据表格中相应的位置;并根据电桥灵敏度公式 $S=\Delta n/(\Delta R_x/R_x)$ 或 $S=\Delta n/(\Delta R_0/R_0)$ 计算出电桥此时的灵敏度 S,重复测量三次,求取平均值。

⑤ 测量升温时,热敏电阻各温度点对应的 R_t。双击打开自耦调压器,选择合适的电压值进行加热;双击打开温度计读数窗体以及电桥箱窗体,一边观察温度计读数,一边调节电桥箱上的电阻值 R_0 使电桥不断地处于平衡状态,同时分别记下 20,25,30,35,40,45,50,55,60,65,70,75,80,85 ℃时对应的热敏电阻值,填到如图 6.16.12 所示的实验数据表格中相应的位置。

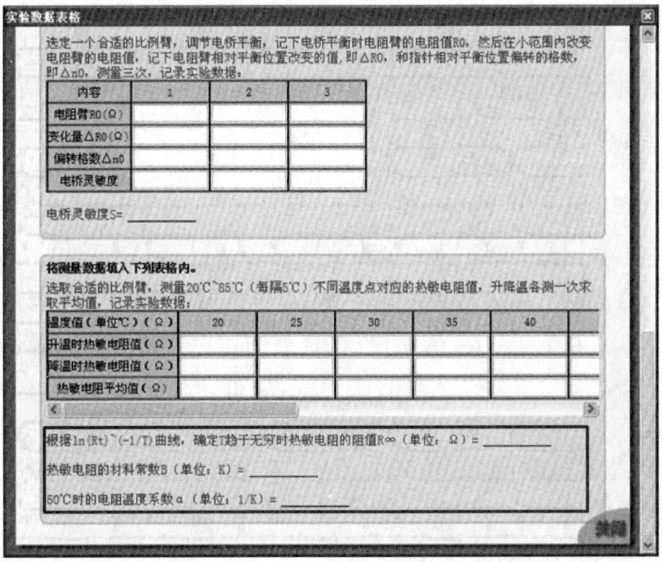

图 6.16.12　实验数据表格视图

⑥ 测量降温时,热敏电阻各温度点对应的 R_t。将自耦调压器电压调为 0 V,让烧杯中的水自然冷却,随着水温值的下降,依次再记下 20,25,30,35,40,45,50,55,60,65,70,75,80,85 ℃时对应的热敏电阻值,填到如图 6.16.12 所示的实验数据表格中相应的位置。

⑦ 根据测量结果,求取升降温的平均电阻值,并作出热敏电阻阻值与温度对应关系曲线。计算温度 T 趋于无穷时的热敏电阻阻值 R_∞、热敏电阻的材料常数 B 及 50 ℃时的电阻温度系数 α。

(3) 用自组式电桥研究热敏电阻温度特性。在实验内容栏中,用鼠标点击“用自组式电桥研究热敏电阻温度特性”实验,进入用自组式电桥研究热敏电阻温度特性实验主场景,如图 6.16.13 所示。

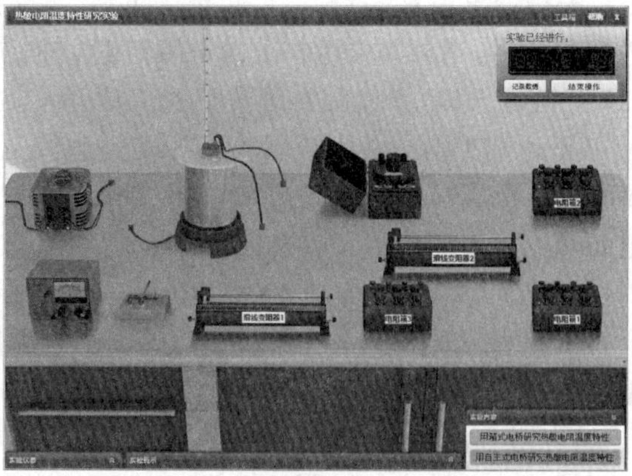

图 6.16.13　用自组式电桥研究热敏电阻温度特性实验场景

① 实验连线。根据图 6.16.14 进行电路连线,然后在数据表格中单击“连线”模块下的“确定状态”按钮,保存连线状态。

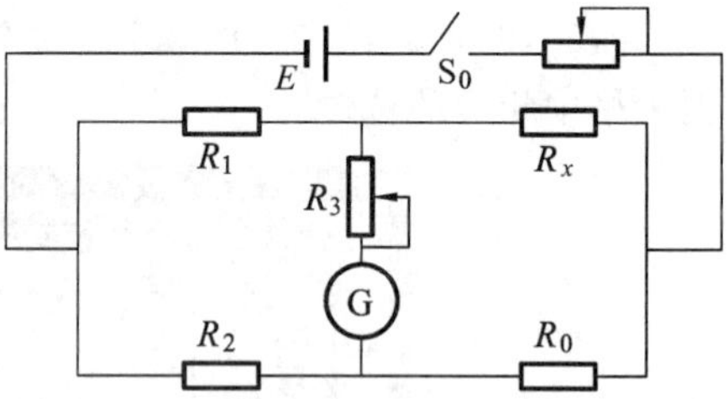

图 6.16.14　用自组式电桥研究热敏电阻温度特性电路图

② 检流计调零。线路连接完毕后,断开电源开关,打开检流计调节界面,按下检流计的电计按钮,旋转检流计的档位旋钮至直接当(白点所在位置),旋转调零旋钮,并观察检流计的指针,当检流计的指针指向零点,调零成功。

③ 调节电桥平衡。为了防止过大的电流通过检流计,初始时应将与检流计串联的滑线变阻器的阻值调到最大,随着电桥逐渐平衡,再逐渐减小滑线变阻器的阻值,以提高检测的灵敏度;调节电阻箱 R_1 和 R_2 的值,选取合适的比例臂;调节电阻箱 R_3 使电桥平衡。

④ 测量电桥灵敏度。根据所选择的比例臂,点击保存状态按钮,在此比例臂下测量电桥的灵敏度;调节电阻箱 R_3 上的电阻值,使检流计指针发生偏转,记下电阻值的相对变化量和检流计的指针偏转格数,填到如图 6.16.12 所示的实验数据表格中相应的位置;并根据电桥灵敏度公式:$S=\Delta n/(\Delta R_x/R_x)$ 或 $S=\Delta n/(\Delta R_0/R_0)$ 计算出电桥此时的灵敏度 S,重复测量三次,求取平均值。

⑤ 测量升温时,热敏电阻各温度点对应的 R_t。双击打开自耦调压器,选择合适的电压值进行加热,由于此电桥较为灵敏,建议采用稍低一点的加热电压;双击打开温度计读数窗体以及电桥箱窗体,一边观察温度计读数,一边调节电桥箱上的电阻值 R_0 使电桥不断地处于平衡状态,同时分别记下 20,25,30,35,40,45,50,55,60,65,70,75,80,85 ℃时对应的热敏电阻值,填到如图 6.16.12 所示的实验数据表格中相应的位置。

⑥ 测量降温时,热敏电阻各温度点对应的 R_t。将自耦调压器电压调为 0 V,让烧杯中的水自然冷却,随着水温值的下降,依次再记下 20,25,30,35,40,45,50,55,60,65,70,

75,80,85 ℃时对应的热敏电阻值,填到如图6.16.12所示的实验数据表格中相应的位置。

⑦ 根据测量结果,求取升降温的平均电阻值,并作出热敏电阻阻值与温度对应关系曲线。计算温度 T 趋于无穷时的热敏电阻阻值 R_∞、热敏电阻的材料常数 B 及 50 ℃时的电阻温度系数 α。

【思考题】

(1) 如何提高电桥的灵敏度?

(2) 电桥选择不同量程时,对结果的准确度(有效数字)有何影响?

实验 6.17　设计半导体温度计仿真实验

【实验目的】

(1) 了解热敏电阻的伏安特性和电阻-温度特性和非平衡电桥的工作原理及其在非电量电测法中的应用。

(2) 理解热敏电阻型温度传感器的电路结构及电路参数的选择原则,掌握半导体温度计的设计方案和标定温度计。

【实验仪器】

计算机仿真软件。

【实验原理】

半导体温度计是利用半导体热敏电阻随温度的变化而发生急剧变化的特性而制作的。测量半导体温度计的阻值就可以确定其温度,这种测量方法通常称为非电量电测法。半导体热敏电阻的电阻值与温度的关系为 $R=Ae^{-B/T}$。其中,A,B 为与半导体热敏电阻有关的常数;T 为绝对温度。图 6.17.1 为半导体热敏电阻的电阻值—温度的特性曲线。

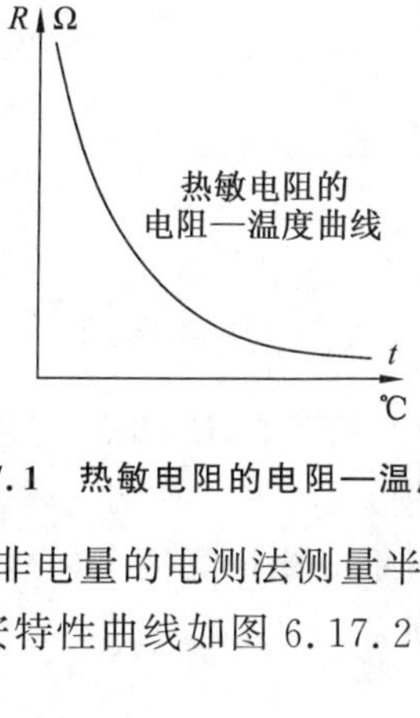

图 6.17.1　热敏电阻的电阻—温度曲线

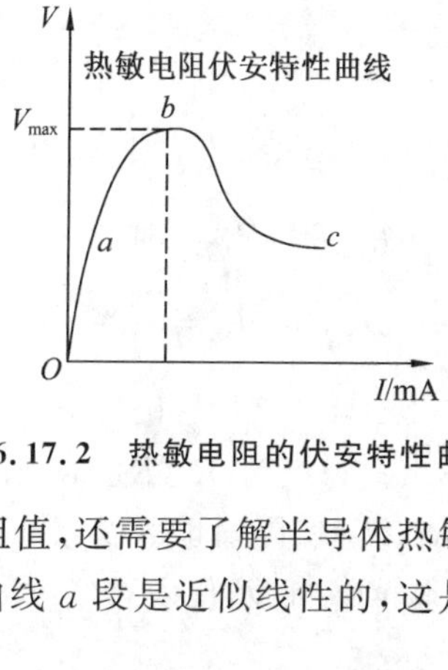

图 6.17.2　热敏电阻的伏安特性曲线

由于采用非电量的电测法测量半导体材料的阻值,还需要了解半导体热敏电阻的伏安特性,其伏安特性曲线如图 6.17.2 所示:伏安曲线 a 段是近似线性的,这是因为电流小时，在半导体材料上消耗的功率不足以显著的改变热敏电阻的温度，这一段基本符合欧姆定律。伏安曲线的 bc 段，当电流增加到使热敏电阻的阻值高于周围介质的温度时，其阻值就下降。要使热敏电阻用于温度测量，必须要求其阻值只随外界温度的改变而改变，与通过它的电流无关，因此其工作区域必须在伏安曲线的直线部分。

热敏电阻测温电路原理如图 6.17.3 所示，图中 G 为微安表，R_T 为热敏电阻。当电桥平衡时，微安表指示为 0，此时满足$\frac{R_1}{R_2}=\frac{R_3}{R_T}$。若取 $R_1=R_2$，则 R_3 的数值即为 R_T 的数值。

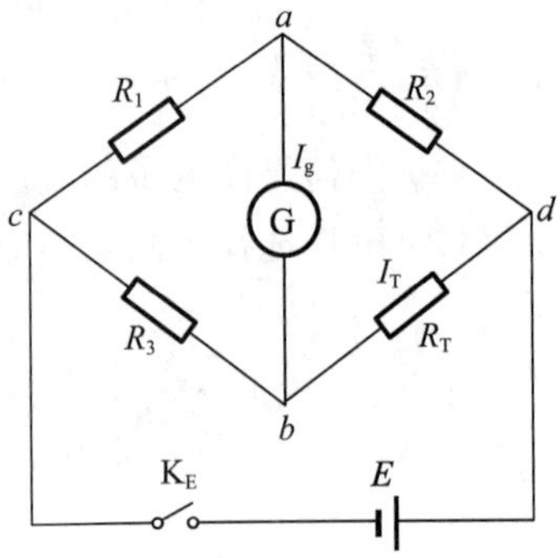

图 6.17.3　热敏电阻测温电路原理图

平衡后的电桥，若其中某一臂的电阻发生变化（如 R_T），则平衡将受到破坏，微安表中将有电流通过。若电桥电压、微安表内阻 R_g、电桥各臂电阻 R_1，R_2，R_3 固定，则可以根据微安表的读数 I_g 的大小计算出 R_T，再根据热敏电阻的电阻－温度特性曲线，测量其对应的温度值，实现对温度的测量。因此，为使半导体热敏电阻阻值标志温度值，实验中首先要选定电路中 E，R_1，R_2，R_3 各量，选定方法如下：

根据所设计半导体温度计的测温范围 $T_1 \sim T_2$，由热敏电阻－温度特性曲线，查出对应的热敏电阻阻值的下限值 R_{T1} 和上限值 R_{T2}。

当热敏电阻阻值为 R_{T1} 时，使电桥处于平衡状态就是热敏电阻处在测温量程下限温度的电阻值。若取 $R_1=R_2$，则 $R_3=R_{T1}$，即可确定 R_3 的电阻值。

当温度增加时，热敏电阻的电阻值就减小，电桥出现不平衡，在微安表中就有电流流过。当热敏电阻处在测温量程的上限温度电阻值 R_{T2} 时，要求微安表读数为满刻度。此时，流入电流表中的电流 I_g 与加在电桥两端的电压 V_{cd} 和电阻 R_1，R_2 有关，由于选取起始状态（$I_g=0$ 时）是对称电桥，即 $R_1=R_2$，故 I_g 只与 V_{cd} 和 R_{T2} 有关。若流入热敏电阻 R_T 中的电流 I_T 比流入微安表内电流 I_g 大的多（$I_T >> I_g$），则电桥两端电压

$$V_{cd} \approx I_T(R_3+R_T) \tag{6.17.1}$$

取 $R_T=R_{T2}$ 时，热敏电阻的最大工作电流 I_T 即可决定 V_{cd} 和电源 E。由电桥电路和基尔霍夫方程组，可以得到

$$I_g=\frac{V_{cd}\left(\frac{R_2}{R_1+R_2}-\frac{R_{T2}}{R_3+R_{T2}}\right)}{R_g+\frac{R_1R_2}{R_1+R_2}+\frac{R_3R_{T2}}{R_3+R_{T2}}} \tag{6.17.2}$$

由于 $R_1=R_2$、$R_3=R_{T1}$，则

$$R_1=R_2=\frac{2V_{cd}}{I_g}\left(\frac{1}{2}-\frac{R_{T1}}{R_{T1}+R_{T2}}\right)-2\left(R_g+\frac{R_{T1}R_{T2}}{R_{T1}+R_{T2}}\right) \tag{6.17.3}$$

由式(6.17.3)可以最后确定 $R_1(R_2)$ 的数值。这样确定的 R_1 和 R_2 与选择的 V_{cd} 相对应，也就是和 I_T 相对应。$R_1(R_2)$ 的确定最终取决于所选择的 I_T，I_T 小一些，则 V_{cd} 也小一些，相应的 $R_1(R_2)$ 实际值也可以比计算值小一些，但不应比计算值大（为什么?），在本实验中可以选取 $V_{cd}=1$ V，代入式(6.17.3)，计算 $R_1(R_2)$。

一般加在电桥两端上的电压 V_{cd} 比所选定的电池的电动势要低些，为保证电桥两端所需的电压值，通常在电源上串接一个可变电阻 R，其电阻值根据电桥中总电流来选择。

【实验内容及数据处理】

1. 仿真设计半导体温度计的仪器装置

半导体温度计设计实验装置包括热敏电阻及水浴锅、微安表、1.5 V 电池、滑线变阻器、四线电阻箱、可调变阻器、数字万用表及表笔、单刀开关等，如图 6.17.4 所示。

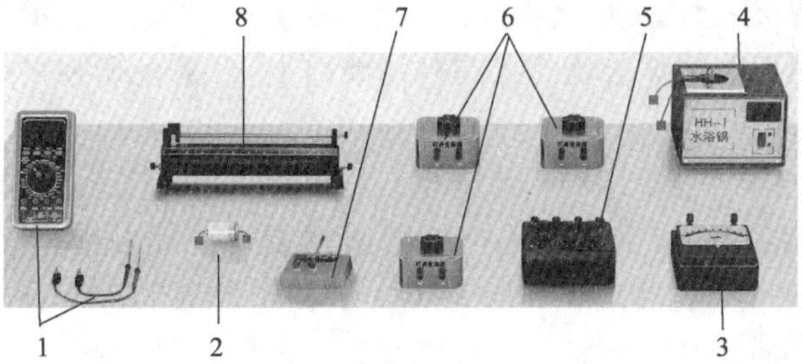

1—数字万用表及表笔；2—1.5 V 电池；3—微安表；4—热敏电阻及水浴锅；
5—电阻箱；6—可调变阻器；7—单刀开关；8—滑线变阻器

图 6.17.4　半导体温度计设计实验装置

1）数字万用表

它是一种多用途电子测量仪器，有时也称为万用计、多用计、多用电表或三用电表。本实验中使用的是 3 位半数字万用表，如图 6.17.5 所示。

（1）仪器结构：

① 液晶显示器：显示仪表测量的结果，超量程时，最高位显示“1”或“−1”。

② POWER 电源开关：鼠标单击时，可以打开或关闭电源。

③ B/L 背光开关：开启背光灯，约 10 秒后自动关闭。

④ 三极管测试面孔：测试三极管特性的插孔，实验中无此项功能。

⑤ HOLD 保持开关：按下此功能键，仪表当前所测数值保持在液晶显示器上并出现“HOLD”字样；再次按下，“HOLD”符号消失，退出保持功能状态。

⑥ 档位旋钮：用于改变测量功能及量程，本实验中旋钮只可置于二极管测试挡、欧姆挡、直流电压挡、交流电压挡、交流电流挡、直流电流挡等挡位，其他挡位不可用。

⑦ 电压、电阻及频率插孔：当进行电压、电阻及频率

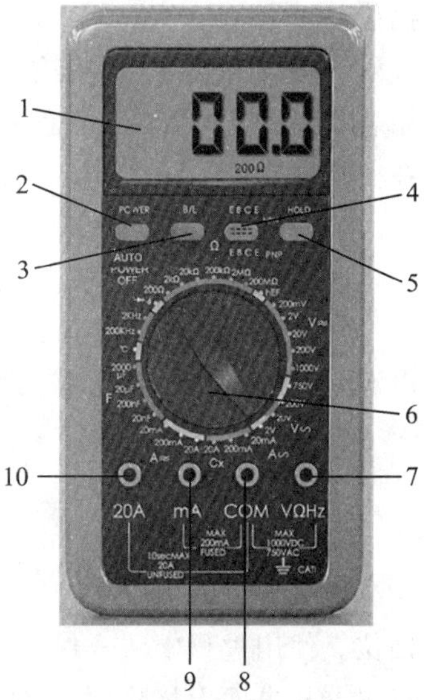

1—液晶显示器；2—POWER 电源开关；3—B/L 背光开关；4—三极管测试面孔；5—HOLD 保持开关；6—档位旋钮；7—电压、电阻及频率插孔；8—公共地 COM 插孔；9—毫安电流测量插孔；10—20A 电流测量插孔

图 6.17.5　万用表面板结构

的测量时，使用此插孔。

⑧ 公共地 COM 插孔：测试附件正极插孔。

⑨ 毫安电流测量插孔：用于测量小于 20 mA 电流的插孔。

⑩ 20 A 电流测量插孔：用于测量大于 20 mA 并小于 20 A 的大电流插孔。

(2) 测量方法：

① 使用前，首先要单击 POWER 开关，打开万用表电源。

② 直流电压的测量：首先将黑表笔插进“COM”孔，红表笔插进“VΩHZ”。把旋钮选到比估计值大的量程(注意：表盘上的数值均为最大量程，“V－”表示直流电压挡，“V～”表示交流电压挡)，然后将测试表笔跨接在被测线路上，红表笔所接的该点电压与极性显示在液晶显示屏上。

③ 交流电压的测量：表笔插孔与直流电压的测量一样，不过应该将旋钮打到交流挡“V～”处所需的量程即可。交流电压无正负之分，测量方法跟前面相同。

④ 直流电流的测量：先将黑表笔插入“COM”孔。若测量大于 200 mA 的电流，则要将红表笔插入“20 A”插孔并将旋钮打到直流“20 A”挡；若测量小于 200 mA 的电流，则将红表笔插入“200 mA”插孔，将旋钮打到直流 200 mA 以内的合适量程。调整好后，就可以测量了。将万用表串联到电路中，保持稳定，即可读数。

⑤ 交流电流的测量：测量方法与直流电流的测量相同，不过挡位应该打到交流挡位。

⑥ 电阻的测量：将表笔插进“COM”和“VΩHZ”孔中，把旋钮打旋到“Ω”中所需的量程，用表笔接在电阻两端。在使用欧姆挡时，应先将表笔断路，测得欧姆挡的零点偏差值，然后在实测中减去零点偏差值。注意：每一次更换欧姆挡位时零点偏差值均会发生改变。

(3) 注意事项：

① 如测量时高位显示为“1”，表明已超过量程范围，须将挡位开关转至较高挡位上。

② 当仪表停止使用(20±10)分钟后，仪表便自动断电进入休眠状态；若要重新启动电源，再按两次“POWER”开关，就可重新接通电源。

2) 1.5 V 电池

实验中只可进行连线操作，突出的金属端为正极，绿色的金属片一端为负极。

3) 微安表

微安表分为 100 μA、200 μA、500 μA、1 000 μA 四个量程，此实验只要求使用 100 μA 挡位。使用过程中注意保护流过微安表的电流不要超过量程。如果超量程烧毁后，请先将仪器从桌面上移除，并从实验仪器栏中重新加载更换好的仪器。

仪器调零：鼠标左击或右击调零旋钮时，微安表指针发生相应的偏转；在无输入信号的条件下，当表盘指针指向被调节到指向零刻度线位置时，仪器完成调零。

4) 热敏电阻及水浴锅

水浴锅的温控范围为室温～99.9 ℃，升温速度为 6 ℃/min；热敏电阻被放置在试管中，与试管一起进行水浴。

使用方法：首先打开电源；然后按下“SET”键，数码管数字开始闪动，此时可以设定温控温度，按“∧”或“∨”键，使数码管显示为所需要的设定温度；再按“SET”键，回到标准工作模式。这时仪器已在加热，指示灯开始闪烁，待水箱水温已达到了所设定的温度，指示灯停止闪烁，开始自动恒温。

【实验内容及数据处理】

用半导体热敏电阻作为传感器，设计制作一台测温范围为 20～70 ℃的半导体温度计，参考电路见图 6.17.6。

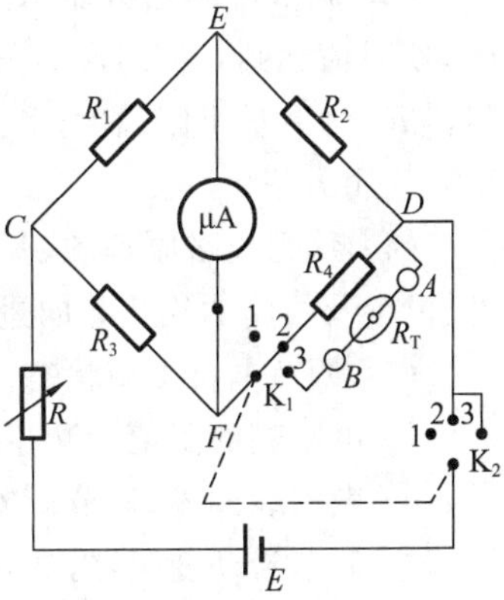

图 6.17.6　半导体温度计参考电路

1. 设计要求

(1) 在所测量的温度范围内，要求作为温度计用的微安计的全部量程均能有效地利用，即当温度为 20 ℃时，微安计指示为零；而温度为 70 ℃时，微安计指示为满刻度。

(2) 要求长时间的测量（如几分钟）时，微安计的读数应稳定不变。

2. 参考设计方案

(1) 根据如图 6.17.7 所示的实验数据表格（数据表格要加入）中所给的热敏电阻值与各温度点对应关系表，确定所设计的半导体温度计的下限温度（20 ℃）所对应的电阻值 R_{T1} 和上限温度（70 ℃）所对应的电阻值 R_{T2}。再由热敏电阻的伏安特性曲线确定最大工作电流 I_T。根据实验中采用的热敏电阻的实际情况，选取 $V_{CD}=1$ V，它可以保证热敏电阻工作在它的伏安特性曲线的直线部分。

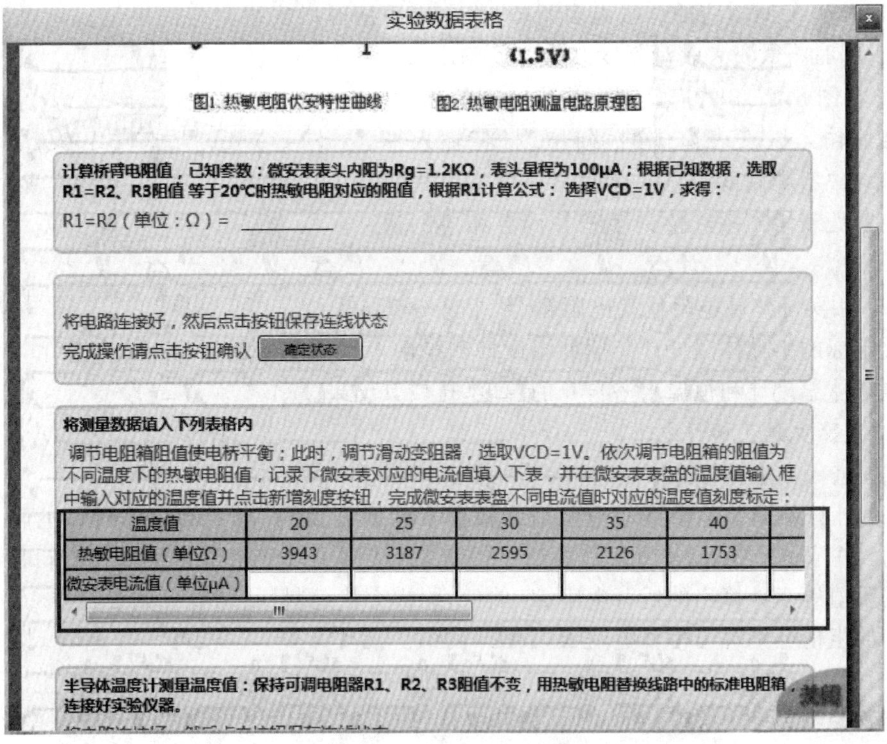

实验数据表格

1　(1.5V)

图1. 热敏电阻伏安特性曲线　　图2. 热敏电阻测温电路原理图

计算桥臂电阻值，已知参数：微安表表头内阻为Rg=1.2KΩ，表头量程为100μA；根据已知数据，选取R1=R2、R3阻值 等于20°C时热敏电阻对应的阻值，根据R1计算公式： 选择VCD=1V，求得：

R1=R2（单位：Ω）= ________

将电路连接好，然后点击按钮保存连线状态

完成操作请点击按钮确认　确定状态

将测量数据填入下列表格内

调节电阻箱阻值使电桥平衡；此时，调节滑动变阻器，选取VCD=1V。依次调节电阻箱的阻值为不同温度下的热敏电阻值，记录下微安表对应的电流值填入下表，并在微安表表盘的温度值输入框中输入对应的温度值并点击新增刻度按钮，完成微安表表盘不同电流值时对应的温度值刻度标定：

温度值	20	25	30	35	40
热敏电阻值（单位Ω）	3943	3187	2595	2126	1753
微安表电流值（单位μA）					

半导体温度计测量温度值：保持可调电阻器R1、R2、R3阻值不变，用热敏电阻替换线路中的标准电阻箱，连接好实验仪器。

图 6.17.7　实验数据表格

(2) 令 $R_3=R_{T1}$，即测量温度的下限电阻值，由式(6.17.3)计算出桥臂电阻 R_1 和 R_2 的电阻值，公式中 R_{T2} 为量程上限温度的电阻值，R_G 为微安表的内阻。

(3) 调节可调电阻器 R_1，R_2，R_3 电阻值，用多用表边测量边调节可调电阻器 R_1 和 R_2，使阻值达到式(6.17.3)的计算值(可以取比计算值略小的整数)；并同样调节可调电阻器 R_3 为测量下限温度(20 ℃)所对应的 R_{T1}。注意正确使用万用表，特别是欧姆挡的正确使用方法。

(4) 熟悉线路原理图(见图 6.17.3)，并对照实验参考电路图(见图 6.17.6)所用元件、位置及线路的连接方向进行实验线路的连接。

(5) 调节电桥平衡状态。

① 电阻箱的阻值为测量下限温度(20 ℃)所对应的 R_{T1}。

② 微安表调零，调节微安表调零旋钮，将微安表进行调零。

③ 调节滑动变阻器，选择使用数字万用表的电压挡测量电桥分压，令 $V_{CD}=1$ V。

④ 闭合线路开关，观察电桥是否平衡。如果不平衡，则微调可调电阻器 R_3，使电桥平衡，平衡时微安表的读数为零(注意，在以后调节过程中，R_3保持不变)。

(6) 标定微安表表盘。

① 电桥调节平衡完成以后，然后调节电阻箱的阻值为上限温度(70 ℃)所对应的 R_{T2}，再次调节滑动变阻器，使微安表满量程。为什么调节滑动变阻器可使电表满刻度？设想如果微安表正负输入端接反会有什么现象？

② 保持电路各个仪器状态不变，依次调节电阻箱阻值等于 20，25，30，35，40，45，50，55，60，65，70 ℃时对应的热敏电阻阻值，将不同阻值时微安表对应的电流值记录到数据表格中，同时将微安表表盘刻度改为温度刻度。

③ 将图 6.17.8 的表盘刻度改成温度的刻度，将温度值输入微安表窗体的“新增刻度”输入框中，并单击“新增刻度”按钮，此时会在微安表指针当前位置处新增一条红色刻度线并标有相应的温度值。

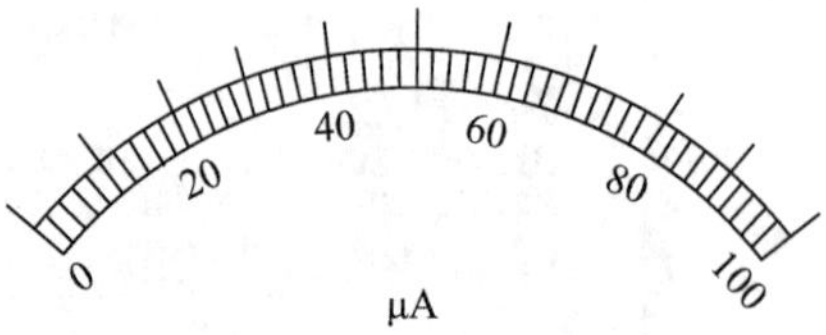

图 6.17.8　微安表读数刻度盘

(7) 用实际热敏电阻代替电阻箱，整个部分就是经过定标的半导体温度计。用此温度计测量两个恒温状态的温度(如 35 ℃和 55 ℃)。读出半导体温度计和恒温水浴自身的温度，比较其结果。

3. 实验步骤及操作方法

(1) 进入实验场景窗体。

(2) 计算并调节各个桥臂电阻值。根据实验原理，计算出线路中的桥臂电阻 R_1 和 R_2 的值，并取 $R_3=R_{T1}$；将万用表置于 20 kΩ 挡，接到可调变阻器 1 上，并调节可调变阻器 1 的阻值等于计算出的桥臂电阻 R_1 的值，同样方法，测量并调节可调变阻器 2、可调变阻器 3 的阻值分别等于桥臂电阻 R_1 及 R_3 的值。

(3) 实验连线。当鼠标移动到实验仪器接线柱的上方，拖动鼠标，便会产生“导线”，当鼠标移动到另一个接线柱的时候，松开鼠标，两个接线柱之间便产生一条导线，连线成功；如果松开鼠标的时候，鼠标不是在某个接线柱上，画出的导线将会被自动销毁，此次连线失败。根据电路图连接好电路，然后在数据表格中单击“连线”模块下的“确定状态”按钮，保存连线状态。

(4) 调节电桥平衡。首先将微安表进行调零，然后调节电阻箱的阻值等于 20 ℃温度点对应的热敏电阻阻值；调节滑动变阻器的滑片到合适位置；闭合线路开关；如果此时微安表的读数为零，则说明电桥平衡；如果微安表的读数不为零，则微调可调变阻器 3 的阻值使电桥平衡(此处只可调节可调变阻器 3，不能调节 R_1 和 R_2 的值，且调节平衡后，在后续的操作中不可再调节)。

(5) 标定微安表刻度盘。

① 调节电阻箱阻值为 70 ℃温度点对应的热敏电阻值，然后调节滑动变阻器滑片位置使微安表指针指向满刻度位置。

② 保持滑动变阻器滑片位置不变，依次调节电阻箱阻值等于各个温度点的热敏电阻值，在微安表的“温度标定”框中输入对应的温度值并单击“新增刻度”按钮，则微安表刻度盘上的指针当前位置将增加一条温度刻度线。

③ 依次完成各个温度点的标定，此时微安表表盘的标定就完成了，标定后的表盘如图 6.17.9 所示。

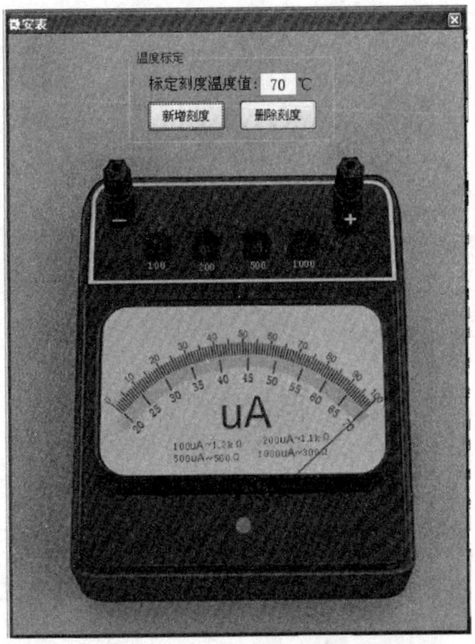

图 6.17.9 标定后的微安表表透盘

(6) 用热敏电阻替换标准电阻箱，再次连线。将电阻箱接线柱上的连线移接到热敏电阻的接线柱上，用热敏电阻替换电阻箱，并保持线路中其他连线及仪器状态不变。连接好电路后，然后在数据表格中单击对应的“连线”模块下的“确定状态”按钮，保存连线状态。

(7) 用热敏电阻进行温度测量。打开水浴锅开关，设置水浴锅的水温，待水浴锅进入恒温状态后，单击保存第一次选择的温度值“保存状态”按钮，然后从微安表上读取测量的温度值，与水浴锅上的温度进行比较，并记录当前的微安表电流值；然后再次调节水浴锅温度值，选择一个较高温度重复测量。

(8) 记录数据。实验过程中，及时记录所测量的数据，并填写到数据表格中对应的位置，完成数据表格。

4. 注意事项

(1) 所要定标的温度点，应从热敏电阻的电阻-温度表格中读取。

(2) 要先调节并测量好可调电阻器的阻值以后，再进行实验线路的连接。

5. 菜单辅助功能

(1) 界面的右上角的功能显示框：当在普通做实验状态下，显示实验实际用时、记录数据按钮、结束实验按钮、注意事项按钮；在考试状态下，显示考试所剩时间的倒计时、记录数据按钮、结束考试按钮、显示试卷按钮(考试状态下显示)、注意事项按钮。

(2) 右上角工具箱：各种使用工具，如计算器等。

(3) 右上角 Help 和关闭按钮：Help 可以打开帮助文件，关闭按钮功能就是关闭实验。

(4) 实验仪器栏：存放实验所需的仪器，可以单击其中的仪器拖放至桌面，鼠标触及到仪器，实验仪器栏会显示仪器的相关信息；仪器使用完后，则不允许拖动仪器栏中的仪器了。

(5) 提示信息栏：显示实验过程中的仪器信息、实验内容信息、仪器功能按钮信息等相关信息，按 F1 键可以获得更多帮助信息。

(6) 实验状态辅助栏：显示实验名称和实验内容信息(多个实验内容依次列出)，当前实验内容显示为红色，其他实验内容为蓝色；可以通过单击实验内容进行实验内容之间的切换。切换至新的实验内容后，实验桌上的仪器会重新按照当前实验内容进行初始化。

【思考题】

(1) 此实验中存在的误差主要包括哪些？如何降低这些误差？

(2) 实验中为什么要先调节并测量好可调电阻器的阻值以后，再进行实验线路的连接？

实验 6.18 设计万用表仿真实验

【实验目的】

(1) 掌握将微安表头改装成较大量程的电流表和电压表的原理与方法。

(2) 理解欧姆表测量电阻原理，掌握用微安表头组装欧姆表的原理与方法。

(3) 学会用比较法校准电表。

【实验仪器】

计算机仿真软件。

【实验原理】

万用表是实验室和工程测量中最常备的“工具”，包含分流、分压、整流等多种基本电路和电表改装的各种方法。

万用表实际上是一种多用途电表，由一个高灵敏度的电流表(通常量程为 50 μA 或 100 μA)，配以不同的电路组成，可以测量交流和直流的电流及电压、电阻(有些还可测电感和电容)等。实验室常用的模拟式万用表有多种型号，图 6.18.1 和图 6.18.2 是 MF-30 型万用表的面板图和线路图，作不同用途时，只需通过多挡转换开关，就可以组成不同测量用途的仪表。

1. 直流电流挡

当挡位选择开关拨到 μA 挡时，万用表示一个多量程电流表。它是利用不同的分流电阻与表头并联，达到扩大量程的目的。图 6.18.3 是电流扩程的原理图。设电流表头原量程为 I_g，内阻为 R_g，扩程后的量程为 I，则分流电阻由式(6.18.1)决定：

$$R_s=\frac{I_gR_g}{I-I_g}=\frac{1}{N-1}R_g \tag{6.18.1}$$

式中：R_3 为不同量程时需并联的分流电阻(R_3 分别由 R_{s1}，R_{s2}，R_{s3}，…组成)；$N(N=\frac{I}{I_g})$为电表扩程的倍率。由式(6.18.1)可知，电表扩程倍率越大，分流电阻越小。

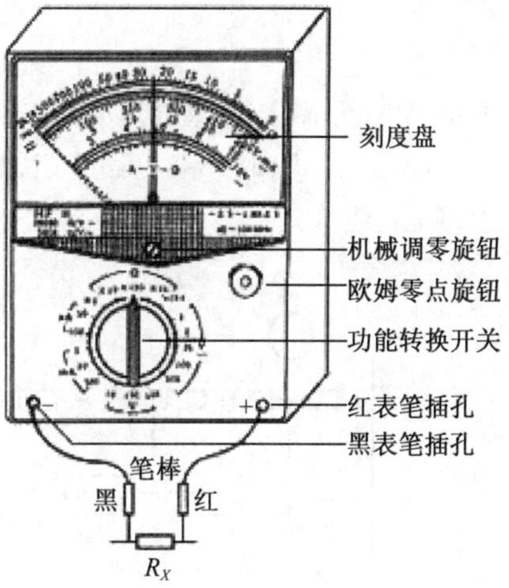

图 6.18.1　万用表外形

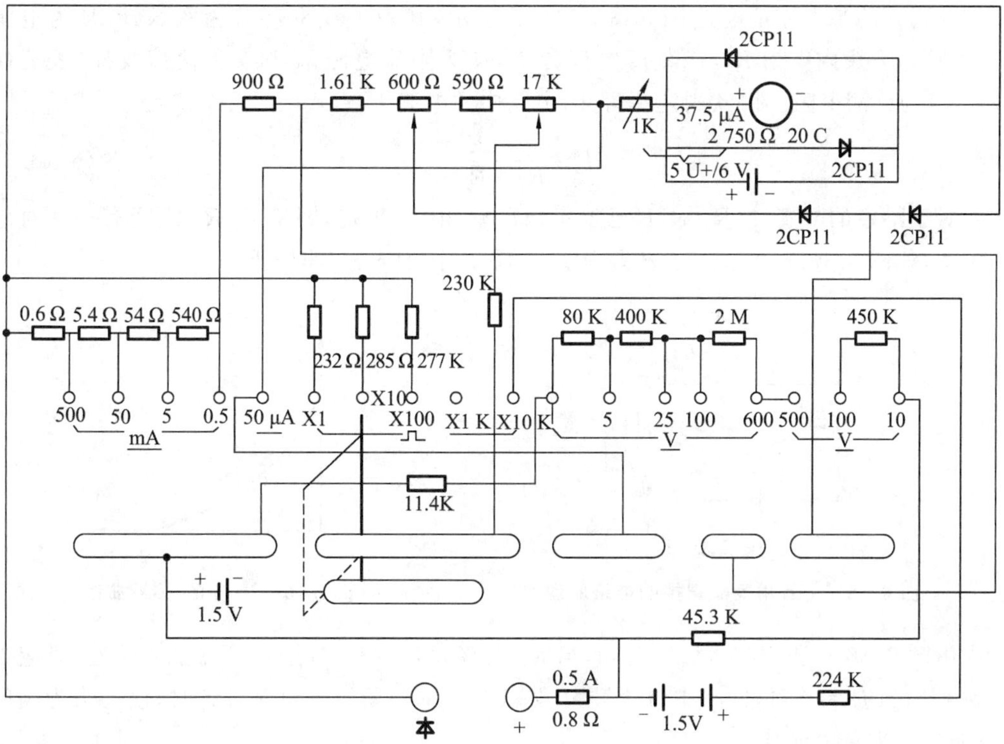

图 6.18.2　MF30 型袖珍万用电表电路图

2. 直流电压挡

当挡位选择开关拨至 V 挡时，万用表就是一个多量程直流电压表，电流表配上附加电阻 R_0 即可组成电压表(R_0 分别由 R_{f1}，R_{f2}，R_{f3}，…组成)。图 6.18.4 是直流电源挡的电路原理图。R_0 的数值由式(6.18.2)决定：

$$R_0=\frac{V_M}{I_g}-R_g \tag{6.18.2}$$

式中：V_M 为需要改装成电压表的满量程值；I_g 为电流表的满量程值（如 50 μA 或 100 μA）。由式(6.18.2)可知，附加电阻 R_0 的大小由扩程后电压的满度值决定。量程越大，R_0 就越大。

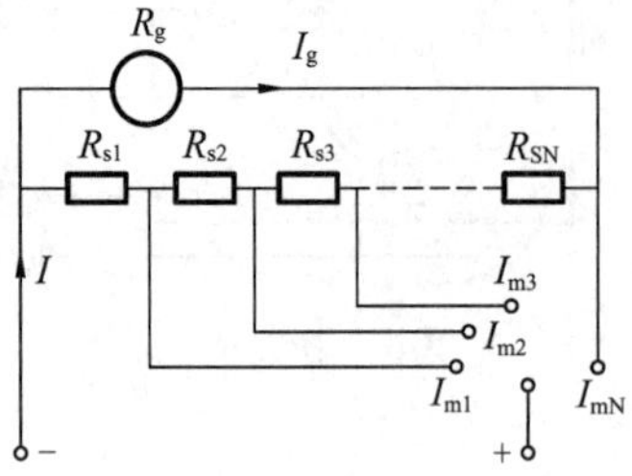

图 6.18.3　万用表电流扩程的电路原理图

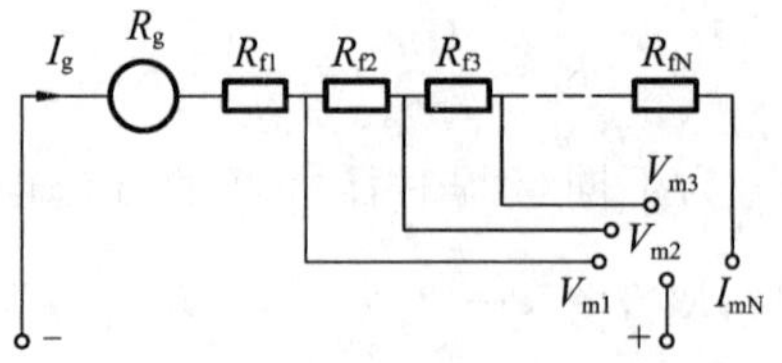

图 6.18.4　万用表直流电压挡的电路原理图

3. 电阻(欧姆)挡

欧姆计的基本原理电路图如图 6.18.5 所示，其中虚线框部分为欧姆计，E 为电源（干电池），表头内组为 R_g，满刻度电流为 I_g，R 为限流电阻，a 和 b 为两接线柱（表笔插孔），R_x 为待测电阻。由欧姆定律可知，电路中的电流 I_x 由式(6.18.3)决定：

$$I_x=\frac{E}{R_g+R+R_x} \tag{6.18.3}$$

对于给定的欧姆计（R_g，R，E 已给定），I_x 仅由 R_x 决定，即 I_x 与 R_x 之间有一一对应的关系，如图 6.18.6 所示。在表头刻度上，将 I_x 标示成 R_x，即成欧姆计。

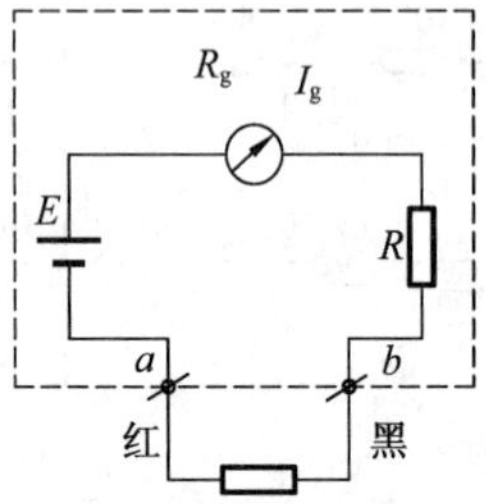

图 6.18.5　万用表欧姆挡的电路原理图

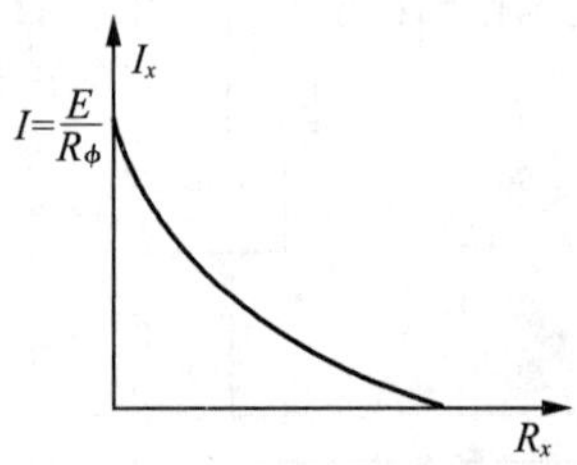

图 6.18.6　I_x 与 R_x 关系曲线

由图 6.18.6 和式(6.18.3)可知，当 R_x 无穷大时，$I_x=0$，指针指在 $I_x=0$ 处（对应于 $R_x=\infty$）；当 $R_x=0$ 时，回路中电流最大，如式(6.18.4)所示。电路设计时，使表头为满度值（对应于 $R_x=0$）。

$$I_x=I=I_{\max}=\frac{E}{R_g+R} \tag{6.18.4}$$

由此可知：

(1) 当 $R_x=R_g+R$ 时，$I_x=\frac{1}{2}I_g$，指针正好位于满刻度的一半，即欧姆计标尺的中心电阻值，它等于该欧姆计的总内阻。这就是欧姆中心的意义，可将式(6.18.3)改写为

$$I_x=\frac{E}{R_\Omega+R} \tag{6.18.5}$$

(2) 改变中心电阻 R_Ω 的值,即可改变电阻挡的量程。如 $R_\Omega=100\ \Omega$,测量范围为 20 至 500 Ω;$R_\Omega=1\,000\ \Omega$,测量范围为 200 至 5 000 Ω,如此类推。

(3) 由式(6.18.4)和图 6.18.6 可知,I_g 与 $R_\Omega+R_x$ 是非线性关系。当 $R_x \ll R_\Omega$ 时,有 $I_x \approx \frac{E}{R_\Omega}=I_g$,此时偏转接近满刻度,随 R_x 的变化不明显,因而测量误差大;当 $R_x \gg R_\Omega$ 时,$I_x \approx 0$,因而测量误差也大。所以,在实际测量时,只在 $\frac{1}{5}R_\Omega<R_x<5R_\Omega$ 的范围,测量才比较准确。

(4) 由于电源在使用过程中会变化,因此用 R 来经常调零($R_x=0, I_x=I_{max}$)。

4. 交流电压挡

交流挡的测量原理是把被测交流电压,经整流器作全波或半波整流后,转化成直流电压使电表读数正比于整流后直流电压的平均值,但在刻度上以正弦波有效值进行标示(所以,当被测电压为非正弦波时,万用表读数不准确)。图 6.18.7 为万用表全波整流交流电压挡的电路原理图,图中 I_{AC} 为整流测量电路中的满刻度电流。

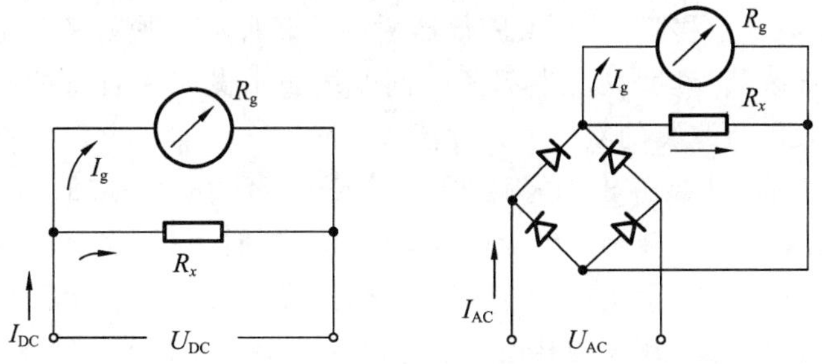

(a) 直流测量　　(b) 交流测量

图 6.18.7　万用表交流电压挡的电路原理图

交流挡的扩程电阻 R_s,由式(6.18.1)改变为式(6.18.6)和式(6.18.7)决定。

在全波整流时:

$$R_s=\frac{I_g}{0.878I_{AC}-I_g}R_g \tag{6.18.6}$$

在半波整流时:

$$R_s=\frac{I_g}{0.439I_{AC}-I_g}R_g \tag{6.18.7}$$

【实验内容及数据处理】

1. 仿真设计万用表实验仪器装置(见图6.18.8)

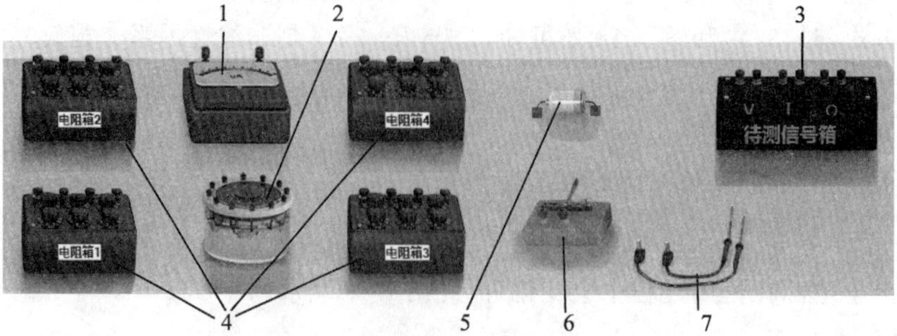

1—微安表；2—六挡位多挡开关；3—待测信号箱；
4—电阻箱；5—电池；6—单刀开关；7—表笔

图6.18.8　仿真设计万用表实验仪器装置

(1) 微安表：分为100 μA、200 μA、500 μA、1 000 μA四个量程，此实验只要求使用500 μA挡位；使用过程中注意保护流过微安表的电流不要超过量程。如果超量程烧毁后，请先将仪器从桌面上移除，并从实验仪器栏中重新加载更换好的仪器。在本实验中，仪器的表盘已经被改装，刻度盘上半部分的刻度线表示微安表自身的电流读数，刻度盘下半部分刻度线表示待改装的欧姆表刻度读数。

仪器调零：鼠标左击或右击调零旋钮时，微安表指针发生相应的偏转；在无输入信号的条件下，当表盘指针指向被调节到指向零刻度线位置时，仪器完成调零。

(2) 六挡位多挡开关：共有6个挡位。当档位旋钮置于某一个挡位时，该挡位两端的接线柱被连接导通，此时开关的其他挡位内部均处于断开状态。

挡位旋钮：鼠标左击挡位旋钮，旋钮顺时针切换挡位；鼠标右击挡位旋钮，旋钮逆时针切换挡位。

(3) 待测信号箱：实验中待测量的信号装置，输出信号均是未知信号，需要使用改装后的万用表进行测量。

当使用"V"字上面对应的两个接线柱时，输出的是待测电压值；当使用"I"字上面对应的两个接线柱时，输出的是待测电流值；当使用"Ω"字上面对应的两个接线柱时，接入电路的是待测电阻。

2. 设计要求

从微安表表盘读取表头满量程电流 I_g 和对应的表头内阻，实验中要求使用微安表500 μA挡位进行实验设计，具体设计要求如下：

利用提供的实验仪器，将微安表改装为万用表，并要求万用表的电压档量程为5 V，电流挡量程为10 mA，欧姆挡比率为×1。充分利用多挡开关和单刀开关，将所有仪器封装为一个整体(只用表笔作为测量输入)，设计实验电路。利用设计的电路进行实验连线，完成仪器的调节，并根据改装好的万用表分别测量出待测信号箱的未知电压、电流及电阻值。

3. 实验步骤及操作方法

(1) 进入实验场景窗体，默认进入第一个实验内容“电压表改装实验”，实验场景的主窗体如图 6.18.9 所示。

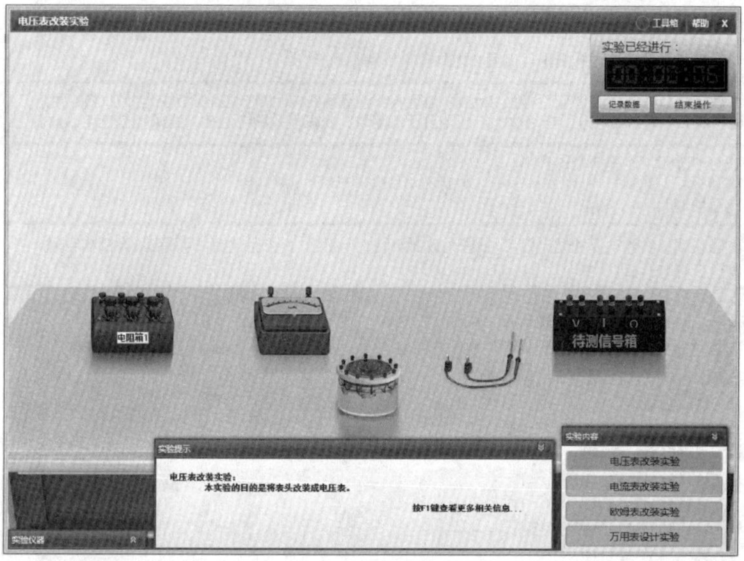

图 6.18.9　主场景图

(2) 在实验内容栏中，用鼠标单击“万用表改装实验”，进入万用表改装实验主场景，如图 6.18.10 所示。

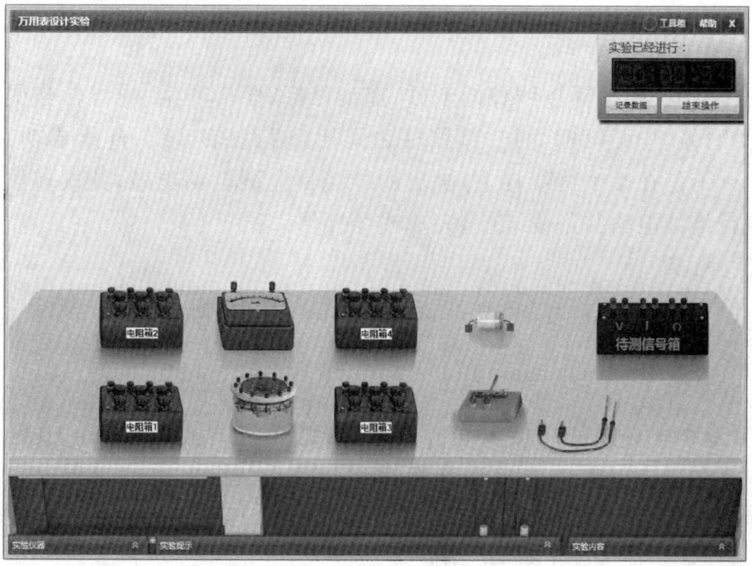

图 6.18.10　万用表改装实验主场景视图

(3) 根据数据表格中的实验要求，进行万用表改装实验，如图 6.18.11 所示。

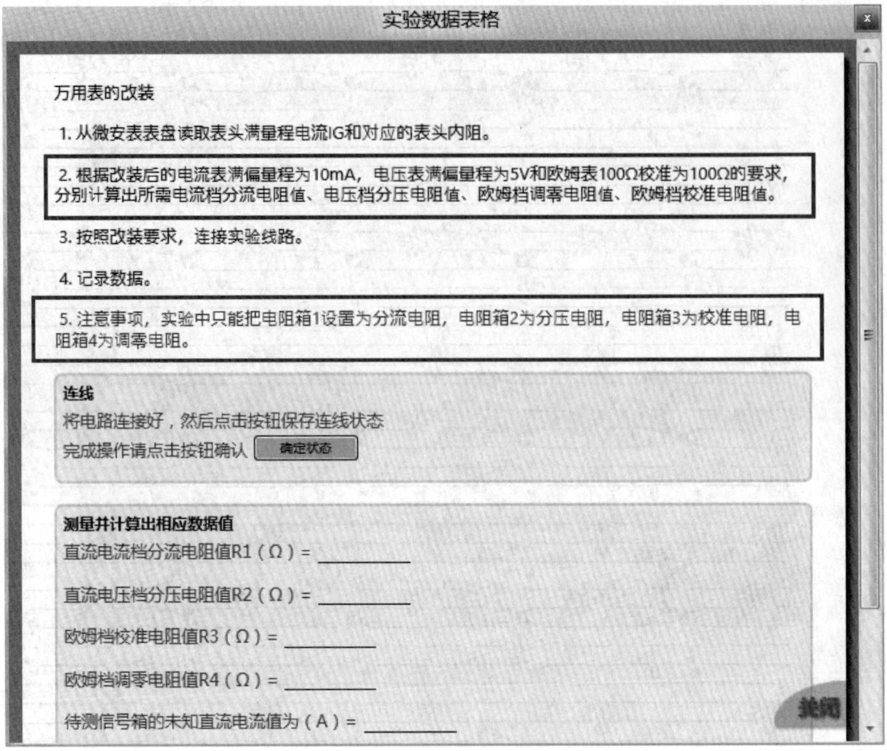
实验数据表格

万用表的改装

1. 从微安表表盘读取表头满量程电流IG和对应的表头内阻。

2. 根据改装后的电流表满偏量程为10mA，电压表满偏量程为5V和欧姆表100Ω校准为100Ω的要求，分别计算出所需电流档分流电阻值、电压档分压电阻值、欧姆档调零电阻值、欧姆档校准电阻值。

3. 按照改装要求，连接实验线路。

4. 记录数据。

5. 注意事项，实验中只能把电阻箱1设置为分流电阻，电阻箱2为分压电阻，电阻箱3为校准电阻，电阻箱4为调零电阻。

连线

将电路连接好，然后点击按钮保存连线状态

完成操作请点击按钮确认 确定状态

测量并计算出相应数据值

直流电流档分流电阻值R1（Ω）= ________

直流电压档分压电阻值R2（Ω）= ________

欧姆档校准电阻值R3（Ω）= ________

欧姆档调零电阻值R4（Ω）= ________

待测信号箱的未知直流电流值为（A）= ________

关闭

图 6.18.11 实验数据表格

① 线路连接。

当鼠标移动到实验仪器接线柱的上方，拖动鼠标，便会产生“导线”，当鼠标移动到另一个接线柱的时候，松开鼠标，两个接线柱之间便产生一条导线，连线成功；如果松开鼠标的时候，鼠标不是在某个接线柱上，画出的导线将会被自动销毁，此次连线失败。根据欧姆定律，自行设计电路并正确连线，完成连线操作。

② 微安表调零。

双击打开微安表面板，通过鼠标左击或者右击调零旋钮，使微安表指针指向零刻度线位置，完成微安表调零。

③ 改装电流挡。

实验中要求学生必须使用微安表的 500 μA 挡位进行实验改装。根据改装的量程（实验中要求改装后的万用表电流挡量程为 10 mA），从微安表表盘上读取表头内阻为 560 Ω。设微安表表头内阻为 R_0，满偏电流为 I_0，改装后的电流表满偏量程为 I_i，分流电阻为 R_i，则由分流公式得 $R_i=\dfrac{R_0\dfrac{I_g+R_0}{I_i}}{R_0-\dfrac{I_0+R_0}{I_i}}$。实验要求将电阻箱 1 作为分流电阻，调节电阻箱 1 的阻值为计算得到的分流电阻值，并连接电路。

④ 改装电压挡。

由于此时电流表已经改装完成，在改装电压挡时，需要将改装后的电流挡看作整体表头（即微安表与电阻箱 1 并联作为整体，看作新的表头），设并联后整体等效表头的内阻为 R'_0，电流表满偏电流为 I_i，改装后的电压表满偏量程为 V，分压电阻为 R_v，则由分压公式得：$R_v=\frac{v}{I_i}-R'_0$。实验中要求将电阻箱 2 作为分压电阻，调节电阻箱 2 的阻值为计算得到的分压电阻值，并连接电路。

⑤ 改装欧姆挡。

先拆除电阻箱 2 两端的连线，并将电阻箱 2 的阻值调节到 100 Ω 作为欧姆表的校准电阻。并将改装后的电流挡看作整体表头（即微安表与电阻箱 1 并联作为整体，看作新的表头），参照欧姆表改装实验，实验中要求将电阻箱 3 作为校准电阻、电阻箱 4 作为调零电阻。同时为了使欧姆挡的使用与电流挡和电压挡不冲突，在线路中加入一个单刀开关。当使用电流挡测量和电压挡测量时，单刀开关始终处于断开状态，只有在使用欧姆挡进行测量时才闭合单刀开关。

欧姆表调零，原理与欧姆表改装实验的调零原理相同。首先将表笔短接，调节电阻箱 4 的阻值，使微安表指针恰好指向满篇刻度位置。

欧姆表校准，原理与欧姆表改装实验的校准原理相同。先将表笔短接连线拆除，再将表笔连接到电阻箱 2 上（电阻箱 2 的阻值已经调节到 100 Ω，作为标准电阻），此时调节电阻箱 3 的阻值使微安表下半部分表盘读数为 100 Ω，完成欧姆表的校准。

完成欧姆表的校准以后，再将电阻箱 2 接回电压挡改装时的位置；同时，调节电阻箱 2 阻值为电压挡改装的分压阻值，即完成整个万用表的改装。当多档开关置于 1 挡位时，对应万用表的电流挡；当多挡开关置于 2 挡时，对应万用表的电压挡；当多挡开关置于 3 挡时，对应万用表的欧姆挡。注意：使用电流挡和电压挡测量时，单刀开关应处于断开状态；当使用欧姆挡测量时，单刀开关应处于闭合状态。

⑥ 测量各待测量。

使用改装好的万用表分别测量待测信号箱的未知电压、未知电流和未知电阻值，并将测量结果记录到实验表格中。

【思考题】

（1）使用万用表测量电阻时应注意哪些问题？

（2）用过万用表后，为什么要把转换开关置于电压的最高挡位？为什么不能放在直流电流挡或欧姆挡？

实验 6.19　稳态法测量不良导体的导热系数

【实验目的】

(1) 测量不良导体(如橡胶、空气)的导热系数。

(2) 学习用物体散热速率求热传导速率的实验方法。

(3) 学习温度传感器的使用方法。

【实验仪器】

FD-TC-C 型不良导体导热系数测定装置如图 6.19.1 所示，它由不良导体导热系数测定仪和实验装置两部分组成，含有仪器主机、加热盘、散热盘、样品架、风扇及数字式温度计等。

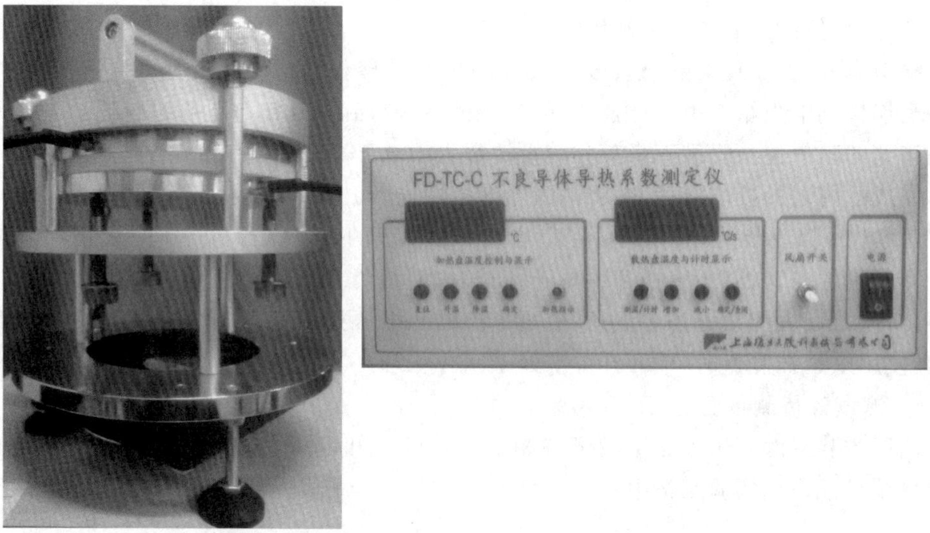

图 6.19.1　FD-TC-C 型不良导体导热系数测定装置

【实验原理】

导热系数是表征物质热传导性质的物理量。材料结构的变化与所含杂质的不同对材料导热系数数值都有明显的影响，因此材料的导热系数常常需要由实验具体测定。

测量导热系数的实验方法一般分为稳态法和动态法两类。在稳态法中，先利用热源对样品加热，样品内部的温差使热量从高温处向低温处传导，样品内部各点的温度将随加热快慢和传热快慢的影响而变动；适当控制实验条件和实验参数可使加热和传热的过程达到平衡状态，则待测样品内部可能形成稳定的温度分布，根据这一温度分布就可以计算出导热系数。而在动态法中，最终在样品内部所形成的温度分布是随时间变化的，如呈周期性的变化，变化的周期和幅度亦受实验条件和加热快慢的影响，与导热系数的大小有关。

本实验利用稳态法测量不良导体（橡胶样品或者空气）的导热系数，学习用物体散热速率求热传导速率的实验方法。

1898 年 C. H. Lees 首先使用平板法测量不良导体的导热系数，这是一种稳态法。实验中，样品制成平板状，其上端面与一稳定的均匀发热体充分接触，下端面与一均匀散热体相接触。由于平板样品的侧面积比平板平面小很多，可以近似认为热量只沿着上下方向垂直传递，横向由侧面散去的热量能够忽略不计，即可以认为，样品内只有在垂直样品平面的方向上有温度梯度，在同一平面内，各处的温度相同。

设稳态时，样品的上、下表面温度分别为 θ_1 和 θ_2，根据傅立叶传导方程，在 Δt 时间内通过样品的热量 ΔQ 满足下式：

$$\frac{\Delta Q}{\Delta t}=\lambda\frac{\theta_1-\theta_2}{h_B}S \tag{6.19.1}$$

式中：λ 为样品的导热系数；h_B 为样品的厚度；S 为样品的平面面积。实验中样品为圆盘状，设圆盘样品的直径为 d_B，则由式(6.19.1)得

$$\frac{\Delta Q}{\Delta t}=\lambda\frac{\theta_1-\theta_2}{4h_B}\pi {d_B}^2 \tag{6.19.2}$$

实验装置如图 6.19.2 所示，固定于底座的三个支架上，支撑着一个散热盘 P，散热盘上安放面积相同的圆盘样品 B，样品 B 上放置一个圆盘状加热盘 C，其面积也与样品 B 的面积相同，加热盘 C 由单片机控制电加热器自适应控温，可以设定加热盘的温度。

当传热达到稳定状态时，样品上、下表面的温度 θ_1 和 θ_2 不变，这时可以认为加热盘 C 通过样品传递的热量与散热盘 P 向周围环境散热量相等。因此可以通过散热盘 P 在稳定温度 θ_2 时的散热速率来求出热流量 $\frac{\Delta Q}{\Delta t}$。

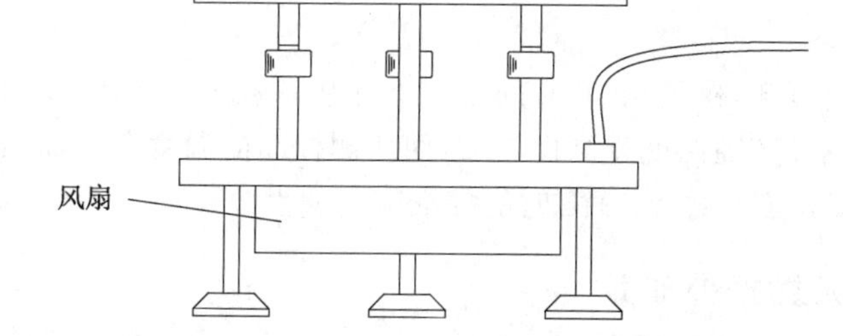

图 6.19.2 不良导体导热系数测量实验装置

实验时，当测得稳态时的样品上、下表面温度 θ_1 和 θ_2 后，将样品 B 抽去，让加热盘 C

与散热盘 P 接触，当散热盘的温度上升到高于稳态时的 θ_2 值 10～15 ℃，移开加热盘，让散热盘自然冷却，记录散热盘温度 θ 随时间 t 的下降情况，可以获得散热盘冷却曲线，取临近 θ_2 温度的散热曲线，可以近似为一直线，如图 6.19.3 所示。散热盘在 θ_2 时的冷却速率为 $\left.\frac{\Delta\theta}{\Delta t}\right|_{\theta=\theta_2}$，则散热盘 P 在 θ_2 时的散热速率为

$$\frac{\Delta Q}{\Delta t}=mc\left.\frac{\Delta\theta}{\Delta t}\right|_{\theta=\theta_2} \tag{6.19.3}$$

式中：m 为散热盘 P 的质量；c 为其比热容。

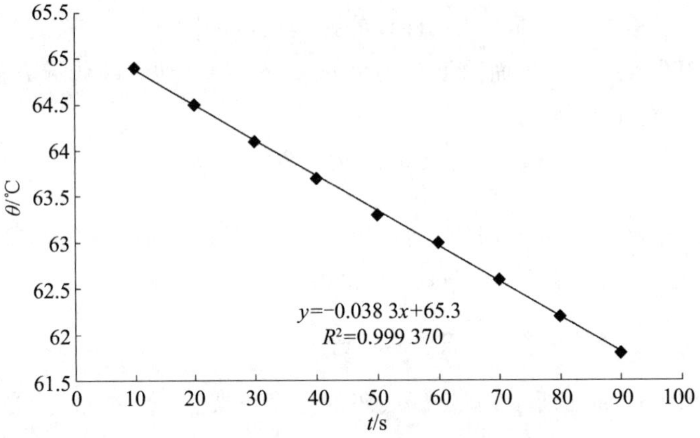

图 6.19.3　散热盘临近 θ_2 温度的冷却曲线

在达到稳态的过程中，P 盘的上表面并未暴露在空气中，而物体的冷却速率与它的散热表面积成正比，为此，稳态时铝盘 P 的散热速率的表达式应作面积修正：

$$\frac{\Delta Q}{\Delta t}=mc\left.\frac{\Delta\theta}{\Delta t}\right|_{\theta=\theta_2}\frac{(\pi R_p{}^2+2\pi R_P h_P)}{(2\pi R_P{}^2+2\pi R_P h_P)} \tag{6.19.4}$$

式中：R_P 为散热盘 P 的半径；h_P 为其厚度。

由式(6.19.2)和式(6.19.4)可得

$$\lambda\frac{\theta_1-\theta_2}{4h_B}\pi d_B{}^2=mc\left.\frac{\Delta\theta}{\Delta t}\right|_{\theta=\theta_2}\frac{(\pi R_p{}^2+2\pi R_P h_P)}{(2\pi R_P{}^2+2\pi R_P h_P)} \tag{6.19.5}$$

所以样品的导热系数 λ 为

$$\lambda=mc\left.\frac{\Delta\theta}{\Delta t}\right|_{\theta=\theta_2}\frac{(R_p+2h_P)}{(2R_P+2h_P)}\frac{4h_B}{(\theta_1-\theta_2)}\frac{1}{\pi d_B{}^2} \tag{6.19.6}$$

查阅相关资料可知，橡胶在 20 ℃的条件下导热系数为 0.13～0.30 W/(m・K)。由于非金属材料的热导率随温度升高而增大，而所测样品的温度介于加热盘温度 θ_1 与散热盘温度 θ_2 之间，其导热系数较 20 ℃时的标准值会偏大。

【实验内容及数据处理】

(1) 用游标卡尺测量散热盘厚度 h_P、散热盘半径 R_P、橡胶样品厚度 h_B、橡胶样品直径 d_B，将数据记录在表 6.19.1 中。计算它们的平均值。

表 6.19.1 测量散热盘、样品厚度和直径(不同位置测量)

室温：________℃；散热盘比热容(铝)：$C=880\ \mathrm{J/(kg \cdot K)}$；散热盘质量：$m=363.22\ \mathrm{g}$

物品	测量次数	1	2	3	4	5
散热盘	h_P/mm					
	D_P/mm					
橡胶样品	h_B/mm					
	d_B/mm					

(2) 不良导体导热系数的测量。

① 旋下三个固定螺母，将橡胶样品放在加热盘与散热盘中间，橡胶样品要求与加热盘、散热盘完全对准，调节散热盘底下的三个微调螺丝，使样品与加热盘、散热盘接触良好，但注意不宜过紧。

② 设定加热器控制温度：按“升温”与“降温”键可控制左边控温表的目标温度，显示下至“b00.0”上至“b80.0”，表示目标温度可设定在 0～80 ℃的范围内。一般设定为 75～80 ℃较为适宜。选择目标温度后，再按“确定”键，显示变为“AXX.X”之值，表示加热盘此刻的温度值，“加热指示”灯闪亮，加热盘开始加热。

③ 加热盘的温度上升到设定温度值时，开始记录散热盘的温度，可每隔一分钟记录一次，待在 10 分钟内加热盘和散热盘的温度值基本不变，即可认为已经达到稳定状态。记录加热盘的温度(样品上表面的温度示值)θ_1 和散热盘的温度(样品下表面的温度示值)θ_2，数据记录在表 6.19.2 中。

④ 按复位键停止加热，取走橡胶样品，调节三个螺栓使加热盘和散热盘接触良好，再设定目标温度到 80 ℃，加快散热盘的温度上升，使散热盘温度上升到高于稳态时的 θ_2 值 10～15 ℃即可。

⑤ 移去加热盘，让散热盘在室温下自然冷却，每隔 10 秒手动或利用自动测温功能① 记录一次散热盘的温度示值，将数据记录在表 6.19.2 中。

⑥ 从表 6.19.2 中取出临近 θ_2 值的一组温度数据，作出如图 6.19.3 所示的散热盘冷却曲线，计算冷却速率 $\left.\frac{\Delta\theta}{\Delta t}\right|_{\theta=\theta_2}$ (即临近 θ_2 温度时散热曲线切线的斜率(可用镜尺法)，亦可将临近 θ_2 温度时一小段范围内的散热曲线近似为一直线求其斜率)。

⑦ 根据测量得到的稳态时的温度值 θ_1 和 θ_2，以及在温度 θ_2 时的冷却速率，由式

---

① 自动测温功能操作：

· 主机右边测温表用于测量散热盘的温度，要利用自动测温功能时，先按下“测温/计时”键，使测温表由实时显示模式切换到自动测温模式。

· 利用“增加”和“减小”键调整自动测温的时间，以 10 秒为间隔，测温表显示可由“0000”调整到“0450”，表示自动测温最长时间为 450 秒。

· 按下“确定/查阅”键开始自动测温，仪器每隔 10 秒自动记录一个温度数据。

· 到达指定时间或手动按下“确定/查阅”键后，自动测温结束，测温表显示“0010”，表示当前指向第 10 秒所测得的温度数据，可利用“增加”和“减小”来选择所需要的数据，然后按下“确定/查阅”键即可显示该数据。

· 记录好温度数据后，按下“测温/计时”键可回到第 2 步，再按一下“测温/计时”键可回到温度实时显示模式。

(6.19.6)计算不良导体样品的导热系数。

表 6.19.2 稳定状态时样品上下表面的温度及散热盘自然冷却时温度

样品上表面的温度示值 θ_1 = ________℃;样品下表面温度示值 θ_2 = ________℃

t/s	10	20	30	40	50	60	70	80	90
θ/℃									
t/s	100	110	120	130	140	150	160	170	180
θ/℃									
t/s	190	200	210	220	230	240	250	260	270
θ/℃									
t/s	280	290	300	310	320	330	340	350	360
θ/℃									
t/s	370	380	390	400	410	420	430	440	450
θ/℃									

【注意事项】

(1) 为了准确测量加热盘和散热盘的温度,实验中可在两个传感器上涂些导热硅脂,以使传感器和加热盘、散热盘充分接触。另外,加热橡胶样品的时候,为达到稳定的传热,调节底部的三个微调螺丝,使样品与加热盘、散热盘紧密接触。注意不要中间有空气隙,也不要将螺丝旋太紧,以免影响样品的厚度。

(2) 实验装置底盘下方的风扇做强迫对流换热用,若想加快实验进度,可用主机面板上的"风扇开关"开启,但由于在风扇形成的强迫对流下,测量冷却速率时散热盘下表面与上表面的散热速率不一致,因此会在一定程度上增加实验误差。

【思考题】

(1) 求冷却速率时,为什么要在散热盘稳态温度附近选值?

(2) 稳态法测量导热系数,要求哪些实验条件?在实验中如何确定和保证?

(3) 在测定散热盘的散热曲线时,若散热盘上不覆盖原样品盘,对实验结果是否有影响?为什么?

实验 6.20　光速的测量

【实验目的】

(1) 学习用相位法测量光在空气中的传播速度。
(2) 学习用示波器测相位差。
(3) 了解光强调制的原理和基本技术。

【实验仪器】

光速测量仪、数字示波器。

光速测量仪如图 6.20.1 所示，由电器盒、带游标反射棱镜的小车、带刻度尺的燕尾导轨等组成。

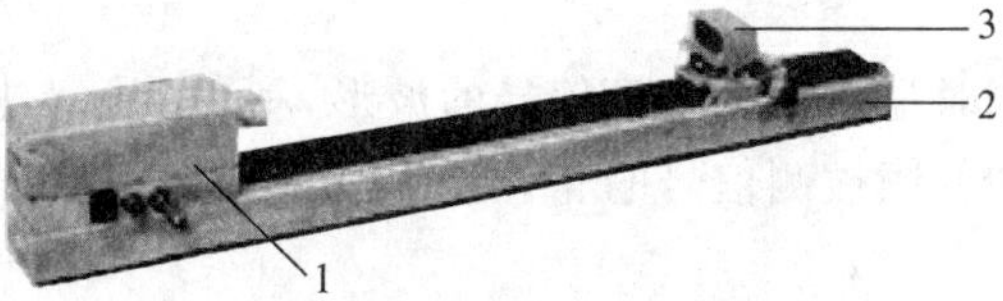

1—电器盒；2—带刻度尺的燕尾导轨；3—带游标反射棱镜的小车

图 6.20.1　光速测量仪

1. 电器盒

电器盒整体结构如图 6.20.2 所示，端面安装有收发透镜组，内置收、发电子线路板，侧面有两排 Q9 插座。为了便于用示波器来测量相位差，Q9 插座输出的是将收、发正弦波信号经整形后的信号。

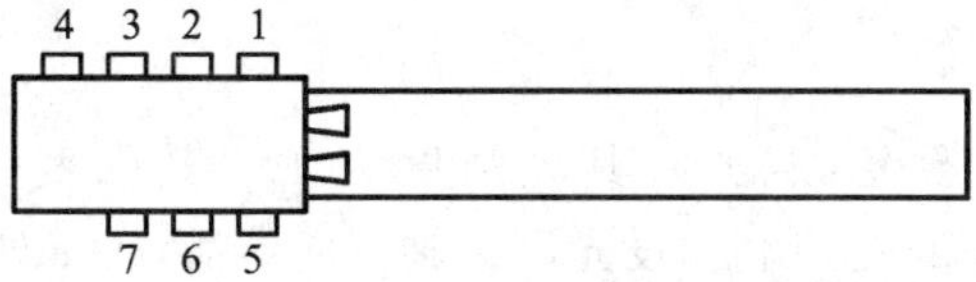

1,2—发送基准信号；3—调制信号输入；4—测量频率；5,6—接收测相信号；7—接收信号电平

图 6.20.2　电器盒

2. 棱镜小车

棱镜小车上有供调节棱镜左右转动和俯仰的两只调节把手。由直角棱镜的入射光与出射光的相互关系可以知道，左右调节装置对调节光线的出射方向不起什么作用，在仪器上加此装置，只是为了加深对直角棱镜转向特性的理解。在棱镜小车上有一只游标，通过游标可以读出小车在导轨上的位置，精确到 0.1 mm。

3. 光源和光学发射系统

采用 GaAs 发光二极管作为光源。这是一种半导体光源，当发光二极管上注入一定的电流时，在PN结两侧的P区和N区分别有电子和空穴注入，这些非平衡载流子在复合过程中将发射波长为650 nm的光，此即前面所说的载波。用机内主控振荡器产生的100 MHz余弦振荡电压信号控制加在发光二极管上的注入电流。当信号电压升高时，注入电流增大，电子和空穴复合的机会增加而发出较强的光；当信号电压下降时，注入电流减小，复合过程减弱，所发出的光强度也相应减弱。用这种方法可以实现对光强的直接调制。图6.20.3是发射、接收光学系统的原理图。发光管的发光点 S 位于物镜 L_1 的焦点上。

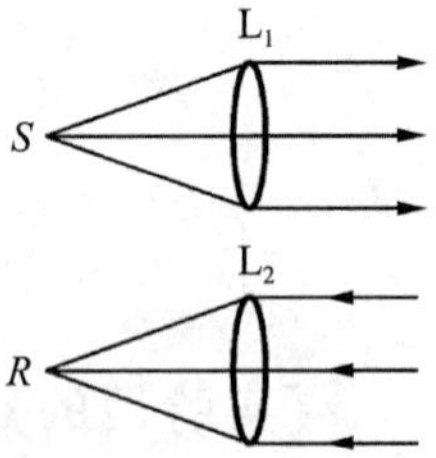

图6.20.3　接收、发射光学系统原理图

4. 光学接收系统

用硅光电二极管作为光电转换元件，该光电二极管的光敏面位于接收物镜 L_2 的 R 上，如图6.20.3所示。光电二极管所产生的光电流的大小随载波的强度而变化，因此在负载上可以得到与调制波频率相同的电压信号，即被测信号。被测信号的相位对于基准信号落后了 $\varphi=\omega t$，t 为往返一个测程所用的时间。

5. 数字示波器

数字示波器可以同时显示两个差频信号的波形，利用光标卡尺测量功能可以读出差频后的低频基准信号和低频被测信号的相位差。

【实验原理】

波动理念告诉我们，任何波的波长是一个周期内波传播的距离。波的频率是1秒内发生了多少次周期振动，因此波速是波长与频率的乘积。光是电磁波，光速为

$$c=f\cdot\lambda \tag{6.20.1}$$

由此可见，光的频率高达 10^{14} Hz(波长400～700 nm)，直接测量光的频率和波长是不可能的。将激光的光强度进行调制，从而测量低频的调制波的波长和频率(实际上是测量相位)。

1. 光强调制原理

波长为650 nm的激光(载波)，其光强度为 I_0。其强度受频率为 f(本实验为100 MHz)、波长为 λ 的余弦波调制，设光沿 x 轴方向传播，在 x 处光强可表达为

$$I=I_0\left[1+m\cos 2\pi f\left(t-\frac{x}{c}\right)\right] \tag{6.20.2}$$

式中：m 为调制度；$\cos 2\pi f(t-x/c)$ 表示光在测线上传播的过程中，其强度的变化犹如一个频率为 f 的余弦波以光速 c 沿 x 方向传播，这个波称为调制波。调制波在传播过程中其相位是以 2π 为周期变化的。设测线上的 A 和 B 两点的位置坐标分别为 x_1 和 x_2，当这两点之间的距离为调制波波长 λ 的整数倍时，该两点间的相位差为

$$\varphi_1-\varphi_2=\frac{2\pi}{\lambda}(x_2-x_1)=2n\pi \tag{6.20.3}$$

式中：n 为整数。反过来，如果能在光的传播路径中找到调制波的等相位点，并准确测量它们之间的距离，那么这段距离一定是波长的整数倍。

如图 6.20.4a 所示，设调制波由 A 点出发，经时间 t 后传播到 A' 点，AA' 之间的距离为 $2D$，则 A' 点相对于 A 点的相移为 $\varphi=2\pi ft$。然而用一台测相系统仪对 AA' 间的这个相移量进行直接测量是不可能的。为了解决这个问题，较方便的方法是，在 AA' 的中点 B 设置一个反射器，由

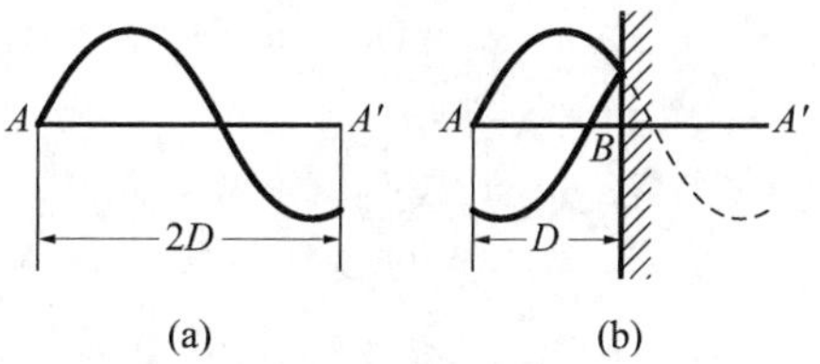

图 6.20.4　测量光强调制波相位

A 点发出的调制波经反射镜反射返回 A 点，如图 6.20.4b 所示。显见，光线由 $A \to B \to A$ 所走过的光程亦为 $2D$，而且在 A 点，反射波的相位落后 $\varphi=2\pi ft$。如果以发射波作为参考信号（以下简称基准信号），将它与反射信号（以下称为被测信号）分别输入相位计的两个输入端，则由相位计可以直接读出基准信号和被测信号之间的相位差。当反射镜相对于 B 点的位置前后移动半个波长时，这个相位差的数值改变 2π。因此只要前后移动反射镜，相继找到在相位计中读数相同的两点，该两点之间的距离即为半个波长。

如果能测定调制波的波长，由

$$c=f\cdot\lambda \tag{6.20.4}$$

可以获得光速值。

2. 差频法测量相位原理

在实际测量相位的过程中，当信号频率很高时，测相系统的稳定性、工作速度以及电路分布参数造成的附加相移等因素都会直接影响测量精度，对电路的制造工艺要求也较苛刻，因此高频下测相位困难较大。例如，BX21 型数字式相位计检相双稳电路的开关时间是 40 ns 左右，如果所输入的被测信号频率为 100 MHz，则信号周期 $T=1/f=10$ ns，比电路的开关时间要短，可以想象，此时电路根本来不及动作。为使电路正常工作，就必须大大提高工作速度。为了避免高频下测相位的困难，人们通常采用差频的办法，把待测高频信号转化为中、低频信号处理。这样做的好处是易于理解的，因为两信号之间相位差的测量实际上被转化为两信号过零的时间差，而降低信号频率则意味着拉长了与待测的相位差 φ 相对应的时间差。下面证明差频前后两信号之间的相位差保持不变。

将两频率不同的余弦波同时作用于一个非线性元件（如二极管、三极管）时，其输出端包含有两个信号器的差频成分。非线性元件对输入信号的响应可以表示为

$$y(x)=A_0+A_1\cdot x+A_2\cdot x^2+\cdots \tag{6.20.5}$$

忽略上式中的高次项，我们将看到二次项产生混频效应。

设基准高频信号（实际为光强调制信号的发射波）为

$$u_1=U_{10}\cos(\omega t+\varphi_1) \tag{6.20.6}$$

被测高频信号（实际为光强调制信号的反射波）为

$$u_2=U_{20}\cos(\omega t+\varphi_0+\varphi) \tag{6.20.7}$$

现在引入一个本振高频信号

$$u'=U_0'\cos(\omega' t+\varphi_1') \tag{6.20.8}$$

式中：φ_0 为基准高频信号的初相位；φ_0' 为本振高频信号的初相位；φ 为波在测线上往返一次产生的相移量。

将式(6.20.7)、式(6.20.8)代入式(6.20.5)得（略去高次项）

$$y(u_2+u')\approx A_0+A_1u_2+A_1u'+A_2u_2^2+A_2u'^2+2A_2u_2u' \tag{6.20.9}$$

展开交叉项，有

$$\begin{aligned}2A_2u_2u' &\approx 2A_2U_{20}U_0'\cos(\omega t+\varphi_0+\varphi)\cos(\omega' t+\varphi_0') \\ &= A_2U_{20}U_0'\{\cos[(\omega+\omega')t+(\varphi_0+{}_0')+\varphi]+\cos[(\omega-\omega')t+(\varphi_0-\varphi_0')+\varphi]\}\end{aligned} \tag{6.20.10}$$

由上面的推导可以看出，当两个不同频率的余弦信号器同时作用于一个非线性元件时，在其输出端除了可以得到原来两种频率的基波信号以及它们的二次和高次谐波之外，还可以得到和频以及差频信号，其中差频信号很容易和其他的高频成分或直流成分分开。基准高频信号与本振高频信号混频，其差频项为

$$A_2U_{10}U_0'\cos[(\omega-\omega')t+(\varphi_0-\varphi_0')] \tag{6.20.11}$$

被测信号与本振信号混频后所得差频信号为

$$A_2U_{20}U_0'\cos[(\omega-\omega')t+(\varphi_0-\varphi_0')+\varphi] \tag{6.20.12}$$

比较以上两式可见，当基准信号、被测信号分别与本振信号混频后，所得到的两个差频信号之间的相位差仍保持为混频前的 φ 不变。

本实验是利用差频检相的方法，将 100 MHz 的高频基准信号和高频被测信号分别与本机振荡器产生的高频振荡信号混频，得到两个频率为 455 kHz、相位差依然为 φ 的低频信号，然后送到示波器中去测相。仪器原理如图 6.20.5 所示，图中的混频Ⅰ用以获得低频基准信号（以下简称基准信号），混频Ⅱ用以获得低频被测信号（以下简称被测信号）。使用示波器可以同时显示两个差频信号。

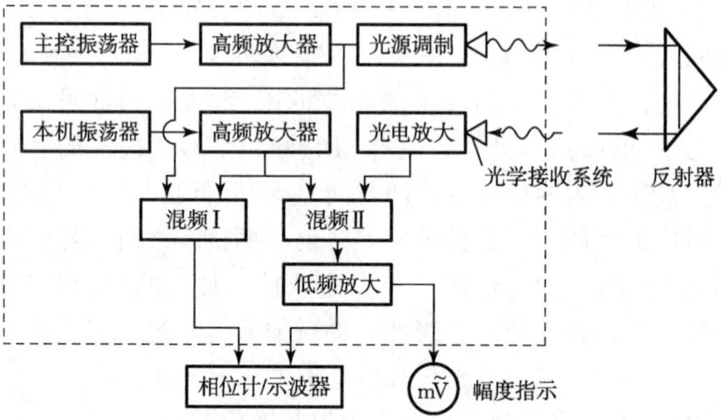

图 6.20.5　仪器原理图

3. 测量光速原理

由前面的讨论可知，通过差频法将测量激光光速转化为测量光强调制波（100 MHz）的光速。这里关键在于测量调制波的波长。一般可采用等距测量法和等相位测量法来测量调制波的波长。在测量时要注意两点，一是实验值要取多次多点测量的平均值；二是所测得的是光在大气中的传播速度，为了得到光在真空中传播速度，要精密地测定空气折射率后作相应修正。

1）等距测 λ

当用示波器接收和显示“发射调制波”和“接收调制波”经过与本振波混频后的两个

差频信号(455 kHz)时，这两个差频信号的相位差前面已经讨论过，就等于“发射调制波”和“接收调制波”没有与本振波混频前的相位差。如图 6.20.6 所示，当移动反射镜时，“发射调制波”和“接收调制波”之间的相位差也在改变，相应地示波器接收和显示的两个差频信号器的相位差也要改变。

在导轨上任取若干个等间隔点(见图 6.20.6)，它们的坐标分别为 $x_0, x_1, x_2, x_3, \cdots, x_i$；$x_1 - x_0 = D_1, x_2 - x_0 = D_2, \cdots, x_i - x_0 = D_i$。

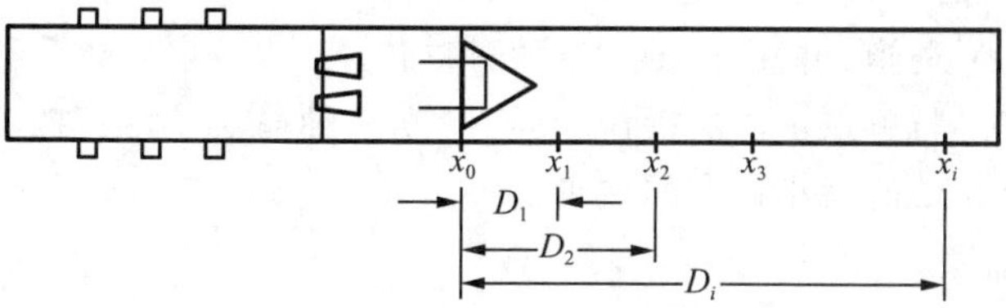

图 6.20.6 相移量与反射镜距离之间的关系

移动棱镜小车，由示波器依次读取与距离 $D_1, D_2, \cdots, D_i$ 相对应的相移量 φ_i。

D_i 与 φ_i 间有

$$\frac{\varphi_i}{2\pi} = \frac{2D_i}{\lambda} \Rightarrow \lambda = \frac{2\pi}{\varphi_i} \cdot 2D_i \tag{6.20.13}$$

求得 λ 后，利用 $\lambda \cdot f$ 得到光速 C。也就是说，测量出反射镜移动的距离 D 与相应的相移 φ，就可以计算出波长，从而计算出光速。

2) 等相位测 λ

在示波器上或相位计上取若干个整度数的相位点，如 36°，72°，108°等；在导轨上任取一点为 x_0，并在示波器上找出信号相位波形上一特征点作为相位差 0°位，拉动棱镜，至某个整相位数时停，迅速读取此时的距离值作为 x_1，并尽快将棱镜返回至 0°处，再读取一次 x_0，并要求两次 0°时的距离读数误差不要超过 1 mm，否则须重测。

依次读取相移量 φ_i 对应的 D_i 值，由

$$\lambda = \frac{2\pi}{\varphi_i} \cdot 2D_i$$

求得 λ 后，利用 $\lambda \cdot f$ 计算出光速值 C。

4. 示波器测相

1) 单踪示波器法

将示波器的扫描同步方式选择在外触发同步，极性为“+”或“−”，“参考”相位信号接至外触发同步输入端，“信号”相位信号接至 Y 轴的输入端，“信号”相位接至 Y 轴的输入端，调节“触发”电平，使波形稳定；调节 Y 轴增益，使有一个适合的波幅：调节“时基”，使在屏上只显示一个完整的波形，并尽可能地展开，如一个波形在 X 方向展开为 10 大格，即 10 大格代表为 360°，每 1 大格为 36°，可以估读至 0.1 大格，即 3.6°。

开始测量时，记住波形某特征点的起始位置，移动棱镜小车，波形移动，移动 1 大格即表示参考相位与信号相位之间的相位差变化了 36°。

有些示波器无法将一个完整的波形正好调至10大格，此时可以按下式求得参考相位与信号相位的变化量，参见图6.20.7。

$$\Delta\varphi = \frac{r}{r_0} \cdot 360^\circ$$

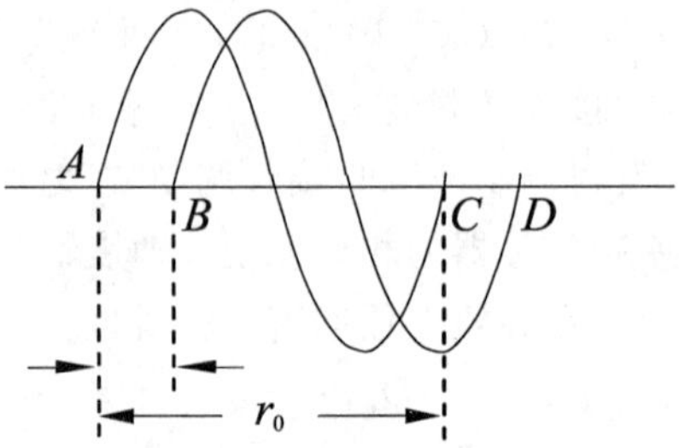

图 6.20.7　示波器测相位

2）双踪示波器法

将"参考"相位信号接至 Y_1 通道输入端，"信号"相位信号接至 Y_2 通道，并用 Y_1 通道触发扫描，显示方式为"断续"。与单踪示波法操作一样，调节 Y 轴输入"增益"挡，调节"时基"挡，使在屏幕上显示一个完整的大小适合的波形。

3）数字示波器法

数字示波器具有光标卡尺测量功能，移动光标，很容易进行 T 和 ΔT 测量，然后按 $\Delta\varphi = \frac{\Delta T}{T} \times 360^\circ$ 求得相位变化量。

【实验内容及数据处理】

1. 实验准备

1）仪器预热

电子仪器都有一个温漂问题，光速仪和频率计须预热半小时再进行测量。在这期间可以进行线路连接、光路调整、示波器调整和定标等工作。

2）光路调整

先把棱镜小车移近收发透镜处，用一小纸片挡在接收物镜管前，观察光斑位置是否居中。调节棱镜小车上的把手，使光斑尽可能居中，将小车移至最远端，观察光斑位置有无变化，并作相应调整，达到小车前后移动时光斑位置变化最小。

2. 等距法测量光速

(1) 基准信号输入 CH_1，被测信号输入 CH_2，并用 CH_1 通道触发扫描。

(2) 将棱镜小车(反射镜)移动到 3.00 cm 处，选择波形上与示波器屏幕上横轴相交的点，记下两信号在示波器横轴上的相位差 $\Delta\varphi$(利用数字示波器的光标卡尺测量功能，移动光标，测量 T 和 ΔT，从而求出相位差)。

(3) 迅速将棱镜小车移动到 12.00 cm 处，读出两波形在示波器上的相位差 $\Delta\varphi$。

(4) 分别取小车移动距离为 21.00 cm，30.00 cm，39.00 cm，48.00 cm，重复步骤 2，测量相位差 $\Delta\varphi$。

(5) 类似步骤(2)，将小车由 48.00 cm 依次移至 3.00 cm 处(每次移动间隔为 9 cm)。同理，利用数字示波器的光标卡尺测量功能，移动光标，测量 $\Delta T'$，从而求出相位差测量相位差 $\Delta\varphi'$。

将数据记录在表 6.20.1 中。

表 6.20.1 等距法测光速

f=100 MHz；T=________ μs

X_i/cm		3.00	12.00	21.00	30.00	39.00	48.00
两信号相位差	$\Delta T/\mu s$						
	$\Delta\varphi_i$/rad						
	$\Delta T'/\mu s$						
	$\Delta\varphi_i'$/rad						
$\frac{\Delta\varphi_i+\Delta\varphi'_i}{2}$/rad							
D_i/cm			9.00	18.00	27.00	36.00	45.00
相移量 φ_i/rad							

(6) 公式法计算光速。由式(6.20.13)计算波长；再由光速表达式 $C=f\cdot\lambda$ 计算光速 C；计算其相对误差。

(7) 作图法计算光速。以 φ_i 为横坐标、D_i 为纵坐标，在方格纸(坐标纸)上作出 D_i—φ_i 直线，求出直线的斜率，而斜率的 $4\pi f$ 倍即为光速 C。

3. 等相位法测量光速

(1) 调节示波器，观察被测信号，调节示波器的 Y 轴增益按钮和时域调节旋钮，要求使半个波长占 40～50 小格。利用数字示波器的光标卡尺测量功能，移动光标，准确测量波形一个周期 T 的总格数 N。

(2) 移动棱镜小车，使棱镜小车位于导轨的 0.00 cm 处，调节示波器的水平位置旋钮，使该波形上升(下降)沿与示波器屏幕横轴交点位于最左端刻线处，记为 0.0 小格。

(3) 向右移动棱镜小车，使波形每移动 5.0 小格，记一次小车的位置 X_i，直至 $n=30$ 小格。

(4) 再向左移动棱镜小车，重复同样的测量，记录小车的位置 X_i'。

将数据记录在表 6.20.2 中。

表 6.20.2 等相位法测光速

f=100 MHz；N=________格

移动格数	0.0	5.0	10.0	15.0	20.0	25.0	30.0
$\Delta\varphi_i$/rad							
x_i/cm	0.00						
x_i'/cm							
$D_i=\frac{x_i+x_i'}{2}$/cm							

(5) 计算波长。先计算 $\varphi_i=\frac{2\pi}{\lambda}\cdot 2D_i$；又因 $\varphi_i=\frac{\pi}{N}\cdot n$，则 $n=\frac{4N}{\lambda}D_i$，$n=BD_i$，可知 n 与 D_i 成线性关系，用计算器对 n—D_i 实验数据进行线性回归处理，求出直线斜率 B。由

$B=\frac{4N}{\lambda}$可得$\lambda=\frac{4N}{B}$。再由光速表达式$C=f\cdot\lambda$计算光速C；计算其相对误差。

【注意事项】

(1) 光速测量仪必须预热30分钟。

(2) 棱镜位置进行调节应使光斑尽可能居中。

【思考题】

(1) 通过实验观察波长测量的主要误差来源是什么？为提高测量精度需做哪些改进？

(2) 本实验所测定的100 MHz调制波的波长和频率，能否把实验装置改成直接发射频率为100 MHz的无线电波，并对它的波长和进行绝对测量？为什么？

(3) 如何将光速仪改成测距仪？

实验6.21 测量单缝夫琅禾费衍射的相对光强分布

【实验目的】

(1) 观察单缝衍射现象，加深对衍射理论的理解。

(2) 会用光电元件测量单缝衍射的相对光强分布，掌握其分布规律。

(3) 学会用衍射法测量微小量。

【实验仪器】

单缝衍射仪包括光具座、激光器(置于二维调节架)、组合光栅片(置于组合光栅架)和光电池组(置于一维移动架)。在终端，用数字检流计显示相对光强值，构成了检流计型单缝衍射仪。其实物如图6.21.1所示。

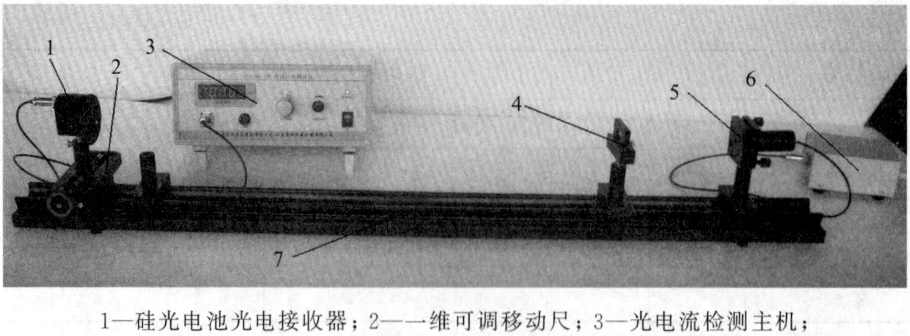

1—硅光电池光电接收器；2——维可调移动尺；3—光电流检测主机；4—光栅片；5—半导体激光器；6—半导体激光器电源；7—光学导轨

图6.21.1 单缝衍射仪

1. 半导体激光器

半导体激光器夹置在二维(X—Y 方向)调节架上,其上、下分别有两个调节旋钮,用于调节激光束的上下俯仰和左右偏转,激光器电源侧面板上有一个旋钮用于调节光强。

2. 组合光栅

由光栅片和二维调节架构成,如图 6.21.2 所示。光栅片有 7 组图形,见表 6.21.1 及图 6.21.3。

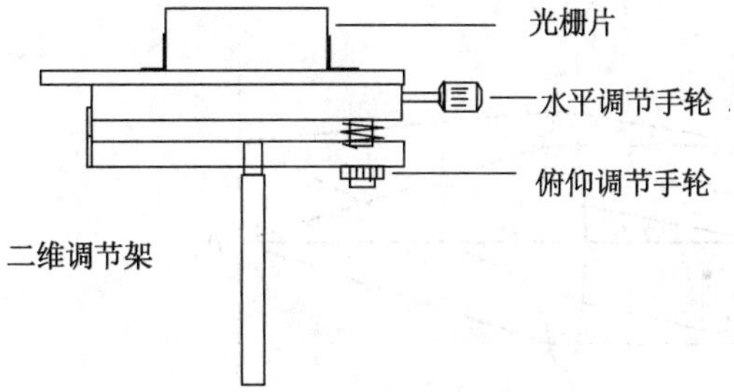

图 6.21.2 光栅架

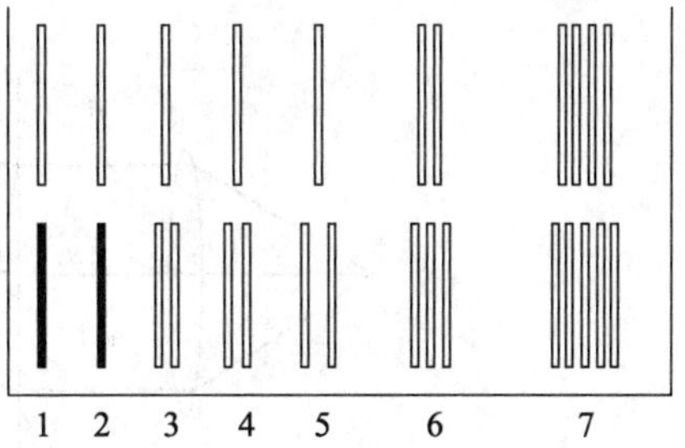

图 6.21.3 光栅

表 6.21.1 光栅片的相关参数

光栅片	上部	下部
第 1 组	单缝(a=0.12 mm)	单丝(0.12 mm)
第 2 组	单缝(a=0.10 mm)	单丝(0.10 mm)
第 3 组	单缝(a=0.07 mm)	双缝(a=0.07 mm,d=2)
第 4 组	单缝(a=0.07 mm)	双缝(a=0.07 mm,d=3)
第 5 组	单缝(a=0.07 mm)	双缝(a=0.07 mm,d=4)
第 6 组	双缝(a=0.02 mm,d=2)	三缝(a=0.02 mm,d=2)
第 7 组	四缝(a=0.02 mm,d=2)	五缝(a=0.02 mm,d=2)

注:a 为缝宽,d 为缝中心的间距与缝宽的比值。

3. 光电池移动组

其核心是光电二极管。光敏元件前有一缝宽 d=0.15 mm 的狭缝,可以限制受光面积,便于准确确定光斑中心位置。此外光电池前有一长约 38 mm 的遮光罩。光电池安装在一维移动架上,移动范围大约在 70 mm,移动精度为 0.1 mm。

4. 数字检流计

与光电池相连接。前面板上有一个三位半的数显表头,可以显示光强的相对强度值,其满量程为 1999;另有一"增益"调节旋钮,可以调节光电流的放大倍数。

【实验原理】

光的衍射现象是光的波动性的一种表现,分为菲涅耳衍射与夫琅禾费衍射两类。菲涅耳衍射是近场衍射,夫琅禾费衍射是远场衍射,又称平行光衍射。如图 6.21.4 所示,将单色点光源放置在透镜 L_1 的前焦面,经透镜后的光束成为平行光垂直照射在单缝 AB

上，按惠更斯-菲涅耳原理，位于狭缝的波阵面上的每一点都可以看成一个新的子波源，它们向各个方向发射球面子波，这些子波相叠加经透镜 L_2 汇聚后，在 L_2 的后焦面上形成明暗相间的衍射条纹，其光强分布规律为

$$I_\theta = I_0 \frac{\sin^2\varphi}{\varphi^2} \tag{6.21.1}$$

式中：$\varphi=\frac{\pi}{\lambda}a\sin\theta$；$a$ 为单缝宽度；θ 为衍射角；λ 为入射光波长。

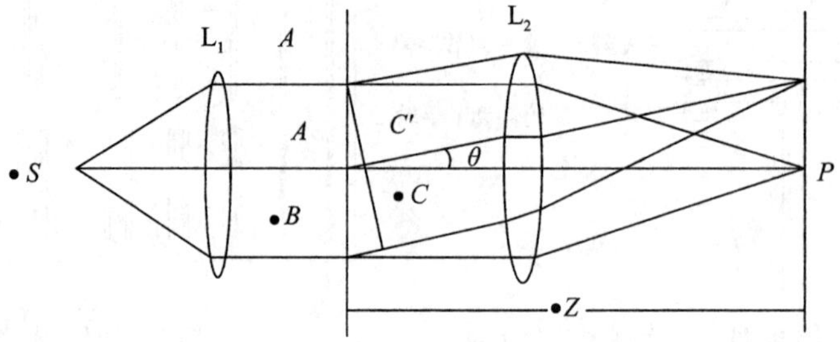

图 6.21.4　单缝衍射原理图

单缝衍射的光强分布如图 6.21.5 所示。

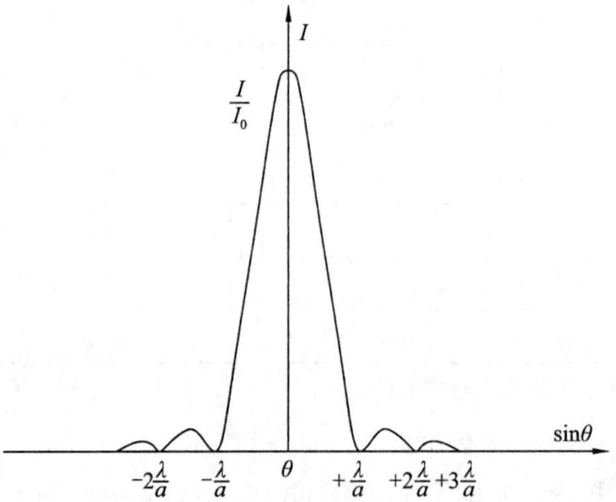

图 6.21.5　单缝衍射的光强分布

由式(6.21.1)可见：

(1) 当 $\theta=0$ 时，$I_\theta=I_0$，为中央主极大的强度，光强最强，绝大部分的光能都落在中央明纹上。

(2) 当 $\sin\theta=\frac{K\lambda}{a}$（$K=\pm1,\pm2,\cdots$）时，$I_\theta=0$，为第 K 级暗纹。由于夫琅禾费衍射时 θ 很小，有 $\theta\approx\sin\theta$，因此暗纹出现的条件为

$$\theta=\frac{K\lambda}{a} \tag{6.21.2}$$

(3) 当 $K=\pm1$ 时，为主极大两侧第一级暗条纹的衍射角，由此决定了中央明纹的宽

度 $\Delta\theta_0=\frac{2\lambda}{a}$，其余各级明纹角宽度 $\Delta\theta_K=\frac{\lambda}{a}$，所以中央明纹宽度是其他各级明纹宽度的 2 倍。

(4) 除中央主极在外，相邻两暗纹级间存在着一些次最大，这些次最大的位置可以从对式(6.21.1)求导并使之等于零而得到，如表 6.21.2 所示。

表 6.21.2　级数 K 与相对光强关系

级数 K	次最大时 θ	相对光强 $\frac{I}{I_0}$
±1	$1.43\,\frac{\lambda}{a}$	0.047
±2	$2.46\,\frac{\lambda}{a}$	0.017
±3	$3.47\,\frac{\lambda}{a}$	0.008

【实验内容及数据处理】

(1) 将光电池与数字检流计连接起来，开启检流计预热 30 分钟左右，安装光电池的底座须放平稳，要求在测量过程中不允许有任何晃动。

(2) 光路调整。选取光栅片上的某个单缝(第 1、2、3 组上部任选一条单缝)，用一白屏(白纸)获取正确的光斑衍射图样，即光斑应成水平分布，左右对称。

(3) 移开白屏(白屏)，移动一维调节架将 0 级衍射光斑照射在光电池组的狭缝上，左右调节一维移动架，仔细辨认光电流显示的最大值，最大值位置即为 0 级衍射光斑中心(中央主极大)，调节数字检流计的“增益”旋钮，以防光电流显示溢出(显示值尽量大些为佳)。记下此时的光电流值 I_0 及移动尺的读数 X_0。

(4) 测量数据。从中央主极大开始，继续左(右)移动一维调节架，每移动 0.5 mm 读出光电流值 I 及位置 X，一直测量到第 3 个暗点处。测量过程中，须仔细辨认出各级衍射光斑光强的极大值和极小值。

(5) 测量出单缝至光敏元件的距离 Z。光电二极管的光敏面在光电池组固定马鞍座中心前 7 mm 处，即 $Z=(Z'-7)$mm(注意减去光电池组固定马鞍座中心至光电二极管光敏的距离 7 mm)。

将数据记录在表 6.21.3 中。

表 6.21.3　数据记录

单缝至光敏元件的距离 Z=________

位置 X/mm	光电流 I	位置 X/mm	光电流 I	位置 X/mm	光电流 I	位置 X/mm	光电流 I

续表

位置 X/mm	光电流 I	位置 X/mm	光电流 I	位置 X/mm	光电流 I	位置 X/mm	光电流 I

(6) 分析表 6.21.3 的记录数据，找出中央主极大左右两边的一、二级亮暗纹的相对位置 ΔX 及光强 Y、第三级暗纹的相对位置 ΔX 及光强 Y，并计算左右两边相对位置的平均值 $\overline{\Delta X}$，完成表 6.21.4。

表 6.21.4 计算相对位置 ΔX

	相对位置 ΔX/mm		$\overline{\Delta X}$	光强 Y	
	左	右		左	右
中央明纹					
一级暗纹					
一级亮纹					
二级暗纹					
二级亮纹					
三级暗纹					

(7) 根据实验数据，计算出多级暗纹 Y 值的平均值 $\overline{Y}'$，一、二级明纹光强 Y 及各级明纹光强的平均值 $\overline{Y}$，完成表 6.21.5。

表 6.21.5　计算多级暗纹 Y 值的平均值 $\overline{Y}'$、各级明纹光强的平均值 $\overline{Y}$

	光强 Y			$\overline{Y}$
	多级暗纹 Y 值的平均值 $\overline{Y}'$	左	右	
中央明纹				
一级亮纹				
二级亮纹				

(8) 根据实验数据，计算明纹和暗纹的衍射角及相对光强，完成表 6.21.6。

表 6.21.6　计算明纹和暗纹的衍射角及相对光强

	实验值		理论计算值	
	$\theta=\dfrac{\Delta X}{Z}$	相对光强 $\dfrac{I}{I_0}$	$\theta=K\dfrac{\lambda}{a}$	相对光强 $\dfrac{I}{I_0}$
中央明纹				1
一级暗纹				0
一级亮纹				0.0472
二级暗纹				0
二级亮纹				0.0165
三级暗纹				0

(9) 以中央最大光强处为坐标轴原点，把测得的光强数据归一化处理，即把在不同位置上测得的光电流值除以中央最大光强值(Y/I_0)，然后在毫米方格(坐标)纸上作出 $\dfrac{I}{I_0}$ 与 ΔX 光强分布曲线。

(10) 根据三条暗条纹的位置，利用公式 $a=\dfrac{K\lambda}{\theta}$ 分别计算出所用单缝的宽度 a，然后求其平均值。

(11) 将计算的单缝宽度与理论值比较，求出其相对误差。

【注意事项】

(1) 如果采集的某光斑后数字检流计数显表头显示值为“1”，这是光电器件已饱和所致。解决的方法有两种：一是信号光过强(注意：不是环境光过强)，这时可以减小激光器的功率；二是数字检流计上的增益调得太大，应使之减小。

(2) 实验过程中应先仔细调节一维移动架找出 0 级衍射光斑的中心位置，此时在数字显示表头上的显示数值最大，且不能溢出，实验过程中不得改变增益值。

(3) 一般的衍射花样是一种对称图形，但有时采集到的光斑(±1，±2 级)左右不对称(相对 0 级光的位置及相对光强)，这主要是各光学元件的几何关系没有调好引起的。

实验时，应做如下操作：① 调节单缝的平面与激光束垂直。检查方法：观察从缝上反射回来的衍射光，应在激光器出射孔附近。② 调节组合光栅架上的俯仰或水平调节手轮，使缝与光电池组采光窗的水平方向垂直。

（4）如果相对光强显示的数值有小范围的波动或突跳，是由于激光器输出功率不是很稳定造成的，常发生在用 He-Ne 激光器时（HE-NE 激光器的稳定时间较长，一般开机后半小时即可稳定），如采用半导体激光器则相对稳定或只有轻微的跳动（实验中取中间值即可）。

（5）测量光敏元件至单缝的距离 Z 时，要考虑到光电二极管受光面在光电池组固定马鞍座中心前的距离（7 mm），即 $Z=(Z'-7)\mathrm{mm}$。

（6）在本实验中，相对光强＝各点的光强值 Y/中央明纹的光强值 I_0。

（7）$\sin\theta$＝待测点与中央明纹的 X 值之差 ΔX/距离 Z。

（8）实验应尽量在暗环境中操作，避免环境光带来的附加光强，影响实验精度；否则应对光光强数值加以修正，即减去各级暗纹光强值的平均值。

【思考题】

（1）假如氦氖激光器作光源，是否满足夫琅和费衍射的条件？为什么？

（2）如果激光器输出的光强变化，对于单缝衍射图像和相对光强分布曲线有何影响？

（3）如果单缝到接收屏的距离改变，衍射图像和相对光强分布曲线有何变化？

（4）当缝宽增加一倍时，衍射图像将如何变化？